西安石油大学优秀学术著作出版基金资助

超级13Cr不锈钢在油气田中的应用

李金灵　付安庆　朱世东　著

化学工业出版社
·北京·

内 容 简 介

《超级 13Cr 不锈钢在油气田中的应用》全书共 6 章，主要基于超级 13Cr 不锈钢在油气田应用过程中所涉及的腐蚀失效案例与分析，重点分析了超级 13Cr 不锈钢在完井过程中和开发过程中不同服役环境下的腐蚀、CO_2 腐蚀和 H_2S 腐蚀等腐蚀行为及其影响因素，并对其防腐技术进行了介绍。

《超级 13Cr 不锈钢在油气田中的应用》可供从事石油天然气开发、新材料研制、过程装备腐蚀与防护、石油专用管腐蚀与防护及相关学科的研究人员和技术人员阅读，也可供高等院校相关专业师生参考或作为教学参考书。

图书在版编目（CIP）数据

超级 13Cr 不锈钢在油气田中的应用/李金灵，付安庆，朱世东著. —北京：化学工业出版社，2021.8

ISBN 978-7-122-36150-9

Ⅰ.①超…　Ⅱ.①李…②付…③朱…　Ⅲ.①铬不锈钢-应用-石油机械-防腐-研究　Ⅳ.①TE98

中国版本图书馆 CIP 数据核字（2021）第 163383 号

责任编辑：李　琰　　文字编辑：葛文文　陈小滔

责任校对：杜杏然　　装帧设计：韩　飞

出版发行：化学工业出版社（北京市东城区青年湖南街 13 号　邮政编码 100011）

印　　装：涿州市般润文化传播有限公司

787mm×1092mm　1/16　印张 19¼　字数 481 千字　　2021 年 8 月北京第 1 版第 1 次印刷

购书咨询：010-64518888　　售后服务：010-64518899

网　　址：http://www.cip.com.cn

凡购买本书，如有缺损质量问题，本社销售中心负责调换。

定　　价：128.00 元

前言

当前，工业化水平不断提高、经济快速发展，对石油、天然气等能源的需求日益增加，为缓解能源需求紧张的矛盾，油气勘探开采范围逐渐扩展至管材服役工况条件日趋恶劣的区域与储层。目前，我国油气勘探开发正逐步向塔里木、四川盆地等区域的深部、复杂储层推进。完井与开发过程中的苛刻环境致使普通材质的油井管无法满足其严酷的耐腐蚀性能需要，为了保证油气生产的安全性与高效性，高强度和韧性匹配、良好耐腐蚀性能及相对较低成本的超低碳马氏体不锈钢成为油气井钻采过程用油井管的首选材料。

经过众多研究者的多年努力，超级13Cr不锈钢已经实现由进口到出口的转变，在塔里木、西北、西南、长庆等油气田得到大批量应用的同时，成批出口到美国、加拿大等国，并成功叩开中东市场大门。笔者在国家自然科学基金、陕西省自然科学基金、中国石油天然气集团公司应用基础研究、国家油气重大专项示范工程建设、中国石油科技创新基金等项目的支持下，在石油专用管失效与分析、酸化管柱腐蚀与防护、油井管与输送管的CO_2或（和）H_2S模拟腐蚀等方面进行了大量的实验分析与探究。

书中第2章由朱世东编写，第3章由付安庆编写，第4、5、6章由李金灵编写，屈撑囤、蔡乾锋编写其余部分并负责全书的统稿工作。

本书由西安石油大学优秀学术著作出版基金专项资助出版。在编写过程中，参考了国内外多位学者的研究结果及所撰写的论文、论著等，得到了西安石油大学多位老师和研究生以及中国石油集团石油管工程技术研究院诸位领导和专家的大力支持和帮助，在此深表感谢！

限于编者学识水平有限，书中不足和疏漏之处在所难免，恳请读者给予批评指正！

著　者

2021年3月

目录

第 4 章 开发过程中的腐蚀 144

第 5 章 防腐蚀技术 211

第 6 章 展望 299

第1章 绪 论

随着人类对石油和天然气需求的不断增长，油气开采量日益增加，油气田所面临的地质环境和开采条件也越来越复杂。超深井，高温高压井，非常规井，富含 CO_2、Cl^- 及 H_2S 等腐蚀介质的油气井日趋增多，由此引发的油井管断裂和腐蚀失效问题也逐渐增多，其中油管的腐蚀问题最为严重。油管腐蚀会对油气田造成严重的经济损失和环境污染风险，并引发重大的安全事故。此外，随着海洋油田的不断开发，海洋环境中管材的 Cl^- 腐蚀问题也日益突出。每年因管材腐蚀导致的油井停产、报废事故层出不穷，造成了巨大的经济损失。可见，高温、高压、高腐蚀性介质引起的管柱腐蚀问题已成为国内外高温高压油气井井筒完整性的巨大威胁和挑战，普通材质的油套管已经无法满足苛刻油气田开发环境对其耐蚀性的需要。然而，目前可用于耐腐蚀油管的材料种类并不多。镍基合金虽然具有良好的耐蚀性，但其成本太高，而价格相对低廉的普通耐腐蚀油管的耐蚀性又不尽如人意。为了保证生产的安全性与高效性，综合考虑材料耐蚀性和成本等因素后，日本 JFE 和我国宝钢等公司在普通 13Cr 不锈钢的基础上先后开发出了超级 13Cr 不锈钢。高强度和韧性匹配、具有良好耐蚀性及相对较低成本的超级 13Cr 不锈钢成为油气田开采过程中的首选耐蚀材料，已在腐蚀工况恶劣的油气田中得到应用。

与普通 13Cr 不锈钢相比，超级 13Cr 不锈钢降低了碳含量以抑制铬碳化物相的析出，增加了镍含量以获得单相马氏体组织，增加了钼、钛、铌、钒等合金元素含量以细化晶粒，因此具有更好的耐蚀性。随着油气井深度的增加，井内的温度、介质等工况条件均越发复杂和苛刻，这会对油管的腐蚀行为产生重大影响，因此有必要研究超级 13Cr 不锈钢在不同条件下的耐蚀行为及其在全生命周期内的适用性。

1.1 腐蚀简介

1.1.1 腐蚀的基本概念

腐蚀是指材料与所处的环境发生化学或电化学反应而使材料或设备遭受破坏或失效的现象。其中电化学腐蚀过程由发生在腐蚀金属表面的氧化反应（阳极）和还原反应（阴极）组成。阳极反应生成铁离子和电子，电子随后被还原反应所消耗。现在普遍认为的阴极反应（在金属腐蚀过程中经常遇到的阴极反应）主要是指氢的还原反应、在酸性和中性条件下氧的还原反应、金属离子的还原反应以及金属的沉积反应。

腐蚀可分为低温腐蚀和高温腐蚀，也可分为湿腐蚀和干腐蚀，还可以分为甜气腐蚀和酸气腐蚀等。碳钢和低合金钢因为其经济性而被广泛使用，但是在有些环境下它们的耐蚀性是有限的，并且不同的微观组织也会对其力学性能和耐蚀性能造成影响。

油气田中的腐蚀相对较复杂，即使同一种材料，在不同油田生产环境中亦会呈现不同的腐蚀状况，有的几乎没有腐蚀，而有的腐蚀速率非常高。腐蚀会对油气田工业造成至关重要的经济性影响。研究显示，欧洲每年因腐蚀问题导致的化学和油田化学部门的支出高达272000万英镑，美国每年因腐蚀造成的直接经济损失达3000多亿美元。在油气输送管线工业中，每年因腐蚀导致的经济损失约占国家GDP的3%～5%。

1.1.2 CO_2 腐蚀

CO_2 腐蚀又称为甜气腐蚀，它是油气田中最主要的一种腐蚀类型。CO_2 气体是多数油气田产出的天然组分之一。虽然干的 CO_2 气体不会对金属和合金产生腐蚀，但是一旦与水结合，就会形成碳酸。碳酸虽然是一种弱酸，但是具有强的腐蚀性，并能严重腐蚀井下和地面生产设备。其中 CO_2 来自井的伴生气或 CO_2 驱油技术注入储层中的 CO_2；而水可能以液相的形式呈现，也可能是回注的产出水，其作用是维持和稳定储层的压力或驱油。在地层中，原生水聚集在碳氢化合物的下边，这样随着开采年限的延长，井内含水率不断增加，有的达到95%甚至更高，含水率的升高意味着腐蚀问题也随之严重。大约60%的油田腐蚀问题与 CO_2 有关，这是因为对腐蚀的认识和预测不充分，并且碳钢和低合金钢的耐蚀性也不佳。

在过去的几十年中，人们对 CO_2 腐蚀已进行了较多的研究，包括多相流、腐蚀机理、缓蚀剂特征以及各种各样的腐蚀检测技术等。

人们也预测有许多的环境因素（如溶液的化学成分、流速、温度、压力、pH等）影响 CO_2 腐蚀。同时，不同环境条件下所生成的腐蚀产物膜（如 $FeCO_3$ 组分、结构形态）也对材料的腐蚀速率产生很大的影响，该产物膜层是否对基体有保护性取决于腐蚀环境和材质。但是关于腐蚀机理，人们仍不确定氢的还原反应和碳酸的直接还原反应这两个阴极还原反应哪个在钢铁表面起主要作用。因此，有人将这两个反应的电流之和作为阴极电流。也有人认为在高pH时碳酸氢根的直接还原反应应该是主要的。

1.1.3 H_2S 腐蚀

H_2S 腐蚀的本质主要是电化学反应。H_2S 易溶于水，其溶解度与分压和温度等有关。溶解的 H_2S 很快电离，生成氢离子。氢离子是强去极化剂，它在钢铁表面夺取电子后被还原成氢原子，这一过程称为阴极反应。失去电子的铁与硫离子反应生成硫化铁，这一过程称为阳极反应，铁作为阳极加速溶解反应而导致腐蚀，生成硫化铁和氢气。

在 H_2S 环境中生成的硫化铁可能有多种形式，如 FeS_2（黄铁矿）、FeS（四方硫铁矿、非晶态的硫化亚铁、立方硫化亚铁、陨硫铁）、$Fe_{3+x}S_4$（$x=0\sim0.3$）（菱硫铁矿）、$Fe_{1-x}S$（磁黄铁矿）等，其中四方硫铁矿被认为是通过直接的表面反应而首先在金属表面形成的。

H_2S 腐蚀将会造成如下后果：

① 生成氢原子，引起钢铁氢脆。H_2S 和/或 HS^- 的存在阻止氢原子生成氢分子，过量

氢原子形成氢压，向金属缺陷处渗透和富集。

② H_2S 分压越高，H^+ 浓度也越大，溶液 pH 越低，由此加剧金属的腐蚀。阳极产物 FeS 或 FeS_2 能形成比较致密的保护膜，阻止腐蚀的持续进行。但是由于腐蚀环境的差异，阳极产物还有其他结构形式的硫化铁，如 Fe_3S_4、Fe_9S_8 等。它们的结构存在缺陷，与金属表面的附着力较差，甚至会作为阴极而与钢表面产成电位差，产生电偶腐蚀。在 CO_2、Cl^-、O_2 共存环境中，硫化铁膜可能被破坏，从而加快电化学腐蚀。

1.1.4 CO_2/H_2S 腐蚀

在油气工业中，如果本体溶液中含有微量的 H_2S，不仅要发生 CO_2 腐蚀的电化学反应，同时还会增添别的反应，如 H_2S 腐蚀时的电化学反应。H_2S 气体对溶液 pH 的影响程度几乎和 CO_2 气体相当，但不像溶解的 CO_2 那样，溶解的 H_2S 不需要为生成酸而经历慢的水合步骤。但在 H_2S 为主的体系中，H_2S 和 H_2CO_3 一样能降低溶液的 pH，增大腐蚀速率。

但是 H_2S 直接的还原反应是微弱的，除非 H_2S 的浓度比较高，这就意味着该体系要么是 H_2S 为主的体系（酸性区），要么是 CO_2/H_2S 混合的体系。此外，单质硫也经常伴随着高浓度的 H_2S 而产生，单质硫的出现将会引起更复杂的交互作用，但这种作用还未被大家所了解。

当 H_2S 浓度比较低时，即腐蚀体系是 CO_2 为主的体系，FeS 膜将会干预 $FeCO_3$ 膜的形成，且 FeS 膜比 $FeCO_3$ 膜更容易从金属的表面移除。在湍流条件下，保护性膜层的移除将会导致腐蚀速率的增大。当 H_2S 浓度比较高时，即腐蚀体系是 H_2S 为主的体系，由于硫化铁膜的优先形成，反而在一定程度上会降低金属的腐蚀速率。

金属材料腐蚀速率的大小以及变化规律，由 CO_2/H_2S 体系中的成膜动力学所决定，但是该体系中成膜动力学是复杂的，受材质、介质的化学性质以及膜层组分（$FeCO_3$ 和 FeS）溶解度、结构等多种因素的影响。

1.2 影响因素

1.2.1 材质

1.2.1.1 成分

超级 13Cr 不锈钢的 Cr 含量在 13%（质量分数）左右，而 C 含量小于 0.04%，同时添加一定量的 Mo 和 Ni 元素，现已被 ISO 13680—2000 定义为“13-5-2”。

钢中的 Cr 是提高合金钢抗 CO_2 和 H_2S 腐蚀性能的主要元素之一。于少波通过模拟塔里木油田环境对比研究了普通 P110 碳钢和含 3%Cr 的 P110 钢（3Cr110）的 H_2S/CO_2 腐蚀行为。结果表明 3Cr110 钢的耐蚀性明显优于普通 P110 碳钢，其原因在于 Cr 元素会在腐蚀过程中在 3Cr110 钢的表面产生富集。但在一定的腐蚀介质条件下，含 Cr 钢可能存在点蚀的风险，3Cr110 的耐蚀性有时可能低于 P110 的耐蚀性。

Cr 能增强材料的耐蚀性，特别是当 Cr 含量达到 12.8%时，即通常所说的不锈钢，它遵循 Cr 含量的 1/8 原则。Hisashi Amaya 等研究发现随着 Cr 含量的增加，材料的抗高温腐蚀性能增强。

C含量的减少同Ni、Mo、Cu和Mn元素的添加一样，都能使超级13Cr不锈钢的抗腐蚀性能得到提高。在超级13Cr不锈钢中将C含量降到低于0.03%是为了抑制Cr在基体中的减少。Toro等发现增加N含量和减少C含量能使氮化的马氏体不锈钢超级13Cr不锈钢的耐蚀性优于普通13Cr不锈钢，他们将其归功于$M_{23}C_6$型碳化物周围宽Cr消耗区的消失。

超级13Cr不锈钢中添加2%的Mo是为了增强其抗硫化物应力腐蚀（SSC）和抗局部腐蚀性能。添加微量的Mo也能有效地降低其在175℃时的腐蚀速率，0.25% Mo能有效地提高材料的抗点蚀能力，因为Mo能有效地增强钝化膜在CO_2环境中的稳定性。在少量H_2S腐蚀环境中Mo能在膜的外层形成Mo的硫化物而提高其在室温下的抗SSC性能，这是因为Mo的硫化物比较稳定，且能参与Cr的氧化物的形成。而且随着Mo含量的增加，临界钝化电流密度（J_p）和再活化电流密度（J_a）降低，这意味着钢表面易于形成钝化膜，说明Mo能有效地提高钝化膜的稳定性。Mo的添加拓宽了材料在湿H_2S环境条件下的使用范围。

钢中添加5.5%的Ni是为了获得完全的马氏体组织，添加Cu和Ni能明显地增强钢的抗CO_2腐蚀性能，其效果相当于在180℃条件下添加了6%的Cr。利用透射电子显微镜（TEM）技术发现Cu-Ni钢的腐蚀产物膜要比Ni钢的均匀，选区电子衍射（SAED）分析发现Cu-Ni钢的腐蚀膜多数是非晶态的，而Ni钢的腐蚀膜则是晶态的，非晶态钢的耐蚀性优于晶态材料。可见，腐蚀产物膜的非晶结构可能是使Cu-Ni钢耐蚀性较好的一个重要原因。

在钢中添加Ni既能提高耐蚀性又能提高耐热性，但世界上大多数国家Ni储量紧缺，为了节省Ni，可用Mn和N代替不锈钢中的部分Ni。因为Mn可与S元素结合形成MnS夹杂而成为钢中的微阴极，促进局部腐蚀的发生，如点蚀。而不锈钢中的TiN夹杂周围是钝化膜的薄弱部位，TiN夹杂的存在降低了微区的点蚀破裂电位，从而降低钢的抗CO_2/H_2S腐蚀性能。张清认为MnS夹杂的形成既与钢中的Mn、S含量有关，也与钢的热处理有关。

1.2.1.2 热处理工艺与组织

Lucio-Garcia研究发现经过热处理得到的具有马氏体组织的微合金C-Mn钢具有最大的腐蚀速率，比具有铁素体+贝氏体或铁素体组织的钢的腐蚀速率高两个数量级。具有铁素体组织的钢其腐蚀速率是最低的，这是因为钢材料组织中的晶粒和沉积粒子数量较大，同时他还通过电化学阻抗谱（EIS）试验发现马氏体边界活性较大。再如1Cr16Ni4Nb钢，在试验范围内，不断升高淬火温度可以提高其耐蚀性，原因在于淬火后的中温回火可以使碳化物发生转变，即$(Fe,Cr)_3C \longrightarrow (Cr,Fe)_7C_3$，由于形成$(Cr,Fe)_7C_3$所消耗的Cr少，基体的贫Cr现象得到改善，故材料的耐蚀性得到提高。

早在1990年，Miyasaka等发现当C含量较低时（0.001%），超级13Cr不锈钢的组织以铁素体为主，其马氏体量随C含量的增加而增加，奥氏体是通过添加N和Cu、Mn、Ni中的至少一种元素而得到的。Nose等发现超级13Cr不锈钢如果含有10%或更多的残余奥氏体并且残余奥氏体均匀地分布在基体中时具有很好的抗SSC性能。Kondo等也获得了同样的结论，即使在钝化膜被破坏的情况下也是如此。

此外，高含量的残余奥氏体能减少氢在钢中的含量并降低其对SSC的敏感性。铁素体在1Cr18Ni9Ti钢中的形态分布及数量影响了材料的抗晶间耐蚀性。朱小阳通过研究发现在回火过程中渗碳体Fe_3C转变为合金化的Cr_7C_3，而共格析出的合金碳化物Cr_7C_3的弥散强化是影响13Cr不锈钢力学性能的主要原因，并且发现合金碳化物越细小、越稳定，强化效果越明显。

1.2.2 流体特征

油气田产出流体中含有一系列溶解的盐和气体，不管是否含有 H_2S 气体，材料腐蚀程度都受多方面的影响，其主要影响因素有温度、pH、液相的组分、CO_2/H_2S 分压和流速等。

1.2.2.1 温度的影响

温度会影响腐蚀过程，包括传质、本体溶液的化学反应以及在金属表面的电化学反应等过程。温度既能加快腐蚀也能减缓腐蚀，这取决于保护膜（$FeCO_3$ 或别的盐）的溶解度。在低 pH 下还未形成保护性的膜层时，认为腐蚀速率会随着温度的升高而不断增大。而在某一给定试验条件下，腐蚀速率随着温度的升高而增大，待达到某一温度后，此时由于腐蚀产物 $FeCO_3$ 或 FeS 的离子积超过其溶度积后在钢的表面沉积，可见温度升高促进了沉积动力学过程和具有保护性膜层的形成，进而使腐蚀速率降低。对于碳钢来说，最大的腐蚀速率出现在 60～80℃，而对于不锈钢来说，其最大腐蚀速率出现的温度范围将有所升高，这主要取决于介质的组分和流态。

从研究和技术发展的角度来看，有两种不同的腐蚀机理：低温（<60℃）和高温（60～150℃）。低温下腐蚀速率是 pH、盐度、温度、CO_2/H_2S 分压的函数。但是，高温条件下，由于表面电化学的变化，腐蚀速率还受系统动力学的影响。

Linne 发现室温下超级 13Cr 不锈钢在 0.01MPa H_2S 分压和 200g/L 的 NaCl 溶液中不发生 SSC，并且在 pH 不低于 3.5 的环境中可以替代双相不锈钢（DDS）；高温（180℃）下在含 0.01MPa H_2S 的 25%NaCl 中也未发生 SSC 现象；在 180℃饱和的 NaCl 溶液含 5MPa CO_2 时，超级 13Cr 不锈钢的腐蚀速率低于相关的标准（0.5mm/a），仅为普通 13Cr 不锈钢的十分之一。Cayard 发现超级 13Cr 不锈钢在 80～150℃能提供较好的保护性，但是在 150℃左右因钢表面钝化态氧化膜（如 Cr_2O_3）转变为伪钝化态的硫化物（如 Cr_2S_3）而发生严重的点蚀。

1.2.2.2 CO_2 分压的影响

在无保护性产物膜时，增加 CO_2 分压将会增大腐蚀速率，这是因为增加 CO_2 分压会增大溶液中 H_2CO_3 的浓度，进而使 H_2CO_3 的还原反应加速。但是在别的条件有利于形成保护性 $FeCO_3$ 膜层时，增大 CO_2 分压会促进产物膜的形成。这是因为在某一高的 pH 条件下，增大 CO_2 分压将会导致 CO_3^{2-} 浓度增加以及高的过饱和度，加速 $FeCO_3$ 的沉积及形成保护性膜，进而使腐蚀速率降低。

无论是否形成膜层，CO_2 分压都会对 CO_2 腐蚀产生重要的影响。Waard 研究发现在温度分别为 15℃、25℃和 60℃时，腐蚀速率是 CO_2 分压的指数函数，其指数为 0.67。

高的 CO_2 分压并不一定意味着高的腐蚀速率，还取决于其他环境条件。一般来说，在无膜条件下，高的 CO_2 分压将通过降低 pH 和增大碳酸的还原速率来产生较高的腐蚀速率。随着 CO_2 分压的增大，H_2CO_3 的浓度增加，进而加速阴极反应，最终增加腐蚀速率。这和 Wang 的研究结果一致，他认为阳极反应几乎不被 CO_2 分压影响，当 CO_2 分压从 3bar

(1bar=10^5Pa) 增大到 20bar 时，阴极极限电流密度会因碳酸浓度增大而增大。

但是，当具有膜层形成条件时，Nesic 在水平湿气流条件下研究发现，在腐蚀产物膜下，高的 CO_2 分压反而能降低腐蚀速率，这是因为阴极区具有高浓度的碳酸根和碳酸氢根以及高的碳酸亚铁过饱和度，而碳酸亚铁的溶度积是一定的，成膜速率加快，保护膜的形成变快，钢的腐蚀速率随之降低了两个数量级。

1.2.2.3 H_2S 浓度的影响

刘厚群研究了低 H_2S 浓度对材料的影响，发现 H_2S 浓度较低时，H_2S 对钢腐蚀速率影响的大小与 H_2S 浓度呈非线性关系，即钢材发生轻微的均匀腐蚀。随 H_2S 浓度增大，钢的腐蚀速率呈现先增大后减小的趋势，在 150mg/L 时取得最大值。周孙选也得到了类似的结论，并发现 H_2S 介质中如含有其他腐蚀性组分，将加速钢的腐蚀。同时腐蚀产物膜也受 H_2S 浓度的影响，如低浓度条件下（2.0mg/L），腐蚀产物为 FeS 和 FeS_2；随 H_2S 浓度的升高（2.0～20mg/L），FeS_2 和 FeS 仍是腐蚀产物的主要组成成分，并伴有少量 Fe_9S_8；进一步增大 H_2S 浓度（20～600mg/L），Fe_9S_8 在腐蚀产物中的含量增大。

Sakamoto 等发现对于超级 13Cr 不锈钢，微量的 H_2S 将使其腐蚀速率有所减低，但总体来说，随着 H_2S 分压的升高，其腐蚀速率呈增大趋势，但是这种趋势还受其他因素的影响。

同时，H_2S 浓度也影响材料抗氢脆和应力腐蚀性能，但只有 H_2S 分压超过 0.1kPa 时，材料才对氢脆和应力腐蚀有敏感性。Ma 等通过断裂机理分析发现，低 H_2S 浓度下，钢材发生韧性断裂，随 H_2S 浓度增加，试样由韧性断裂逐渐变成脆性断裂，微观断口为河流状，为典型的脆断特征。

1.2.2.4 乙酸的影响

乙酸（HAc）是一种弱酸，但是酸性强于碳酸（25℃时乙酸和碳酸的 pK_a 分别为 4.76 和 6.35），当两种酸的浓度相同时，HAc 是 H^+ 的主要来源。有学者研究发现超级 13Cr 不锈钢适用于 95℃中含有乙酸的环境（Cl^- 浓度为 20000mg/L），其腐蚀速率随乙酸浓度的增加而增大，但是未发生局部腐蚀和点蚀。

Sun 利用动电位研究了 HAc 对阴极和阳极反应的影响，发现 HAc 主要影响阴极反应，且 HAc 在未电离时对腐蚀是有很大影响的。George 在研究 CO_2/HAc 腐蚀时发现流速会对整个腐蚀反应产生较大的影响，在高温和低 pH 条件下，未电离的 HAc 会对 CO_2 腐蚀产生非常大的影响。

从理论上讲，固态的 $Fe(Ac)_2$ 能够通过 Fe^{2+} 与 Ac^- 结合而沉积，但是 $Fe(Ac)_2$ 的溶解度高于 $FeCO_3$，以至于具有保护性的产物膜不可能通过 $Fe(Ac)_2$ 而形成。据推测，有机酸能损坏 $FeCO_3$ 膜的保护性，这是因为有机酸能降低溶液 pH，进而损坏膜层的保护性。

1.2.2.5 pH 的影响

pH 对钢的腐蚀速率有较大的影响。H^+ 是 CO_2 腐蚀阴极反应的主要离子之一，而 pH 能标示溶液中的 H^+ 浓度。饱和 CO_2 水溶液的 pH 通常为 4，有时甚至更低。试验结果和数值模拟均显示腐蚀速率对pH有很强的依赖性。当pH较低（pH<4）并且CO_2分压也比较小（≤1bar）时，H^+的直接还原反应是阴极反应的主要反应。而在较高的pH（pH>5）并且高CO_2分压（≥1bar）时，阴极反应受H_2CO_3的直接还原反应控制，这与溶解的CO_2量相关。

但是，多数情况下pH对腐蚀速率的影响都是间接的，这主要取决于有利于形成$FeCO_3$膜层的pH。高的pH使得$FeCO_3$溶解度降低，进而增大沉积率，快速形成保护膜使腐蚀速率降低。

Chokshi试验结果表明，在pH为6的低过饱和度条件下，尽管多数$FeCO_3$已发生沉积，但腐蚀速率不随时间而变化，这说明此时的产物膜多孔、不致密，且不具有保护性。当pH为6.6时，升高pH引起高的过饱和度、快速的沉积和更多具有保护性膜层的形成，此时腐蚀速率随着时间增加而快速地减小。

另外，Ac^-/HAc的比率随着pH升高而升高，减缓了HAc对钢材料的腐蚀，同时高的pH也会引起其他膜层的形成等。由于高的pH能降低腐蚀速率，pH稳定技术成为了一种检测CO_2腐蚀的方式。但该技术的缺点是引入了过多的膜层，因而很少用在地层产出水系统中。

Cyard也认为腐蚀速率随着pH的增大而减小，但还取决于温度、CO_2分压和H_2S分压。通常认为腐蚀速率的对数与pH呈现一定的比例关系。

1.2.2.6 Cl^-浓度的影响

随Cl^-浓度的增大，超级13Cr不锈钢腐蚀速率呈现先增大后减小的趋势，在10000mg/L时达到最大值（其实验条件为150℃、2MPa CO_2和600mg/L HAc）。Cl^-对材料腐蚀的影响表现在两个方面：一方面，Cl^-可降低钢表面钝化膜形成的可能性或加速钝化膜的破坏，从而促进局部腐蚀的发生；另一方面，Cl^-使CO_2在水溶液中的溶解度降低，有减缓钢腐蚀的作用。吕祥鸿等在模拟油田CO_2/H_2S腐蚀环境中，通过高温高压腐蚀实验研究了超级13Cr马氏体不锈钢的腐蚀行为。结果表明超级13Cr不锈钢的均匀腐蚀速率与Cl^-浓度有很大关系，且随Cl^-浓度增大其均匀腐蚀速率有下降的倾向，其原因可能是Cl^-浓度的增加导致了溶液中盐度的增大，使得H_2S和CO_2在溶液中的溶解度下降，进而导致超级13Cr不锈钢均匀腐蚀速率的下降。

1.2.2.7 流速的影响

流速通过影响传质过程而影响腐蚀速率。较高的流速也意味着高的湍流程度和溶液的充分混合。流速主要通过两种方式影响材料的腐蚀，这取决于是否有别的条件有利于腐蚀产物膜的形成。在无保护性产物膜条件下，通常是指在低pH的凝析水中并且不含缓蚀剂的条件下，湍流将使离子快速流向游离金属的表面，如果传质是腐蚀速率的决定性因素，将加速腐蚀速率；相反，如果腐蚀产物膜已经形成，这主要是指在高pH的产出水条件下或者缓蚀剂膜层已经在金属的表面形成时，流速将引起离子在金属表面的浓度变化进而影响$FeCO_3$的沉积速率。多数情况下，少量的产物膜能够在高的流速下形成。当流速足够大时，即高于临界流速后，流速和壁面的交互作用变得比较强烈，使保护性的膜层或缓蚀剂膜被近壁湍流所破坏，同时近壁湍流会阻碍保护性膜层的再次形成，导致腐蚀速率增大。

有研究者在有保护性的CO_2腐蚀产物膜形成的条件下研究了流速的影响，发现流速能对阴极组分向金属表面的传输产生一定程度的影响，在高流速条件下，流速对金属溶解速率增长的影响变得不再明显。与此同时，流速能加速Fe^{2+}离开金属表面进而引起表面低饱和度和慢的沉积率，保护性的膜将会减少而腐蚀速率随之增大。

Ikeda认为，在温度为70～100℃、流速小于78.2m/s时，普通13Cr不锈钢材料表面可形成较厚的腐蚀产物膜，而在超级13Cr不锈钢材料表面形成的产物膜则相对较薄。Denpo也认为，当流速小于3m/s时，13Cr不锈钢的腐蚀速率随流速的增大而增大，并与$V^{0.5}$成正比，但在流速大于3m/s时，腐蚀速率基本不随流速的变化而变化。

一般而言，介质流动在促进反应物向试样表面扩散的同时，也加速了试样表面腐蚀产物的脱离，使得试样表面很难形成致密的保护膜，再加上液相流体对试样表面的冲刷，从而促进了材料局部腐蚀的发生。所以，材料的腐蚀速率随介质流速增大而增大。

1.2.2.8 单质硫的影响

单质硫在酸性油气田中是常见的产物之一，这主要是由H_2S的氧化造成的。并且，随着温度和压力的变化，单质硫可能会在油井管及管线钢的表面沉积。如果含有水，固态的单质硫会与钢接触而导致灾难性腐蚀的发生。

通过硫化物组分的氧化，单质硫容易在含水系统中形成。单质硫（S_8）形成的反应可能涉及高氧化态的金属（用M^{n+}表示）以及氧气

$$8H_2S(aq)+16M^{n+}(aq) \longrightarrow S_8(s)+16H^+(aq)+16M^{(n-1)+}(aq) \quad (1\text{-}1)$$

$$8H_2S(aq)+4O_2(g) \longrightarrow S_8(s)+8H_2O(l) \quad (1\text{-}2)$$

除了上述完全的化学过程外，硫化物氧化细菌也能在环境条件像形成液体的硫液滴一样形成单质硫。因此，单质硫的形成在油气田H_2S腐蚀环境中几乎是不可避免的。为方便区别标准条件下硫的同素异构体，在反应方程式中单质硫以S_8的形式呈现。

单质硫在液相环境中的酸化已被报道，其水解产物可能是多种组分，如H_2S、H_2SO_2、H_2SO_3、H_2SO_4和多硫化合物。Boden认为酸的形成是单质水解的结果，进而成为在单质硫呈现的条件下影响腐蚀的主要因素：

$$S_8(s)+8H_2O(l) \longrightarrow 6H_2S(aq)+2H_2SO_4(aq) \quad (1\text{-}3)$$

而MacDoanld认为在含有单质硫的环境系统中，铁和多硫化合物间的电化学反应是腐蚀的驱动力：

$$(x-1)Fe+S_{y-1}\cdot S^{2-}+2H^+ \longrightarrow (x-1)FeS+H_2S+S_{y-x} \quad (1\text{-}4)$$

Fang通过试验证实了单质硫（硫黄）的水解产物是H_2S、H_2SO_2、H_2SO_3、H_2SO_4和多硫化合物，并且只有当温度超过80℃后才会酸化水溶液，同时发现硫化铁可在单质硫覆盖金属的条件下直接产生，由此推断硫化铁是通过直接的固态反应而生成的：

$$8Fe(s)+S_8(s) \longrightarrow 8FeS(s) \quad (1\text{-}5)$$

1.2.2.9 原油的影响

通常，钢在油气田现场环境下的CO_2腐蚀速率要比在实验室试验所获取的腐蚀速率低，这是因为现场环境有原油的参与，而实验室模拟试验中不使用原油做腐蚀介质，即使用油做腐蚀介质，油也是合成的。原油对硫化物应力腐蚀开裂和均匀腐蚀都有意想不到的缓蚀效

果，即使含水率高达99%。原油的缓蚀机理是小部分的有机化合物从原油中析出而进入水相，在腐蚀的过程中吸附在金属表面上。试验发现芳香族化合物（包括含硫芳香剂）能很大程度地控制原油的缓蚀性能。

在设计油气田生产和输送设备的腐蚀系统中，通常只考虑水相组分以及操作环境（如温度、压力、流速、CO_2 和 H_2S 含量等）的影响，而不考虑油相，这可能会导致在现场不能重现钢的实际腐蚀行为，造成高的生产成本，而这些投入对有效的腐蚀控制是非必要的。

一定含量的原油有时能减小钢在 CO_2 和 H_2S 环境中的腐蚀速率，这与原油的组分、乳化液形成的稳定性以及相的润湿性相关。一般认为原油对 CO_2 腐蚀速率有两种影响：一是浸润性影响，原油能持续或间歇地阻碍水浸润金属表面，进而减缓金属的腐蚀行为；二是原油中的某些组分会到达金属的表面，通过直接接触或阻碍水相浸润金属表面而减缓钢的腐蚀。但是缓蚀钢腐蚀的组分及性质和有效性还很少被大家所知。在近期的研究中，其缓蚀程度与原油中化学组分的关系被量化，并确定了饱和烃、芳香烃、松香脂、沥青质、氮和硫的浓度对缓蚀效果的影响。

近来的研究发现原油能在 CO_2/H_2S 环境中对均匀腐蚀速率、氢渗透和硫化氢应力腐蚀开裂具有缓蚀作用。如在72psi（1psi=6894.757Pa）CO_2、80℃条件下添加1%的原油就能使腐蚀速率降低一个或多个数量级，这要归功于原油中有机组分的吸附性，改变了腐蚀产物的形貌、组分和致密度。值得一提的是，在钢上还发现了单质硫的存在，这可能是由单质硫在含硫原油中的溶解引起的。另外，原油的缓蚀作用在油气田现场也得到验证。

假设原油在钢表面的覆盖率是不完整的，并且随着浓度而变化，表面覆盖率 θ 可以通过下面的公式计算

$$\theta=\frac{C_0-C}{C_0-C_{\text{inh}}}=\frac{1-C/C_0}{1-C_{\text{inh}}/C_0}=\frac{1-C/C_0}{\lambda} \tag{1-6}$$

式中，C_0 为没有缓蚀剂时的电容；C 为给定缓蚀剂条件下的电容；C_{inh} 为当覆盖率为100%条件下的电容；λ 为常数，$\lambda\theta=1-C/C_0$ 是表面覆盖率的相关程度，目的是对比不同组分的缓蚀效率。

由此可通过交流阻抗技术获取不同条件下的电容值，进而计算获取原油或其他缓蚀剂对钢的缓蚀效率。

1.2.2.10 腐蚀产物膜的影响

钢的腐蚀主要依赖于腐蚀过程中在其表面所形成的腐蚀产物膜类型。膜层的稳定性、保护性、沉积率和附着力决定了腐蚀的形态（均匀腐蚀还是局部腐蚀）以及腐蚀速率。根据环境条件的不同，腐蚀产物膜可以主要分为下面几类。

（1）Fe_3C

Fe_3C 是金属原始组织的一部分，被看作是金属的骨架，是金属被腐蚀后留下的残余部分。

它是导体而且多孔，没有保护性。Fe_3C 影响腐蚀过程，要么作为扩散阻碍层降低腐蚀速率，要么通过如下的途径增大腐蚀速率：①与金属基体形成电偶对；②增大试样的表面积；③酸化在腐蚀产物膜中的溶液。

(2) $FeCO_3$

固态的 $FeCO_3$ 形成的反应方程式如下

$$Fe^{2+}+CO_3^{2-}\rightleftharpoons FeCO_3(s) \tag{1-7}$$

当 Fe^{2+} 与 CO_3^{2-} 浓度的乘积超过 $FeCO_3$ 的极限溶解度（或称为溶度积）时，固态的 $FeCO_3$ 便在钢表面沉积。但是，$FeCO_3$ 的沉积速率比较慢，是其沉积的控制步骤，因此在研究 $FeCO_3$ 成膜特征及其影响时通常只考虑 $FeCO_3$ 沉积率而忽略其热力学。

$FeCO_3$ 膜层的生长主要取决于沉积速率（R_{FeCO_3}），随着 $FeCO_3$ 的不断沉积，膜层在厚度和致密度上都有所增加。$FeCO_3$ 的沉积速率可表示为

$$R_{FeCO_3}=\frac{A}{V}f(T)K_{sp}f(SS) \tag{1-8}$$

式中，$FeCO_3$ 的沉积速率是过饱和度（SS）、极限溶解度（K_{sp}）、温度（T）和表面面积与体积比（A/V）的函数。

过饱和度（SS）被定义为

$$SS=\frac{c_{Fe^{2+}}c_{CO_3^{2-}}}{K_{sp}} \tag{1-9}$$

式中，$c_{Fe^{2+}}$ 为铁离子浓度；$c_{CO_3^{2-}}$ 为碳酸根的浓度。

过饱和度和温度是影响腐蚀速率的重要因素。在高温条件下，当金属表面上的 HCO_3^- 提供更多的 CO_3^{2-} 时，更多不溶解的 $FeCO_3$ 将会在金属表面形成，而不溶解 $FeCO_3$ 的形成将会增大溶液的 pH，并显著地降低腐蚀速率。

当 $FeCO_3$ 在金属表面沉积后，将通过如下方式降低腐蚀速率：①作为离子的扩散障碍层；②包裹部分金属基体而阻碍电化学反应的进行。

(3) FeS

FeS 可在含有 H_2S 的条件下形成，其反应过程如下

$$Fe^{2+}+S^{2-}\rightleftharpoons FeS(s) \tag{1-10}$$

假设 Fe^{2+} 和 S^{2-} 的浓度乘积超过了 FeS 的溶度积而形成固态的 FeS，其沉积速率 [$R_{FeS(s)}$] 的方程式如下

$$R_{FeS(s)}=\frac{A}{V}f(T)K_{sp_{FeS}}f(S_{FeS}) \tag{1-11}$$

式中，A/V 为表面积与体积比；$K_{sp_{FeS}}$ 为 FeS 溶解极限；S 为过饱和度，其定义为

$$S_{FeS}=\frac{c_{Fe^{2+}}c_{S^{2-}}}{K_{sp_{FeS}}} \tag{1-12}$$

FeS 像 $FeCO_3$ 一样通过扩散障碍和表面包裹影响腐蚀。同时，FeS 是半导体，在某些情况下能引起局部腐蚀，但是具体原因有待深入探究。

(4) $Cr(OH)_3$

含铬钢腐蚀后的表面经 X 射线衍射（XRD）分析，发现 Cr 在产物膜中明显富集，腐蚀产物的主要组成是 $Cr(OH)_3$，同时还含有一定量的 Cr_7C_3 和少量的 Cr_2O_3、$FeCO_3$。$Cr(OH)_3$ 呈非晶态结构，该膜层具有一定的阳离子选择透过性，可有效阻碍阴离子（如 Cl^-）穿透腐蚀产物膜到达金属基体表面，使腐蚀产物膜与金属基体界面处阴离子浓度降

低，进而抑制阳极反应，最终降低了基体的溶解速率。同时，它还减小了 Cl^- 在界面处团聚形核的可能性，消除了局部腐蚀。

Rogne 认为在无腐蚀产物膜时 Cr 对钢的腐蚀的影响较小，一旦成膜，腐蚀速率将明显减小，降至原来的 1/10～1/5。

1.2.2.11 酸化液的影响

Morgenthaler 通过研究发现废液酸（返排液）也具有强的腐蚀性，对油井管柱（无论是 L80 碳钢还是超级 13Cr 不锈钢）的完整性产生负面影响。对于超级 13Cr 不锈钢可接受的腐蚀速率是＜0.003mpy（1mpy＝1mil/a＝0.0254mm/a），并无颜色变化和明显的点蚀。

1.2.2.12 缓蚀剂的影响

缓蚀剂是一种化学物质，在液体中添加少量的缓蚀剂能减缓钢的腐蚀。当环境条件对钢的耐蚀性很不利时，添加缓蚀剂是减少腐蚀问题的有效途径。但是目前缓蚀剂的影响机制还不是很明确，公开发表的文献中或单纯用缓蚀因素和缓蚀率进行表述，或用分子模型技术来描述缓蚀剂与钢表面和产物膜层的交互作用。折中的方法是基于表面覆盖率，以减缓腐蚀这种假设为前提，也就是说缓蚀剂吸附在金属的表面上降低了一种或多种电化学反应。假设防腐程度与缓蚀剂的表面覆盖率成正比，人们首先要建立表面覆盖率 θ 与缓蚀剂在溶液中的浓度 c_{inh} 之间的关系，这在等温吸附线中已得到普遍应用，随后通过公式［如式(1-6)］等手段计算表面覆盖率，进而可获得缓蚀效率。

应用在油气田工业中的腐蚀缓蚀剂通过两种方式加注，一种是向传出流体中进行连续加注，一种是每隔一段时间后批量加注。连续加注通常是向油气井加注稀释浓度的液体缓蚀剂。批量加注是指通过管柱的环空加注，或在修井期间将固态缓蚀剂一次性加入井底，该种缓蚀剂能按比例不断稀释。

缓蚀剂通过吸附在钢表面阻碍传质过程而降低腐蚀速率，但是基于实验室的试验结果并不能确定最有利于形成预期腐蚀保护层的缓蚀剂添加剂量。实验室试验可以给出一个估计的用量，在此基础上，再基于腐蚀监测优化油田现场的实际添加量，从而得到可接受的腐蚀速率。

1.3 油井管服役条件变化

油气行业使用了不同的分类标准来定义 HTHP（高温高压）状况，但是即使在今天，关于什么是高压或高温或两者兼而有之的争论仍然存在。为了规范 HTHP 条件的边界，美国石油协会（API）规定 HTHP 井具备如下条件：①完井和井控设备额定为 103MPa (15000psi)；②关井表面压力超过 103MPa（15000 psi)；或流体温度大于 177℃（350℉）。

尽管 API 在 HTHP 发展的标准和规范化方面做了很大的努力，但一些运营商和原装设备制造商（OEM）将 HTHP 简单地视为他们以前项目所不能及的一个概念。

第一次 HTHP 陆上试井是 1965 年在密西西比州佩里县 Josephine“A”开钻，美国 HTHP 勘探在 20 世纪 70 年代持续进行，这一趋势于 1981 年在美国亚拉巴马州近海发现莫比尔湾油田后被加速。与传统油田相比，目前 HTHP 井的数量仍然有限，尽管如此，

HTHP 在世界范围内仍有积极的发展。HTHP 井也可以是甜气环境，即不含硫化氢（H_2S）或酸性物质或可测量到的硫化氢。几乎所有的储层都产生 CO_2，其典型的体积浓度在 3%～5%范围内。HTHP 井和油气储层都能产生大量的水，富含氯化物，根据地质构造的特点，pH 从接近中性到酸性不等。同样，当 H_2S 体积浓度超过 5%～10%时，可以出现单质硫（S_8），单质硫增加了水相的氧化能力，使 HTHP 井具有极强的侵蚀性。

套管和油管服役条件的变化表现为：HTHP 井使套管和油管柱承受的压力增加，承压能力降低（高温降低油套管屈服强度和弹性模量，高压提高了油套管柱承受的压力）；在 H_2S、CO_2 和 Cl^- 等介质单独或复合作用下，油套管的腐蚀愈加严重；特殊地质条件（如盐岩层塑性流动、疏松砂岩油层出砂、山前构造等）对管柱抗挤性能提出了特殊要求。近 10 年来发展的钻井和完井新技术对套管性能有了特殊要求，例如套管钻井技术用套管代替钻杆直接钻进，达到目的层直接固井。这种套管除具有套管的特性外，还应具备钻杆的特性，即除了具有足够的轴向承载能力外，还应具有较高的弯曲和扭转屈服强度、弯-扭复合疲劳抗力和韧性。一些国内外非 API 油套管对比见表 1-1。

表 1-1　国内外非 API 油套管对比

类别	国外		国内		主要特点
耐 CO_2 腐蚀油套管	川崎	KO-13Cr80～KO-13Cr110、KO-HP1-13Cr95、KO-HP1-13Cr110（～180℃）	天管	TP80NC-13Cr、TP95-HP13Cr、TP110NC-13Cr、TP110-HP13Cr	仅含 CO_2 环境
	住友金属	SM13CR-80～SM113CR-95	宝钢	BG95-13Cr、BG110-13Cr 等	
			攀成钢	CS80-13Cr	
	川崎	KO-HP2-13Cr95、KO-HP2-13Cr110	天管	TP95-SUP13Cr、P110-SUP13Cr	含少量 H_2S 或少量 Cl^-
			宝钢	BG13Cr-110U、BG13Cr-110S	
	住友金属	SM13CRS-80～SM13CRS-110、SM13CRM-80～SM13CRM-110	攀成钢	CS80-SUP13Cr	

1.4　管柱完整性

随着人类与日俱增的能源需求以及钻完井工艺技术的进步，天然气开采正从常规工况向 HTHP（高温高压）工况方向发展。我国高温高压深层气井因其单井产量高逐渐成为油气田可采储量的重要增长点，这对于保障西气东输长期平稳供气具有重要意义。目前国内外对高温高压井没有统一的解释和规定，中国石油天然气集团公司将高温高压气井定义为：井口压力大于 70MPa（或者是井底压力大于 105MPa）、井底温度大于 150℃的井为高温高压气井；井口压力大于 105MPa（或者是井底压力大于 140MPa）、井底温度大于 170℃的井为超高温高压气井，国际高温高压井协会目前已采纳该定义。

高温高压气井主要分布在美国墨西哥湾、英国北海、中国塔里木盆地和南海等地。目前我国具有代表性的超高温高压气井主要分布在新疆的塔里木盆地，复杂苛刻的高温高压工况引起的管柱腐蚀问题已成为气井井筒完整性面临的巨大威胁。

塔里木盆地高温高压气井工况的复杂苛刻性主要表现在：①超高温超高压工况下，井底温度最高达到 200℃，井底关井压力最高达 138MPa；②强腐蚀性井流介质，天然气中 CO_2 气体最大分压达 4MPa，地层水中 Cl^- 含量高达 160000mg/L，总矿化度超过 200g/L；③管柱复杂的受力状况，正常生产过程中的恒载荷、放喷和反复开关井引起的交变和振动载荷以及接头螺纹连接处的其他异常载荷；④酸化压裂增产过程使用的高腐蚀性液体，增产改造过程中所采用的酸化液（如 10%HCl＋1.5%HF＋3%HAc＋5%酸化缓蚀剂）及返排残酸液（无缓蚀剂）对气井管柱都具有非常高的腐蚀性。

在国内外高温高压气井开发过程中，因腐蚀导致的失效主要表现为：腐蚀穿孔、应力腐蚀开裂、管柱接头缝隙腐蚀密封失效等，如图 1-1 所示。

图 1-1 高温高压气井管柱常见腐蚀失效形式

（a）腐蚀穿孔；（b）应力腐蚀开裂；（c）接头缝隙腐蚀；（d）点蚀

由此可见，油气井管柱的完整性对钻完井及生产作业的高效、安全及经济性具有重要影响。国内通过二十几年的持续研究和攻关，形成了多项关键技术并有效支撑了油气田的发展。当前，我国油气田勘探开发的工况环境发生了很大变化，“三超”、严重腐蚀、非常规、特殊工艺和特殊结构井等油气井管柱服役环境日趋复杂，现有技术仍不能满足安全与经济性要求。所以，持续发展油气井管柱完整性技术，将为油气井管柱服役安全及油田高效、经济开发提供技术支持。西部“三超”高含 CO_2 气井环境及压裂酸化工况复杂，高温、高压、复杂腐蚀介质环境、大载荷压裂及酸化作业工艺、反复开关井引发的动载效应的联合作用，导致腐蚀更为严重，甚至引起油管泄漏。以塔里木油田为例，近 5 年油管失效 123 井次，试油完井过程失效 21 井次，其中脱扣 3 次、断裂 4 次、接箍开裂 12 次、本体纵裂 1 次、本体挤毁 2 次、腐蚀穿孔 3 次、丝扣腐蚀 3 次，其中接箍开裂、油管断裂占 43%。开发生产过程失效 102 井次，其中腐蚀穿孔 95 次，接箍开裂 7 次。克拉气田等重点区块 50%以上环空带压，安全风险显著上升，库存滞留及管材成本压力巨大。在用油管 96 种，涉及 6 种规格、7 种材质、3 种钢级、12 种壁厚、9 种扣型、7 家以上厂家，联合开发的 9 种超级 13Cr 不锈钢气密封油管，仍然不能满足生产需求。油管性能评价从二级提升到四级，仍然不能有效预防失效。

1.5 超级 13Cr 不锈钢

目前油气田所用管材材质主要是 J55、N80 和 P110 碳钢，但随着石油开采地层越来越深，油套管所面临的腐蚀环境也越来越苛刻，这使得普通碳钢的油套管已不能满足耐蚀性要求。

我国油气田领域主要以 22Cr 双相不锈钢、25Cr 双相不锈钢、13Cr 不锈钢和超级 13Cr 不锈钢为代表管材。李珣研究表明，在模拟井下的 CO_2 腐蚀环境中，13Cr 不锈钢几乎未出现腐蚀现象，相比于低 Cr 合金钢，其耐蚀性优异得多。管材的 Cr 含量越高，其抗 CO_2 腐蚀的能力越强。相比高 Cr 双相不锈钢，超级 13Cr 不锈钢越来越受到人们的重视，它不仅能在 CO_2-H_2S-Cl^- 复杂环境体系下表现出高耐蚀性和韧性，而且相同质量和抗蚀性能下，超级 13Cr 不锈钢的价格比高 Cr 双相不锈钢低了近 30%。因此，超级 13Cr 不锈钢逐渐取代了高 Cr 双相不锈钢在石油天然气行业中的地位，成为油气田开发中的首选用钢。

尽管普通 13Cr 不锈钢具有好的耐蚀性能，且已在多个油气田中作为油井管得以应用，但其抗应力腐蚀开裂（SSC）和 Cl^- 点蚀性能较差，并且其使用温度应低于 150℃；而耐蚀性好的 22Cr 不锈钢或镍基合金价格昂贵。为弥补价格和性能方面的不足，高强度、耐蚀性良好的超级 13Cr 不锈钢应运而生，它通过降低钢中的 C 含量，有效保留不锈钢中的 Cr 含量，并添加一些合金元素如 Ni、Mo、Cu 等来提高其耐蚀性。同时为了实现高钢级油井管的国产化，由宝钢、塔里木油田和石油管工程技术研究院（原管材研究所）三方联合开发的 BT-S13Cr110（超级 13Cr 油管）于 2009 年实现了小批量试生产，顺利完成了首批供货，并成功应用于塔里木油田，填补了国内这一领域的空白。但是，超级 13Cr 不锈钢依然存在因 Cl^- 应力腐蚀开裂而导致油管刺穿以及多种腐蚀共同作用而引起的失效等问题。

因此，系统地研究“三超”气井油管腐蚀失效特征及影响因素，揭示超级 13Cr 不锈钢油管的耐蚀性随温度、CO_2 分压、Cl^- 浓度、流速、酸化环境、完井液、加载应力的变化规律、腐蚀行为和特征，形成基于筒全寿命周期的腐蚀完整性选材评价技术，为“三超”气井油管选材提供决策依据具有重大的意义。

1.6 油气田常用防腐蚀措施

（1）添加缓蚀剂

在油气生产和输送过程中，添加缓蚀剂是较好的腐蚀控制措施之一，对于腐蚀严重的含

CO_2 油气生产装置，基本靠添加缓蚀剂加以控制。这是因为在生产中所使用的材料多数是碳钢和低合金钢，这些材料价格要比其他高性能材料（如不锈钢）便宜，但易受 CO_2 腐蚀的侵蚀，添加适当的缓蚀剂既能有效控制腐蚀又比较经济。油井管柱用缓蚀剂多为油性水分散型缓蚀剂（常用的是长链脂肪胺），而应用于气井的缓蚀剂还应具有气相缓蚀效果。目前市面上的缓蚀剂种类繁多，大致分为无机和有机两大类。无机缓蚀剂使金属表面发生钝化作用而阻止阳极溶解，有机成膜缓蚀剂更能减缓硫化氢腐蚀，如联胺和烷基胺等可以在被保护的金属表面形成阳离子胺膜，置换金属表面凹坑和疲劳裂纹中的水，从而阻碍腐蚀的发生。

因此，选取适当的缓蚀剂是防止含 CO_2/H_2S 油气腐蚀的有效方法。但因缓蚀剂对应用条件的选择性高、针对性强，需针对具体的油气田工况条件进行筛选和开发新的缓蚀剂。

(2) *覆盖层保护*

为了有效地防止油管内腐蚀，通常使用防腐内涂层，多为环氧型、环氧酚醛型、改进环氧型或尼龙等系列的涂层，它们不仅耐蚀性优良，而且具有一定的抗磨性。有学者研究发现对非含硫油气井，如果压力小于 45MPa，涂层可在低于 218℃下使用；对于含硫油气井的工况条件，其最高使用温度仅为 149℃。在预制过程中应严格按照 QC/QA 的要求，保证其厚度均匀和 100%的涂覆表面，这可为其在强腐蚀环境中的可靠使用提供技术保障，但它们普遍存在老化问题，且受操作条件的影响较大。

另外可在金属表面覆盖一种耐蚀金属保护层，如双金属复合防腐蚀套管与油管，可以将被保护的金属与腐蚀性介质隔开，从而到达防腐的目的且又不需要太多的投资。但是双金属复合管的可连接性差，腐蚀性介质易渗入层间而发生缝隙腐蚀和电偶腐蚀，目前其复合工艺与连接方式正在优化中。

(3) *选用耐蚀材料*

选用耐蚀合金（如常规 13Cr 不锈钢、超级 13Cr 不锈钢、2205Cr 不锈钢和 G3 镍基合金等）是防止高温 CO_2 腐蚀，尤其是 H_2S 腐蚀的最可靠方法。通过向钢材中加入 Cr 和 Ni 等元素以提高其抗腐蚀性能，这是最安全、简便、有效的途径。但是耐蚀合金的价格昂贵，是普通管材的 10～16 倍，将增大开发成本。

对于含 H_2S 气田开发，井内可选用钛合金工具，因为钛合金具有强度持久和高耐腐蚀抗疲劳性的特点，并且在温度高达 260℃时也不发生点蚀和一般腐蚀，也无硫化物结垢的生成。

目前，国外已趋向采用含铬铁素体不锈钢（9%～13%Cr）油管和套管，在 CO_2 和 Cl^- 共存的低温情况下可采用铬-锰-氮体系的不锈钢（22%～25%Cr）油管和套管，如果此时的井温也较高，则选用钛合金（Ti-15、Mo-5 和 Zr-3Al）或镍-铬基合金（Supper alloy），但是高浓度的 Cl^- 几乎可使所有的合金发生点蚀。当 H_2S、CO_2 共存，特别是气体中 H_2S 分压较高（>0.7kPa）时，单纯采用 13Cr 不锈钢管已不能满足要求，需要考虑硫化物应力腐蚀开裂的可能性。在这种高 H_2S 环境中，双相不锈钢合金管（如 2205 和 2507 不锈钢）曾被 Amoco 公司考虑采用。

(4) *防腐管柱组合*

为延长气井寿命，同时节约气田开发成本，完井套管可采用防腐管柱组合，即碳钢或低铬防腐油套管用于上部地层，高铬等耐蚀防腐油套管（如 13Cr 不锈钢）用于下部地层，但要在中间加保护封隔器，并且要保证完全密封以避免电偶腐蚀的发生，这样既能达到防腐的要求，又能节约成本。

南海高温高压气田面临高温、高压、高含 CO_2 的“三高”问题，传统方法已不能满足要求。为此，李中等针对南海莺琼盆地高温高压特点，从防腐级别、管柱强度级别、环空保护液体系以及螺纹密封能力入手，研制出模拟井下高温高压状态的可视化多相流动态腐蚀评价装置，针对 D13-1 气田地层流体组分，优选出超级 13Cr、改良型 13Cr 和普通 13Cr 等 3 种不锈钢，并依据经济和安全边界效益最大化原则，采取组合防腐策略，形成了海上高温高压开发井油套管综合防腐技术。

参考文献

[1] Lin N M, Xie F Q, Zhou J, et al. Microstructures and wear resistance of chromium coatings on P110steel fabricated by pack cementation[J]. Journal of Central South University of Technology, 2010, 17(6): 1155-1162.

[2] 吕祥鸿，赵国仙，张建兵，等．超级 13Cr 马氏体不锈钢在 CO_2 及 H_2S/CO_2 环境中的腐蚀行为[J]. 北京科技大学学报，2010，32(2)：207-212.

[3] 陈长风．油套管钢 CO_2 腐蚀电化学行为与腐蚀产物膜特性研究[D]. 西安：西北工业大学，2002.

[4] 姚小飞，谢发勤，韩勇，等．温度对 TC4 钛合金磨损性能和摩擦系数的影响[J]. 稀有金属材料与工程，2012，41(8)：1463-1466.

[5] Yin Z F, Zhao W Z, Tian W, et al. Pitting behavior on super 13Cr stainless steel in 3.5% NaCl solution in the presence of acetic acid [J]. Journal of Solid State Electrochemistry, 2009, 13(8): 1291-1296.

[6] 李鹤林，韩礼红，张文利．高性能油井管的需求与发展[J]. 钢管，2009，38(1)：1-9.

[7] Sidorin D, Pletcher D, Hedges B. The electrochemistry of 13% chromium stainless steel in oilfield brines[J]. Electrochimica Acta, 2005, 50(20): 4109-4116.

[8] 陈长风，姜瑞景，张国安，等．镍基合金管材高温高压 H_2S/CO_2 环境中局部腐蚀研究[J]. 稀有金属材料与工程，2010，39(3)：427-432.

[9] Nice P I, Martin J W. Application limits for super martensitic and precipitation hardened stainless steel bar-stock materials [C]//Corrosion/2005. Houston: NACE International, 2005.

[10] Marchebois H, Leyer J, Orlans-Joliet B. SSC performance of a super 13%Cr martensitic stainless steel for OCTG: Three-dimensional fitness-for-purpose mapping according to p_{H_2S}, pH and chloride content[C]//Corrosion/2007. Houston: NACE International, 2007.

[11] Miyata Y, Kimura M, Masamura K. Effects of chemical components on resistance to intergranular stress corrosion cracking in super martensitic stainless steel[C]//Corrosion/2007. Houston: NACE International, 2007.

[12] 姚小飞，田伟，谢发勤．超级 13Cr 油管钢在含 Cl^- 溶液中的腐蚀行为及其表面腐蚀膜的电化学特性[J]. 机械工程材料，2019，43(5)：12-16.

[13] Iannuzzi M, Barnoush A, Johnsen R. Materials and corrosion trends in offshore and subsea oil and gas production[J]. npj Materials Degradation, 2017, 1: 1-11.

[14] 李鹤林，韩礼红，张文利．高性能油井管的需求与发展[J]. 钢管，2009，38(1)：1-9.

[15] 冉金成，骆进，舒玉春，等．四川盆地 L17 超高压气井的试油测试工艺技术[J]. 天然气工业，2008，28(10)：58-60.

[16] Shadravan A, Amani M. What every engineer or geoscientist should know about high pressure high temperature wells [C]//2012 SPE Kuwait International Petroleum Conference and Exhibition, SPE 163376. Kuwait City: SPE, 2012.

[17] Ueda M, Omura T, Nakamura S, et al. Development of 125 ksi grade HSLA steel OCTG for mildly sour environments[C]//Corrosion 2005. Houston: NACE International, 2005.

[18] Zhang F X, Yang X T, Peng J X, et al. Well integrity technical practice of ultra deep ultra high pressure well in Tarim oilfield[C]//6th International Petroleum Technology Conference. Beijing: International Petroleum Technology Conference, 2013.

[19] Yuan X F. Ultra high pressure well fracturing in KS area[C]//World Oil's 8th Annual HPHT Drilling and Completions Conference. Houston: World Oil, 2013.

[20] 吕拴录．塔里木油田油套管失效分析及预防[C]//2013 年塔里木油田井筒完整性会议．北京：石油工业出版社，2013.

[21] 赵密锋，付安庆，秦宏德，等．高温高压气井管柱腐蚀现状及未来研究展望[J]．表面技术，2018，47(6)：44-50.

[22] 冯耀荣，韩礼红，张福祥，等．油气井管柱完整性技术研究进展与展望[J]．天然气工业，2014，34(11)：73-81.

[23] 李珣．井下油套管二氧化碳腐蚀研究[D]．成都：四川大学，2005.

[24] 王少兰，费敬银，林西华，等．高性能耐蚀管材及超级 13Cr 研究进展[J]．腐蚀科学与防护技术，2013，25(4)：322-326.

[25] 王丹，袁世娇，吴小卫，等．油气管道 CO_2/H_2S 腐蚀及防护技术研究进展[J]．表面技术，2016，45(3)：31-37.

[26] 徐军．超级马氏体不锈钢腐蚀性能的影响因素研究[D]．昆明：昆明理工大学，2011.

[27] Chellappan M，Lingadurai K，Sathiya P. Characterization and optimization of TIG welded supermartensitic stainless steel using TOPSIS[J]. Materials Today：Proceedings，2017，4(2)：1662.

[28] 董玉涛．淬火工艺对 13Cr 超级马氏体不锈钢组织和性能的影响[D]．天津：天津大学，2014.

[29] 刘发．3Cr13 马氏体不锈钢的高温热变形行为研究[J]．中国冶金，2015，25(10)：38-41.

[30] 李珣，姜放，陈文梅，等．井下油套管二氧化碳腐蚀[J]．石油与天然气化工，2006，35(4)：300-303.

[31] Escobar J D，Poplawsky J D，Faria G A，et al. Compositional analysis on the reverted austenite and tempered martensite in a Ti-stabilized supermartensitic stainless steel：segregation，partitioning and carbide precipitation[J]. Materials and Design，2018，140：95-105.

[32] 樊恒，骆佳楠，李鹏宇，等．腐蚀形貌简化对完井管柱剩余强度的影响分析[J]．石油机械，2016，44(8)：65-70.

[33] 蔡文婷．HP13Cr 不锈钢油管材料在含高氯离子环境中的抗腐蚀性能[D]．西安：西安石油大学，2011.

[34] 郑伟．油田复杂环境超级 13Cr 油套管钢 CO_2 腐蚀行为研究[D]．西安：西安石油大学，2015.

[35] Mannan S，Patel S. A new high strength corrosion resistant alloy for oil and gas applications[C]//63th NACE Annual Conference. Houston：Omnipress，2008.

[36] Aberle D，Agarwal D C. High performance corrosion resistant stainless steels and nickel alloys for oil & gas applications[C]//63th NACE Annual Conference. Houston：Omnipress，2008.

[37] Scarberry R C，Graver D L，Stephens C D. Alloying for corrosion control[J]. Materials Protection，1967，6(6)：55-57.

[38] 赵志博．超级 13Cr 不锈钢油管在土酸酸化液中的腐蚀行为研究[D]．西安：西安石油大学，2014.

[39] 李中．南海高温高压气田开发钻完井关键技术现状及展望[J]．石油钻采工艺，2016，38(6)：730-736.

[40] 油气田腐蚀与防护技术手册编委会．油气田腐蚀与防护技术手册[M]．北京：石油工业出版社，1999：81-87.

[41] 姜晓霞，李诗卓，李曙．金属的腐蚀磨损[M]．北京：化学工业出版社，2003：420-451.

[42] 王丹，谢飞，吴明，等．硫化氢环境中管道钢的腐蚀及防护[J]．油气储运，2009，28(9)：10-13.

[43] 韩兴平．四川输气管道的硫化物应力腐蚀与控制[J]．油气储运，1997，16(10)：36-39.

[44] Crolet J L，Bonis M R. Prediction of the risks of CO_2 corrosion in oil and gas wells[J]. SPE Production Engineering 1991，6(4)：449-453.

[45] Lopez D A，Perez T，Simison S N. The influence of microstructure and chemical composition of carbon and low alloy steel in CO_2 corrosion，a state-of-the-art appraisal[J]. Material and Design 2003，24(16)：561-575.

[46] Pots B F M. Mechanistic models for the prediction of CO_2 corrosion rates under multiphase flow conditions[C]//Corrosion 1995. Houston：NACE International，1995.

[47] Vedapuri D，Kang C，Dhanbalan D，et al. Inhibition of multiphase wet gas corrosion[C]//Corrosion 2000. Houston：NACE International，2000.

[48] Dugstad A. Mechanism of protective film formation during CO_2 corrosion of carbon steel[C]//Corrosion 1998. Houston：NACE International，1998.

[49] Gray L G S，Anderson B G，Danysh M J，et al. Mechanism of carbon steel corrosion in brines containing dissolved carbon dioxide at pH4[C]//Corrosion 1989. Houston：NACE International，1989.

[50] Gray L G S，Anderson B G，Danysh M J，et al. Effect of pH and temperature on the mechanism of carbon steel corrosion by aqueous carbon dioxide[C]//Corrosion 1990. Houston：NACE International，1990.

[51] Shahid M，Faisal M. Effect of hydrogen sulfide gas concentration on the corrosion behavior of "ASTM A-106 grade-

A" carbon steel in 14% diethanol amine solution[J]. The Arabian Journal for Science and Engineering 2009, 34(2): 179-186.

[52] Sun W, Nesic S. A mechanistic model of H_2S corrosion of mild steel[C]//Corrosion 2007. Houston: NACE International, 2007.

[53] Rendon R L, Alejandre J. Molecular dynamics simulations of the solubility of H_2S and CO_2 in water[J]. Journal of the Mexican Chemical Society, 2008. 52(1): 88-92.

[54] Srinivasan S, Kane RD. Prediction of corrosivity of CO_2/H_2S production environment[C]//Corrosion 1996. Houston: NACE International, 1996.

[55] 于少波，赵国仙，韩勇．模拟塔里木油田环境中低Cr钢的H_2S/CO_2腐蚀行为[J]．腐蚀与防护，2009，30(5)：289-292.

[56] Amaya H, Kondo K, Hirata H, et al. Effect of chromium and molybdenum on corrosion resistance of super 13Cr martensitic stainless steel in CO_2 environment[C]//Corrosion 1998. Houston: NACE International, 1998.

[57] Marchebois H, Alami H E, Leyer J, et al. Sour service limits of 13% Cr and super 13% Cr stainless steels for OCTG: effect of environmental factors[C]//Corrosion 2009. Houston: NACE International, 2009.

[58] Toro A, Misiolek W Z, Tschiptschin A. Correlation between microstructure and surface properties in a high nitrogen martensitic stainless steel[J]. Acta Materialia, 2003, 51(12): 3363-3374.

[59] Ueda M, Kushida T, Kondo K, et al. Corrosion resistance of 13Cr-5Ni-2Mo martensitic stainless steel in CO_2 environment containing a small amount of H_2S[C]//Corrosion 1992. Houston: NACE International, 1992.

[60] Asahi H, Hara T, Kawakami A, et al. Development of sour resistant modified 13Cr OCTG[C]. Corrosion 1995. Houston: NACE International, 1995.

[61] Zheng S J, Wang Y J, Zhang B, et al. Identification of $MnCr_2O_4$ nano-octahedron in catalysing pitting corrosion of austenitic stainless steels[J]. Acta Materialia, 2010, 58(15): 5070-5085.

[62] 袁剑波，杨德钧，王光雍．1Cr18Ni9Ti不锈钢的点蚀的敏感位置[J]．北京钢铁学院学报，1988，10(1)：96-100.

[63] 张清，李全安，文九巴，等．CO_2/H_2S对油气管材的腐蚀规律及研究进展[J]．腐蚀与防护，2003，24(7)：277-281.

[64] Lucio-Garcia M A, Gonzalez-Rodriguez J G, Casales M, et al. Effect of heat treatment on H_2S corrosion of a micro-alloyed C-Mn steel[J]. Corrosion Science, 2009, 51(10): 2380-2386.

[65] 孙卫红，宋为顺，赵先存．形变热处理对高强耐海水腐蚀不锈钢力学性能及耐孔蚀性的影响[J]．钢铁研究学报，1990，2(增刊)：47-53.

[66] 王运玲，王健．热处理对1Cr16Ni4Nb钢在盐酸中腐蚀行为的影响[J]．石油化工设备，2010，39(3)：15-17.

[67] Miyasaka A, Ogawa H. Influence of metallurgical factors on corrosion behaviors of modified 13% Cr martensitic stainless steels[C]//Corrosion 1990. Houston: NACE International, 1990.

[68] Nose K, Asahi H. Effect of microstructure on corrosion resistance of a martensitic stainless linepipe[C]//Corrosion 2000. Houston: NACE International, 2000.

[69] Kondo K, Amaya H, Ohmura T, et al. Effect of cold work on retained austenite and on corrosion performance in low carbon martensitic stainless steels[C]//Corrosion 2003. Houston: NACE International, 2003.

[70] Kimura M, Miyata Y, Toyooka T, et al. Effect of retained austenite on corrosion performance for modified 13% Cr steel pipe[J]. Corrosion, 2001, 57(5): 433-439.

[71] 张义平．Cr18Ni9Ti晶间腐蚀及热处理工艺研究[J]．煤矿机械，2006，27(7)：119-121.

[72] 朱小阳．13Cr-L80的热处理工艺研究[J]．特钢技术，2006(3)：43-45.

[73] Andrzej A, Robert D Y. Simulation of CO_2/H_2S corrosion using thermodynamic and electrochemical models[C]//Corrosion 1999. Houston: NACE International, 1999.

[74] Nešić S, Lee K J. The mechanistic model of iron carbonate film growth and the effect on CO_2 corrosion of mild steel [C]//Corrosin 2002. Houston: NACE International, 2002.

[75] Linne C P, Blanchard F, Guntz G C, et al. Corrosion performances of modified 13Cr for OCTG in oil and gas environments[C]//Corrosion 1997. Houston: NACE International, 1997.

[76] Cayard M S, Kane R D. Serviceability of 13Cr tubulars in oil and gas production environments[C]//Corrosion 1998. Houston: NACE International, 1998.

[77] Nesic S, Postlethwaite J, Olsen S. An electrochemical model for prediction of CO_2 corrosion[C]//Corrosion 1995. Houston: NACE International, 1995.

[78] De Waard C, Milliams D E. Carbonic acid corrosion of steel[J]. Corrosion 1975, 31(5): 177-182.

[79] Nesic S, Lunde L. Carbon dioxide corrosion of carbon steel in two-phase flow[J]. Corrosion, 1994, 50: 717-727.

[80] Wang S, George K, Nesic S. High pressure CO_2 corrosion electrochemistry and the effect of acetic acid[C]//Corrosion 2004. Houston: NACE International, 2004.

[81] Sun Y, Nesic S. A parametric study and modeling on localized CO_2 corrosion in horizontal wet gas flow[C]//Corrosion 2004. Houston: NACE International, 2004.

[82] 刘厚群. 低浓度硫化氢对钢材腐蚀的研究[J]. 腐蚀科学与防护技术, 1991, 3(2): 35-37.

[83] 周孙选, 赵景茂, 郑家燊. 铁在 H_2S-盐水中的腐蚀产物的穆斯堡尔研究[J]. 华中理工大学学报, 1993, 2(5): 155-159.

[84] Sakamoto S, Maruyama K, Kaneta H. Corrosion property of API and modified 13Cr steels in oil and gas environment [C]//Corrosion 1996. Houston: NACE International, 1996.

[85] 张星, 李兆敏, 张志宏, 等. 深井油管 H_2S 腐蚀规律实验研究[J]. 腐蚀科学与防护技术, 2006, 16(1): 16-19.

[86] Ma H Y, Cheng X L, Li G Q, et al. The influence of hydrogen sulfide on corrosion of iron under different conditions [J]. Corrosion Science, 2000, 42(10): 1669-1683.

[87] Joosten M W, Kolts J, Hembree J W, et al. Organic acid corrosion in oil and gas production[C]//Corrosion 2002. Houston: NACE International, 2002.

[88] Toshiyuki Sunaba, Hiroshi Honda, Yasuyoshi Tomoe. Localized corrosion performance evaluation of CRAs in sweet environments with acetic acid at ambient temperature and 180℃[C]//Corrosion 2010. Houston: NACE International, 2010.

[89] Sun Y, George K, Nesic S, The effect of Cl^- and acetic acid on localized CO_2 corrosion in wet gas flow[C]//Corrosion 2003. Houston: NACE International 2003.

[90] George K, Nešić S, de Waard C. Electrochemical investigation and modeling of CO_2 corrosion of mild steel in the presence of acetic acid[C]//Corrosion 2004. Houston: NACE International, 2004.

[91] Nafday O A, Nesic S. Iron carbonate film formation and CO_2 corrosion in the presence of acetic acid[C]//Corrosion 2005. Houston: NACE International, 2005.

[92] Nesic S, Nordsveen M, Nyborg R, et al. A mechanistic model for CO_2 corrosion of mild steel in the presence of protective iron carbonate scales-Part II: A numerical experiment[J]. Corrosion, 2003, 59: 489-497.

[93] Nesic S, Nordsveen M, Nyborg R, et al. A mechanistic model for CO_2 corrosion with protective iron carbonate films [C]//Corrosion 2001. Houston: NACE International, 2001.

[94] Chokshi K, Sun W, Nesic S. Iron carbonate film growth and the effect of inhibition in CO_2 corrosion of mild steel [C]//Corrosion 2005. Houston: NACE International, 2005.

[95] Toshiyuki S, Hiroshi H, Yasuyoshi T, et al. Corrosion experience of 13%Cr steel tubing and laboratory evaluation of super 13Cr steel in sweet environments containing acetic acid and trace amounts of H_2S[C]//Corrosion 2009. Houston: NACE International, 2009.

[96] 白真权, 李鹤林, 刘道新. 模拟油田 CO_2/H_2S 环境中 N80 钢的腐蚀及影响因素研究[J]. 材料保护, 2003, 36(4): 32-38.

[97] 吕祥鸿, 赵国仙, 张建兵, 等. 超级 13Cr 马氏体不锈钢在 CO_2 及 H_2S/CO_2 环境中的腐蚀行为[J]. 北京科技大学学报, 2010, 32(2): 207-212.

[98] Nesic S, Wang J. Cai Y, et al. Integrated CO_2 corrosion-multiphase flow model[C]//Corrosion 2004. Houston: NACE International, 2004.

[99] Ikeda A, Ueda M. Corrosion behaviour of Cr containing steels predicting CO_2 corrosion in oil and gas industry[J]. Corrosion, 1985, 37(2): 121-128.

[100] Denpo K, Ogawa H. Corrosion behavior of pipe and tube materials in injection systems[C]//Corrosion 93. Houston: NACE International, 1993.

[101] Steudel R. Mechanism for the formation of elemental sulfur from aqueous sulfide in chemical and microbiological

desulfurization processes[J]. Industrial & Engineering Chemistry Research, 1996, 35(4): 1417-1423.

[102] Boden P J, Maldonado-Zagal S B. Hydrolysis of elemental sulfur in water and its effects on the corrosion of mild steel[J]. British Corrosion Journal, 1982, 17(3): 116-120.

[103] Schmitt G. Effects of elemental sulfur on corrosion in sour gas systems[J]. Corrosion, 1991, 47(4): 285-308.

[104] Fang H, Young D, Nesic S. Corrosion of mild steel in the presence of elemental sulfur[C]//Corrosion 2008. Houston: NACE International, 2008.

[105] Mendez C, Duplat S, Hernandez S, et al. On the mechanism of corrosion inhibition by crude oils[C]//Corrosion 2001. Houston: NACE International, 2001.

[106] Rincón H, Hernández S, Salazar J, et al. Effect of the water/oil ratio on the SSCC susceptibility of high strength OCTG carbon steel[C]//Corrosion 1999. Houston: NACE International, 1999.

[107] Cai J, Nesic S, de Waard C. Modeling of water wetting in oil-water pipe flow[C]//Corrosion 2004. Houston: NACE International, 2003.

[108] Hernandez S, Bruzual J, Lopez-Linares F, et al. Isolation of potential corrosion inhibiting compounds in crude oils [C]//Corrosion 2003. Houston: NACE International, 2003.

[109] Castillo M, Rincrn H, Duplat S, et al. Protective properties of crude oils in CO_2 and H_2S corrosion[C]//Corrosion 1999. Houston: NACE International, 1999.

[110] Hemandez S, Hernandez S, Rincon H, et al. Flow induced CO_2 and H_2S corrosion studies using the dynamic field tester in crude oil wells[J]. Corrosion, 2002, 58(10): 889-898.

[111] Murakawa T, Nagura S, Hackerman N. Coverage of iron surface by organic compounds and anions in acid solutions [J]. Corrosion Science,1967, 7(2): 79-89.

[112] Mora-Mendoza J L, Turgoose S. Fe_3C influence on the corrosion rate of mild steel in aqueous CO_2 systems under turbulent flow conditions[J]. Corrosion Science, 2002, 44(6): 1223-1246.

[113] Gulbrandsen E, Nešić S, Strangeland A, et al. Effect of precorrosion on the performance of inhibitors for CO_2 corrosion of carbon steel[C]//Corrosion 1998. Houston: NACE International, 1998.

[114] Harmandas N G, Koutsoukos P G. The formation of iron sulfides in aqueous solutions[J]. Journal of Crystal Growth,1996, 167(3-4): 719-724.

[115] Nesic S, Lee K L J. A mechanistic model for CO_2 corrosion of mild steel in the presence of protective iron carbonate scales-Part III: scale growth model[J]. Corrosion,2003, 59(5): 616-628.

[116] Kirchheim R, Heine B, Fischmeister H, et al. The passivity of iron-chromium alloys[J]. Corrosion Science,1989, 29(7): 899-907.

[117] Kimura M, Saito Y, Yoshifumi Y. Effects of alloying elements on corrosion resistance of high strength linepipe steel in wet CO_2 environments[C]//Corrosion 1994. Houston: NACE International, 1994.

[118] Nice P I, Veda M. The effect of microstructure and Cr alloying content to the corrosion resistance of low-slloy steel well tubing in seawater injection service[C]//Corrosion 1998. Houston: NACE International, 1998.

[119] 张忠铧，郭金宝，蔡海燕，等. 经济型抗 CO_2、H_2S 腐蚀油套管的开发[J]. 钢管，2004，33(5)：18-21.

[120] 张忠铧，黄子阳，孙元宁，等. 3Cr 抗 CO_2 和 H_2S 腐蚀系列油套管开发[J]. 宝钢技术，2006，(3)：5-8.

[121] Rogne T, Eggen T G, Steinsmo U. Corrosion of C-Mn-steel and 0.5% CR steel in flowing CO_2 saturated brines [C]//Corrosion 1996. Houston: NACE International, 1996.

[122] Morgenthaler L N, Rhodes P R, Wheaton L L. Testing the corrosivity of spent HCl/HF acid to 22Cr and 13Cr stainless steels[J]. Journal of Petroleum technology,1997,49.

[123] Nasr-El-Din H A, Al-Khuraidahyh A, Krizler T, et al. Recent development in high temperature aciding with Super Cr-13 completions: laboratory testing [C]//2002 SPE/ADIPEC conference. Abu Dhabi: Society of Petroleum Engineers, 2002.

[124] De Marco R, Durnie W, Jefferson A, et al. Persistence of carbon dioxide corrosion inhibitors[J]. Corrosion, 2002, 85(4): 354-363.

第2章 失效与分析

2.1 概述

对石油和天然气需求的增加、勘探开发技术的进步促进了高温高压（HTHP）、超高温高压（UHTHP）甚至极超高温高压（XHTHP）工况条件下油气资源的开发。因此，油气开发用碳钢油管在高温高压油气井中的腐蚀成为一个棘手的问题。使用性价比高的超级马氏体不锈钢管，如超级13Cr不锈钢管材，显著缓解了这种情况。通过添加合金元素Ni、Mo和Cu，超级13Cr不锈钢在高温高压环境下具有令人满意的性能。然而，在高矿化度、高浓度Cl^-和CO_2气体的HTHP井中，超级13Cr不锈钢的腐蚀机理尚不清楚。同时，也有超级13Cr不锈钢在酸化断裂过程中的腐蚀失效案例。酸化压裂技术是石油工业提高油气井采收率的有效手段。然而，由于酸具有腐蚀性，评价酸对油井管道的腐蚀影响具有重要意义。

实际上，管材的耐蚀性在使用前都是通过室内试验进行测试过的。例如，采用高温高压釜进行评估。这是一种简便的方法，但是这种方法的缺点是只允许使用小的试样，忽略了比例因素。同时，它不能模拟管材的应力和内部压力。虽然设计了四点弯曲和密封圈对材料施加应力，但受力方式与实际井下管材受力不同。在此基础上，石油管工程技术研究院设计了最大拉力1000t、最大内压100MPa、最高温度200℃的全尺寸管材腐蚀试验系统，可较好地模拟油气田管材的腐蚀情况。

随着深井和超深井的发展，油井管的工作环境越来越复杂。在使用过程中，套管或油管可能会暴露在高温、高压、高腐蚀性的环境中。例如，在北海中部的Erskine油田，管材所处温度高达176.7℃，压力高达96.5MPa，流体中含有4%的CO_2。挪威北海的Kristin油田，管材也暴露在170℃左右的温度下。

与超级13Cr马氏体不锈钢相比，22Cr双相不锈钢在150℃以上具有优异的性能，在CO_2湿气环境下对硫化物应力开裂（SSC）稳定。然而，22Cr双相不锈钢的成本是非常高的。另外，含Ni、Mo、Cu的超级13Cr不锈钢在CO_2湿气环境中可以抵抗少量H_2S腐蚀，ISO 13680—2010中规定“13-5-2”组分的材质是油管的首选。因此，在过去的一段时间里，超级13Cr不锈钢被广泛应用于CO_2环境中。

在现场应用的过程中，仍然存在不同程度的失效现象。Woodtli指出，三分之一的金属失效与环境影响有关，如腐蚀、氢脆和应力腐蚀开裂（SCC）。对油田用超级13Cr不锈钢（S13Cr110）的失效进行研究，发现四种主要的腐蚀类型：①光滑中心周围的凹坑；②光滑中心周围的环形腐蚀；③孔状凹坑；④单面腐蚀。雷晓伟等建立了一套完整的管材腐蚀测试系统，以模拟超级13Cr不锈钢在井下废酸环境中的安全性能。经过测试，发现超级13Cr不锈钢不仅在酸化过程中对SCC敏感，而且会在废酸中产生致命的缺陷，因此建议在油气井运行过程中必须精确控制酸化过程。

再如为了掌握S13Cr110特殊螺纹接头油管的耐蚀性，对某井特殊螺纹接头S13Cr110油管柱腐蚀状况进行了全面检查，并对不同井深位置的油管柱取样进行解剖分析，结果表明，不同井段油管腐蚀程度不同，油管特殊螺纹接头内倒角越小，表面精度越高，油管抗腐蚀性能越好。对油管接箍开裂事故进行分析发现：油管接箍断口源区存在原始缺陷，接箍材料强度偏大，修井过程中原始缺陷扩展使接箍开裂，导致油管接头脱扣。油管接箍横向开裂与其存在原始裂纹和材料屈服强度偏大有关，而油管接箍纵向断裂失效也是油田酸化作业和油气生产过程中常见的失效形式之一，其与油管材料质量、接头上扣扭矩、油管柱组合、酸化作业和油气生产工艺等有关，是一项复杂的系统工程问题。发生油管接箍断裂事故之后，油田不得不花费大量的人力和物力进行修井作业。

因此，搞清油田酸化作业和油气生产过程中油管和接箍腐蚀、断裂等失效的真正原因，才能采取有效预防措施，防止此类事故再次发生。

2.2 油管台肩面与管体腐蚀

2.2.1 背景

西北某气井深度为5650m，油管材质为超级13Cr不锈钢（S13Cr110），套管材质为P110碳钢，油管柱由258根3-1/2″和190根2-7/8″组成。为提高采收率，对该井进行压裂酸化作业，正常开采1年后发现套管压力突然上升，最大值达到80.21MPa，此时油管压力最大值为86.37MPa。

2.2.2 理化检验

（1）宏观观察

起出管柱后发现有280个油管外部已遭受明显的腐蚀，如图2-1所示。

整体来看，油管的腐蚀程度小于接箍的腐蚀程度。油管上的腐蚀区主要位于油管中部，接箍上的腐蚀区位于油管腐蚀的相应一侧。腐蚀区域的表面被一层黑色的膜层覆盖，但是当黑色膜层被剥去时，表面仍然光亮，如图2-1(b) 所示，而且腐蚀区周边有明显的接触痕迹，呈圆形或椭圆形。接箍内台肩处沿轴向和周向分布着一些腐蚀坑，呈哑铃状，如图2-1(c) 所示。与接箍腐蚀部位相对应的油管公扣端面发生腐蚀，部分螺纹也发生腐蚀损伤，如图2-1(d) 所示。另外，上述现象主要发生在1000～3000m管段处，意味着其服役温度低于110℃。

（2）组分分析

油管管体和接箍的化学成分如表2-1所示，表明超级13Cr不锈钢管及接箍的S、P元素含量均符合API SPEC 5CT—2018标准的技术要求。

图 2-1　腐蚀宏观形貌

(a) 接箍外表面；(b) 管体外表面；(c) 接箍内台肩；(d) 油管公扣端内表面

表 2-1　油管管体与接箍的化学成分　　单位:% (质量分数)

元素	C	Si	Mn	P	S	Cr	Ni	Mo	V	Ti	Cu	N
管体	0.026	0.24	0.45	0.013	0.0046	13.0	5.04	2.15	0.025	0.036	1.52	0.040
接箍	0.025	0.25	0.46	0.014	0.0052	12.9	4.85	2.07	0.023	0.080	1.37	0.042
API SPEC 5CT—2018				≤0.03	≤0.03							

(3) 组织分析

油管与接箍的金相组织如图 2-2 所示，油管与接箍的金相组织为回火马氏体，与夹杂物

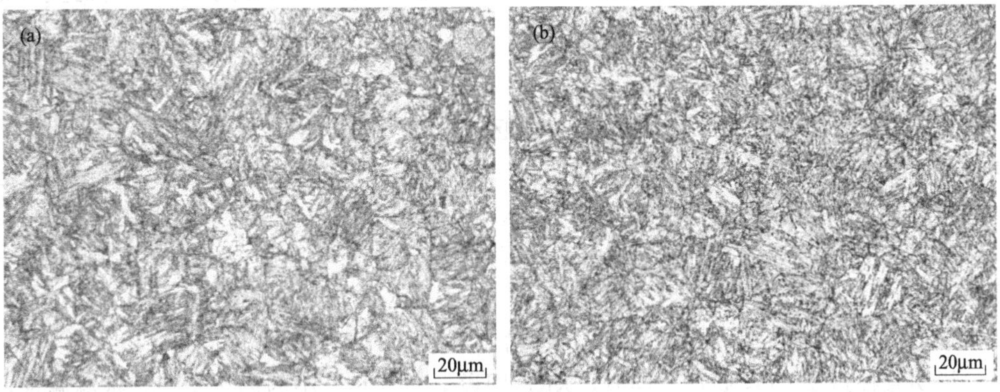

图 2-2　油管与接箍的金相组织

(a) 接箍；(b) 油管

相似，均为 A0.5、B0.5、D0.5，只是晶粒尺寸略有不同，油管的晶粒尺寸为 8.0μm、而接箍的晶粒尺寸为 8.5μm。油管与接箍对应的腐蚀坑周围的金相组织如图 2-3 所示。与图 2-2 相比，差异不明显，可见，腐蚀失效并不是由金相组织的差异造成的。

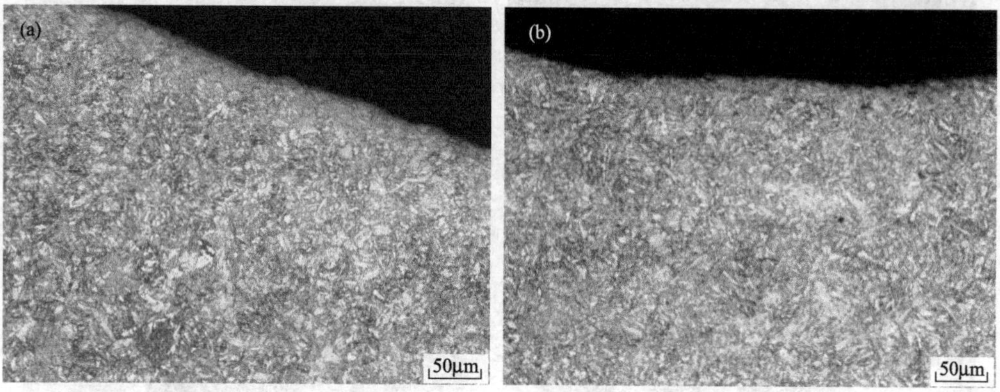

图 2-3 腐蚀缺陷处金相组织

(a) 接箍；(b) 油管

(4) 力学性能

油管和接箍的抗拉性能、夏比冲击功（−10℃）、延长率和硬度如表 2-2 所示。从表 2-2 可以看出油管的抗拉性能、夏比冲击能、延长率和硬度略高于接箍，但均符合 API SPEC 5CT—2018 标准的技术要求。

表 2-2 超级 13Cr-110 不锈钢油管和接箍的力学性能

参数	σ_b/MPa	σ_s/MPa	A_{kv}(−10℃)/J	延长率/%	硬度/HRC
油管	952	865	64	21	27
接箍	940	862	62	20	28
API SPEC 5CT—2018	≥862	758～965	>21	>11	<32

(5) 微观形貌

图 2-4 为点蚀和冲蚀的微观形貌，一个大坑内零星分布着几个小坑，小坑底部沉积着一些物质［图 2-4(a)］，坑的最大深度为 3.15mm。接箍螺纹端附近被腐蚀的台肩处呈现出冲蚀的形貌［图 2-4(b)］。

(6) 产物分析

表 2-3 为图 2-5 所对应的冲蚀和点蚀所选区域化学元素的相对含量。结果表明，冲蚀各元素的相对含量与谱 2 中点蚀元素的相对含量基本相同，且随着扫描位置的顺序变化，各元素的相对含量逐渐增加或减少。此外，Cr、Ni、Mo 在腐蚀垢中富集，S 也在膜层中呈现，含 O、Si、Ca 的物质沉积在凹坑底部。由此可推测，腐蚀产物不仅有合金元素和碳酸亚铁，还有硫化物。

图 2-6(a) 为腐蚀垢及腐蚀产物 XRD 图谱，可以看出腐蚀垢由 $FeCO_3$、Fe_3O_4 和 Fe-Cr 组成，说明管柱遭受 CO_2 腐蚀。同时，XRD 图谱上还有几个小的面包状峰，推测腐蚀产物中可能存在一些铬的化合物，如氢氧化铬和/或氧化铬等，由于它们是非晶态化合物，XRD 不能辨识。此外，还测量了从坑底刮出的腐蚀产物的组成，如图 2-6(b) 所示，不仅有 $FeCO_3$

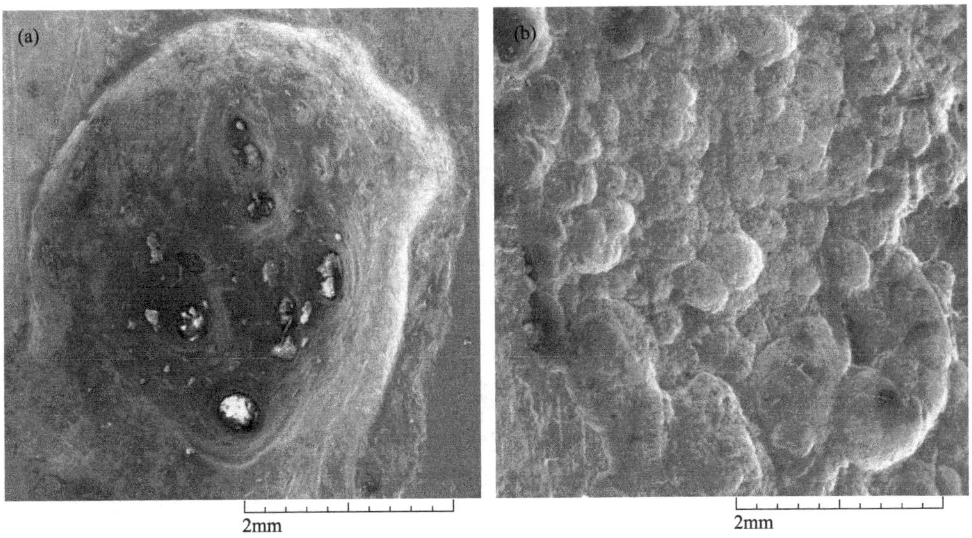

图 2-4　点蚀和冲蚀的微观形貌

(a) 点蚀；(b) 冲蚀

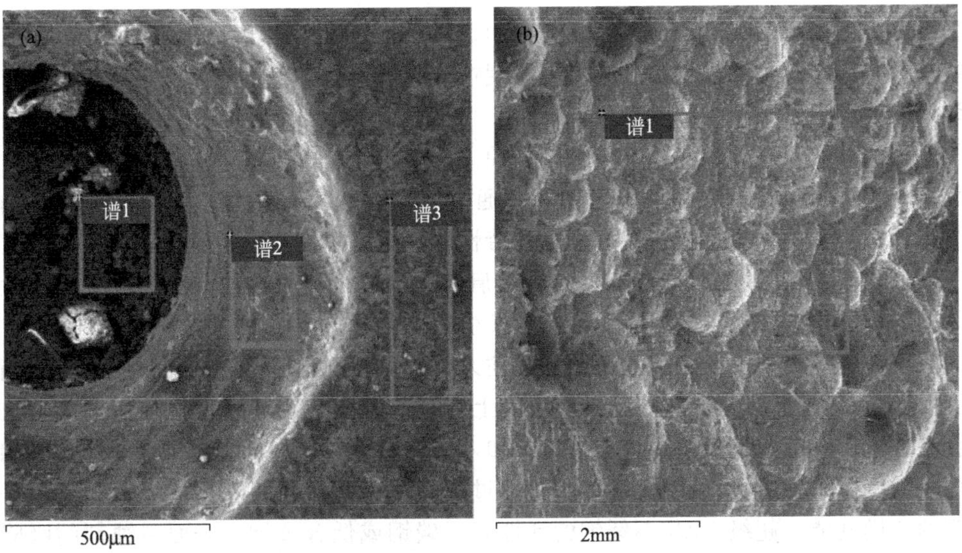

图 2-5　点蚀和冲蚀的 EDS 谱扫描位置

(a) 点蚀；(b) 冲蚀

和沉积物 $CaCO_3$，还有 $FeS_{0.9}$、Fe_3S_4 等铁的硫化物，这与上述 X 射线能谱（EDS）分析的结果一致。与图 2-6(a) 相比，虽然图 2-6(b) 中仍有几个小的面包状峰，但其大小明显减小，说明非晶态化合物的含量较少。

表 2-3　图 2-5 所示的腐蚀产物中冲蚀和点蚀的元素含量　　单位：%

类型		C	O	Si	S	Cr	Ca	Ni	Mo	Fe
冲蚀	谱 1	13.60	26.46	—	0.31	29.04	—	8.23	4.60	余量
点蚀	谱 1	20.65	24.30	1.69	1.32	16.14	0.84	2.36	0.81	余量
	谱 2	16.19	31.85	—	0.53	24.46	—	3.86	3.24	余量
	谱 3	13.96	23.37	—	0.28	28.63	—	8.02	4.55	余量

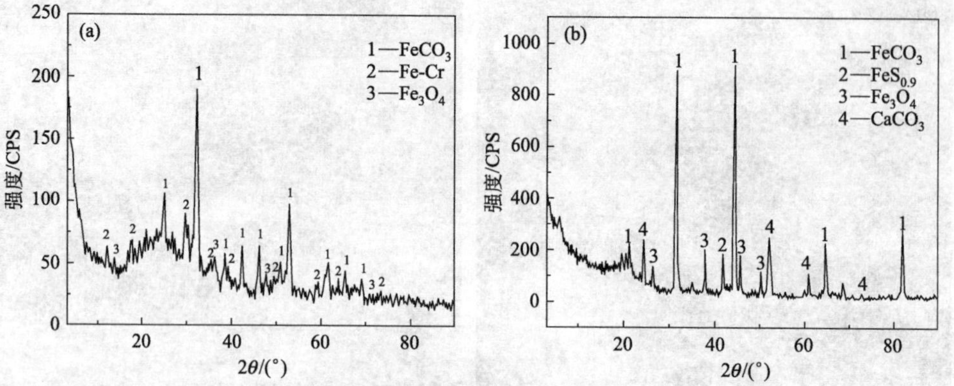

图 2-6 腐蚀垢及腐蚀产物的 XRD 图谱

(a) 腐蚀垢；(b) 腐蚀产物

2.2.3 分析与探讨

(1) 缝隙腐蚀

缝隙腐蚀是由化学成分局部浓度的变化引起的，其演化流程为：①裂缝中缓蚀剂耗尽；②裂缝缺氧；③裂缝内向酸性条件转变；④侵蚀性离子（例如氯离子）在缝隙中积聚。

该腐蚀类型通常又称为浓差腐蚀。此外，湿 CO_2 和残酸会通过腐蚀的密封面进入油管与套管之间的环空，恶化环空环境，加剧腐蚀。

图 2-7(a) 是 FOX 密封扣的示意图，其通过三重结构实现密封，其中内部倒角的台肩可减少局部应力集中，提高抗扭矩力和抗疲劳性能。但现场卸扣扭矩记录仪显示卸扣扭矩较低 [图 2-7(b)]，导致密封性较差。此外，台肩间的裂缝也会因管柱自身的质量而产生或扩大。因此，腐蚀性流体会被滞留，并在其中发生缝隙腐蚀。

同时，在完井过程中，酸化液从上到下注入井筒，残酸自下而上排出；在开采过程中，含有湿 CO_2 和 Cl^- 等腐蚀介质的流体从下到上通过扭矩的台肩，即使添加缓蚀剂，这些介质亦会在区域部分造成缝隙腐蚀。据报道，加入的有机季铵盐界面型缓蚀剂，通过吸附在金属表面，延缓阳极反应和/或阴极反应的腐蚀过程。可见，在金属表面的吸附和解吸是该类缓蚀剂的关键性能。超级 13Cr 不锈钢的活性高于碳钢或低合金钢，表面缓蚀剂的吸附速率

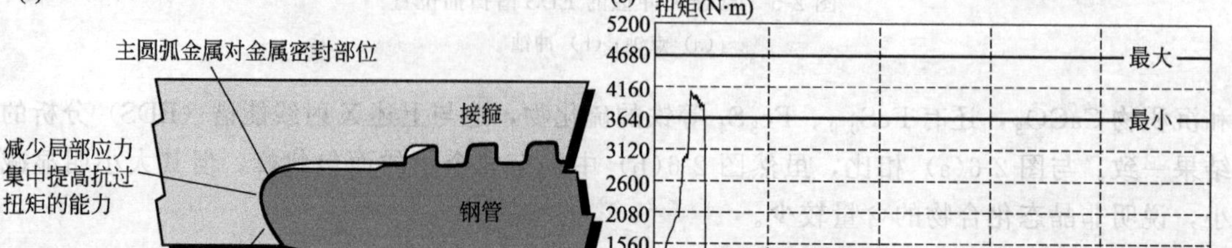

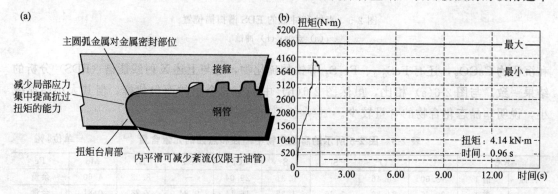

图 2-7 FOX 密封扣和现场卸扣扭矩记录仪示意图

(a) FOX 密封扣；(b) 扭矩记录仪

降低，吸附也不太稳定。

此外，井身不完全垂直，井内也未安装扶正器，使得接箍外壁和油管与套管内壁接触。这种情况下不仅会发生电偶腐蚀，还会发生缝隙腐蚀。电偶腐蚀会使贵金属受到保护，这对超级 13Cr 不锈钢是有利的，因为套管材料为碳钢，所以接箍腐蚀坑中心相对完整［图 2-1(a)］。然而，不锈钢和碳钢的缝隙腐蚀是相等的，这导致了腐蚀形貌的形成，如图 2-1(a) 和图 2-1(b) 所示。

（2）冲刷腐蚀

如图 2-7 所示，公扣端与接箍台肩的内表面平滑可以消除湍流。但在现场检查中发现，由于壁厚的偏差以及公扣端加工的原因，连接处内部不均匀。一旦产生湍流，轴向流速减小，径向流速增大，使得更多的腐蚀性流体渗透到内倒角、扭矩肩面和密封面的间隙中，进一步加速局部腐蚀。流体的能量在湍流中被消耗，使壁面肩部受到侵蚀。此外，流体在扭矩台肩处滞留，加剧了对扭矩台肩的侵蚀，如图 2-1(c)、(d) 和图 2-4(b) 所示。另外，缓蚀剂在内部倒角的吸附性能也受到影响，缝隙腐蚀不能得到有效缓解。

进一步研究发现，腐蚀损伤主要发生在油管接头处，利用 Fluent 软件计算得出的最大剪应力位于油管公扣端内壁。此外，如果现场端部节点的上扣转矩不足，就会产生一定的间隙，加速结构突变，产生剧烈的湍流和较大的剪应力，最终导致局部冲蚀。因此，腐蚀失效的原因归结为结构突变部位剧烈的湍流和较高的剪切应力引起的 CO_2 腐蚀与侵蚀腐蚀的协同作用。

（3）硫酸盐还原菌（SRB）腐蚀

上述坑底腐蚀产物中含有硫化物，但气藏中不含硫化氢，由此推断，管柱外表面除裂缝腐蚀外，还存在 SRB 腐蚀。

中温 SRB 的最佳生长温度为 30～35℃，高温 SRB 的最佳生长温度为 55～60℃。然而，100℃下也发现了超嗜热细胞 SRB 的存在，虽然过多的 O_2 会阻碍 SRB 生长，但仍能耐受微量 O_2。在局部缺氧条件下，如点蚀瘤或生物膜下，金属的腐蚀速率可提高 15 倍。

SRB 对腐蚀行为的影响如下：

$$4Fe \longrightarrow 4Fe^{2+} + 8e^- \tag{2-1}$$

$$8H_2O \longrightarrow 8H^+ + 8OH^- \tag{2-2}$$

$$8H^+ + 8e^- \longrightarrow 8[H] \tag{2-3}$$

$$SO_4^{2-} + 8[H] \longrightarrow S^{2-} + 4H_2O \tag{2-4}$$

$$Fe^{2+} + S^{2-} \longrightarrow FeS\downarrow \tag{2-5}$$

$$4Fe + SO_4^{2-} + 4H_2O \xrightarrow{SRB} 3Fe(OH)_2 + FeS + 2OH^- \tag{2-6}$$

式(2-6) 为总反应式。改变硫的吸附状态，可以提高钢表面铁原子的能量，降低铁的活化能。SRB 使铁的活性溶解速率提高。

$$H_2S(aq) + H_2O_{ads}(Fe) \longrightarrow S_{ads}(Fe) + H_2O(l) + 2H^+ + 2e^- \tag{2-7}$$

$$HS^- + H_2O_{abs}(Fe) \longrightarrow S_{ads}(Fe) + H_2O(l) + H^+ + 2e^- \tag{2-8}$$

$$HSO_4^- + H_2O_{ads}(Fe) + 7H^+ + 6e^- \longrightarrow S_{ads}(Fe) + 5H_2O(l) \tag{2-9}$$

$$SO_4^{2-} + H_2O_{ads}(Fe) + 8H^+ + 6e^- \longrightarrow S_{ads}(Fe) + 5H_2O(l) \tag{2-10}$$

可见，微生物活性直接影响电极反应动力学，进而诱导和/或加速已经存在的电极反应。

此外，细菌代谢物可使菌体的点蚀电位（E_{pit}）和再钝化电位（E_{rep}）降低，含 SRB 培养基中的硫元素或多硫化物可维持菌体的生长。

2.2.4 其他类似案例

2.2.4.1 管体腐蚀

（1）背景

某井 2009 年 2 月 14 日开钻，2009 年 6 月 6 日完钻，完钻井深 5242m。2009 年 7 月 20 日下入油管柱，规格为 Φ88.9mm×7.34mm S13Cr110 FOX 油管＋Φ88.9mm×7.34mm S13Cr110 BEAR 油管＋Φ88.9mm×6.45mm S13Cr110 FOX 油管。日产油 47.36m^3，日产气 476899m^3，地层温度为 132.44℃，原始地层压力 105.38～107.53MPa，为异常高压气井，预测目前井底压力为 88.19MPa。CO_2 的体积分数为 0.332%，不含 H_2S，Cl^- 浓度为 9490mg/L。完井液成分主要为焦磷酸钾和铬酸盐，密度为 1.4g/cm^3，pH 为 11.01，未进行酸化作业。2015 年 4 月关井过程中发现环空压力升高，8 月取出全部油管共 501 根，油管在井时间 2213 天。

（2）取样与检测

从井口到井底，每隔约 500m 取油管 2 段或 3 段（公扣端和接箍端各 1m），共取油管 26 根，详见表 2-4。

表 2-4 取样油管管段编号

序号	下入深度/m	出井编号	序号	下入深度/m	出井编号
1	18.70	1	14	2511.19	258
2	28.39	2	15	2588.58	266
3	501.60	50	16	3004.58	309
4	511.28	51	17	3014.25	310
5	955.68	97	18	3507.68	361
6	965.36	98	19	3517.36	362
7	1466.36	150	20	3991.34	411
8	1495.23	153	21	4001.02	412
9	1504.81	154	22	4271.77	440
10	1949.02	200	23	4503.86	464
11	1959.63	201	24	4513.54	465
12	1969.31	202	25	4859.82	500
13	2501.52	257	26	4869.49	501

对取样的 26 根油管使用壁厚千分尺沿油管轴向每隔 10cm 进行一次壁厚检测，测量结果如图 2-8 所示。从图中可以看出，所有油管均发生轻微的均匀腐蚀，最大壁厚偏差均在 −10%以内，满足 API SPEC 5CT—2011 标准要求（最大壁厚偏差±12.5%以内），表明油管均匀腐蚀轻微。

① 外壁腐蚀

取样的 26 根油管中，经检查，1、2、97、98、153、257、258、440、501 共 9 根油管的外壁发现点蚀。外壁点蚀微观形貌如图 2-9 所示，深度见表 2-5，最大点蚀深度为 370μm，最大点蚀速率为 0.061mm/a，无明显规律。

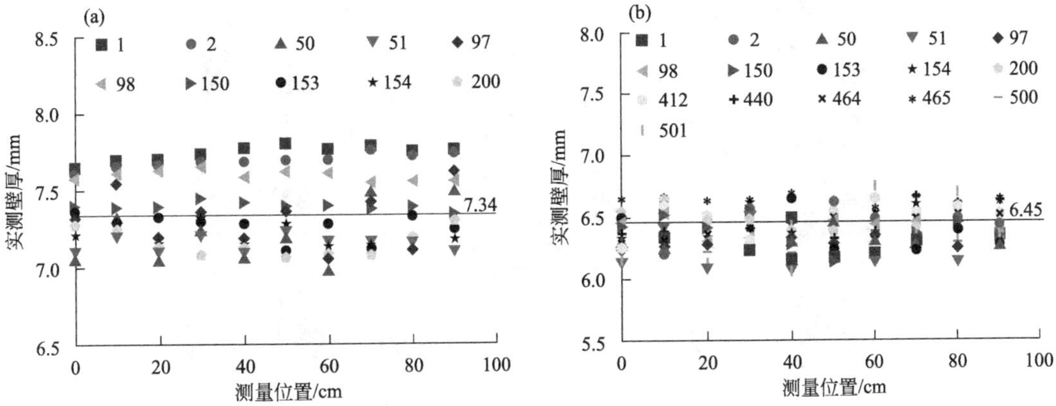

图 2-8　Φ88.9mm 油管壁厚测量结果

(a) 公称壁厚 7.34mm 油管；(b) 公称壁厚 6.45mm 油管

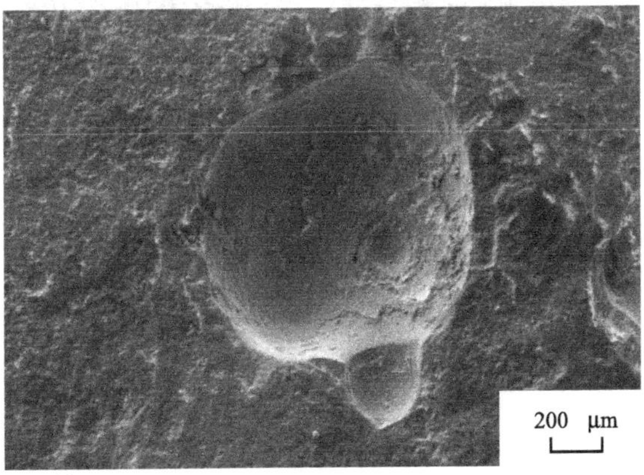

图 2-9　外壁点蚀微观形貌

表 2-5　外壁点蚀深度

管号	井深/m	平均点蚀深度/μm	最大点蚀深度/μm
1	18.70	157	166
2	28.39	232	290
97	955.68	285	321
98	965.36	254	370
153	1495.23	125	132
257	2501.52	247	300
258	2511.19	227	255
440	4271.77	200	240
501	4869.49	133	150

② 内壁腐蚀

不同井段泥浆附着情况如图 2-10 所示，从图可以看出，井口到第 200 根油管内壁基本无泥浆附着，越靠近井底，泥浆附着越严重，第 440 根油管内壁有严重的结垢现象。垢层去除后，内壁有明显的局部腐蚀，如图 2-11 所示。

内壁点蚀坑的深度测量结果如图 2-12 所示，第 440 根油管内壁点蚀深度微观测量如

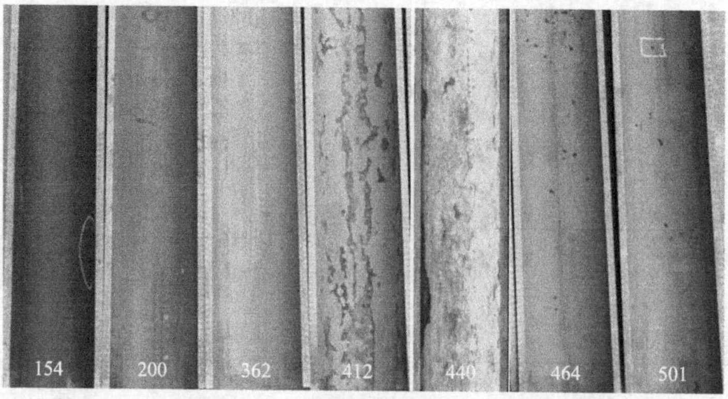

图 2-10　不同井段泥浆附着情况

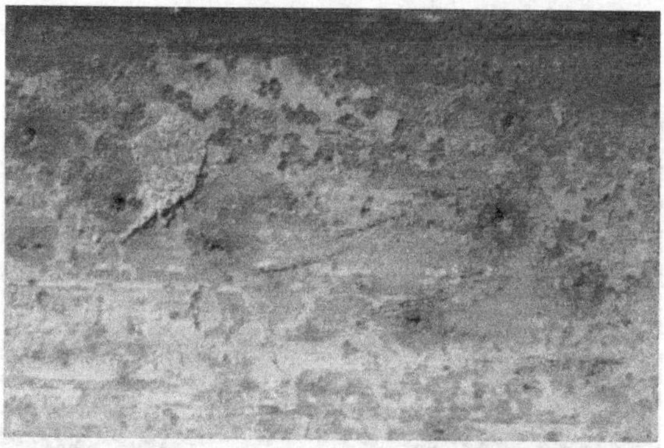

图 2-11　第 440 根油管内壁点蚀宏观形貌

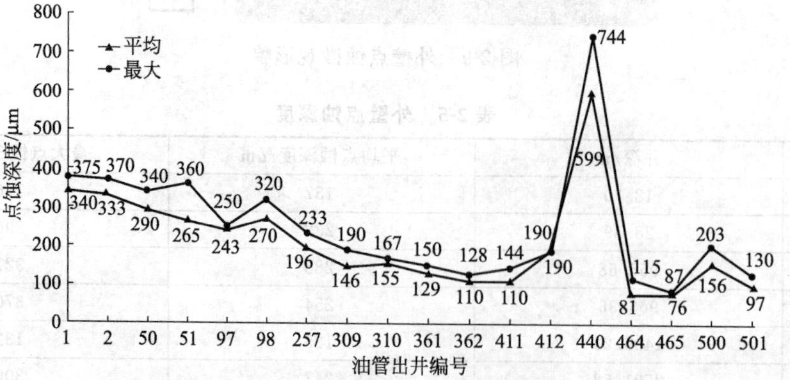

图 2-12　内壁点蚀坑深度

图 2-13 所示。从图 2-12 和图 2-13 可以看出，除第 440 根油管外从井口到井底点蚀深度整体呈下降趋势。第 440 根油管内壁最大点蚀深度为 744μm，最大点蚀速率为 0.1227mm/a，油管点蚀较严重是由于内壁形成较厚垢层，发生垢下腐蚀。

③ 分析与探讨

油管内壁出现点蚀，且随井深增加点蚀深度减小，这可能与油管内壁泥浆附着有关。随着井深增加，温度升高，钻井泥浆在高温下发生反应，附着在油管内壁，阻挡了凝析水在内壁的附着，减缓了点蚀的发生。靠近井口处，温度、压力降低，地层水凝析较严重，因此井

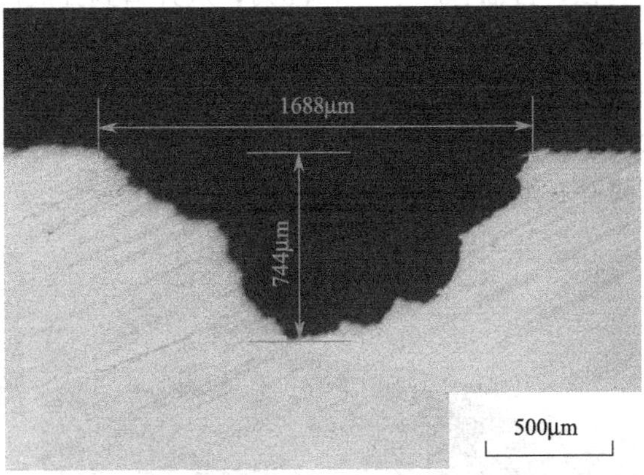

图 2-13　第 440 根油管内壁点蚀深度微观测量图

口附近油管内壁点蚀较密集且较深。第 440 根油管内壁点蚀较深是由于完井液从失效油管处进入油管，在高温环境中发生反应，形成了较厚且疏松的完井液与泥浆的混合垢层，产生了较严重的垢下腐蚀。油管外壁点蚀是完井液腐蚀造成的。

不同温度完井液中，超级 13Cr 不锈钢阳极极化曲线及点蚀电位如图 2-14 所示。选用 PARSTAT 273A 电化学工作站进行电化学测试，从开路电位开始，以 20mV/min 的电位扫描速率进行阳极极化，直到阳极电流密度达到 500～1000μA/cm^2。由图 2-14 可见，随着环空保护液温度升高，超级 13Cr 不锈钢钝化区范围变窄，点蚀电位明显降低，点蚀敏感性增强，耐蚀性降低。温度变化可能会使超级 13Cr 不锈钢油管表面钝化膜在长期使用过程中产生局部溶解或破裂，诱发点蚀。

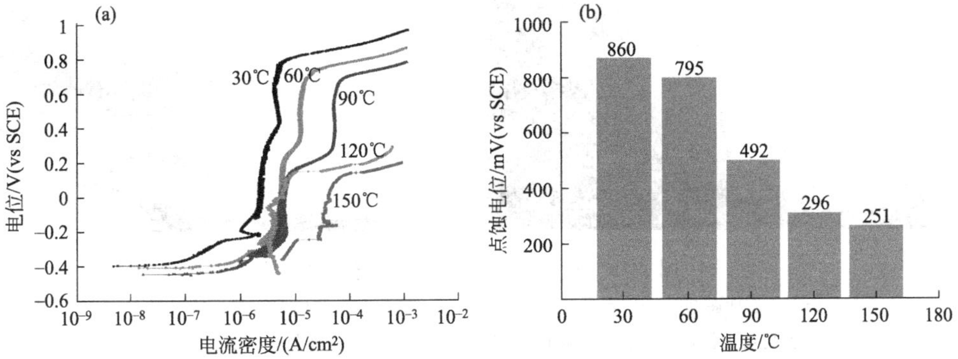

图 2-14　超级 13Cr 不锈钢在不同温度完井液中（磷酸盐＋铬酸盐）的阳极极化曲线（a）及点蚀电位（b）

马氏体不锈钢油管主要是针对 CO_2＋Cl^- 腐蚀研发的耐蚀材料。国内外大量研究结果表明，超级 13Cr 不锈钢的最高使用温度为 180℃，最高 CO_2 分压可达 5MPa 以上，最高 Cl^- 浓度高达 100000mg/L 以上。该井选用的超级 13Cr 不锈钢完井管柱可以满足生产工况（地层水＋CO_2）的要求。该气井油套环空使用沉淀膜型和钝化膜型完井液，pH 为 11.01。由于超级 13Cr 不锈钢本身为自钝化金属，表面存在钝化膜（铬的氧化物和氢氧化物）的保护，从而具有良好的耐蚀性。但环空保护液中的成分和含量（主要是强氧化剂的成分和含量，如铬酸盐）及其 pH 等会对超级 13Cr 不锈钢钝化膜的保护性产生严重的影响。

另外，室内检测油管内壁和外壁发现均存在点蚀，内壁点蚀是由凝析水和垢下腐蚀引起的，且点蚀深度从井口到井底呈减小趋势，外壁点蚀是由完井液引起的，且点蚀深度无明显规律。

2.2.4.2　台肩面腐蚀

常泽亮进一步对某井取出的 501 根油管进行了现场检测，发现其中 397 根油管出现台肩面腐蚀，占油管总数的 79.2%，从井口到井底腐蚀严重程度呈先增加后减小的趋势；188 根油管出现台肩面与内倒角夹角腐蚀，占油管总数的 37.5%；164 根油管内倒角腐蚀，134 根油管内倒角消失处腐蚀，分别占总油管数的 32.7%和 26.7%。油管台肩、内倒角腐蚀以及台肩与内倒角夹角泥浆去除前后的宏观形貌如图 2-15 所示。可以看出，泥浆附着凸起处与基体存在缝隙，容易形成垢下腐蚀。

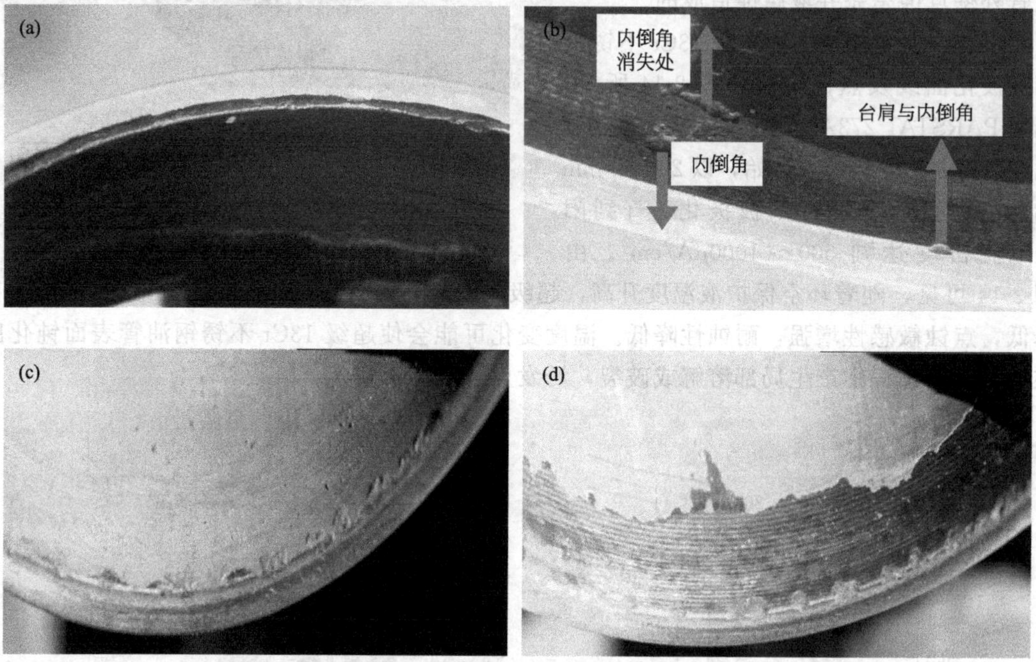

图 2-15　油管台肩、内倒角的腐蚀情况

(a) 台肩面腐蚀；(b) 台肩与内倒角面腐蚀、内倒角面与内倒角消失处腐蚀；
(c) 台肩与内倒角夹角泥浆去除前形貌；(d) 台肩与内倒角夹角泥浆去除后形貌

油管在井下承受拉力，致使外螺纹接头和接箍接触处产生缝隙，流体和腐蚀性气体进入缝隙并且滞留在缝隙里对台肩面造成腐蚀。井口受到的拉伸力最大，形成的缝隙较大，中部以下的管柱处于压缩状态无缝隙，因此井中部处于缝隙腐蚀的敏感区间，随着腐蚀产物的堆积而引起闭塞效应，造成严重的缝隙腐蚀，如图 2-15(a) 所示。内倒角和内倒角消失处存在结构突变，含腐蚀介质的高压天然气流过时，会产生湍流，导致该部位腐蚀，且此处较粗糙，泥浆等物质易在此附着，形成垢下腐蚀。

2.2.4.3　管体与台肩面腐蚀

(1) 背景

2011 年 9 月 18 日，对某井酸化压裂，酸化液中含有 9%～12%HCl 等腐蚀介质。2011 年 12 月 12 日，该井系统试井关井测压力恢复期间，油压突然从 95MPa 下降至 80MPa，与此同时套压异常升高。2012 年 9 月 5 日实施修井作业，为了搞清完井管柱腐蚀状况，对该井起出的油管进行了全面检查，并每隔 500m 进行一次取样，对油管腐蚀状况进行了解剖检查和试验分析。

（2）理化检验

① 油管整体外观检测

在井深0～1502.42m井段，油管未见腐蚀（进口Φ88.9mm×7.34mm S13Cr110特殊螺纹接头油管）；在井深1668.21～4490.88m井段（国产Φ88.9mm×6.45mm S13Cr110特殊螺纹接头油管），油管内壁有氧化皮且部分氧化皮脱落，外螺纹接头内倒角处无肉眼可见腐蚀，但油管管体有点蚀；在4490.88～6067.36m井段（国产Φ88.9mm×6.45mm S13Cr110特殊螺纹接头油管），油管内壁附着的泥浆逐渐加厚，清理泥浆后发现油管内壁有氧化皮且部分氧化皮脱落，油管外螺纹接头内倒角及管体内壁均有点蚀；在6067.36～6552.88m井段（国产Φ93.2mm×10mm S13Cr110直连型特殊螺纹接头油管），油管内壁附着大量泥浆，内倒角及油管内壁本体均呈严重沟槽状腐蚀形貌。

在井深0～1502.42m井段，进口S13Cr110油管内壁干净，无泥浆附着；从2500m左右开始，国产S13Cr110出现明显的泥浆附着，且井深越深，泥浆附着越严重；国产直连型S13Cr110油管泥浆附着尤为严重，见图2-16。

图2-16 不同井深油管内表面泥浆附着形貌

封隔器以上出井编号为T17～T465的国产S13Cr110油管内壁去除附着物之后，其内表面呈现明显点蚀形貌；将封隔器以下出井编号为T1～T8的S13Cr110直连型油管内壁泥浆附着物去除之后，其内表面沿轧制方向出现严重的腐蚀坑，见图2-17。

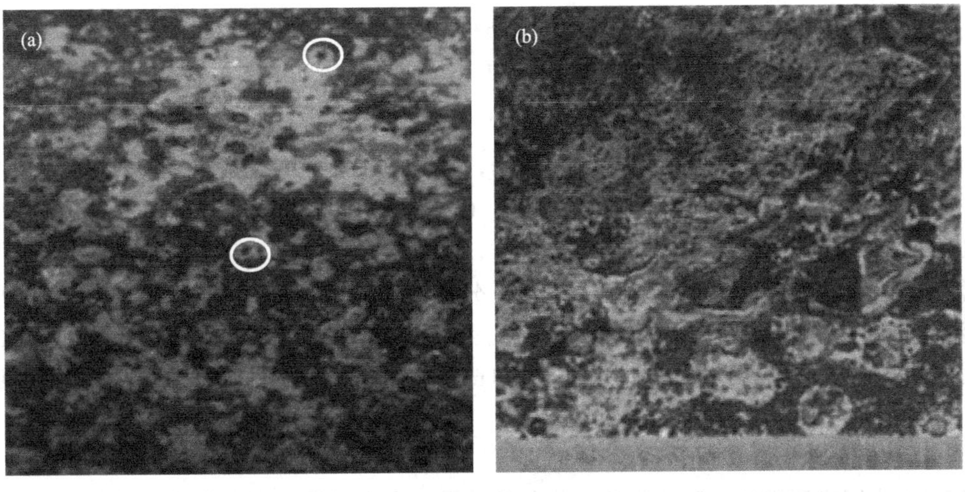

图2-17 油管清洗后内表面宏观形貌

（a）封隔器以上；（b）封隔器以下

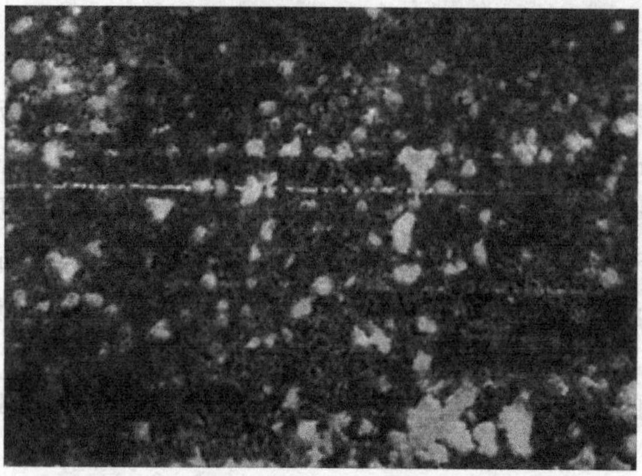

图 2-18　井深 4501.15m 位置编号为 T308 的油管内表面氧化皮脱落部位腐蚀形貌

在井深 0～1502.42m 井段，进口 S13Cr110 油管内壁无氧化皮附着；在井深 1502.42m 以下国产 S13Cr110 油管内表面均有不完整氧化皮附着，油管内表面氧化皮脱落部位优先发生腐蚀，见图 2-18。

② 油管外螺纹接头内倒角腐蚀情况

在井深 0～1502.42m 井段，进口 S13Cr110 油管外螺纹接头内倒角处未出现明显的局部腐蚀；在 1668.21～4490.88m 井段，国产 S13Cr110 油管外螺纹接头内倒角处也未见明显腐蚀，见图 2-19(a)；在 4501.15～6552.88m 井段，国产 S13Cr110 油管外螺纹接头内倒角处已无金属光泽，开始出现局部腐蚀（有较为严重的泥浆附着），见图 2-19(b)，油管接头处内倒角表面光洁度的提高，在一定程度上减缓了点蚀发生的趋势。

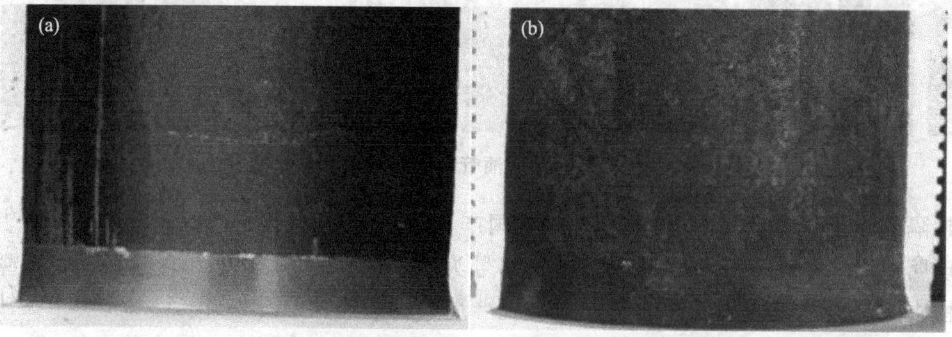

图 2-19　不同井深油管外螺纹接头内倒角位置腐蚀形貌

(a) 井深 3997.50m (T256)；(b) 井深 6067.36m (T465)

③ 油管腐蚀产物及腐蚀深度分析

对 3 根油管钢的腐蚀产物进行 EDS 分析，结果见图 2-20。由图可知，在编号为 T17、T447 和 T465 的 3 根油管腐蚀坑底均发现 C、O、S、P 等元素，说明导致腐蚀的介质主要为 CO_2、H_2O、S 和 P 等。

图 2-21 为国产新油管内壁氧化皮的 XRD 分析结果，其中油管内表面黑色氧化皮为不锈钢高温氧化形成的尖晶石型化合物 $FeCr_2O_4$。氧化皮破裂位置优先发生腐蚀，见图 2-22，腐蚀深度达 170μm，见图 2-23。井深 6117.21m 以下油管内壁腐蚀最严重，最大蚀坑深度高达 640μm。

④ 化学成分分析

表 2-6 为国产和进口油管的化学成分分析结果。由表可见，国产和进口油管的化学成分均符合油田要求。

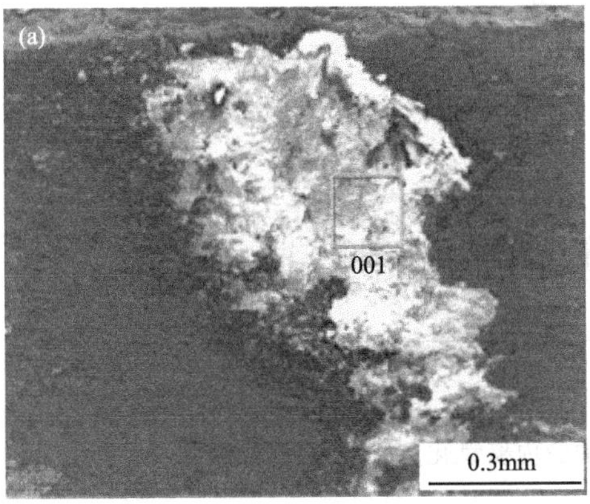

元素	质量分数/%	原子分数/%
C	9.54	19.77
O	33.63	52.32
P	2.95	2.37
S	0.41	0.32
Ca	1.79	1.11
Ti	5.65	2.93
Cr	19.64	9.40
Fe	26.38	11.76

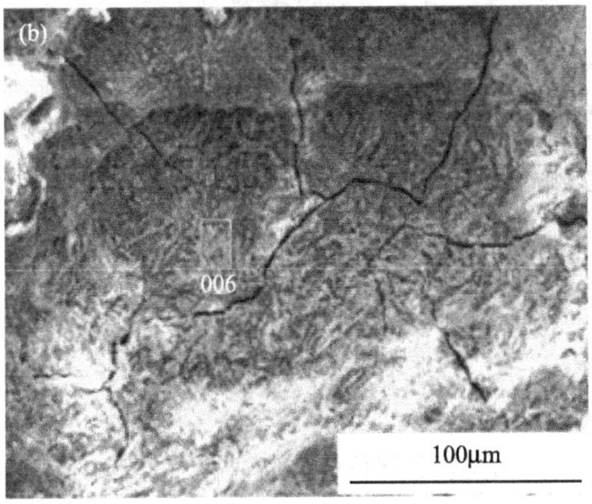

元素	质量分数/%	原子分数/%
C	11.39	22.29
O	33.87	49.76
Na	4.70	4.81
Si	0.29	0.25
P	10.62	8.06
S	1.27	0.93
K	1.20	0.72
Ca	1.72	1.01
Cr	11.78	5.33
Fe	9.82	4.13
Ni	1.90	0.76
Ba	11.43	1.96

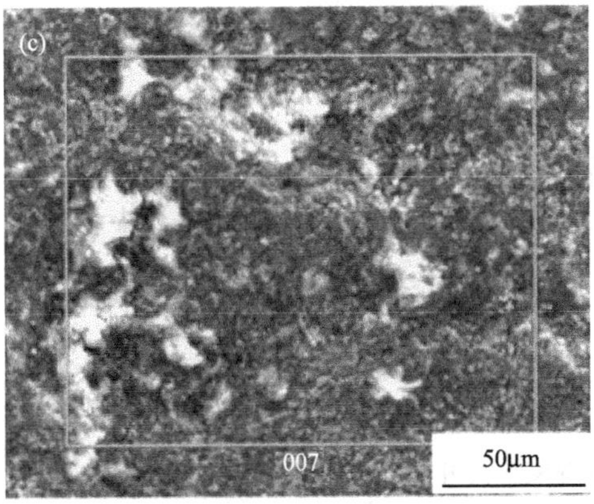

元素	质量分数/%	原子分数/%
C	16.36	31.09
O	32.19	45.90
Na	2.84	2.82
Si	0.54	0.44
P	5.60	4.13
S	3.18	2.26
K	1.06	0.62
Ca	1.93	1.10
Cr	8.12	3.56
Mn	0.79	0.33
Fe	3.84	1.57
Ni	5.44	2.11
As	2.70	0.82
Mo	9.60	2.28
Ba	5.78	0.96

图 2-20 3 根油管腐蚀坑底 EDS 分析结果

(a) T17 (1668.21m); (b) T447 (5888.88m); (c) T465 (6067.36m)

表 2-6 油管化学成分 单位:% (质量分数)

元素	C	Si	Mn	P	S	Cr	Mo	Ni	Nb	V	Ti	Cu	O
国产油管	0.018	0.40	0.43	0.02	0.002	13.20	2.22	5.37	0.0076	0.012	0.006	0.059	0.0046
进口油管	0.028	0.18	0.31	0.029	0.0027	12.88	2.04	4.92	0.017	0.020	0.0033	0.045	0.0009
API SPEC 5CT—2011	—	—	—	≤0.02	≤0.01	—	—	—	—	—	—	—	—

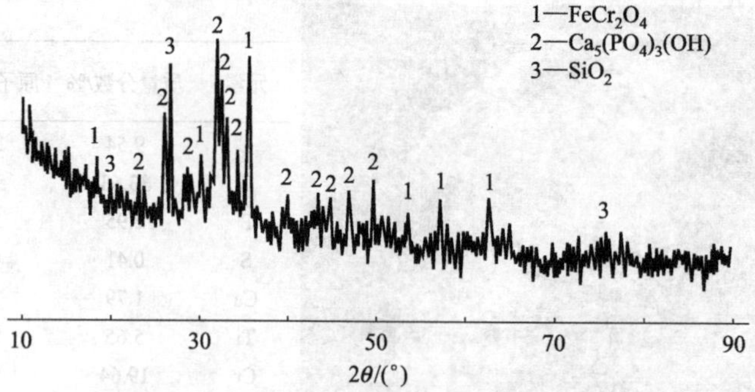

图 2-21　国产新油管内壁氧化皮 XRD 分析结果

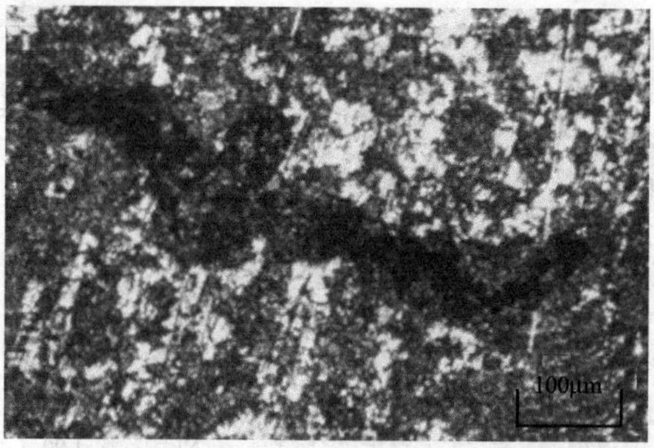

图 2-22　油管内壁氧化皮破裂部位优先腐蚀

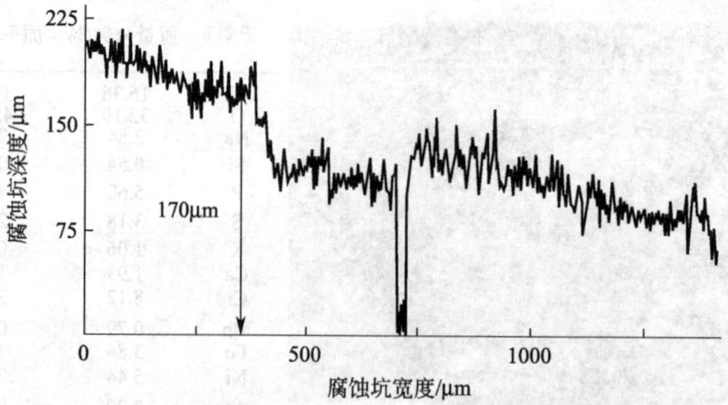

图 2-23　油管内壁氧化皮开裂部位腐蚀深度

(3) 分析与探讨

该井超级 13Cr 不锈钢（S13Cr110）油管在完井酸化后继续在井筒腐蚀介质中服役 1 年，期间经过多次的试采及关井，井深 1500m 以下的油管内壁发生了腐蚀。腐蚀与井深、油管内表面泥浆附着、油管接头内倒角形状和粗糙度等有关。

① 腐蚀介质的影响

钢铁材料腐蚀与 CO_2、水、Cl^- 等腐蚀介质有关，Cl^- 含量越高，腐蚀速率越快。该井投产之前进行了酸化作业，酸化液中含有 9%～12% HCl 等腐蚀介质。油管腐蚀是天然气中的 CO_2 凝析水和酸化液中的腐蚀介质共同作用的结果。该井工况条件一旦满足腐蚀条件，

S13Cr110 油管就会产生腐蚀。

② 井深的影响

在 0～1502.42m 井段，油管没有腐蚀；在 1668.21～4490.88m 井段，虽然油管管体已经产生腐蚀坑，但外螺纹接头台肩内倒角没有腐蚀；在 4501.15～6067.36m 井段，油管内壁内倒角及油管体内壁均有点蚀；在 6117.21～6552.88m 井段，油管内壁严重腐蚀。

温度、压力和 CO_2 分压随井深的变化见表 2-7。由表 2-7 可知，随着井深增加，温度逐渐升高，CO_2 分压增大，油管的腐蚀也越来越严重。这说明这种材料的油管随着温度上升，腐蚀抗力下降，在井深大于 1502.42m 的井段使用存在腐蚀问题。

表 2-7 温度、压力和 CO_2 分压随井深的变化

井深/m	温度/℃	压力/MPa	CO_2 分压/MPa
0	67.50	80.00	0.58
500	72.23	82.69	0.60
1000	79.96	85.38	0.62
1500	87.69	88.08	0.67
2000	95.72	90.77	0.66
2500	103.15	93.76	0.68
3000	110.88	96.15	0.70
3500	118.62	98.85	0.71
4000	126.35	101.54	0.73
4500	134.08	104.23	0.75
5000	141.81	106.92	0.77
5500	149.54	109.62	0.79
6000	157.27	112.1	0.81
6500	165.00	115.00	0.83

注：井筒不同深度 CO_2 分压＝X_{CO_2}（摩尔分数）×对应井深压力。

③ 油管内壁氧化皮的影响

由于氧化皮存在一定的吸湿性，加之氧化层覆盖不完整，存在孔洞和破裂等现象，当腐蚀条件具备时，会在氧化皮位置形成典型的大阴极小阳极结构，促进局部腐蚀的发生和发展。进口油管内壁经过喷砂处理，没有氧化皮，所以不发生腐蚀。国产油管内壁没有经过喷砂处理，内壁有氧化皮，腐蚀较严重。

④ 泥浆附着物的影响

在井深 0～1502.42m 井段，进口 S13Cr110 油管内壁非常清洁，无泥浆附着；从 2500m 井深以下开始出现泥浆附着，且井深越深，泥浆附着越严重；在 6117.21～6505.03m 井段，国产 S13Cr110 油管泥浆附着尤为严重。

在井筒的酸性环境下，油管内壁附着的泥浆会呈现出良好的吸湿性和凝固胶结性，伴随环境气氛和干湿交替等，泥浆会通过保持水分、凝聚腐蚀介质和构成有利于诱导局部腐蚀的特殊结构而影响管材的腐蚀行为。并且随着井深增加，井筒温度也随之升高，腐蚀加速。总之，泥浆附着会明显促进管材点蚀的形核与发展。

⑤ 油管接头内倒角形状和粗糙度的影响

油管特殊螺纹接头是按照内平面设计的，但为了保证内外螺纹接头的配合精度，内、外螺纹接头扭矩台肩部位均设计了内倒角，即螺纹接头连接之后在该位置存在较小的结构变化，当高压天然气从此流过时会产生湍流，进而导致在该部位产生腐蚀集中。接头台肩部位内倒角越大，内倒角表面越粗糙，该部位腐蚀集中越严重。

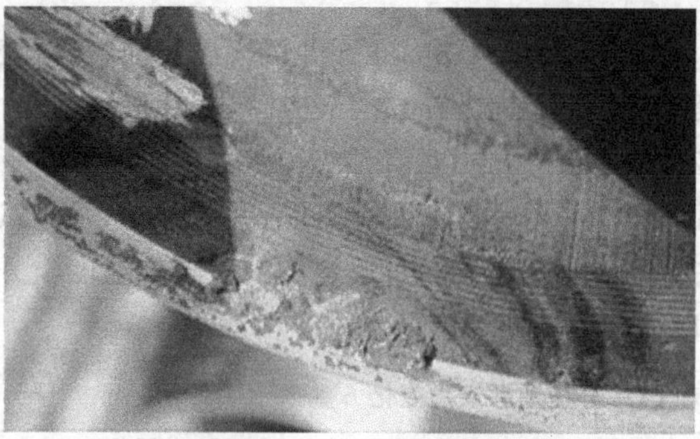

图 2-24 井深 2967.53m 位置总第 172 根油管外螺纹接头台肩内倒角处腐蚀形貌

该油田对另外一口高压气井起出的油管外螺纹接头检查分析结果表明：18.71～489.24m 和 4408.77～534.47m 井段的 63 根油管外螺纹接头台肩内倒角没有腐蚀。在 499.29～4399.09m 井段，404 根油管中有 81 根油管外螺纹接头台肩内倒角发生腐蚀，见图 2-24，占该井段油管数量的 20%；在 1625.19～2621.79m 井段，103 根油管中有 61 根油管外螺纹接头台肩内倒角发生腐蚀，占该井段油管数量的 59.2%。

为了防止特殊螺纹接头油管在内外螺纹接头内倒角位置产生腐蚀集中，该油田要求油管特殊螺纹接头台肩部位内倒角与轴线夹角小于 5°，内倒角表面粗糙度 *Ra* 小于 6.3。

该井所用油管外螺纹接头内倒角尺寸和粗糙度符合该油田技术要求，但国产油管管体内壁粗糙，且存在折叠缺陷和氧化皮。在 1668.21～4490.88m 井段，油管内壁有氧化皮且部分脱落，管体已经产生腐蚀坑，但外螺纹接头台肩内倒角并没有腐蚀。这说明减小特殊螺纹接头内倒角角度，提高内倒角表面精度，均有利于减轻油管接头内倒角位置腐蚀集中。

2.2.4.4 管体挤毁

（1）背景

2013 年 7 月 28 日某井开井投产，投产前油压为 93.52MPa，A 环空压力为 29.43MPa。用 8mm 油嘴开度 37% 生产，油压 86.92MPa，2014 年 1 月，油压和产能开始异常下降。2014 年 4 月，在油嘴开度 7.0 mm 的工作制度下油压一直波动且下降幅度较大，从最初的 79MPa 最低降至 21MPa。6 月 16 日 18:06—18:18，油压从 82.95MPa 降至 0.97MPa，A 环空压力为 35.6MPa 左右。6 月 18 日左右油套压力趋于一致，油管和套管窜通，说明此时油管已经挤毁和脱扣。6 月 22 日关井后，油压由 26.57MPa 升至 82.53MPa，A 环空压力由 27.88MPa 升至 42.25MPa，B、C、D 环空压力均为 0。6 月 27 日 10:20 开井生产，到 14:35 油压由 82.53MPa 下降至 12.16MPa，A 环空压力下降至 0.72MPa，瞬时产量降至 0。6 月 28 日该井进行测流温流压及探砂面作业，测试工具窜下至井深 6127m 时遇阻。2017 年 8 月 17 日开始起油管，发现第 626 根（出井编号）JFE 进口超级 13Cr 不锈钢油管 Φ88.90mm×6.45mm 工厂端脱扣，脱扣位置井深为 6180m。修井作业打捞出的第 627 根油管已被挤毁。

（2）宏观形貌及理化检验

首先对第 627 根油管及脱扣接箍进行宏观形貌分析，结果如图 2-25 和图 2-26 所示。由图 2-25(a) 可以看出油管已被挤毁且部分管段发生严重弯曲变形，图 2-25(b) 显示油管外壁有明显垢层，垢层呈灰白色且局部脱落，脱落处油管发生明显腐蚀。图 2-25(c) 显示油管局部出现破损现象，距端面 108～150cm 处有一条长 42cm 的纵向裂口及长 5.4cm 的横向裂口，裂口可能是在打捞过程中产生的。图 2-26 为第 627 根油管脱扣接箍宏观形貌（将接箍端划分为 0°、90°、180°和 270°），可以看出接箍已发生严重变形，其中 90°和 270°内螺纹发生明显塑性变形，0°和180°处未见明显划痕或变形。对90°和270°变形处做覆膜处理，测量磨损处直径分别为28mm和19mm。

图 2-25 第627根油管挤毁宏观形貌

(a) 整体；(b) 垢层；(c) 局部破损

图2-27为第627根挤毁油管横截面照片及油管内壁宏观形貌。由图2-27(a)可以看出其截面形状呈8字形，且管内有类似于泥土的堵塞物，对其进行XRD检测分析，结果显示堵塞物成分为$NaFePO_4$、$CaCO_3$、SiO_2、Fe_2SiO_4、$KClO_3$和$MgK(PO_4)(H_2O)$，主要为磷酸盐、碳酸盐和砂粒。图2-27(b)显示油管内壁存在明显、密集的点蚀坑，对其进行分析可知，该井于2014年6月18日左右油管和套管压力趋于一致，表明油管和套管窜通，油管发生挤毁和脱扣，A环空完井液浸入油管，油管处在完井液$+CO_2+Cl^-$（地层水）环境中。该井所使用的完井液为$1.40g/cm^3$ OS-200，其与Weigh4完井液相似，成分主要为焦磷酸盐和铬酸盐，呈碱性。因此，可根据Weigh4完井液的前期研究分析超级13Cr不锈钢在OS-200完井液中的腐蚀情况。图2-28为超级13Cr不锈钢在180℃不同介质中的均匀腐蚀速率。由图2-28可知，超级13Cr不锈钢在Weigh4完井液中的耐蚀性较差，其在180℃的地层水及CO_2环境中的均匀腐蚀和局部腐蚀均较轻微，均匀腐蚀速率为0.0375mm/a；在180℃的Weigh4完井液中腐蚀较地层水中严重，均匀腐蚀速率为0.1419mm/a，试样表面发生明显

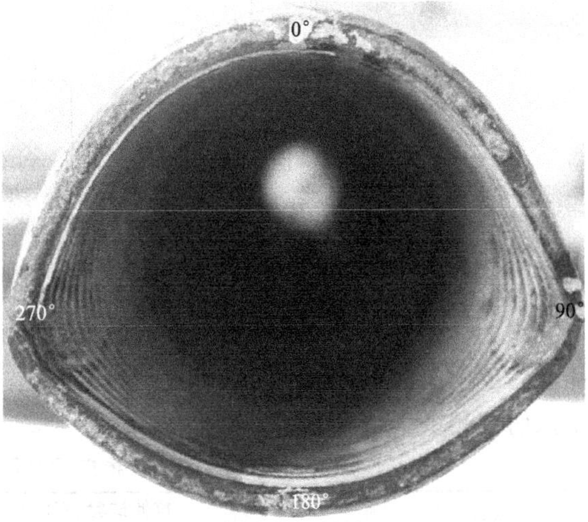

图 2-26 第627根油管脱扣接箍宏观形貌

的局部腐蚀；若油套窜通，CO_2 侵入 A 环空，则超级 13Cr 不锈钢均匀腐蚀速率增大到 0.3867mm/a，局部腐蚀较无 CO_2 环境更为严重。因此，管段内壁在完井液＋CO_2＋Cl^-（地层水）环境中发生严重的点蚀。

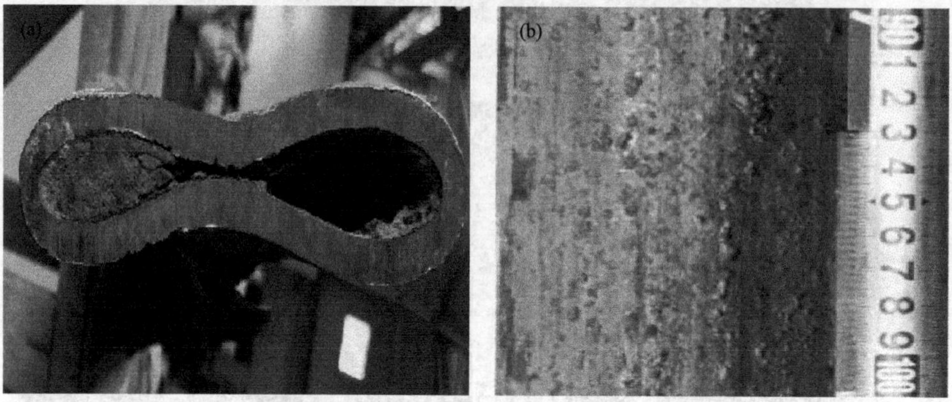

图 2-27　第 627 根挤毁油管横截面及内壁照片

（a）横截面；（b）内壁

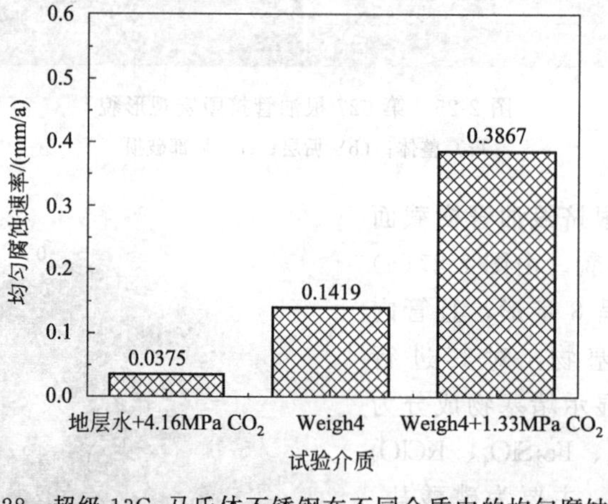

图 2-28　超级 13Cr 马氏体不锈钢在不同介质中的均匀腐蚀速率

对第 627 根挤毁油管进行力学性能检测，结果见表 2-8，可以看出挤毁油管的各项力学性能均满足生产标准，这表明油管被挤毁不是由于质量问题，为了找到问题所在，对其进行磁粉探伤检测。

表 2-8　第 627 根挤毁油管力学性能试验结果

项目	拉伸试验(室温)			0℃冲击功/J	硬度/HRC
	抗拉强度/MPa	屈服强度/MPa	伸长率/%		
试验结果	978.00	767.06	16.74	79.8	30.7
生产厂标准	≥827	758～896	≥16	—	≤32
JFE 要求	—	—	—	—	≤32

（3）磁粉探伤检测

对管段外壁进行磁粉探伤检测，结果如图 2-29 所示。由图 2-29(a) 和图 2-29(b) 可以看到，管体外壁表面不同位置存在人字形裂纹及纵向裂纹。这可能是由于在油套管压力未窜通前，井口最大油套压差为 78.01MPa（油压大于套压），由于油管外壁受到较大的环向应力，在腐蚀的协同作用下，导致纵向 SCC 裂纹的萌生和扩展。

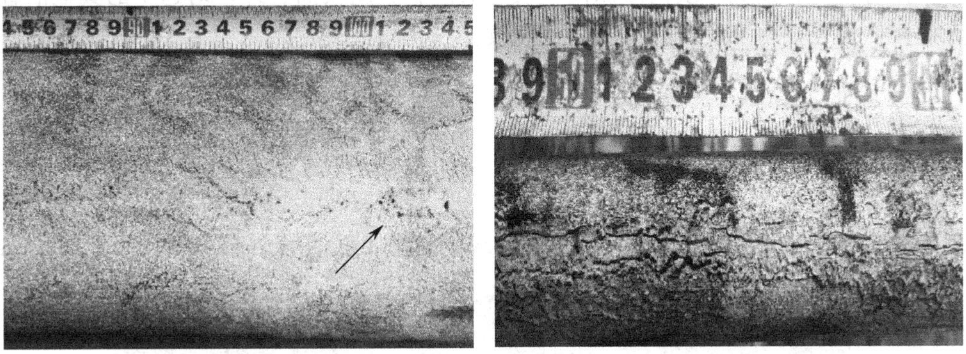

图 2-29　第 627 根油管外壁磁粉探伤照片

(a) 人字形裂纹；(b) 纵向裂纹

(4) 实物挤毁试验

为了了解油管外壁裂纹及内壁点蚀对其抗挤强度的影响，采用实物挤毁试验，取第 627 根油管（有裂纹）和同品种的新油管各 1.5m，依据标准 ISO 13679—2019 进行挤毁试验，试验条件及结果见表 2-9。由表 2-9 可知，在相同的试验环境下，有裂纹的第 627 根油管比新油管抗挤强度下降 10MPa。可见，当油管受到腐蚀及应力作用导致表面裂纹萌生时，会增加油管被挤毁的风险。

表 2-9　油管挤毁试验条件及结果

管材	管材钢级	外形尺寸	试验温度	试验介质	挤毁失效压力/MPa
第 627 根油管	HP2-13Cr110	Φ88.90mm×6.45mm	室温	自来水	108
新油管	HP2-13Cr110	Φ88.90mm×6.45mm	室温	自来水	118

(5) 挤毁和脱扣原因分析

该井自 2013 年 7 月 28 日投产，在此后的生产中井底开始出砂，导致产能下降，油压降低，流速降低，携砂能力降低，井口排出的砂粒越来越小，井筒内砂粒的堆积越来越严重，地层出砂导致油管通道堵塞。根据前期调研数据可知在 2014 年 6 月 16 日 18:06—18:18，油压从 82.95MPa 降至 0.97MPa，至 23:36，油压均小于 1MPa。至 2014 年 6 月 17 日 13:48，油压一直小于套压，随后油压、套压出现波动然后趋于一致，油套窜通。对 Φ88.9mm×6.45mm HP2-13Cr110 BEAR 油管进行挤毁试验检测，结果表明，有裂纹油管的抗挤强度约为 108MPa。第 627 根油管接箍位置深度为 6180m 左右，环空保护液密度为 1.40g/cm^3，由公式计算得到液柱压力 p_L 约为 85MPa。

2.3　腐蚀穿孔

2.3.1　背景

某井下入 Φ88.9mm×6.45mm、110 钢级的超级 13Cr 不锈钢油管，3 个月后由于套压升高，起出油管柱，发现在距井口 2293.9m 处油管刺穿。采用磁粉检测方法和超声波检测方法对此油管进行无损检测，发现除了刺口周围存在腐蚀坑和裂纹外，该段油管上其他部位未发现有任何诸如腐蚀坑、横向或纵向裂纹等缺陷。除此根油管外，对起出的其他油管也进行了无损探伤检查，均未发现存在缺陷或裂纹。

2.3.2 理化检验

(1) 宏观形貌

刺穿失效油管外径89.6mm，壁厚6.8mm，刺口距油管外螺纹端部约133mm。由图2-30可见，刺口沿油管周向长约53mm，约占油管整个圆周的1/5，沿轴向宽约20～30mm。刺穿方向为横向，刺口表面光滑，刺口边缘被冲刷，边缘3～4mm内呈现金属光泽，局部区域为紫铜色。刺口周围存在严重的局部腐蚀，个别腐蚀坑坑底存在裂纹，刺口边缘的腐蚀坑坑底裂纹长约5mm，如图2-31所示。油管刺口附近内表面光滑，有冲刷痕迹，呈现光亮的金属光泽，该区域沿轴向长约200mm，远离刺口的油管内表面呈现深灰色。由宏观分析结果可知，该油管刺口的形成是管内高压流体由内向外刺出时冲刷作用的结果。

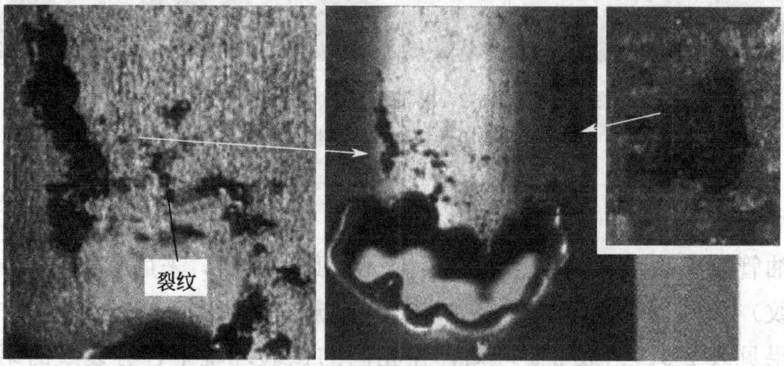

图2-30 油管刺口及周围局部腐蚀宏观形貌

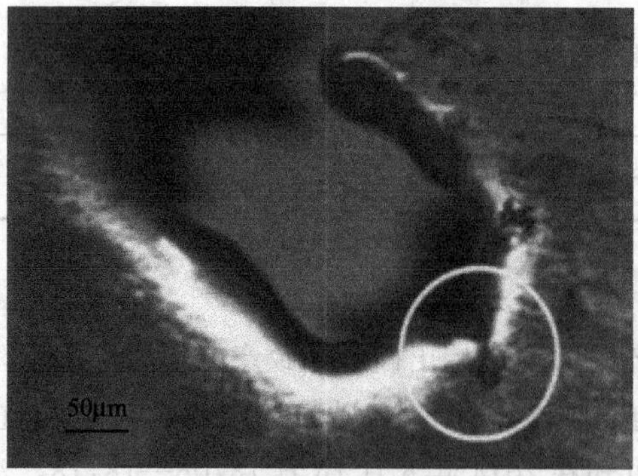

图2-31 刺口边缘腐蚀坑坑底裂纹形貌

(2) 化学成分

在油管刺口附近取样进行化学成分分析，结果见表2-10，可见各元素含量均满足工厂的技术要求。

表2-10 油管的化学成分 单位：%（质量分数）

元素	C	Si	Mn	P	S	Cr	Mo	Ni
含量	0.028	0.20	0.39	0.011	0.0017	12.77	0.93	4.44
工厂要求	≤0.04	≤0.50	≤0.60	≤0.020	≤0.010	12.0～14.0	0.80～1.50	3.50～4.50

(3) 力学性能

依据API SPEC 5CT—2018，在油管管体上取样进行拉伸、冲击和硬度试验。采用纵向板状拉伸试样，标距内宽度为19.0mm，标距长度为50.8mm。冲击试样为夏比V型缺口纵向试样，径向开槽，规格为10mm×5mm×55mm。冲击、拉伸和硬度试验均在室温下进行。由表2-11可见，刺穿油管的各项力学性能也均符合工厂的技术要求。

表2-11 油管的力学性能

条件	抗拉强度/MPa	屈服强度/MPa	伸长率/%	纵向冲击功(1/2尺寸)/J	硬度/HRC	
					内壁	外壁
实测值	894	859	23.5	123	24.0	25.5
工厂要求	≥827	758～896	≥12	≥44	≤32	

(4) 金相组织

在刺穿油管的刺口附近取样进行金相检验，由图2-32可见，该油管显微组织正常，为回火马氏体。晶粒度为9.5级，非金属夹杂物含量为A0.5、B0.5、C0、D1.0、DS1.0，夹杂物含量正常。

图2-32 显微组织形貌

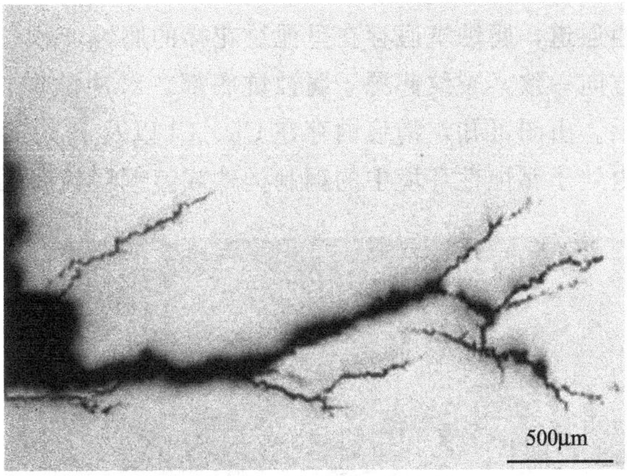

图2-33 起源于腐蚀坑底部的裂纹形貌

在油管刺口附近的腐蚀坑处取样，金相检验发现油管外表面腐蚀坑底存在裂纹，裂纹起源于腐蚀坑底部，如图2-33所示。由图2-34和图2-35可见，裂纹不仅沿横向扩展，局部区

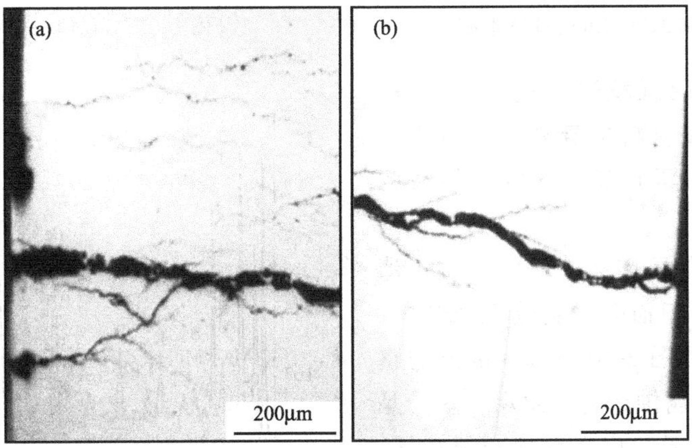

图2-34 起源于外壁贯穿至内壁的裂纹形貌

(a) 外壁；(b) 内壁

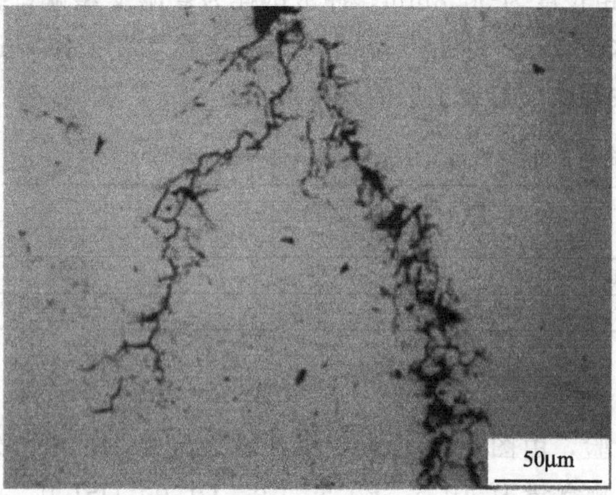

图 2-35　裂纹尖端形貌

域贯穿整个壁厚，而且还向纵向延伸，呈分叉树枝状，具有明显的应力腐蚀开裂裂纹特征。

把图 2-30 所示大腐蚀坑沿壁厚方向剖开，对腐蚀坑底部及周边基体显微组织进行金相检验，除腐蚀特征外，未见变形等其他特征。

（5）断口分析

由于刺口被严重冲刷，已经看不见原始断口形貌。因此在刺口附近取样，对腐蚀坑周围表面进行微观形貌分析。由图 2-36 和图 2-37 可知，腐蚀坑周围呈现大面积冲蚀沟痕，部分腐蚀坑之间形成贯通通道，腐蚀坑底存在呈泥纹花样的腐蚀产物，并且存在坑底裂纹，裂纹扩展方向与主断口方向一致，裂纹起源于腐蚀坑底部。对冲蚀沟痕内的腐蚀产物进行能谱分析，如图 2-38 所示。由图可知，沟痕内存在 Cu、Cl 以及 P 元素。刺口周围外壁冲刷沟痕内残留有 Cu，这是由处于腐蚀性环境中的铜制构件或镀铜层被腐蚀进入完井液，而后铜离子参与了电化学反应

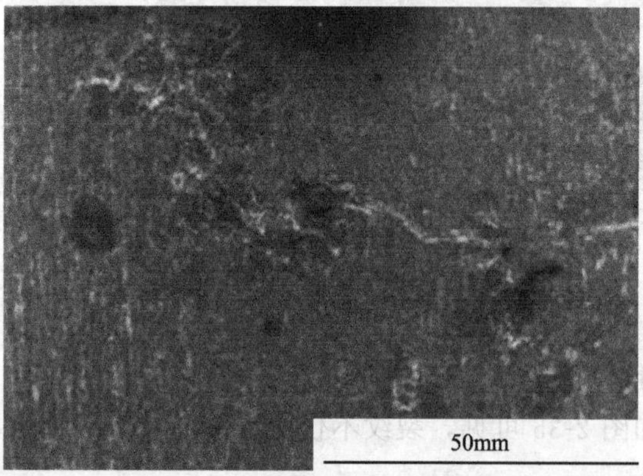

图 2-36　小腐蚀坑附近的冲刷形貌

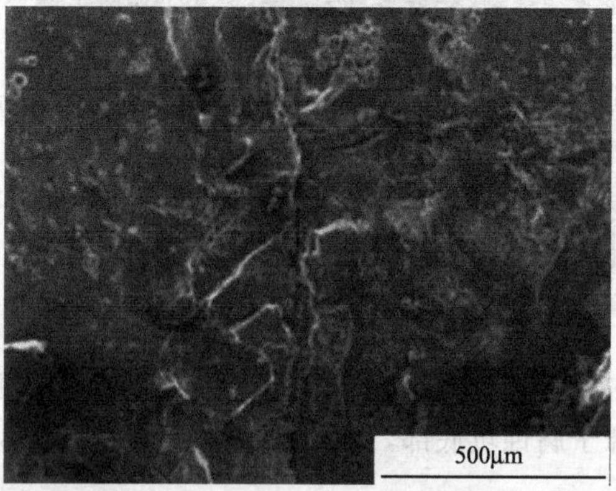

图 2-37　腐蚀坑底的裂纹形貌

过程并在这些区域沉积造成的。对于 P，除极少量来自金属材料本身外，可能绝大部分来自完井液、压井液或环空保护液的黏附。

剖开图 2-34 所示贯穿壁厚的裂纹，清洗后对其表面进行扫描电子显微镜（SEM）分析。由图 2-39 和图 2-40 可知，剖开的整个裂纹表面覆盖着腐蚀产物，微观上呈沿晶开裂特征，具有明显的应力腐蚀开裂特征，这与上文的金相检验结果相吻合。

对剖开的断口从裂纹根部至裂纹尖端进

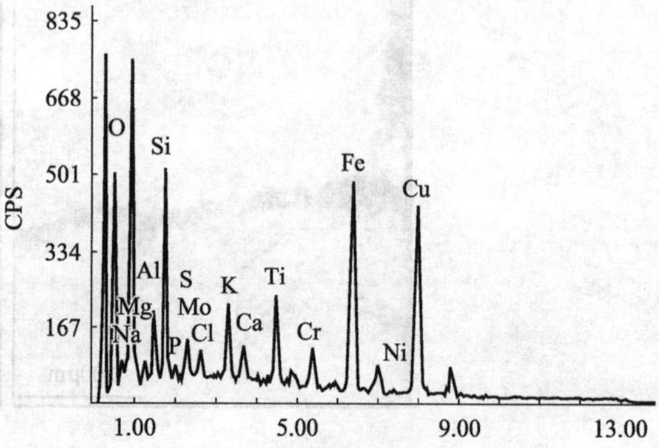

图 2-38　沟痕内腐蚀产物的能谱图

行能谱分析，如图 2-41～图 2-43 所示，可见裂纹表面存在较多的 C、O、Cr、Ca、Fe 等元素以及微量 Cl 元素，且越靠近裂纹尖端，Cr 和 Cl 元素含量越高，其中 Cl 元素质量分数达到 0.45%。

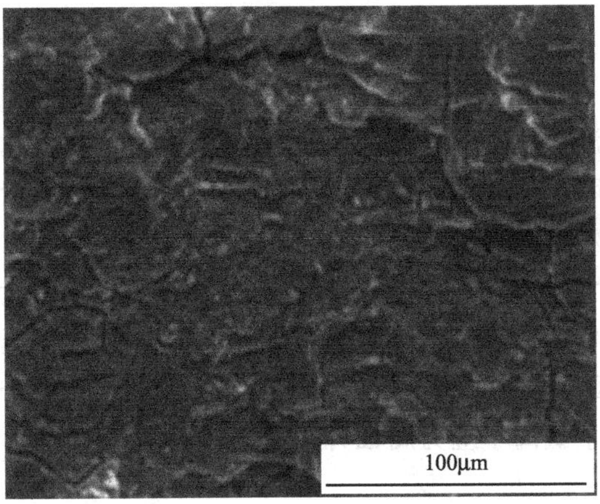

图 2-39　断口表面腐蚀形貌

图 2-40　断口表面沿晶形貌

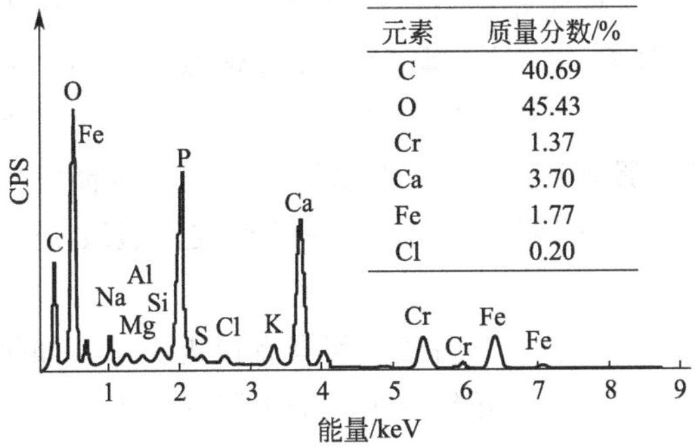

图 2-41　裂纹起源部位腐蚀产物的能谱图

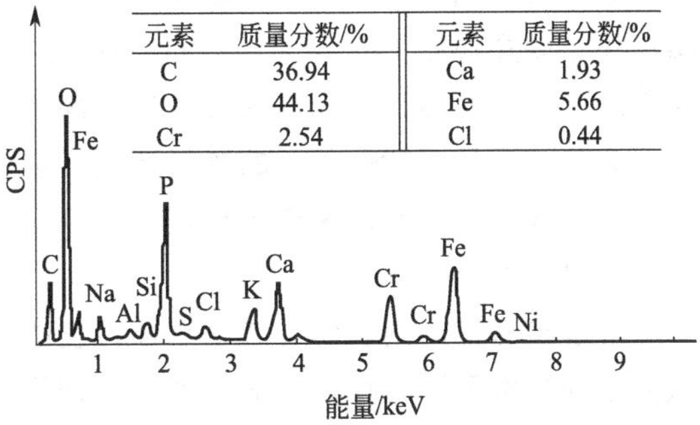

图 2-42　裂纹中部腐蚀产物的能谱图

2.3.3　分析与探讨

由此可见，超级 13Cr 不锈钢（HP13Cr110）油管刺穿失效的实质是氯离子应力腐蚀开裂，裂纹起源于油管外壁腐蚀坑底部，然后向内壁扩展穿透壁厚，内、外表面贯通后形成刺穿通道，随后形成刺穿孔洞。

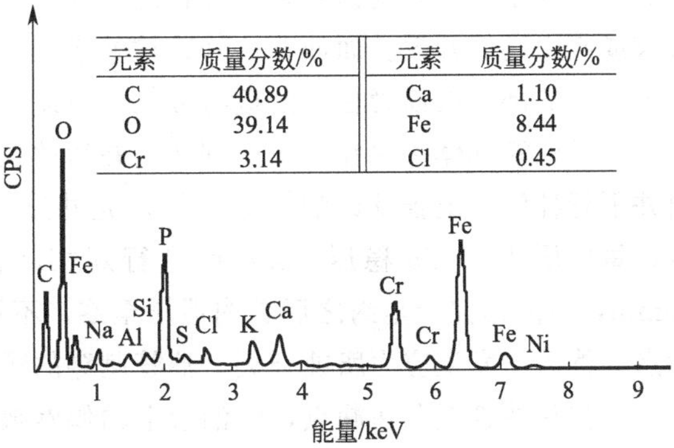

图 2-43　裂纹尖端腐蚀产物的能谱图

（1）氯离子应力腐蚀开裂的可能性

应力腐蚀是在一定应力作用下的金属构件在特定腐蚀环境中发生的低应力脆性破坏形式，材料、应力和环境三个因素缺一不可。

① 油管承受拉伸应力

根据该井的完井井下管柱力学分析报告结果，Φ88.9mm×6.45mm 管段在酸化作业时承受的拉伸应力最大。当考虑温度效应、鼓胀效应和螺旋弯曲效应时，该管段顶部拉伸应力为 58MPa，此时安全系数为 1.29。这说明失效油管在承受应力方面虽然是安全的，但是确实承受了一定的拉伸应力。

② 氯离子环境

氯离子的来源可能有两种：一是完井液中本身就含有氯离子，二是环空液可能带入了地层中所含的氯离子。该井有机盐溶液中氯离子含量的测定结果显示，把此井完井液所使用的有机盐用蒸馏水配制成密度为 $1.50g/cm^3$ 的溶液后，测定其氯离子质量浓度为 $2.76\times10^3mg/L$。这说明有机盐本身就含有氯化物。此外，完井液是用此有机盐和地下水配置而成，地下水中也含有氯离子，这说明，此井完井液中氯离子的质量浓度超过 $2.76\times10^3mg/L$。

③ 超级 13Cr 不锈钢油管材料本身就容易发生氯离子应力腐蚀开裂。此外，国外也曾发生超级 13Cr 不锈钢发生氯离子应力腐蚀开裂的事故，很多文献也报道了关于超级 13Cr 不锈钢在氯离子环境中发生应力腐蚀开裂的研究。因此，在氯离子环境中，若应力及离子浓度合适，此井中的超级 13Cr 不锈钢油管也是可能发生氯离子应力腐蚀开裂的。

(2) 氯离子应力腐蚀开裂的原因

超级 13Cr 不锈钢本身对氯离子应力腐蚀开裂敏感性较高，这与高铬钢中 $Cr_{23}C_6$ 碳化物沿原始奥氏体晶粒边界析出，使晶粒边界局部贫铬，致使晶粒边界对氯离子应力腐蚀开裂敏感有关。刺穿失效 13Cr 不锈钢油管在井中承受拉伸应力，这是其发生应力腐蚀开裂的必要条件之一。即使油管所承受的拉伸应力满足要求，但是一旦其所处的环境中存在对其有腐蚀性的介质，而且腐蚀性离子的含量超过一定值时，那么超级 13Cr 不锈钢油管就有可能发生应力腐蚀开裂。因此，氯离子聚集的地方就容易形成腐蚀坑，腐蚀坑一旦形成，超级 13Cr 不锈钢腐蚀将会加剧。

溶解氧易造成钢表面的严重点蚀，它的存在对氯离子应力腐蚀开裂具有促进作用，如果氯离子和溶解氧同时存在，那么就会加剧不锈钢的应力腐蚀开裂现象，而氧可能会参与该油管应力腐蚀开裂的过程。

由磁粉探伤检测和超声波检测结果可知，除所分析的这根油管仅在刺口周围存在腐蚀坑及裂纹，发生了应力腐蚀开裂以外，此根油管的其他部位以及后来起出的其他油管均未发现裂纹或应力腐蚀开裂。而油管内外壁均处于同一介质中，所发生应力腐蚀开裂的部位不是拉应力最大的部位或油管柱上的危险部位，所以推断刺口部位可能存在偶然性缺陷。

假设油管本体上存在漏点，则在完井后的试油过程中肯定会发生压力异常现象。但是，由井下管柱施工报告及试油日志可知，完井过程中投球隔开油管与油套环空之后曾进行试压，每增压 4.0MPa 稳压 5min 后进行观察，直到打压至比平衡压力高 52.0MPa，稳压 20min，封隔器完全坐封之后管内泄压至零，不返液。由此可以判断，油管上不可能先出现漏点，然后才发生应力腐蚀开裂，油管刺穿的顺序应是先裂后漏。

若排除油管上存在漏点，则油管上的偶然缺陷可能有以下几种来源：①油管热加工后外表面没有进行处理，表面局部有氧化物黏附，黏附处容易形成点蚀；②开裂部位存在损伤，有损伤的部位应力集中严重，在氯离子的作用下容易发生应力腐蚀。

因此，可推断该超级 13Cr 不锈钢油管的失效过程为：首先，油管原始外表面出现损伤；然后，在拉应力及氯离子的作用下损伤处发生腐蚀并产生应力腐蚀开裂；最后，应力腐蚀裂纹发生扩展直至穿透壁厚，形成刺穿通道，高压流体从内向外刺出并在随后的过程中形成刺穿孔洞。

2.4 油管公扣端点蚀

2.4.1 背景

超级 13Cr（JFE-HP1-13Cr）不锈钢油管内壁发生点蚀，并且在公扣端也同样存在严重的点蚀。腐蚀严重管段主要集中在井深 1500～3000m 范围内，温度区间为 80～100℃；该井 CO_2 含量在 2.43%～2.49%之间，CO_2 分压为 0.3～1.18MPa，属于 CO_2 腐蚀严重区域。原井起出油管中，第 29～430 根油管都有不同程度腐蚀，其中第 140～300 根油管（1500～3000m/80～100℃）点蚀情况较为明显。其中，有 3 根公扣端腐蚀出缺口（由于是 FOX 密封，无漏失现象），油管本体外部无明显腐蚀。

对第 140～300 根油管中较深腐蚀坑进行抽样检测，检测结果如表 2-12 所示。公扣端前沿端口腐蚀较为严重，呈腐蚀坑状；最大腐蚀坑深大约 0.6mm，开口最大直径约 3～4mm；螺纹处壁厚 3.8mm，壁厚减薄最薄处壁厚约 3.0～3.1mm；部分丝扣内壁处也有腐蚀坑；最深处约距离端口 5～6mm。图 2-44 和图 2-45 分别是第 150 和第 200 根油管腐蚀形貌及第 240 和第 245 根油管腐蚀形貌。失效分析的取样地点分别在 2420m、1048m、2775m、1941m、4991m。

表 2-12 油管腐蚀坑检测结果

油管编号	原始壁厚/mm	腐蚀后壁厚/mm	减薄/mm	腐蚀速率/(mm/a)
150	4.26	3.49	0.77	0.154
200	3.72	2.72	1.00	0.20
240	4.10	3.26	0.84	0.168
245	4.10	2.84	1.44	0.288

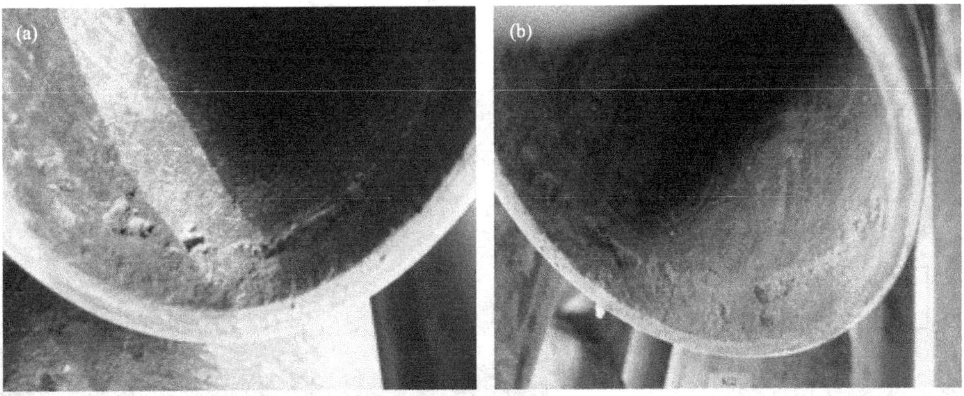

图 2-44 油管腐蚀形貌

(a) 第 150 根；(b) 第 200 根

2.4.2 腐蚀形貌分析

由于取样的 4 根油管腐蚀情况基本相同，所以选井下 1941m 处的第 200 根进行分析。在该管的公扣端和管段处分别取样。油管公扣端标记为 1，管段部分标记为 2。将 1、2 两处

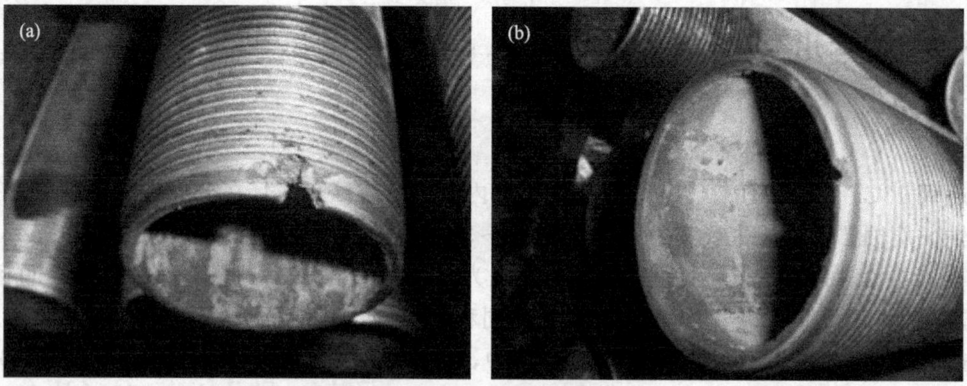

图 2-45 油管腐蚀形貌

(a) 第 240 根；(b) 第 245 根

纵向剖开观察，可见油管内壁都有很多点蚀坑，而且在油管公扣端内壁点蚀坑的分布很密集，如图 2-46 所示。借助体视显微镜观察，各腐蚀坑的底部均有黑褐色的腐蚀产物存留，如图 2-47 所示。

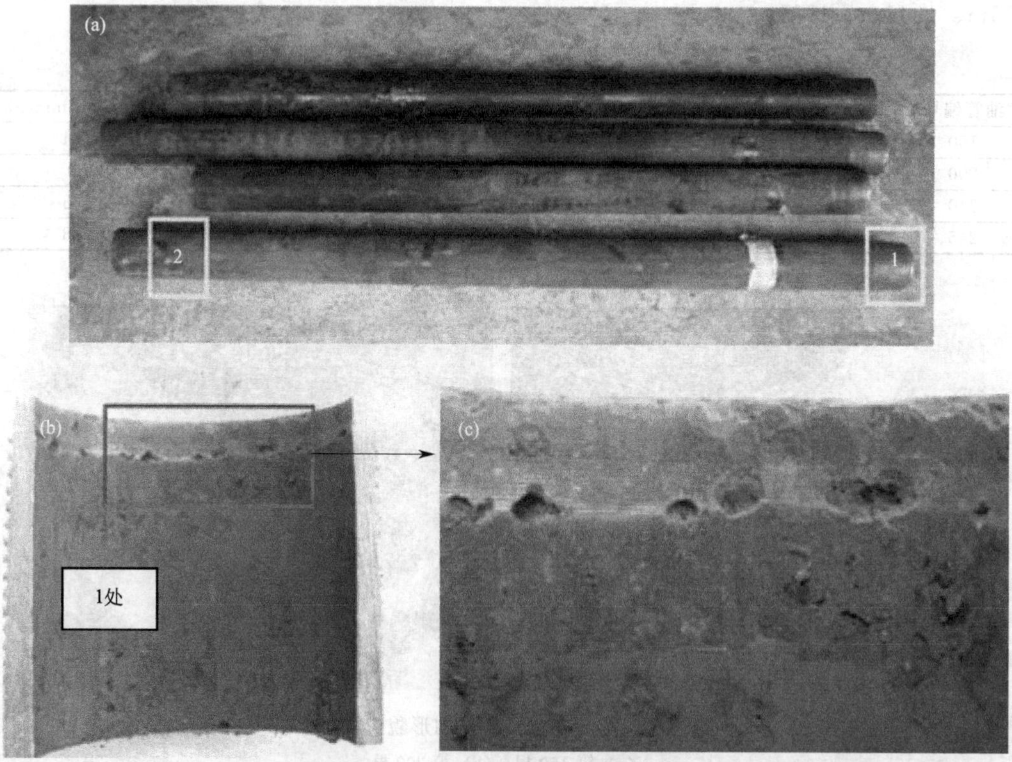

图 2-46 第 200 根油管内壁腐蚀形貌

(a) 油管宏观形貌；(b) 1 处剖面形貌；(c) 剖面放大形貌

借助 SEM 对 JFE-HP1-13Cr 钢油管内壁点蚀坑进行微观形貌分析，选择图 2-47 中标记为 1、6 的 2 个腐蚀坑进行分析。在腐蚀坑底可见有腐蚀产物存留，腐蚀产物有开裂和局部脱落现象，如图 2-48 所示。

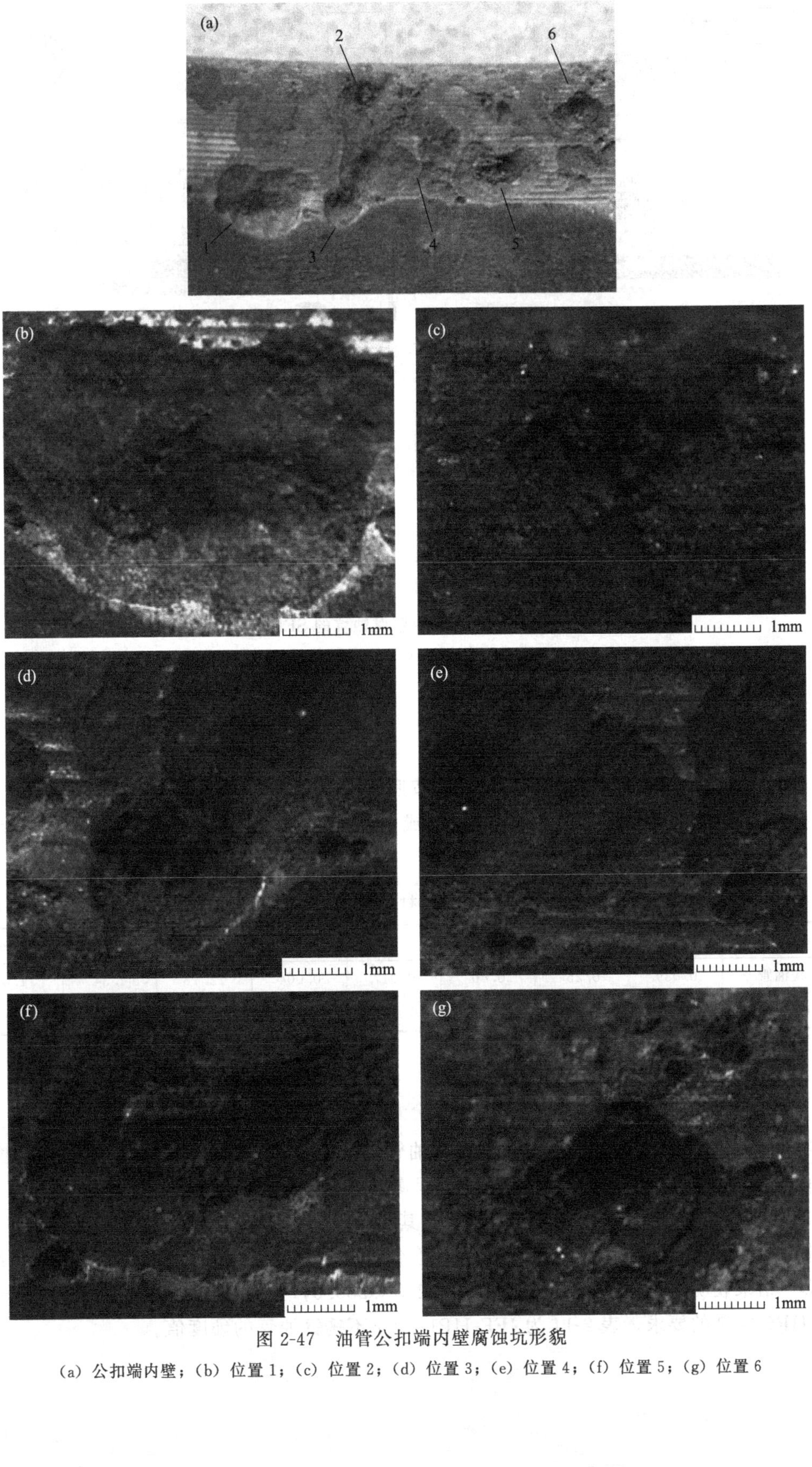

图 2-47　油管公扣端内壁腐蚀坑形貌

(a) 公扣端内壁；(b) 位置 1；(c) 位置 2；(d) 位置 3；(e) 位置 4；(f) 位置 5；(g) 位置 6

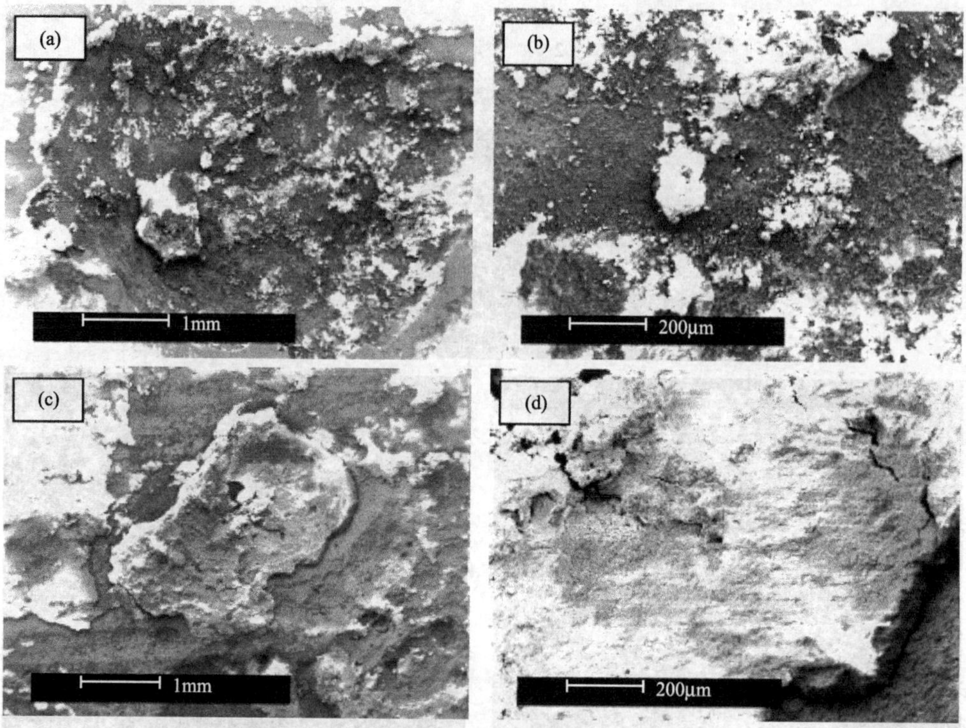

图 2-48　油管内壁腐蚀坑的 SEM

(a)、(b) 腐蚀坑 1；(c)、(d) 腐蚀坑 6

2.4.3　化学成分分析

从油管壁上取块状样品，整平后磨光，按照 GB/T 16597—2019 标准，对其材质进行化学分析。结果表明，送检油管材质的化学成分符合 JFE-HP1-13Cr 不锈钢标准的要求，表 2-13 为油管材质的化学成分检测结果。

表 2-13　油管材质的化学成分　　单位：%（质量分数）

类别	C	Si	Mn	P	S	Cr	Ni	Mo
送检油管	0.039	0.25	0.40	0.017	0.004	12.78	4.34	1.01
HP1-13Cr	≤0.04	≤0.50	≤0.60	≤0.020	≤0.005	12.0～14.0	3.50～4.50	0.80～1.50

2.4.4　金相组织及硬度测试

在油管公扣端切取纵向金相样品，观察油管管壁的金相组织，如图 2-49 所示。油管公扣端内壁和油管内壁有大小不等的点蚀坑，呈圆弧状；管壁金相组织为回火索氏体。

JFE-HP1-13Cr 不锈钢油管为无缝钢管，其热处理通常为淬火＋回火，即调质处理。使用显微硬度计，对 JFE-HP1-13Cr 不锈钢油管金相样品进行硬度测定。载荷 500g，持续时间 15s。结果表明，该油管的显微硬度为 272.5～280.6，换算成洛氏硬度为 HRC28～29，符合 HRC≤32 的要求，表 2-14 为 JFE-HP1-13Cr 不锈钢油管的硬度值。

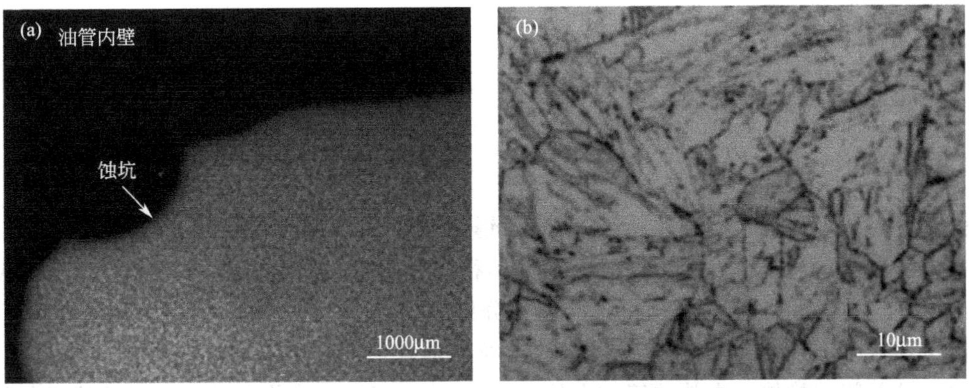

图 2-49 油管公扣端管壁金相组织
(a) 油管内壁；(b) 放大图

表 2-14 JFE-HP1-13Cr 不锈钢油管的硬度值（HV0.5，15s）

油管部位	HV0.5 测试值	HV0.5 平均值	HRC(换算值)
公扣端	273.7、269.9、271.0、275.1、273.0	272.5	28
管体	280.6、279.2、280.7、279.9、282.7	280.6	29

2.4.5 综合分析

超级 13Cr 不锈钢油管是在普通 13Cr 不锈钢油管的基础之上，通过降低 C 含量、增加 Ni、Mo、Cu 等合金元素含量而发展起来的，目前，已经广泛地用于油田生产中，并且对超级 13Cr 不锈钢油管在油田使用过程中的状态也已开展了大量的研究，尤其是在高温、高压、高腐蚀性介质中的腐蚀行为。研究表明，随着温度升高，CO_2 分压升高，Cl^- 浓度增加，超级 13Cr 不锈钢油管的腐蚀倾向性也在增大，尤其是局部腐蚀（点蚀）倾向性会加大。

该井使用的超级 13Cr 不锈钢油管材质化学成分、金相组织及硬度的检测，确认该油管材质方面没有异常。因此，油管内壁发生腐蚀，尤其是在油管公扣端内壁发生严重的点蚀，应该主要与油管内壁接触的介质和所处的环境有关。

油管内壁腐蚀形态为典型的点蚀坑形貌。同时，由于腐蚀坑内 Cl^- 元素含量很高，可判断腐蚀坑的形成是 Cl^- 点蚀作用的结果。Cl^- 在钢表面的不均匀吸附易导致钝化膜的不均匀破坏，从而诱发点蚀。点蚀坑一旦形成，由于 Cl^- 的自催化效应，点蚀坑的发展速度将加快，并且 Cl^- 还会造成蚀孔再钝化困难，从而加速金属的腐蚀。

相关的研究表明，超级 13Cr 不锈钢在 CO_2 环境中，当温度在 60～100℃时，由于表面形成的腐蚀产物厚而松、不均匀、易破损，局部点蚀严重。检测的第 200 根油管，位于井下 1940m 处，该管对应的温度在 100℃左右，超级 13Cr 不锈钢在此温度范围容易发生局部腐蚀。

而对现场油管腐蚀状况的观察表明，油管接头部位的腐蚀比管体要严重得多，出现这种情况主要与油管接头的结构有关：①油管外螺纹接头台肩接触部位存在机械倒角，油管接头在受拉伸作用后，在内、外螺纹接头台肩接触部位容易产生缝隙，导致缝隙腐蚀；②油管外螺纹接头台肩内壁存在倒角，在内壁倒角消失部位存在结构突变。当含有腐蚀介质的高压油气流过该位置时会产生湍流，导致该部位早期腐蚀，从而形成腐蚀集中。

2.5 开裂与断裂

2.5.1 管体应力腐蚀开裂

2.5.1.1 背景

张智等对我国西北地区某井超级 13Cr 不锈钢油管 SCC 产生的原因进行了研究。其背景如下：高温高压深气井深度为 7100m。油井运行约 2 年后，环空 A 压力急剧上升至 40MPa，释放出可燃气体。此外，环空 B 和 C 的压力分别增加到 24MPa 和 20MPa，并释放出可燃气体。由于环空 A 压力增大，可燃气体释放，导致油管泄漏，甚至主隔板失效。在这种情况下，油井被关闭并检修。失效油管在大约 5000m 的深度处，从井中取出后对油管进行检测。失效油管的宏观形貌如图 2-50 所示。失效油管［3.5 英寸（1 英寸＝0.0254m）］材质为超级 13Cr 不锈钢。油管金相组织如图 2-51 所示，其金相组织为回火马氏体，油管表面存在 D1 夹杂物。

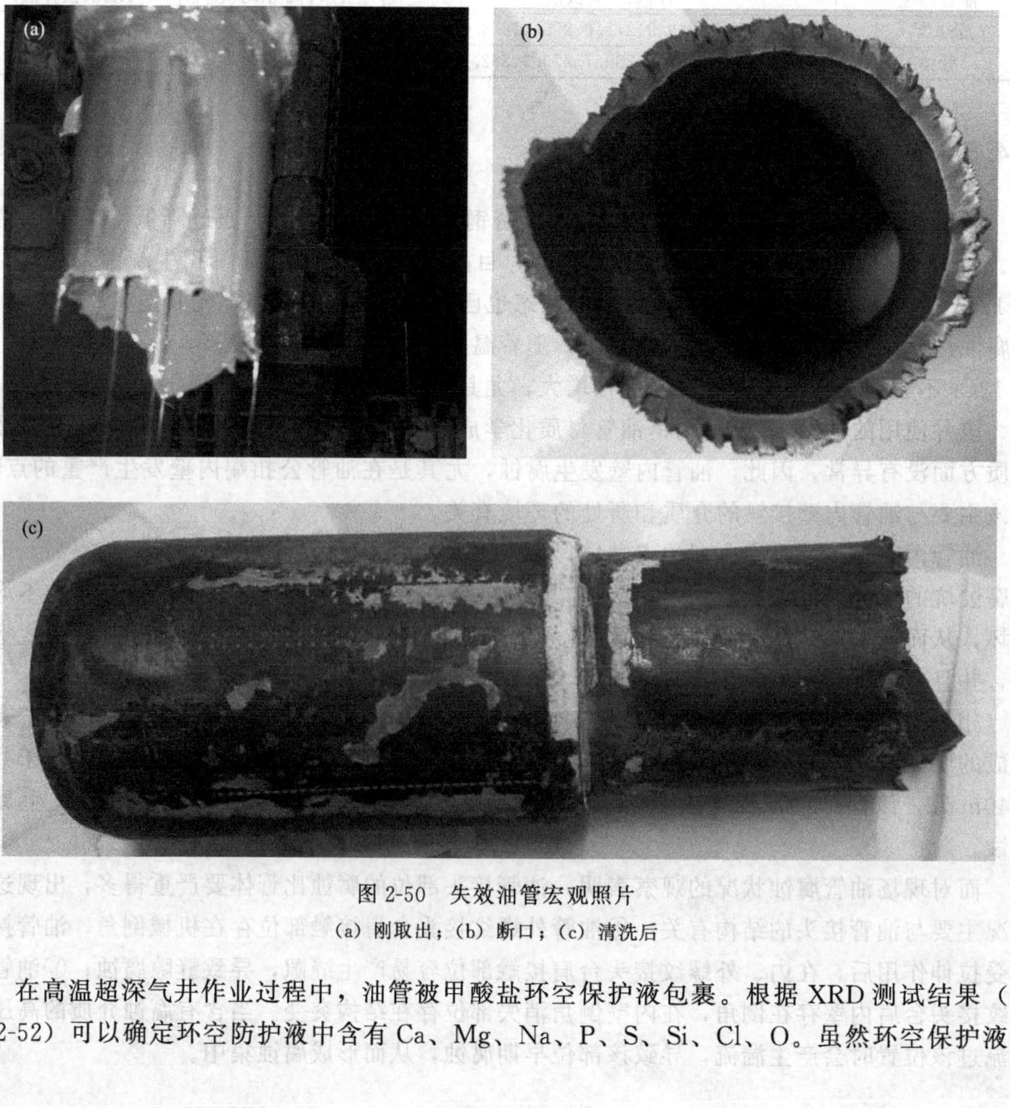

图 2-50　失效油管宏观照片

(a) 刚取出；(b) 断口；(c) 清洗后

在高温超深气井作业过程中，油管被甲酸盐环空保护液包裹。根据 XRD 测试结果（见图 2-52）可以确定环空防护液中含有 Ca、Mg、Na、P、S、Si、Cl、O。虽然环空保护液中具体的化合物未知，但溶液中可能含有 CaO、MgO、$Mg(ClO_4)_2$、$Na_2Ca_4(PO_4)_2SiO_4$、$CaCl_2$、$Na_2S_2O_5$。其中，Cl^- 和 $S_2O_5^{2-}$ 是破坏超级 13Cr 不锈钢的有害成分。

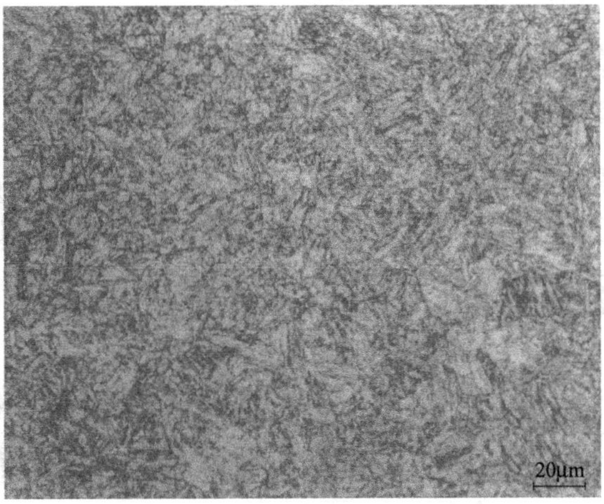

图 2-51　油管金相组织形貌

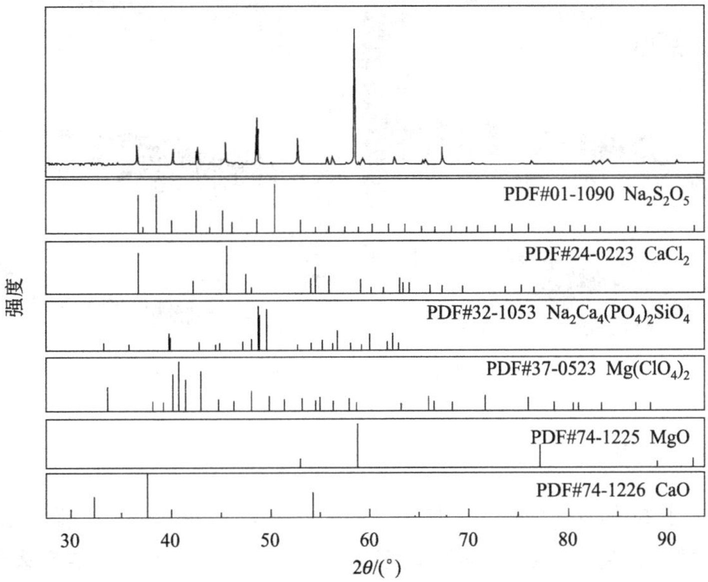

图 2-52　甲酸盐环空保护液粉末的 XRD 图谱

失效油管材质为超级 13Cr 不锈钢，外径 88.9mm（3.5 英寸），壁厚 6.45mm。破坏段在输送天然气时，平均工作温度为 130℃，压力为 60MPa。断口以上 10m 处无机械损伤或腐蚀坑。

2.5.1.2　外表面无损检测

为了研究气井环境下油管的表面状况，对超级 13Cr 不锈钢油管外表面进行了荧光磁粉探伤检测。从图 2-53 可以看出，油管外表面存在大量的微裂纹。为了测试失效试样的力学性能，对选定的管段进行了拉伸试验。从拉伸试验数据（屈服强度 $R_{p0.2}$ 为 850MPa、抗拉强度为 915MPa、屈服率为 0.93、断裂伸长率为 8.68%）来看，符合 ISO 13680—2020 标准规定，在腐蚀环境下，油管使用约 2 年，屈服强度和抗拉强度均满足标准要求，但伸长率为 8.68%，未达到要求。另外，断口上有大量裂纹，见图 2-54。

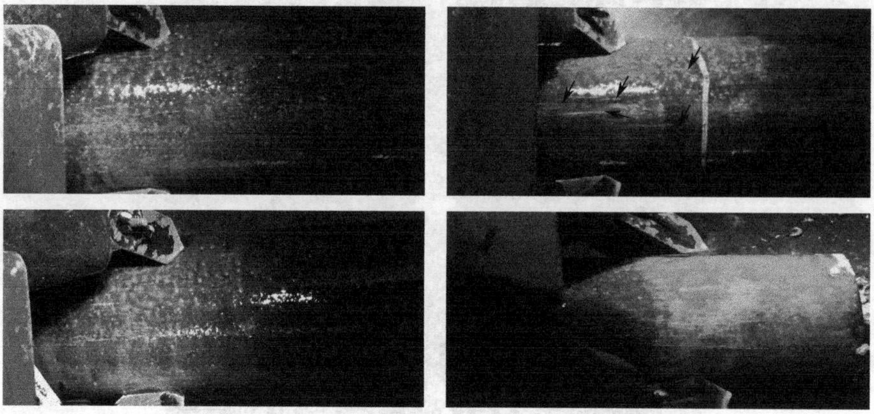

图 2-53　四个检测部位的荧光磁粉探伤检测图片

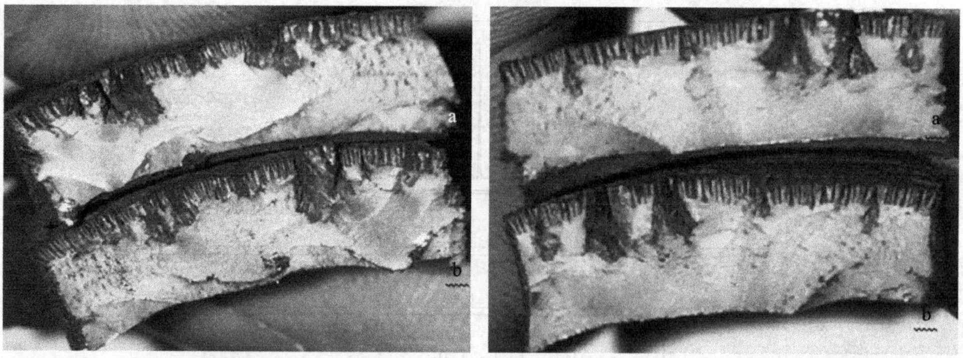

图 2-54　两个平行拉伸试样宏观断口形貌

2.5.1.3　拉伸断口形貌

用 SEM 观察了拉伸断口形貌，如图 2-55 所示，油管外表面裂纹较多，最大裂纹 >2.716mm。基材下有裂纹，在拉伸断口表面有大量细小的韧窝。结果表明，过载条件下材料断裂为典型的韧性断裂。样品中含有大量的腐蚀产物。用 EDS 测定了腐蚀产物和韧窝中的不同元素，所选取的位置以及 EDS 谱图见图 2-56 和图 2-57。通过对韧窝腐蚀产物的分析可知，含 O 量由 2.95% 提高到 11.25%。在腐蚀产物中，P 和 S 的质量分数分别为 4.83% 和 2.04%，均有显著提高，如表 2-15 和表 2-16 所示。图 2-58 为外表面腐蚀产物的 XRD 结果，可知腐蚀产物主要成分为 $Fe_{0.96}S$（铁离子与硫化物离子的比例，不是真正的化学式）、$CaCl_2$。

表 2-15　断口处元素组成　　单位：%（质量分数）

元素	O	Mg	Al	S	Ca	Ti	Cr	Fe	Ni
含量	2.95	6.01	2.79	3.47	4.02	1.24	12.06	63.26	4.2

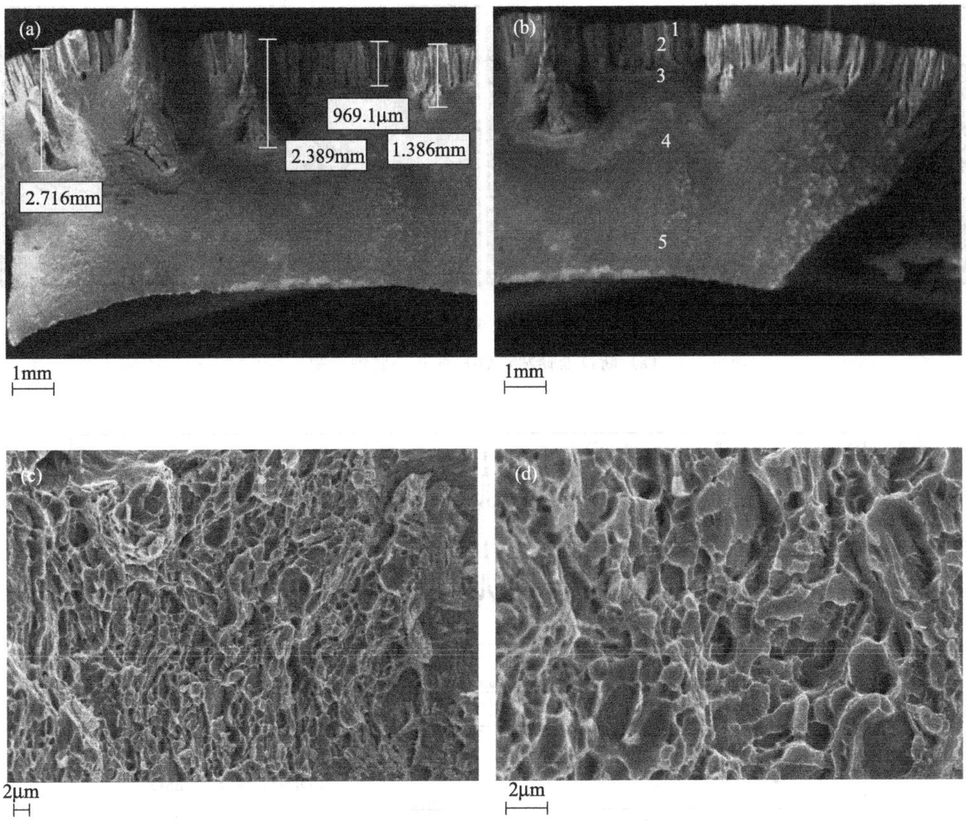

图 2-55　拉伸断口 SEM 分析

(a)、(b) 不同位置断口形貌；(c)、(d) 断口形貌放大图

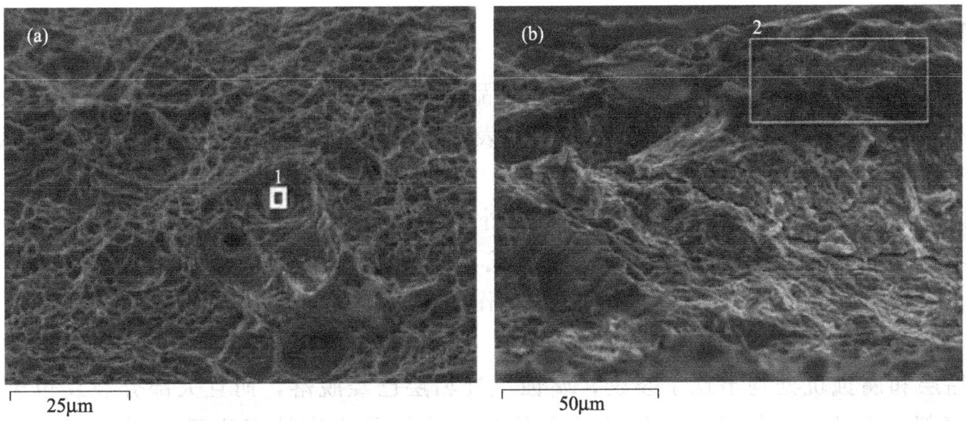

图 2-56　EDS 选取位置

(a) 断口处韧窝；(b) 油管外腐蚀产物

表 2-16　油管外部元素组成　　单位：%（质量分数）

元素	C	O	Na	Al	Si	P	S	Cl	K	Ca	Cr	Fe	Ni
含量	9.52	11.25	1.85	0.25	0.56	4.83	2.04	0.47	0.73	1.48	14.08	43.08	9.88

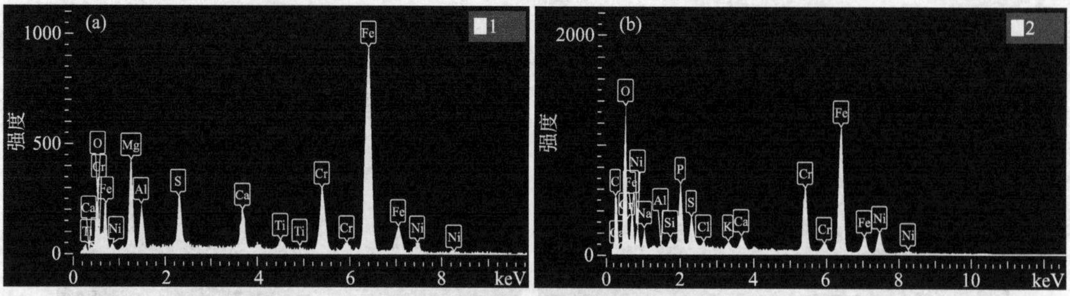

图 2-57　EDS 谱图

（a）断口处韧窝；（b）油管外腐蚀产物

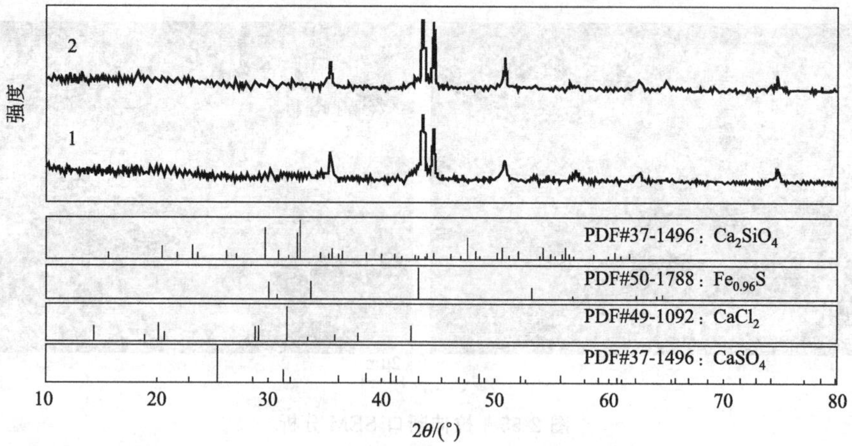

图 2-58　油管外部 XRD 图谱

2.5.1.4　油管开裂分析

在光学显微镜（OM）下观察失效油管样品，从外表面到内表面有多条裂缝，显微组织为典型的回火马氏体，如图 2-59 所示。结果表明，沿晶界扩展的二次裂纹和树根状形态清晰可见，裂纹深度是 3932.24μm。

图 2-60 为裂纹的 SEM 图，由图可知，外表面有三层，分别为垢层、腐蚀产物层和基材。垢层主要由液体沉积在表面的颗粒形成，厚度大约为 80μm。腐蚀产物层在垢层以下，由腐蚀介质和油管表面材料之间的相互作用产生，厚度约为 70μm。腐蚀产物层下面为基材。

垢层和腐蚀坑处均出现了裂纹，腐蚀坑处垢层已经脱落，而且大部分裂纹位于腐蚀点的底部。由此可以推断，腐蚀环境中的裂纹成核是由腐蚀产物膜的裂纹引起的。通过 EDS 分析，可以将分布在样品表面的元素以亮度的方式显示在屏幕上，这意味着元素的含量越高，亮度越高。图 2-61 为图 2-60 中 A 区域表面扫描的基本元素组成，如 Fe、C、Ni、Mo，它们在钢表面上是均匀分布的，但裂纹内部存在含有 O 和 P 的化合物，P 的含量达到 12.03%，详情见表 2-17。由此可以推断，P 在裂缝的发育过程中起着重要的作用。

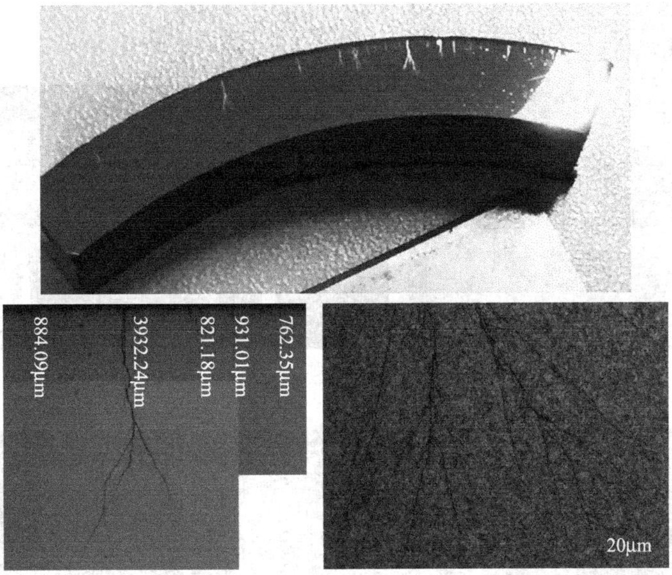

图 2-59　光学显微镜分析裂纹形貌

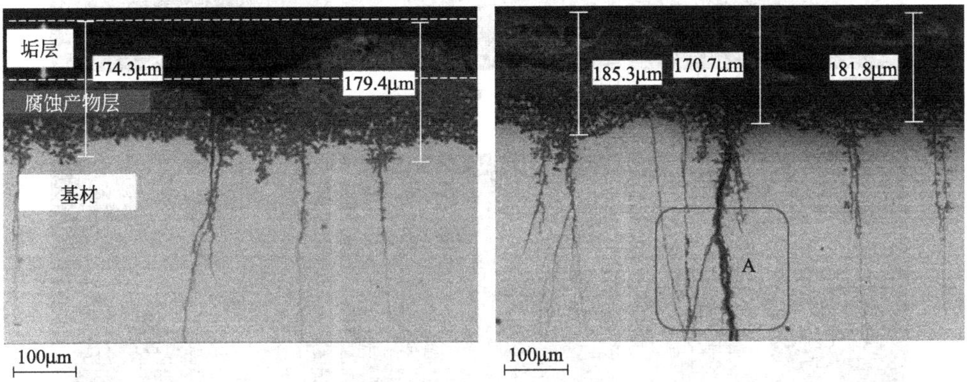

图 2-60　两个裂纹区域 SEM 形貌

表 2-17　裂纹表面元素及其含量　　　单位：%（质量分数）

元素	C	O	Si	P	Mo	K	Ni	Cr	Fe
含量	4.48	18.51	2.64	12.03	0.38	3.97	0.77	18.73	余量

2.5.1.5　机理探讨

以上分析表明，超级 13Cr 不锈钢在高温高压腐蚀环境下的断裂是由应力腐蚀开裂引起的。浸在腐蚀性介质中的金属或合金会形成易碎的腐蚀产物膜，见图 2-62(a)。垂直于产品膜的应力导致腐蚀产物膜破裂，使金属暴露在腐蚀介质中，见图 2-62(b)。制动器在腐蚀产物膜中，腐蚀产物膜和金属基体均浸没在腐蚀介质中。这导致基体与以基体为阳极、以产物膜为阴极的腐蚀产物膜之间存在电位差，如图 2-62(c) 所示。当暴露在腐蚀性介质中时，新鲜的基体将不断溶解，腐蚀产物膜将再次形成。由于在溶解区底部应力集中，腐蚀产物膜会再次断裂。断裂的腐蚀产物膜与基体之间出现局部溶解，裂纹在这一点成核并开始膨胀，见

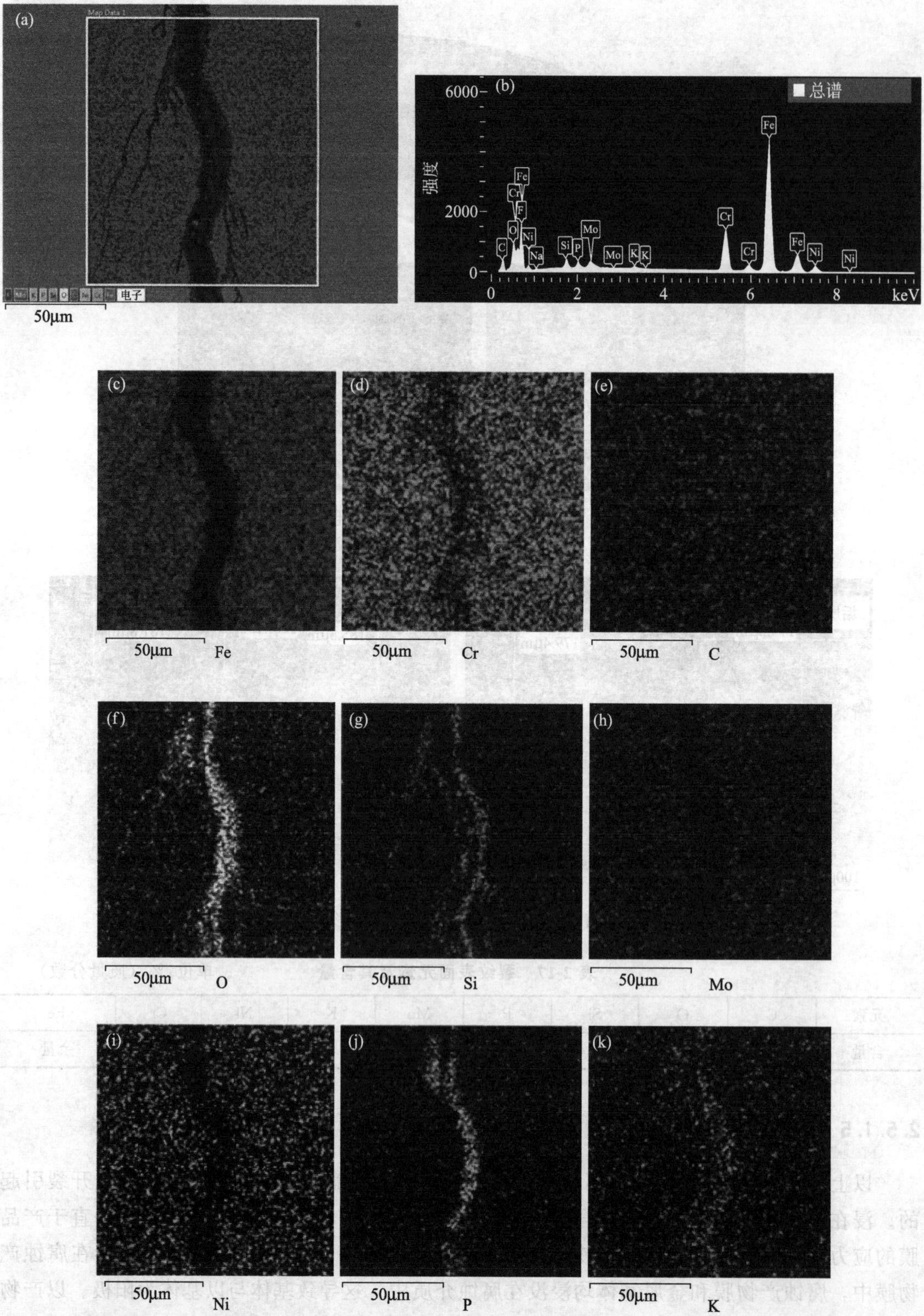

图 2-61　裂缝表面 EDS 结果（表面扫描）

(a) 扫描区域；(b) EDS 谱；(c) Fe；(d) Cr；(e) C；(f) O；(g) Si；(h) Mo；(i) Ni；(j) P；(k) K

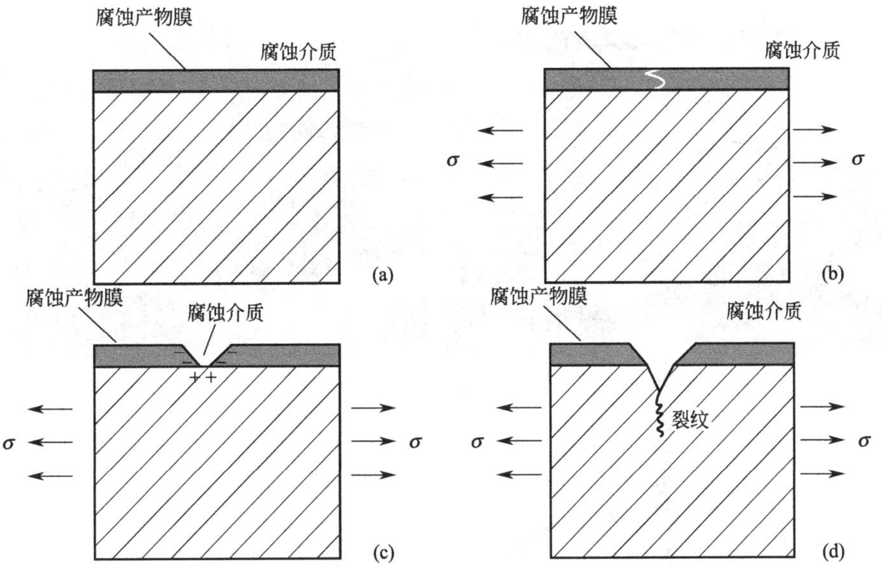

图 2-62　腐蚀产物膜断裂导致应力腐蚀开裂的机理

图 2-62(d)。由于气井中的腐蚀介质为 CO_2，可能的腐蚀机理的阳极反应为：

$$Fe \longrightarrow Fe^{2+} + 2e^- \tag{2-11}$$

$$Fe + HCO_3^- \longrightarrow FeCO_3(s) + H^+ + 2e^- \tag{2-12}$$

阴极还原反应包括 H_2O 和 HCO_3^- 的还原：

$$2H_2O + 2e^- \longrightarrow 2OH^- + H_2 \tag{2-13}$$

$$2HCO_3^- + 2e^- \longrightarrow H_2 + 2CO_3^{2-} \tag{2-14}$$

HCO_3^- 对阴极反应的影响较大。此外，Nesic 指出，当溶液 pH＜4 时，主要的阴极反应是 H^+ 的还原，反应速率受扩散控制。当溶液 pH 在 4～6 之间时，主要的阴极反应是 HCO_3^- 与 H_2CO_3 的还原反应，反应速率受活度控制。当阴极超电势较高时，H_2O 的还原是主要的阴极反应。

2.5.1.6　其他类似案例

1）案例一

（1）背景

对某井所取的 26 根油管样的外壁进行磁粉探伤检测，其中 4 根油管发现周向裂纹（97、150、200 和 440），17 根油管发现纵向裂纹（1、51、97、98、150、153、154、200、309、310、362、411、412、440、464、500、501），第 440 根油管外壁有密集的周向和纵向裂纹，如图 2-63 所示。可见裂纹均起源于外壁，选取一条较长的裂纹，测其长度为 5.832mm，贯穿整个壁厚的 90.4%。裂纹为呈树枝状分布的穿晶裂纹，属于典型的应力腐蚀开裂裂纹。

针对第 440 根油管环向裂纹，采用能谱仪对裂纹表面的成分进行分析。裂纹面的 EDS 分析位置及分析谱图如图 2-64 所示，可见，从裂纹源到裂纹尖端，P 和 S 元素含量逐渐减少，Cl 含量增多，裂纹尖端未见 S 元素。

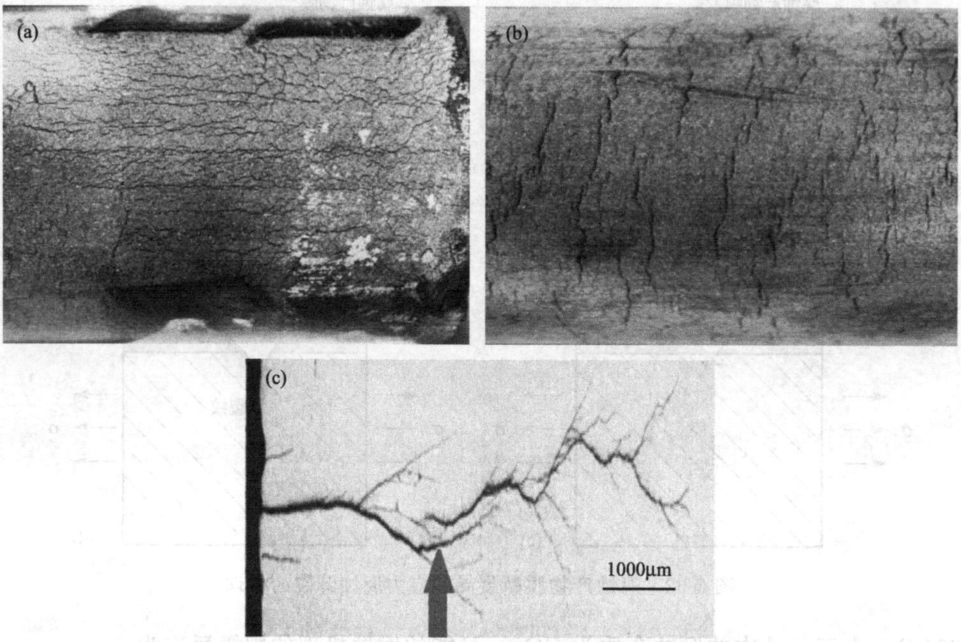

图 2-63　第 440 根油管外壁磁粉探伤检测结果

(a) 轴向裂纹；(b) 环向裂纹；(c) 环向裂纹微观形貌

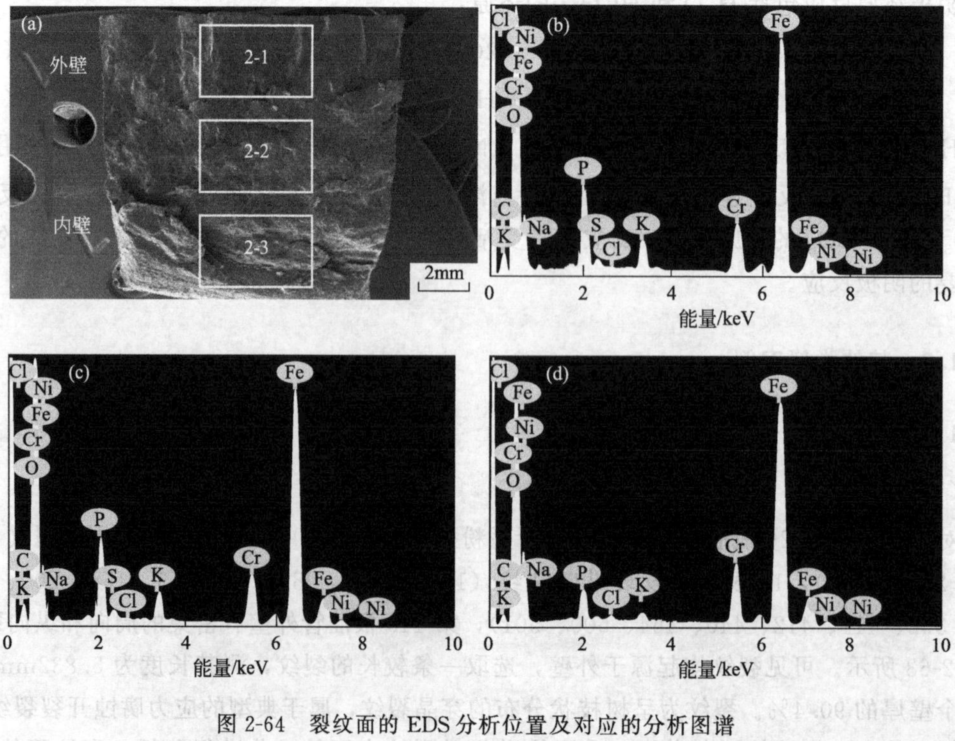

图 2-64　裂纹面的 EDS 分析位置及对应的分析图谱

(a) 分析位置；(b) 2-1 分析谱图；(c) 2-2 分析谱图；(d) 2-3 分析谱图

（2）原因分析

图 2-65　环切法油管张开量

采用环切法对油管进行残余应力测试，环切法油管张开量检测如图 2-65 所示，不同国家残余应力控制指标对比情况见表 2-18。从图 2-65 和表 2-18 可以得出，该油管张开量为 2.14mm，超过 Saudi Aramco 公司和德国扎（萨）尔茨吉特的要求。根据式(2-15）计算管段的残余应力为 130.33MPa，超过标准要求。

$$\sigma_r = ETC/(12.566R^2) \qquad (2\text{-}15)$$

式中，σ_r 为残余应力；E 为弹性模量；T 为油管壁厚；C 为油管张开量；R 为钢管公称半径。

表 2-18　残余应力控制指标对比

标准	控制要求	控制指标 C/mm
Saudi Aramco 公司材料体系规范 01-SAMSS-035	不得超过该材料规定的最小屈服强度的±10%	1.24(75.8MPa)
德国扎(萨)尔茨吉特	$C \leqslant 12.5 \times 10^{-3} \times (D/T)^2$	1.83

另外，温度变化可能会使超级 13Cr 不锈钢油管表面钝化膜在长期使用过程中产生局部溶解或破裂，诱发点蚀，在拉应力的作用下，导致裂纹的萌生和扩展。

取样的 26 根油管中，发现 4 根油管外壁出现环向裂纹，且均起源于外壁，发生失效的主要原因是起源于外壁的应力腐蚀开裂，因此应力腐蚀开裂是研究工作的重点。特定的材质、拉应力和特定的环境是发生应力腐蚀开裂的三个必要条件。

环向裂纹的产生主要是由拉应力引起的，纵向裂纹是由油管内压力过大造成的，出现环向裂纹的 4 根油管均在中和点以上受拉应力。油管除受到工作应力之外，还存在残余应力。工作应力与内部的残余应力相叠加，使材料的抗应力腐蚀能力大大降低。另外，现场使用的完井液未进行除氧处理，氧气的存在使得不锈钢应力腐蚀开裂更容易发生。

综上所述，油管外壁发生应力腐蚀开裂是由于超级 13Cr 不锈钢与完井液不匹配，在拉应力作用下发生应力腐蚀开裂，而环空中氧气的存在促进了裂纹的萌生和扩展。应力腐蚀开裂三要素（材质、环境和拉应力）中，拉应力是不可避免的，更换材质或者完井液是解决应力腐蚀开裂问题的主要措施。

2）案例二

（1）背景

BZ102 井完钻井深 6950m，在井深 6375.00m 位置全角变化率为 0.05°/25m，在井深 6430.00m 位置全角变化率为 10.6°/25m，在井深 6771.42m 位置产层压力为 118.2MPa，最高流动温度为 121.8℃，温度梯度为 2.6℃/100m，关井时井口温度为 15.8℃。

该井完井管柱采用超级 13Cr（S13Cr110）不锈钢油管，完井液为密度是 1.25g/cm^3 的 Weigh4 有机盐，没有脱氧。该井 2014 年 11 月 29 日投产，油压 33.8MPa，A 环空压力 12.2MPa，B、C 和 D 环空不带压。产出天然气中 CO_2 含量为 3.9%（体积分数），不含 H_2S，产出油中含蜡量为 5.2%～27.5%（质量分数），产出地层水中氯离子含量为 110g/L。由于井筒内存在结蜡现象，生产过程油压和产量波动，随后多次采用 70℃有机盐热洗解堵。2015 年 7 月 22 日油套窜通，关井平稳后油压和 A 环空压力均为 51.4MPa，B、C 和 D 环空不带压。

2017 年 10 月 17 日修井起管柱发现井深 6382.94m 位置油管工厂端脱扣。为查明完井管柱腐蚀及裂纹情况，对出井编号为 D242 号的 Φ88.90mm×6.45mm 超级 13Cr 不锈钢油管（下深 6382.94m）管体取样并进行了理化检验与分析。

（2）理化检验

① 磁粉探伤检测

经磁粉探伤检测，在 D242 号油管管体上没有发现裂纹。

② 金相分析

在距 D242 号油管外螺纹接头端面 85～100mm 管体位置取长度为 15mm 的圆环，将其沿周向分为 14 等份试样进行金相分析。结果表明在试样外表面及内表面并未发现有裂纹存在。

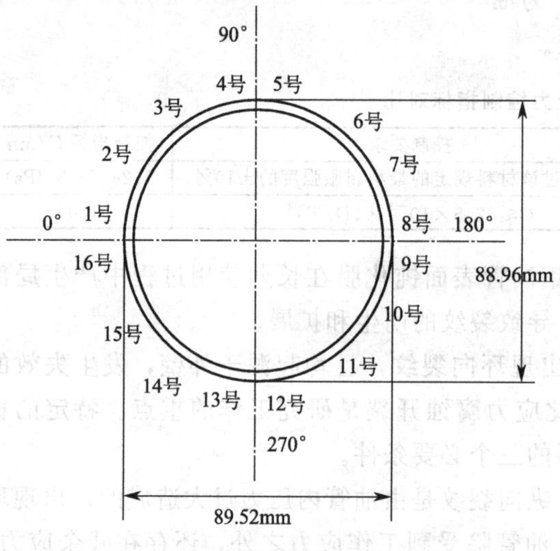

图 2-66　金相试样分割示意图

在距 D242 号油管外螺纹接头端面 750～765mm 管体位置取长度为 15mm 的圆环，将其沿周向分为 16 等份试样（图 2-66）进行金相分析。结果表明 1、3、8、9、13 及 16 号试样外表面存在纵向裂纹，内表面无裂纹存在。采用 Nano Measurer 粒径计算软件对每一个试样中的裂纹长度进行测量，并且取其最大值作为对比，测量结果如图 2-67 所示。可知 1 号和 8 号试样外壁裂纹深度较深，分别约为 206.9μm 和 240.5μm。所有裂纹均起源于油管外壁局部腐蚀坑，呈树枝状，在主裂纹周围存在大量次生裂纹，裂纹具有典型的应力腐蚀裂纹形貌特征。

将裂纹密集且深度较深的 8 号试样浸蚀之后进行金相分析，裂纹扩展方式以穿晶扩展为主，也有沿晶扩展，如图 2-68 所示。D242 号油管管体非金属夹杂物评级结果为 D1.0 级，晶粒度为 9.5 级，显微组织为回火索氏体。

③ 点蚀坑分析

采用金相显微镜对在 D242 号油管距外螺纹接头端面 85～100mm 管体位置所取的 14 个试样及距外螺纹接头端面 750～765mm 管体位置所取的 16 个试样的外壁点蚀坑进行观察，并对点蚀坑深度进行测量统计，点蚀坑形貌如图 2-69 所示。由图 2-69 可知，在试样外壁分布有较多的点蚀坑，且点蚀坑底部有较多晶间腐蚀区域，这些点蚀坑和晶间腐蚀易引起应力集中，导致裂纹产生。

D242 号油管距外螺纹接头端面 85～100mm 处管体外壁的点蚀坑深度分布在 20～120μm，其中在 40～70μm 分布较集中。D242 号油管距外螺纹接头端面 750～765mm 处管体外壁的点蚀坑深度分布在 10～180μm，其中在 30～60μm 分布较集中。

④ 化学成分分析

对 D242 号油管化学成分进行分析，结果见表 2-19，可知油管的化学成分符合设计要求和用户要求。

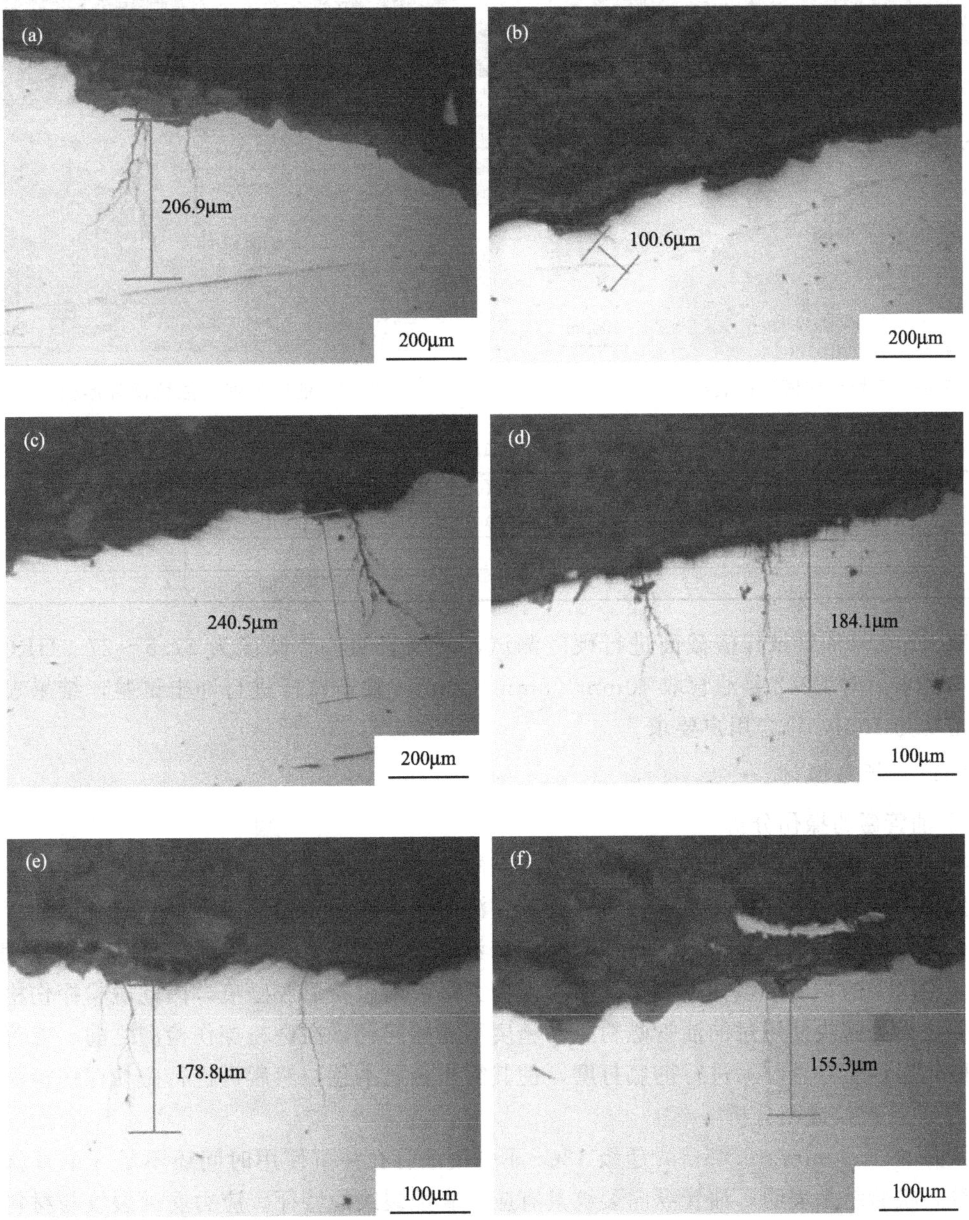

图 2-67　油管管体不同编号试样的裂纹微观形貌

(a) 1 号；(b) 3 号；(c) 8 号；(d) 9 号；(e) 13 号；(f) 16 号

表 2-19　D242 号油管的化学成分　　　　单位：%（质量分数）

项目	C	Si	Mn	S	P	Ni	Cr	Mo
实测值	0.01	0.19	0.17	0.002	0.010	5.66	12.01	1.93
用户要求	—	—	—	≤0.005	≤0.015	—	—	—

⑤ 力学性能试验

对 D242 号油管取样并进行拉伸试验，结果见表 2-20，可知油管的拉伸性能符合用户要求。

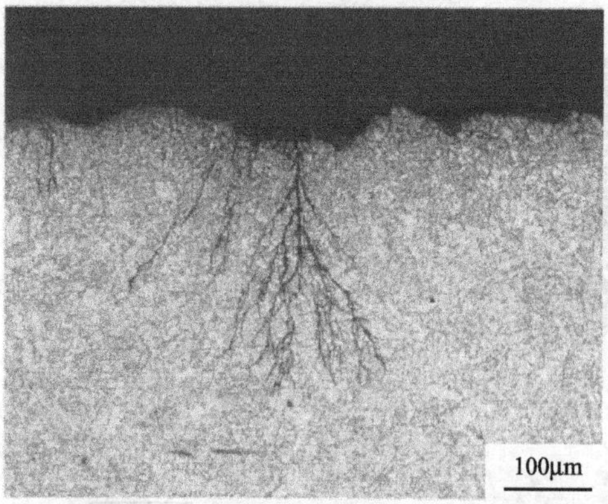

图 2-68　8 号试样横截面裂纹微观形貌

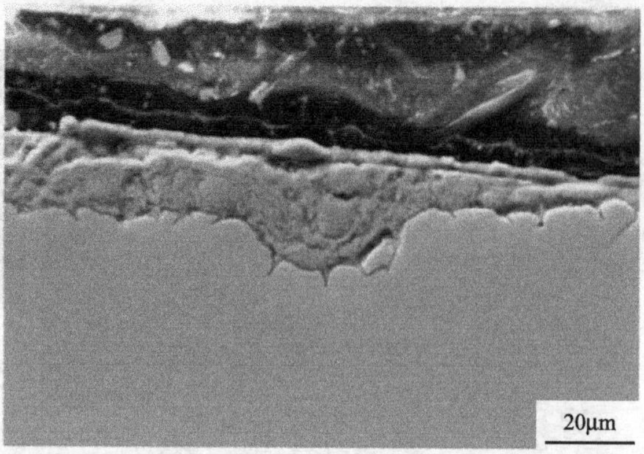

图 2-69　油管外壁点蚀坑微观形貌

表 2-20　D242 号油管的拉伸试验结果

项目	标距段尺寸(宽×厚)	抗拉强度 R_m/MPa	屈服强度 $R_{p0.5}$/MPa	断后伸长率 A/%
实测值	18.67mm×6.60mm	869	832	21.5
用户要求	—	≥827	758～896	≥16

对 D242 号油管试样横截面进行硬度测试，结果表明油管硬度为 27.5～27.9HRC，符合用户要求。对 D242 号油管取 10mm×5mm×55mm 冲击试样进行冲击试验，结果表明油管冲击功为 103J，符合用户要求。

(3) 分析与探讨

① 油管磁粉探伤分析

有表面或近表面缺陷的工件被磁化后，当缺陷方向与磁场方向呈一定角度时，由于缺陷处的磁导率变化，磁力线溢出工件表面，产生漏磁场，吸附磁粉形成磁痕。该井的油管采用金相检验发现了裂纹，但采用磁粉探伤检测却没有发现裂纹，其原因是该井油管裂纹细小，油管表面附着的结垢层填充了裂纹，裂纹表面无法吸附磁粉形成磁痕，因此磁粉探伤检测未发现裂纹。为解决使用过的油管磁粉探伤精度不高的问题，在磁粉探伤检测之前，应首先采用布砂轮对油管外壁结垢进行彻底打磨，使其露出金属本色，然后再进行磁粉探伤检测。

② 油管裂纹成因分析

该井 Φ88.90mm×6.45mm 超级 13Cr 不锈钢油管在井下使用时间还不足 8 个月就产生了裂纹，检验结果表明，油管纵向裂纹具有应力腐蚀裂纹的特征。应力腐蚀裂纹与材料应力腐蚀敏感性、腐蚀环境和受力条件有关。

该超级 13Cr 不锈钢的钢级为 110 级，同一钢级的材料，硬度越高，对应力腐蚀越敏感。该井管柱串用同规格另一超级 13Cr 不锈钢（TN110Cr13STSH563）油管，其实测硬度为 27.1～28.2HRC、平均硬度为 27.6HRC。塔里木油田其他井的 Φ88.90mm×6.45mm 超级 13Cr 不锈钢（S13Cr110）油管实测硬度为 28.2～30.9HRC，平均硬度为 29.6HRC。虽然该井两种钢的硬度相差 2.0HRC，但在井下使用不到 8 个月之后也产生了裂纹，说明硬度为 27.1～28.2HRC 的油管也具有应力腐蚀敏感性。

该井完井液为 Weigh4 有机盐完井液，油管纵向裂纹为应力腐蚀裂纹，腐蚀环境主要与 A 环空 Weigh4 有机盐完井液及没有脱氧有关。超级 13Cr 不锈钢油管不适合在含有氧的水中使用，在这种情况下，其耐腐蚀性能比低合金钢的还要低。

油管仅有纵向裂纹，没有横向裂纹，这主要与油管柱承受的内压载荷有关。如果没有内压载荷，油管不会产生纵向应力腐蚀裂纹。该井采用关井热洗方式清蜡。油管柱内壁结蜡，油压下降，实际下部油管由于温度高并不结蜡，上部油管结蜡相当于不完全关井。如上所述，该井经过了多次热洗，热洗前后油压、套压和温度都会发生变化，这会导致油管柱内外压差变化，使油管柱承受交变内压载荷。

(4) 油管开裂预防

该井 2014 年 11 月 29 日投产，投产时完井液是密度为 1.25g/cm^3 的 Weigh4 有机盐完井液。塔里木油田多口井油管失效分析结果均表明，裂纹是因完井液与超级 13Cr 不锈钢油管材料不匹配而产生的。为了改善 A 环空腐蚀环境，塔里木油田从 2015 年 1 月开始在 27 口井采用甲酸钾作为环空保护液，截至 2018 年 7 月 19 日，这些井没有发生油管开裂失效事故。

2.5.2 近接箍处断裂

2.5.2.1 背景

杨向同等对 KXS2-2-3 井用 Φ88.9mm×6.45mm 超级 13Cr 不锈钢（S13Cr110）特殊螺纹接头油管断裂原因进行了分析，其背景如下：2013 年 3 月 11 日，KXS2-2-3 井酸化之后放喷求产，套压异常升高，压力变化情况如图 2-70 所示。修井起油管柱发现入井编号为 216 的 Φ88.9mm×6.45mm S13Cr100 特殊螺纹接头油管工厂上扣端接箍端面位置外螺纹接头大端断裂。断裂位置井深 4146.32m，落鱼总长 2669.19m。打捞落鱼时发现入井编号为 202 的油管工厂上扣端接箍端面位置外螺纹接头大端断裂，断裂位置井深 4285.39m，落鱼总长 2529.94m。入井编号为 202（4285.39m）和 216（4155.91m）的油管工厂端上扣扭矩均为 600 kg·m，符合厂家规定。

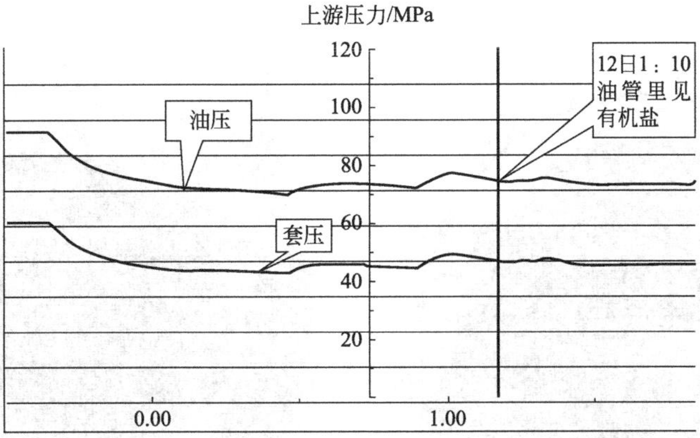

图 2-70 酸化之后求产过程中油管和套管压力变化

2.5.2.2 理化检验

(1) 无损探伤

对远离断口的油管管体进行了超声波检测，超声波探伤未发现裂纹；对靠近断口的油管管体进行磁粉探伤检测，磁粉探伤检测在202号和216号失效管体断口附近发现大量裂纹，裂纹有纵向，也有横向。202号断裂管体的纵向裂纹最长约60mm，其形貌如图2-71所示。216号失效管体的纵向裂纹最长约100mm，其形貌如图2-72所示。

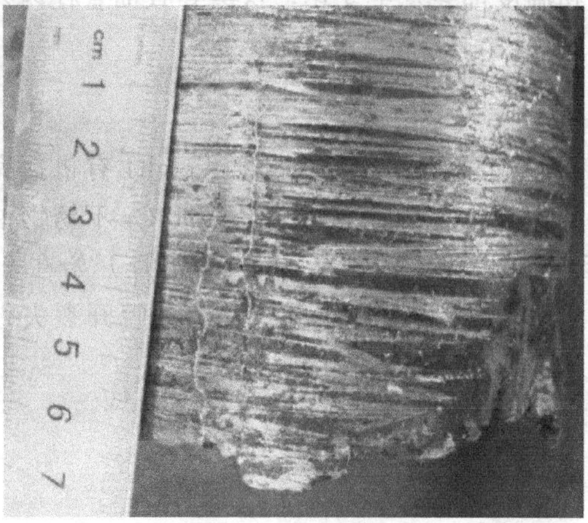

图2-71　202号失效管体裂纹形貌

图2-72　216号失效管体裂纹形貌

(2) 断口形貌

入井编号为202号油管工厂上扣端接箍端面位置外螺纹接头断裂，其断口形貌如图2-73所示。图2-73所示的断口上50%区域有冲刷腐蚀痕迹，该冲蚀腐蚀断口为先断裂区。当裂纹穿透油管壁厚，油管内的高压天然气会从裂纹位置泄漏，导致裂纹表面冲刷腐蚀，接箍端面冲刷腐蚀，接箍外壁发亮（预测该位置套管内壁严重冲刷腐蚀），接箍外壁局部区域也存在腐蚀痕迹。其余断口为最后不规则新鲜瞬断区，在断口瞬断区管体侧可见轻微颈缩。断口瞬断区域是打捞时断裂形成的。在断口冲刷和瞬断区交界位置断口外壁侧为平断口，内壁侧为斜断口。断口特征表明，平断口区裂纹起源于外螺纹接头螺纹消失位置的螺纹牙底。

图2-73　202号油管工厂上扣端接箍端面位置外螺纹接头断裂及冲刷腐蚀形貌

图2-74　216号油管工厂上扣端接箍端面位置外螺纹接头断裂形貌

入井编号为 216 号油管工厂上扣端接箍端面位置外螺纹接头断裂形貌如图 2-74 所示，其中约 80%的断口外壁侧为平断口，内壁侧为很小的斜断口，其颜色为绿色完井液颜色，该部分平断口区裂纹起源于外螺纹消失位置的不同螺纹牙底。平断口不在同一平面，局部平断口凹陷，凹陷深度 4mm，凹陷区周长 9mm。接箍端面位置局部腐蚀，其余斜断口为瞬断区，在断口瞬断区管体侧可见到轻微颈缩。从凹陷平断口推断，断裂之前该位置既有横向裂纹，也有纵向裂纹。纵向裂纹与内压有关，横向裂纹与弯曲有关，即油管断裂时既承受轴向拉应力，又承受周向拉应力。靠外壁平断口是首先产生的裂纹，靠内壁斜断口为最后断裂。

在入井编号为 202 号油管断口取样，先断裂的平区尖端断口为沿晶形貌，如图 2-75 所示。最后瞬断区断口为韧窝。

在入井编号为 216 号油管断口先断裂的平区取样，经 SEM 观察，断口为沿晶形貌，如图 2-76 所示，断口平区微观沿晶形貌具有应力腐蚀断裂特征。

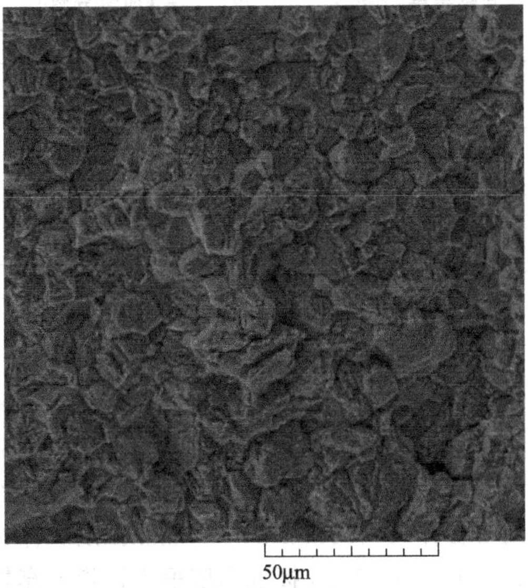

图 2-75　202 号油管平区尖端断口沿晶形貌

图 2-76　216 号油管平区尖端断口沿晶形貌

在断口部位取样进行金相分析，在 216 号油管断口附近发现网状裂纹，如图 2-77 所示，

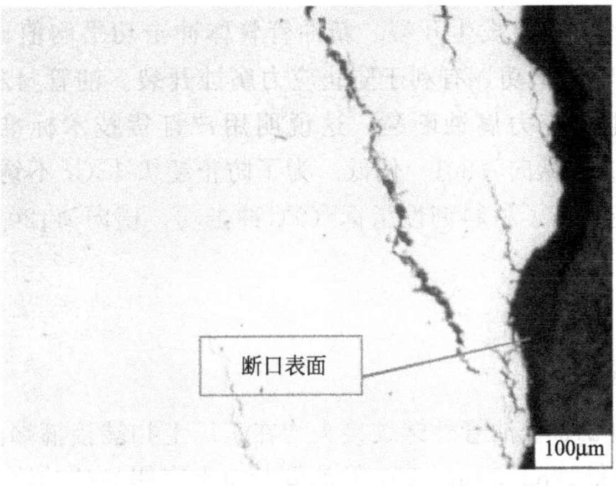

图 2-77　216 号油管断口附近网状裂纹

断口表层组织与其他区域相同。油管基体组织和夹杂物分析结果见表2-21。金相分析结果表明，断口附近裂纹形貌具有应力腐蚀裂纹特征。

表2-21　油管基体组织和夹杂物分析结果

部位	非金属夹杂物								组织
	A		B		C		D		
	薄	厚	薄	厚	薄	厚	薄	厚	
油管	0.5	0	0.5	0	0	0	0.5	0	S回
接箍	0.5	0	0.5	0	0	0	0.5	0	S回

（3）化学成分分析

化学成分分析结果见表2-22。可见，失效管体与未失效管体以及新管体与接箍的组分元素含量都符合用户要求。

表2-22　化学成分分析结果　　单位：%（质量分数）

试样	C	Si	Mn	P	S	Cr	Mo	Ni	V	Cu	Al
202号管体	0.033	0.16	0.52	0.020	0.0017	13.15	2.14	5.49	0.0064	0.049	0.029
216号管体	0.033	0.16	0.52	0.020	0.0018	13.10	2.15	5.51	0.0064	0.048	0.031
未失效管体	0.032	0.16	0.36	0.018	0.0007	12.87	2.20	5.45	0.0057	0.040	0.032
使用过的接箍	0.029	0.18	0.41	0.016	0.0012	12.95	2.20	5.50	0.0065	0.047	0.033
新管体	0.031	0.18	0.43	0.018	0.0005	12.93	2.20	5.49	0.0042	0.066	0.030
新接箍	0.031	0.19	0.38	0.021	0.0004	12.93	2.18	5.53	0.0010	0.059	0.029
用户要求	—	—	—	≤0.020	≤0.010	—	—	—	—	—	—

（4）力学性能试验

沿油管管体纵向取19.1mm×50mm的板状拉伸试样，沿接箍纵向取Φ6.25mm×25mm的棒状拉伸试样；沿油管管体纵向取5mm×10mm×55mm的夏比V型缺口冲击试样，沿接箍纵向取7.5mm×10mm×55mm的夏比V型缺口冲击试样；沿油管管体和接箍横向取硬度块试样。力学性能试验结果表明：各油管管体材料的抗拉强度、屈服强度、伸长率、冲击功和硬度符合API SPEC 5CT—2018、ISO 13680—2020标准和塔里木订货补充技术条件要求。

同时对超级13Cr不锈钢新油管和新接箍进行了0℃冲击功（换算为10mm×10mm试样）测试，管体纵向最小冲击功为184J，平均为187J，发生了开裂。新接箍纵向最小冲击功为205J，平均为213J，没有发生开裂。新油管管体冲击功平均值比新接箍冲击功平均值低26J，这说明提高材料冲击功，有利于防止应力腐蚀开裂。油管材料韧性符合用户订货技术标准要求，但却发生了应力腐蚀断裂，这说明用户订货技术标准要求的材料韧性指标（0℃冲击功，横向≥60J，纵向≥80J）偏低。为了防止超级13Cr不锈钢油管应力腐蚀开裂，用户订货技术标准已经提高了材料韧性指标（0℃冲击功，横向≥120J，纵向≥140J）。

2.5.2.3　原因分析

（1）油管失效过程

该井202号油管和216号油管外螺纹接头均在工厂上扣端接箍端面位置断裂，断裂位置井深分别为4146.32m和4285.39m。202号油管断口上有明显的冲刷腐蚀痕迹，而216号油管断口上没有冲刷腐蚀痕迹，这说明202号油管裂纹刺穿发生在216号油管断裂之前；202

号油管断口瞬断区为新鲜断口，而 216 号断口瞬断区被完井液污染，这说明 202 号油管最终断裂发生在 216 号油管断裂之后。油管失效过程为：202 号油管裂纹穿透壁厚刺穿→油压下降、套压升高→在压井过程中 216 号油管断裂→在打捞过程中 202 号油管断裂。

(2) 应力腐蚀开裂

试验结果表明，油管断裂属于应力腐蚀开裂。应力腐蚀必须具备的条件是腐蚀介质＋拉伸应力＋材料具有应力腐蚀敏感性，其影响关系如图 2-78 所示。

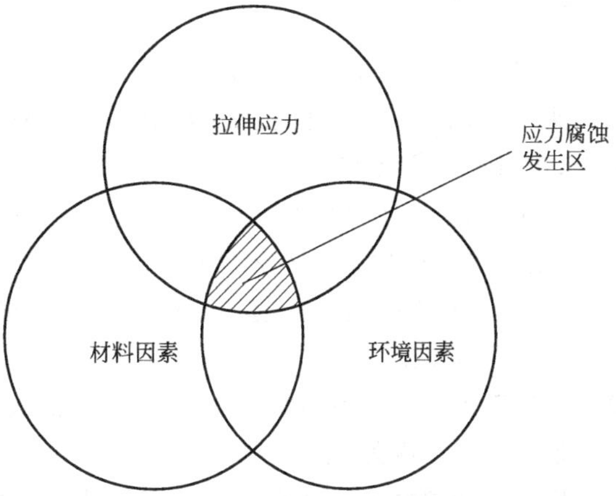

图 2-78　影响应力腐蚀裂纹的因素

由上面的分析可知，油管裂纹起源于其外壁，这说明油管和套管环空的完井保护液含有腐蚀介质。导致油管断裂的应力是拉伸应力，拉伸应力的来源包括上扣残余拉应力、内压产生的拉应力、拉伸载荷产生的拉应力和弯曲载荷产生的拉应力。超级 13Cr 不锈钢油管对应力腐蚀敏感，在存在腐蚀介质和拉伸应力的工况下容易发生应力腐蚀开裂。

(3) 油管受力及失效位置分析

油管螺纹接头设计本身在外螺纹消失部位存在应力集中，接头应力分布情况如图 2-79 所示。

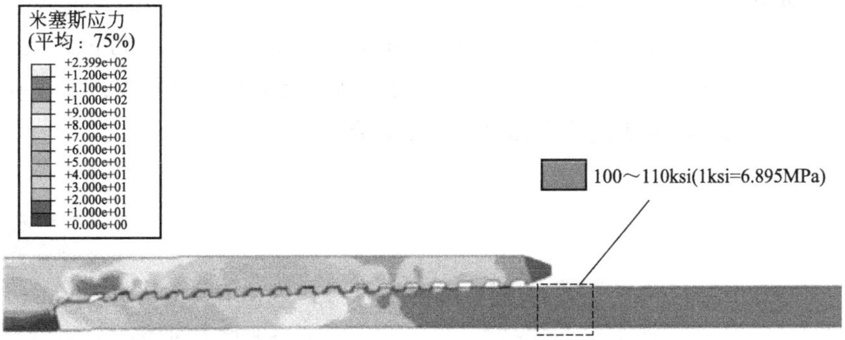

图 2-79　在拉伸载荷作用下油管螺纹接头应力分布

同一根油管接头工厂上扣端和现场上扣端受力条件差别不大，两根油管均从工厂端接箍端面位置外螺纹接头螺纹消失处横向断裂，而没有从现场上扣端断裂，这与工厂上扣扭矩与现场上扣扭矩不同有关。可知，工厂上扣扭矩最小值比现场上扣扭矩最小值高 8.2%；工厂上扣扭矩最佳值比现场上扣扭矩最佳值高 3.7%；工厂上扣台肩扭矩值比现场上扣台肩扭矩值高 3.7%。特殊螺纹接头上扣连接之后外螺纹接头螺纹消失部位为应力最大部位。在使用过程中油管所受的应力实际是上扣残余拉应力与工作应力之和。因此，上扣扭矩越大，内外螺纹接头上扣干涉越严重，上扣之后残留的拉伸应力越大，最终油管受力越大。该井两根油管断裂位置均在工厂上扣端外螺纹接头螺纹消失部位，这与工厂上扣扭矩值比现场上扣扭矩值高有一定关系。

2.5.3 接箍纵向开裂

2.5.3.1 背景

2012 年 9 月 5 日，某井因套管压力升高实施修井作业。9 月 12 日 7:56，地面无任何操作，油压由 31.6MPa 下降至 28.8MPa，A 环空压力由 48.5MPa 下降至 46.0MPa，B 环空由 45.0MPa 下降至 44.3MPa。9 月 13 日 8:00 至 13:30 采用电缆带外径为 59mm 的通径规通井至 6400m。9 月 14 日 3:30 采用电缆带 59mm 通径规通井至 4493.5m 遇阻。9 月 27 日 18:00 起原井油管发现第 452 根 Φ88.9mm×6.45mm 超级 13Cr 不锈钢（S13Cr110）特殊螺纹接头油管现场端脱扣，落鱼鱼头是同规格的接箍，鱼顶深度 4441.61m，落鱼长度 2161.13m（6602.74～4441.61m）。外螺纹接头脱扣的油管入井编号为 167 号，内螺纹接头脱扣的油管入井编号为 166 号。9 月 30 日 8:00 下母锥捞获 1 个纵向开裂的油管接箍，落鱼鱼头是油管工厂端外螺纹接头，鱼顶深度 4441.69m，落鱼长度 2161.05m。随后捞出的落鱼发现接箍开裂的 166 号油管距工厂端外螺纹接头端面 0.30m 位置穿孔，油管穿孔位于井深 4441.99m。167 号油管外螺纹接头与 166 号油管接箍上扣扭矩曲线正常。

2.5.3.2 接箍断口形貌

接箍纵向开裂，接箍现场端端面外壁位置裂口宽度为 15.91mm，接箍中间外壁位置裂口宽度为 14.79mm，接箍工厂端端面外壁位置裂口宽度为 13.55mm。断口上有明显可见的收敛于裂纹源区的人字纹，裂纹源区断口区域较平，颜色呈铁锈色，其外壁轴向宽度为 7mm，内壁轴向宽度为 13mm，局部贯穿接箍内外壁，如图 2-80 所示。接箍断口原始裂纹区靠端面位置外壁仅有一个三角形局部区域没有机械加工刀痕，其轴向宽度约 5mm，周向宽度约 4mm，该三角形区域颜色与原始断口颜色一致，由此判断该区域也是原始裂纹区的一部分（空间分布）。除原始裂纹区之外，整个断口为脆性断口。接箍断口上没有冲刷痕迹，而穿孔位置有冲刷痕迹，说明油管管体穿孔在前，接箍开裂在后。

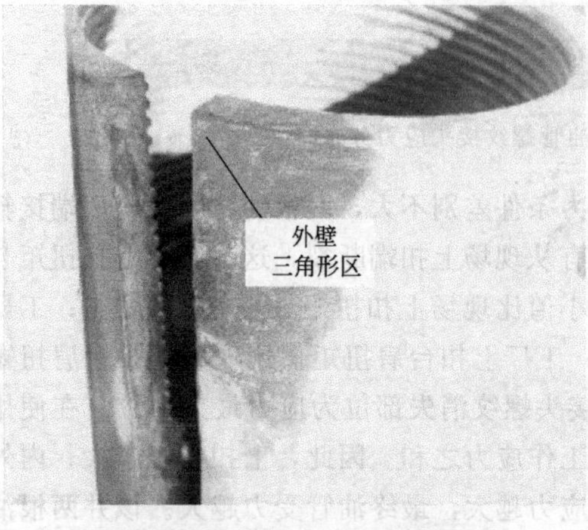

图 2-80 接箍断口局部形貌及靠近端面外壁三角形区域形貌

图 2-81 断口源区附近外壁三角形区域形貌

接箍表面有明显的天然气附着痕迹，与接箍现场端裂口约呈 90°位置处的端面首扣螺纹承载面因变形倒向导向面，接箍螺纹损伤变形程度相对于外螺纹接头较轻，说明接箍硬度高于外螺纹接头硬度。接箍扭矩台肩完好，说明接箍开裂时所受扭矩并不大。开裂接箍不同位置螺距偏差测量结果表明，在脱扣时由于接箍开裂，不同圆周部位螺纹受力不同。

对接箍断口进行 SEM 分析，断口源区较平，表面有一层覆盖物，扩展区的放射状条纹收敛于源区。断口外壁三角形区域凹陷且不规则，表面有一层覆盖物，其对应的端面部位也呈凹陷形貌，如图 2-81 所示。

断口源区能谱分析区域见图 2-82 和图 2-83，分析结果分别见表 2-23 和表 2-24。结果表明：①接箍外壁有一层覆盖物，覆盖物含有 O、P、Ca、Na、Ba 和 Na 等。覆盖物之下为镀铜层，镀铜层 Cu 的质量分数为 8.93%，原子分数为 3.82%；镀铜层 Ni 的质量分数为 8.25%，原子分数为 3.82%。②断口源区 Cu 的质量分数为 4.36%～6.76%，原子分数为 2.17%～3.12%，Cu 含量明显高于断口扩展区，说明在镀铜之前就存在原始缺陷。③断口源区表层有一层氧化物，O 质量分数达到 31.10%，原子分数达到 56.61%；断口源区外壁三角形区域表面 O 的质量分数达到 53.27%，原子分数达到 74.27%。④断口源区与断口外壁三角形区域连为一体，两者断口形貌和断裂性质类似，具有轧制裂纹缺陷的特征。⑤接箍端面长裂纹起源于外壁，裂纹里的灰色物为氧化物，O 的质量分数达到 41.36%，原子分数达到 69.79%，将裂纹打开之后其断口为沿晶形貌，O 的质量分数为 23.56%，原子分数达到 46.30%，裂纹形貌具有淬火裂纹的特征。⑥断口扩展区具有快速扩展脆断的特征。⑦接箍外壁镀层含有 Cl 和 S，其来源可能与酸化液有关。

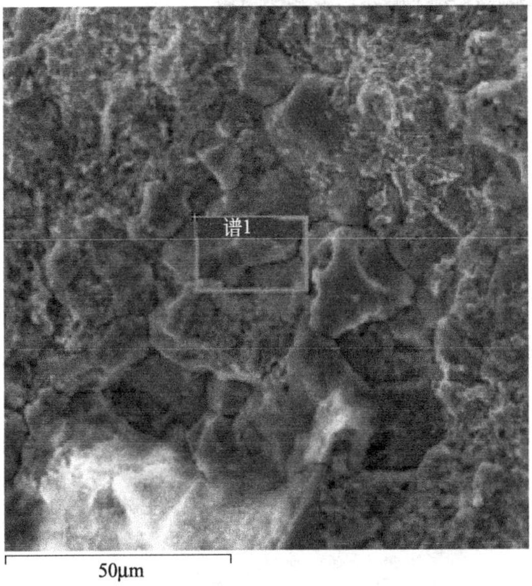

图 2-82　断口源区（淬火裂纹）形貌及能谱分析区域

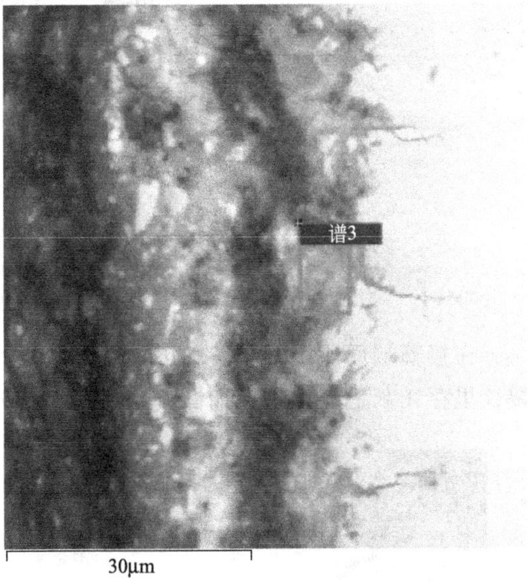

图 2-83　断口源区表层镀铜层形貌及能谱分析位置（横截面）

表 2-23　断口源区（淬火裂纹）能谱分析结果　　单位：%

元素	质量分数	原子分数	元素	质量分数	原子分数
O	26.73	51.50	S	7.00	6.73
Na	4.66	6.25	K	2.81	2.21
P	9.21	9.16	Ca	3.07	2.36

续表

元素	质量分数	原子分数	元素	质量分数	原子分数
Cr	11.09	6.58	Cu	5.05	2.45
Mn	0.68	0.38	As	2.34	0.96
Fe	10.46	5.77	Ba	10.75	2.42
Ni	6.15	3.23	总计	100.00	100.00

表 2-24　断口源区表层镀铜层能谱分析结果（横截面）　　单位：%

元素	质量分数	原子分数	元素	质量分数	原子分数
O	31.10	56.11	Cr	10.52	5.84
Na	6.05	7.60	Fe	15.96	8.25
P	9.76	9.09	Ni	11.42	5.62
S	2.67	2.40	Cu	4.77	2.17
K	0.87	0.64	Ba	5.26	1.11
Ca	1.63	1.17	总计	100.00	100.0

2.5.3.3　接箍材质分析

(1) 金相分析

接箍断裂源区断口表层有一层灰色氧化物（厚度为 0.007～0.024mm），其下方有多条微小裂纹，如图 2-84 所示。断口扩展区（裂纹两侧）表层组织与其他区域相同。

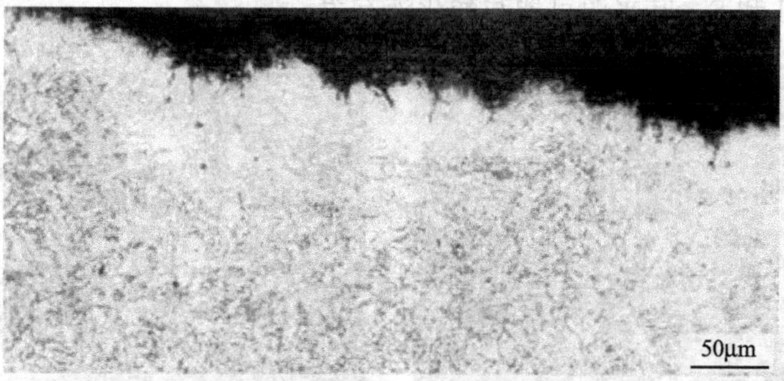

图 2-84　接箍断裂源区断口表层组织形貌

在接箍端面距断口约 3.6mm 左侧有 1 条长度约 3.5mm 的径向长裂纹和 2 条短裂纹，裂纹里存在灰色氧化物，如图 2-85 和图 2-86 所示。

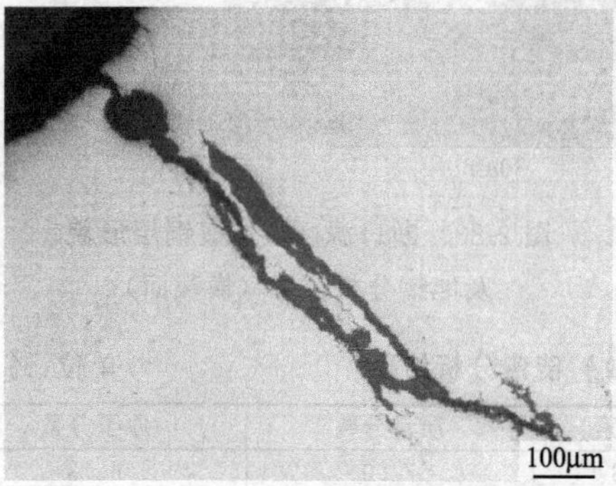

图 2-85　长度约 3.5mm 的径向长裂纹形貌

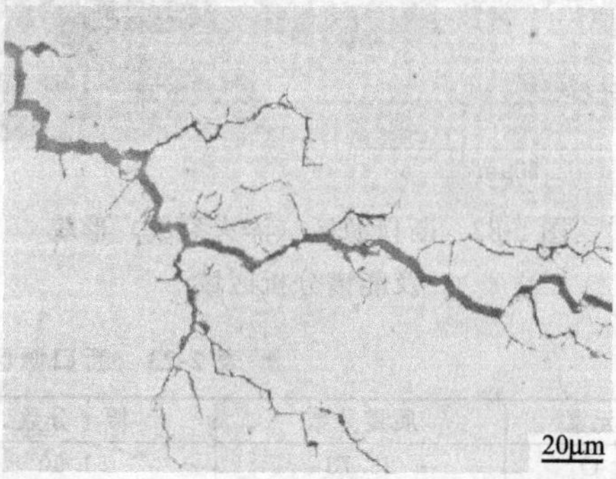

图 2-86　接箍端面外壁长裂纹分枝及灰色氧化物

在靠近接箍端面外壁位置的三角形褐色区域沿纵向取样进行金相分析，三角形区域纵向端面位置存在倾斜微裂纹，如图2-87所示。三角形区域外壁有一层覆盖物，其形貌与其他区域外壁覆盖物不同。

图2-87 三角形区域纵向剖面倾斜微裂纹及周围组织（右端为接箍端面）

油管接箍基体材料金相分析结果见表2-25，金相分析结果表明，油管接箍开裂断口源区表层有非金属物，在三角形区域纵向试样接箍端面发现的倾斜微裂纹，其形貌具有轧制裂纹特征。断口附近接箍端面外壁裂纹里也存在类似的灰色非金属物，其形貌具有淬火裂纹在高温回火过程中氧化的特征。

表2-25 金相分析结果

项目	非金属夹杂物								组织	晶粒度
	A		B		C		D			
	薄	厚	薄	厚	薄	厚	薄	厚		
结果	0.5	0	0.5	0	0	0	1.0	0	S回	8级

（2）力学性能试验

力学性能试验结果见表2-26。其屈服强度和硬度稍高于油田要求，其他均符合油田要求。

表2-26 力学性能

项目	屈服强度/MPa	抗拉强度/MPa	伸长率/%	冲击功/J		硬度/HRC
				纵向	横向	
试验结果	978	1019	23	167	131	32.2
油田要求	758～896	≥827	≥13	≥80	≥60	≤32.0

（3）化学成分分析

化学成分试验结果见表2-27。Cr的质量分数超过13%，P、S有害元素含量低于油田要求。

表2-27 化学成分　　单位：%（质量分数）

元素	C	Si	Mn	P	S	Cr	Mo	Ni	Nb	V	Ti	Cu	Al
接箍	0.018	0.41	0.44	0.013	<0.0005	13.23	1.99	5.25	0.04	0.02	0.045	1.43	0.026
要求	—	—	—	≤0.02	≤0.01	—	—	—	—	—	—	—	—

2.5.3.4 结果分析

（1）接箍开裂时间分析

2012年9月12日7:56，地面无任何操作，油压降低2.8MPa（31.6～28.8MPa），A环空压力降低2.5MPa（48.5～46.0MPa），B环空压力降低0.7MPa（45.0～44.3MPa）。此刻压力自动发生变化，这实际是接箍开裂所致。接箍开裂会引起油管柱容积变化，导致油管、A 环空和 B 环空内压变化，其中内压变化最大的应当是油管，其次是 A 环空和 B 环空，这与实际情况一致。

（2）脱扣时间分析

2011 年 9 月 13 日 13:30 采用 59mm 通径规通井至 6400m，接箍开裂位置井深 4441.61m，这说明此时接箍虽然开裂，但还没有导致脱扣。9 月 14 日 3:30 采用 59mm 通径规通井至 4493.5m（不应该大于 4441.61m，可能与电缆长度误差有关）遇阻，这说明此时接箍开裂已经导致脱扣。脱扣之后内外螺纹接头已经不在同一轴线上，即内外螺纹接头在横向已经发生相对位移，故通径规会在脱扣位置遇阻。

经分析，166 号油管接箍开裂导致该油管接箍内螺纹与 167 号油管外螺纹现场连接端接头脱扣。接箍开裂之后其两端的接头连接强度会大幅度降低。由于接箍开裂起源于现场连接端，现场端裂口更宽，该接箍现场连接端首先脱扣，随后下母锥打捞时该接箍工厂端脱扣，只捞出了开裂的接箍。

（3）断口源区原始缺陷特征分析

分析结果表明，断口源区铜的质量分数为材料本身铜含量的 3.0～4.7 倍，断口源区铜的质量分数为接箍镀铜层铜含量的 49%～76%。这说明在镀铜之前就存在原始缺陷。断口源区为轧制缺陷，断口源区裂纹为淬火裂纹。

在高温轧管过程中，接箍管坯表面和裂纹缺陷两侧会发生氧化。接箍管坯在后续淬火加热过程中与外界空气连通的原始裂纹缺陷表面会继续氧化，在淬火冷却之后原始轧制裂纹进一步扩展，产生淬火裂纹。在随后的高温回火过程中淬火裂纹内氧化后呈灰色。一般钢材料高温氧化与脱碳同时存在，但该接箍 S13Cr110 不锈钢碳含量仅为 0.018%，在轧制和淬火加热过程中原始缺陷表面虽然形成了一层氧化物，但脱碳并不明显。

（4）断口源区外壁三角形区域形成原因分析

接箍端面断口源区外壁三角形区域凹陷，没有机械加工刀痕。接箍外壁局部没有机械加工刀痕可能与磨损、碰伤、腐蚀、存在原始缺陷等有关。①假设接箍端面外壁局部磨损，如果接箍外壁局部磨损导致机械加工刀痕消失，那么该区域应当可以见到磨损痕迹。实际接箍该区域没有磨损痕迹，说明此假设不成立。②假设接箍端面外壁局部碰伤，凹陷导致机械加工刀痕消失，其周围金属会变形凸起，在金相显微镜下会发现变形流线。实际接箍该区域没有这些迹象，说明此假设不成立。③假设接箍端面外壁局部腐蚀导致机械加工刀痕消失，那么该区域应当可以见到腐蚀痕迹。实际接箍外壁，包括油管管体没有腐蚀痕迹，说明此假设不成立。④假设接箍端面外壁局部存在原始缺陷，由于接箍该区域外壁凹陷机械加工时车削不到，最终保持原貌，没有机械加工刀痕。如果缺陷是在轧制过程中形成的，缺陷位置应当具有高温氧化的特征。实际接箍外壁三角形区与断口源区连为一体，两者断口形貌类似，断裂性质相同；断口源区表层有一层高温氧化物，氧化物之下有多条小裂纹。油管失效位置温度不会超过 160℃，不可能形成这种氧化物，断口扩展区没有这种氧化物说明不会形成这种氧化物。断口源区氧化物与接箍端面断口源区外壁三角形区域氧化物含量接近，说明接箍端面断口源区外壁三角形区域也为裂纹源区的一部分。裂纹源区的原始缺陷是在工厂热加工过程形成的裂纹类缺陷，缺陷里存在高温氧化物。在三角形区域纵向试样接箍端面位置发现了倾斜轧制微裂纹，这进一步说明三角形区域为轧制缺陷区。为了消除接箍管坯在热加工过程形成的表面缺陷，虽然工厂对接箍表面进行了机械加工，但加工余量小于缺陷深度，加工之后接箍上仍然残留有原始裂纹缺陷。

以上分析说明接箍端面外壁局部存在原始缺陷的假设成立。

(5) 原始缺陷对油管承载能力的影响分析

开裂接箍断口现场端端面位置存在原始裂纹缺陷，原始裂纹不仅减小了接箍承载面积，而且会产生应力集中。当接箍所受周向拉伸应力超过其承载能力时，就会发生纵向开裂。可见，原始缺陷降低了油管的承载能力。

(6) 接箍开裂时所受载荷分析

导致油管接箍纵向开裂的载荷主要是拉伸应力，拉伸应力的来源包括上扣应力、内压产生的应力、拉伸载荷产生的应力。油管接头上扣之后接箍会承受周向拉伸应力。油管上扣扭矩越大，接箍承受的周向拉伸应力越大。该井油管上扣扭矩符合厂家规定，可以排除上扣扭矩偏大导致接箍开裂的可能性。油管内压越大，接箍承受的周向拉伸应力越大。接箍开裂时油管柱内压低于外压，可以排除油管内压偏大导致接箍开裂的可能性。另外，温度变化越大，油管柱受到的轴向载荷越大。

2011 年 12 月 12 日该井在系统试井关井测压力恢复期间，井底高温天然气从油管柱内流到井口，此时油管柱受热伸长承受压缩载荷。依据油管接箍开裂宏观形貌判断，此时接箍还没有开裂，可以排除油管在此期间温度变化导致接箍开裂的可能性。

2012 年 9 月 9 日 12:00 至 15:00，该井修井采用 1.50g/cm^3 有机盐水正挤压井，地面较低温度的有机盐水从油管柱内流入井底，此时油管柱受冷收缩承受拉伸载荷。宏观分析结果表明，脱扣外螺纹接头大端已经发生拉伸颈缩变形，这说明在此期间温度变化产生的拉伸应力导致油管接箍开裂。

(7) 材料敏感性分析

材料强度越大，对环境介质越敏感，越容易发生脆性断裂。开裂接箍材料屈服强度平均值比塔里木油田规定的上限值高出 82MPa，比 ISO 13679—2019 规定的上限值高出 13MPa，硬度超过了标准规定上限值。同批新油管接箍材料屈服强度平均值比该油田规定的上限值高出 13MPa，硬度接近标准规定上限值。超级 13Cr 不锈钢本身对应力腐蚀开裂非常敏感，在硬度、强度偏高和存在原缺陷的情况下更容易发生脆性开裂。该井所用的进口油管没有发生失效事故，其材料屈服强度（758～896MPa）比失效油管低，这说明油管材料屈服强度高容易发生应力腐蚀开裂。

开裂接箍屈服强度平均值比新接箍屈服强度平均值高 6.2%，开裂接箍伸长率平均值比新接箍延伸率平均值低 2.6%，这说明油管使用之后屈服强度增加，伸长率降低。

2.5.4 接箍横向开裂

2.5.4.1 背景

某井井深 5445m，全井筒使用 563 根 Φ127.0mm×12.70mm 超级 13Cr 不锈钢 110 级特殊螺纹接头油管。3950～5428.83m（浮鞋 5428.83m）井段采用水泥封固。2012 年 9 月 12 日 22:05 该井加砂压裂施工完毕，22:12 在关井准备放喷时，套压突然从 39.73MPa 上升至 61.37MPa，油压从 83.55MPa 下降至 78.03MPa，现场判断油管和套管窜通。随后对该井实施了修井作业。起出油管柱发现，从上到下第 238 号油管外螺纹接头现场端被流体冲刷腐蚀，第 239 号油管接箍横向裂纹刺穿，油管接箍裂纹刺穿位置井深 2302.34m。

2.5.4.2 理化检验

（1）宏观形貌

第239根油管接箍现场端裂纹刺穿宏观形貌如图2-88所示，接箍裂纹和外壁周围有冲刷痕迹，裂纹周长为330mm。从断口上可明显看到裂纹起源于接箍现场端螺纹最后一扣螺纹牙底位置；接箍开裂处壁厚未见明显减薄，裂纹对面未发生断裂区壁厚明显减薄，呈拉伸颈缩形貌，见图2-89。第238根油管外螺纹接头现场端被流体冲刷腐蚀起源位置正好在起始位置，见图2-90。油管接箍裂纹穿透壁厚之后，油管内的高压流体从裂纹位置刺出，在裂口位置留下了冲刷腐蚀痕迹。接箍开裂刺漏位置与外螺纹接头冲刷腐蚀位置对应，说明接箍开裂导致外螺纹接头冲刷腐蚀。接箍外壁冲刷痕迹是从裂纹位置漏出的高压气体冲到套管内壁之后反弹到接箍外壁所致。

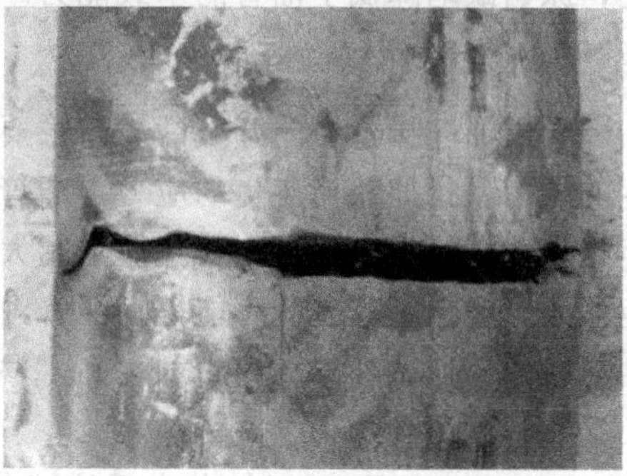

图2-88 第239根油管接箍现场端外壁裂纹刺穿形貌

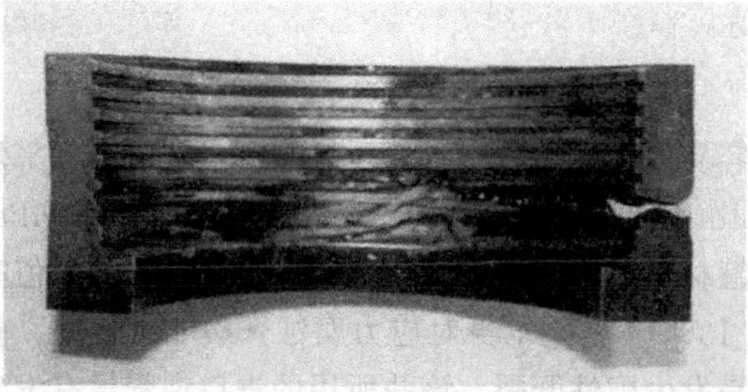

图2-89 第239根油管接箍开裂起源位置对面颈缩变形及裂纹尖端

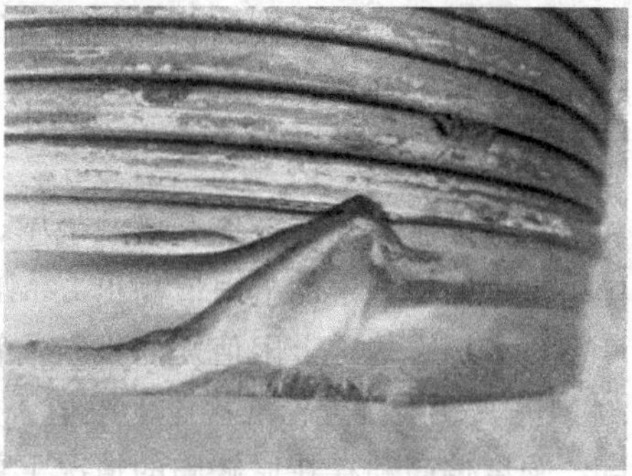

图2-90 第238根油管外螺纹接头现场端冲刷腐蚀形貌

（2）金相组织

对第239根油管（第238根油管仅是外螺纹接头发生损伤）和新油管及其接箍取样，采用MEF4M光学显微镜及图像分析仪进行金相分析。裂纹源区断口与轴线垂直，未见明显变形，显微组织为回火索氏体和少量铁素体，见图2-91。裂纹尖端断面与外表面呈45°角，外表面可见塑性变形，内表面未见明显变形，显微组织为回火索氏体和少量铁素体。裂纹扩展区断口靠近内表面位置存在多条小裂纹，裂纹内有灰色物质，裂纹周围组织与基体一致，具有高温氧化的特征，见图2-92。裂纹扩展区和尖端断口外壁组织可见塑性变形，内壁组织未见明显变形。整个断口内、外表面未见腐蚀坑。油管断口附近非金属夹杂物检验结果见表2-28。

图 2-91　断口源区附近显微组织

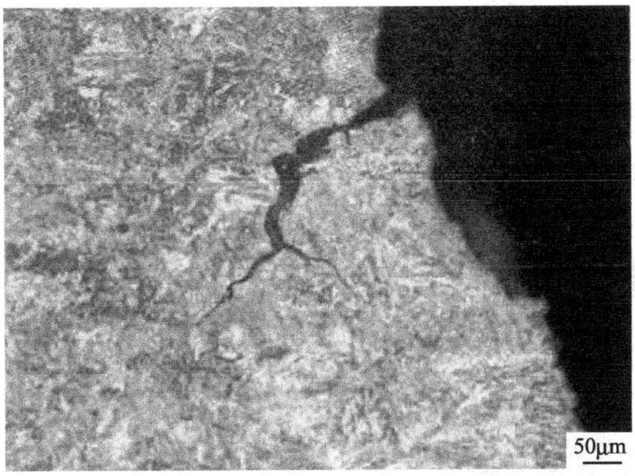

图 2-92　断口靠近内表面侧裂纹及显微组织（裂纹深度 0.25mm）

表 2-28　非金属夹杂物检验结果

试样	A		B		C		D	
	薄	厚	薄	厚	薄	厚	薄	厚
2B 失效接箍	0.5	0	2.5	1.0	0	0	1.0	1.0
3B 未失效接箍	0.5	0	0.5	0	0	0	0.5	0
3A 未失效管体	0.5	0	2.0	1.5	0	0	1.0	1.0

注：2B 失效接箍试样有 D 类超尺寸夹杂物，最大直径 23μm，以及 B 类大尺寸夹杂物，长度 2430μm；3A 未失效管体试样有 D 类超尺寸夹杂物，最大直径 50μm。

金相分析结果表明，接箍断口内壁裂纹具有原始裂纹特征，失效油管接箍和未失效油管管体均存在超尺寸的非金属夹杂物，接箍穿透裂纹是原始裂纹扩展的结果。

(3) 断口微观形貌及腐蚀产物

采用扫描电子显微镜（SEM）进行断口微观形貌观察和能谱（EDS）分析。在接箍裂口最宽处的裂纹源部位，断口表面冲刷腐蚀严重，在未完全冲蚀的低洼处依稀可见其解理断裂形貌，见图 2-93。裂纹起源于接箍内壁，在裂口最宽和裂纹尖端之间，断口靠近内壁位置基本垂直于轴线，靠近外壁位置与轴线呈 45°，有冲刷腐蚀痕迹，未被冲蚀的区域可见解理断裂形貌。在开裂尖端断口与表面呈45°，有冲蚀孔洞，裂纹尖端可见大量的韧窝断裂形貌。断口面EDS分析结果见图2-94，其主要含有Fe、Cr、O、C、S、K等元素。

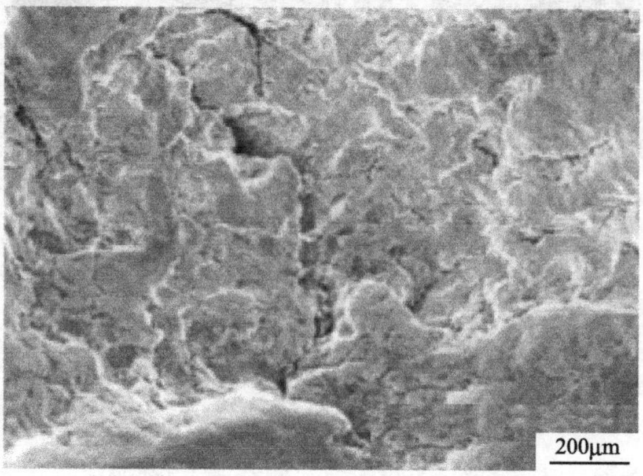

图2-93　裂口最宽处断口形貌

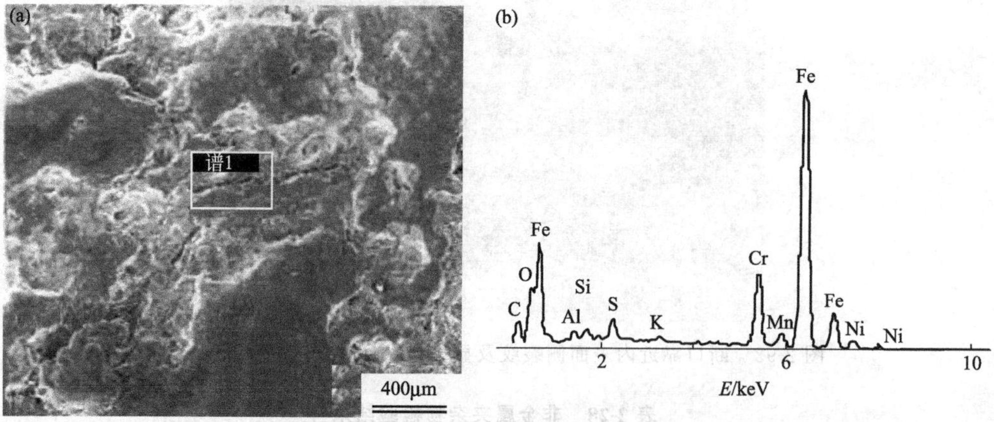

图2-94　裂口最宽处断口能谱分析结果

(a) 断口面形貌；(b) EDS谱图

断口微观分析结果表明，裂纹起源于接箍内螺纹牙齿根部，裂纹扩展穿透壁厚导致油管柱泄漏。裂纹尖端的韧窝断口是最终过载断裂所致。

(4) 化学成分

采用ARL 4460直读光谱仪对失效及未失效油管管体和接箍进行化学成分分析，结果见表2-29，可见失效及未失效油管管体和接箍材料的化学成分均符合用户订货补充技术条件。

(5) 力学性能

沿第239根油管管体纵向取25.4mm×50mm的板状拉伸试样，沿接箍纵向取Φ6.25mm×25mm的圆棒拉伸试样；沿管体纵向取10mm×10mm×55mm的夏比V型缺口冲击试样，沿接箍纵向取7.5mm×10mm×55mm的夏比V型缺口冲击试样；在管体及接箍上取硬度环试样。力学性能试验结果见表2-30。

力学性能试验结果表明：①失效油管管体材料抗拉强度、屈服强度、断后伸长率、冲击功和硬度均符合ISO 13680—2010和用户订货补充技术条件要求；②失效油管接箍材料和未失效油管接箍材料的抗拉强度、断后伸长率、冲击功和硬度均符合 ISO 13680—2010 和用户订货补充技术条件要求，但失效油管接箍的屈服强度超出 ISO 13680—2010 和用户订货补充技术条件规定的上限值，未失效油管接箍材料的屈服强度超出用户订货补充技术条件规定的上限值。

表 2-29 化学成分分析结果 单位：质量分数/%

试样	C	Si	Mn	P	S	Cr	Mo	Ni	Nb	V	Cu	Al
2B 失效接箍	0.024	0.21	0.31	0.016	0.0032	13.0	1.92	4.8	0.015	0.016	0.031	0.01
3B 未失效接箍	0.026	0.25	0.35	0.016	0.0027	13.0	2.07	4.8	0.018	0.020	0.034	0.014
1A 失效管体	0.017	0.25	0.35	0.014	0.0016	13.0	1.96	4.9	0.013	0.033	0.014	0.011
用户订货补充技术条件	—	—	—	≤0.02	≤0.01	—	—	—	—	—	—	—

表 2-30 力学性能试验结果

试样	抗拉强度/MPa	屈服强度/MPa	断后伸长率/%	硬度/HRC	冲击功/J
2B 失效接箍	1034	981	25	29.0	132
3B 未失效接箍	1034	943	26	31.1	—
1A 失效管体	945	883	28	27.1	183
ISO 13680—2010	≥793	758～965	≥12.5	≤32	≥40
用户订货补充技术条件	≥827	758～896	≥13	≤32	≥80

注：接箍冲击功已经换算为 10mm×10mm×55mm 全尺寸试样冲击功。

2.5.4.3 原因分析

(1) 接箍裂纹穿透壁厚的时间

2012 年 9 月 12 日 22：05，DXB101 井加砂压裂施工完毕，22：12 在关井准备放喷时，套管压力升高，油压下降，此时油管接箍裂纹已经穿透接箍壁厚，油管内高压天然气从接箍裂纹位置泄漏进入套管，导致套管压力升高。

(2) 接箍开裂及接头密封失效的先后顺序

接箍横向开裂刺漏位置与外螺纹接头冲刷腐蚀位置完全对应，接箍横向开裂导致外螺纹接头冲刷腐蚀。由于油管特殊螺纹接头有金属对金属密封结构，接箍在开裂之前裂源位置与油管内壁没有连通，当油管接箍横向开裂，首先使接头上扣预紧力减小，导致金属对金属密封结构失效，随后油管里边的高压气体才通过金属密封位置流到接箍横向开裂位置发生泄漏。

(3) 接箍开裂原因

① 原始裂纹导致接箍横向开裂

接箍断口金相分析结果表明裂纹起源于内壁原始裂纹和超尺寸的非金属夹杂物。断口源区的原始裂纹被高压天然气流冲刷后已经消失，但在裂纹扩展区仍然可以见到残留的原始裂纹和超尺寸的非金属夹杂物。接箍断口附近的原始裂纹和超尺寸的非金属夹杂物为高温氧化物，这说明原始裂纹是在工厂热加工过程中形成的。

原始裂纹不仅会降低接箍承载面积，而且裂纹尖端存在应力集中，在使用过程中原始裂纹容易扩展成为穿透裂纹。接箍断口上残留的原始裂纹深度为 0.25mm，没有超过 N5 刻槽允许的缺陷深度，这些裂纹虽然在加砂压裂过程中没有扩展，但在随后采气过程中还有可能扩展。

② 材料屈服强度的影响

油管内在的微小缺陷是难以避免的，其临界值与（K_{IC}/R_p）^{2} 有关，即油管屈服强度 R_p 越高，需要匹配的韧性（K_{IC}）也越高，允许的缺陷尺寸则越小。理化试验结果表明，当开裂油管接箍材料屈服强度增加 11.1%×[(981－883)/883] 时，其冲击功降低了 27.9%×[(183－132)/183]，这说明材料屈服强度偏高会降低其冲击韧度，最终降低油管接箍抵抗裂纹萌生和扩展的能力。

③ 环境介质的影响

超级 13Cr 不锈钢对应力腐蚀比较敏感，该油管接箍开裂是否与应力腐蚀有关？应力腐蚀必须具备的条件是腐蚀介质、拉伸应力和材料敏感性。该井天然气中含有少量 CO_2，但不含 H_2S，环空保护液为清水。油管接头有金属对金属密封结构，接箍在开裂刺穿之前其内壁裂源位置与油管内壁没有连通。由于有螺纹脂保护，接箍在开裂刺穿之前内壁裂源位置与油管外壁也没有连通。油管接箍横向开裂导致金属对金属密封结构失效之后，油管里边的高压气体才能通过金属密封位置流到接箍横向开裂位置发生泄漏。如果接头泄漏时接箍没有开裂，高压气体会挤走螺旋通道里的螺纹脂而沿着螺旋通道泄漏，而实际并没有发现沿着螺旋通道泄漏的冲刷痕迹。如果接箍开裂与清水环空保护液中所含的腐蚀介质有关，裂纹源区应在接箍外壁，但实际上裂纹起源于接箍内壁螺纹消失位置。因此，接箍横向开裂应当与环境介质无关。实际试验结果证明，断口不具备应力腐蚀特征。

④ 油管接头结构设计的影响

依据该油管接头设计有限元分析结果，接箍横向开裂部位上扣配合之后是应力较大位置之一。在接箍应力大的位置，如果存在原始缺陷，缺陷很容易扩展。

⑤ 油管受力情况

温度变化越大，油管柱受到的轴向载荷也越大。2012 年 9 月 11 日，该井在加砂压裂施工过程中，正挤滑溜水 52.6m^3，正挤胶凝酸 20m^3，顶替滑溜水 48m^3。在此期间排量为 0.26～6.56m^3/min，泵压为 44.6～76.4MPa。

将地面较低温度的压裂液从油管柱里注入井底，此时油管柱受冷收缩承受拉伸载荷。接箍裂纹尖端已经发生拉伸颈缩变形，裂纹尖端微观形貌具有拉伸断裂的韧窝断口特征，说明接箍横向开裂时油管承受拉伸载荷，压裂期间温度变化产生的拉伸应力导致了油管接箍原始裂纹的扩展。

2.5.5 接箍破裂

2.5.5.1 背景

对某井 Φ114.3mm×9.65mm 超级 13Cr 不锈钢（S13Cr110）特殊螺纹接头油管进行上卸扣和气密封试验，按标准扭矩（8550N·m）对油管上扣完毕，上提管柱约 30cm（此时管柱悬重约 145t）进行气密封试压，试压结果上扣质量合格。为进行下一组油管试验，试压结束后需对该油管接头卸扣，慢慢匀速下放管柱，当油管接箍坐在吊卡的瞬间突然发出一声巨响，油管接箍破裂 3 处，见图 2-95，并有碎片飞落钻台，油管吊卡安全销损坏，油管接箍仍然坐在吊卡台肩面上，试验终止。

2.5.5.2 原因分析

① 油管接箍在工厂镀铜之前存在原始轧制裂纹，在油田正常使用的过程中原始裂纹诱

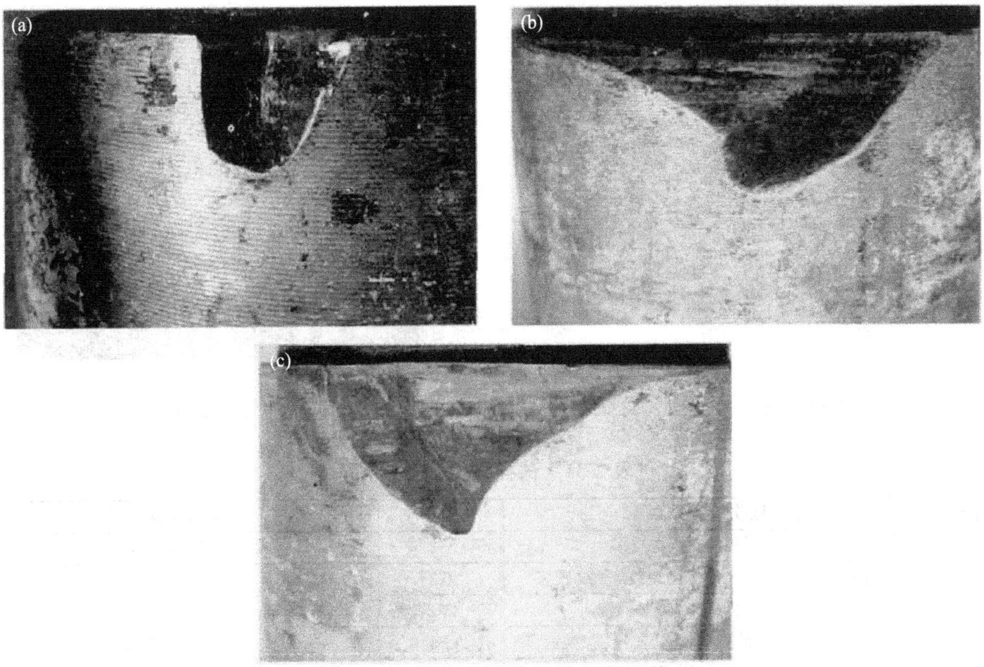

图 2-95 接箍破裂位置的宏观形貌

(a) 破裂位置 1；(b) 破裂位置 2；(c) 破裂位置 3

发了断裂事故。

② 为防止类似事故再次发生，需提高油管质量要求，不允许存在裂纹、发纹、折叠、凹槽等缺陷，并对该批油管进行返修。

2.6 表面缺陷

2.6.1 外表面缺陷

2.6.1.1 背景

某油田对一批超级 13Cr 不锈钢油管进行商检时，发现部分油管外表面有纵向沟槽和发纹，如图 2-96 和图 2-97 所示。这些缺陷在使用过程中是否会导致油管穿孔或断裂事故是人们所担心的问题。为查清油管纵向沟槽和发纹的性质及产生原因，对该批油管取样并进行了理化检验与分析。

油管表面缺陷为折叠裂纹和轧制沟槽，主要是由工厂轧制工艺不当所致。针对该表面缺陷对油管使用寿命的影响，油管表面缺陷的修磨和检验标准等进行了探讨，建议严格油管表面质量验收标准。

2.6.1.2 理化检验

(1) *磁粉探伤检查*

为检查油管的表面缺陷，对多根油管试样采用荧光磁粉探伤法进行检查，观察裂纹形貌，结果见表 2-31，可见油管外表面的发纹非常明显。

图 2-96　油管外表面的纵向沟槽和发纹形貌

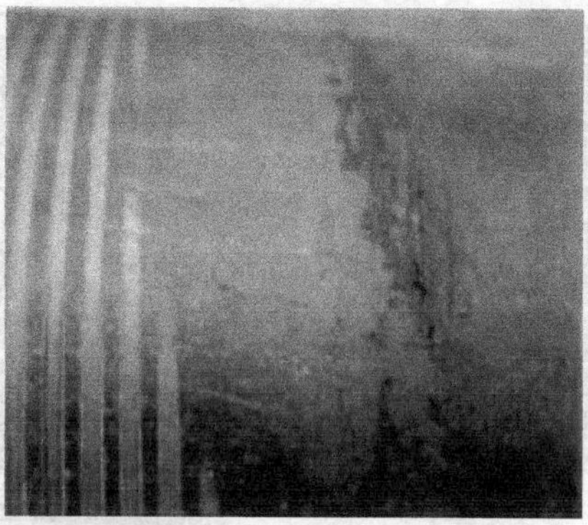

图 2-97　油管外表面的发纹形貌

表 2-31　试样探伤检查结果

管号	探伤检查结果	管号	探伤检查结果
A-99	有较深凹槽,发纹较多	G2	发纹较少
A3-18	有纵向深沟槽,中部有长裂纹,发纹较多	G3	发纹少
B3-3	较多发纹	B3-27	发纹较少
A1-88	中部发纹较严重	A1-60	两处有发纹
A1-74	中间长裂纹	A1-92	5 处小面积有发纹
X45	带接箍发纹较多	A1-91	4 处有发纹
A1-87	4 处发纹较多	A3-100	4 处有发纹
G1	3 处裂纹较密,有明显槽	A3-122	发纹较少

(2) 金相检验

在两根 2m 长的含有沟槽和发纹的油管上取样，发现 A3-18 油管试样外表面纵向沟槽的横截面形貌如图 2-98 所示，可见沟槽横截面形状为凹坑状，凹坑内填满灰色非金属物质，凹坑深度为 0.068mm，凹坑周围及其他区域的组织为回火索氏体。A3-100 油管试样外表面有折叠裂纹，深度为 0.21mm，裂纹与外表面呈一定角度，底部有多条小裂纹，两侧为灰色非金属物质，周围组织为回火索氏体，如图 2-99 所示。A-99 油管试样表面有多条折叠裂

图 2-98　A3-18 油管外表面纵向沟槽的横截面形貌

纹，裂纹与外表面呈一定角度，深度为 0.10mm、0.11mm、0.12mm、0.21mm，裂纹内填有灰色非金属物质，周围组织为回火索氏体，如图 2-100 所示。油管基体组织为回火索氏体，晶粒度为 7.5 级，非金属夹杂物评定结果见表 2-32。

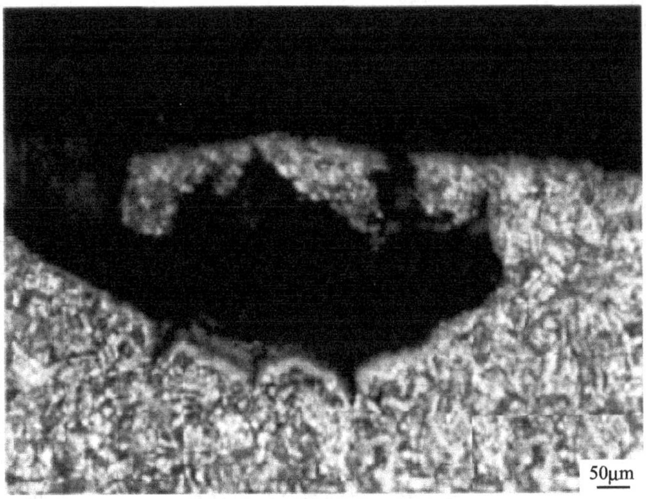

图 2-99 A3-100 油管外表面折叠裂纹及附近的组织形貌

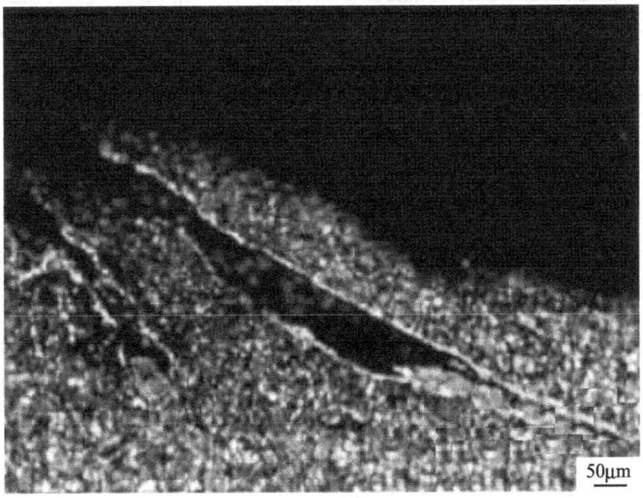

图 2-100 A-99 油管外表面折叠裂纹及附近的组织形貌（深度 0.21mm）

表 2-32 非金属夹杂物评定结果

条件	A 类	B 类	C 类	D 类
薄	0.5	0.5	0	1.0
厚	0.5	0.5	0	0.5

注：D 类有一超尺寸夹杂物，直径为 40μm。

(3) 力学性能测试

在一根 1m 长的油管管体上沿纵向取 25.4mm×50.8mm 的板状拉伸试样进行拉伸试验，拉伸试验结果见表 2-33。沿油管管体横向取 5mm×10mm×55mm 的夏比 V 型缺口冲击试样进行冲击试验，冲击试验结果见表 2-34。在油管横向取环形硬度试样进行硬度试验，硬度试验结果为 28～30HRC，满足协议中≤30HRC 的要求。

表 2-33 拉伸试验结果

条件	抗拉强度/MPa	屈服强度/MPa	伸长率/%
试验结果平均值	923	839	24.0
ISO 13680—2010 规定值	≥862	758～965	≥12

表 2-34 冲击试验结果

温度/℃	冲击功/J	剪切断面率/%
0	68	100
−10	69	100
−20	67	100
−40	65	100
协议要求	0℃时≥33J	—

（4）化学成分分析

在上述一根长 2m 的含有沟槽和发纹的油管管体上取样，进行化学成分分析，化学成分分析结果见表 2-35，符合标准要求。

表 2-35 化学成分分析结果 单位：%（质量分数）

元素	C	Si	Mn	P	S	Cr	Mo	Ni	Nb	V	Ti	Cu	Al
实测值	0.018	0.20	0.33	0.012	0.003	13.23	4.86	1.90	0.0083	0.021	<0.001	0.03	0.013
标准值	≤0.04	0.2～0.5	0.3～0.6	≤0.02	≤0.01	12～14	4.5～5.5	1.5～3.0	—	—	—	—	—

2.6.1.3 原因分析

（1）纵向沟槽的形成

由上述分析结果初步判断，油管外表面的纵向沟槽是在轧管过程中形成的。由于油管是采用三辊轧制的，在每个轧辊与相邻轧辊之间留有间隙，一般在轧管过程中会残留辊压印痕，简称辊印。由于在轧管过程中油管外径由大变小，管体表面轴线方向的辊印大多数应是凸出于管体表面，或者形成纵向不规则台肩，在局部管坯凹陷位置区域的辊印才可能低于管体表面。也就是说，油管表面的辊印相对于管体表面有高有低。而实际油管外表面存在的是纵向沟槽，这是由于轧辊表面形状不规则形成了凸出的金属瘤，轧制之后在油管外壁留下了纵向凹槽。

（2）发纹的形成

油管表面发纹与轴线呈一定角度，表明发纹是在穿孔过程中形成的。发纹产生原因与如下因素有关：①管坯有皮下气孔或夹杂物；②管坯表面清理不彻底，有细小裂纹存在；③轧辊过度磨损、老化；④轧辊加工精度不好等。

（3）检验标准

油管外表面有肉眼可见的纵向沟槽和发纹，工厂认为该批存在纵向沟槽和发纹的油管上缺陷的深度并没有超过其公称壁厚的 5%，按照 N5 刻槽的标样探伤检验合格。该超级 13Cr 不锈钢材料对应力腐蚀开裂很敏感，以沿晶方式开裂。

由于存在原始缺陷的超级 13Cr 不锈钢油管已经发生过应力腐蚀穿孔事故，该油田要求油管表面不允许存在裂纹、折叠、皱褶、凹槽等缺陷。

(4) 发纹及沟槽对使用寿命的影响

油管表面存在的沟槽和发纹在使用过程中容易扩展和腐蚀，一旦裂纹穿透壁厚，就会发生泄漏事故。油管的韧性越差，裂纹越容易扩展。从安全角度考虑，油管表面不允许存在裂纹。为了防止油管在使用过程中发生失效事故，应将该批油管外表面的沟槽和发纹打磨清除之后再使用。

(5) 沟槽及发纹的修磨

采用车载管外壁喷砂设备对两根油管的外壁进行喷砂处理。喷砂介质为压缩空气+棕刚玉砂粒，喷砂压力为0.8MPa（喷砂机压力范围为0.7～0.8MPa），喷砂速度为35m^3/h压缩空气+1.5t棕刚玉砂粒。

编号为1号的油管喷砂后，在外螺纹接头端3.56m范围内外壁有轻微的细小发纹，其余6.15 m范围内外壁局部有更轻微的细小发纹。编号为2号的油管外壁喷砂后，全管上的发纹非常明显，这说明采用喷砂处理方法无法消除油管外壁的发纹。

2.6.2 内表面缺陷

2.6.2.1 背景

某失效气井于2012年4月开钻，2012年11月钻至井深6980m完钻，2013年1月下入完井管柱，完井管柱（油管）材质为110ksi钢级的超级13Cr不锈钢（Ⅱ型），产层温度、压力分别为171℃、119MPa，属超深、超高温高压井。该井于2013年3月7日进行酸化压裂施工，酸压层段为6747～6840m，酸压主体酸为9%HCl+3%HAc+2%HF+5.1%酸化缓蚀剂，酸液泵注量为168m^3；关井反应60min后，开井排残酸、求产，日产气11713m^3，日产水104m^3，Cl^-含量为117g/L，CO_2含量为1.2%，不含H_2S。2013年3月11日油管泄漏、油套窜通。2013年3月14日起出封隔器以上（6680m）完井管柱。

2.6.2.2 试验过程

从井口到井底，每隔约500m取样，共取油管15根，使用超声波测厚仪进行壁厚测量。将油管剖开经蒸馏水清洗、丙酮除油、酒精脱水干燥后，采用金相显微法对点蚀坑深度进行测量，采用SEM和EDS进行油管内壁表面质量分析，采用X射线光电子能谱（XPS）进行油管内壁附着物分析。

2.6.2.3 检测结果

(1) 壁厚检测

使用DM4E型超声波测厚仪沿油管轴向每隔10cm，圆周方向每隔90°进行超声波检测。结果表明：所有油管的均匀腐蚀很轻微，最大壁厚偏差均在10%以内，满足API SPEC 5CT—2018标准要求（最大壁厚偏差小于12.5%）。

(2) 油管内壁腐蚀检测

采用金相显微法对油管内壁点蚀深度进行测量。图2-101为从井口到井底管体内壁腐蚀形貌，表2-36为不同井段超级13Cr不锈钢油管内壁的10个点蚀深度最大的测量结果。图 2-102 为平均点蚀深度和最大点蚀深度随井深及温度（按照温度梯度 2℃/100m 计算）的变化关系。可以看出，随井深增加，温度升高，平均点蚀深度总体上呈增大趋势。

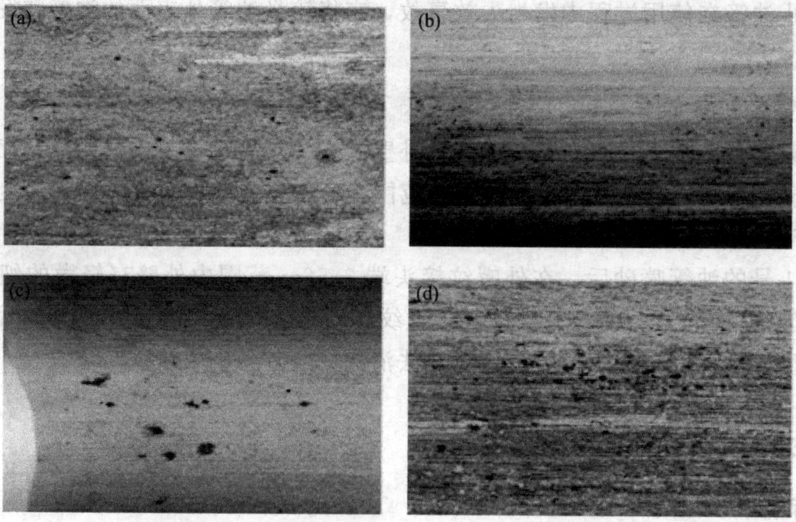

图 2-101　不同井段管体内壁宏观腐蚀形貌

(a) 997.43m；(b) 2009.44m；(c) 3996.65m；(d) 5994.94m

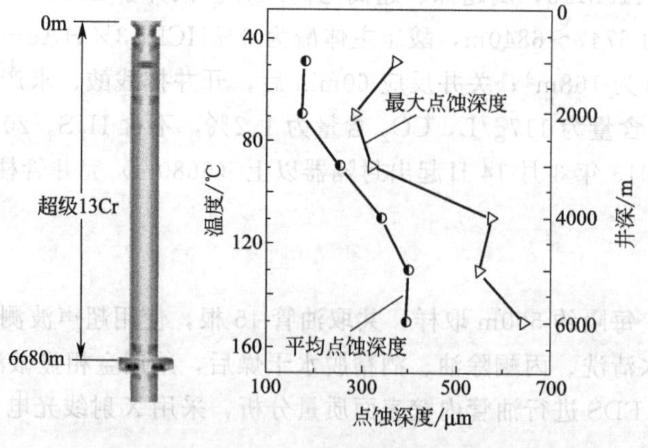

图 2-102　平均点蚀深度和最大点蚀深度随井深及温度的变化关系

表 2-36　不同井段超级 13Cr 不锈钢油管内壁点蚀深度

序号	井深/m	点蚀深度/μm	平均点蚀深度/μm	最大点蚀深度/μm
1	997.43	330,370,143,170,153,90,125,95,170,145	179	370
2	2009.44	285,212,160,172,118,160,88,208,158,165	172.6	285
3	2998.01	185,233,300,185,300,145,303,227,320,322	252	322
4	3996.65	280,240,310,368,340,255,330,575,407,320	342.5	575
5	5010.41	468,360,388,470,398,340,358,346,309,550	398.7	550
6	5994.94	605,645,338,361,401,185,286,223,404,493	394.1	645

(3) 油管内壁表面质量分析

图 2-103 为超级 13Cr 不锈钢油管内壁横截面 SEM 形貌，缺陷内部 6 个位置的 O 元素 EDS 分析结果（原子分数）为：43.71%、46.86%、45.39%、47.65%、54.72%、32.91%。可以看出，油管内壁明显存在钢管轧制过程造成的划伤及喷砂（喷丸）去除氧化皮不彻底（高温氧化易沿晶界向内部发展）等表面缺陷。油管内壁表面缺陷可以成为应力集中点，促进 SCC 裂纹的形核与扩展，在使用过程中可能会导致油管发生断裂［井深 2496.82m 处取得的油管缺陷底部已经出现微裂纹（A 区）］。

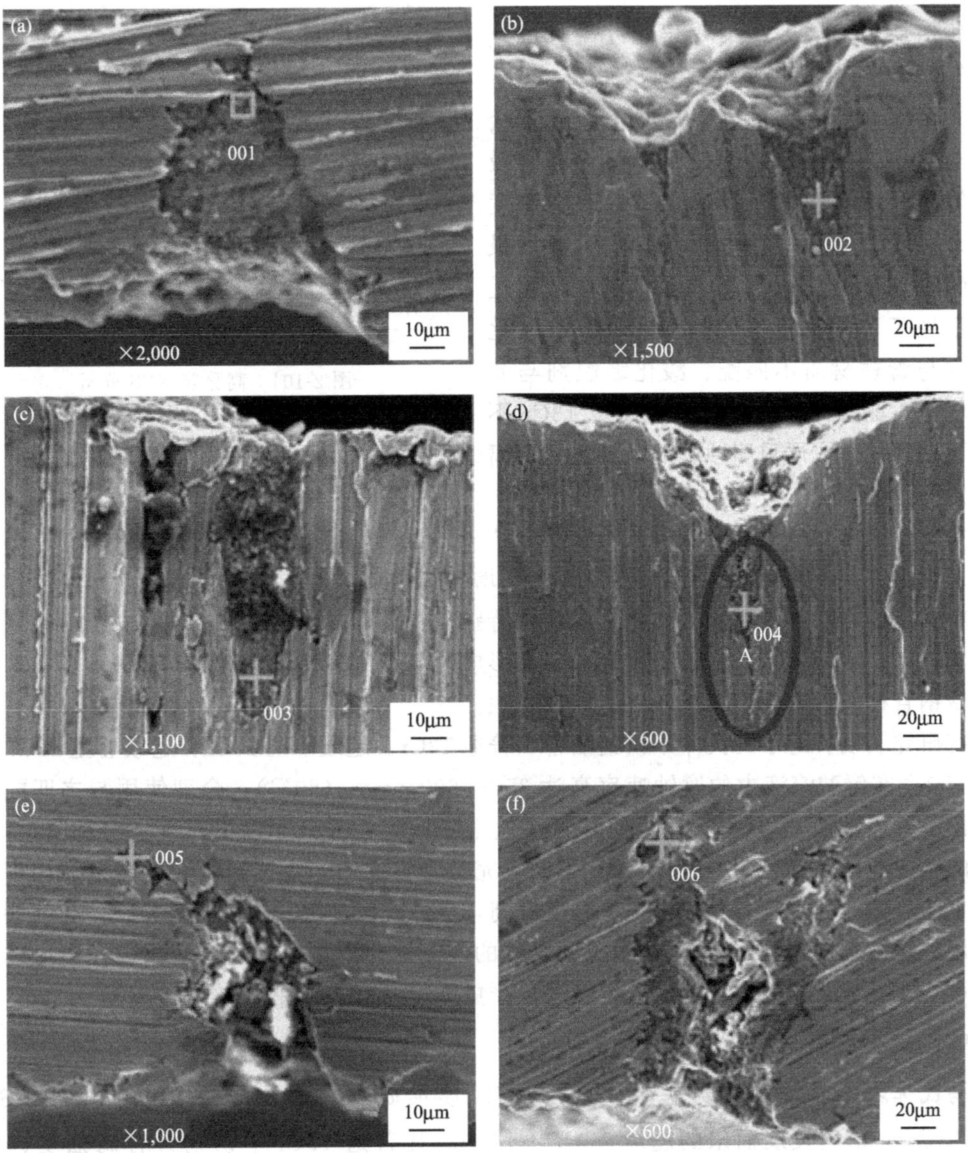

图 2-103　不同井深处的微观形貌

(a) 997.43m；(b) 1511.62m；(c) 2009.44m；(d) 2496.82m；(e) 2998.01m；(f) 5010.41m

(4) 油管内壁附着物分析

图 2-104 为油管内壁附着物的宏观形貌及附着物成分的高分辨 XPS 分析。可以看出，附着物外层为 Cu_2O，溅射后内层为金属单质铜。酸化过程中形成的贵金属铜膜（酸化缓蚀剂中铜离子的还原沉积），在油管后续使用过程中会局部脱落（流体冲刷），铜膜的覆盖不致密将会形成典型的大阴极小阳极结构，促进点蚀的萌生和扩展，导致油管内壁较为严重的点蚀。

2.6.2.4 分析与讨论

(1) 酸化的影响

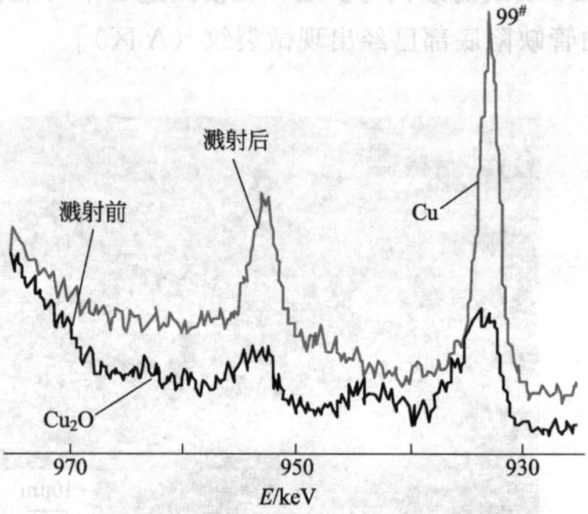

图 2-104 高分辨 XPS 分析

酸化是用酸液处理油气层，以恢复或增加油气层渗透率，从而提高油气的采收率。但是，在提高采收率的同时，酸化液通常会直接与储存罐、酸化压裂设备、井下油管及套管等接触，而且腐蚀程度会随着地层深度增大、温度升高而加剧。目前，使用频率最高的酸化溶液有 HCl、HF 等，尽管在酸化过程中添加了种类繁多的缓蚀剂，但由于酸化缓蚀剂与管柱材质不匹配、酸化缓蚀剂与井下环境不匹配等，酸化过程仍对超级 13Cr 不锈钢不动管柱造成严重腐蚀影响，导致局部腐蚀问题突出，严重破坏了井下管柱的密封完整性和结构完整性。

关于超级 13Cr 不锈钢油管在 HCl 及 HCl+HF（土酸）酸化液中的腐蚀控制，国内外普遍采用缓蚀剂（主剂，通常为曼尼希碱）+增效剂（辅剂，一般含金属离子）协同作用降低材料腐蚀的方法。但缓蚀剂中金属离子（特别是贵金属离子）的存在，一方面存在环境污染问题；另一方面，在酸化过程中管柱表面形成的金属覆盖膜，特别是贵金属覆盖膜，会加剧不锈钢管柱在后续生产工况条件的局部腐蚀。

有研究表明：对于马氏体不锈钢油管（普通 13Cr、超级Ⅰ型 13Cr、超级Ⅱ型 13Cr 及高强 15Cr），在鲜酸溶液中的腐蚀速率高达 350～600mm/a（80℃），合理使用与之匹配的酸化缓蚀剂（缓蚀剂+增效剂），可使其腐蚀速率降低到 25mm/a 以下，且未出现明显点蚀。该井的腐蚀检测结果表明，超级 13Cr 不锈钢完井管柱的均匀腐蚀轻微，但试样表面出现较为严重的点蚀，并且随着井深增大、温度升高，点蚀程度增大。这说明该井在酸化压裂过程中选用的缓蚀剂与超级 13Cr 不锈钢完井管柱的匹配性并不是很好，在酸化过程中形成的点蚀，可能在后续长期生产过程中继续发展，严重影响到完井管柱的结构完整性。

(2) 材质的影响

马氏体不锈钢油管主要是针对 CO_2、Cl^- 腐蚀研发的耐蚀材料。由普通 API SPEC 5CT 13Cr 不锈钢发展而来的超级 13Cr 不锈钢，比普通 13Cr 不锈钢具有高强度、低温韧性及改进的抗腐蚀性能的综合特点。国内外大量的研究结果表明：超级 13Cr 不锈钢的最高使用温度为 180℃、最高使用 CO_2 分压可达 5MPa 以上，最高 Cl^- 浓度高达 100g/L 以上。该井选用的超级 13Cr 不锈钢完井管柱可以完全满足生产工况的温度、CO_2 分压及 Cl^- 浓度要求的范围，发生严重点蚀的主要原因是在设计之初并未充分考虑酸化作业过程中鲜酸腐蚀的影响。对于采取酸化缓蚀剂＋超级 13Cr 不锈钢不动管柱进行酸化压裂及生产的完井管柱来说，完井管柱材质与酸化缓蚀剂的匹配性是保证其长期安全运行的关键因素。

(3) 管材表面状态的影响

关于不锈钢管材表面的质量控制，API SPEC 5CT—2018 及 ISO 8501.1—2007 标准都有严格的规定，即作为验收标准的级别要求为 Sa.5 级（管体表面应不可见氧化皮）。如前所述，该井超级 13Cr 不锈钢完井管柱内壁存在由于氧化皮去除不彻底的表面缺陷，在使用过程中（例如在鲜酸腐蚀条件下），可能会导致局部脱落，促进点蚀的萌生，而表面较大的粗糙度也会促进泥浆附着，加快点蚀的发生。更为严重的是，在不锈钢管材高温轧制过程中形成的表面缺陷，主要且沿晶界向内扩展（宏观形貌见图 2-105，截面微观形貌见图 2-106），促进 SCC 裂纹的形核，导致油管在使用过程中发生 SCC 开裂。图 2-107 为从内表面喷砂（或喷丸）彻底和含氧化皮超级 13Cr 不锈钢油管所取的全壁厚 C 环 SCC 试样。在模拟油田地层水介质，加载应力为 85%YS（内表面受张应力），CO_2 分压为 4MPa，温度为 170℃的腐蚀条件下，30 天试验后，含氧化皮 C 环试样内表面出现垂直于张应力方向的 SCC 裂纹，且裂纹起源于表面点蚀坑处，具有沿晶裂纹特征，见图 2-108。而不含氧化皮的 C 试样表面未出现 SCC 裂纹。

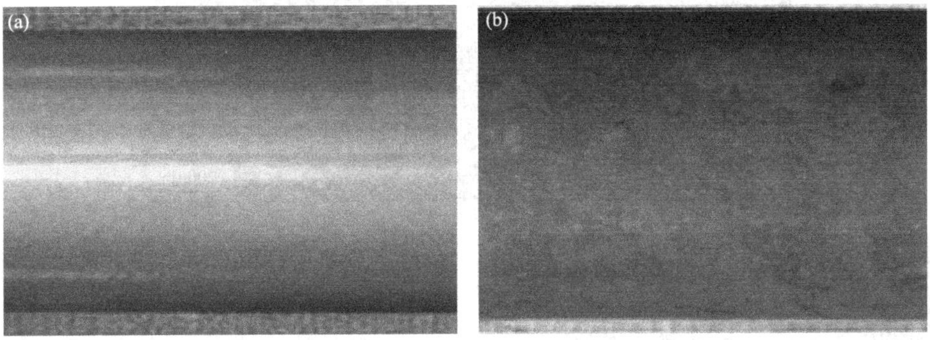

图 2-105　不同表面状态超级 13Cr 不锈钢油管内壁宏观形貌

(a) 不含氧化皮；(b) 含氧化皮

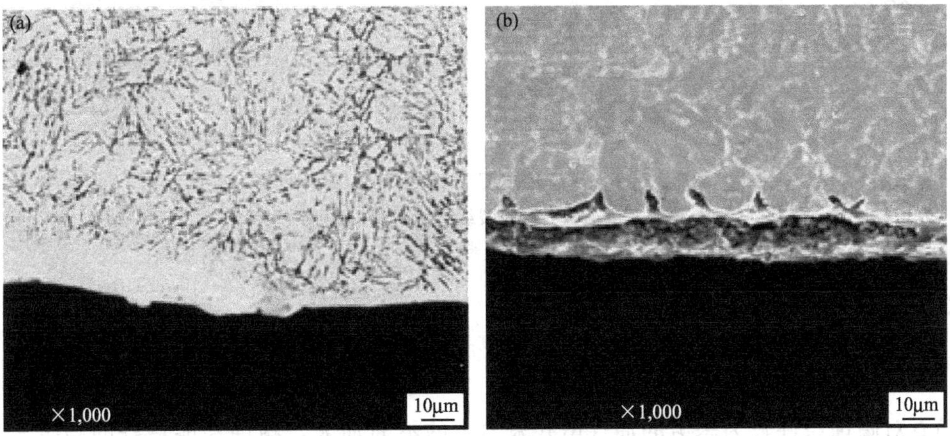

图 2-106　不同表面状态超级 13Cr 不锈钢油管内壁横截面微观形貌

(a) 不含氧化皮；(b) 含氧化皮

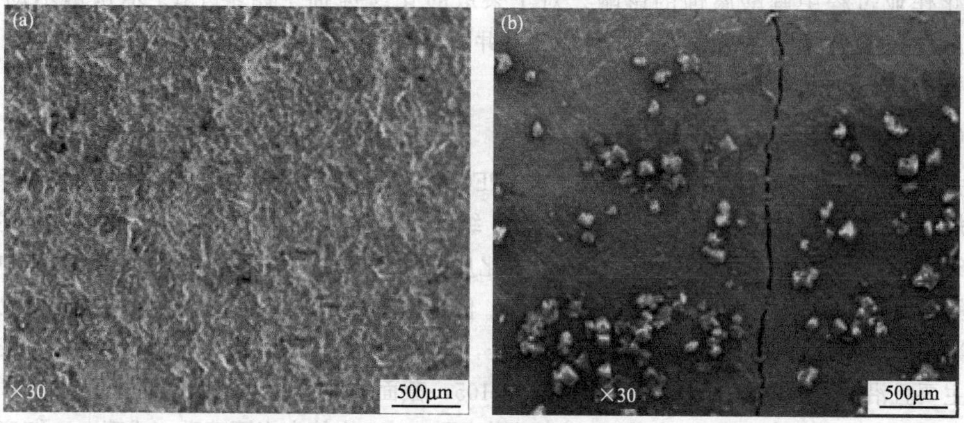

图 2-107　SCC 试验结果

（a）不含氧化皮；（b）含氧化皮

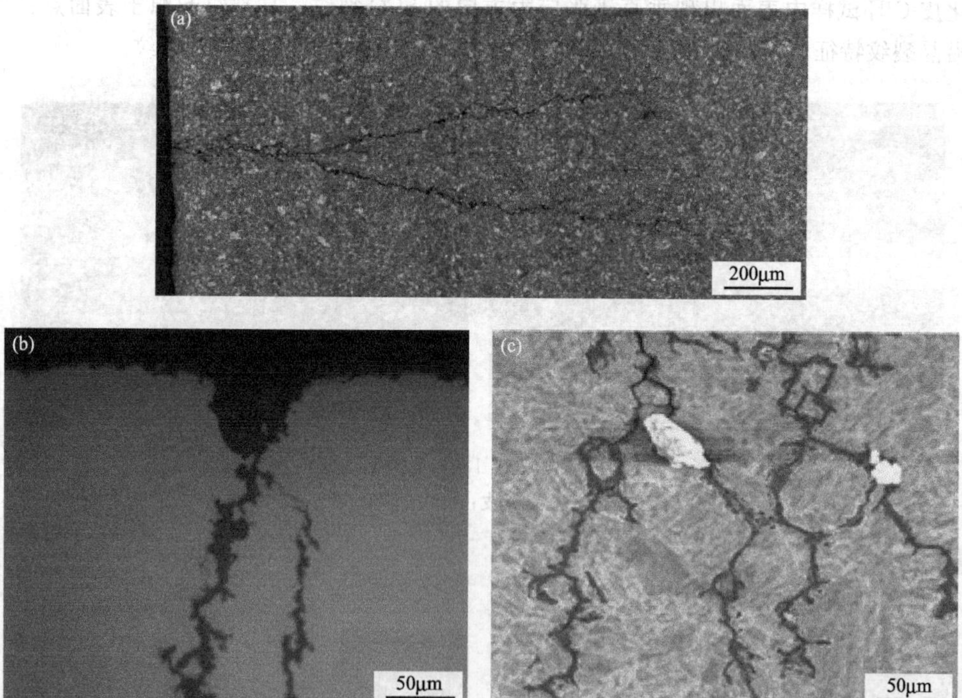

图 2-108　含氧化皮 C 环试样 SCC 裂纹形貌

（a）完整裂纹；（b）裂纹起源；（c）晶间裂纹

2.6.3　表面擦划伤

2.6.3.1　背景

随着对腐蚀条件较为恶劣的油气田开采力度的不断加大，耐蚀性能良好的超级 13Cr 不锈钢油管应用逐渐增加，但在生产与使用中发现，当不锈钢与碳钢接触后表面往往容易出现锈蚀。因此，国际标准 ISO 13680—2010 和现场操作规程中对这类油管做出了专门规定，严禁在加工、吊装和运输时与碳钢发生接触，但对其原因并没有做出解释，对于不锈钢与碳钢接触后发生锈蚀的机理也没有文献报道。从腐蚀角度出发，以超级 13Cr 不锈钢（B13Cr110）油管为对象，用 45 号钢和黄铜在钢管及基材试样表面制造划伤，采用盐雾腐蚀试验和电化学试验方法对划伤后的超级 13Cr 不锈钢油管的腐蚀行为与机理进行了研究。

不锈钢材料被 45 号钢划伤后划痕处均产生黄色锈蚀产物，而被铜划伤的部位未见明显锈蚀现象，未划伤试样表面均没有出现锈蚀，如图 2-109 所示。

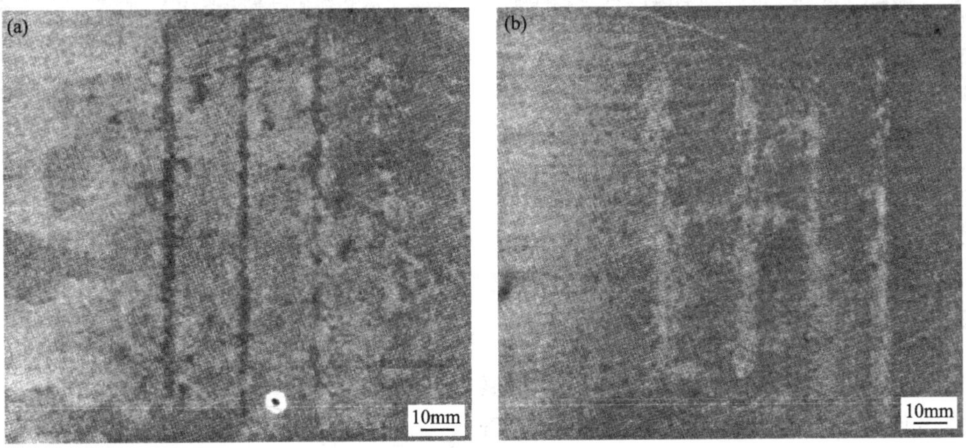

图 2-109　超级 13Cr 不锈钢基材表面划伤后的腐蚀形貌

（a）45 号钢划伤；（b）黄铜划伤

2.6.3.2　原因分析

超级 13Cr 不锈钢具有良好的耐蚀性，在盐雾腐蚀试验中不会发生腐蚀，但被 45 号钢划伤后划痕处却发生锈蚀，为弄清腐蚀原因，对黄铜和 45 号钢划痕处的元素分布进行了分析。由图 2-110 可以看出，在划痕处 Fe 的含量降低，说明黄铜划过试样时在试样表面有残留。由于残留的铜遮盖了基体，因而能谱显示 Fe 的含量明显降低。同样，当用 45 号钢划伤试样时，也会有 45 号钢残留在划痕处。由于 45 号钢耐蚀性较差，在盐雾腐蚀试验条件下很快发生腐蚀，生成以 Fe_2O_3 和 FeOOH 为主要成分的黄色铁锈。而黄铜本身也具有较好的耐蚀性，黄铜划伤试样表面后残留在划痕处的铜不易腐蚀，因此划痕处看不到明显的锈蚀现象。图 2-111 为超级 13Cr 不锈钢基材试样划伤后经盐雾腐蚀试验后的照片，由图可以看出，划痕处没有出现明显的腐蚀现象。由以上结果及分析可以得出，超级 13Cr 不锈钢表面被碳钢划伤后表面锈蚀不是材料本身发生了腐蚀，而是残留在材料表面的碳钢腐蚀后对表面产生的污染。

图 2-112 为超级 13Cr 不锈钢材试样表面划伤前后在 3.5％的 NaCl 溶液中的电位-时间曲线。超级 13Cr 不锈钢试样放入溶液后表面发生钝化，电位逐渐升高，经过一段时间后电位升幅变缓并趋于稳定，说明此时不锈钢试样在溶液中已经形成比较稳定的钝化膜。当试样表面被黄铜或 45 号钢划伤后，钝化膜被破坏，重新暴露出基体，同时少量的铜或 45 号钢残留在试表面划痕处，划痕处成为活化区，在腐蚀环境中容易发生腐蚀，在溶液中表现为电位明显降低。随着试样划伤处钝化膜的修复和残留金属的腐蚀，电位逐渐上升，最后重新趋于稳定。由于此时测得的电位为不锈钢/45 号钢或不锈钢/铜的混合电位，该稳定电位要低于未划伤时不锈钢的稳定电位。

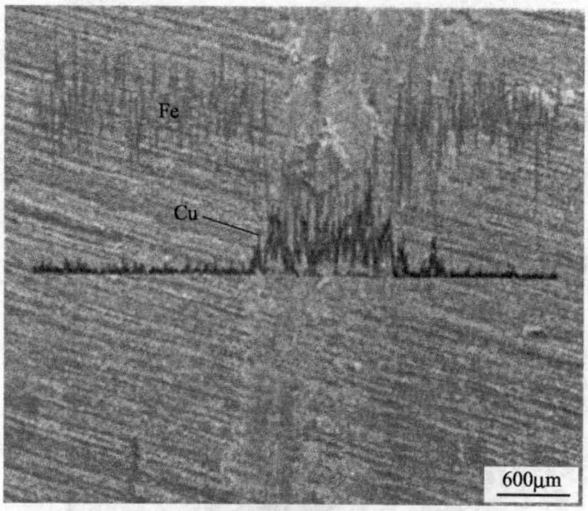

图 2-110　超级 13Cr 不锈钢被铜划伤后划痕处的元素分布（上为 Fe 分布，下为 Cu 分布）

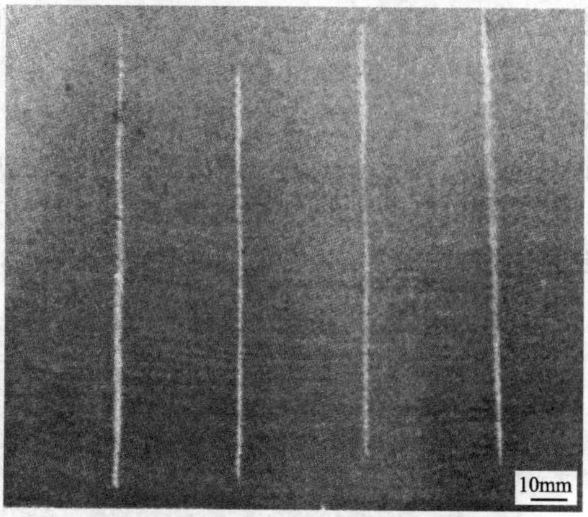

图 2-111　超级 13Cr 不锈钢基材表面不锈钢划伤后的腐蚀形貌

2.6.3.3　建议

超级 13Cr 不锈钢油管被碳钢划伤后划痕处容易出现锈蚀，但这种锈蚀不是超级 13Cr 不锈钢本身的腐蚀，而是划伤时残留在材料表面的碳钢在腐蚀环境中发生腐蚀，碳钢腐蚀后的腐蚀产物对材料表面造成了污染；而超级 13Cr 不锈钢被黄铜等其他耐蚀性能较好的材料划伤时，表面不发生明显的腐蚀现象。

为保护外观，应防止不锈钢材料被碳钢划伤，还应避免碳钢与不锈钢在腐蚀性环境中长期接触，以免碳钢发生腐蚀后的腐蚀产物对材料表面造成污染。

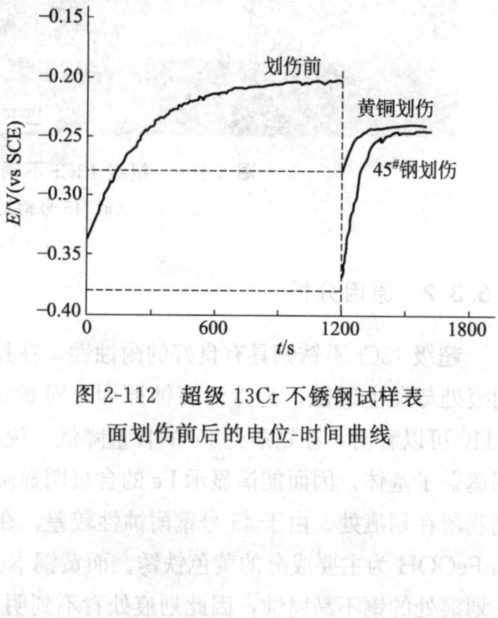

图 2-112　超级 13Cr 不锈钢试样表面划伤前后的电位-时间曲线

参考文献

[1]　Zhu S D, Wei J F, Cai R, et al. Corrosion failure analysis of high strength grade super 13Cr-110 tubing string[J]. Engineering Failure Analysis[J]. 2011, 18(8):2222-2231.

[2]　常泽亮，李丹平，赵密锋，等．某气井超级 13Cr 完井管柱腐蚀及开裂原因分析[J]．焊管，2018，41(7)：14-20.

[3]　Lyu S I, Xiang J M, Chang Z L, et al. Analysis of premium connection downhole tubing corrosion[J]. Material Performance, 2008, 5: 66-69.

[4]　吕拴录，相建民，常泽亮，等．牙哈 301 井油管腐蚀原因分析[J]．腐蚀与防护，2008,29(11)：706-709.

[5]　张华民，齐公台，戴金彪，等．钢铁表面高温氧化皮对基体钢腐蚀的影响[J]．材料保护，1995，28(6)：24-25.

[6]　毕洪运，于杰，赵鹏，等．G105 钻杆腐蚀失效分析[J]．理化检验-物理分册，2005，41(6)：301-306.

[7]　齐慧滨，杜翠薇，李晓刚，等．湿热环境中碱性泥浆附着力镀锌钢板的腐蚀行为[J]．金属学报，2009，5(3)：338-344.

[8]　吕拴录．特殊螺纹接头油套管选用注意事项[J]．石油技术监督，2005，21(11)：12-14.

[9] 吕拴录，韩勇．特殊螺纹接头油套管使用及展望[J]．石油工业技术监督，2000,16(3)：1-4.
[10] 吕拴录，骆发前，陈飞，等．牙哈 7X-1 井套管压力升高原因分析[J]．钻采工艺，2008，31(1)：129-132.
[11] 吕拴录，李元斌，王振彪，等．某高压气井 13Cr 油管柱泄漏和腐蚀原因分析[J]．腐蚀与防护，2010，31(11)：902-904.
[12] Lyu S L，Zhang G Z. Analysis of N80 BTC downhole tubing corrosion[J]. Material Performance，2001，43(10)：46-48.
[13] 吕拴录，赵国仙，王新虎，等．特殊螺纹接头油管腐蚀原因分析[J]．腐蚀与防护，2005，26(4)：179-181.
[14] 吕拴录，骆发前，相建民，等．API 油管腐蚀失效原因分析[J]．腐蚀科学与防护技术，2008，20(5)：388-390.
[15] 袁鹏斌，郭生武，吕拴录．低合金高强度油管应力导向氢致开裂腐蚀失效分析[J]．腐蚀与防护，2010,31(5)：407-410.
[16] 张福祥，吕拴录，王振彪，等．某高压气井套压升高及特殊螺纹接头不锈钢油管腐蚀原因分析[J]．中国特种设备安全，2010，26(5)：65-68.
[17] Yuan P B，Guo S W，Lyu S L. Failure analysis of high-alloy oil well tubing coupling[J]. Material Performance，2010，49(8)：68-71.
[18] 吕拴录，宋文文，杨向同，等．某井 S13Cr 特殊螺纹接头油管柱腐蚀原因[J]．腐蚀与防护，2015，36(1)：76-81.
[19] 丁毅，历建爱，张国正，等．110 钢级 φ88.9mm × 6.45mm 超级 13Cr 钢油管刺穿失效分析[J]．理化检验-物理分册，2011，47(10)：663-667.
[20] 胡建春，胡松青，石鑫等．CO_2 分压对碳钢腐蚀的影响及缓蚀性能研究[J]．青岛大学学报(工程技术版)，2009，24(2)：90-93.
[21] 全国有色金属标准化技术委员会．GB/T 16597—2019 冶金产品分析方法 X 射线荧光光谱法通则[S]．北京：中国标准出版社，2019.
[22] 高纯良，李大朋，张雷，等．天然气井 CO_2 分压对油管腐蚀行为的影响[J]．腐蚀与防护，2012(S1)：77-80.
[23] 冯桓榰，邢希金，谢仁军，等．高 CO_2 分压环境超级 13Cr 的腐蚀行为[J]．表面技术，2016，45(5)：72-78.
[24] 吕祥鸿，赵国仙，樊治海，等．高温高压下 Cl^- 浓度、CO_2 分压对 13Cr 不锈钢点蚀的影响[J]．材料保护，2004，37(6)：34-36.
[25] 李亚慧，杜金楠，刘佳明．JFE-HP1-13Cr 钢油管腐蚀失效原因分析[J]．全面腐蚀控制，2017，31(10): 71-76.
[26] Lyu S L，Teng X Q，Kang Y J，et al. Analysis on causes of a well casing coupling crack [J]. Materials Performance，2012，51(4)：58-62.
[27] 聂采军，吕拴录，袁鹏斌，等．高强度钻杆管体断裂原因分析[J]．腐蚀与防护，2010，31(10)：820-822.
[28] 杨向同，吕拴录，彭建新，等．KXS2-2-3 井 S13Cr110 特特殊螺纹接头油管断裂原因分析[J]．石油管材与仪器，2017，3(4)：51-56.
[29] 滕学清，吕拴录，丁毅，等．140ksi 高强度套管外螺纹接头裂纹原因分析[J]．物理测试，2012，30(2)：59-62.
[30] 窦益华，姜学海．井口油管挤扁原因分析及其防治措施[J]．钻采工艺，2009，32(5)：70-72.
[31] 杨向同，吕拴录，宋文文，等．某井超级 13Cr 油管接箍开裂原因分析[J]．石油管材与仪器，2016(2)：40-44.
[32] 吕拴录，杨向同，宋文文，等．某井超级 13Cr 钢特殊螺纹接头油管接箍横向开裂原因分析[J]．理化检验-物理分册，2015，51(4)：297-301.
[33] 刘克斌，周伟民．超级 13Cr 钢在含 CO_2 的 $CaCl_2$ 完井液中应力腐蚀开裂行为[J]．石油与天然气化工，2007，36(3)：222-226.
[34] 吕拴录，韩勇，李金凤，等．输气管道无缝管线管表面发纹检验和判定[J]．钢管，2010，39(3)：48-51.
[35] Lyu S L，Han Y，Qin C Y，et al. Crackand fitness for service assessment of ERW crude oil pipeline[J]. Engineering Failure Analysis，2005(3)：565-571.
[36] 吕拴录，骆发前，周杰，等．钻杆接头纵向裂纹原因分析[J]．机械工程材料，2006，30(4)：95-97.
[37] 吕拴录，高林，迟军，等．石油钻柱减震器花健体外筒断裂原因分析[J]．机械工程材料，2008，32(2)：71-73.
[38] 滕学清，吕拴录，周理志，等．超级 13Cr 马氏体不锈钢油管表面缺陷原因分析[J]．物化检验-物理分册，2014，50(1)：67-70.
[39] 杨向同，吕拴录，彭建新，等．超级 13Cr 油管内壁缺陷原因及对性能影响[J]．石油矿场机械，2015，44(8)：48-52.
[40] 寇菊荣，董仁，刘洪涛，等．超级 13Cr 完井管柱的腐蚀失效原因[J]．腐蚀与防护，2015，36(9)：898-902.
[41] 周庆军，齐慧滨，钱余海，等．13Cr 不锈钢与 Ni 基合金油管表面擦划伤的腐蚀行为[J]．腐蚀与防护，2010，31(9)：

694-696.

[42] 方学锋，蔡文生．先导式安全阀动作原理及应用失效分析[J]. 化工机械，2010，37(4)：493-494.

[43] 潘多艳．油田公司天然气站先导式安全阀故障分析[J]. 石油和化工设备，2012，8(15)：77-79.

[44] 黎诚德．一起先导式安全阀未起跳事故分析[J]. 安全、健康和环境，2015，9(12)：6-8.

[45] 李学华．先导式安全阀的应用探讨[J]. 当代化工，2012，41(12)：1354-1356.

[46] 王学彬，唐旭丽．先导式安全阀的应用[J]. 阀门，2013，23(6)：40-42.

[47] 马磊，史盈鸽，熊茂县，等．某高温高压井 13Cr110 油管挤毁与失效原因分析[J]. 石油工业技术监督，2019，35 (2)：47-50.

[48] Zhang Z，Zheng Y S，Li J，et al. Stress corrosion crack evaluation of super 13Cr tubing in high temperature and high-pressure gas wells[J]. Engineering Failure Analysis，2019，95：263-272.

[49] Zhang Z，Han W. Effect of thermal expansion annulus pressure on cement sheath mechanical integrity in HPHT gas wells[J]. Applied Thermal Engineering，2017，118：600-611.

[50] Zhang Z，Shao L Y，Zhang Q S，et al. Environmentally assisted cracking performance research on casing for sour gas wells[J]. Journal of Petroleum Science and Engineering，2017，158：729-738.

[51] Mowat D E，Edgerton M C，Wade E H R. Erskine field HPHT workover and tubing corrosion failure investigation [C]//SPE/IADC Drilling Conference. Amsterdam：2001.

[52] Howard S. Effect of stress level on the SCC behavior of martensitic stainless steel during HT exposure to formate brines [C]//Corrosion 2016. Houston：NACE International，2016.

[53] Zhang Z，Han W. Sealed annulus thermal expansion pressure mechanical calculation method and application among multiple packers in HPHT gas wells [J]．Journal of Natural Gas Science and Engineering，2016，31：692-702.

[54] Moreira R M，Franco C V，Joia C J B M，et al. The effects of temperature and hydrodynamics on the CO_2，corrosion of 13Cr and 13Cr5Ni2Mo stainless steels in the presence of free acetic acid [J]．Corrosion Science，2004，46 (12)：2987-3003.

[55] Wei Y，Li J，Xiong J，et al. Effect of Cu addition on microstructure and mechanical properties of 15% Cr super martensitic stainless steel [J]．Materials Designs，2012，41 (2)：16-22.

[56] Woodtli J，Kieselbach R. Damage due to hydrogen embrittlement and stress corrosion cracking [J]．Engneering Failure Analysis，2000，7 (6)：427-450.

[57] Lei X W，Feng Y R，Fu A Q，et al. Investigation of stress corrosion cracking behavior of super 13Cr tubing by full-scale tubular goods corrosion test system [J]．Engineering Failure Analysis，2015，50：62-70.

[58] Niu L B，Nakada K. Effect of chloride and sulfate ions in simulated boiler water on pitting corrosion behavior of 13Cr steel [J]．Corrosion Science，2015，96：171-177.

[59] Ogundele G I，White W E. Some observations on corrosion of carbon steel in aqueous environments containing carbon dioxide [J]．Corrosion，1986，42 (2)：71-78.

[60] Nesic S，Thevenot N，Crolet J L，et al. Electrochemical properities of iron dissolution in the presence of CO_2 basics revisited [C]．Corrosion 1996. Houston：NACE International 1996.

[61] 杨向同，吕拴录，付安庆，等．某天然气井改良型 13Cr 特殊螺纹接头油管腐蚀原因分 [J]．石油矿场机械，2016，45 (10)：178-181.

[62] 谢俊峰，宋文文，常泽亮，等．某天然气井 13Cr 油管腐蚀原因分析 [J]．腐蚀与防护，2014，35 (7)：754-757.

[63] 吕拴录，李鹤林，韩勇，等．IEU G105 钻杆腐蚀疲劳刺穿断裂原因分析 [J]．腐蚀与防护，2009，30 (5)：355-357.

[64] 杨向同，吕拴录，邝献任，等．ZG105H 井油管断裂原因分析及预防措施 [J]．理化检验-物理分册，2018，54 (1)：78-80.

[65] 吕拴录，杨向同，宋文文等．某井超级 13Cr 特殊螺纹接头油管接箍横向开裂原因分析 [J]．理化检验-物理分册， 2015， 51 (4)： 297-301.

[66] 杨向同，谢俊峰，宋样，等．BZ102 井 S13Cr110 钢油管裂纹成因分析 [J]．物理检验-物理分册，2019，55 (9)：633-636.

[67] 滕学清，吕拴录，冯春，等．某井 114.3mm 油管接箍破裂原因分析 [J]．物化检验-物理分册，2014，50 (5)：367-370.

第3章　完井过程中的腐蚀

3.1　概述

近年来随着我国高温高压气井的大规模开发，高温、高压、高含 CO_2 等苛刻工况环境对作业和生产管柱提出了更高的要求，J55、N80、P110、API 13Cr 等普通管柱已无法满足苛刻工况的要求。在国内，塔里木、胜利等油田开始选用耐蚀耐温效果更好的超级 13Cr 不锈钢作为油井管。

在超级 13Cr 不锈钢钢管轧制或者焊接完成以后，由于高温状态下的氧化反应，会在钢管的内壁和外壁产生一层氧化物，酸洗的目的就是去除这层氧化层，高级别的产品还要进行中和、脱脂、镀锌等各个方面的保护。

另外，随着油气勘探工作难度加大，目标层不再是单一的砂岩储层或碳酸盐储层，油气储存、渗流空间也不再是单一的孔隙型储集空间，而是由许多种岩石组成的油气藏或数个储存层，渗透率低的油气藏越来越多。这种多介质复杂岩性油气藏的共同特点是储层物性较差、断块、丰度低、生产效率低、增产措施风险大、生产成本高，大部分属于难采油气藏。酸化过程是深地资源开发的必要步骤，它是用酸液处理油气层，以恢复或增加油气层渗透率，从而提高油气的采收率。因此，酸化是实现油气井增产增注的一种技术，是目前国内外最常用的增产措施之一。它是通过井眼向地层注入一种或几种酸液或酸性混合液，利用酸液能溶解岩层中所含盐类的特性，扩大近井地带油层的孔隙度，提高地层渗透率，改善油气水流状况，从而增加油气井产量和水井注入量。酸化施工工艺简单、成本低廉，在各油田得到普遍应用。

超深油气田的酸化增产工艺可以分为三个过程：①鲜酸酸化过程，鲜酸酸液通过管柱注入地层时，一般持续 2～6h，即鲜酸酸化阶段；②残酸返排过程，酸液和地层作用后的残酸液经过管柱返排出地层阶段，一般为 3～7d，即残酸返排阶段；③产出水过程。前两个过程总称为酸化过程，而整个过程通常称为完井过程。目前大部分高温高压气井需要通过酸化压裂工艺进行增产改造，所使用的酸液通常分为无机酸体系和有机酸体系。无机酸体系主要以盐酸为主酸（10%～15%），辅酸为少量（<3%）的氢氟酸和醋酸，同时添加一定量（3%～5%）的酸化缓蚀剂；有机酸主要为一些大分子的有机酸，目前该类型的酸液由于其酸化效果和价格的原因，使用相对较少。

在提高采收率的同时，会出现很严重的酸液腐蚀问题。在油气井酸化处理作业时，酸化液经常直接与油气井下套管、油管等接触，而且腐蚀程度随着地层越深、温度越高而加剧。根据油田现场油管失效统计，油管柱在投产一年以内，失效井的共同特征是都经过了酸化压裂作业，因为超过 30％的不锈钢油管在酸化过程中就已经发生了严重的腐蚀甚至断裂。

油井管的寿命在某种程度上直接决定着油气井的寿命，因此，高温高压气井管柱在酸化压裂阶段的酸液腐蚀问题值得关注。对油田现场酸化压裂作业的油管进行检测时发现，大量腐蚀发生在油管表面缺陷、组织不均匀、结构变化、受力异常的部位。油管在服役过程中，除受各种腐蚀介质作用外，还承受一定的应力载荷。研究表明，金属表面粗糙度、应力状态、热处理、氧化皮等对耐蚀性能均有一定的影响。

由于高温高压气井复杂苛刻的服役工况环境，且超级 13Cr 不锈钢主要是针对 CO_2+Cl^- 腐蚀选用的耐蚀材料，在开发之初并未充分考虑酸化作业过程中鲜酸腐蚀的影响，致使近年来国内油气田频发超级 13Cr 不锈钢油气井经酸化作业后在后续生产过程中的腐蚀失效事故。

国内外学者针对耐蚀合金管材的耐酸化腐蚀开展了大量的研究工作。日本 JFE 公司钢铁研究所，H. A. Nasr-EI-Din、S. Huizinga、Lee N. Morgenthaler 等研究了马氏体不锈钢和双相不锈钢在以盐酸为主酸的酸液体系中的腐蚀行为特征，国内的吕祥鸿、马元泰等采用高温高压和电化学方法研究了超级 13Cr 不锈钢在以盐酸为主酸的酸液体系中的腐蚀规律以及电化学机理。

日本 JFE 公司钢铁研究所 Mitsuo Kimura 等针对耐蚀合金钢在鲜酸和残酸液中的腐蚀行为开展了较为系统的研究，表明在 15％ HCl（无缓蚀剂）体系中、80℃条件下的腐蚀速率大小依次为 25Cr＞22Cr＞17Cr＞15Cr＞13Cr，即随着 Cr 含量的增加，其耐盐酸腐蚀性能降低，这与该类耐蚀合金的抗 CO_2 腐蚀和抗 SCC 能力随 Cr 含量增加而提高的规律是相反的。同时研究了这 5 种含 Cr 耐蚀合金在模拟残酸（无缓蚀剂）体系、80℃条件下的腐蚀速率，其腐蚀速率大小依次为 25Cr＞22Cr＞13Cr＞15Cr＞17Cr。其中，13Cr 和 15Cr 不锈钢有少量点蚀坑，总体表现出金属光泽，而 22Cr 和 25Cr 双相不锈钢表面出现均匀的选择性腐蚀。这是因为奥氏体和铁素体的双相不锈钢中的铁素体更容易被腐蚀，在宏观形貌上出现了选择性腐蚀形貌，其腐蚀速率远高于马氏体不锈钢，但马氏体不锈钢点蚀已比较明显，如图 3-1 所示。在酸化过程中残酸返排阶段管柱的腐蚀研究方面，国内外学者一致认为，残酸对油套管的腐蚀性相对于鲜酸更为严重。这主要是因为含有缓蚀剂的鲜酸在挤入地层后，缓蚀剂被岩层矿物吸附，尽管返排的残酸浓度有所降低，但是因没有缓蚀剂的存在，残酸的腐蚀性高于鲜酸。

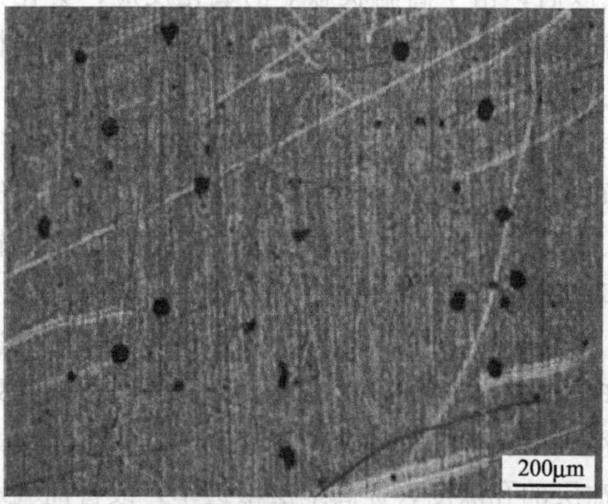

图 3-1 高温高压气井超级 13Cr 不锈钢管柱酸液腐蚀的微观形貌

3.2 酸洗液腐蚀

盐酸酸洗是许多冶金企业最常用的工艺，因为酸洗液能去除管材冶金后表面的氧化层，但会对管材造成不同程度的腐蚀。如果盐酸泄漏浸入地下，就会腐蚀设备、破坏地基，并导致污染地下水；如果盐酸挥发至空气中，就会腐蚀墙体、厂房结构、墙皮、屋面，损害工人健康、污染大气。酸洗废液一般含有 0.05～5g/L 的 H^{+} 和 60～250g/L 的 Fe^{2+}，由于严重的腐蚀性，也已被列入《国家危险废物名录》。

表 3-1 是超级 13Cr 不锈钢（HP13Cr）在不同温度下 1mol/L 盐酸溶液中浸泡 4h 后的腐蚀速率。结果表明，超级 13Cr 不锈钢即使在常温下也会发生严重的腐蚀，而且随着温度的升高，超级 13Cr 的腐蚀速率随之升高。

表 3-1　超级 13Cr 不锈钢在不同温度下 1mol/L 盐酸溶液中浸泡 4h 后的腐蚀速率

温度/K	298	303	308
腐蚀速率/[mg/(cm^2·h)]	1.35	1.72	1.93

利用 SM-6380LV 扫描电子显微镜（SEM）对腐蚀前后的试样进行表面腐蚀形貌分析，见图 3-2。由图可知，超级 13Cr 不锈钢遭受盐酸的腐蚀比较严重，且有明显的点蚀。

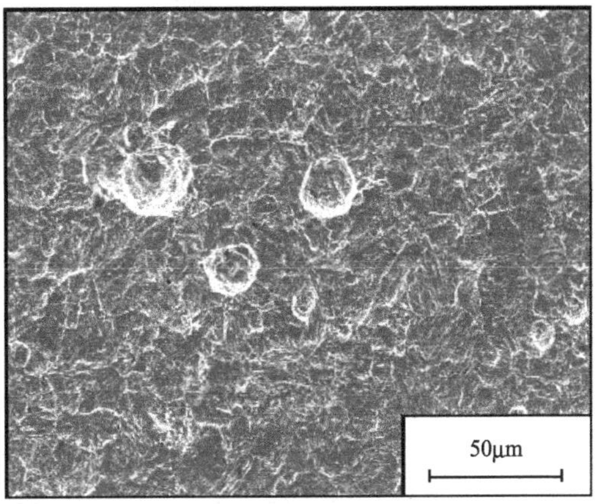

图 3-2　298K 时超级 13Cr 不锈钢在 1mol/L 盐酸溶液中腐蚀 4h 后的表面形貌

3.3　酸化液（鲜酸）腐蚀

3.3.1　pH 的影响

钢铁材料在酸性介质中的腐蚀主要是以氢离子为去极化剂的电化学反应，腐蚀速率受氢离子还原的阴极过程控制。孙成等研究了 1Cr13 不锈钢在酸性、中性及碱性土壤中的腐蚀行为，结果表明，pH 对 1Cr13 不锈钢的腐蚀速率有一定的影响，但影响相对不大，即使在酸性土壤中腐蚀也较轻微。其实，早在 1996 年，日本的 Sakamoto 和 Maruyama 就通过室内实验验证了 pH 对管材 T-3 钢腐蚀速率的影响，所用实验材料 T-3 钢的成分与超级 13Cr 不锈钢的成分相似，实验温度为 175℃、200℃和 250℃（见图 3-3）。结果表明：随着 pH 的增大，腐蚀速率逐渐减小；当 pH 为 3.5 时，腐蚀速率达到一个平衡值，约为 17.5mg/(dm^2·h)。

塔尔萨大学 Rincon 等模拟了反应温度为 93.3℃时 pH 对钢材累积厚度损失的影响，进一步证实了 pH 与腐蚀速率成反比（见图 3-4）。

3.3.2　反应温度的影响

一般而言，随着温度的升高，钢的腐蚀速率随之增大。董晓焕等在室内模拟温度对钢腐蚀速率的影响时，选用了 1Cr13、2Cr13 和 HP13Cr 三种类型的不锈钢，在压力为 0.1MPa、流速为 0.5m/s、试验时间为 7d 条件下进行试验。结果表明三种钢的平均腐蚀速率遵循 2Cr13＞1Cr13＞HP13Cr 的规律，温度为 150℃时平均腐蚀速率最大，此后腐蚀速率随温度进一步升高而下降（见图 3-5）。

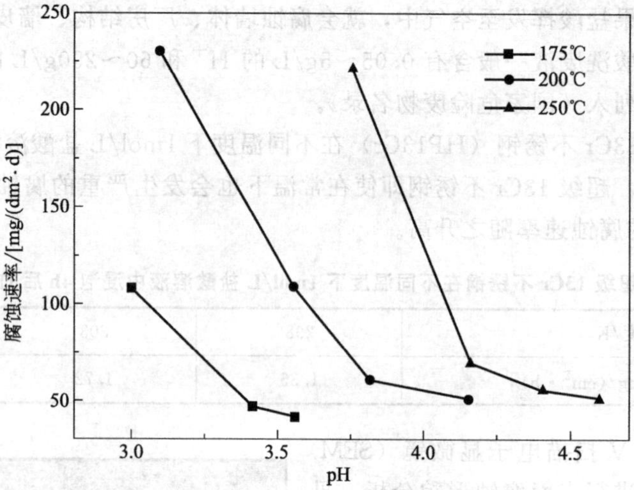

图 3-3　不同温度下 pH 对 T-3 钢腐蚀速率的影响

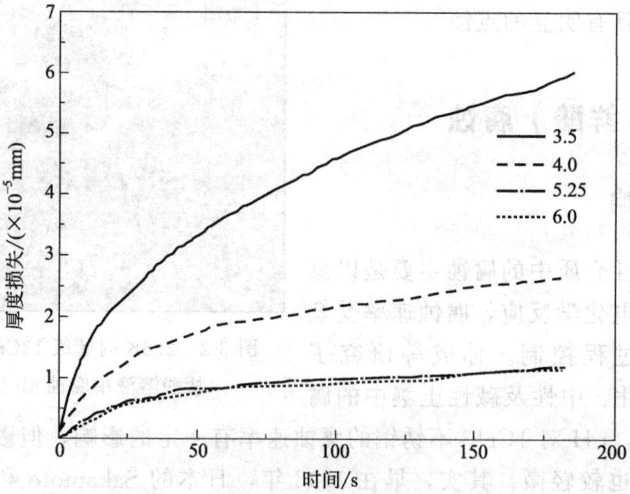

图 3-4　pH 对钢材累积厚度损失的影响

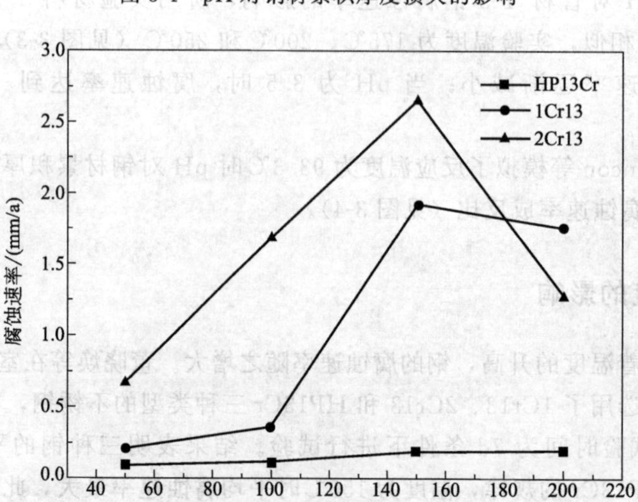

图 3-5　温度对三种钢材腐蚀速率的影响

温度对腐蚀产物膜的影响表现为：在高温环境下，腐蚀产物膜中的非晶态物质 $Cr(OH)_3$ 很容易在介质中吸收一定程度的水分，将其在室温干燥器中放置一段时间（24h），膜中水分大量损失后，膜就会发生收缩导致干裂。温度达到 150℃左右时，含铬水合物部分失水而变得较疏松，腐蚀速率较大。

3.3.3 酸液体系的影响

常用酸液体系分无机酸和有机酸两大类，钢铁材料在酸性介质中的腐蚀主要是以氢离子为去极化剂的电化学反应，腐蚀速率受氢离子还原的阴极过程控制。目前国内超级 13Cr 不锈钢在压裂酸化条件下的腐蚀研究还比较少，BJ 服务公司的 Mingjie Ke 等通过试验发现，酸液种类变化对 CE2-13Cr（与 HP13Cr 成分类似）钢的腐蚀行为影响较大。超级 13Cr 不锈钢（HP13Cr）在几种不同的酸化体系中的腐蚀试验结果见表 3-2。

表 3-2 不同酸液体系中的腐蚀试验结果

酸液类型	腐蚀速率/[g/(m² · h)]	点状腐蚀情况
10%HCl+缓蚀剂	0.050	0～1个
9%HCl+1%HF+缓蚀剂	0.072	2个以及几个局部腐蚀
10%CH_3COOH+5%HCl+缓蚀剂	0.081	0

日本的 Hisashi Amaya 等在室内进行了缓冲溶液对 HP13Cr 腐蚀速率影响的试验，见表 3-3，可见醋酸根能够加速 HP13Cr 不锈钢的腐蚀。

表 3-3 CH_3COO^- 对腐蚀速率的影响

酸液类型	pH	动态腐蚀速率/[g/(m² · h)]
5%NaCl+0.4%CH_3COONa+2.3%CH_3COOH	3.5	2.24
5%NaCl+0.04%CH_3COONa+0.23%CH_3COOH	3.5	<0.01

3.3.4 Cl^- 浓度的影响

酸液中 Cl^- 浓度对材料腐蚀的影响表现在两个方面。一方面，Cl^- 可以降低材料表面钝化膜形成的可能性或加速对钝化膜的破坏，从而促进局部腐蚀的发生。这是因为 Cl^- 的半径较小，穿透力很强，容易进入腐蚀产物膜，吸附在金属表面，进而与腐蚀生成的 Fe^{2+} 形成强酸弱碱盐 $FeCl_2$，使微小环境更趋酸性，从而加速腐蚀过程。

另一方面，Cl^- 使 CO_2 在水溶液中的溶解度降低，有减缓材料腐蚀的作用。中国石油集团石油管工程技术研究院腐蚀与防护研究所通过试验发现，酸液中 Cl^- 含量对超级 13Cr（HP13Cr）不锈钢的腐蚀速率影响很大，随着 Cl^- 含量增大，腐蚀速率随之增大（见表 3-4）。所以，在酸化改造技术中，应尽量减少或不使用含 Cl^- 的酸液体系。

表 3-4 Cl^- 对超级 13Cr 不锈钢腐蚀速率的影响

酸液类型	动态腐蚀速率/[g/(m² · h)]	试验条件
20%HCl+3%TG201	9.6	16MPa,120℃,4h,16r/min
15%HCl+2%HF+3%TG201	8.12	16MPa,120℃,4h,16r/min
15%HCl+1%HF+3%TG201	7.93	16MPa,120℃,4h,16r/min
10%HCl+2%HF+3%TG201	3.18	16MPa,120℃,4h,16r/min

3.3.5 缓蚀剂类型的影响

向腐蚀介质中加入微量或少量（无机的、有机的）化学物质，使金属材料在该腐蚀介质中的腐蚀速度明显降低，直至变为零，同时保持着金属材料原来的物理机械性能，这样的化学物质叫缓蚀剂。根据生成保护膜的类型分类，现在常用缓蚀剂主要分为三类：氧化膜型缓蚀剂、沉淀膜型缓蚀剂和吸附膜型缓蚀剂。氧化膜型缓蚀剂主要包括亚硝酸盐、铬酸盐等，这些物质与金属表面发生反应并生成一层氧化膜，起到缓蚀作用。沉淀膜型缓蚀剂包括磷酸盐、氢氧化物等，主要与介质中的离子反应，所形成的膜尽管足够厚，但是不够致密且黏附力较差，所以防腐性能较弱。吸附膜型缓蚀剂大多是有机物，并且含有电负性较高的元素，可吸附在金属表面，以达到改变其电荷分布和状态的目的，可使金属表面的能量更平稳，腐蚀速率放缓；同时有机物的非极性端会在金属表面形成一层憎水层，起到保护基体和妨碍腐蚀的作用。氧化膜型缓蚀剂潜在危险性大，氯离子、高温及大的水流速度都会破坏氧化膜；沉积膜型缓蚀剂在中性介质中应用效果较好。

基于此，中国石油集团石油管工程技术研究院腐蚀与防护研究所为提高气田采收率和实现气井增产，针对超深超高压高温气藏储层的地质特点，研制开发了 TG201 超级 13Cr 不锈钢专用酸化缓蚀剂。该缓蚀剂是一种新型多层强吸附型高温酸化缓蚀剂，能够牢固地吸附在金属表面，形成多层蜂窝状致密保护膜，利用其低温下的“负催化效应”和高温下的“几何覆盖效应”，阻隔酸液与超级 13Cr 不锈钢基体的接触。

3.3.6 表面缺陷的影响

油管在制造和成型过程中，表面质量控制不当会导致内壁存在不同形式的微小缺陷，但部分缺陷采用常规的无损检测手段无法检出。由于高温高压气井对管柱的完整性要求非常高，加之高温、高压、高腐蚀等苛刻的服役工况环境，即使缺陷微小，对油管耐酸液腐蚀性能也会有较大的影响。现场检测发现油管内表面存在不同类型的缺陷，主要包括轴向缺陷、环向缺陷、点缺陷、修磨缺陷等（见图 3-6）。

(1) 鲜酸实验条件

介质为鲜酸溶液，主要组成为 10%HCl＋1.5%HF＋3%HAc＋5%TG201 缓蚀剂，温度为 120℃，压力为 10MPa（N_2），时间 4h，不除氧，实验介质为静态。

(2) 腐蚀速率及形貌

三种表面状态试样在鲜酸中的平均腐蚀速率如图 3-7 所示。可以看出，光滑试样的腐蚀速率最小，为 5.4464g/(m^2·h)；无缺陷原始表面试样的腐蚀速率和带缺陷原始表面试样的腐蚀速率相当，前者为 8.7484g/(m^2·h)，后者为 8.8631g/(m^2·h)。实验结果表明，表面状态对超级 13Cr 不锈钢油管在鲜酸溶液中的腐蚀速率有较为显著的影响，相对于光滑表面状态，无缺陷和带缺陷原始表面状态的超级 13Cr 不锈钢油管的腐蚀速率升高 60%。图 3-8 为三种表面状态试样在鲜酸中实验前后的宏观形貌。可以看出，光滑试样的表面总体上腐蚀轻微，只观察到十分轻微的点蚀。无缺陷原始表面试样在腐蚀前后，表面宏观形貌并无明显变化，而带缺陷原始表面试样的缺陷部位与实验前相比尺寸有所增加，说明缺陷部位腐

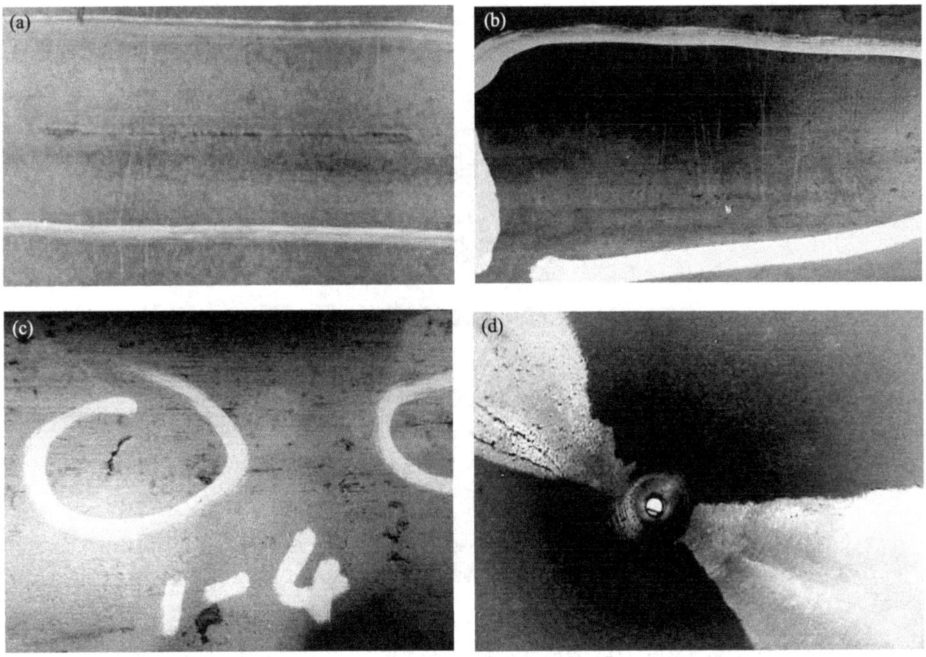

图 3-6 超级 13Cr 不锈钢油管内表面各类缺陷宏观照片

(a) 轴向缺陷；(b) 环向缺陷；(c) 点缺陷；(d) 修磨缺陷

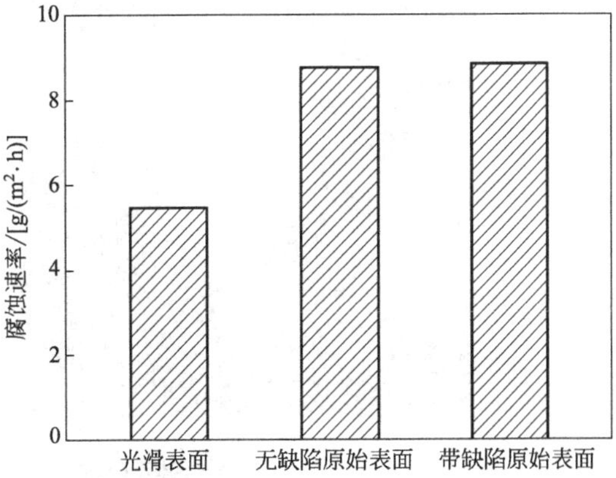

图 3-7 三种表面状态试样在鲜酸中的平均腐蚀速率

蚀严重，这正是其平均腐蚀速率高于光滑试样和无缺陷原始表面试样的原因。缺陷之所以导致腐蚀加重，是因为这些缺陷处已发生了塑性变形，缺陷部位基体金属位错密度高于附近部位，在热力学上能量较高，腐蚀活性更大，这些部位优先发生腐蚀。

图 3-9 为三种表面状态试样在鲜酸中腐蚀后的微观形貌。从图 3-9(a) 可以看出，光滑试样表面存在较浅点蚀形貌，属于典型的局部腐蚀。图 3-9(b) 中无缺陷原始表面试样为典型的均匀腐蚀，这是因为油管成型工艺得到的原始表面往往比较粗糙，表面存在多而浅的起伏，即存在大量的易腐蚀点，所以使得试样整体受到腐蚀，但较难发生图 3-9(a) 所示的点蚀现象。带缺陷的原始表面试样，缺陷位置出现了疑似裂纹的形貌，如图 3-9(c) 所示，缺陷左侧的腐蚀形貌与无缺陷原始表面试样［图 3-9(b)］的微观形貌基本一致，但缺陷右半部分发现了类似于带状腐蚀的形貌特征，在每个腐蚀带中分布着大量的微小蚀孔，这说明该部位的腐蚀速率高于基体，具有更高的腐蚀活性。

通常认为，裂纹和点蚀等局部腐蚀对油管的服役寿命有很大的影响。因此，虽然无缺陷原始表面试样的腐蚀速率最高，但其对超级 13Cr 不锈钢油管服役安全的影响与光滑表面和带缺陷原始表面相比较小，故实际现场使用的油管产品内表面可存在一定的粗糙度。

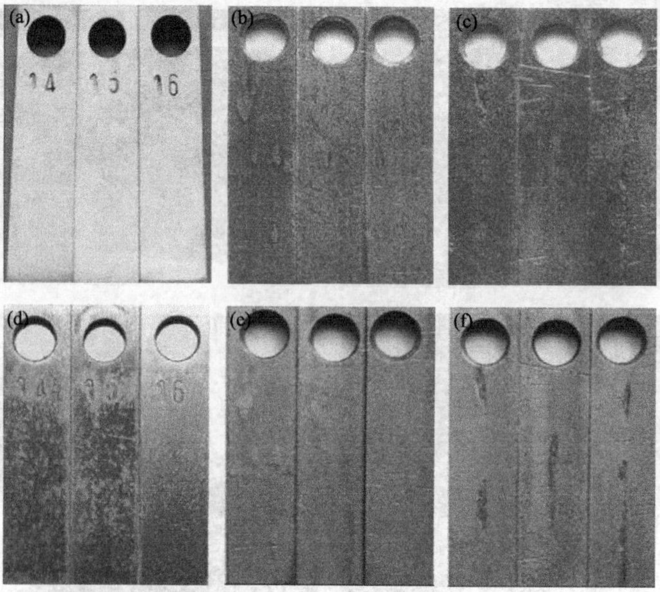

图 3-8　三种表面状态试样在鲜酸中腐蚀前后的宏观形貌

(a) 腐蚀前光滑表面；(b) 腐蚀前无缺陷原始表面；(c) 腐蚀前带缺陷原始表面；
(d) 腐蚀后光滑表面；(e) 腐蚀后无缺陷原始表面；(f) 腐蚀后带缺陷原始表面

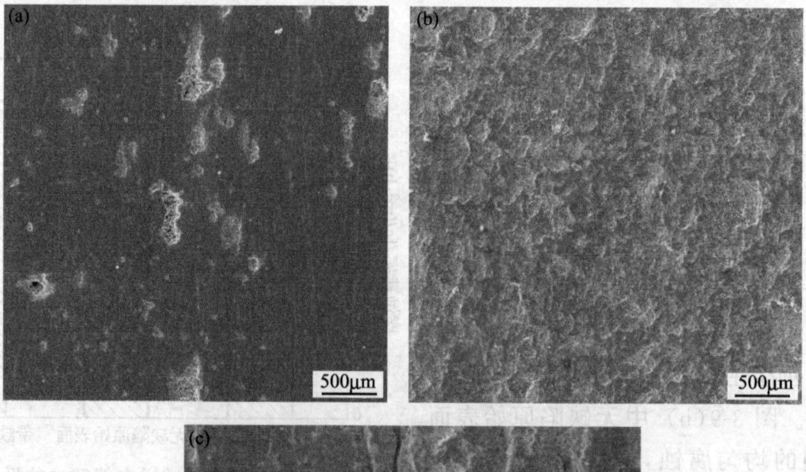

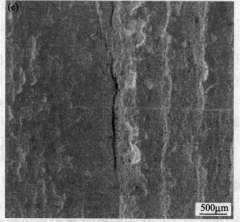

图 3-9　三种表面状态试样在鲜酸中腐蚀后的微观形貌

(a) 光滑表面；(b) 无缺陷原始表面；(c) 带缺陷原始表面

图 3-10 为三种表面状态试样在鲜酸中腐蚀后表面的三维形貌，图中右侧的标尺为腐蚀深度数据，标尺的最大值反映了表征区域最深腐蚀坑底部到试样表面最高点的差值，可以定量反映试样表面的局部腐蚀特征。图 3-10(a)、图 3-10(b)、图 3-10(c) 的最大深度值分别为 84μm、156μm、390μm。实验前测试带缺陷表面试样的最大深度值约为 200μm。因此，鲜酸腐蚀使得带缺陷试样的腐蚀坑深度增大了 190μm。

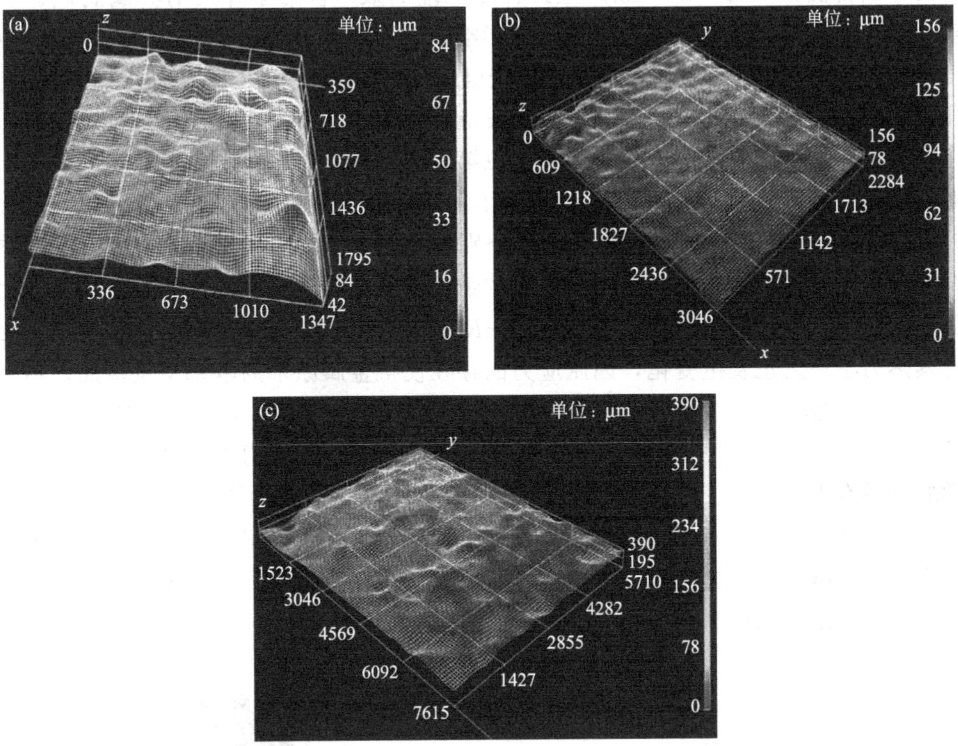

图 3-10 三种表面状态试样在鲜酸中腐蚀后表面的三维形貌

(a) 光滑表面；(b) 无缺陷原始表面；(c) 带缺陷原始表面

综上可见，在鲜酸溶液中，缺陷底部有向纵深发展的趋势，但是大量缓蚀剂分子的吸附有效地抑制了基体金属的腐蚀溶解过程，使得缺陷部位并未产生显著的腐蚀。在鲜酸介质中，无缺陷原始表面试样和带缺陷原始表面试样的腐蚀速率相当，但均明显高于光滑表面试样。缺陷明显加剧了超级 13Cr 不锈钢的腐蚀，且缺陷部位产生了沿纵深方向发展的沟槽状腐蚀。超级 13Cr 不锈钢油管内表面缺陷会降低其在酸化过程中的耐蚀性能，且此类缺陷对残酸介质更为敏感。

3.3.7 压应力的影响

油管的寿命在某种程度上直接决定着油井的寿命。油管在服役过程中，除受各种苛刻的腐蚀介质作用外，还承受一定的应力载荷，如压应力。

(1) 极化曲线

图 3-11 为超级 13Cr 不锈钢（HP13Cr）在未添加缓蚀剂的盐酸溶液中不同压应力下的极化曲线，表 3-5 为其腐蚀电化学参数。由图 3-11 和表 3-5 可以看出：随着压应力的增加，

自腐蚀电位出现负移。超级 13Cr 不锈钢受应力作用时发生应变，应变又会引起材料中原子的电化学位增加（$+V\Delta p$，V 为金属的摩尔体积，Δp 为金属因变形产生的内部压力，金属材料可压缩性低，热力势与压力之间的线性关系可保持到超高压范围），且电化学位（又称电化学势）的改变与变形的方向（拉伸或压缩）无关，从而造成超级 13Cr 不锈钢与酸液界面电位发生负移（溶液中金属离子的电化学位基本无变化）。所以，不管金属中内应力是如何形成的，其都能在金属局部区域产生拉伸或压缩的效果。力学作用对金属腐蚀速度的影响，实质是对金属热力势（或电化学位）的影响，从而导致对金属平衡电位、电极电位的影响。王景茹等在对 A3 钢弹性形变范围内应变电极行为的研究中，利用力导致的电位变化和剩余压力之间的关系 $\Delta\Phi=-\Delta pV/(zF)$，来粗略估算应力对电极电位的影响，其中，$\Delta p$ 为剩余压力，V 为物质的摩尔体积，F 为法拉第常数，z 为化合价数。

对超级 13Cr 不锈钢，$V\approx 7\text{cm}^3$，$z=2$，$F=96485\text{C/mol}$，当外加力场为 $0.50\delta_s$、$0.65\delta_s$、$0.80\delta_s$、$1.00\delta_s$、$1.20\delta_s$ 时，$\Delta\Phi$ 分别为 15mV、20mV、25mV、31mV、37mV。以上结果是假定在电极体系热力学活度不变的情况下获得的。单一阳离子系统同时受力和电两个因素作用时，系统的电化学位为 $\mu=\mu_0+RT\ln\alpha+V\Delta p+zF\Phi$，金属电极受压力 Δp 的作用时其热力学活度也发生变化，因压应力的存在使得金属原子的电化学位增加，热力学活性提高，因此电极电位的变化应大于上面的计算值。从腐蚀动力学来看，随着压应力的增加，极化电阻 R_p 明显减小，腐蚀电流密度 J_{corr} 逐渐增大，说明压应力对超级 13Cr 不锈钢电化学腐蚀具有促进作用。酸液中超级 13Cr 不锈钢的电化学腐蚀阴、阳极过程均为活化极化过程，自腐蚀电位的负移必将造成腐蚀速率的增大，从阴、阳极塔菲尔斜率 B_c 和 B_a 均随压应力增加而减小的变化趋势上可以看出，应力对活化控制的阴、阳极过程均产生了促进作用，但对阳极过程的影响较大。

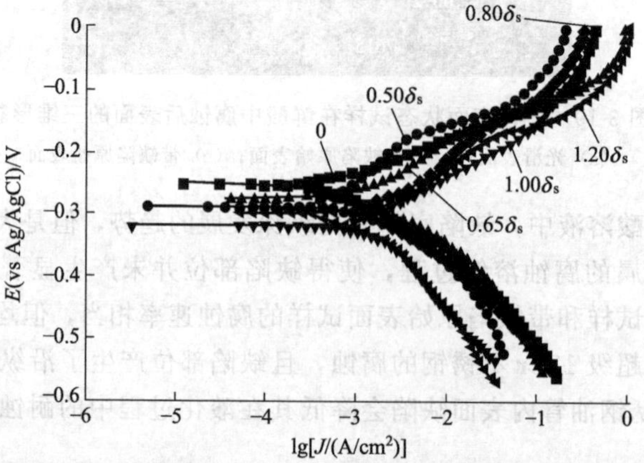

图 3-11　未添加缓蚀剂时不同压应力下超级 13Cr 不锈钢的极化曲线

表 3-5　未添加缓蚀剂时不同压应力下超级 13Cr 不锈钢极化曲线的腐蚀电化学参数

σ	E_{corr}/mV	B_a/(mV/dec)	B_c/(mV/dec)	J_{corr}/(mA/cm^2)	R_p/(Ω·cm^2)
0	−249	186	206	0.36	115
$0.50\delta_s$	−290	172	182	0.52	50
$0.65\delta_s$	−278	147	224	1.30	32
$0.80\delta_s$	−320	149	210	2.10	25
$1.00\delta_s$	−298	120	141	2.82	13
$1.20\delta_s$	−294	121	134	2.97	12

图 3-12 为超级 13Cr 不锈钢在添加缓蚀剂的盐酸溶液中不同压应力下的极化曲线。表 3-6 为其腐蚀电化学参数。从压应力对自腐蚀电位的影响来看，加入缓蚀剂后电极自腐蚀电位负移小。从压应力对极化曲线的影响来看，$E_{corr}\pm100$mV 区间内压应力使极化电流明显增大，且与压应力的大小密切相关。

对比图 3-11 和图 3-12 在无压应力时的极化行为可得，加入缓蚀剂后，试样及缓蚀剂的分子中含氮活性基团与溶液中的氧发生反应。施加压应力后该反应表现已不明显，可能是因为金属表面腐蚀反应过快，改变了反应历程，抑制了含氮活性基团与溶液中的氧发生反应。TG201 缓蚀剂是一种以抑制阴极过程为主的混合型缓蚀剂，加入盐酸溶液后在金属表面吸附，反应阻力增加，有效抑制了腐蚀过程。

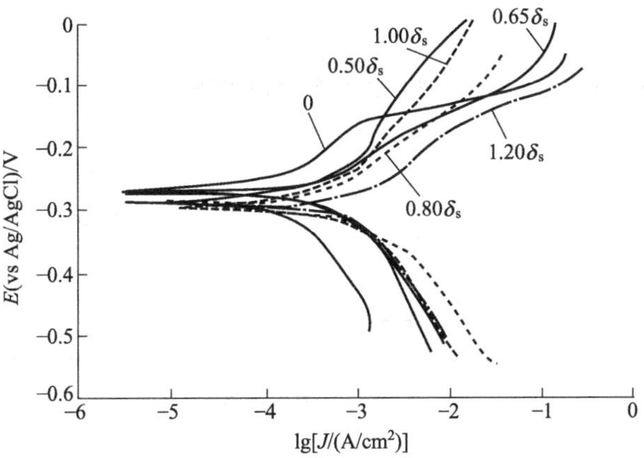

图 3-12 超级 13Cr 不锈钢在添加缓蚀剂的盐酸溶液中不同压应力下的极化曲线

表 3-6 超级 13Cr 不锈钢在添加缓蚀剂的盐酸溶液中不同压应力下极化曲线的腐蚀电化学参数

σ	E_{corr}/mV	B_a/(mV/dec)	B_c/(mV/dec)	J_{corr}/(mA/cm^2)	R_P/(Ω·cm^2)	η/%
0	−259	118	231	0.15	312	58.3
0.50δ_s	−271	142	217	0.21	175	59.6
0.65δ_s	−273	112	216	0.30	102	76.9
0.80δ_s	−276	129	228	0.48	99	77.1
1.00δ_s	−284	136	214	0.54	94	80.9
1.20δ_s	−299	125	201	0.86	43	76.7

压应力增加，反应极化电阻减小，腐蚀电流密度增大，材料耐蚀性变差。在弹性变形阶段（压应力小于 δ_s），压应力增加，缓蚀效率升高，这是因为压应力的增加促进了原子的移动，增大了金属的化学活性。当压应力超过屈服强度 δ_s 而继续增大时，缓蚀效率下降。总之，缓蚀剂 TG201 在超级 13Cr 不锈钢上形成的吸附表面，表现出随压应力的增加，自腐蚀电位负移，腐蚀电流密度单调增加，极化电阻逐渐减小，腐蚀加剧的性质。

（2）交流阻抗谱

图 3-13 和图 3-14 分别为超级 13Cr 不锈钢在未添加缓蚀剂的盐酸溶液中不同压应力下的交流阻抗谱及其等效电路。其中，R_s 为溶液电阻；Q 为溶液与研究电极表面之间形成的双电层电容的常相位角元件；R_t 为反应电荷转移电阻；Q_0 为蚀孔内界面电容；R_0 为蚀孔内电阻；R_L 和 L 为弛豫过程电阻和感抗。表 3-7 为其解析结果。

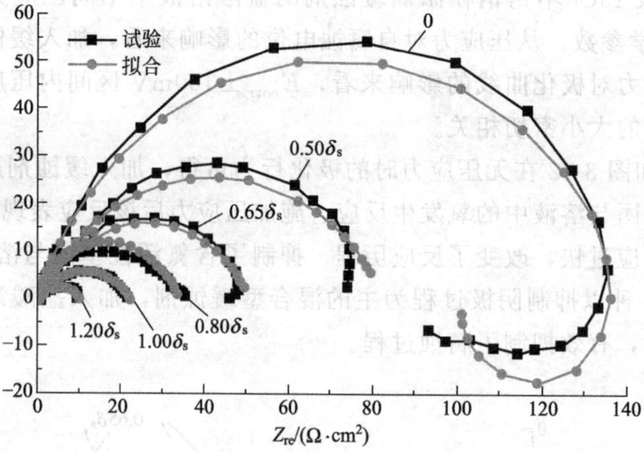

图 3-13　超级 13Cr 不锈钢在未添加缓蚀剂的盐酸溶液中不同压应力下的交流阻抗谱

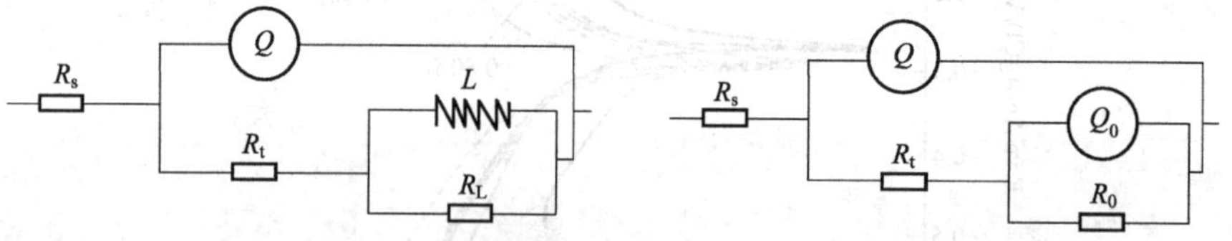

(a) 无压应力　　(b) 有压应力

图 3-14　等效电路

表 3-7　超级 13Cr 不锈钢在未添加缓蚀剂的盐酸溶液中不同压应力下的交流阻抗谱解析

σ	$R_s/(\Omega \cdot cm^2)$	$Q/(F/cm^2)$	nQ	$R_t/(\Omega \cdot cm^2)$	$R_L/(\Omega \cdot cm^2)$
0	0.3645	5.69×10^{-4}	0.7906	135.00	41.73
$0.50\delta_s$	0.8200	2.30×10^{-5}	1.0000	80.80	—
$0.65\delta_s$	0.7656	3.93×10^{-5}	1.0000	49.51	—
$0.80\delta_s$	0.6734	2.72×10^{-4}	1.0000	31.71	—
$1.00\delta_s$	0.2578	1.60×10^{-6}	1.0000	21.60	—
$1.20\delta_s$	0.2269	1.15×10^{-2}	0.5418	10.13	—

σ	$R_0/(\Omega \cdot cm^2)$	$Q_0/(F/cm^2)$	nQ_0	$L/(H \cdot cm^2)$
0	—	—	—	113.3
$0.50\delta_s$	0.9711	0.00144	0.6954	—
$0.65\delta_s$	0.9258	0.00155	0.7033	—
$0.80\delta_s$	0.4450	0.00157	0.6826	—
$1.00\delta_s$	0.2967	0.00373	0.5780	—
$1.20\delta_s$	0.2516	0.00944	1.0000	—

由图 3-13 可知，未加载应力时超级 13Cr 不锈钢的阻抗谱为高频容抗弧和低频感抗弧，随着压应力的增大，高频容抗弧半径减小，低频感抗弧发生退化。容抗弧半径大小与其电化学腐蚀速率相关，加载应力提高，高频容抗弧半径减小，腐蚀速率增加，这与极化曲线测试结果一致。中低频感抗弧的出现和退化与钝态金属超级 13Cr 不锈钢在酸液中钝化膜遭受 Cl^- 侵蚀发生孔蚀性破坏过程有关，钝态金属的孔蚀诱导期内，其阻抗特征表现为高频容抗弧和低频感抗弧。进入发展期后其阻抗特征表现为高频容抗弧（低频感抗弧退化）。随着压应力增加，孔蚀诱导期缩短（低频感抗弧逐渐消失），腐蚀进入发展期。不同压应力水平下的交流阻抗谱是在溶液中浸泡大致相同时间后测得的，但施加压应力的试样已进入孔蚀期，

未施加压应力的试样还处于孔蚀诱导期，这与小孔腐蚀形成的基本条件密切相关。孔蚀形成源于金属表面钝化膜的不均匀性，钝化膜较薄或不完整的局部表面阳极电流密度偏高，局部表面的钝化膜越薄，表面这些区域的阳极电流密度偏高的幅度越大，也就越容易发生小孔腐蚀。施加压应力后，金属表面钝化膜遭到破坏。压应力越大，表面钝化膜的破坏越严重，因此越容易在这些表面形成孔蚀，缩短孔蚀诱导期。

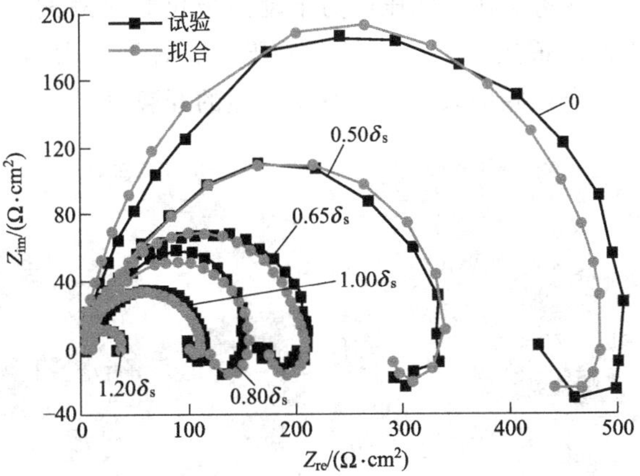

图 3-15　超级 13Cr 不锈钢在添加缓蚀剂的盐酸溶液中不同压应力下的交流阻抗谱

图 3-15 和图 3-16 为超级 13Cr 不锈钢在添加缓蚀剂的盐酸溶液中不同压应力下的交流阻抗谱及其等效电路，表 3-8 为其解析结果。由图 3-15 可知，加入缓蚀剂 TG201 后，阻抗谱高频段表现为高频容抗弧和低频感抗弧。随着压应力增加，容抗弧和感抗弧半径均不断减小，表明材料耐蚀性下降。这是由于随着压应力增加，材料在力学和化学竞争作用下，缓蚀剂吸附表面仍然表现出压应力作用，使腐蚀作用强于与之相适应的缓蚀剂的表面吸附。但是由于腐蚀作用在起初就十分强烈，因此虽然缓蚀效率提高，但依然表现为腐蚀占主导地位，腐蚀速率增加，从而导致阻抗谱中容抗弧和感抗弧半径不断变小。

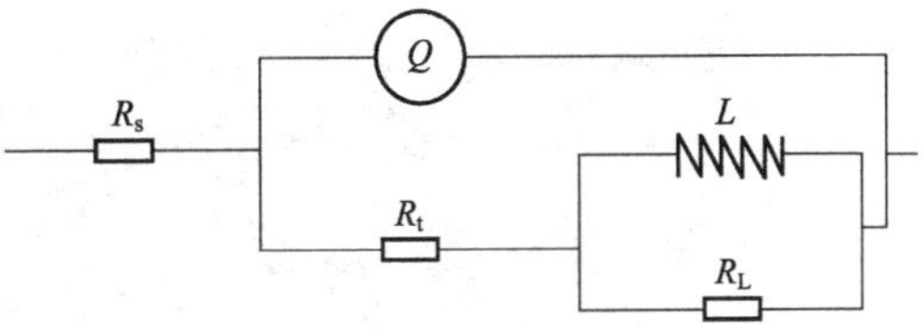

图 3-16　等效电路

表 3-8　超级 13Cr 不锈钢在添加缓蚀剂的盐酸溶液中不同压应力下的交流阻抗谱解析

σ	R_s/(Ω·cm²)	Q/(F/cm²)	nQ	R_t/(Ω·cm²)	R_L/(Ω·cm²)	L/(H·cm²)	η'/%
0	0.2002	7.58×10^{-5}	0.8395	426.00	73.920	119.900	68.3
$0.50\delta_s$	1.0880	4.61×10^{-4}	0.6913	281.70	88.980	161.700	71.3
$0.65\delta_s$	1.2910	2.98×10^{-4}	0.7258	174.60	40.090	178.800	71.6
$0.80\delta_s$	0.9990	4.98×10^{-4}	0.6817	120.70	55.340	43.200	73.7
$1.00\delta_s$	1.0370	4.97×10^{-4}	0.6638	101.50	15.250	52.600	78.7
$1.20\delta_s$	0.3702	2.82×10^{-3}	0.6013	37.54	5.763	8.823	73.0

对比图 3-13、图 3-15 可以看出，加入缓蚀剂的溶液中的容抗弧半径明显大于未加缓蚀剂的容抗弧半径，表明缓蚀剂的加入有效抑制了有/无应力作用下的腐蚀。双电层电容的减小主要是由于缓蚀剂分子的介电常数比水分子的介电常数小得多，且一般情况下缓蚀剂吸附层的厚度比水吸附层大。

从表 3-8 可以看出，加入缓蚀剂后，随着压应力的增加，反应电荷转移电阻逐渐减小，腐蚀反应发生的阻力减少，腐蚀速率增加。

对比表 3-6、表 3-8 可以看出，由电荷转移电阻 R_t 与由自腐蚀电流密度 J_{corr} 计算得到的缓蚀效率，随着压应力的增加，其变化规律相同。

(3) 腐蚀形貌

图 3-17 为超级 13Cr 不锈钢在不同压应力下动态极化曲线测试后的表面 SEM 形貌。未加入缓蚀剂时，试样表面均覆盖着一层腐蚀产物膜，随着压应力增加，腐蚀产物膜变得疏松。在压应力较大时腐蚀产物膜的表面还出现了明显的开裂痕；无压应力和压应力较小时腐

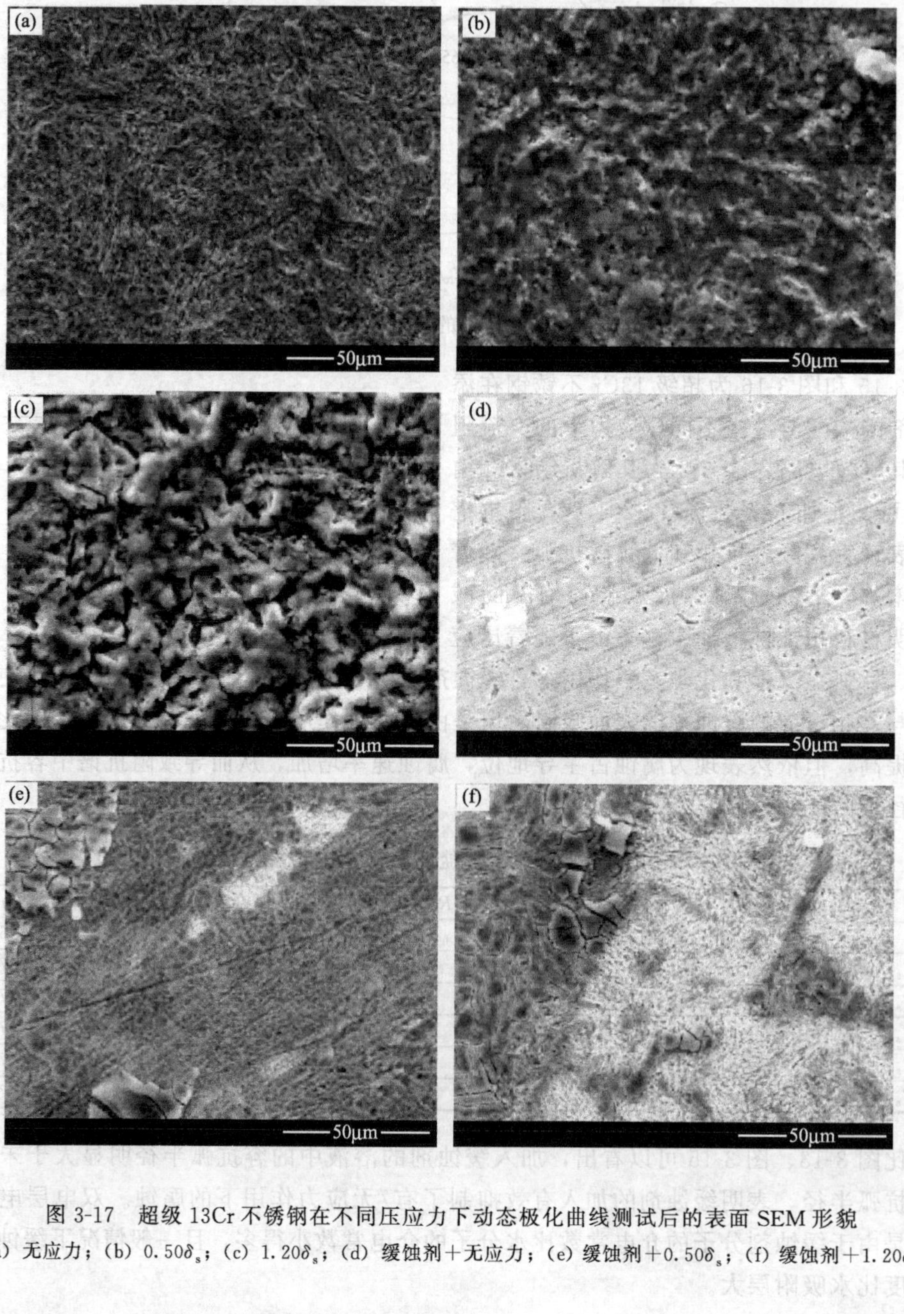

图 3-17　超级 13Cr 不锈钢在不同压应力下动态极化曲线测试后的表面 SEM 形貌

(a) 无应力；(b) 0.50δ_s；(c) 1.20δ_s；(d) 缓蚀剂+无应力；(e) 缓蚀剂+0.50δ_s；(f) 缓蚀剂+1.20δ_s

蚀产物膜均匀致密，可对金属表面起到较好的保护作用。加缓蚀剂后，表面腐蚀轻微，随着压应力增加，腐蚀虽然有所加剧，但影响有限；在 $1.20\delta_s$ 下试样表面出现完全覆盖的产物膜，但膜层较薄，易于剥落。在压应力为 0 时这种差异最为明显，表现为加入缓蚀剂的试样表面只有点蚀坑出现，可以明显看到砂纸打磨基体的划痕，随着压应力接近材料的屈服极限，打磨痕迹逐渐被腐蚀产物掩盖。

3.3.8 乙酸的影响

有关 CO_2 和有机酸存在下的腐蚀研究最早可以追溯到 20 世纪 40 年代，但已有的相关研究很少以真实环境介质为基础来进行，而实际采出水中存在甲酸、乙酸等有机酸。

乙酸是油气田产出液的成分之一，它与原油中环烷酸的结构相似，是典型的一元有机酸，同时也是油井酸化所添加的有机成分之一。它能与水分子强缔合并互相作用，与水溶液以任意比互溶，并电离成为弱电解质，引起电化学腐蚀，进而导致油（套）管在遭受 CO_2 腐蚀的同时也遭受乙酸的腐蚀。

（1）腐蚀速率

图 3-18 为超级 13Cr 不锈钢的平均腐蚀速率与乙酸浓度的关系图，其腐蚀介质为 Cl^- 浓度为 100g/L 的 NaCl 溶液，而 N80 的试验介质为 82.4g/L NaCl、1.3g/L $CaCl_2$、12.6g/L $MgCl_2 \cdot 6H_2O$、1.1g/L $NaHCO_3$ 和 2.6g/L Na_2SO_4。乙酸的浓度分别为 0mg/L、1000mg/L、3000mg/L、5000mg/L，CO_2 分压为 3MPa，总压为 10MPa，试验温度为 90℃，试验时间为 168h。由图可见，乙酸浓度对超级 13Cr 不锈钢和 N80 碳钢腐蚀速率的影响趋势类似，即腐蚀速率随乙酸浓度的增大而增大，当乙酸浓度超过 1000mg/L 后出现较大的跳跃，且 N80 碳钢的腐蚀速率约是超级 13Cr 不锈钢的 250 倍。

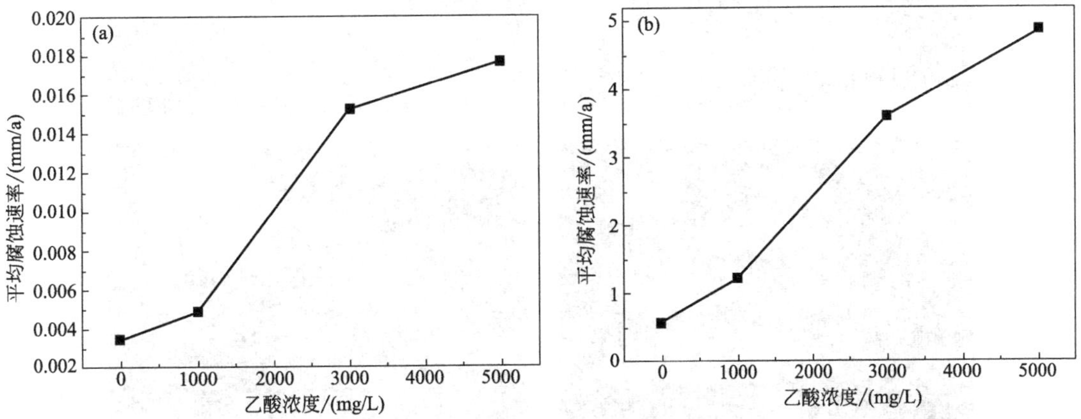

图 3-18 不同乙酸浓度下的腐蚀速率

(a) 超级 13Cr 不锈钢；(b) N80 碳钢

（2）腐蚀形貌

图 3-19 是超级 13Cr 不锈钢在 1000mg/L 和 3000mg/L 乙酸条件下的腐蚀形貌，试样表面未见明显的变化。但是对于 N80 碳钢来说，其表面腐蚀产物的晶粒随乙酸浓度的增大而增大（见图 3-20），可见乙酸的添加促进了晶粒的生长。但乙酸浓度为 3000mg/L 时，晶粒

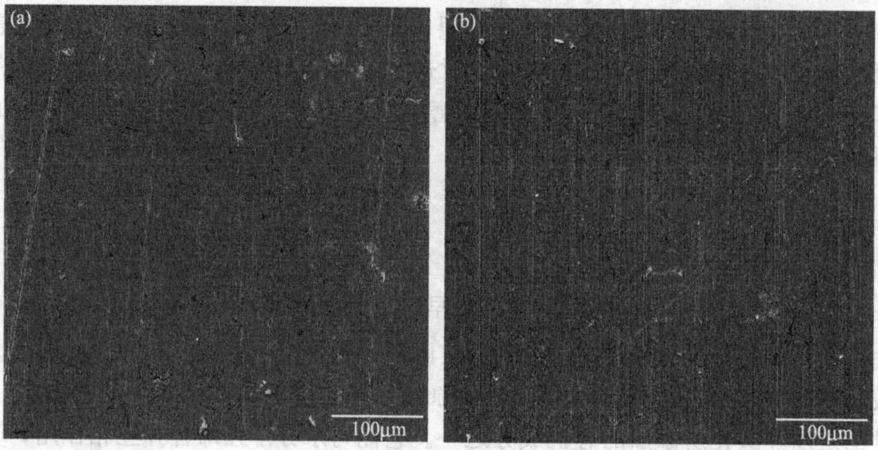

图 3-19　超级 13Cr 不锈钢在不同乙酸浓度条件下的形貌

(a) 1000mg/L；(b) 3000mg/L

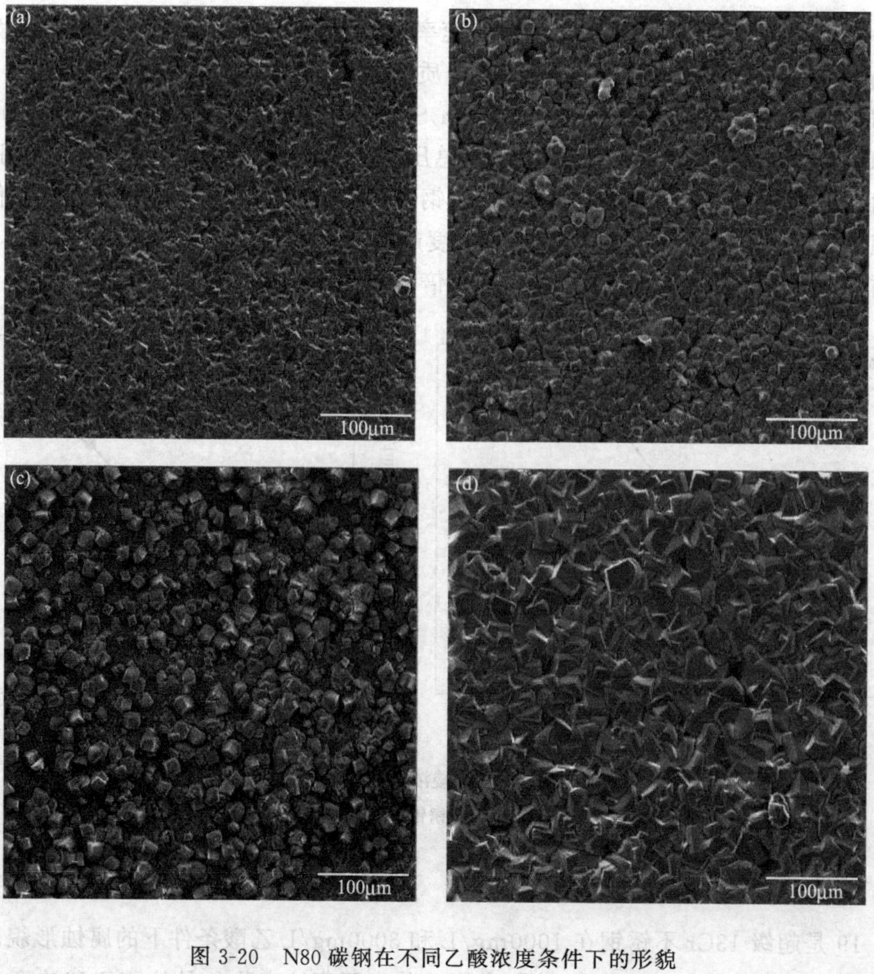

图 3-20　N80 碳钢在不同乙酸浓度条件下的形貌

(a) 0mg/L；(b) 1000mg/L；(c) 3000mg/L；(d) 5000mg/L

并不像其他条件下的那样致密堆积，而是比较零散地沉积在 N80 碳钢表面，这也较好地解释了腐蚀速率之所以在乙酸浓度为 3000mg/L 时急速增大。George 认为如果乙酸浓度超过一定值后，乙酸将会在腐蚀过程中起主导作用。结合图 3-18，不难推断，在 1000～3000mg/L 浓度条件下，材料的腐蚀过程受碳酸-乙酸的混合控制，而当乙酸浓度超过 3000mg/L 时，超级 13Cr 不锈钢和 N80 碳钢的腐蚀过程均以乙酸控制为主。

(3) 产物组分

图 3-21 是两种钢在 1000mg/L 乙酸浓度条件下所得到的腐蚀产物膜的 EDS 图。由图 3-21 可知，超级 13Cr 不锈钢腐蚀表面主要由 Fe、Cr、C、O 等元素组成，而 Fe、C、O、Ca 等是 N80 碳钢腐蚀表面的主要组成元素。图 3-22 是相应的 XRD 图谱。可知，超级 13Cr 不锈钢的表面主要是 Fe 和 Fe-Cr，这其中可能含有 XRD 无法检测到的非晶态物质 $Cr(OH)_3$，而 N80 碳钢表面的组成物质主要是 $FeCO_3$，这也进一步验证了上述 EDS 结果。

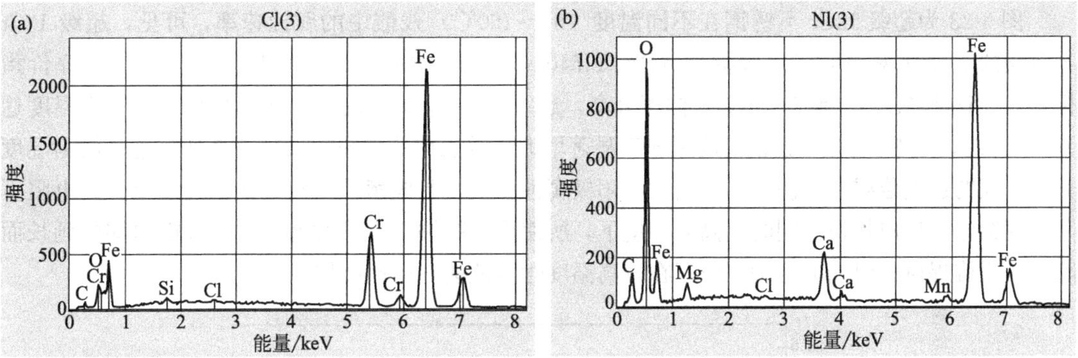

图 3-21 乙酸浓度为 1000mg/L 时腐蚀产物膜的 EDS

(a) 超级 13Cr 不锈钢；(b) N80 碳钢

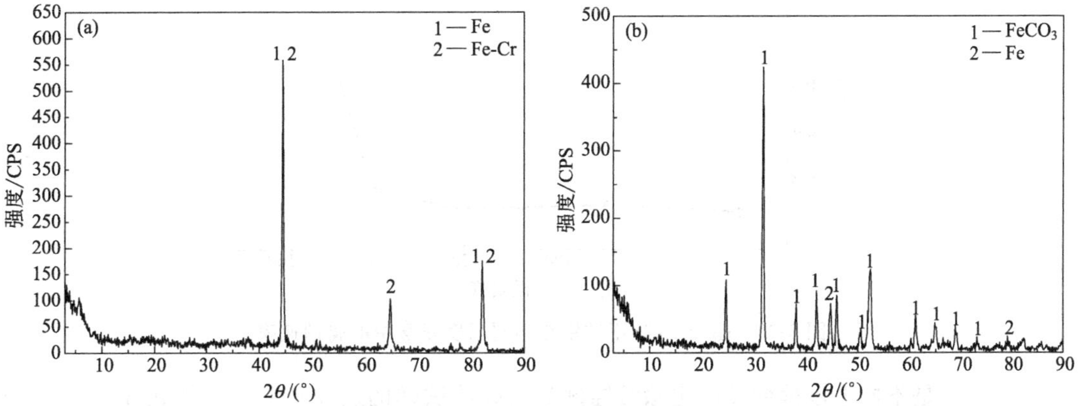

图 3-22 乙酸浓度为 1000mg/L 时腐蚀产物膜的 XRD 图谱

(a) 超级 13Cr 不锈钢；(b) N80 碳钢

乙酸尽管是一种弱酸，但是它的酸性强于碳酸（在 25℃ 时的 pK_a 分别为 4.76 和 6.35），当两者的浓度相同时，乙酸将会是 H^+ 的主要来源。如今关于乙酸对 CO_2 腐蚀的影响研究主要基于现场经验，并且主要针对输送管线顶部腐蚀。Wang 和 George 研究发现乙酸在未电离时具有较大的危害性，对 CO_2 腐蚀产生较大影响。

当溶液中含有乙酸时，从理论上讲，会在金属的表面形成固态的 $Fe(Ac)_2$ 沉积，但是 $Fe(Ac)_2$ 的溶解度远远高于 $FeCO_3$，以至于具有保护性的产物膜不可能通过 $Fe(Ac)_2$ 来形成。同时，乙酸还破坏 $FeCO_3$ 的保护性，近来的研究证明乙酸降低了溶液 pH，使得已形成的 $FeCO_3$ 晶粒发生溶解，进而降低了膜层的保护性。而超级 13Cr 不锈钢因表面含有 $Cr(OH)_3$ 和 Fe-Cr 准晶而使其耐乙酸侵蚀性能优于 N80 碳钢。

$$Fe^{2+} + 2Ac^- \longrightarrow Fe(Ac)_2 \tag{3-1}$$

3.4 返排液（残酸）腐蚀

3.4.1 残酸温度的影响

图 3-23 为超级 13Cr 不锈钢在不同温度（60～160℃）残酸中的腐蚀速率，可见，超级 13Cr 不锈钢的腐蚀速率均低于一级标准（SY/T 5405—2019《酸化用缓蚀剂性能试验方法及评价指标》）。当温度在 60℃到 140℃时，温度升高，超级 13Cr 不锈钢的腐蚀速率增幅较小；当温度达到 160℃时，超级 13Cr 不锈钢的腐蚀速率显著增大，缓蚀剂的缓蚀效果显著降低。这是因为温度升高，氢的过电位减小，阴极电流增大，阳极腐蚀变快，且电解质溶液的扩散速度增大，电阻下降，腐蚀电池反应加快。同时，高温环境下，所使用的缓蚀剂在酸性环境中，会随时间的延长而降解，很难提供长时间的保护，所以在较高温度时腐蚀速率迅速增加。

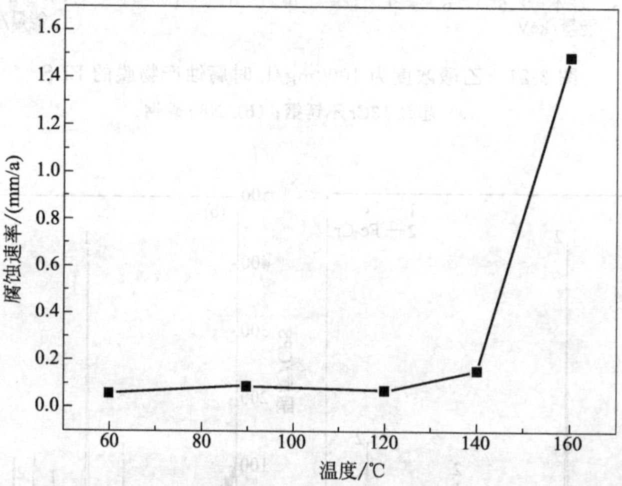

图 3-23 超级 13Cr 不锈钢在不同温度残酸中的腐蚀速率

图 3-24 是不同温度残酸试验去除缓蚀剂吸附膜前试样的宏观形貌。可知在 60℃时，残酸试验后钢表面形成较致密的缓蚀剂膜，该膜能显著降低腐蚀性离子对钢表面的腐蚀作用，使其腐蚀速率较小。随着温度升高，缓蚀剂在钢表面的成膜性增强，形成的缓蚀剂膜更加致密，但当温度达到 140℃时，缓蚀剂在钢表面的成膜性较弱，膜不致密；160℃时，缓蚀剂膜覆盖不完整，局部有黑色未被缓蚀剂覆盖的区域。由图 3-25 可见，去除缓蚀剂吸附膜后，当温度在 60℃到 120℃时，试样表面呈金属光泽，肉眼观察无明显点蚀现象；温度达到

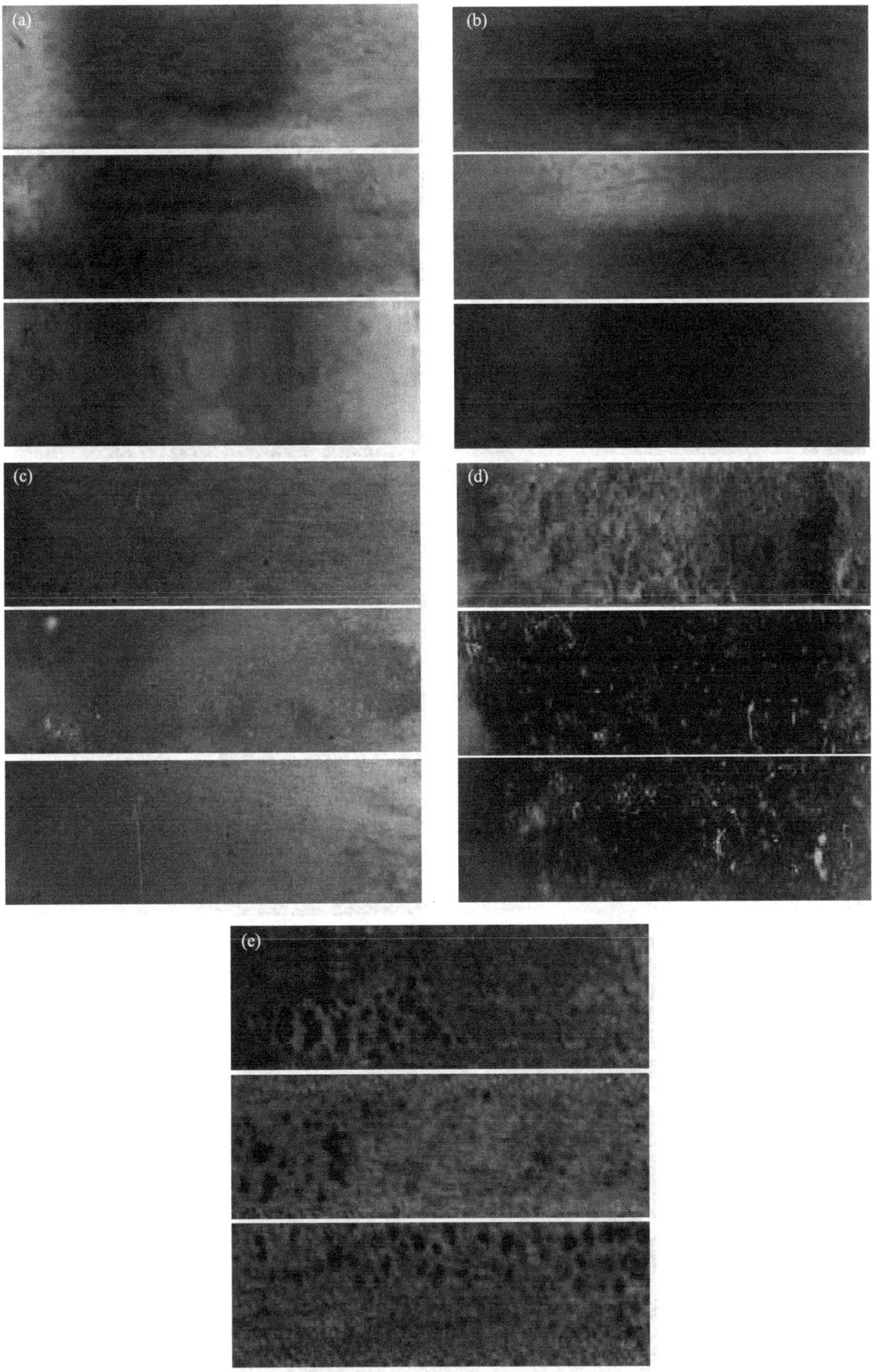

图 3-24　不同温度残酸试验去除缓蚀剂吸附膜前试样的宏观形貌

(a) 60℃；(b) 90℃；(c) 120℃；(d) 140℃；(e) 160℃

图 3-25　不同温度残酸试验去除缓蚀剂吸附膜后试样的宏观形貌

(a) 60℃；(b) 90℃；(c) 120℃；(d) 140℃；(e) 160℃

140℃以后，钢不再有金属光泽；当温度达到 160℃时，钢腐蚀严重，表面不光滑。

图 3-26 是超级 13Cr 不锈钢在不同温度残酸溶液中试验去除缓蚀剂吸附膜后试样的微观

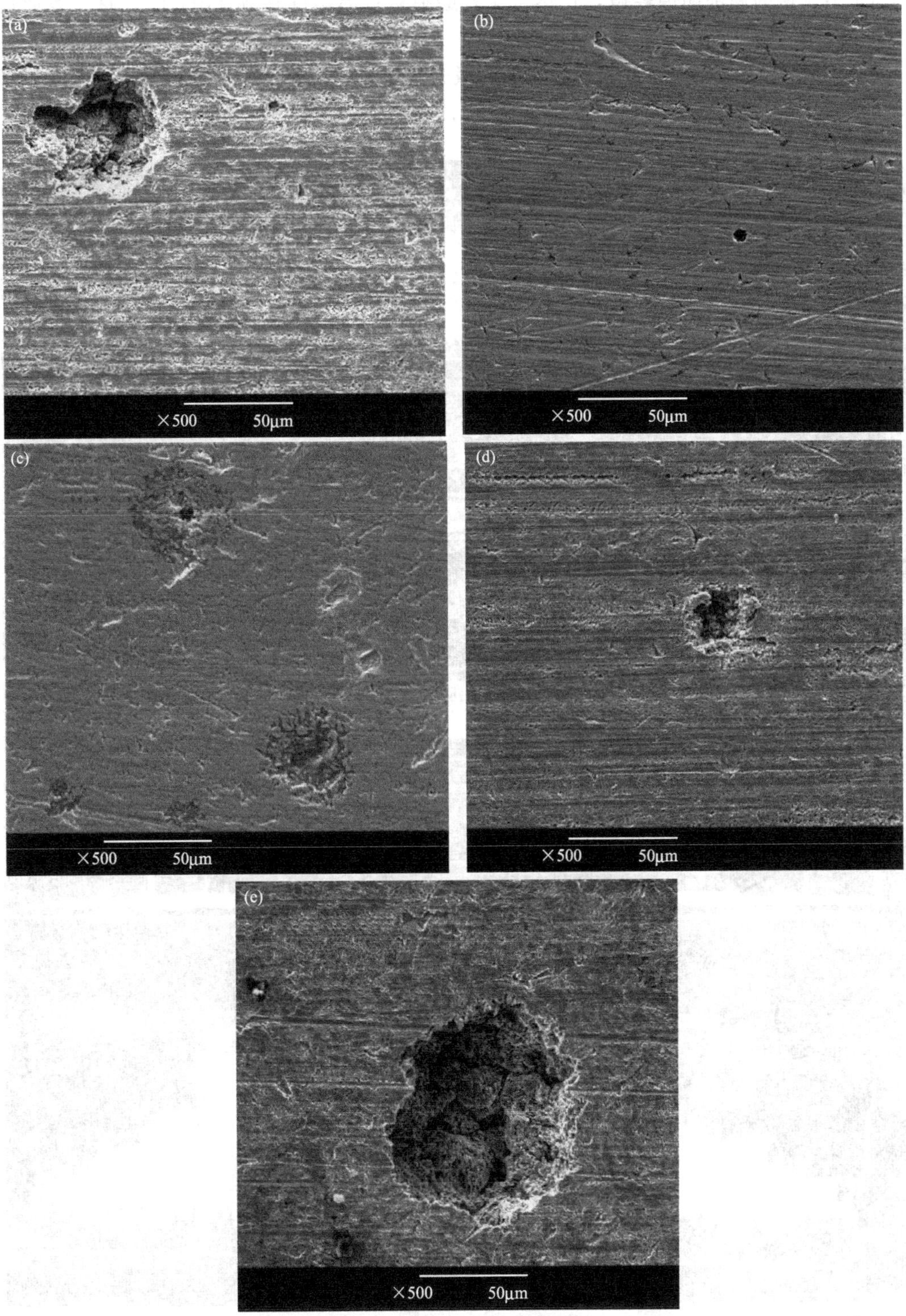

图 3-26　超级 13Cr 不锈钢在不同温度残酸溶液中试验去除缓蚀剂吸附膜后试样的微观形貌

(a) 60℃；(b) 90℃；(c) 120℃；(d) 140℃；(e) 160℃

腐蚀形貌。由图可知，在试验温度范围内，超级 13Cr 不锈钢表面出现了不同程度的局部腐蚀。当温度为 60℃时，超级 13Cr 不锈钢出现明显的局部腐蚀；温度从 90℃到 120℃时，超级 13Cr 不锈钢的局部腐蚀轻微，仍然可见打磨痕迹；当温度达到 140℃时，材料表面局部腐蚀明显，尤其是 160℃时，点蚀坑直径大。

腐蚀产物清洗后，利用金相显微镜结合激光共聚焦法观察试样表面点蚀形貌，并测量点蚀坑的深度，激光共聚焦形貌如图 3-27 所示，平均点蚀深度和最大点蚀深度见表 3-9。从

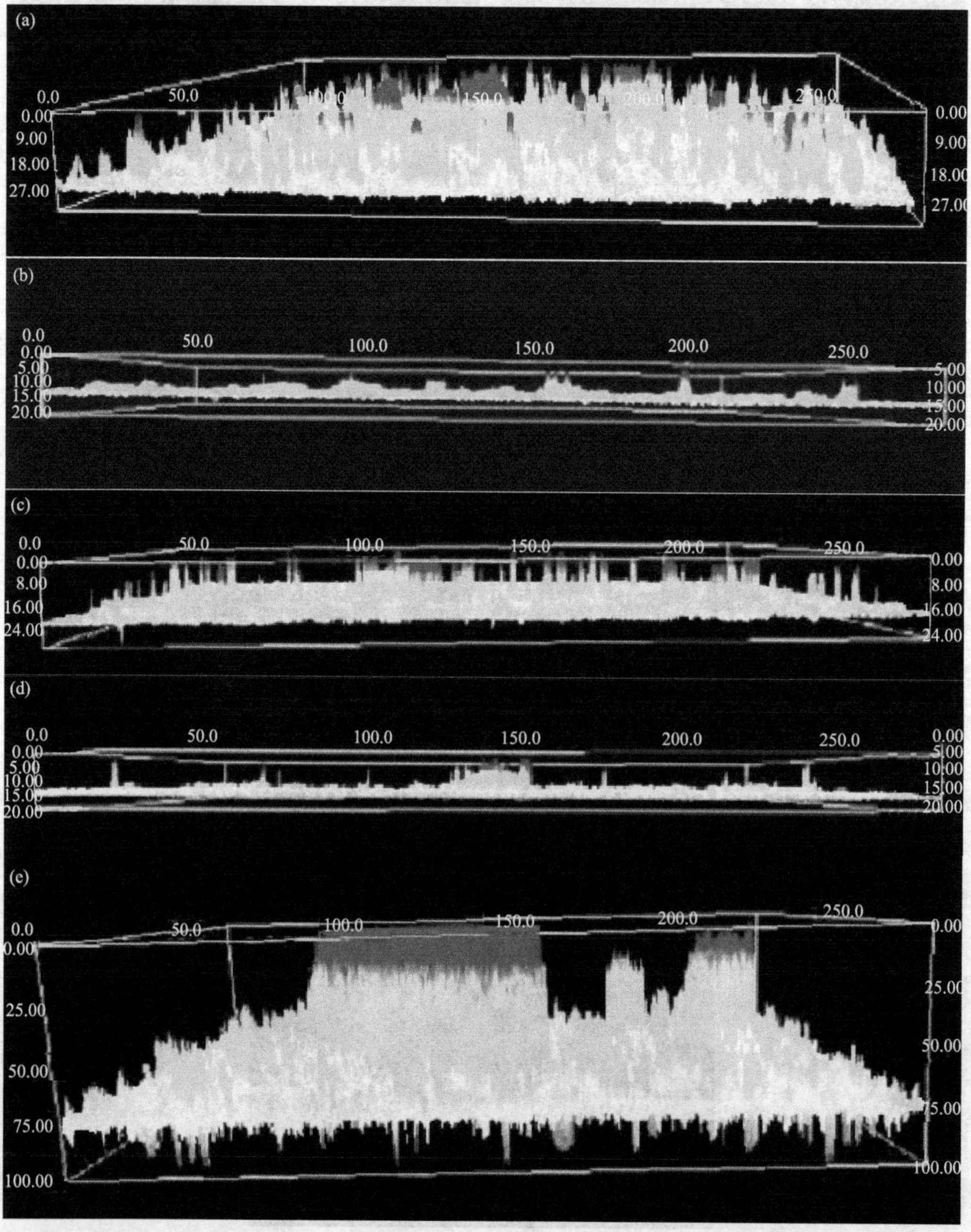

图 3-27 超级 13Cr 不锈钢在不同温度残酸溶液中试验去除缓蚀剂吸附膜后试样的激光共聚焦形貌

(a) 60℃；(b) 90℃；(c) 120℃；(d) 140℃；(e) 160℃

图 3-27 和表 3-9 中可以看出，高温残酸（>120℃）试验后，最大点蚀深度增大趋势不明显，160℃总体呈下降趋势，这可能是由于 160℃残酸均匀腐蚀速率较大，弱化了所测量的点蚀深度，另外也有可能是因为点蚀坑内有腐蚀产物存在，减小了蚀坑的测量深度。较低温度（≤120℃）残酸试验后，随着温度升高，最大点蚀深度呈增大趋势。

表 3-9 不同温度条件残酸试验后的点蚀数据

温度/℃	点蚀深度测量/μm	平均点蚀深度/μm	最大点蚀深度/μm	平均点蚀速率/(mm/a)	最大点蚀速率/(mm/a)
60	25,33,45,32,11,15,22,25,29,30	26.7	45	4.68	7.88
90	3,4,6,7,5,6,3,4,5,5	4.8	7	0.88	1.23
120	11,13,15,10,9,8,12,14,15,10	11.7	15	2.05	2.63
140	21,18,32,31,27,17,15,27,24,20	23.2	32	4.06	5.61
160	69,78,50,48,54,61,32,29,39,41	50.1	78	8.78	13.67

温度在 60～120℃时，缓蚀剂在试样表面成膜良好，当温度超过 140℃以后，缓蚀剂在试样表面成膜较差。

图 3-28 为超级 13Cr 不锈钢在温度为 120℃时残酸试验后表面膜的全元素 XPS 图以及溅射 16.8nm 厚的内层膜的全元素 XPS 图。由图可见，外层膜中主要含有 C、O、Cu 三种元素，Fe 和 Cr 元素含量很少，其中 Cu 元素来自缓蚀剂，说明缓蚀剂的 Cu 吸附在试样表面，在试样表面形成一层铜膜，但是相比于超级 13Cr 不锈钢金属基体（Fe），Cu 为正电性金属（贵金属），膜如果覆盖不致密，将会形成典型的大阴极小阳极结构，导致严重的局部腐蚀。内层膜中主要含有 Fe、C、O、Cr 和 Cu 五种元素，外层膜中 Fe 和 Cr 元素含量比内层少。

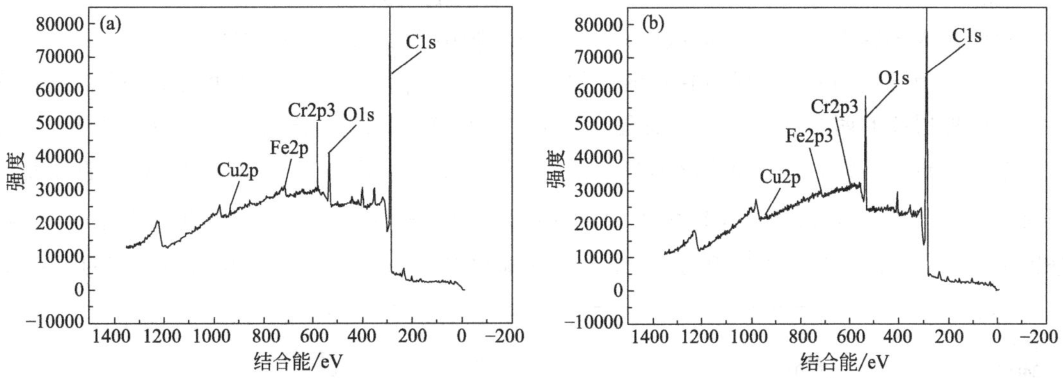

图 3-28 膜内外层全元素 XPS 图

(a) 外层；(b) 内层

图 3-29 为超级 13Cr 不锈钢在温度为 120℃时残酸试验后所得的腐蚀产物膜内外层中 Fe $2p^3$ 的 XPS 谱图。由图可见，外层膜有两个标准峰，分别在 707.20eV 和 711.53eV 处，分别与 Fe^0 和 Fe^{3+} 的峰相对应，通过结合能对比可知，Fe^{3+} 是以 FeOOH 形式存在的，Fe^0 是以铁单质形式存在的，铁单质来自基体。从图中可以看出，与 Fe^{3+} 的峰面积相比 Fe^0 的峰面积较小，因此腐蚀膜中的主要成分应该是 FeOOH。内层膜有三个标准峰，分别在 707.27eV、710.63eV 和 714.24eV，分别与 Fe^0、Fe^{2+} 和铁的伴峰相对应，通过结合能对比可知，Fe^{2+} 是以 $FeCl_2$ 形式存在的，Fe^0 是以铁单质形式存在的。从图中还可以看出，Fe^0 和铁的伴峰面积相对于 Fe^{2+} 的较小，因此腐蚀膜中的主要成分应该是 $FeCl_2$。

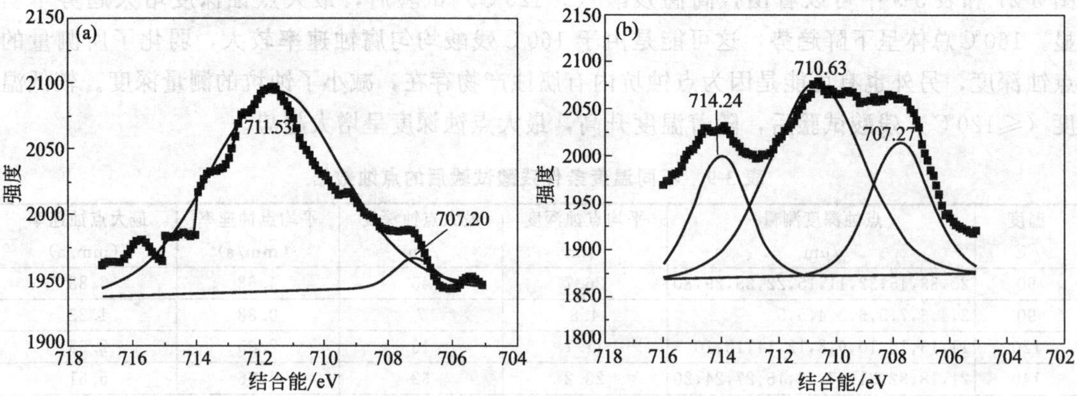

图 3-29　120℃腐蚀产物膜 Fe $2p^3$ 的 XPS 图

(a) 外层；(b) 内层

超级 13Cr 不锈钢在酸性介质中，会发生如下反应：

$$Fe + Cl^- \longrightarrow (FeCl)^-_{ad} \tag{3-2}$$

$$(FeCl)^-_{ad} + H_2O \longrightarrow (FeOHCl)^-_{ad} + H^+ + e^- \tag{3-3}$$

$$(FeOHCl)^-_{ad} \longrightarrow FeOHCl + e^- \tag{3-4}$$

$$FeOHCl + H^+ \longrightarrow Fe^{2+} + H_2O + Cl^- \tag{3-5}$$

铁的腐蚀产物可以通过下面的反应形成其氧化物：

$$Fe^{2+} + 2H_2O \longrightarrow FeOOH + 3H^+ \tag{3-6}$$

因此在内层膜中主要成分为 $FeCl_2$，而在外层膜中主要成分为 FeOOH。

图 3-30 为超级 13Cr 不锈钢在残酸中的腐蚀产物膜内外层中 Cr 元素的 XPS 图。由图可见，图中外层膜有两个标准峰，分别在 577.69eV 和 574.69eV，分别与 Cr^{3+} 和 Cr^0 相对应，通过结合能对比可知，Cr^{3+} 是以 $Cr(OH)_3$ 形式存在的，从图中还可以看出，Cr^0 的峰面积相对于 Cr^{3+} 的较小，因此其腐蚀膜中的主要成分应该是 $Cr(OH)_3$。内层膜有三个标准峰，分别为 574.12eV、576.46eV 和 578.14eV，分别与 Cr^0、Cr^{3+} 和 Cr^{6+} 相对应，通过结合能

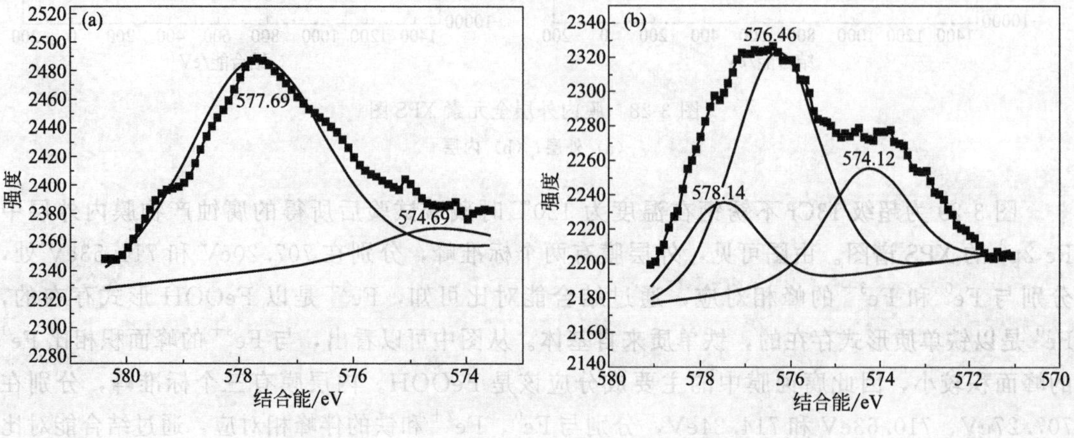

图 3-30　120℃腐蚀产物膜 Cr $2p^3$ 的 XPS 图

(a) 外层；(b) 内层

对比可知，Cr^{3+} 是以 Cr_2O_3 形式存在的，Cr^{6+} 是以 CrO_3 的形式存在的，在腐蚀膜中的含量有限，Cr^0 是基体中的单质 Cr。另外，Cr^0 和 Cr^{6+} 的峰面积相对于 Cr^{3+} 的较小，因此腐蚀膜中的主要成分应该是 Cr_2O_3。

图 3-31 为超级 13Cr 不锈钢在残酸中的腐蚀产物膜内外层中 O 元素的 XPS 图。由图可知，外层膜有两个标准峰，分别在 531.98eV 和 530.28eV，分别对应于铬和铁的氧化物，以 $Cr(OH)_3$ 和 FeOOH 形式存在的，且 $Cr(OH)_3$ 含量比 FeOOH 多。内层膜是由三个标准峰叠加而成的，这三个峰分别位于 529.28eV、531.14eV 和 533.88eV，分别对应于铜和铬的氧化物，以 $Cr(OH)_3$、Cr_2O_3 和 CuO 形式存在，且以铬的氧化物居多。

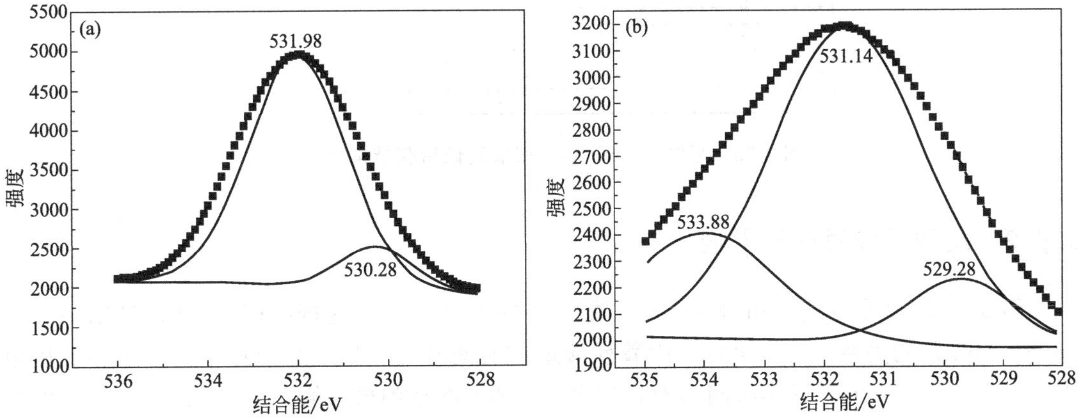

图 3-31　120℃腐蚀产物膜 O 1s 的 XPS 图

(a) 外层；(b) 内层

图 3-32 为超级 13Cr 不锈钢在残酸中的腐蚀产物膜内外层中 Cu 元素的 XPS 图。由图可见，外层膜有一个标准峰，这个峰位于 932.73eV，与单质 Cu 对应。内层膜由两个标准峰叠加而成，这两个峰分别位于 932.68eV 和 933.75eV，分别对应于单质铜和铜的氧化物，根据结合能数据得出该氧化物为 CuO，且铜的峰面积相对于铜的氧化物的较大，因此其腐蚀膜中的主要成分应该是以单质铜为主。

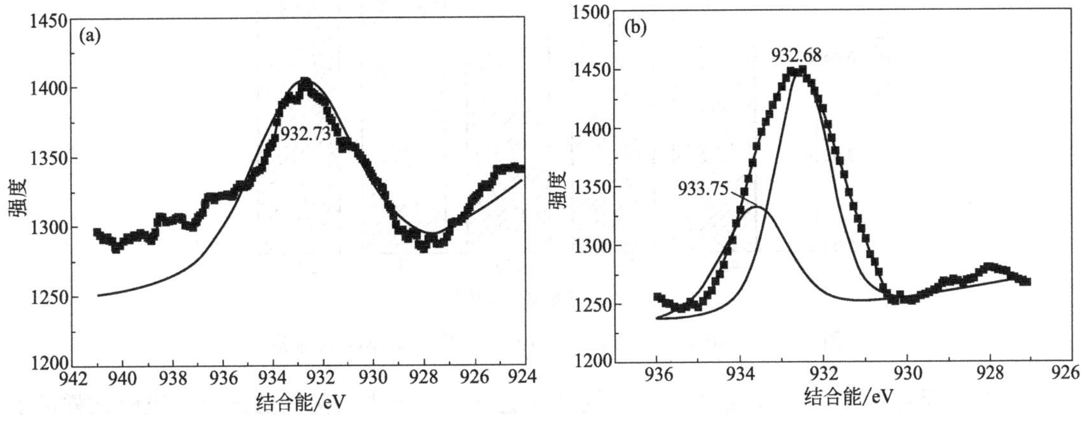

图 3-32　120℃腐蚀产物膜 Cu 2p 的 XPS 图

(a) 外层；(b) 内层

从以上XPS测试结果可知，试验后的腐蚀产物膜存在明显的分层现象，外层主要由 $Cr(OH)_3$、FeOOH和单质Cu组成，内层16.8nm深处主要由 Cr_2O_3、$FeCl_2$ 和单质Cu以及少量的CuO组成，结构示意图如图3-33所示。

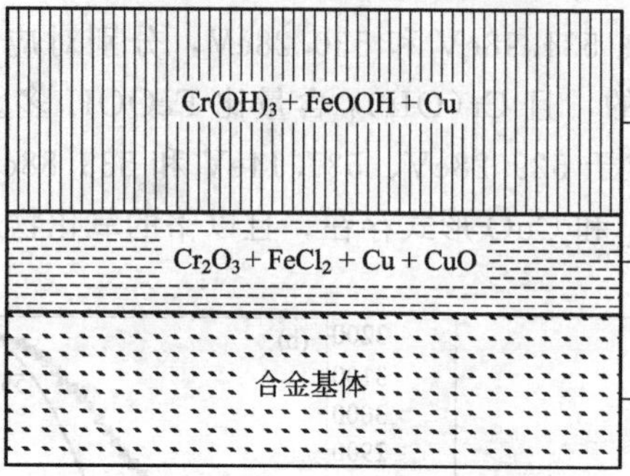

图3-33　超级13Cr不锈钢残酸腐蚀后膜结构示意图

3.4.2 残酸返排时间的影响

图3-34是残酸溶液中超级13Cr不锈钢腐蚀速率与残酸返排时间（48h、72h、120h、168h、240h）的关系。由图可知，随着残酸返排时间延长，均匀腐蚀速率呈现先降低后增大再降低的趋势，残酸返排时间为48h时均匀腐蚀速率达到最大值，参照SY/T 5405—2019《酸化用缓蚀剂性能试验方法及评价指标》，超级13Cr不锈钢的均匀腐蚀速率均低于一级标准范围。

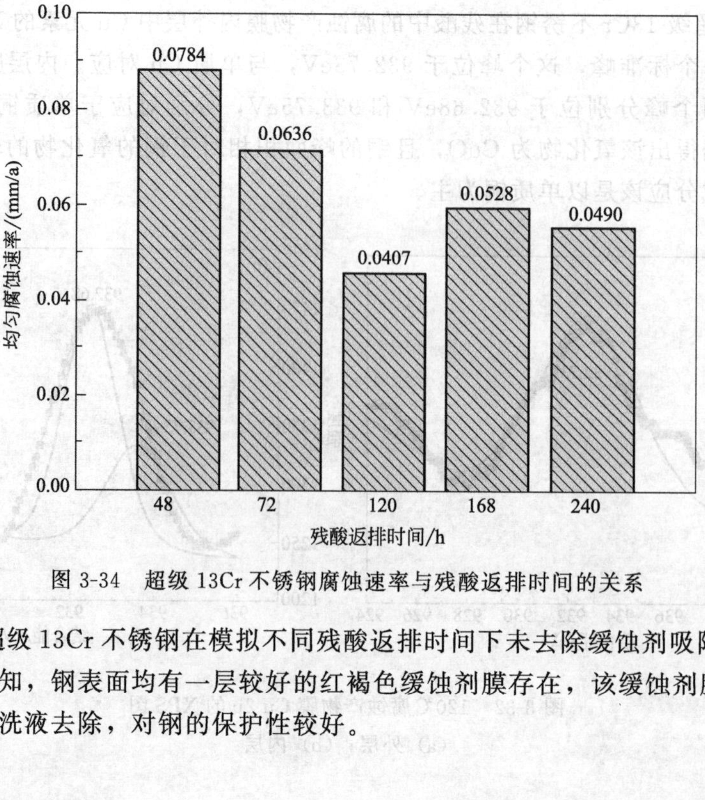

图3-34　超级13Cr不锈钢腐蚀速率与残酸返排时间的关系

图3-35是超级13Cr不锈钢在模拟不同残酸返排时间下未去除缓蚀剂吸附膜时试样的宏观腐蚀形貌。可知，钢表面均有一层较好的红褐色缓蚀剂膜存在，该缓蚀剂膜在钢表面吸附牢固，很难用清洗液去除，对钢的保护性较好。

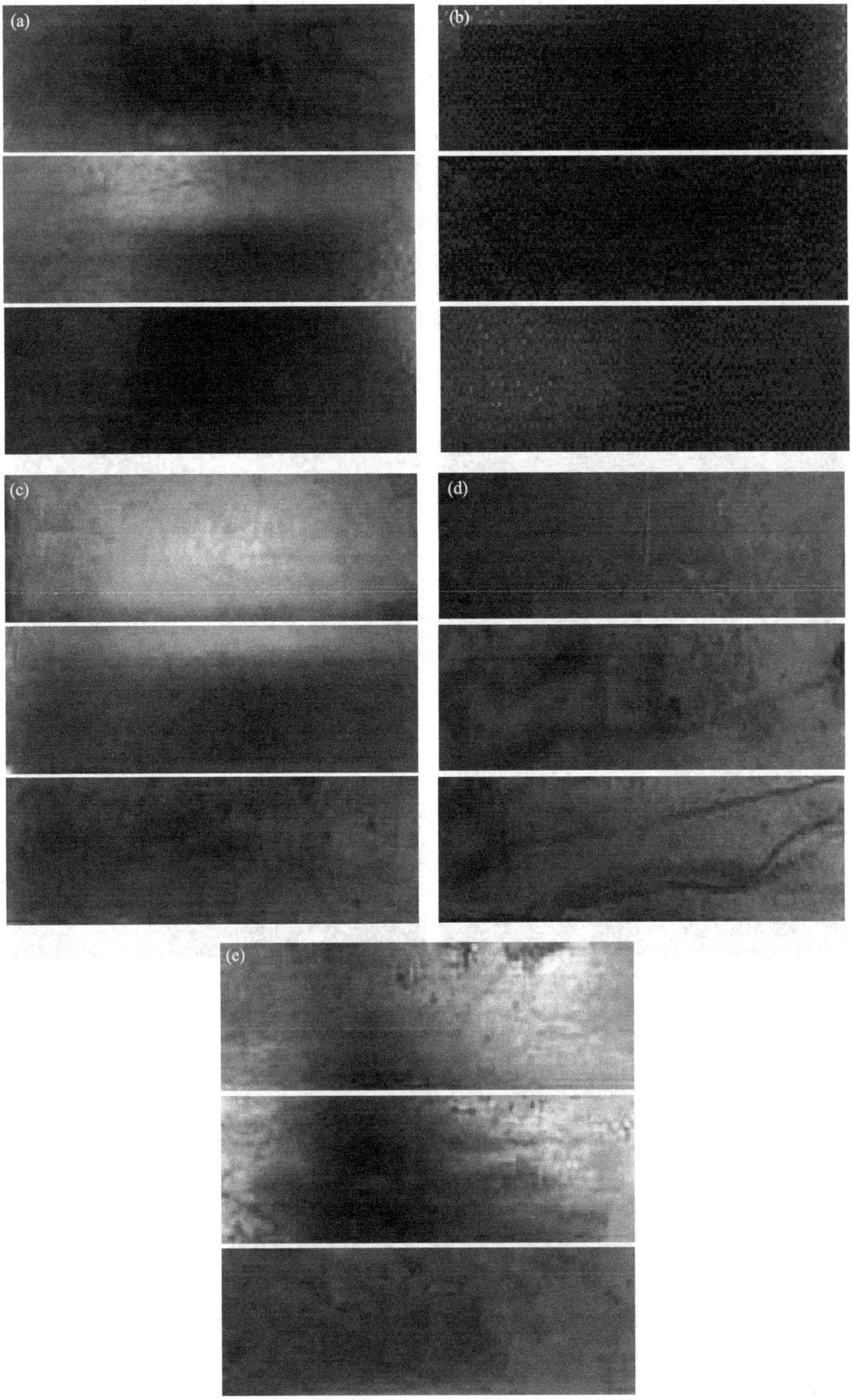

图 3-35　不同残酸返排时间下未去除缓蚀剂吸附膜时试样的宏观腐蚀形貌

(a) 48h；(b) 72h；(c) 120h；(d) 168h；(e) 240h

图 3-36 是超级 13Cr 不锈钢在不同残酸返排时间下去除缓蚀剂吸附膜后试样的微观腐蚀形貌。由图可知，随着残酸返排时间的延长，试样表面出现不同程度的局部腐蚀，在 120h 和 168h 时，试样表面未出现明显的局部腐蚀，仍然可见打磨痕迹。

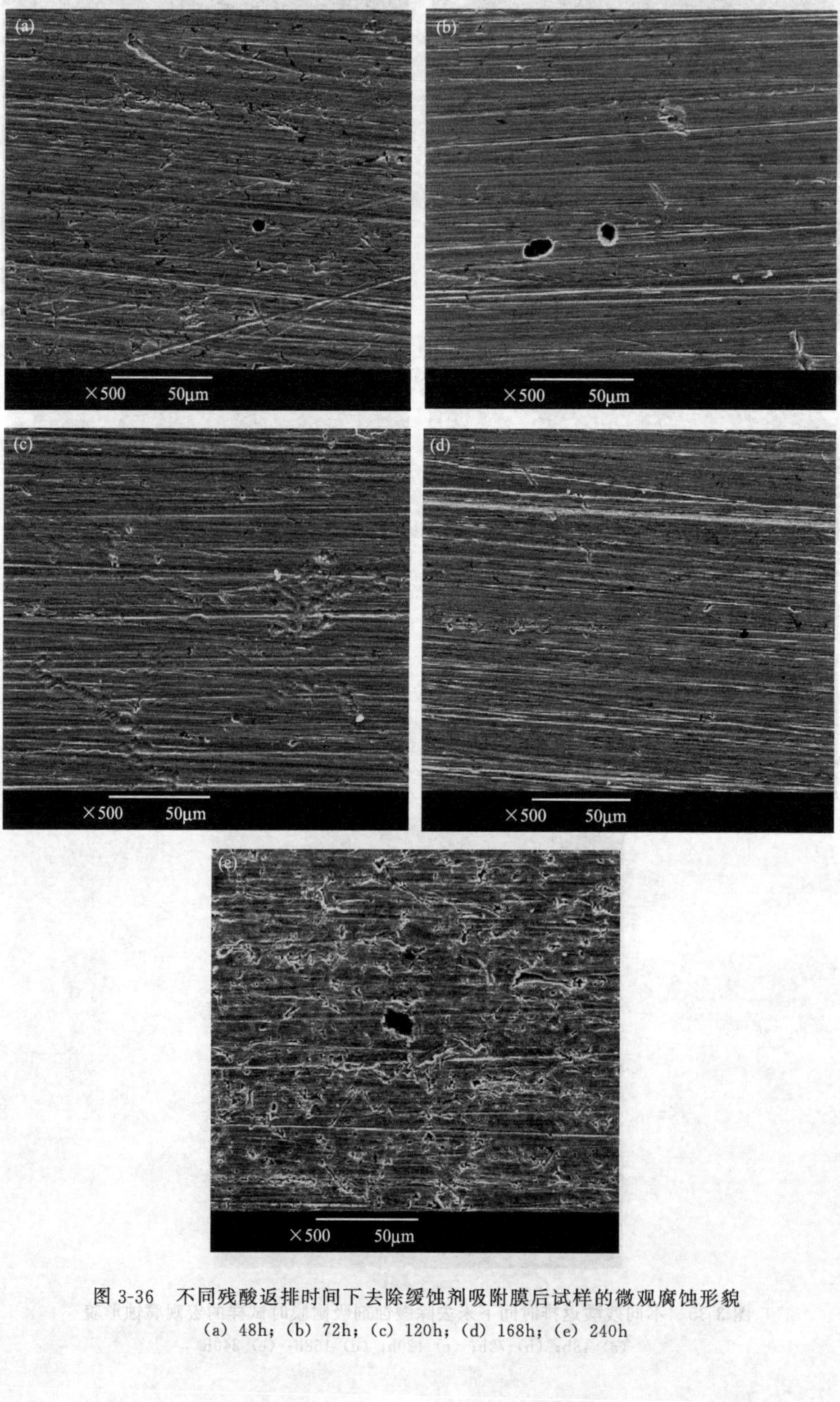

图 3-36　不同残酸返排时间下去除缓蚀剂吸附膜后试样的微观腐蚀形貌

(a) 48h；(b) 72h；(c) 120h；(d) 168h；(e) 240h

腐蚀产物清洗后，利用金相显微镜观察试样表面点蚀形貌，如图 3-37 所示。通过观察发现，残酸试验后，最大点蚀深度增大趋势不明显。表 3-10 为点蚀数据。从图 3-37 和表 3-10 中可以看出，在残酸返排时间为 48h 时，出现轻微的点蚀，点蚀坑深度均在 10μm 以下；残酸返排时间为 72h 时，最大点蚀坑深度为 16μm；残酸返排时间为 120h 和 168h 时，试样表面未出现明显的点蚀；残酸返排时间为 240h 时，最大点蚀坑深度为 15μm。

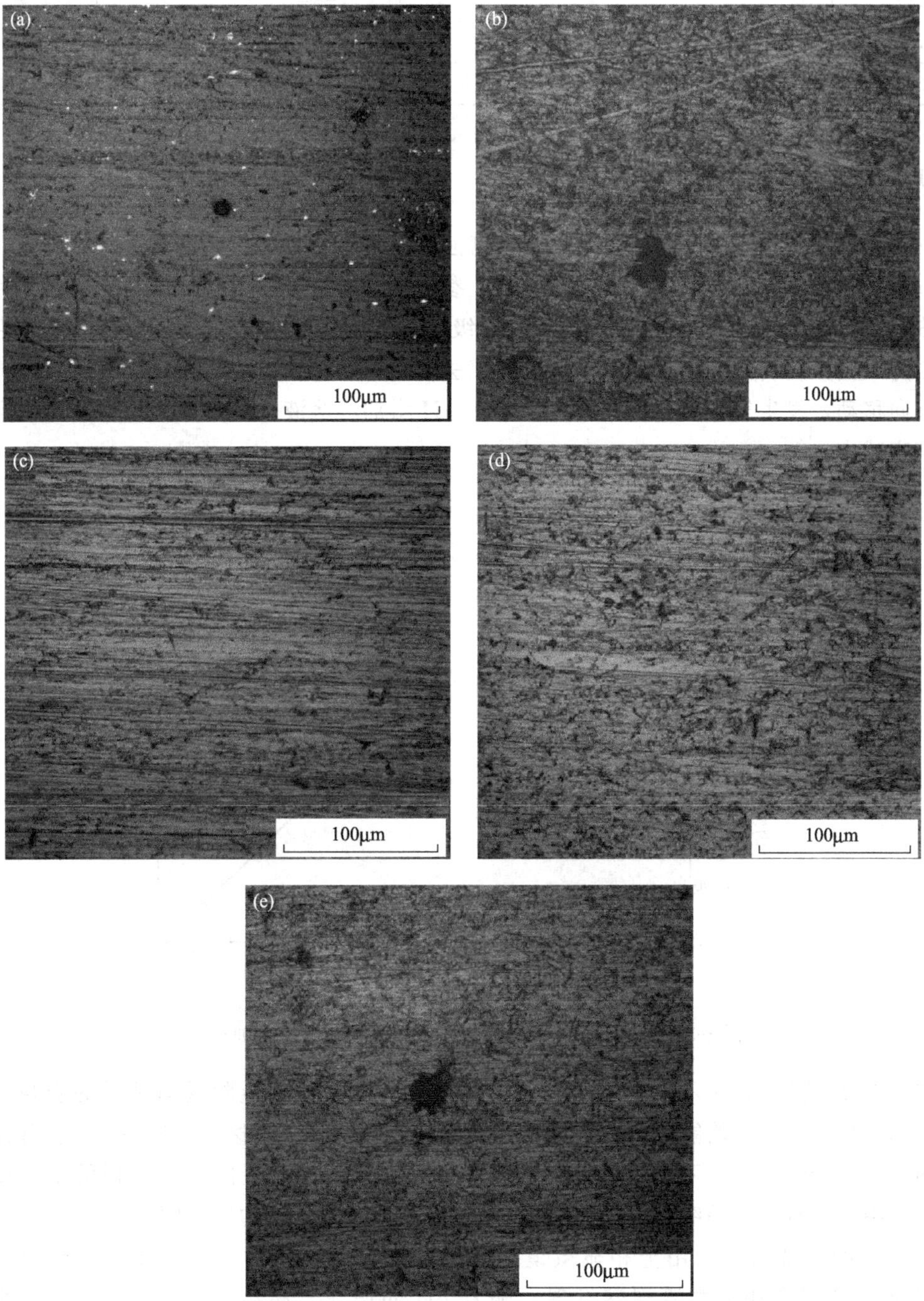

图 3-37 不同残酸返排时间下去除缓蚀剂吸附膜后试样的金相显微照片

(a) 48h；(b) 72h；(c) 120h；(d) 168h；(e) 240h

表 3-10　不同残酸返排时间下材料试验后的点蚀数据

残酸返排时间/h	点蚀深度测量/μm	平均点蚀深度/μm	最大点蚀深度/μm	平均点蚀速率/(mm/a)	最大点蚀速率/(mm/a)
48	3,4,6,7,5,6,3,4,5,5	4.8	7	0.88	1.23
72	7,8,9,12,15,10,16,15,14,9	11.5	16	1.58	2.80
120	—	—	—	—	—
168	—	—	—	—	—
240	9,9,10,14,15,9,10,8,7,8	9.9	15	1.40	2.63

3.4.3　残酸 pH 的影响

图 3-38 是残酸溶液中超级 13Cr 不锈钢腐蚀速率与 pH 变化的关系图。由图可见，随着残酸 pH 的升高，均匀腐蚀速率呈下降趋势，参照 SY/T 5405—2019《酸化用缓蚀剂性能试验方法及评价指标》，均匀腐蚀速率均低于一级标准范围。这主要是因为铁在非氧化性酸中的腐蚀为氢去极化腐蚀，氢离子是有效的阴极去极化剂，溶液 pH 增大，氢的平衡电极电位向负方向移动，发生氢去极化腐蚀困难，溶液 pH 增加，溶液中的氢离子浓度减少，金属的腐蚀速率减小。

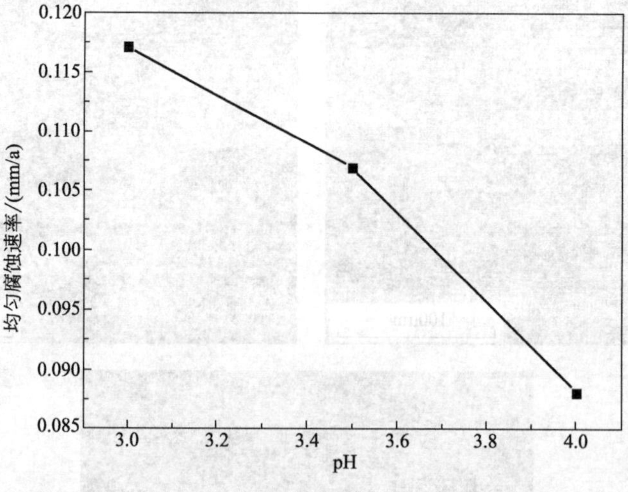

图 3-38　超级 13Cr 不锈钢在不同 pH 下的均匀腐蚀速率

图 3-39 是超级 13Cr 不锈钢在不同残酸 pH 下去除缓蚀剂吸附膜前试样的宏观腐蚀形貌。由图可见，缓蚀剂均能在材料表面形成较好的缓蚀剂膜，对材料有较好的保护作用。

图 3-40 是超级 13Cr 不锈钢在不同残酸 pH 下去除缓蚀剂吸附膜后试样的微观腐蚀形貌。从图中可以看出，超级 13Cr 不锈钢表面均出现了不同程度的局部腐蚀。

腐蚀产物清洗后，利用金相显微镜结合激光共聚焦法观察试样表面点蚀形貌，如图 3-41 所示。通过金相显微镜观察发现，随着 pH 的增大，超级 13Cr 不锈钢的点蚀密度降低。最大点蚀坑深度见表 3-11。从表中可以看出，随着残酸 pH 的增大，点蚀坑深度降低，这主要是因为随着溶液 pH 的升高，点蚀电位变正，点蚀诱发敏感性变差，而且

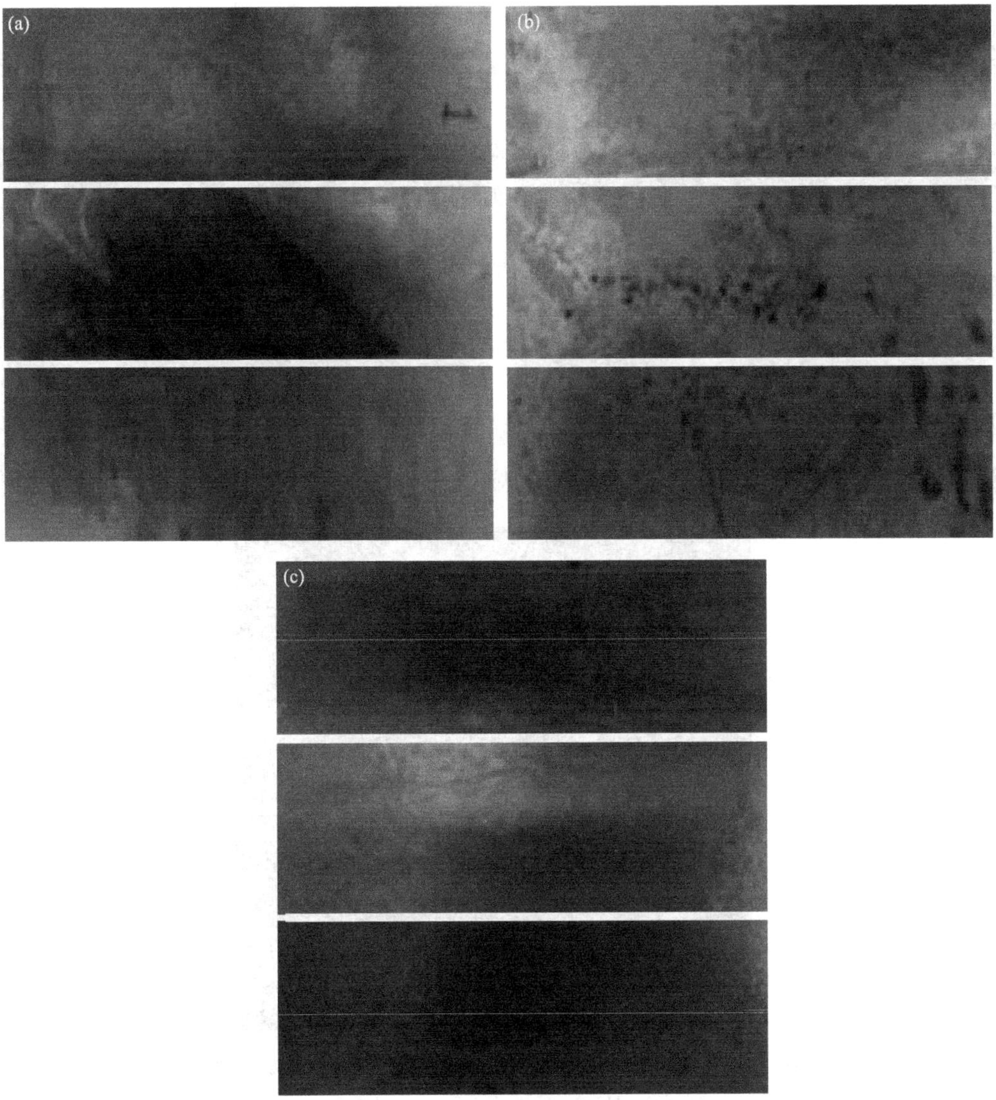

图 3-39 不同残酸 pH 下去除缓蚀剂吸附膜前试样的宏观腐蚀形貌

(a) pH3.0；(b) pH3.5；(c) pH4.5

溶液的 pH 越高，不锈钢表面钝化膜的稳定性就越高，不锈钢点蚀诱发敏感性也会降低。

表 3-11 不同残酸 pH 下钢试验后的点蚀数据

残酸 pH	点蚀深度测量/μm	平均点蚀深度/μm	最大点蚀深度/μm	平均点蚀速率/(mm/a)	最大点蚀速率/(mm/a)
3.0	31,38,42,27,25,21,40,24,19,23	29	42	3.08	7.36
3.5	21,22,19,12,14,16,13,15,14,17	16.3	22	2.86	3.85
4.5	3,4,6,7,5,6,3,4,5,5	4.8	7	0.88	1.23

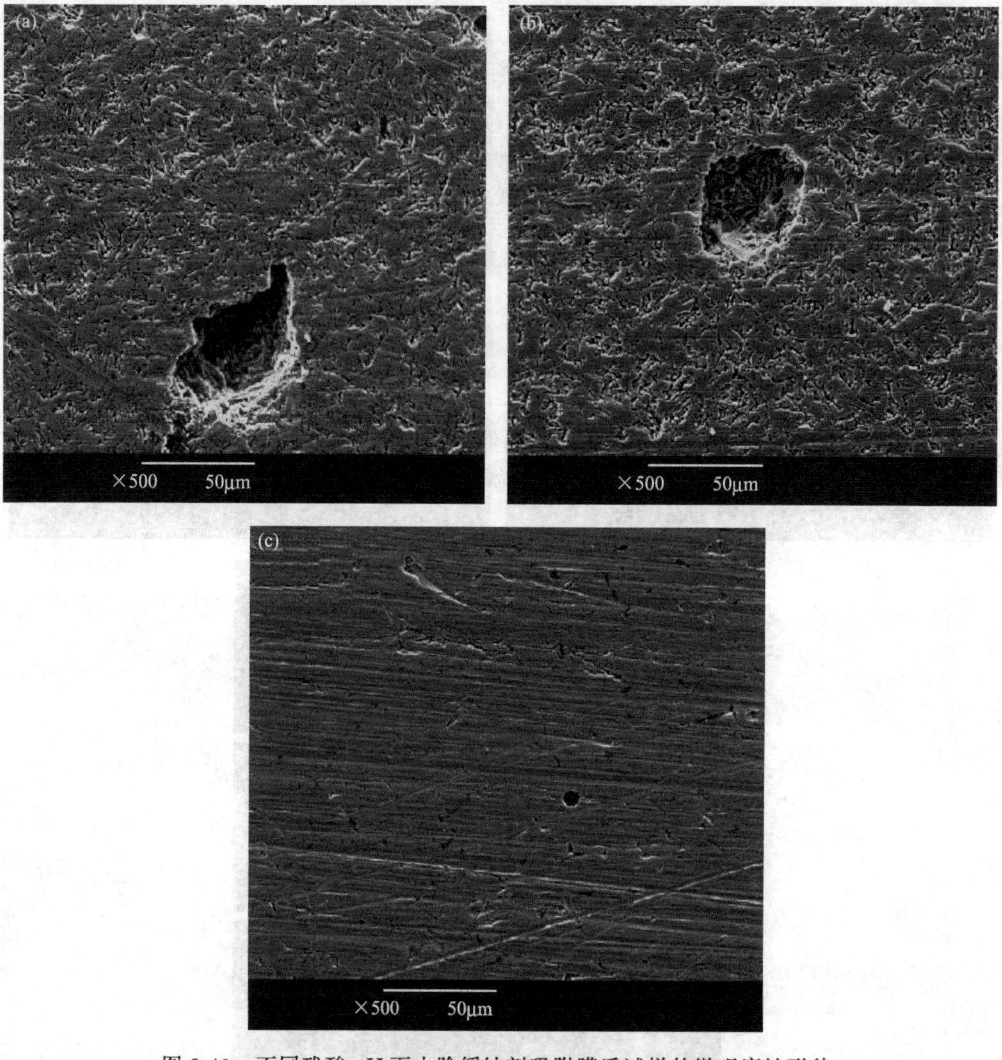

图 3-40 不同残酸 pH 下去除缓蚀剂吸附膜后试样的微观腐蚀形貌

(a) pH3.0；(b) pH3.5；(c) pH4.5

3.4.4 表面缺陷的影响

（1）残酸试验条件

介质为油田现场高温高压气井返排出的液体和碳酸盐岩层作用后的液体，其主要成分为盐酸和氯化钙，pH 为 2.03，试验温度为 168℃，压力为 10MPa（CO_2 1.04MPa，其余为 N_2），时间为 72h，试验前除氧 4h。

（2）腐蚀速率及形貌

三种表面状态的试样在残酸中的腐蚀速率如图 3-42 所示。由图可知，光滑试样的腐蚀速率最低，为 0.0372g/(m^2·h)；无缺陷原始表面试样的腐蚀速率居中，为 0.1365g/(m^2·h)；带缺陷原始表面试样的腐蚀速率为 0.2728g/(m^2·h)，是光滑试样腐蚀速率的 7.3 倍，是无缺陷原始表面试样的 2 倍。

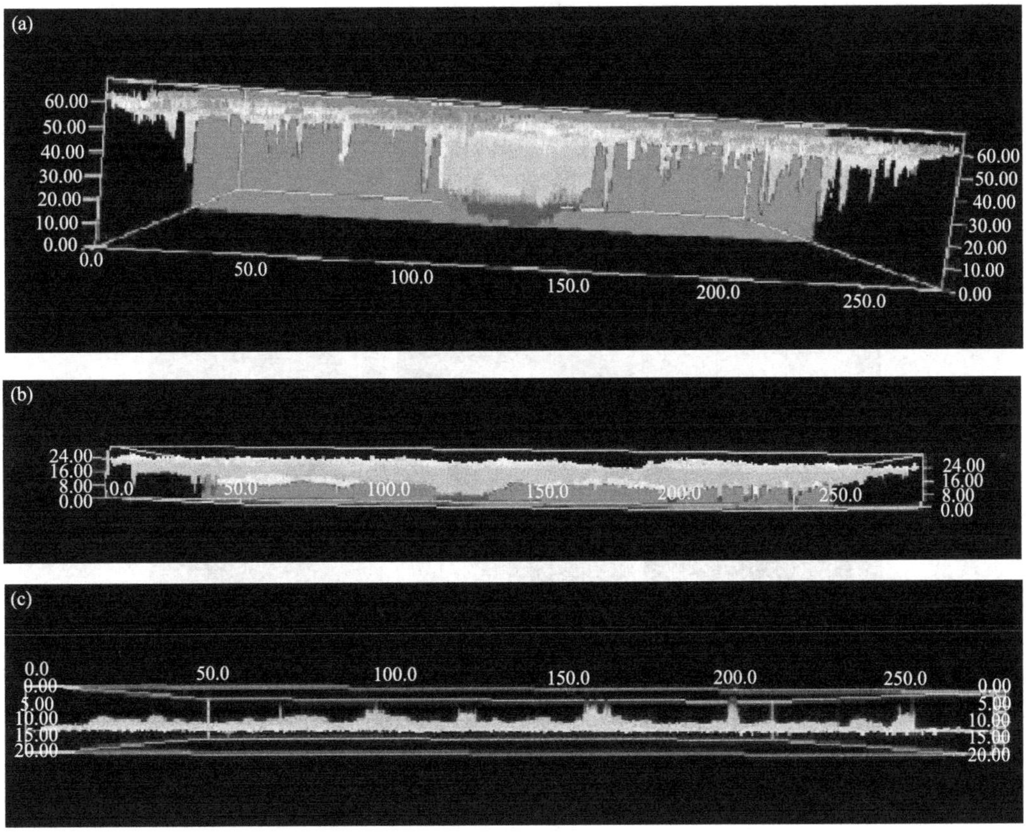

图 3-41　不同残酸 pH 下去除缓蚀剂吸附膜后试样的激光共聚焦形貌

(a) pH3.0；(b) pH3.5；(c) pH4.5

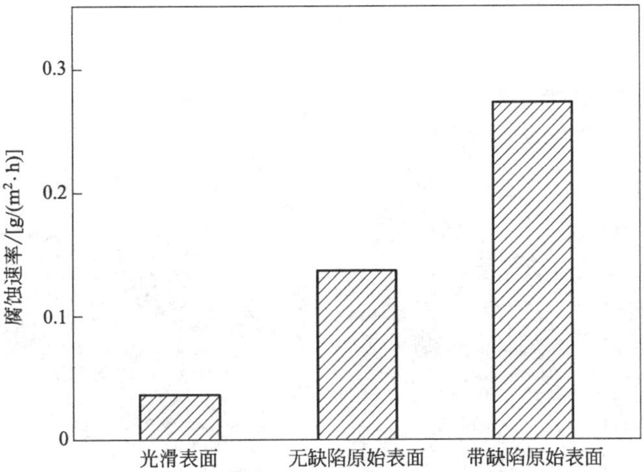

图 3-42　三种表面状态试样在残酸中的腐蚀速率

残酸腐蚀前后试样的宏观形貌如图 3-43 所示。可以看出，光滑表面试样发生了轻微腐蚀，未观察到明显点蚀。无缺陷原始表面试样腐蚀后，表面宏观形貌总体变化不大，但局部出现了少量点蚀坑。带缺陷原始表面试样可观察到明显的局部腐蚀，部分局部腐蚀呈现沟槽状特征，深度和宽度相对试验前显著增大，而且沟槽状蚀坑均发生在原缺陷部位。这说明表面缺陷加剧了残酸中超级 13Cr 不锈钢的局部腐蚀。

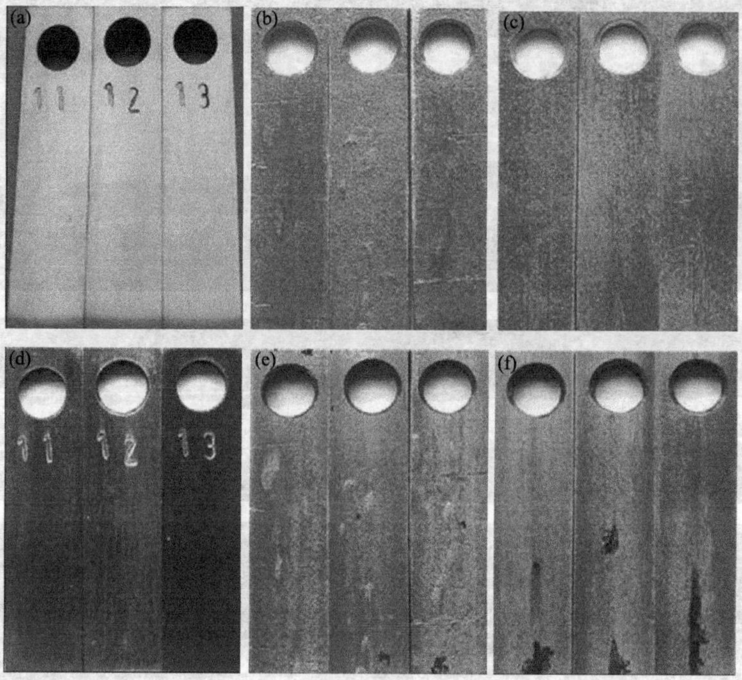

图 3-43　三种表面状态试样在残酸中浸泡前、后的宏观形貌

(a)、(d) 光滑表面；(b)、(e) 无缺陷原始表面；(c)、(f) 带缺陷原始表面

图 3-44 为三种表面状态试样在残酸中腐蚀后的微观形貌。对于光滑试样，试验后试样表面仍可观察到制备过程中砂纸打磨的痕迹，腐蚀轻微且无点蚀发生。对于无缺陷原始表面试样，试验后总体为均匀腐蚀。图 3-44(c) 中的缺陷部位发生了明显的局部腐蚀，底部已观察不到多而浅的起伏，而是分布着大量的蜂窝状蚀孔。

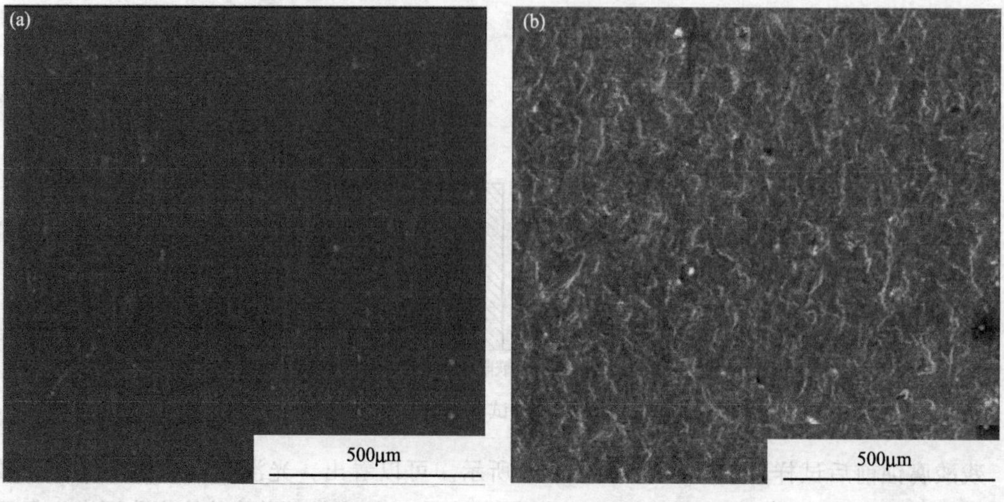

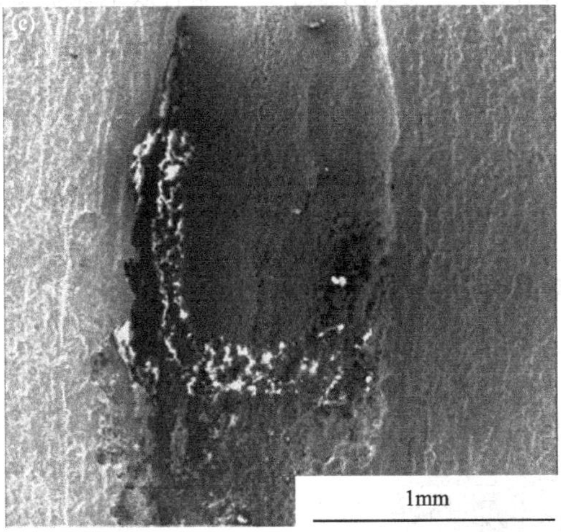

图 3-44　三种表面状态试样在残酸中腐蚀后的微观形貌

(a) 光滑表面；(b) 无缺陷原始表面；(c) 带缺陷原始表面

为了进一步观察残酸腐蚀试验前后带缺陷原始表面试样缺陷部位的形貌变化，对同一缺陷部位试验前后的形貌进行对比，如图 3-45 所示。图 3-45(a) 中原缺陷为较浅的带状缺陷，经过残酸腐蚀后，带状缺陷明显加深变宽，形成沟槽，但总体上保留了其原始形状，这说明在残酸介质中，缺陷部位优先发生腐蚀，并倾向于沿纵深方向发展。经测量，该部位残酸腐蚀后的蚀坑深度达 574μm [图 3-45(c)]。沿纵深方向发展的蚀坑易形成闭塞电池，在自催化酸化作用下，会以更快的速度进一步沿纵深发展，这对于油管的安全服役极为不利。

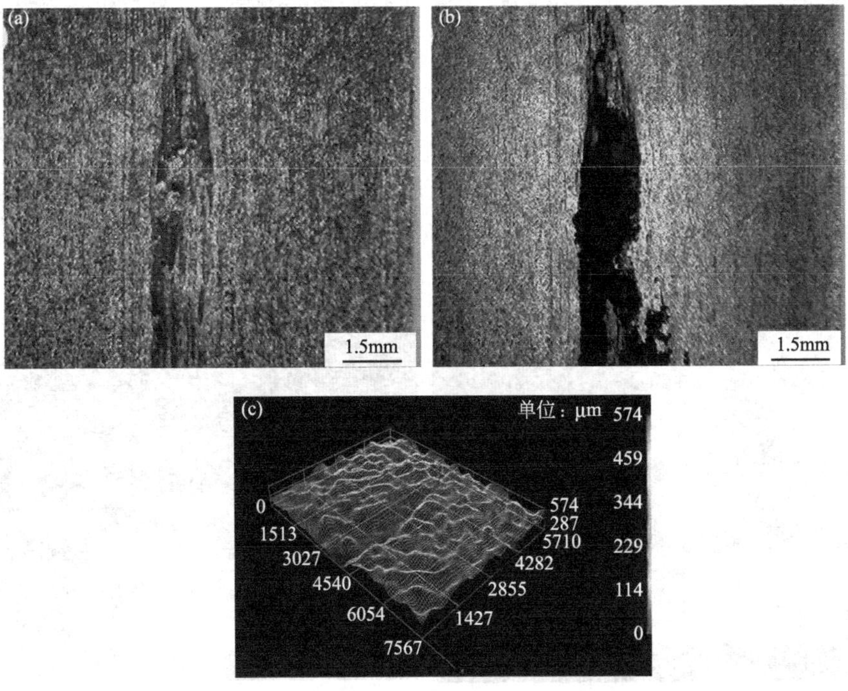

图 3-45　残酸腐蚀试验前后带缺陷原始表面试样形貌

(a) 试验前宏观形貌；(b) 试验后宏观形貌；(c) 试验后三维形貌

相反，在残酸介质中，极少的缓蚀剂分子并不能有效地保护缺陷底部，阳极溶解所产生的闭塞环境限制了缓蚀剂分子的吸附，但无法阻碍 H^+ 的扩散进入，使得该部位的腐蚀不断发展，最终产生了上述的沟槽状蚀坑。

3.5 产出液腐蚀

3.5.1 120℃鲜酸－120℃残酸－120℃地层水

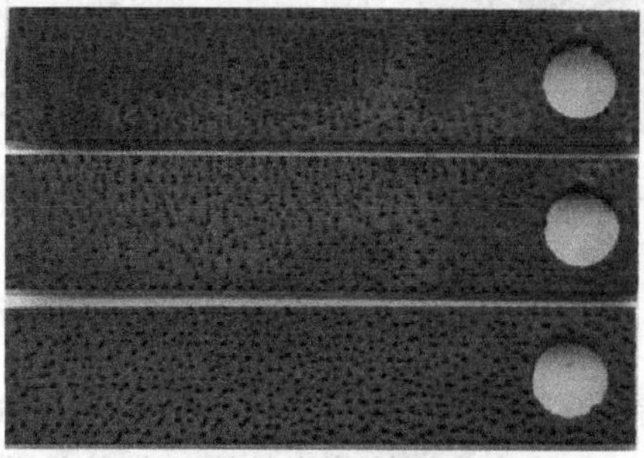

图 3-46 残酸试验后超级 13Cr 不锈钢试样表面的宏观腐蚀形貌（清洗前）

经历过鲜酸腐蚀的超级 13Cr 不锈钢在残酸中的均匀腐蚀速率为 0.0125mm/a。参照 SY/T 5405—2019《酸化用缓蚀剂性能试验方法及评价指标》，超级 13Cr 不锈钢的均匀腐蚀速率均低于一级标准范围。

图 3-46 为残酸试验后超级 13Cr 不锈钢试样表面的宏观腐蚀形貌，图 3-47 为用去污粉去除超级 13Cr 不锈钢表面缓蚀剂吸附膜后的宏观及微观腐蚀形貌。根据 GB/T 18590—2001《金属和合金的腐蚀点蚀评定方法》，计算出用去污粉洗后试样的点蚀密度为 246 个/cm^2。

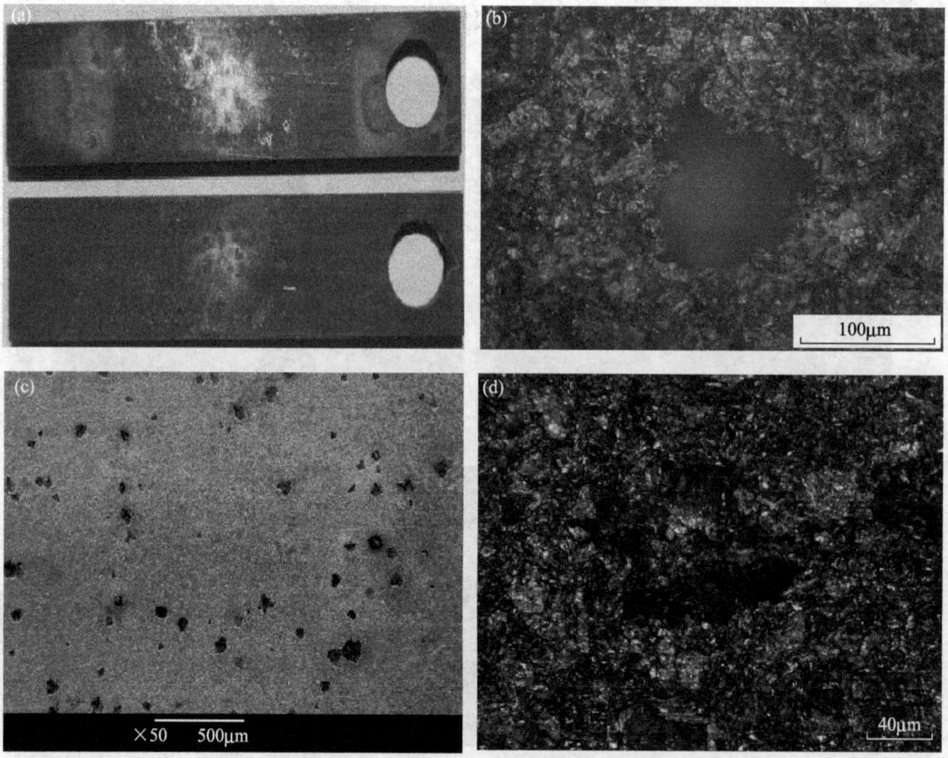

图 3-47 去除表面缓蚀剂吸附膜后超级 13Cr 不锈钢试样表面宏观及微观腐蚀形貌

(a) 宏观腐蚀形貌；(b) 金相显微腐蚀形貌；(c) SEM 腐蚀形貌；(d) 激光共聚焦腐蚀形貌

运用激光共聚焦显微镜结合金相显微镜对试样表面的点蚀形貌及深度进行分析（见图 3-48），去污粉洗后的超级 13Cr 不锈钢试样表面最大点蚀深度为 95μm，最大点蚀速率为 10.67mm/a。

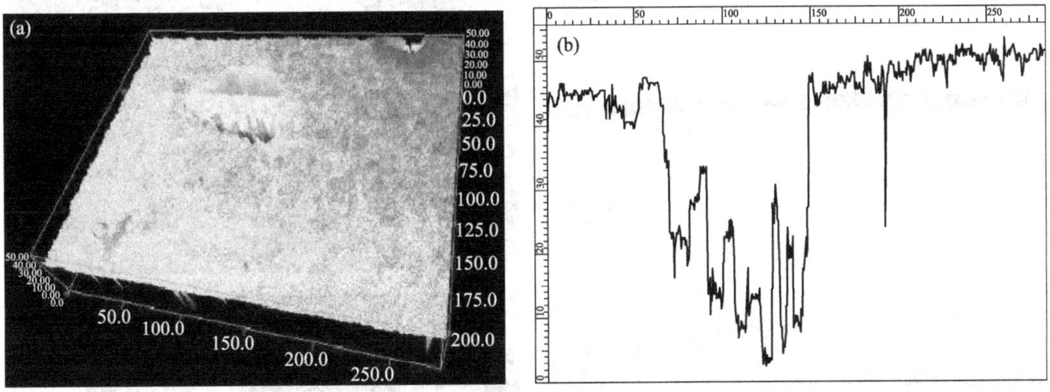

图 3-48　超级 13Cr 不锈钢试样用去污粉洗后试样点蚀形貌及深度分析

(a) 激光共聚焦腐蚀形貌；(b) 点蚀深度测量

超级 13Cr 不锈钢经鲜酸、残酸腐蚀试验后，在地层水中的腐蚀速率为 0.0124mm/a。图 3-49 为工况腐蚀条件下，超级 13Cr 不锈钢试验后试样表面腐蚀产物膜去除前的宏观腐蚀形貌。由图可见，清洗前，试样表面被一层黑灰色的产物膜覆盖。

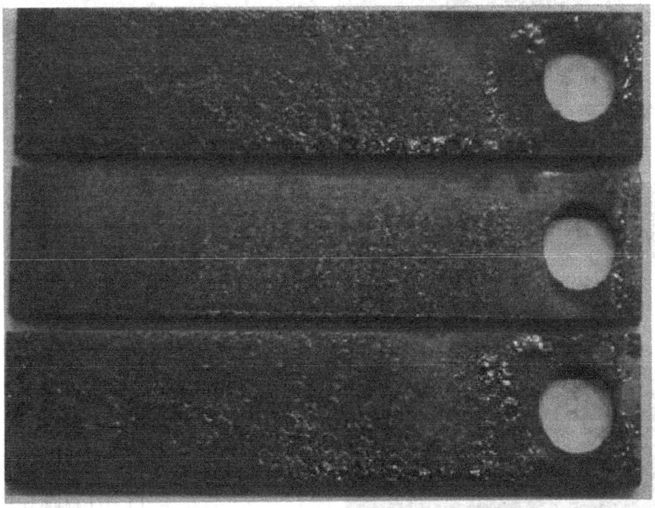

图 3-49　工况条件下试验后超级 13Cr 不锈钢试样表面的宏观腐蚀形貌（清洗前）

图 3-50 为超级 13Cr 不锈钢在工况条件下去除表面缓蚀剂吸附膜及腐蚀产物膜后的宏观及微观腐蚀形貌。由图可见，试样表面呈金属光泽，且出现较为明显的点蚀现象，根据 GB/T 18590—2001《金属和合金的腐蚀　点蚀评定方法》，可以计算出超级 13Cr 不锈钢试样的点蚀密度为 661 个/cm^2。

运用激光共聚焦显微镜结合金相显微镜对试样表面的点蚀形貌及深度进行分析（见图 3-51），超级 13Cr 不锈钢试样表面最大点蚀深度为 107μm，最大点蚀速率为 156.22mm/a。

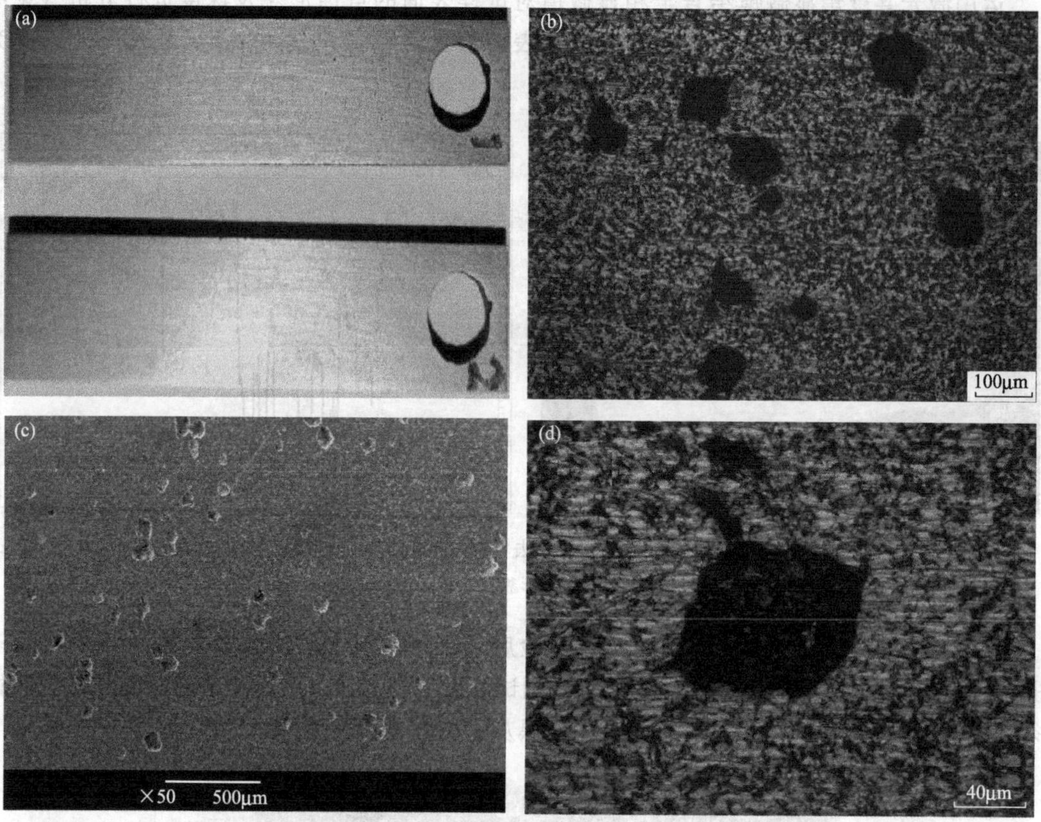

图 3-50 去除表面缓蚀剂吸附膜及腐蚀产物膜后超级 13Cr 不锈钢试样表面宏观及微观腐蚀形貌

(a) 宏观腐蚀形貌；(b) 金相显微腐蚀形貌；(c) SEM 腐蚀形貌；(d) 激光共聚焦腐蚀形貌

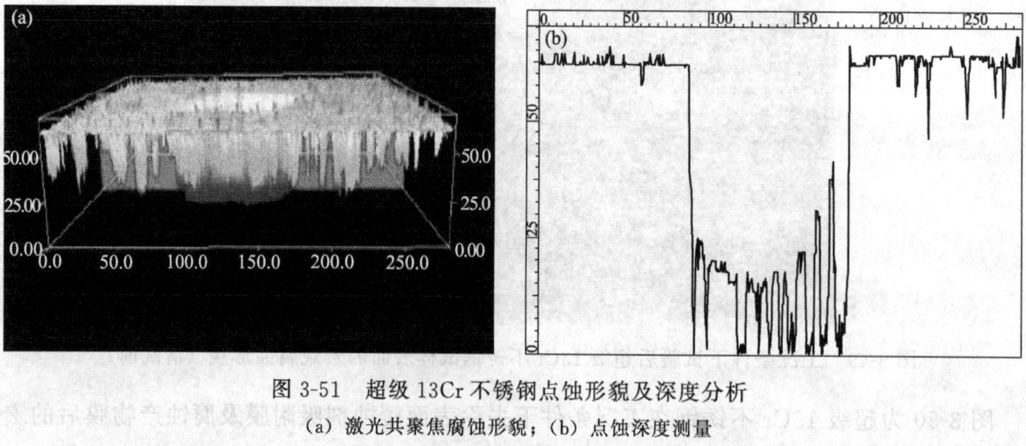

图 3-51 超级 13Cr 不锈钢点蚀形貌及深度分析

(a) 激光共聚焦腐蚀形貌；(b) 点蚀深度测量

3.5.2 120℃鲜酸－170℃残酸－170℃地层水

超级 13Cr 不锈钢经鲜酸腐蚀试验后在残酸中的均匀腐蚀速率为 0.0526mm/a。参照 SY/T 5405—2019《酸化用缓蚀剂性能试验方法及评价指标》标准，超级 13Cr 马氏体不锈钢的均匀腐蚀速率均低于一级标准范围。

图 3-52 为残酸试验后超级 13Cr 不锈钢试样表面的宏观腐蚀形貌。试样表层有一层红色的物质覆盖在试样表面，成膜较好。

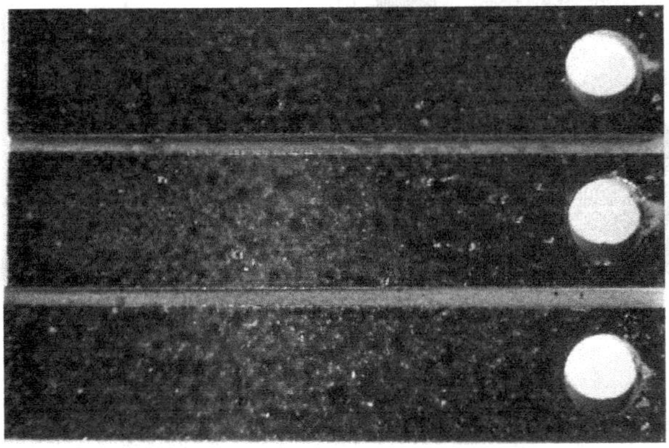

图 3-52 残酸试验后超级 13Cr 不锈钢试样表面的宏观腐蚀形貌（清洗前）

图 3-53 为超级 13Cr 不锈钢去除表面缓蚀剂吸附膜后的宏观及微观腐蚀形貌，可以看出，残酸试验后，试样表面已经出现较为明显的局部腐蚀（点蚀），根据 GB/T 18590—2001《金属和合金的腐蚀 点蚀评定方法》，可以计算出残酸试验后超级 13Cr 不锈钢的点蚀密度为 456 个/cm^2。

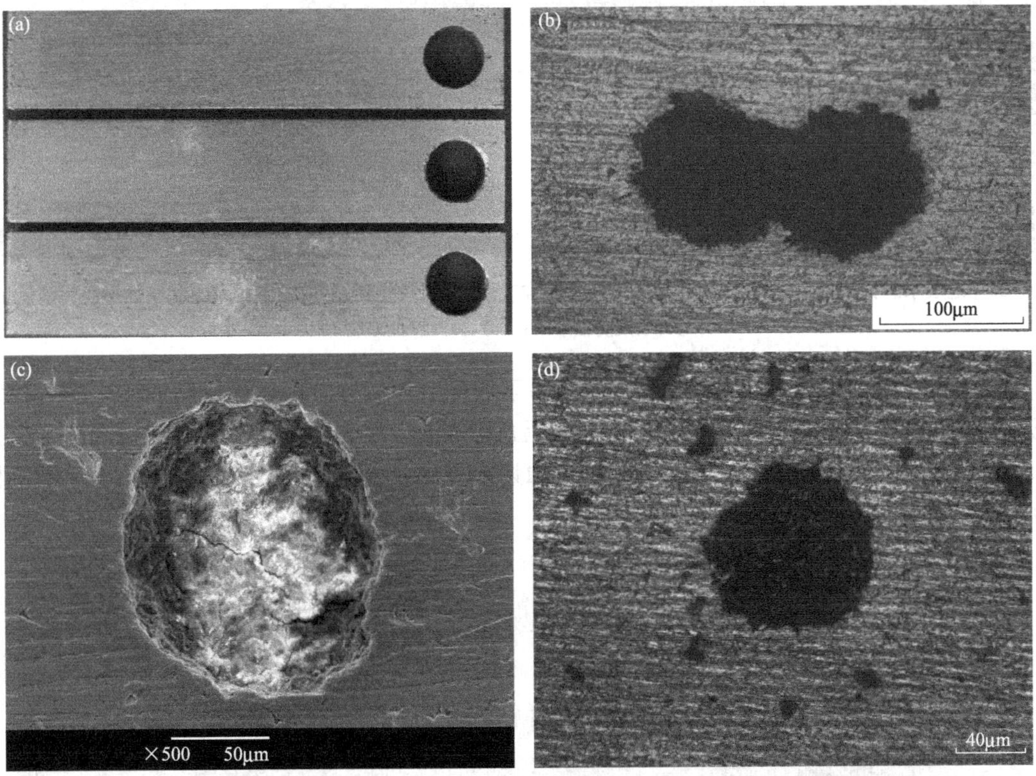

图 3-53 超级 13Cr 不锈钢去除表面缓蚀剂吸附膜后试样表面宏观及微观腐蚀形貌

(a) 宏观腐蚀形貌；(b) 金相显微腐蚀形貌；(c) SEM 腐蚀形貌；(d) 激光共聚焦腐蚀形貌

运用激光共聚焦显微镜结合金相显微镜对试样表面的点蚀形貌及深度进行分析（见图 3-54），超级 13Cr 不锈钢试样表面最大点蚀深度为 90μm，最大点蚀速率为 10.11mm/a。

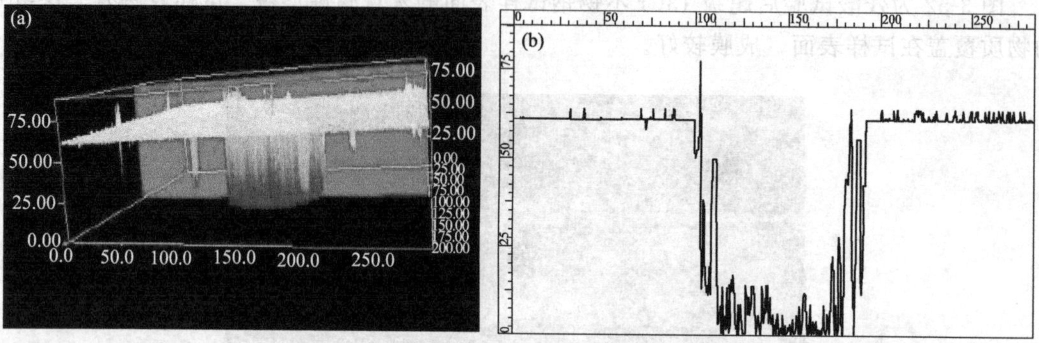

图 3-54　超级 13Cr 不锈钢点蚀形貌及深度分析

(a) 激光共聚焦腐蚀形貌；(b) 点蚀深度测量

超级 13Cr 不锈钢经鲜酸、残酸腐蚀试验后，在地层水中的均匀腐蚀速率为 0.1599mm/a。图 3-55 为地层水腐蚀条件下，超级 13Cr 不锈钢试样表面腐蚀产物膜去除前的宏观及微观腐蚀形貌。由图可见，清洗前，试样表面存在较为致密的腐蚀产物层，但存在局部脱落现象。

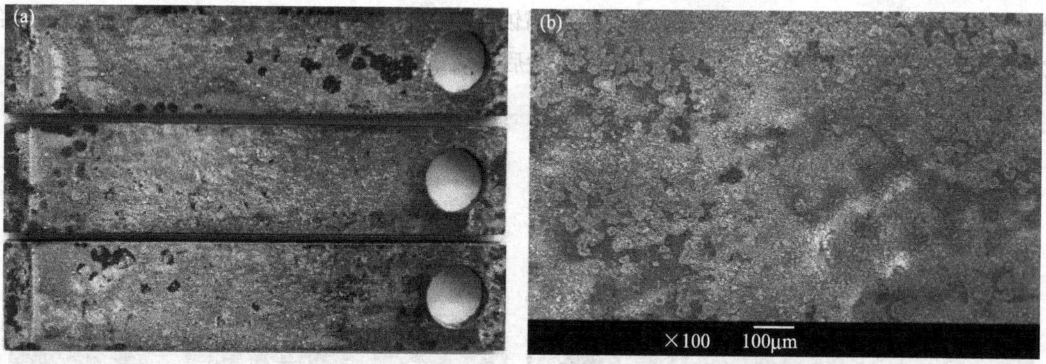

图 3-55　地层水腐蚀条件下试验后超级 13Cr 不锈钢试样表面腐蚀产物膜去除前的宏观及微观腐蚀形貌（清洗前）

(a) 宏观腐蚀形貌；(b) 微观腐蚀形貌

图 3-56 为超级 13Cr 不锈钢在地层水条件下去除表面缓蚀剂吸附膜及腐蚀产物膜后的宏观及微观腐蚀形貌。由图可见，试样表面有黑色附着物，且出现较为明显的点蚀现象，根据 GB/T 18590—2001《金属和合金的腐蚀　点蚀评定方法》，可以计算出超级 13Cr 不锈钢试样的点蚀密度为 547 个$/cm^2$。

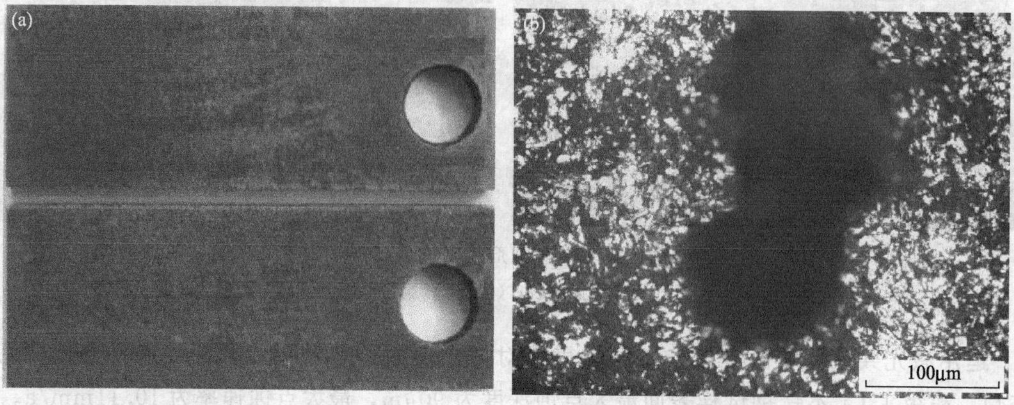

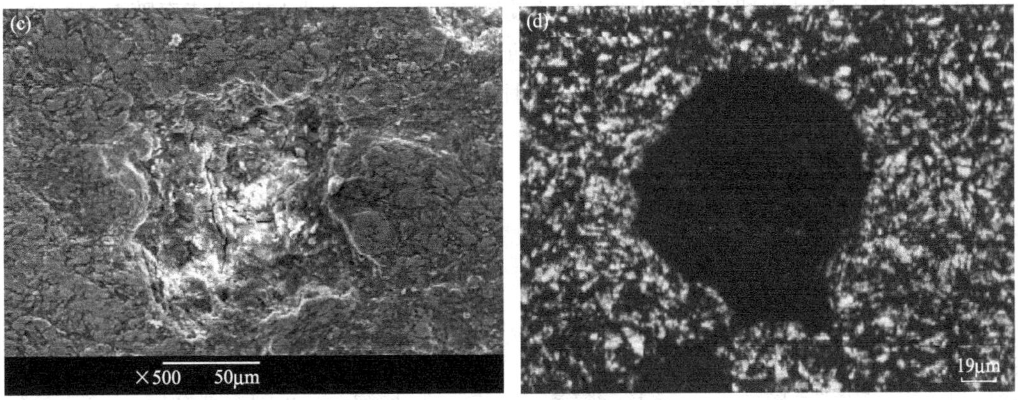

图 3-56　去除表面缓蚀剂吸附膜及腐蚀产物膜后超级 13Cr 不锈钢试样表面宏观及微观腐蚀形貌

(a) 宏观腐蚀形貌；(b) 金相显微腐蚀形貌；(c) SEM 腐蚀形貌；(d) 激光共聚焦腐蚀形貌

运用激光共聚焦显微镜结合金相显微镜对试样表面的点蚀形貌及深度进行分析（见图 3-57），超级 13Cr 不锈钢试样表面最大点蚀深度为 128μm，最大点蚀速率为 1.56mm/a。

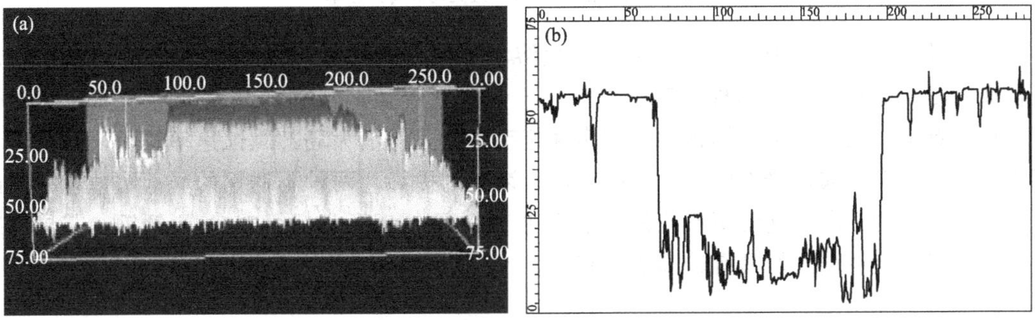

图 3-57　超级 13Cr 不锈钢点蚀形貌及深度分析

(a) 激光共聚焦腐蚀形貌；(b) 点蚀深度测量

3.6　完井液腐蚀

在油气田开采过程中，高压深井一般需要采用高密度的入井流体进行完井试油，或者当作环空保护液注入油套环空。常规的完井液体系可以分为隐形酸完井液［在完井液（或射孔液）中加入隐形螯合剂 HTA］、有机盐完井液和溴盐完井液三种体系。目前国内使用较多的为有机盐完井液和溴盐完井液，其中溴盐完井液中含有较多的侵蚀性阴离子 Br^-，油套管极易发生局部腐蚀。

(1) 腐蚀速率

经过 7 天的高温高压溴盐溶液腐蚀环境暴露，普通 13Cr 和超级 13Cr 两种不锈钢材料在不同浓度溴盐溶液中的腐蚀速率如图 3-58 所示，参考 NACE PR 0775—2005 中对材料耐蚀性能的评价标准，就平均腐蚀速率来看［如图 3-58(a)］，普通 13Cr 和超级 13Cr 两种不锈钢均表现出较好的耐蚀性，尤其超级 13Cr 不锈钢在三种浓度溴盐溶液环境下的平均腐蚀速率均不超过 0.025mm/a，属于轻度腐蚀，相比来看，普通 13Cr 不锈钢的平均腐蚀速率较高，但也仅处于中度腐蚀范围以内。另外，随着溴盐浓度的提高，普通 13Cr 不锈钢的平均腐蚀速率明显升高，在 1.10g/cm^3 KBr 溶液中即达到中度腐蚀，而超级 13Cr 不锈钢平均腐蚀速率随着溴盐浓度的升高上升得十分缓慢，在三种溴盐浓度下均处于轻度腐蚀范围。这说明相比于普通 13Cr 不锈钢，超级 13Cr 不锈钢对溴盐溶液具有更强的耐蚀能力，且对溴盐浓度的敏感性较低。

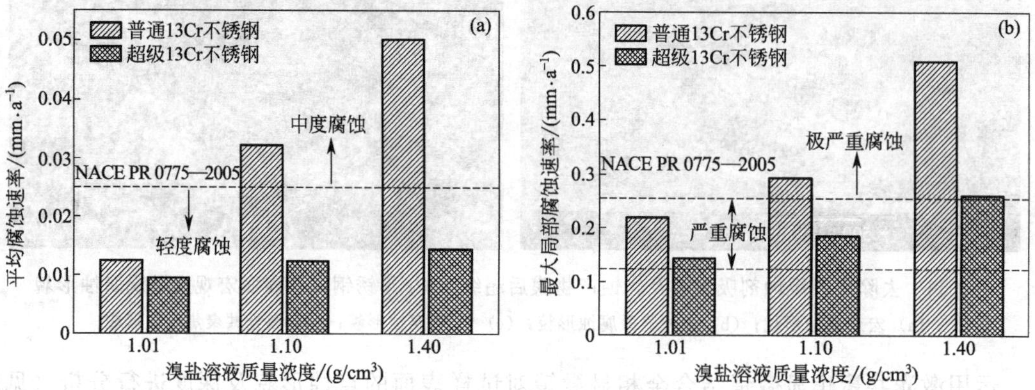

图 3-58 普通 13Cr 不锈钢和超级 13Cr 不锈钢在不同浓度溴盐溶液中腐蚀 7 天后的腐蚀速率对比

(a) 平均腐蚀速率；(b) 最大局部腐蚀速率

为了进一步分析两种不锈钢在不同溴盐溶液中局部腐蚀性能的差异，图 3-58(b) 给出了普通 13Cr 和超级 13Cr 两种不锈钢材料在不同浓度溴盐溶液中的最大局部腐蚀速率变化图。可以看出，虽然两种不锈钢的平均腐蚀速率较低，但最大局部腐蚀速率较高，两种不锈钢均达到严重腐蚀或极严重腐蚀，且随着溴盐浓度的提高，两种不锈钢的局部腐蚀速率均出现了较为明显的升高。这说明不论是对于普通 13Cr 不锈钢还是超级 13Cr 不锈钢，其局部腐蚀行为对溴盐溶液浓度均具有较高的敏感性。

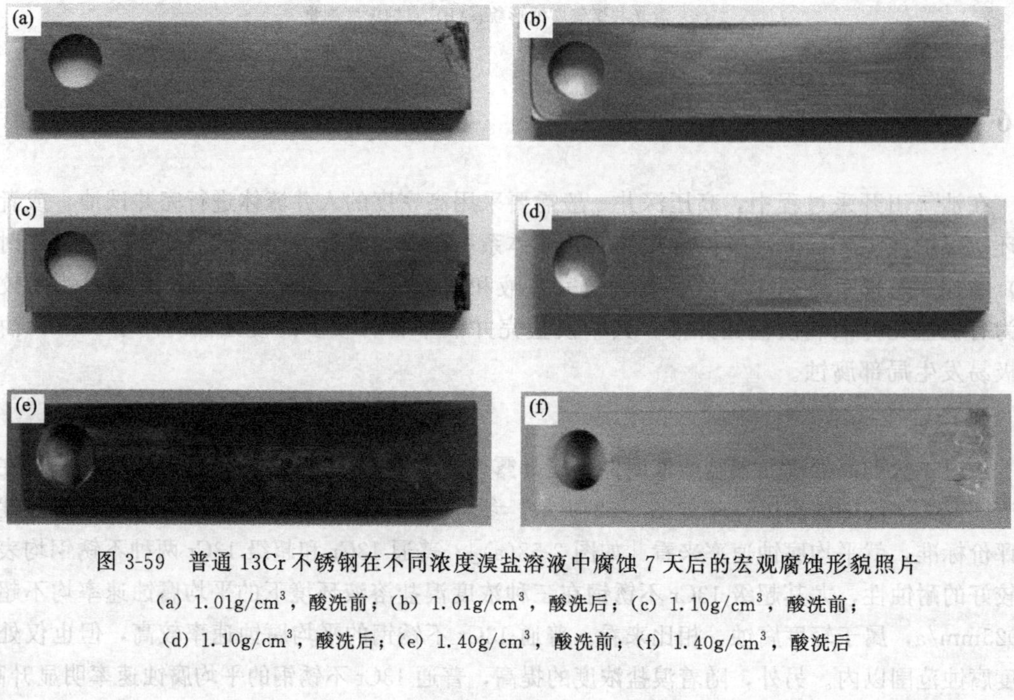

图 3-59 普通 13Cr 不锈钢在不同浓度溴盐溶液中腐蚀 7 天后的宏观腐蚀形貌照片

(a) 1.01g/cm^3，酸洗前；(b) 1.01g/cm^3，酸洗后；(c) 1.10g/cm^3，酸洗前；

(d) 1.10g/cm^3，酸洗后；(e) 1.40g/cm^3，酸洗前；(f) 1.40g/cm^3，酸洗后

(2) 宏观腐蚀形貌

图 3-59 给出了普通 13Cr 不锈钢在不同浓度溴盐溶液中腐蚀 7 天后酸洗前后的宏观腐蚀形貌。可以看出，在 1.01g/cm^3 和 1.10g/cm^3 两种质量浓度下，试样表面并无明显的变化，酸洗后试样仍光亮，划痕清晰可见；而在 1.40g/cm^3 质量浓度下试样表面明显变黑，酸洗后试样表面整体呈灰色，光亮度明显下降。图 3-60 给出了超级 13Cr 不锈钢在三种不同溴盐浓度下酸洗前后的宏观形貌图。超级 13Cr 不锈钢整体腐蚀情况与普通 13Cr 不锈钢类似，在较低浓度下试样表面光亮，而在 1.40g/cm^3 的高质量浓度下试样表面也明显变黑，试样光亮度下降。

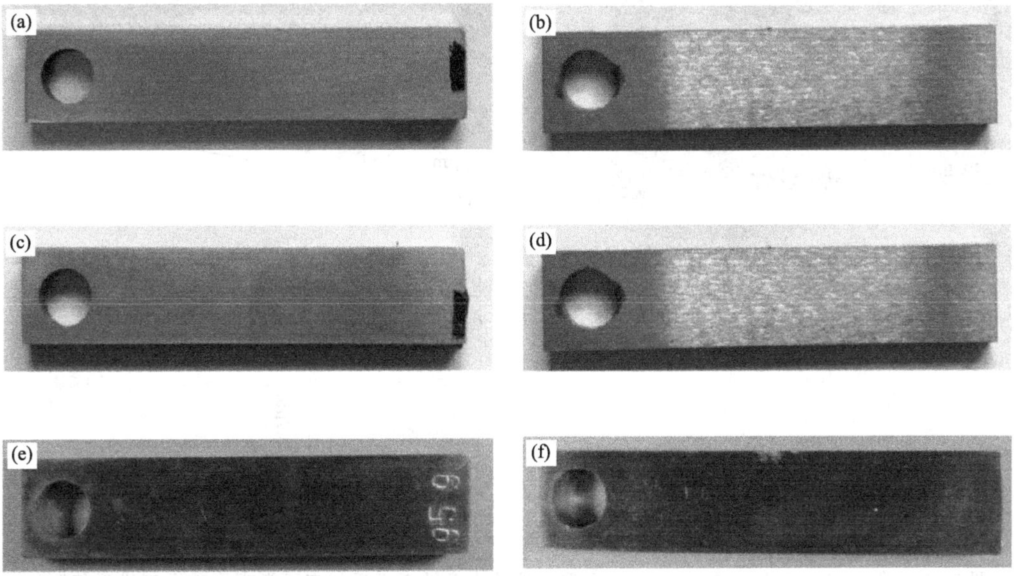

图 3-60　超级 13Cr 不锈钢在不同质量浓度溴盐溶液中腐蚀 7 天后的宏观腐蚀形貌照片

(a) 1.01g/cm^3，酰洗前；(b) 1.01g/cm^3，酰洗后；(c) 1.10g/cm^3，酸洗前；(d) 1.10g/cm^3，酸洗后；(e) 1.40g/cm^3，酸洗前；(f) 1.40g/cm^3，酸洗后

(3) 表面微观形貌及成分分析

从上述最大局部腐蚀速率以及腐蚀后的宏观形貌的对比可以看出，在 1.40g/cm^3 溴盐质量浓度下两种材料的局部腐蚀最严重。最高浓度下两种 13Cr 不锈钢酸洗前的局部腐蚀形貌及化学成分分析如图 3-61 和图 3-62 所示。普通 13Cr 不锈钢表面蚀坑上部呈锥形，而中部呈圆形，这很可能是由于蚀坑经历了两个历程的发展。如图 3-61 所示，从蚀坑的截面形貌可以明显看到蚀坑中部存在一个台阶，这进一步验证了蚀坑是经历了两个不同历程的发展，即在蚀坑内部原有蚀坑基础上发生了进一步的点蚀。能谱测试结果（图 3-62）表明该蚀坑内部主要为 Fe、Cr、O、Br。图 3-63 给出了超级 13Cr 不锈钢在 1.40g/cm^3 溴盐溶液中的局部腐蚀形貌。可以看出，超级 13Cr 不锈钢蚀坑形貌为典型的圆形，内部为纵向的锥形形貌，蚀坑深度约为 4.8μm [图 3-63(c)]，小于普通 13Cr 不锈钢在相同条件下的蚀坑深度（8.7μm），这可能与超级 13Cr 不锈钢基体中 Ni、Mo 等耐蚀性元素的添加有关。能谱测试结果（图 3-64）也表明蚀坑内部除了有和普通 13Cr 不锈钢相同的 Fe、Cr、O、Br 四种元素之外，还有少量 Ni、Mo 元素。综上，在高浓度溴盐溶液中，无

论是普通 13Cr 不锈钢还是超级 13Cr 不锈钢都有明显的点蚀倾向，这主要与溶液中高浓度的侵蚀性阴离子 Br^- 的存在有关，蚀坑内部能谱结果证明了这一推论。相比于普通 13Cr 不锈钢，超级 13Cr 不锈钢的点蚀敏感性相对较低，但其点蚀风险仍不可忽视。

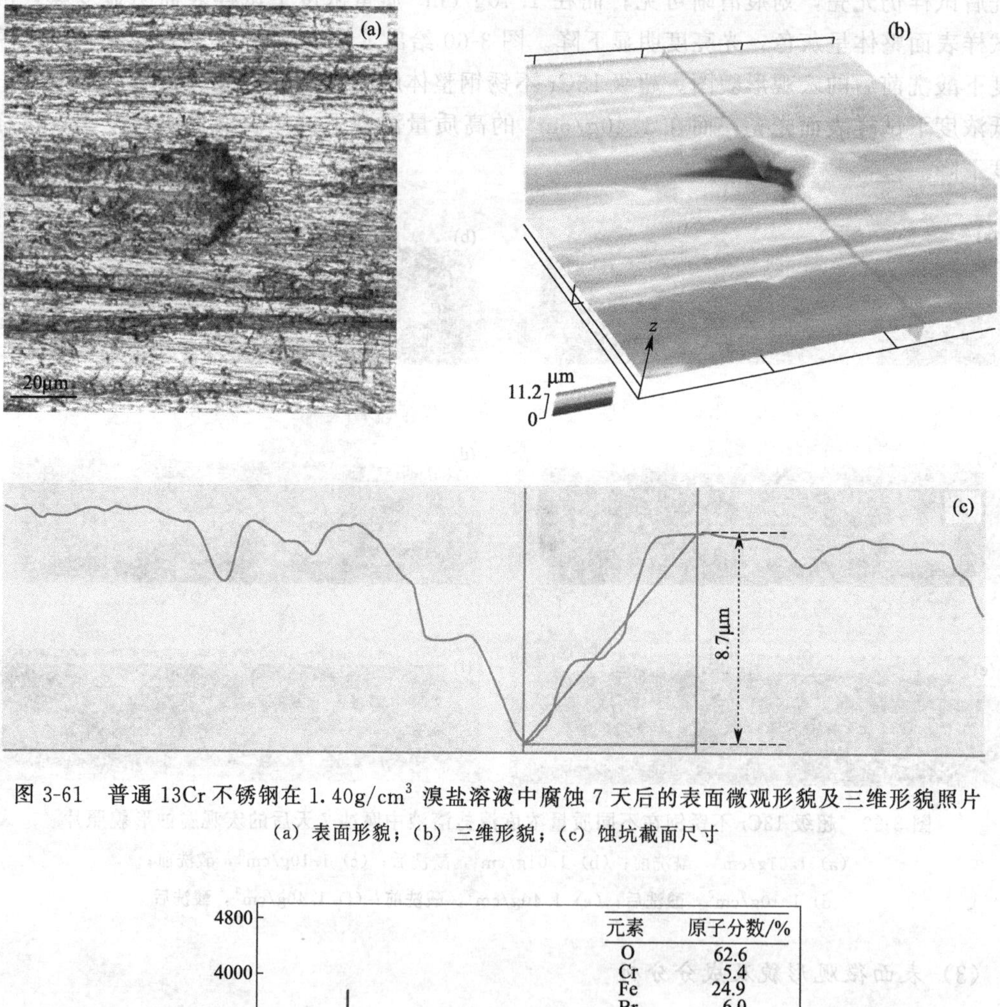

图 3-61　普通 13Cr 不锈钢在 1.40g/cm^3 溴盐溶液中腐蚀 7 天后的表面微观形貌及三维形貌照片

(a) 表面形貌；(b) 三维形貌；(c) 蚀坑截面尺寸

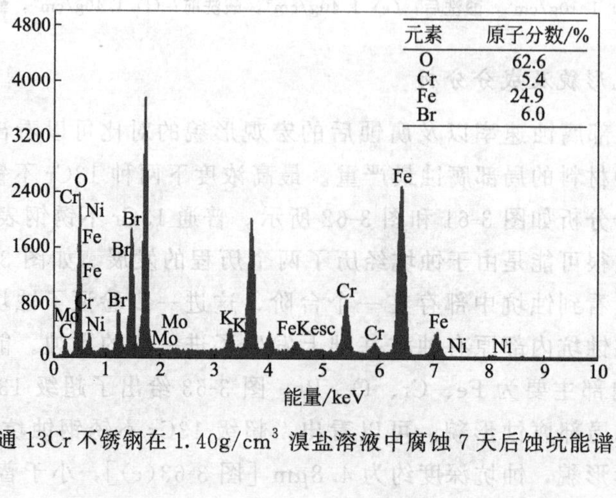

图 3-62　普通 13Cr 不锈钢在 1.40g/cm^3 溴盐溶液中腐蚀 7 天后蚀坑能谱测试结果

(4) 横截面形貌

图 3-65 和图 3-66 分别给出了普通 13Cr 不锈钢和超级 13Cr 不锈钢在不同浓度溴盐溶液中腐蚀后的截面微观形貌图，在 1000 倍放大倍数下均无法观察到明显的完整产物膜。对比

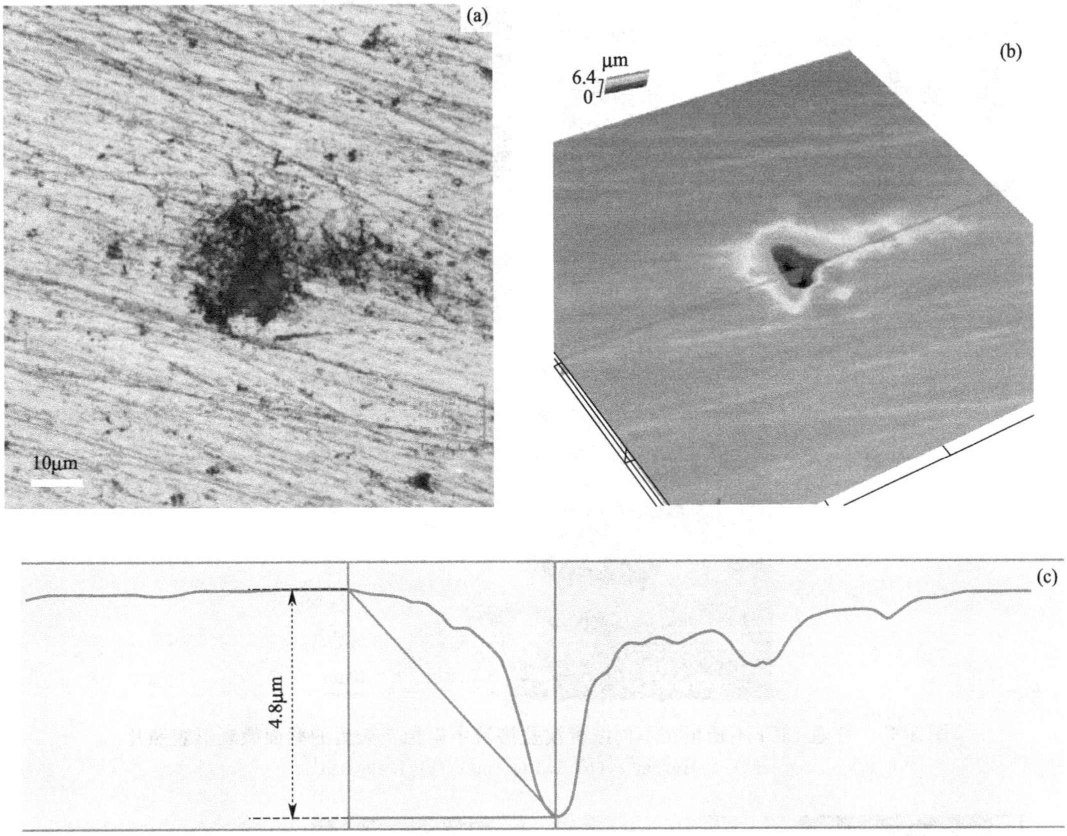

图 3-63　超级 13Cr 不锈钢在 1.40g/cm³ 溴盐溶液中腐蚀 7 天后的表面微观形貌及三维形貌照片

(a) 表面形貌；(b) 三维形貌；(c) 蚀坑截面尺寸

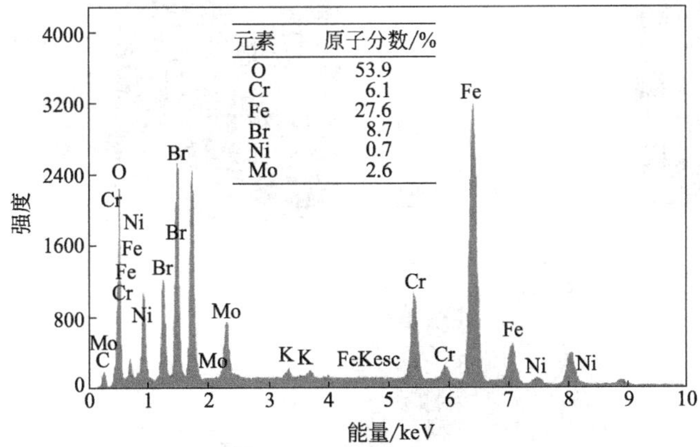

图 3-64　超级 13Cr 不锈钢在 1.40g/cm³ 溴盐溶液中腐蚀 7 天后蚀坑能谱测试结果

来看，在 1.01g/cm³ 和 1.10g/cm³ 较低质量浓度溴盐溶液中，基体表面较为平整，对应的宏观形貌则表现为光亮度较高，试样光亮 [图 3-59(b)、(d)，图 3-60(b)、(d)]。而在较高质量浓度（1.40g/cm³）溴盐溶液中，两种材料基体均出现了明显的锯齿状损伤，因此在自然光照条件下表现为漫反射，对应宏观形貌表现为光亮度较差，呈灰色或黑色形貌特征 [图 3-59(f) 和图 3-60(f)]。

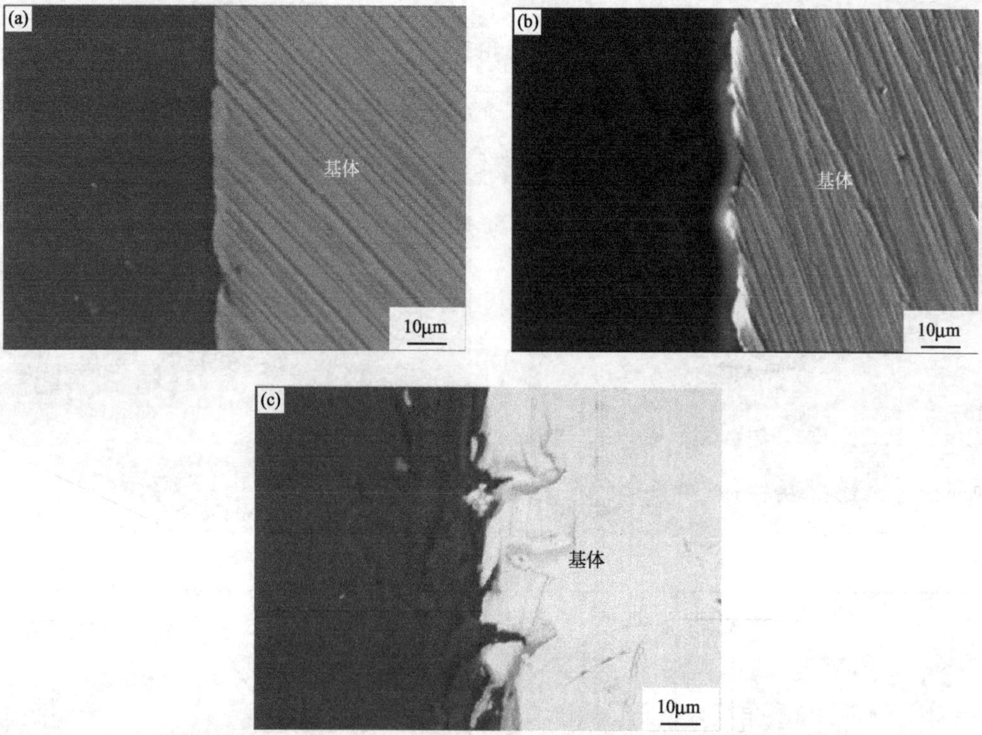

图 3-65　普通 13Cr 不锈钢在不同浓度溴盐溶液中腐蚀 7 天后的截面微观形貌照片

(a) 1.01g/cm^3；(b) 1.10g/cm^3；(c) 1.40g/cm^3

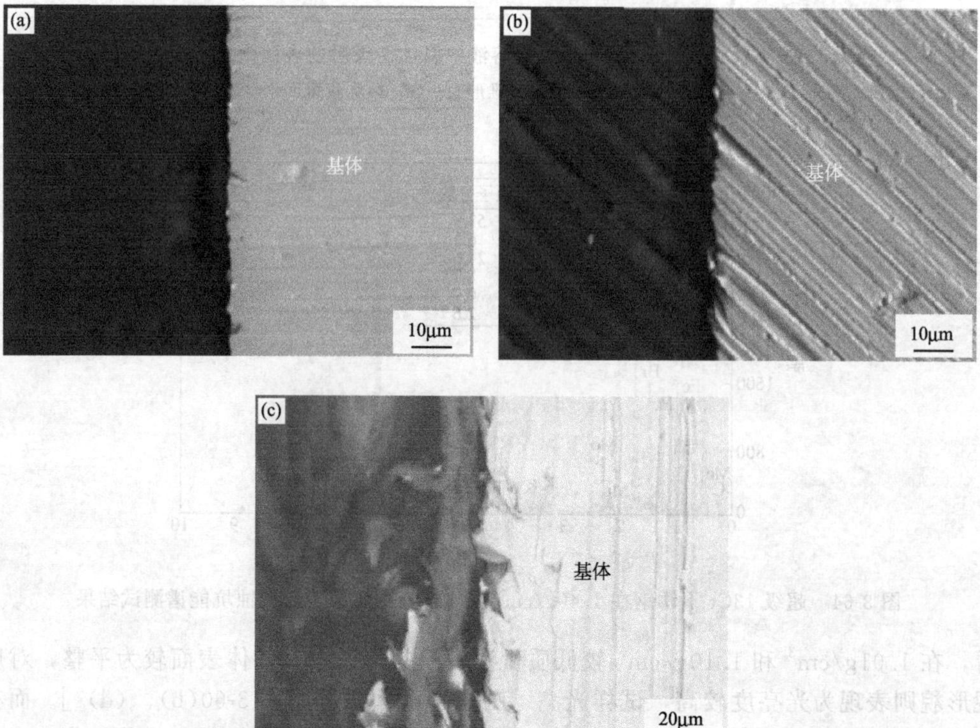

图 3-66　超级 13Cr 不锈钢在不同浓度溴盐溶液中腐蚀 7 天后的截面微观形貌照片

(a) 1.01g/cm^3；(b) 1.10g/cm^3；(c) 1.40g/cm^3

参考文献

[1] Economides M J, Nolte K G. Reservoir stimulation[M]. 3ed. Hoboken: Wiley, 2002.

[2] Hassani S, Vu T N, Rosli N R, et al. Wellbore integrity and corrosion of low alloy and stainless steels in high pressure CO_2 geologic storage environments: an experimental study[J]. International Journal of Greenhouse Gas Control, 2014, 23: 30-43.

[3] 江怀友，宋新民，王元基，等．世界海相碳酸盐岩油气勘探开发现状与展望[J]. 海洋石油，2008，28(4)：6-13.

[4] 陈志海，戴勇．深层碳酸盐岩储层酸压工艺技术现状与展望[J]. 石油钻探技术，2005，33(1)：58-62.

[5] 李月丽，宋毅，伊向艺．酸化压裂：历史、现状和对未来的展望[J]. 国外油田工程，2008，24(8). 14-20.

[6] 王连成，李明朗，程万庆，等．酸化压裂方法在碳酸盐岩热储层中的应用[J]. 水文地质工程地质，2010，37(5)：128-132.

[7] 肖国华．不动管柱分层酸化压裂工艺管柱研究[J]. 石油机械，2004，32(2)：49-55.

[8] 赵志博．超级13Cr不锈钢油管在土酸酸化液中的腐蚀行为研究[D]. 西安：西安石油大学，2014.

[9] Taji I, Moayed M H, Mirjalili M. Correlation between sensitisation and ppitting corrosion of AISI 403 martensitic stainless steel[J]. Corrosion Science, 2015, 92(1): 301-308.

[10] Tamaki A. A new 13Cr OCTG for high temperature and high chloride environment[J]. Corrosion, 1989, 32(5): 86. 193.

[11] 张娟涛，李谦定，赵俊．油气井酸化缓蚀剂研究进展[J]. 腐蚀与防护，2014，35(6)：593-597.

[12] Zhang J T, Bai Z Q, Zhao J, et al. The synthesis and evaluation of *n*-carbonyl piperazine as a hydrochloric acid corrosion inhibitor for high protective 13Cr steel in an oil field[J]. Petroleum Science and Technology, 2012, 30(17): 1851-1861.

[13] 杨向同．库车井筒完整性研究进展及下步工作思路[C]//2013年塔里木油田井筒完整性会议，北京：石油工业出版社，2013.

[14] 郭跃岭，韩恩厚，王俭秋．表面状态对核级316LN不锈钢电化学腐蚀行为的影响[J]. 工程科学学报，2016，38(1)：87-94.

[15] 冯兴国．应力作用下碳钢在混凝土环境中的腐蚀与钝化[D]. 北京：北京化工大学，2012.

[16] 宋宜四，高万夫，王超，等．热处理工艺对Inconel718合金组织、力学性能及耐蚀性能的影响[J]. 材料工程，2012(6)：37-42.

[17] 黄本生，樊子萌，陈浏，等．热处理对X80管线钢在模拟海水中应力腐蚀的影响[J]. 金属热处理，2014，39(8)：109-112.

[18] 谷荣坤，王鸿，宋义全．氧化皮对Q235碳钢腐蚀行为的影响[J]. 腐蚀与防护，2014，35(1)：52-55.

[19] Peng S P, Fu J T, Zhang J C. Borehole casing failure analysis in unconsolidated formations: a case study [J]. Petroleum Science and Engineering, 2007, 59(3/4): 226-238.

[20] 高连新，金烨，张居勤．石油套管特殊螺纹接头的密封设计[J]. 机械工程学报，2005，41(3)：216-219.

[21] 王峰．油套管特殊螺纹接头的研制与应用[J]. 石油矿场机械，2004，33(2)：85-87.

[22] 石晓兵，陈平，聂荣国，等．高压对气井套管接头螺纹接触应力的影响研究[J]. 石油机械，2006，34(6)：32-34.

[23] 董军，李建波，邱海燕．酸化技术研究现状[J]. 科协论坛，2007(3)：18-19.

[24] 徐福昌．谈对酸化压裂工艺的再认识[J]. 大众科技，2006(5)：36.

[25] Yuan X F. Ultra high pressure well fracturing in KS area[C]//World Oil' s 8th Annual HPHT Drilling and Completions Conference. Houston: World Oil, 2013.

[26] Nasr-EI-Din H A, Driweesh S M, Muntasheri G A. Field application of HCl-formic acid system to acid fracture deep gas wells completed with super Cr13 tubing in aaudi arabia[C]//SPE International Improved Oil Recovery Conference. Kuala Lumpur: Society of Petroleum Engineers, 2003.

[27] Huizinga H S, Liek W E. Corrosion behavior of 13% chromium steel in acid stimulation[J]. Corrosion, 2012, 50(7): 555-566.

[28] Mrgenthaler L N, Rhodes P R, Wheaton L L. Testing the corrosivity of spent HCl/HF acid to 22Cr and 13Cr stainless steels[J]. Journal of Petroleum Technology, 1997, 49(5): 1-3.

[29] Kimura M, Sakata K, Shimamoto K. Corrosion resistance of martensitic stainless steel OCTG in severe corrosion environments[C]//Corrosion 2007. Houston: NACE International, 2007.
[30] 吕祥鸿，谢俊峰，毛学强，等．超级 13Cr 马氏体不锈钢在鲜酸中的腐蚀行为[J]．材料科学与工程学报，2014，32(3)：318-323.
[31] 刘亚娟，吕祥鸿，赵国仙，等．超级 13Cr 马氏体不锈钢在入井流体与产出流体环境中的腐蚀行为研究[J]．材料工程，2012(10)：17-21.
[32] 马元泰，雷冰，李瑛，等．模拟酸化压裂环境下超级 13Cr 油管的点蚀速率[J]．腐蚀科学与防护技术，2013，25(4)：347-349.
[33] 雷冰，马元泰，李瑛，等．模拟高温高压气井环境中 HP2-13Cr 的点蚀行为研究[J]．腐蚀科学与防护技术，2013，25(2)：100-104.
[34] 石志英，田震宇，陈丽．酸化残酸腐蚀性研究及防治[J]．断块油气田，1999(3)：52-53.
[35] 赵密锋，付安庆，秦宏德，等．高温高压气井管柱腐蚀现状及未来研究展望[J]．表面技术，2018，47(6)：44-50.
[36] 孙成，李洪锡，张淑泉，等．土壤中 1Cr13 不锈钢的某些腐蚀行为研究[J]．材料科学与工程学报，1999，17(2)：7-9.
[37] Sakamoto S, Maruyama K. Corrosion property of API and modified 13Cr steels in oil and gas environment [C]. Corrosion 1996. Houston: NACE International 1996.
[38] Rincon H E, Shadley J R. Erosion-corrosion phenomena of 13Cr at low sand rate levels [C]//Corrosion 2005. Houston: NACE International, 2005.
[39] 董晓焕，赵国仙，冯耀荣，等．13Cr 不锈钢的 CO_2 腐蚀行为研究 [J]．石油矿场机械，2003，32 (6)：1-3.
[40] 张国超，林冠发，孙育禄，等．13Cr 不锈钢腐蚀性能的研究现状与进展．全面腐蚀控制 [J]，2011，25 (4)：16-21.
[41] Ke M J, Boles J. Corrosion behavior of various 13 chromium tubulars in acid stimulation fluids [C]//SPE International Symposium on oilfield Corrosion 2004.
[42] Hisashi A. Effect of test solution compositions on corrosion resistance of 13 Cr materials in a little amount of H_2S environment [C]//Corrosion 1999. Houston: NACE International, 1999.
[43] 白真权，李鹤林，刘道新．模拟油田 CO_2/H_2S 环境中 N80 钢的腐蚀及影响因素研究 [J]．材料保护，2003，36 (4)：32-38.
[44] 尹成先，张娟涛，白真权，等．适用 13Cr110 管材的高温酸化缓蚀剂研究 [R]．西安：中国石油集团石油管工程技术研究院，2010：24-25.
[45] 崔美红，牟宗刚．缓蚀剂的研究进展 [J]．山东化工，2011，40 (4)：40-43.
[46] 王英，曹祖宾，孙微微，等．缓蚀剂的分类和发展方向 [J]．全面腐蚀控制，2009，23 (2)：24-26.
[47] 郭敏灵，赵立强，刘平礼，等．酸液对 HP13Cr 钢材防腐研究进展 [J]．石油化工腐蚀与防护，2012，29 (6)：4-7.
[48] 谢俊峰，付安庆，秦宏德，等．表面缺欠对超级 13Cr 油管在气井酸化过程中的腐蚀行为影响研究 [J]．表面技术，2018，47 (6)：51-56.
[49] Peng S P, Fu J T, Zhang J C. Borehole casing failure analysis in unconsolidated formations: A case study [J]. Petroleum Science and Engineering, 2007, 59: 226-238.
[50] 高连新，金烨，张居勤．石油套管特殊螺纹接头的密封设计 [J]．机械工程学报，2005，41 (3)：216-219.
[51] 王峰．油套管特殊螺纹接头的研制与应用 [J]．石油矿场机械，2004，33 (2)：85-87.
[52] Gutaman E M. 金属力学化学与腐蚀防护 [M]．金石，译．北京：科学出版社，1989.
[53] 邵荣宽．弹性变形金属的力学化学效应与腐蚀过程相关性的研究 [J]．中国民航学院学报，1997，15 (1)：67-73.
[54] 王景茹，朱立群，张峥．静载荷对 30CrMnSiA 在中性及酸性溶液中腐蚀速度的影响 [J]． 腐蚀科学与防护技术，2008，20 (4)：253-256.
[55] 张大全．气相缓蚀剂及其应用 [M]．北京：化学工业出版社，2007.
[56] 张普强，吴继勋，张文奇，等．用交流阻抗法研究钝化 304 不锈钢在强酸性含 Cl^- 介质中的孔蚀 [J]．中国腐蚀与防护学报，1991，11 (4)：393-402.
[57] 曹楚南．腐蚀电化学原理 [M]．北京：化学工业出版社，2003.
[58] 王佳，曹楚南，林海潮．孔蚀发展期的电极阻抗频谱特征 [J]．中国腐蚀与防护学报，1989，9 (4)：271-278.
[59] 尹成先，王新虎，赵雪会，等．压应力对 HP13Cr 钢电化学腐蚀性能的影响 [J]．材料保护，2104，47 (9)：29-33.

[60] Menaul P L. Causative agents of corrosion in distillate field [J]. Oil and Gas Journal, 1944 (43): 80-81.

[61] Pletcher D, Sidorin D, Hedges B. Acetate-enhanced corrosion of carbon steel-further factors in oil field environments [J]. Corrosion, 2007, 63 (3): 285-94.

[62] 程学群，李晓刚. 不锈钢和镍合金在高温高压醋酸溶液中的腐蚀行为 [J]. 中国腐蚀与防护学报，2006，26 (2): 70-74.

[63] George K, Nesic S, Waard C D. Electrochemical investigation and moldeling of carbon dioxide corrosion of carbon steel in the presence of acetic acid [C]//Corrosion 2004. Houston: NACE International, 2004.

[64] Crolet J L, Thevenot N, Dugstad A. Role of free acetic acid on the CO_2 corrosion of steel [C]//Corrosion 1999. Houston: NACE International, 1999.

[65] 李琼玮，张建勋，刘故箐. 油田的有机酸-CO_2 环境中碳钢腐蚀研究的进展 [J]. 腐蚀科学与防护技术，2013，25 (2): 165-168.

[66] 朱婧，丁毅，朱丹，等. 温度对钛在甲酸溶液中电化学腐蚀行为的影响 [J]. 材料热处理技术，2011，40 (20): 135-136.

[67] 叶超，杜楠，赵晴，等. 不锈钢点蚀行为及研究方法的进展 [J]. 腐蚀与防护，2014，35 (3): 271-276.

[68] 张金钟，谢俊峰，宋文文，等. Cl^- 浓度对 316L 不锈钢点蚀行为的影响 [J]. 天然气与石油，2012，30 (1): 71-73.

[69] 陈晓，陈慎豪，蔡生民. 酸性溶液中氯离子对铁的钝化膜的破坏 [J]. 物理化学学报，1988，4 (4): 382-386.

[70] 李党国，冯耀荣，白真权，等. 温度、 pH 和氯离子对 X80 钢钝化膜内点缺陷扩散系数的影响 [J]. 化学学报，2008，66 (10): 1151-1158.

[71] 朱方辉，罗泽松，李小峰，等. 高温高压条件下 13Cr 钢的乙酸腐蚀 [J]. 腐蚀与防护，2015，36 (8): 735-737.

[72] 张永福，包伟国，江绍猷，等. 1Cr18Ni9 不锈钢阳极氧化膜的 XPS 研究 [J]. 金属学报，1981，5 (17): 529-540.

[73] 陈长风，路明旭，赵国仙，等. N80 油套管钢 CO_2 腐蚀产物膜特征 [J]. 金属学报，2004，4 (38): 411-416.

[74] 张双双. 酸化液对 13Cr 油管柱的腐蚀 [J]. 西安:西安石油大学，2014.

[75] Masamura K, Hashizume S, Nunomura K, et al. Corrosion of carbon and alloy steels in aqueous CO_2 environment [C]//Corrosion 1983. Houston: NACE International, 1983.

[76] 赵麦群. 金属的腐蚀与防护 [M]. 北京：国防工业出版社，2008.

[77] Kimura M, Sakata K. Corrosion resistance of martensitic stainless OCTG in severe corrosion environments [C]. Corrosion 2007. Houston: NACE International, 2007.

[78] 蔡亮. 环保型完井液的研究与应用 [D]. 大庆：大庆石油学院，2009.

[79] Liu Y, Xu L N, Zhu J Y, et al. Pitting corrosion of 13Cr steel in aerated brine completion fluids [J]. Materials and Corrosion, 2014, 65 (11): 1096-1102.

[80] Liu Y, Xu L N, Lu M X, et al. Corrosion mechanism of 13Cr stainless steel in completion fluid of high temperature and high concentration bromine salt [J]. Applied Surfurce Science, 2014, 314: 768-776.

[81] 朱金阳，郑子易，许立宁，等. 高温高压环境下不同浓度 KBr 溶液对 13Cr 不锈钢的腐蚀行为影响 [J]. 工程科学学报，2019，4 (5): 625-632.

[82] 张明，程刚，方勇，等. 缓蚀剂的研究现状及发展趋势 [J]. 化工技术与开发， 2020，49 (4): 43-45.

[83] 熊昊天，吕纯玮，赖浩然，等. 输气管道缓蚀剂预膜机理与工艺的研究现状及发展趋势 [J]. 当代化工，2019，48 (10): 2362-2365.

第4章 开发过程中的腐蚀

4.1 概述

我国的油气资源具有生产井深、杂质多、腐蚀严重的特点，随着对油气资源需求的日益增长，油气田的开发逐渐向纵深发展，井深 7600m 甚至更深的油气井变得很常见，超深超高压井不断涌现。高温高压井的苛刻环境增大了勘探开发的难度，同时带来了完井及生产过程中一系列的选材问题，尤其是完井管柱选材问题。在这种环境条件下，腐蚀不仅造成严重的经济损失，引发安全事故，而且对水资源和环境也会造成严重污染。正常生产过程中，高温高压井完井管柱内为地层流体，其中含有 CO_2、H_2S 和 Cl^- 等，会引起其内壁腐蚀，外壁为较高温度的完井液腐蚀。如果发生油套窜通，地层中 CO_2、H_2S 和 Cl^- 等可渗漏浸入油套环空。

CO_2 溶解于水后形成碳酸，在相同 pH 条件下，其总酸度高于盐酸，对钢铁材料有极强的腐蚀性，往往造成石油和天然气的生产、加工设施和运输管道的严重腐蚀和安全隐患。尽管 CO_2 腐蚀不会像 H_2S 腐蚀那样引起材料的脆化开裂，但是 CO_2 腐蚀通常为局部腐蚀，其典型特征包括点蚀、溃疡状腐蚀、台面状蚀坑，这种腐蚀的穿孔率特别高，易破坏油套管的完整性。CO_2 和 Cl^- 共存的高温高压环境也是较为常见的石油管线内部环境，管线材料在这种环境中服役常常会发生腐蚀穿孔甚至断裂，对正常安全生产造成了极大隐患。因此，研究管线材料在高温高压多种腐蚀介质共存条件下的腐蚀行为也非常重要。另外，单质硫沉积现象在酸性气田，特别是高含 H_2S 气藏中经常发生。单质硫在油藏中能与 H_2S 形成多硫化物，在油气开采过程中，由于温度和压力的降低而不断从 H_2S 中析出。如对某试验气井试验后的沉积物进行分析发现单质硫的含量超过 90%，而且以 S_8 的形式存在。尽管单质硫难溶于水，但是单质硫在管壁上沉积将会导致硫堵；能与 H_2S_x、H_2S、HS^- 等共同作用促进油套管腐蚀。同时单质硫还能在一定温度下（如超过 80℃）与水发生歧化反应生成 H_2S，导致溶液酸化，进而诱发严重的腐蚀问题。另外，饱和盐水是油田产出流体的主要组分，在高温高压条件下对油套管造成严重的腐蚀，特别是点蚀，甚至引起腐蚀穿孔。最终，单质硫与高浓度的 Cl^- 发生协同作用加速油套管的腐蚀。

目前在对油套管用超级 13Cr 不锈钢的腐蚀研究中探讨了 H_2S、CO_2 分压、Cl^- 浓度、温度、流速、气液两相等因素的影响。如超级 13Cr 不锈钢的腐蚀速率随 CO_2 分压、H_2S 分压的升高呈现出先增大后降低的趋势，随加载应力的增大而增大，在 CO_2 分压为 3MPa、H_2S 分压为 0.5MPa、加载应力为 90%时分别达到最大值，超级 13Cr 不锈钢的最大腐蚀速率为 0.072mm/a，为中度腐蚀，表现出良好的耐腐蚀性能。在温度为 150℃、CO_2 分压为 4MPa 且 H_2S 分压为 0.5MPa 时，超级 13Cr 不锈钢出现应力腐蚀开裂现象。

然而，随着油气田的不断开发，产量不断增加，管柱大都面临高温高压高腐蚀环境，井下含有的高流速、强腐蚀、高温多相流体，会加快油套管的冲刷腐蚀、腐蚀疲劳及磨损。腐蚀与力学因素交互作用，相互促进，加快对油套管的破坏，油套管腐蚀、变形、破损等事故频繁发生。油套管腐蚀将缩短其寿命，降低安全性和可靠性，引起环空带压，危及井筒安全，严重影响气井安全生产。含酸性气体的深井和超深井，井筒内温度、压力较高，且处于不断变化之中，井下油套管面临的服役环境日趋苛刻和复杂。另外，气井油套管柱往往采用不同类型的管材，不同管材在环境中的抗腐蚀性能与实际的外界环境密切相关。因此开展关于超级 13Cr 不锈钢的腐蚀行为的研究对于安全生产具有重大的意义。

4.2　CO_2 腐蚀

4.2.1　温度的影响

4.2.1.1　腐蚀速率

图 4-1 是超级 13Cr 不锈钢和 API 13Cr 不锈钢在不同温度时的平均腐蚀速率，其腐蚀介质是 Cl^- 浓度为 100g/L 的 NaCl 溶液，动态流速为 3m/s，试验温度分别为 90℃、120℃、150℃、180℃，CO_2 分压为 3MPa，总压为 10MPa，试验时间为 168h。由图 4-1 可知，无论在静态还是动态条件下，超级 13Cr 不锈钢在低于 150℃的温度范围内，其腐蚀速率随温度的升高而逐渐增大，这与韩燕等的研究结果一致。而且超级 13Cr 不锈钢在动态条件下的腐蚀速率要大于其在静态条件下的腐蚀速率，且在 150℃时达到最大值，这与林冠发等的试验结果具有较好的吻合性。这是因为随温度的进一步升高，均匀致密腐蚀产物膜快速形成而使腐蚀速率呈降低趋势。而静态条件下的腐蚀速率随温度的升高持续增大。根据 NACE RP 0775—2005 标准，动态时超级 13Cr 不锈钢在 90℃和 120℃下属于轻度腐蚀，而在 150℃和 180℃时属于中度腐蚀；静态时在 90～150℃之间均属于轻度腐蚀，仅在 180℃时属于中度腐蚀。API 13Cr 不锈钢在动态和静态条件下的腐蚀速率都随温度的升高而逐渐增大，且流体冲刷和传质的共同作用使得动态条件下的腐蚀速率大于其在静态条件下的腐蚀速率。对比图 4-1(a) 和 (b) 可知，超级 13Cr 不锈钢的耐 CO_2 腐蚀性能明显优于 API 13Cr 不锈钢，这是因为降低 C

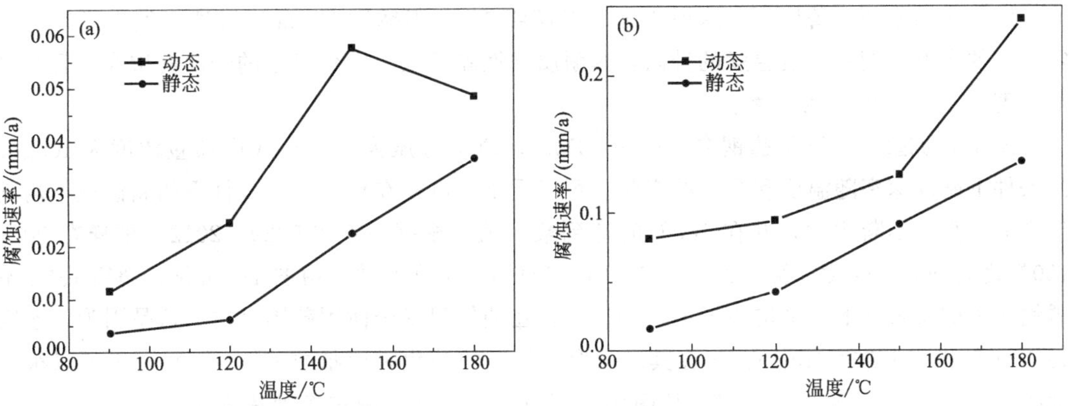

图 4-1　不同温度下的平均腐蚀速率

(a) 超级 13Cr 不锈钢；(b) API 13Cr 不锈钢

含量能减少基体的贫 Cr 区，提高 Ni 含量能改善耐蚀性，添加 Mo 可改善耐点蚀性。

Ueda 在研究温度对含铬钢腐蚀速率的影响时发现，均匀腐蚀速率会随钢中 Cr 含量的增加而逐渐降低，其腐蚀速率的峰值也会随 Cr 含量的增加而向高温度区偏移。在他们的研究中还发现含 13%Cr 钢的使用极限温度可达 225℃，但实际条件下无法实现如此高的温度，如 API 13Cr 不锈钢的临界使用温度仅为 150℃，这可能与油管的钢级、加工工艺以及所使用的环境有关。

姚小飞等利用浸泡法研究了超级 13Cr 不锈钢油管在较低温度下的腐蚀行为，发现随溶液温度的升高，超级 13Cr 不锈钢的腐蚀速率增大，如图 4-2 所示。依据腐蚀速率对金属材料的耐腐蚀性进行分类，超级 13Cr 不锈钢在温度低于 40℃的 5% NaCl 溶液中时属于完全耐腐蚀，在温度高于 60℃时属于很耐腐蚀，这说明超级 13Cr 不锈钢在温度低于 80℃的 5% NaCl 溶液中具有较好的耐全面腐蚀性能。

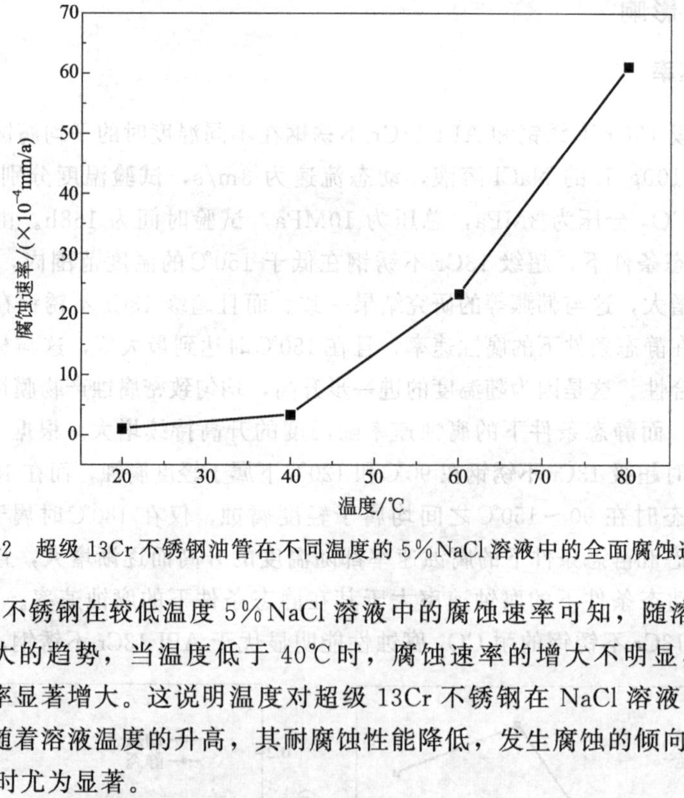

图 4-2　超级 13Cr 不锈钢油管在不同温度的 5%NaCl 溶液中的全面腐蚀速率

由超级 13Cr 不锈钢在较低温度 5%NaCl 溶液中的腐蚀速率可知，随溶液温度的升高，腐蚀速率呈现增大的趋势，当温度低于 40℃时，腐蚀速率的增大不明显，而当温度高于 60℃时，腐蚀速率显著增大。这说明温度对超级 13Cr 不锈钢在 NaCl 溶液中发生腐蚀有一定程度的影响，随着溶液温度的升高，其耐腐蚀性能降低，发生腐蚀的倾向性增大，且当溶液温度大于 60℃时尤为显著。

图 4-3 为超级 13Cr 不锈钢在总压为 70MPa、CO_2 分压为 3MPa、Cl^- 质量浓度为 100g/L 的条件下腐蚀速率随温度和流速的变化。可以看出，试样在动、静态条件下的腐蚀速率均随温度的升高而不断增大，并在 180℃时达到最大值。根据 SY/T 5329—2012，试样在 90～150℃之间均属于轻度腐蚀，而在 180～210℃时属于中度腐蚀。由图 4-3 可见，超级 13Cr 不锈钢在本试验条件下的平均腐蚀速率均较小，在油气田安全使用范围之内，这是因为，超级 13Cr 不锈钢主要靠基体中的 Cr 在其表面形成致密的钝化膜而抵抗 CO_2 腐蚀，Cr 可以很好地防止 CO_2 腐蚀的发生。同时，从图中还可以发现，动、静态腐蚀速率存在差异。动态的腐蚀速率明显高于静态腐蚀速率，且随温度的升高，二者的差距越来越大，这说明流动状态对超级 13Cr 不锈钢的腐蚀速率影响较为显著，所以“三超”气井生产过程中流动的管内井

流物对管材的影响作用是不容忽视的，特别是在一些接头部位，冲刷腐蚀作用会更为严重，在这些部位也容易产生管材的损伤或穿孔而失效。

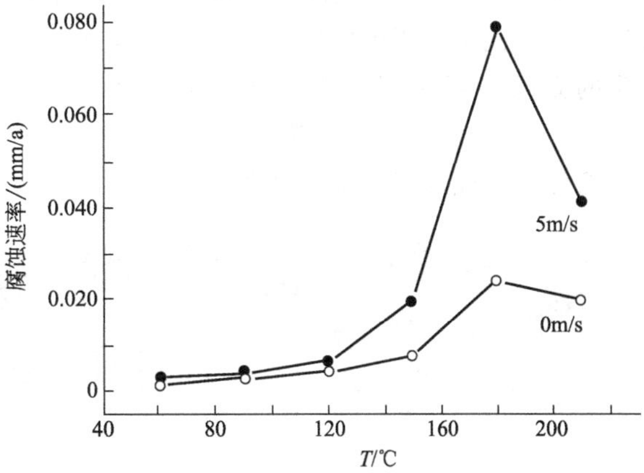

图 4-3 超级 13Cr 不锈钢在不同温度下的腐蚀速率

刘艳朝等研究发现，在 CO_2 分压为 2.5MPa、Cl^- 浓度为 160g/L 的条件下，随着温度的升高，超级 13Cr 不锈钢的均匀腐蚀速率呈上升趋势，且在 150℃达到最大值，为 0.0164mm/a，超过 150℃后，随着温度的升高均匀腐蚀速率反而呈下降趋势，如图 4-4 所示。根据 NACE RP 0775—2005 标准对均匀腐蚀程度的规定，在各温度下超级 13Cr 不锈钢均属于轻度腐蚀。在所选温度范围内，随着温度的升高，超级 13Cr 不锈钢的均匀腐蚀速率增大，在 150℃附近达到最大值。超级 13Cr 不锈钢均匀腐蚀主要是靠钝化膜中富 Cr 成分［如 Cr_2O_3 或 $Cr(OH)_3$］的不断形成和溶解来实现的，远低于一般碳钢或低合金钢的均匀腐蚀速率。一般情况下，井下设备可接受的均匀腐蚀速率为 0.1mm/a，而国外的一些油套管生产厂家，如 JFE 钢管公司将其定为 0.127mm/a，而俄罗斯标准将此放宽到 0.5mm/a。因此，从均匀腐蚀速率的大小可以看出，超级 13Cr 不锈钢的 CO_2 腐蚀速率远小于油气田可接受的极限数值，其在工况环境下的点蚀更应该受到关注。

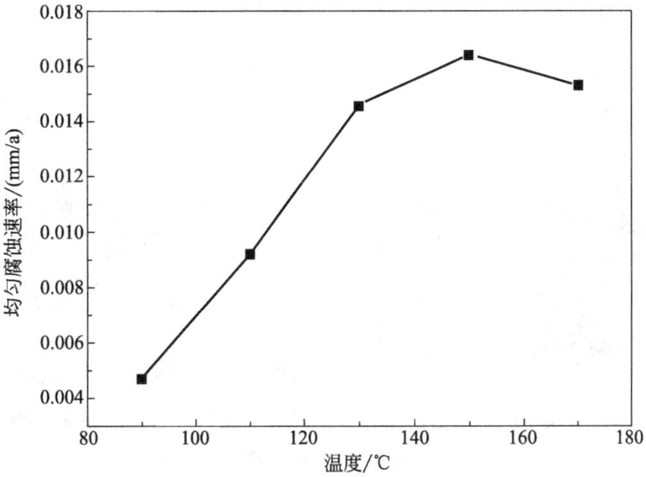

图 4-4 不同温度条件下的腐蚀速率

蔡文婷等研究发现，随温度升高，超级 13Cr 不锈钢的腐蚀速率增大，但在较高的温度下趋于稳定。在所选温度条件下（35～125℃），随着温度的增加，超级 13Cr 不锈钢的腐蚀速率增大，但整体较低且增加幅度不大，属于轻度腐蚀。

4.2.1.2 产物膜特征

图 4-5 为超级 13Cr 不锈钢在动态环境下腐蚀产物膜的表面形貌。由图 4-5(a)、(b) 和

(c) 可见，从 90℃到 150℃，试样表面的产物膜较平整，且抛光时形成的条形磨痕依稀可见，说明腐蚀产物形成的膜层很薄，但条形磨痕越来越不明显，说明膜层在增厚。从图 4-5 (d) 可见，此条件所生成的膜层较厚，且有些地方发生了开裂。试样表面腐蚀产物膜发生开裂的原因主要是湿的腐蚀产物膜尤其是 $Cr(OH)_3$ 在放入干燥器后干燥失水。这种 $Cr(OH)_3$ 含量较高且厚的膜层能相对较好地保护基体，这也正是超级 13Cr 不锈钢在 180℃动态条件下腐蚀速率降低的原因。

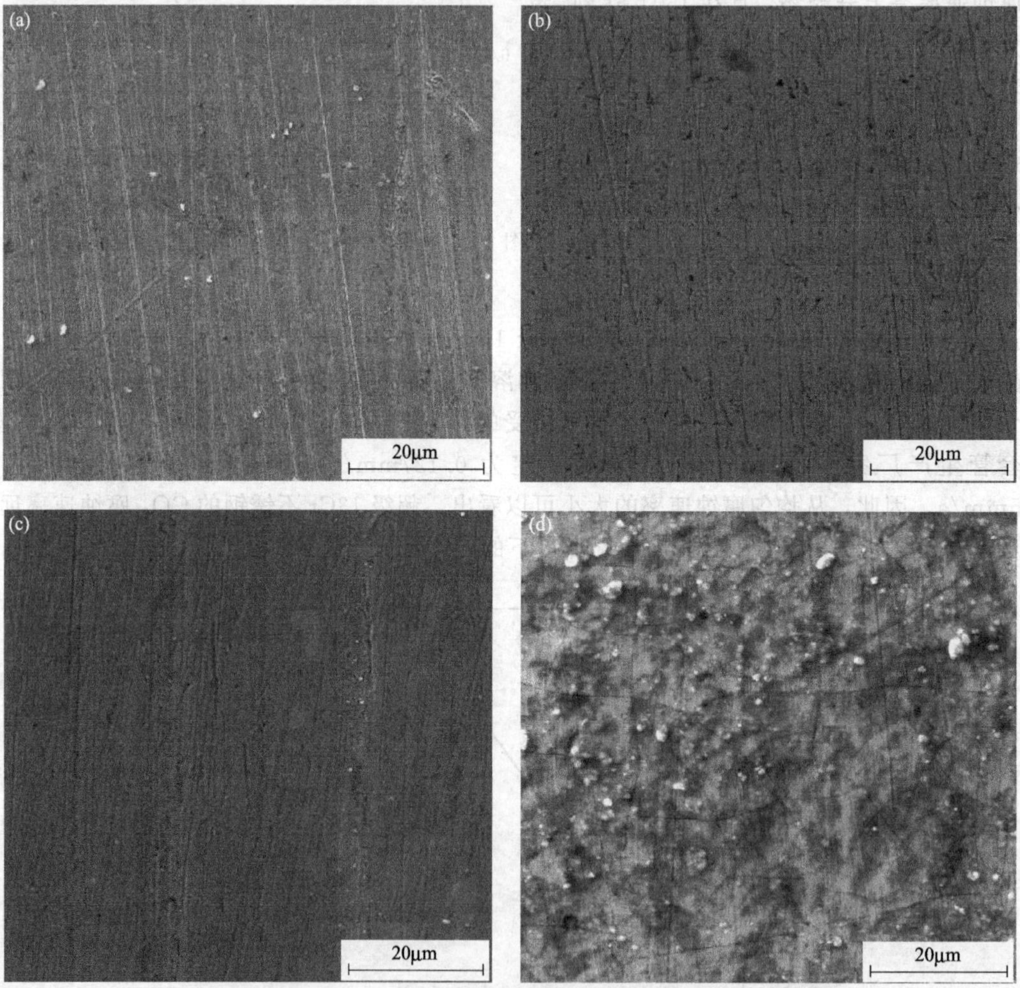

图 4-5　超级 13Cr 不锈钢在动态环境下腐蚀产物膜的表面形貌

(a) 90℃；(b) 120℃；(c) 150℃；(d) 180℃

图 4-6 为超级 13Cr 不锈钢在静态不同温度下的腐蚀形貌，与图 4-5 对比可见，二者腐蚀形貌相似，但图 4-6 中的腐蚀产物膜相对比较平整和光滑，膜层更致密。另外，图 4-5 和图 4-6 中的腐蚀产物膜基本平整，膜厚较薄，膜层致密，由此可推测在试验条件下超级 13Cr 不锈钢发生的腐蚀过程主要是均匀腐蚀，局部腐蚀程度很小。

姚小飞等发现超级 13Cr 不锈钢在较低温度的 5％NaCl 溶液中全浸泡腐蚀后的试样宏观形貌如图 4-7 所示。由图 4-7 可知，室温时试样表面未见明显的腐蚀，温度大于 40℃时，试样表面均发生了不同程度的腐蚀，随溶液温度的升高，试样表面的腐蚀程度加重。

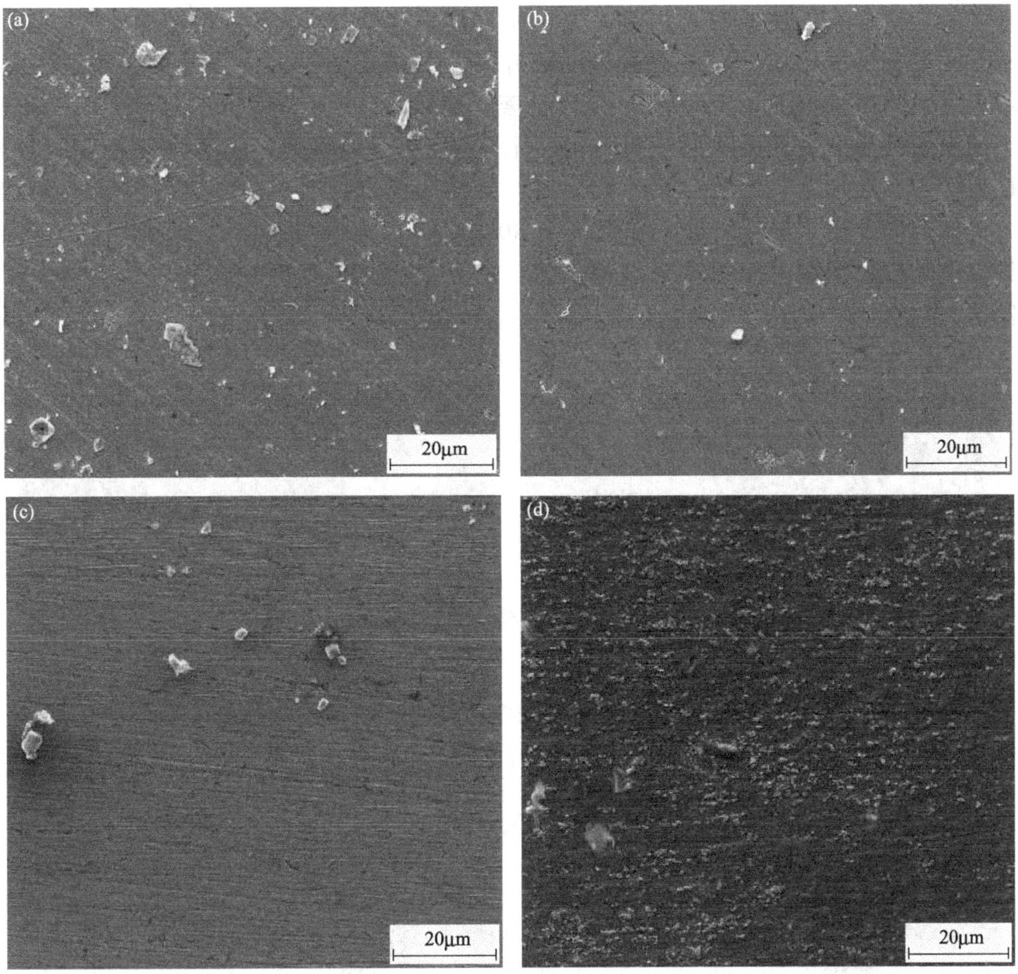

图 4-6　超级 13Cr 不锈钢在静态不同温度下的腐蚀形貌

(a) 90℃；(b) 120℃；(c) 150℃；(d) 180℃

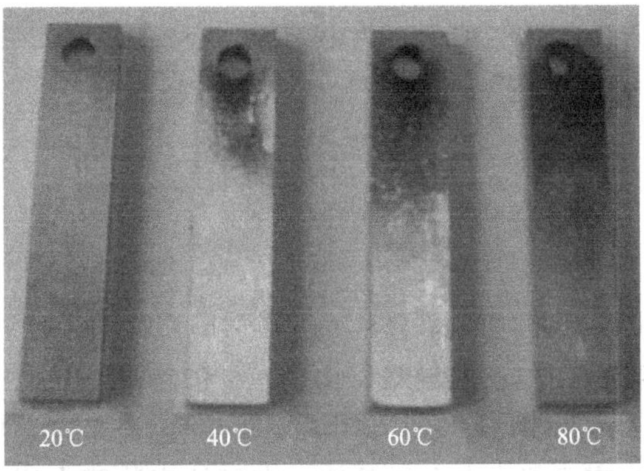

图 4-7　超级 13Cr 不锈钢在较低温度下的宏观形貌

在温度低于 40℃的 NaCl 溶液中时，试样表面腐蚀较轻微，而在温度高于 60℃的 NaCl 溶液中时，试样表面腐蚀明显加重，这说明温度对超级 13Cr 不锈钢在 NaCl 溶液中的腐蚀有一定程度的影响，随着溶液温度的升高，其抗腐蚀性能降低，发生腐蚀的倾向性增大，且当溶液温度大于 60℃时尤为显著。超级 13Cr 不锈钢在不同温度的 NaCl 溶液中浸泡腐蚀后的试样微观形貌如图 4-8 所示。由图 4-8 可知，随着溶液温度的升高，试样表面的腐蚀加重，当温度低于 40℃时，试样表面未见明显的腐蚀；当温度为 60℃时，试样表面发生了局部腐蚀；在温度为 80℃时，试样表面发生了全面腐蚀，腐蚀表面显现出疏松的形貌。腐蚀微观形貌表明，由点蚀引发局部腐蚀，进而导致全面腐蚀的发生。

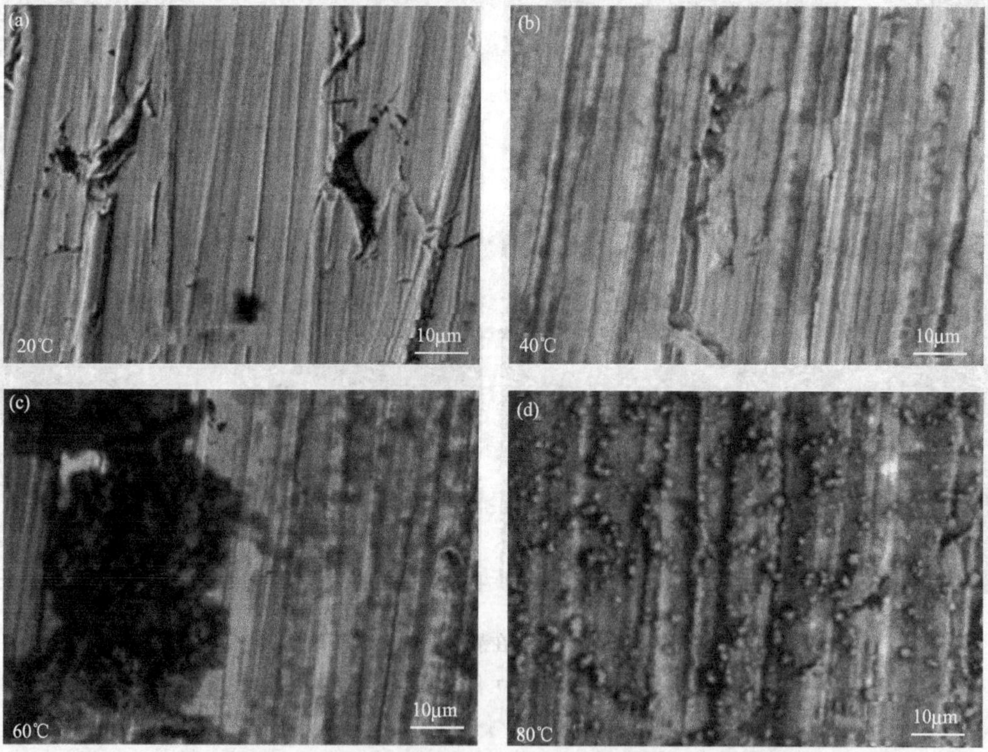

图 4-8 超级 13Cr 不锈钢在较低温度下的微观腐蚀形貌

(a) 20℃；(b) 40℃；(c) 60℃；(d) 80℃

4.2.1.3 成分分析

(1) EDS 分析

图 4-9 和表 4-1 分别是 150℃时超级 13Cr 不锈钢的 CO_2 腐蚀产物膜能谱图和动、静态时不同温度下腐蚀产物膜的 EDS 分析结果，由图 4-9 和表 4-1 可知，动、静态时腐蚀产物膜的主要组成元素均是 C、Fe、Cr、O 等，其中 Fe 和 Cr 主要来自金属基体，O 和 C 来自腐蚀介质，其中一部分 C 也有可能来自金属基体。在腐蚀产物膜中还有少量的 Cl、Ni、Si 等元素，分别来自金属基体和腐蚀介质。

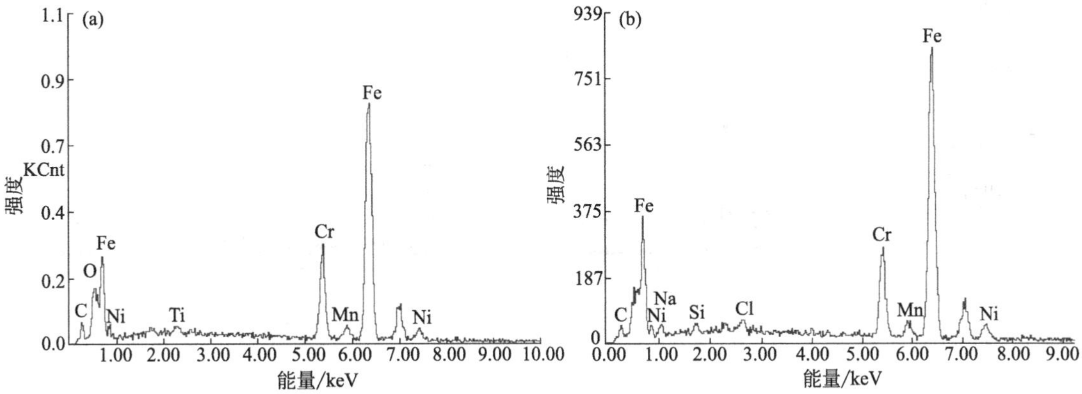

图 4-9 超级 13Cr 不锈钢在 150℃时腐蚀产物层的能谱图

(a) 动态；(b) 静态

表 4-1 产物的组成元素含量 单位：%（质量分数）

状态		C	O	Cr	Fe	Cl	Ni	Si	Na
动态	90℃	12.85	11.45	14.39	58.85	0.61	0.24	0.23	1.38
	120℃	12.63	10.56	17.78	55.89	0.48	0.63	0.18	1.85
	150℃	7.51	15.91	21.85	56.03	0.61	0.60	—	1.09
	180℃	6.55	11.63	22.91	55.64	0.78	0.66	0.30	0.90
静态	90℃	8.78	7.79	12.52	62.95	1.12	1.01	0.23	5.60
	120℃	6.92	9.15	14.55	61.16	2.52	0.98	0.32	3.52
	150℃	7.30	6.32	17.53	61.21	2.77	0.89	0.10	3.82
	180℃	7.34	7.27	17.56	61.14	0.94	0.92	0.15	4.68

另外，动、静态腐蚀条件下的钢表面均含有较高含量的 Cr，且含量均高于基体，说明在腐蚀过程中基体中的 Cr 在表面和腐蚀产物膜中均发生了富集，从而在钢表面形成了较致密的产物膜，或钢中的 Cr 元素在钢表面层形成更具有耐蚀性的薄层。从动、静态时产物膜中的 Cr 含量对比可看出，在相同温度下动态表层中 Cr 含量更高，这与动态时流体的冲刷作用有直接关系。因为含 Cr 钢的 CO_2 腐蚀产物膜主要成分有 $FeCO_3$ 和 $Cr(OH)_3$，在腐蚀过程中 $FeCO_3$ 的溶解与结晶过程同时进行，在腐蚀过程达到稳定时溶解与结晶的速率是平衡的，但在流动冲刷作用下溶解的速率更快，因此在动态时膜中晶粒粗大的 $FeCO_3$ 要比非晶态的 $Cr(OH)_3$ 更容易溶解。在溶液中，其他盐的这种溶解作用则更为明显，如表 4-1 中动态条件下的 Cl 和 Na 元素含量就明显低于静态条件。同时温度越高，腐蚀反应的速率就越大，上述富集作用或形成 $Cr(OH)_3$ 的过程更快。可见，上述原因造成了膜层或基体表面 Cr 含量随温度的升高而增加。

低温条件下所形成的腐蚀产物膜 EDS 谱图如图 4-10 所示。由图可知，腐蚀产物主要由 O、Fe、Cr、Ni、Mo 等元素组成，其含量如表 4-2 所示。随着温度的升高，Fe 和 Cr 的含量逐渐降低，而 O 的含量逐渐升高，由此可推测，腐蚀产物由 Fe 和 Cr 的氧化物组成，钢在低温下发生了轻微腐蚀，而较高温度下，钢的腐蚀程度加重。

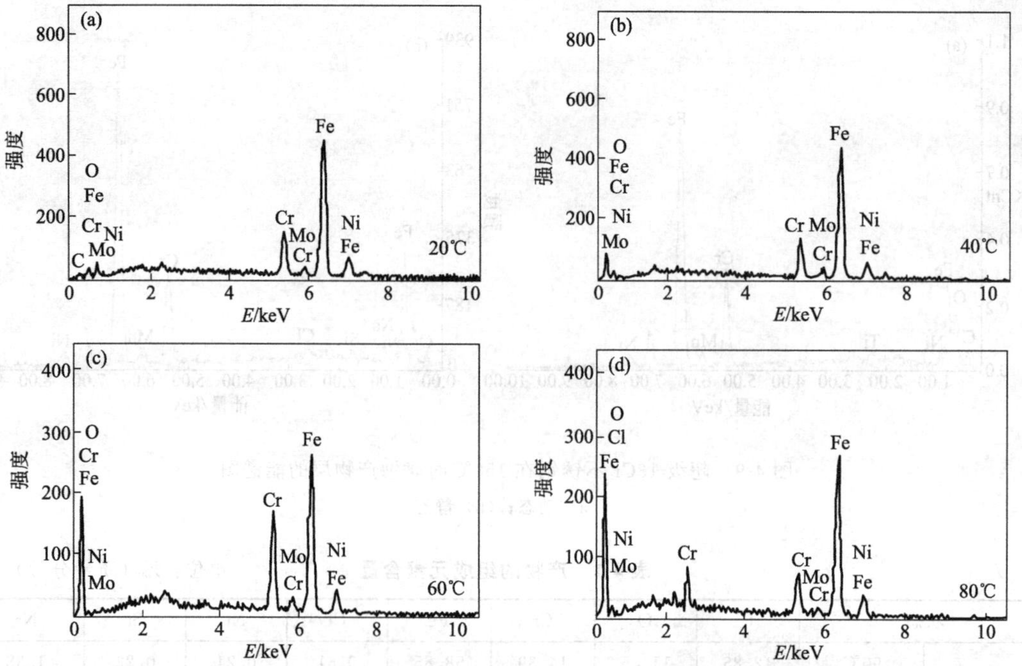

图 4-10 超级 13Cr 不锈钢油管在较低温度的 5%NaCl 溶液中的腐蚀产物膜 EDS

(a) 20℃；(b) 40℃；(c) 60℃；(d) 80℃

表 4-2 超级 13Cr 不锈钢油管在不同温度的 5%NaCl 溶液中腐蚀表面的 EDS 分析结果

单位：%（质量分数）

元素	20℃	40℃	60℃	80℃
O	2.14	5.45	27.83	29.84
Cr	13.59	12.91	11.97	10.53
Fe	75.54	72.88	51.41	50.82
Ni	4.61	4.62	4.62	4.63
Mo	1.93	1.93	1.94	1.94
其他	2.19	2.21	2.23	2.24

（2）XRD 分析

图 4-11 是温度为 150℃时动、静态条件下的腐蚀产物膜的 XRD 图谱。由图 4-11 可知静态时的腐蚀产物膜由 Fe 和 Fe-Cr 固溶体及腐蚀产物 $FeCO_3$ 构成；动态时的腐蚀产物膜主要由 Fe 和 Fe-Cr 固溶体构成。另外，动、静态时在 20°到 30°之间出现了一个微小的“馒头”峰，这是非晶态物质在 XRD 图谱中的典型特征，主要是因为基体中的 Cr 元素可与腐蚀介质形成 $Cr(OH)_3$，而 $Cr(OH)_3$ 为非晶态物质，故不会在 XRD 图谱上出现明显的尖峰，而是出现“馒头”峰，小的“馒头”峰表明其含量很少。林冠发等认为，超级 13Cr 不锈钢的 CO_2 腐蚀产物膜具有双层结构，表层是晶态的 $FeCO_3$，内层主要是非晶态的 $Cr(OH)_3$，细小颗粒可形成致密的保护膜。对比动、静态条件下的腐蚀产物可发现，静态时产物膜中可检测到 $FeCO_3$ 晶体，这与腐蚀程度有关，腐蚀程度越高，形成的腐蚀产物膜就越厚，其所含的 $FeCO_3$ 晶体就越多。

对于钢材料而言，其 CO_2 腐蚀产物主要为 $FeCO_3$，它在水中的溶解度与温度具有负的温度效应。在低温条件下，由于腐蚀速率较低，溶液中即使有 $FeCO_3$ 生成，附着在钢表面

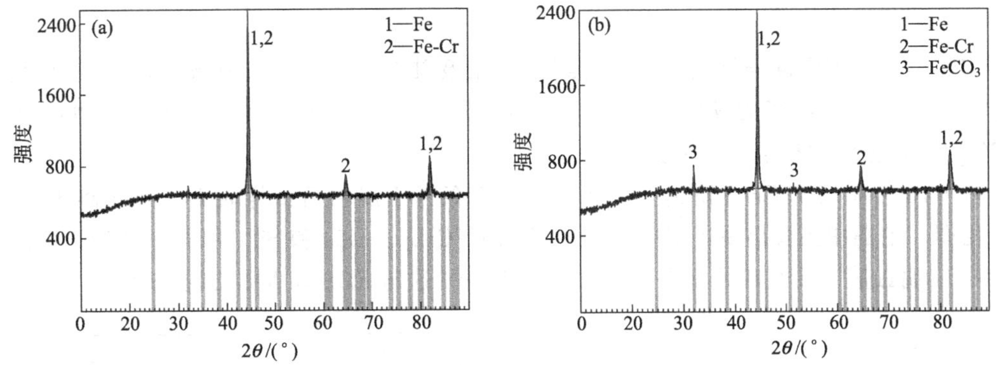

图 4-11　150℃时腐蚀产物膜的 XRD 图谱

(a) 动态；(b) 静态

的产物膜疏松多孔且容易脱落，很难形成稳定的产物膜；温度升高，腐蚀速率增大，当温度升高到腐蚀产物生成的条件时，很快会在钢表面形成大量的腐蚀产物，堆积在钢的表面形成稳定的腐蚀产物膜。钢表面形成的稳定、致密平整的腐蚀产物膜，可对腐蚀过程产生较好的缓蚀作用，对钢起到有效的保护。研究证实，当达到可形成致密完整的腐蚀产物膜所需的温度后再提高温度，一般情况下膜的致密性越来越好，缓蚀作用越来越明显，虽然动态和静态下腐蚀产物膜达到致密完整所需的温度可能有所不同。但是，毕竟温度越高，传质越剧烈，且钢的表面活性越高，所以腐蚀速率随温度的进一步升高而降低只是相对的。至于动态腐蚀速率高于静态条件下的腐蚀速率，其原因在于动态条件下腐蚀介质不断冲刷试样表面，可对试样表面的腐蚀产物膜产生破坏作用，从而使膜的保护作用降低，同时流动状态增强了腐蚀介质在腐蚀产物膜中的传递过程，因此这两方面作用导致了超级 13Cr 不锈钢的动态腐蚀速率大于静态的腐蚀速率。

超级 13Cr 不锈钢在低温下所形成腐蚀产物膜的 XRD 图谱如图 4-12 所示。XRD 分析结果显示了 Fe-Cr、FeO、CrO 和 CrO_3 的物相峰。超级 13Cr 不锈钢在不同温度的 5%NaCl 溶液中的腐蚀产物均由 Fe 和 Cr 的氧化物组成，并且温度对超级 13Cr 不锈钢在 5%NaCl 溶液中的腐蚀有一定的影响。

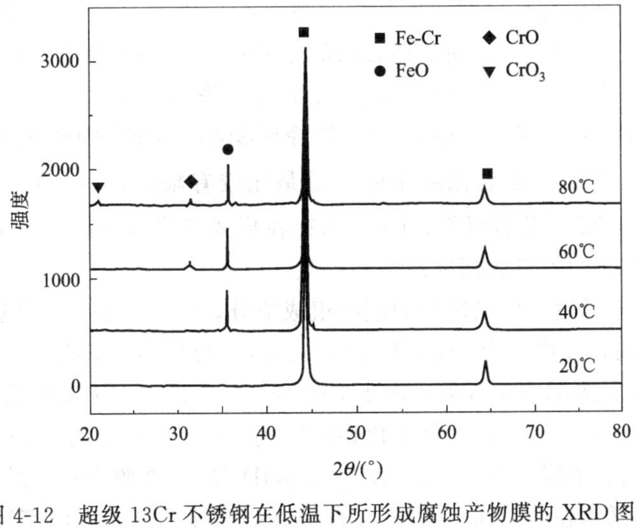

图 4-12　超级 13Cr 不锈钢在低温下所形成腐蚀产物膜的 XRD 图谱

（3）XPS 分析

XPS 是一种测定混合物或化合物的组成元素及其含量和价态的有效方法，现已被广泛应用于 CO_2 腐蚀产物膜的成分确定和分析，对揭示 CO_2 腐蚀机理、研究腐蚀产物膜的性能及 CO_2 腐蚀控制措施具有重要意义。

图 4-13 为超级 13Cr 不锈钢在 90℃和 150℃条件下腐蚀后试样表面未经氩离子溅射的 XPS 谱图，谱图中主要出现了 C1s、O1s、Fe2p、Cr2p、Si2s 和 Si2p 峰，即超级 13Cr 不锈钢的 CO_2 腐蚀膜主要组成元素是 C、O、Fe 和 Cr，这与 EDS 和 XRD 的分析测试结果一致。

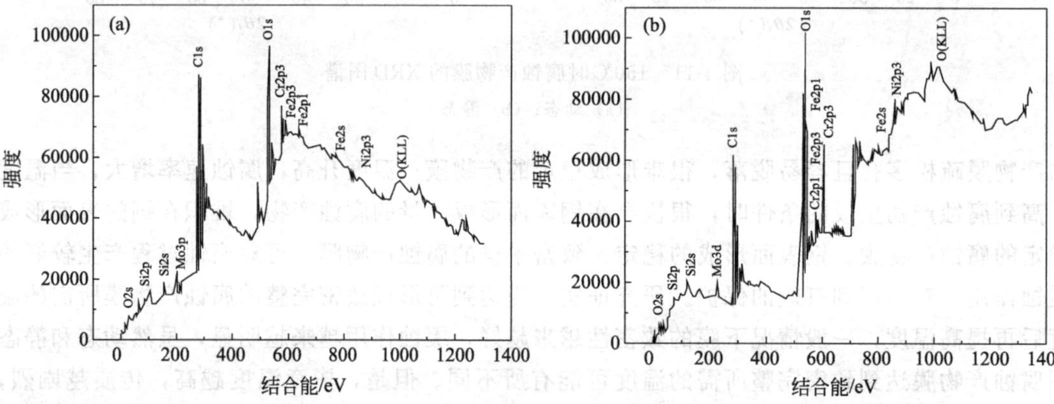

图 4-13　产物膜的 XPS 谱图

(a) 90℃；(b) 150℃

图 4-14 是超级 13Cr 不锈钢在 90℃时所得的 CO_2 腐蚀产物膜中各元素的 XPS 谱图。其中，C1s 的 XPS 见图 4-14(a)，可知 C1s 峰由两个标准峰（290.73eV、287.30eV）叠加而成，它们分别与 CO_3^{2-} 或 HCO_3^-、金属碳化物相对应，这里的金属碳化物是指基体中原有的成分[Fe_3C 或 $(Fe,Cr)_7C_3$]。O1s 的 XPS 见图 4-14(b)，它的峰是由两个标准峰（532.94eV、530.99eV）叠加而成，可分别与铁和铬的氢氧化物及氧化物相对应。$Fe2p^3$ 的 XPS 见图 4-14(c)，它由有两个标准峰（710.51eV、706.38eV）叠加而成，分别对应于 Fe^0 和 Fe^{2+}。铁单质来自于切割过程的残留铁屑，也可能是因为 X 射线打到基体上，或在腐蚀过程中基体里的成分被包裹在腐蚀膜中，由此可推测，超级 13Cr 不锈钢中 Fe 元素在 CO_2 腐蚀膜中以 $FeCO_3$ 形式存在。上述三种元素的分峰值与 López 等的研究结果有很好的一致性。Cr2p3 的 XPS 见图 4-14(d)，它也是由两个标准峰（576.41eV 和 578.51eV）叠加而成，这与 Cr^{3+} 和 Cr^{6+} 相对应。其中，Cr^{6+} 的峰面积小于 Cr^{3+} 的峰面积，这说明以 CrO_3 或 $Cr_2O_7^{2-}$ 形式存在的 Cr^{6+} 在腐蚀膜中的含量是比较有限的，可见 Cr 在腐蚀膜中主要以 Cr^{3+} 形式存在。结合 XRD 分析可知，Cr^{3+} 的存在形式应当为非晶态的 $Cr(OH)_3$，而不是晶态的 Cr_2O_3，这与林冠发等的研究结果相一致。

关于超级 13Cr 不锈钢表面腐蚀产物膜的组成成分，很多学者已对其进行了大量的研究。Cayard 等的研究表明，在温度为 150℃和 180℃、CO_2 分压为 2.5MPa 的环境中，腐蚀产物的外层发生 Cr 和 N 元素的富集现象，由于 $Cr(OH)_3 \cdot nH_2O$（Cr 水解的产物）是稳定的化合物，所以 Cr 元素在表层中主要以氢氧化物的形式存在。但是，对于 Cr 在腐蚀产物膜中的存在形式，学术界仍有争议。Sugimoto 认为 CrOOH 是 Cr 在膜中存在的主要形式。郭崇晓等认为 13Cr 系列不锈钢在含 CO_2 介质中具有很好的耐蚀性能，CO_2 腐蚀与钢中 Cr 含量密

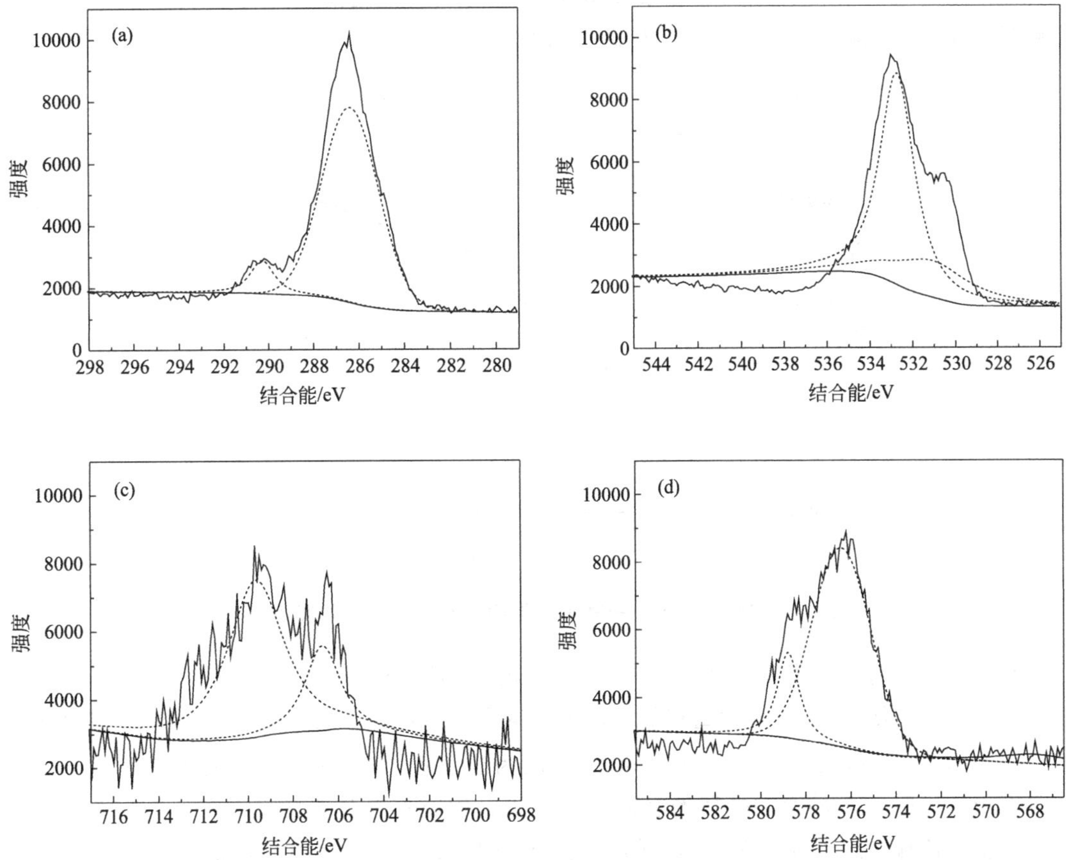

图 4-14　90℃时所得腐蚀产物膜的 XPS 谱图

(a) C1s；(b) O1s；(c) Fe2p3；(d) Cr2p3

切相关，并认为 Cr 是防止腐蚀的最有效的元素，它能迅速在金属表面形成致密而极薄的 Cr_2O_3 钝化膜，随着 Cr 含量的增加，抗 CO_2 腐蚀效果增强。李珣等的研究表明，含铬量为 13.2%的超级 13Cr 不锈钢表面的腐蚀产物非常少，少量的腐蚀产物在表面上分布均匀，这说明超级 13Cr 不锈钢耐 CO_2 腐蚀是因为其铁剂固溶体的电极电位高，而不是生成了致密的保护膜，由此说明超级 13Cr 不锈钢具有很强的耐 CO_2 腐蚀能力。Fierro 的研究表明，普通 13Cr 不锈钢在不含 H_2S 的 CO_2 腐蚀环境中形成的 Cr 的氧化物钝化膜降低了腐蚀速率，但是在含有 H_2S 的环境中没有形成 Cr 的氧化物钝化膜。新开发的超级 13Cr 不锈钢由于添加了 Mo 和 Ni 元素，即使在含有 H_2S 的 CO_2 环境中也能形成 Cr 的氧化物钝化膜。试验前，超级 13Cr 不锈钢表面的膜主要由 Cr 的氧化物薄层构成；试验后，试样表面膜层厚超过 30nm，其中 Mo 和 Ni 在外层以各自氧化物的形式富集，而 Cr 更多的是以 $Cr(OH)_3$ 形式富集。

4.2.2　CO_2 分压的影响

图 4-15 为超级 13Cr 不锈钢的平均腐蚀速率与 CO_2 分压的关系图，其腐蚀介质是 Cl^- 质量浓度为 100g/L 的 NaCl 溶液，CO_2 分压分别为 0.5MPa、1MPa、1.5MPa、3MPa、5MPa，总压为 10MPa，试验温度为 150℃，试验时间为 168h。由图 4-15 可知，当 CO_2 分

压低于1MPa时，增加CO_2分压会使超级13Cr不锈钢的腐蚀速率有所降低，一旦CO_2分压超过1MPa，其腐蚀速率会随其分压的增大而增大。

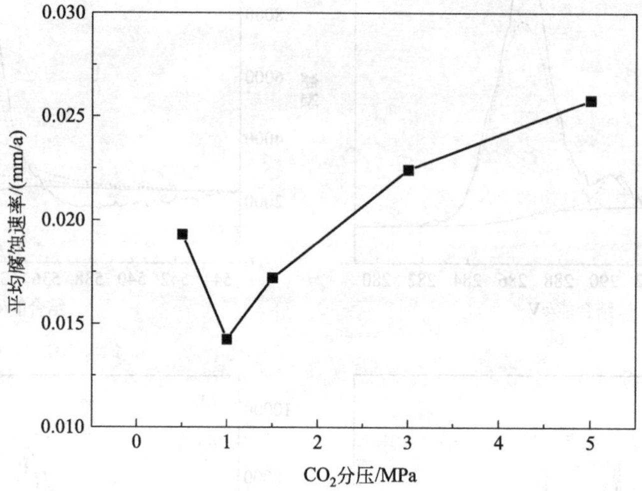

图4-15 超级13Cr不锈钢在不同CO_2分压下的平均腐蚀速率

董晓焕等通过试验发现，在温度高于150℃时，CO_2分压是影响阴极和阳极反应的一个重要因素。当水溶液中CO_2含量较低时，根据亨利定律可知，增大CO_2分压将会使溶液中的CO_3^{2-}浓度升高，这有利于形成$FeCO_3$，因为当Fe^{2+}与CO_3^{2-}浓度的乘积超过$FeCO_3$的溶度积后，$FeCO_3$将会在金属的表面快速沉积，填充在钝化膜的缺陷处，与钝化膜一同阻碍介质的传输，进而使得腐蚀速率随CO_2分压的增大而有所降低。但是CO_2分压的进一步增大会增大溶液中H^+浓度，降低溶液的pH，进而降低Cr-Fe-O-H钝化膜的稳定性，使得阳极反应增强。同时，高CO_2分压会增大受扩散限制的电流密度，所以，CO_2分压的进一步升高导致腐蚀速率升高。

然而，随CO_2分压的升高，尽管H^+浓度会随之而增大，但增大的速度较为缓慢，pH降低速度变缓。同时溶液中存在大量的HCO_3^-，一方面能阻止H_2CO_3进一步电离，另一方面能对溶液pH的改变起一定的缓冲作用，这使得超级13Cr不锈钢腐蚀速率随CO_2分压的增大而增大的趋势变缓。

图4-16为超级13Cr不锈钢在温度为150℃、Cl^-质量浓度为100 g/L时腐蚀速率与CO_2分压的关系。由图4-16可知，钢的腐蚀速率随着CO_2分压的升高先增大后减小。根据SY/T 5329—2012，超级13Cr不锈钢在该试验条件下的腐蚀为轻度腐蚀。一般来说，CO_2分压升高会使腐蚀速率增大。这主要是因为CO_2溶于水形成H^+、HCO_3^-和CO_3^{2-}，其浓度随CO_2分压增大而增加，因此溶液的酸性增加，pH减小，超级13Cr不锈钢腐蚀电化学的阴极反应速率增加，腐蚀速率随CO_2分压的增加而增大。但是当CO_2分压升高到一定程度时，钢表面会覆盖一层腐蚀产物，从而成为基体的保护膜，减缓了腐蚀的进一步发生。同时CO_2分压继续增加，溶液pH的减小就不再明显，阴极反应速率也将不会明显增加，因此总体上钢的腐蚀速率将会减小。但从腐蚀速率的数值来看，并没有发生特别严重的腐蚀，即钢的腐蚀程度仍为中度腐蚀。

刘艳朝等研究发现在所选CO_2分压条件下，超级13Cr不锈钢的腐蚀速率随着CO_2

分压的升高先增大后减小，如表 4-3 所示。根据 NACE RP 0775—2005 标准，超级 13Cr 不锈钢在该试验条件下表现为轻度腐蚀。一般认为，CO_2 分压升高会增加腐蚀发生的概率，从而导致腐蚀速率增大。这主要是因为 CO_2 溶于水形成 CO_3^{2-}，CO_3^{2-} 与基体 Fe 发生反应使腐蚀加剧。但当 CO_2 分压升高到一定程度时，钢表面会覆盖一层腐蚀产物，从而成为基体的保护膜，减缓了腐蚀的进一步发生。但从钢的腐蚀速率和腐蚀程度来看，试样并没有发生特别严重的腐蚀，因此对于钢腐蚀速率先升高后下降的现象应通过表面形貌分析和表面 EDS 分析来判断。

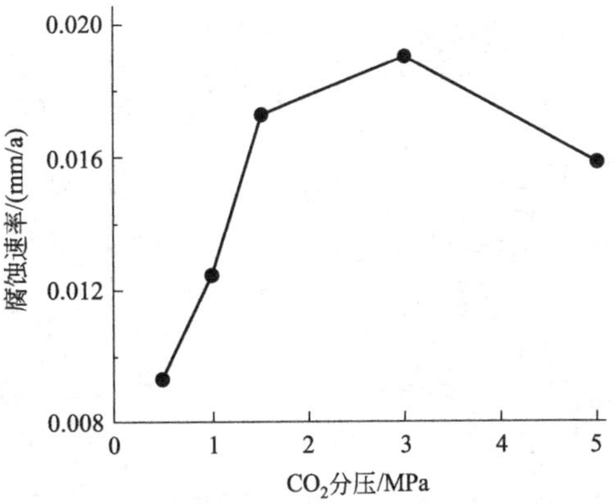

图 4-16　不同 CO_2 分压下的腐蚀速率

图 4-17 为不同 CO_2 分压下的腐蚀形貌，在 CO_2 分压为 0.5MPa 时，钢表面砂纸打磨痕迹清晰可见，表面腐蚀产物稀少，零散分布于试样表面，基本没有发生腐蚀；当 CO_2 分压为 1.0MPa 时，试样表面腐蚀产物膜变厚，几乎被其覆盖；当 CO_2 分压为 1.5MPa、2.0MPa 时，钢表面砂纸打磨痕迹亦是清晰可见，几乎没有腐蚀产物，但是被一层很薄的膜覆盖，从而阻止了腐蚀。

表 4-3　150℃时不同 CO_2 分压下的平均腐蚀速率

CO_2 分压/MPa	0.5	1.0	1.5	2.0
平均腐蚀速率/(mm/a)	0.0044	0.0054	0.0027	0.0017

4.2.3　Cl^- 含量的影响

4.2.3.1　腐蚀速率

“三超”气井在正常的生产条件下，其地层水含 Cl^- 较高，容易导致局部腐蚀或穿孔。图 4-18 为超级 13Cr 不锈钢的平均腐蚀速率与 Cl^- 浓度的关系图，其腐蚀介质为 NaCl 水溶液，其浓度分别为 5g/L、10g/L、20g/L、50g/L、100g/L 和 200g/L，CO_2 分压为 3MPa，总压为 10MPa，试验温度为 150℃，试验时间为 168h。由图 4-18 可知，超级 13Cr 不锈钢的腐蚀速率随 Cl^- 浓度的增大而增大，直到 NaCl 浓度达 100g/L 时达到最大值，随后随 Cl^- 浓度的继续增大而减小。

Cl^- 的加入使溶液的电导率增强，而且 Cl^- 吸附在金属表面延缓钝化膜的形成，甚至破坏钝化膜的完整性，使钝化膜的结构性能发生变化。尽管以 $Cr(OH)_3$ 为主的腐蚀产物膜具有一定的阳离子选择性，但是 $FeCO_3$ 具有阴离子选择透过性，Cl^- 穿透该膜层的缺陷与金属基体接触，诱发点蚀。所以，随 Cl^- 浓度增大，超级 13Cr 不锈钢的腐蚀速率增大。但是，CO_2 在水溶液中的溶解度会随溶液中 Cl^- 浓度的增大而降低，pH 增大，这将抑制全面腐蚀的发生，这可能是超级 $13Cr^-$ 不锈钢在 NaCl 溶液浓度大于 100g/L 后腐蚀速率降低的原因。

有研究表明，由于 Cl^- 粒径较小，容易对腐蚀产物膜或钝化膜产生破坏作用，因此 Cl^-

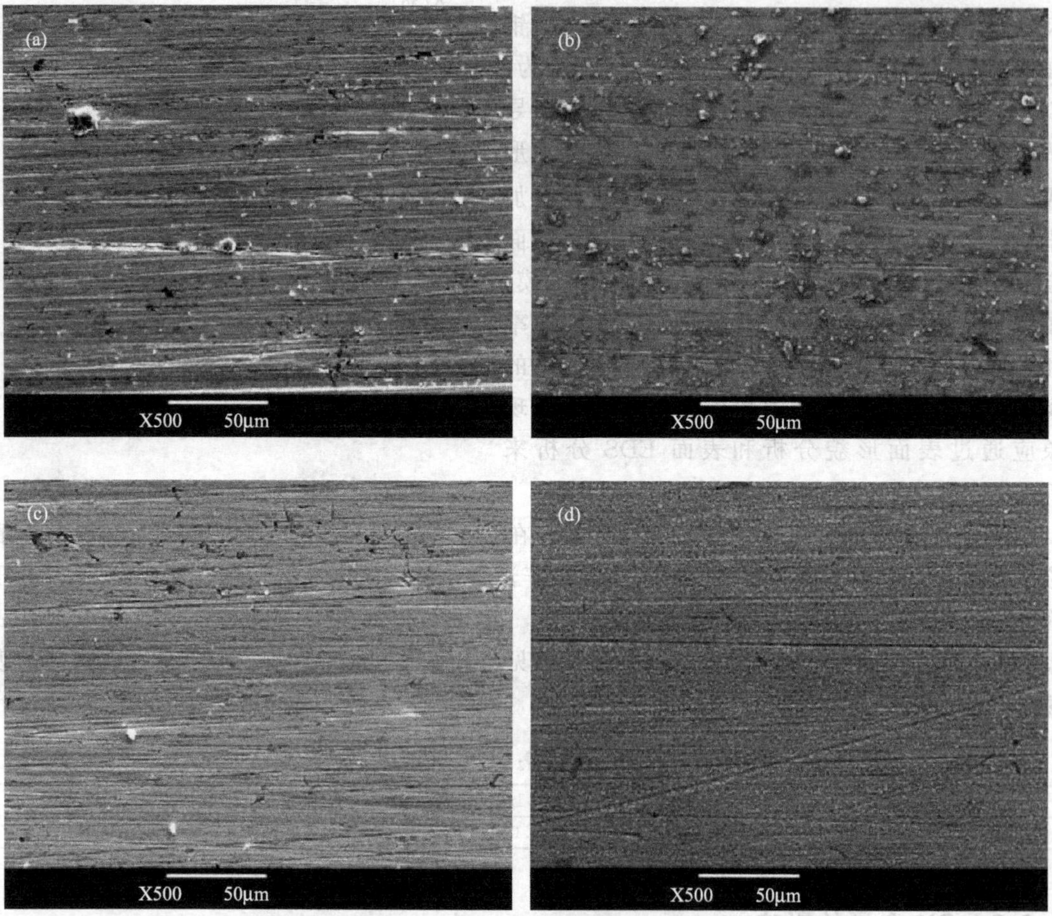

图 4-17 钢表面 SEM 形貌

(a) 0.5MPa；(b) 1.0MPa；(c) 1.5MPa；(d) 2.0MPa

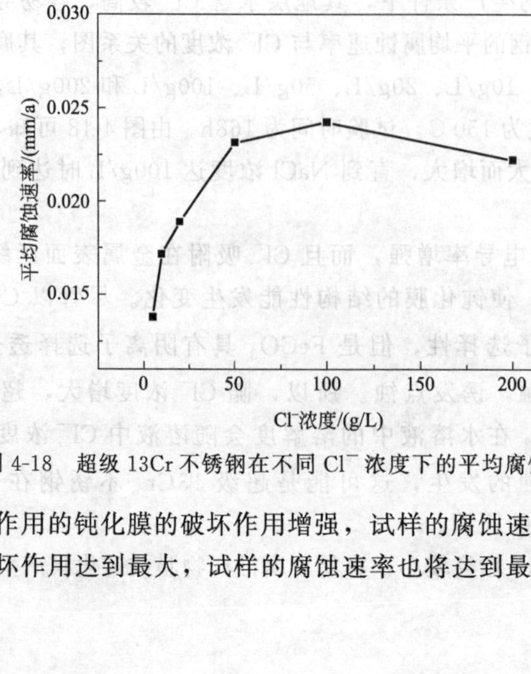

图 4-18 超级 13Cr 不锈钢在不同 Cl^- 浓度下的平均腐蚀速率

浓度增加对具有保护作用的钝化膜的破坏作用增强，试样的腐蚀速率随之增加。随 Cl^- 浓度的连续增加，这一破坏作用达到最大，试样的腐蚀速率也将达到最大，随后试样的腐蚀速率

随 Cl^- 浓度的增加不再发生明显变化。

图 4-19 为不同 NaCl 质量分数条件下的腐蚀速率。由图可知，随着腐蚀溶液中 NaCl 质量分数的增加，超级 13Cr 不锈钢的腐蚀速率增大。当 NaCl 质量分数为 5%时，钢的腐蚀速率较小，而当 NaCl 质量分数大于或等于 15%时，腐蚀速率较大。这说明随腐蚀溶液中 NaCl 质量分数的增加（即 Cl^- 质量分数的增加），钢的耐腐蚀性能下降，且当 NaCl 质量分数达到 15%及以上时尤为明显。

但由腐蚀速率的大小判断可知，超级 13Cr 不锈钢在 NaCl 质量分数低于 5%的 NaCl 溶液中属于完全耐腐蚀，在 NaCl 质量分数低于 15%时很耐腐蚀，在 NaCl 质量分数低于 35%时属于耐腐蚀。综上可见，超级 13Cr 不锈钢在 NaCl 质量分数为 5%～35%的 NaCl 溶液中具有较好的耐腐蚀性能。

刘艳朝研究发现随着 Cl^- 浓度的增加，超级 13Cr 不锈钢的平均腐蚀速率呈上升趋势。根据 NACE RP 0775—2005 对腐蚀程度的规定可知，超级 13Cr 不锈钢在本试验条件下均属于轻度腐蚀。在试验所选温度条件下，超级 13Cr 不锈钢的平均腐蚀速率随着 Cl^- 浓度的增大而增大。当 Cl^- 浓度小于 80g/L 时，超级 13Cr 不锈钢的平均腐蚀速率增加地十分平缓，几乎不变；而大于 80g/L 时，超级 13Cr 不锈钢的平均腐蚀速率因温度不同而变化不同，在 170℃时迅速增加，在 150℃时增大的程度减小，在 130℃时增加的速度更加缓慢，几乎不变，如表 4-4 所示。

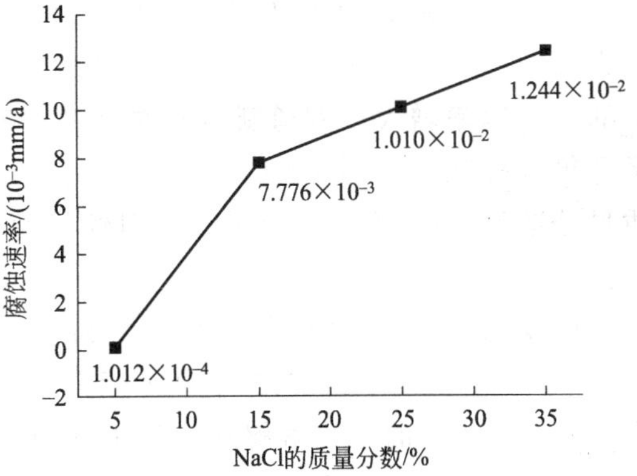

图 4-19 试验钢的腐蚀速率随腐蚀溶液中 NaCl 质量分数的变化曲线

Cl^- 虽然不参与阴极反应，但其浓度增大会导致溶液中的盐度增大，使 CO_2 在介质中的溶解度降低，抑制了阴极反应的进行，使得 CO_2 的水解受阻，从而可减缓腐蚀的发生。这就解释了在温度 130℃时的现象。但由于 Cl^- 的催化作用，点蚀核形成后便不断发展直到穿孔，所以 Cl^- 浓度对局部腐蚀速率影响很大。可以看出，高温下，Cl^- 浓度增大促进了超级 13Cr 不锈钢腐蚀速率的增加。Cl^- 浓度相同条件下，超级 13Cr 不锈钢的腐蚀速率在 150℃时取得最大值。在 150℃和 170℃时，随 Cl^- 浓度的升高，其催化作用起主导作用，腐蚀速率增加得更快。

表 4-4 不同 Cl^- 浓度下的平均腐蚀速率

温度/℃	130			150			170		
Cl^- 浓度/(mg/L)	50000	80000	110000	50000	80000	110000	50000	80000	110000
平均腐蚀速率/(mm/a)	0.0035	0.0046	0.0049	0.0087	0.0098	0.0131	0.0053	0.0056	0.0105

张威等在 CO_2 分压为 1MPa、温度为 150℃、测试 5 天条件下研究了超级 13Cr 不锈钢在 Cl^- 浓度为 20g/L、50g/L、100g/L 的介质中的腐蚀速率，其腐蚀速率均小于 0.014mm/a，根据 NACE RP 0775—2005 标准，超级 Cr13 不锈钢在此条件下仅发生轻微腐蚀。试验结果表明，在模拟井下环境中，超级 13Cr 不锈钢的腐蚀速率远低于井下设备耐蚀

性的一般要求，可满足恶劣环境中的应用需求。在上述试验环境中，随溶液 Cl^- 浓度的提高，超级 13Cr 不锈钢的腐蚀速率呈先上升后下降的趋势。CO_2 腐蚀的阴极过程主要是 CO_2 溶于水生成 HCO_3^- 和 CO_3^{2-} 的过程。提高 Cl^- 浓度对腐蚀速率的影响体现在两个方面：①Cl^- 浓度升高会降低 CO_2 在溶液中的溶解度，导致促进腐蚀反应的 HCO_3^- 和 CO_3^{2-} 减少，并且 Cl^- 半径较小，易吸附在金属表面阻碍腐蚀性的阴离子与金属间的腐蚀反应，降低腐蚀速率；②Cl^- 富集在钝化膜表面会降低钝化膜的离子电阻，使其保护性变差，且 Cl^- 可以与金属离子络合，加速钝化膜的溶解，促进点蚀发生，从而提高腐蚀速率。对于超级 13Cr 不锈钢，当 Cl^- 浓度由 20g/L 提高至 50g/L 时，Cl^- 对腐蚀的促进作用占主导地位，表现为腐蚀速率加快；当 Cl^- 浓度由 50g/L 提高至 100g/L 时，Cl^- 引起的 CO_2 溶解度降低占主导地位，表现为腐蚀速率的降低。

表 4-5 为超级 13Cr 不锈钢挂片试样在不同浓度 NaCl 溶液中采用失重法计算得到的全面腐蚀速率。经过 90 天的浸泡试验，可以看出随着 Cl^- 浓度的增加，超级 13Cr 不锈钢的腐蚀速率增大。刘道新依据腐蚀速率对金属耐蚀性进行了分类，表 4-6 为抗腐蚀分类及等级标准，可知在 Cl^- 质量分数为 5％的溶液中超级 13Cr 不锈钢完全耐蚀，在 Cl^- 质量分数为 15％的溶液中属于很耐蚀，而在 Cl^- 质量分数为 25％和 35％的溶液中属于耐蚀。

超级 13Cr 不锈钢具有良好的耐蚀性，主要是因为其表面有稳定且致密的钝化膜。超级 13Cr 不锈钢中含有 Cr 和 Mo 元素，Cr 元素可以提高钝化膜的稳定性，Mo 的作用在于以 MoO_4^{2-} 的形式溶解在溶液中并吸附在活性金属表面，从而抑制金属的溶解。其钝化膜中的 Cr 主要是以 Cr_2O_3、CrOOH、$Cr(OH)_3$ 等形态存在，其中 H、O 使金属元素有可能以结合水的形式在钝化膜的表层出现，H、O 的结合可能组成以氢键相结合的交联溶胶式结构，从而提高膜的再钝化能力。对超级 13Cr 不锈钢试样在不同 Cl^- 浓度溶液中的腐蚀速率进行对比，可以看出在 Cl^- 质量分数为 5％的溶液中，试样的腐蚀速率非常低，而随着 Cl^- 质量分数增加到 15％，其腐蚀速率大幅增长，说明超级 13Cr 不锈钢在低浓度的 Cl^- 环境中有很好的耐蚀性，但随着 Cl^- 浓度的增加，试样对 Cl^- 的敏感性大幅提升，腐蚀速率快速增大。这是因为溶液中 Cl^- 越多，钝化膜表面吸附的 Cl^- 越多，在某点阳极电流密度高于平均值的瞬间，离子的电迁移过程引起 Cl^- 在金属表面溶液层中的富集效应越明显，钝化膜表面局部区域吸附的 Cl^- 浓度的变化越明显，即 Cl^- 浓度的增加能增强钝化金属发生点蚀的自催化效应，促进钝化金属点蚀的发生。但随着 Cl^- 质量分数增加到 35％，腐蚀速率增长趋于平缓，说明此时 Cl^- 浓度增大对试样腐蚀敏感性的提升并不是很明显。这可能是因为 Cl^- 浓度越大，试样表面的钝化膜破坏越严重，加速了试样表面的全面腐蚀，腐蚀速率越快，腐蚀产物在表面的堆积越快，随着腐蚀的进行，试样表面形成的腐蚀产物越来越致密，可以有效地减小基体和溶液的接触面积，阻碍基体进一步腐蚀，从而使腐蚀速率增速减缓。

表 4-5　超级 13Cr 不锈钢在不同浓度 NaCl 溶液中的全面腐蚀速率

NaCl 质量分数/％	5	15	25	35
全面腐蚀速率/(10^{-4}mm/a)	7.01	55.66	100.96	116.41

表 4-6　抗腐蚀的Ⅵ类 10 级标准

抗腐蚀分类	腐蚀阻抗级别	腐蚀速率/(mm/a)
Ⅰ完全耐蚀	1	<0.001
Ⅱ较耐蚀	2	0.001～<0.005
	3	0.005～<0.01
Ⅲ耐蚀	4	0.01～<0.05
	5	0.05～<0.1
Ⅳ基本耐蚀	6	0.1～<0.5
	7	0.5～<1.0
Ⅴ不耐蚀	8	1.0～<5.0
	9	5.0～<10.0
Ⅵ完全不耐蚀	10	≥10.0

刘艳朝等研究发现在气相和液相环境中，随着 Cr^- 浓度的升高，超级 13Cr 不锈钢的腐蚀速率均增大，如表 4-7 所示。但在液相环境中，超级 13Cr 不锈钢的腐蚀速率变化不大，并且随着 Cl^- 浓度的增加，腐蚀速率呈先增大后下降趋势。这可能是因为随着 Cl^- 浓度增加，腐蚀介质中盐度增大，CO_2 溶解度下降，导致超级 13Cr 不锈钢腐蚀速率下降。超级 13Cr 不锈钢腐蚀主要靠钝化膜中富 Cr 成分［例如 Cr_2O_3 或 $Cr(OH)_3$］的不断形成和溶解来实现的，远低于一般碳钢或低合金钢的腐蚀速率。同时，在相同温度条件下，超级 13Cr 不锈钢在气相环境下的腐蚀速率要大于液相环境下的腐蚀速率。这主要是因为在气相腐蚀条件下，由于试样表面液膜厚度较小，反应物或反应产物的传输速度同全浸电解液下的物质传输相比，速度加快，腐蚀速率增大。参照 NACE RP 0775—2005 对腐蚀程度的规定（如表 4-8 所示），其腐蚀属于轻度和中度腐蚀。

表 4-7　超级 13Cr 不锈钢在 2.5MPa CO_2 分压、不同 Cl^- 浓度条件下的腐蚀速率

单位：mm/a

Cl^- 浓度/(mg/L)		50000	80000	110000	160000
130℃	液相	0.0035	0.0046	0.0049	0.0046
	气相	0.0120	0.0191	0.0215	0.0260
150℃	液相	0.0087	0.0083	0.0180	0.0164
	气相	0.0125	0.0163	0.0211	0.0665
170℃	液相	0.0053	0.0056	0.0105	0.0103
	气相	0.0241	0.0325	0.0574	0.0539

表 4-8　NACE RP 0775—2005 标准对腐蚀程度的规定

分类	轻度腐蚀	中度腐蚀	严重腐蚀	极严重腐蚀
均匀腐蚀速率/(mm/a)	<0.025	0.025～0.125	0.125～0.254	>0.254

另外，蔡文婷等在所选 Cl^- 浓度条件（50500～155000mg/L）中研究发现，Cl^- 浓度对平均腐蚀速率的依赖关系存在一个极大值，随着 Cl^- 浓度的增加，超级 13Cr 不锈钢的平均腐蚀速率先增大后减小，在 Cl^- 浓度为 118614mg/L 时达到最大，为 0.0065mm/a。超级 13Cr 不锈钢在高温、高 CO_2 分压、高 Cl^- 环境中可以生成含 Cr 和 Mo 较多的腐蚀产物膜。通过 XPS 检测发现，其腐蚀产物膜表层中 Mo 和 Ni 以各自硫化物的形式存在，而 Cr 以 Cr 的氧化物和氢氧化物的形式存在。

4.2.3.2　腐蚀形貌

图 4-20 是超级 13Cr 不锈钢在不同浓度 NaCl 溶液中的腐蚀表面宏观图。由图 4-20 可以

看出，在 Cl^- 浓度为 5% 的溶液中试样表面没有发生明显的腐蚀，表面没有腐蚀产物。当浓度为 15% 时，试样表面腐蚀程度较轻微。当浓度大于 15% 时，试样表面都发生了腐蚀，腐蚀程度加重，且表面形成了黄褐色腐蚀产物，腐蚀产物覆盖面积随浓度增加而增大。当浓度高于 25% 时，试样表面腐蚀程度明显加重，说明 Cl^- 浓度对超级 13Cr 不锈钢在 NaCl 溶液中的腐蚀有一定的影响，随着溶液中 Cl^- 浓度的升高，其抗腐蚀性能降低，发生腐蚀的倾向增大，且当溶液 Cl^- 浓度大于 25% 时尤为显著。

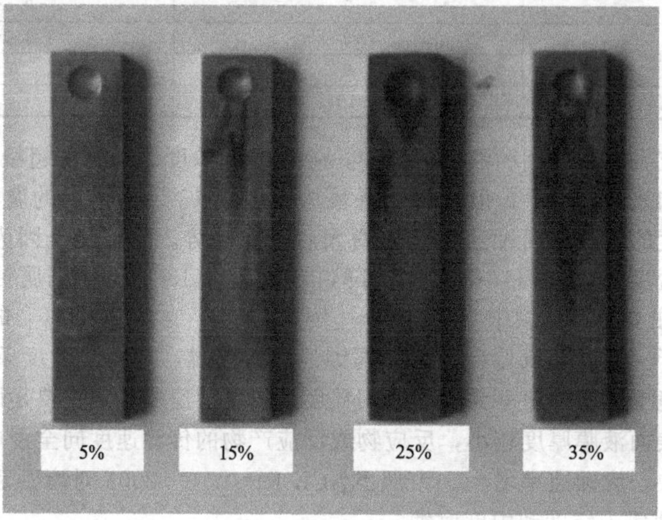

图 4-20　超级 13Cr 不锈钢在不同浓度 NaCl 溶液中的腐蚀表面宏观图

由图 4-21 可知，随着腐蚀溶液中 NaCl 质量分数的增加，超级 13Cr 不锈钢表面的腐蚀面积增大（浅色为未腐蚀区域，深色为腐蚀区域），耐蚀性能下降。当 NaCl 质量分数不高于 15% 时，钢表面仅发生局部点蚀，当 NaCl 质量分数大于等于 25% 时，钢表面发生全面腐蚀，且腐蚀产物膜较为疏松，对基体的保护作用较弱。Cl^- 半径较小，具有较强的扩散性和穿透力，其穿透钝化膜后形成点蚀，导致钢表面钝化膜破裂，溶液与钝化膜破裂后暴露的金属接触。裸露金属和腐蚀膜存在很大的电位差，在有膜部位和无膜部位形成微电池，产生电化学腐蚀，导致无膜部位局部金属溶解，腐蚀加剧。Cl^- 含量的增加会使点蚀范围扩大，加速对钝化膜的破坏，从而引发全面腐蚀。此外，由于腐蚀溶液未进行除氧处理，溶液中的溶解氧也会加速点蚀形成与钝化修复的交替循环过程，最终导致全面腐蚀的发生。

图 4-22 为不同 Cl^- 含量条件下超级 13Cr 不锈钢的 SEM 照片。由图 4-22 可以清晰地看到，打磨试样留下的划痕，一方面说明试样受到的腐蚀较为轻微，试样表层未被完全腐蚀；另一方面也说明超级 13Cr 不锈钢的钝化膜保存完整，腐蚀以均匀腐蚀为主，未发现点蚀痕迹。一般认为超级 13Cr 不锈钢在 CO_2 环境中发生的均匀腐蚀是通过富 Cr 钝化膜[如 Cr_2O_3 或 $Cr(OH)_3$]的不断形成和溶解实现的。由于试样表面划痕的突起部分与溶液的接触面积更大，均匀腐蚀速率更高。因此，超级 13Cr 不锈钢在 Cl^- 质量浓度为 50g/L 的试验环境中时腐蚀速率最大，与此对应的图 4-22(b) 中抛光作用最明显，试样表面光泽度最高，表面划痕最轻微。

图 4-23 为高温高压条件下 Cl^- 质量浓度为 20g/L 时超级 13Cr 不锈钢钝化膜截面的

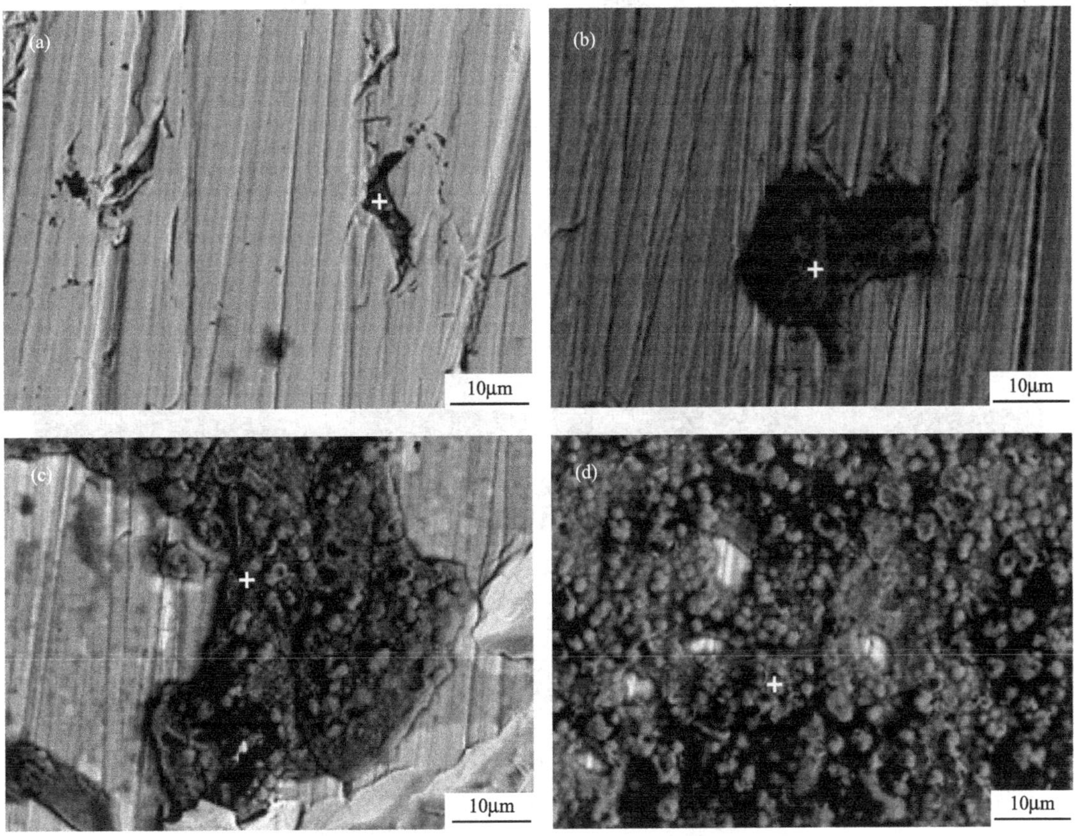

图 4-21　在不同浓度 NaCl 溶液中浸泡 90 天后试验钢的表面 SEM 形貌

(a) 5%；(b) 15%；(c) 25%；(d) 35%

SEM 照片。可见，超级 13Cr 不锈钢的钝化膜为单层膜，结构致密，厚为 15μm 左右，由于钝化膜对基体的保护性强，钢的耐蚀性得到很大提高。

另外，超级 13Cr 不锈钢中 Mo、Ni 元素的加入，提高了超级马氏体钢钝化膜的保护性。Mo 可以使不锈钢的耐点蚀、耐缝隙腐蚀能力显著提高，Mo 的作用效果约为 Cr 的 3 倍。Mo、Cr 元素复合可提高不锈钢的钝化能力，增强钝化膜的稳定性，大大提高耐蚀能力。Ni 的加入可以提高钝化膜中的 Cr 浓度，并提高钝化膜的稳定性，增强不锈钢耐点蚀性能。试样表面的碳化物缺陷会诱发点蚀形核，超级 13Cr 不锈钢超低的碳含量可大大降低碳化物缺陷诱发点蚀的倾向。

4.2.3.3　组分分析

由图 4-24 可知，超级 13Cr 不锈钢表面的腐蚀产物主要为 Fe_3O_4。结合 EDS 分析（图 4-25）可知，超级 13Cr 不锈钢在不同浓度 NaCl 溶液中的腐蚀产物主要为 Fe_3O_4。

对超级 13Cr 不锈钢在不同浓度 NaCl（5%、15%、25%、35%）溶液中的腐蚀产物进行了 EDS 分析，如图 4-25 所示。从图 4-25 可以看出在 Cl^- 浓度为 5%的溶液中，试样表面 O 含量很低，并没有明显的腐蚀产物。随着 Cl^- 浓度增大，试样表面 O 含量明显增加，说明试样的腐蚀程度加重，腐蚀产物主要由 Fe 和 Cr 的氧化物组成，而且腐蚀产物中都含有 Cl^-，说明 Cl^- 对腐蚀起了促进作用。图 4-26 是超级 13Cr 不锈钢在不同浓度 NaCl 溶液中

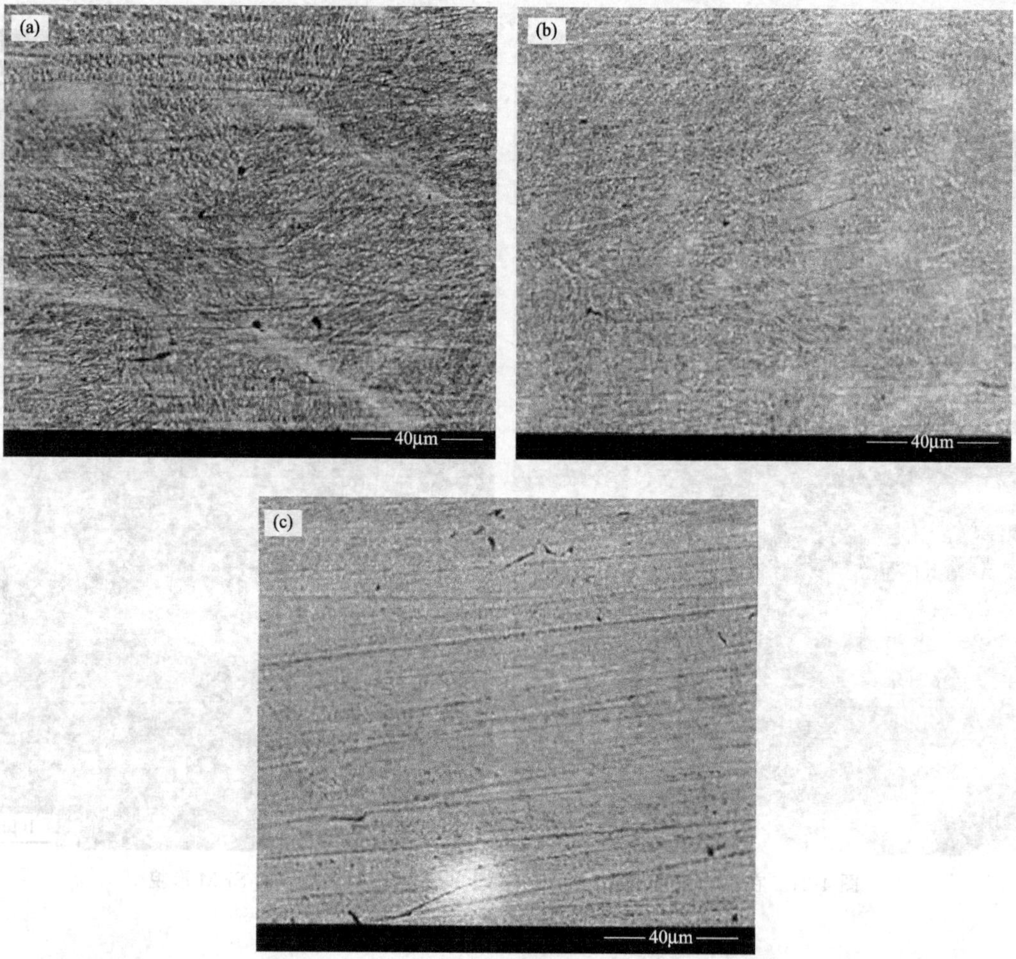

图 4-22 超级 13Cr 不锈钢在 150℃、CO_2 分压为 1MPa 及不同 Cl^- 含量环境中的腐蚀形貌

(a) 20g/L；(b) 50g/L；(c) 100g/L

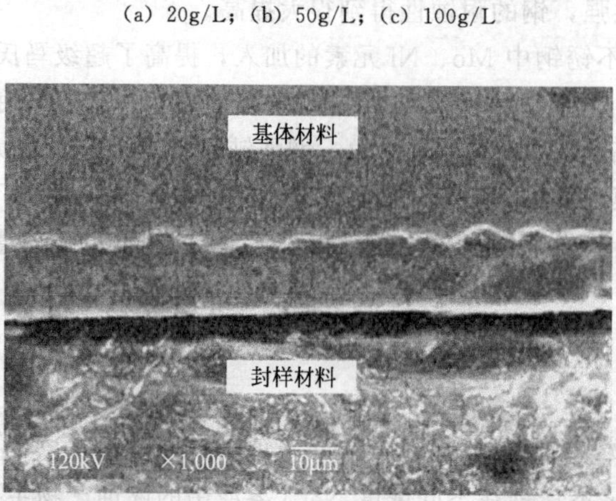

图 4-23 150℃、CO_2 分压为 1MPa 及 Cl^- 质量浓度为 20g/L 钝化膜截面的 SEM 图

腐蚀产物的 XRD 图谱，结果显示为 Fe-Cr、FeO、CrO 和 CrO_3 的物相峰。由腐蚀产物分析可知，在不同浓度的 NaCl 溶液中，超级 13Cr 不锈钢的腐蚀产物主要由 Fe 和 Cr 的氧化物构成，并且 Cl^- 浓度越大，腐蚀产物物相峰越明显，说明超级 13Cr 不锈钢的腐蚀倾向增大，腐蚀程度加重。

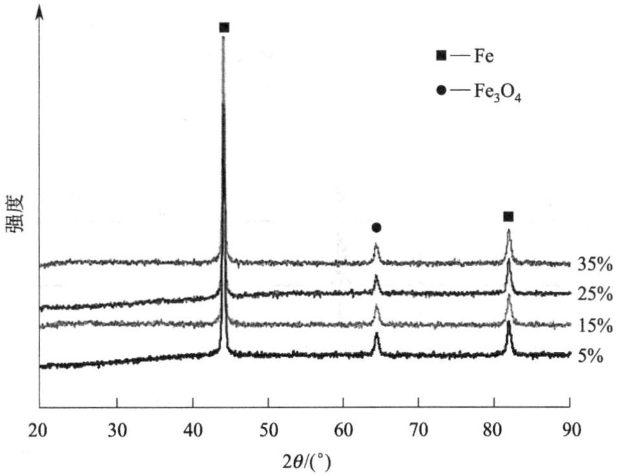

图 4-24　在不同浓度 NaCl 溶液中浸泡 90 天后超级 13Cr 不锈钢表面的 XRD 图谱

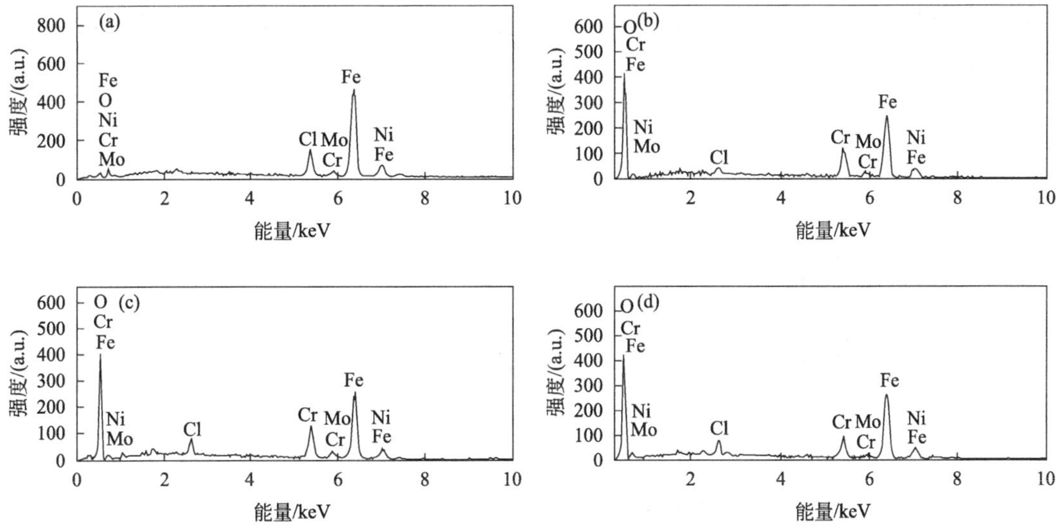

图 4-25　超级 13Cr 不锈钢在不同浓度 NaCl 溶液中的腐蚀产物 EDS 分析

(a) 5%；(b) 15%；(c) 25%；(d) 35%

由以上分析可知，超级 13Cr 不锈钢在 Cl^- 浓度低于 35%的 NaCl 溶液中具有较好的耐蚀性能，Cl^- 浓度对其腐蚀行为有一定程度的影响。随着 Cl^- 浓度的增大，试样的耐蚀性能降低，腐蚀倾向增大。较高的 Cl^- 浓度加速了试样表面点蚀的生长，引发局部腐蚀，进而导致全面腐蚀。Cl^- 浓度的增大使超级 13Cr 不锈钢的腐蚀速率增大，但随着腐蚀程度的加重，腐蚀产物增厚及覆盖面积增大，阻碍了基体和溶液的接触，从而减缓了腐蚀速率的增长，其腐蚀产物主要由 Fe 和 Cr 的氧化物构成。

4.2.4　流速的影响

图 4-27 为超级 13Cr 不锈钢的平均腐蚀速率与流速的关系图，其腐蚀介质是 Cl^- 浓度为 100g/L 的 NaCl 溶液，流速分别为 0m/s、1m/s、2m/s、3m/s、4m/s，CO_2 分压为 3MPa，总压为 10MPa，试验温度为 150℃，时间为 168h。由图可知，低流速下，适当增加流速反

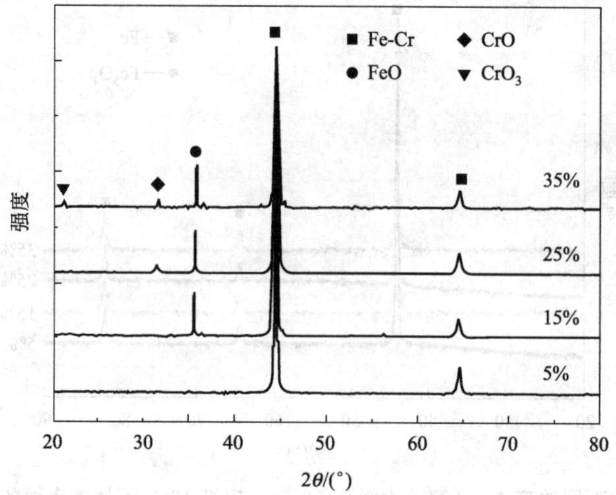

图 4-26 超级 13Cr 不锈钢在不同浓度 NaCl 溶液中腐蚀产物膜的 XRD 图谱

而使超级 13Cr 不锈钢的腐蚀速率有所降低，当流速超过 1m/s 时，超级 13Cr 不锈钢的腐蚀速率随流速的增大而增大。

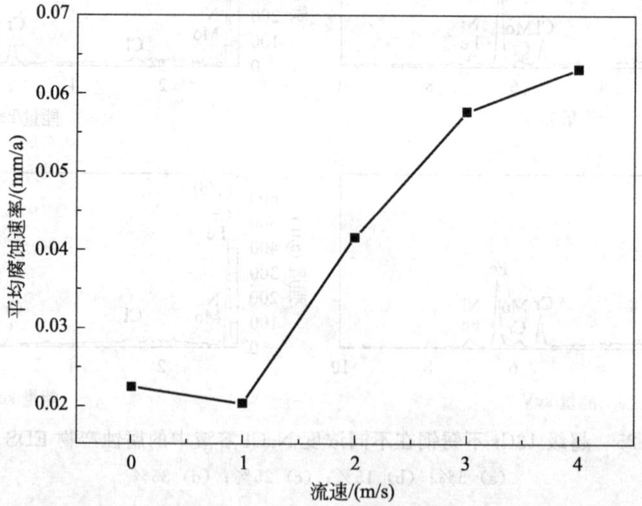

图 4-27 超级 13Cr 不锈钢在不同流速下的平均腐蚀速率与流速的关系图

介质流动对钢腐蚀的影响是一个比较复杂的问题，它不仅与腐蚀的界面反应以及质量传质有关，而且与金属表面腐蚀产物膜的结构和性能密切相关。通常认为，介质流动有利于反应物向钢表面的输送，同时也促进腐蚀产物脱离钢表面。当超级 13Cr 不锈钢处于静态条件下时，疏松的沉积物会在其表面形成，膜层成分的不同导致其电位不同，结构的不同导致介质存在浓差，这为电偶腐蚀的发生提供了前提条件，随腐蚀过程的进行，可发展为槽状、沟状腐蚀区或点蚀坑。当流速为 1m/s 时，流速会将疏松的沉积物带走，从而减小腐蚀表面积以及电偶腐蚀。同时，流速还影响 Fe^{2+} 溶解动力学和 $FeCO_3$ 的形核，因而适当地提高流速反而会使腐蚀速率有所降低。随着流速的进一步增大，流体中 HCO_3^-、H^+、Cl^- 等离子扩散加快，加速了腐蚀介质到达金属表面的传质速率，使阴极去极化增强，同时腐蚀产生的 Fe^{2+} 迅速离开金属表面。此外，高流速有一定的冲刷力，加速对产物膜的破坏，甚至形成冲刷坑。在多方面因素的作用下，超级 13Cr 不锈钢的腐蚀速率随流速的增大而增大。这与 Denpo 的研究结果一致。董晓焕认为在流速小于 3m/s 时，超级 13Cr 不锈钢的腐蚀速率与 $V^{0.5}$（V 为流速）成正比。利用 1stOpt 软件中的麦夸特法（Levenberg-Marquardt）＋通用全局优化法对流速大于 1m/s 时的腐蚀速率进行拟合，其函数关系式如下

$$R_{corr}=a+bV^{1.5}+cV^{2.5}+d/V^2 \tag{4-1}$$

式中，R_{corr} 为超级 13Cr 不锈钢的腐蚀速率，mm/a；V 为介质流速，m/s；a、b、c、d 为常数，其值分别是 0.0046、0.0189、－0.0029 和－0.0003。

图 4-28 为超级 13Cr 不锈钢在 100℃、CO_2 分压为 4MPa、Cl^- 浓度为 50g/L 时腐蚀速率与介质流速的关系。由图 4-28 可见，在流速较低（＜2.0 m/s）时，超级 13Cr 不锈钢的腐蚀速率随着介质流速的增大而增加；在流速较高（＞2.0m/s）时，腐蚀速率的增加减缓；当流速＞3.5m/s 时，超级 13Cr 不锈钢的腐蚀速率比较稳定。由此说明，在低流速范围内，流速的变化对腐蚀速率的影响较为明显，而在高流速情况下，腐蚀速率随流速的变化不明显。因此超级 13Cr 不锈钢的腐蚀速率随流速的变化与随 Cl^- 浓度的变化是类似的。

从以上几个影响因素来看，超级 13Cr 不锈钢表现出了良好的耐蚀性能。在不同条件下，其最大腐蚀速率分别出现在 180℃、CO_2 分压为 3MPa、Cl^- 浓度为 100g/L 或流速为 2m/s 的工况条件，最大腐蚀速率为 0.08 mm/a，属于中等腐蚀，耐蚀性较好。

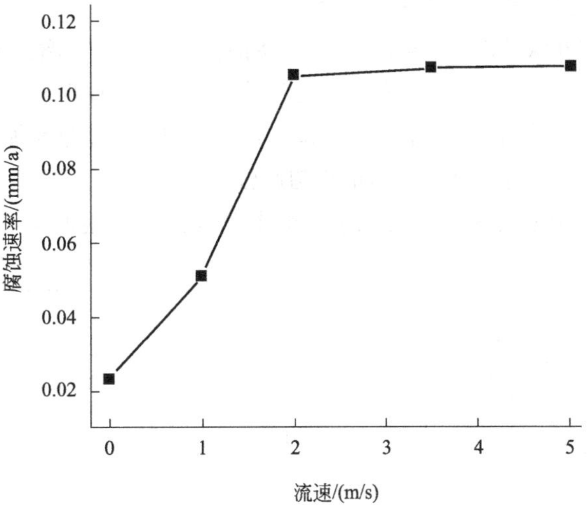

图 4-28　不同流速下的腐蚀速率

张国超等研究发现动态腐蚀时超级 13Cr 不锈钢的腐蚀速率随温度的升高而增大，150℃时达到最大，此后腐蚀速率随温度的升高而下降；静态时腐蚀速率随温度的升高呈上升趋势。动态腐蚀速率高于静态的，动、静态平均腐蚀速率均较小，属于轻度或中度腐蚀，在油气田的安全使用范围之内。动、静态腐蚀时超级 13Cr 不锈钢表面均生成均匀、致密的钝化膜层，表现为均匀腐蚀，腐蚀产物成分为不锈钢基本成分，未发现 CO_2 腐蚀产物，超级 13Cr 不锈钢具有良好的抗高温高压 CO_2 腐蚀性能。

张吉鼎利用环路对比研究了 TP140 钢和超级 13Cr 不锈钢的耐蚀行为。研究发现在静态腐蚀环境下，无论是 TP140 钢还是超级 13Cr 不锈钢，其腐蚀速率随 Cl^- 浓度增加都呈现先升后降的变化趋势。其中，TP140 不锈钢的最大腐蚀速率位于 NaCl 浓度为 3%时，腐蚀速率为 0.1396mm/a，约为纯水介质的 8.21 倍。当 NaCl 浓度接近 3.5%时，超级 13Cr 不锈钢的腐蚀速率出现极大值（1.88×10^{-2}mm/a）。在高速液体冲击下，随着流速变化时，两种材料的腐蚀速率同样存在极大值，其中超级 13Cr 不锈钢在 14m/s 流速下的最大腐蚀速率为 0.175mm/a，而 TP140 钢达到最大腐蚀速率 1.473mm/a 时的临界流速为 16m/s。由于不锈钢表面存在较为致密的氧化膜，因此超级 13Cr 不锈钢相比于 TP140 钢更耐耗氧腐蚀。在流动环境下，液体流速增大导致壁面切应力和反应传质速率增大，是壁面电化学反应速率增大的主要原因。然而，这一促进作用在低流速时十分明显，一旦达到临界流速，受传质速

率及壁面反应过程的影响，增大流速对腐蚀反应产生抑制作用。

4.2.5 井深的影响

图 4-29 是超级 13Cr 不锈钢在不同井深（温度随井深增加而升高，即温度梯度）中的腐蚀行为，其试验条件如表 4-9 所示。由表 4-9 发现随着井深增加，CO_2 分压及温度也会随之增加，超级 13Cr 不锈钢的均匀腐蚀速率增大，这是因为 CO_2 分压增大，腐蚀介质 pH 降低，酸性增强。温度升高，对于由阴极反应控制的 CO_2 腐蚀电化学反应，阴极反应加速，阳极的溶解速率加快，表现为均匀腐蚀速率增大。同时，在相同井深条件下，超级 13Cr 不锈钢在气相的均匀腐蚀速率要大于其在液相的腐蚀速率，这主要是因为在气相腐蚀条件下，由于试样表面液膜厚度较小，反应物或反应产物的传输速度与全浸电解液下的物质传输相比，速度加快，均匀腐蚀速率增加。

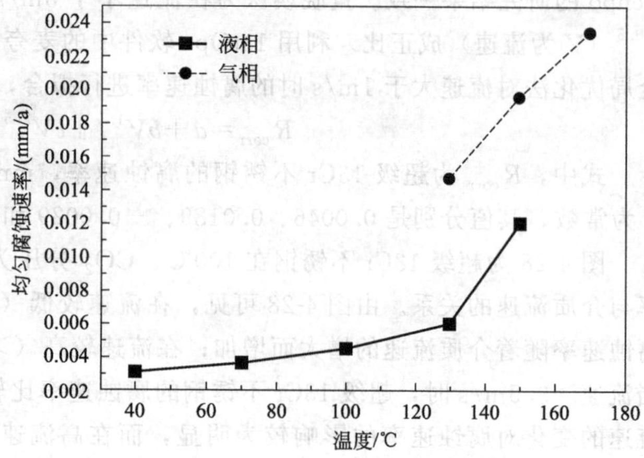

图 4-29 不同温度下的腐蚀速率

超级 13Cr 不锈钢均匀腐蚀主要靠钝化膜中富 Cr 成分[例如 Cr_2O_3 或 $Cr(OH)_3$]的不断氧化来实现的，远低于一般碳钢或低合金钢的均匀腐蚀速率。

表 4-9 试验条件

参数	参数值					
井深/m	0	1524	3353	5182	7090	9000
温度/℃	40	70	100	130	150	170
CO_2 分压/MPa	0.8	0.8	0.9	0.9	1	1.6
介质浓度/(mg/L)	50500(Cl^-);1217(SO_4^{2-});1142(HCO_3^-);140(Mg^{2+}),160(Ca^{2+});33700($Na^+ + K^+$)					
状态	液相					—
	—	—	—	气相		

4.2.6 介质的影响

4.2.6.1 地层水和完井液

超级 13Cr 不锈钢在表 4-10 所示的模拟试验环境中的腐蚀速率分别为 0.4549mm/a 和 0.3867mm/a，属于 NACE RP 0775—2005 中的极严重腐蚀，不能满足高温工况环境对管柱材料的耐蚀性要求。

表 4-10 模拟试验条件

腐蚀试验条件	溶质浓度/(g/L)							温度/℃	CO_2 分压/MPa	时间/h
	$NaHCO_3$	Na_2SO_4	$CaCl_2$	$MgCl_2$	NaCl	KCl	磷酸盐			
地层水 CO_2 腐蚀(管柱内腐蚀)	0.26	0.636	23.06	2.221	173.958	12.646	220	4.8	360	—
高 pH 完井液腐蚀(管柱外腐蚀)	—	—	—	—	—	—	1.4①	180	1.33②	720

① 浓度 1.4g/mL，pH=11.01（除氧 0.5h）。

② 试验过程中持续通入，模拟 CO_2 浸人油套环空。

超级 13Cr 不锈钢均匀腐蚀非常明显，试样表面已经存在较厚的腐蚀产物，而其他耐蚀合金管柱材料均匀腐蚀相对轻微，但试样表面已经失去金属光泽，如图 4-30 所示。其局部腐蚀坑较浅，最大腐蚀深度仅为 4μm，横截面如图 4-31 所示。

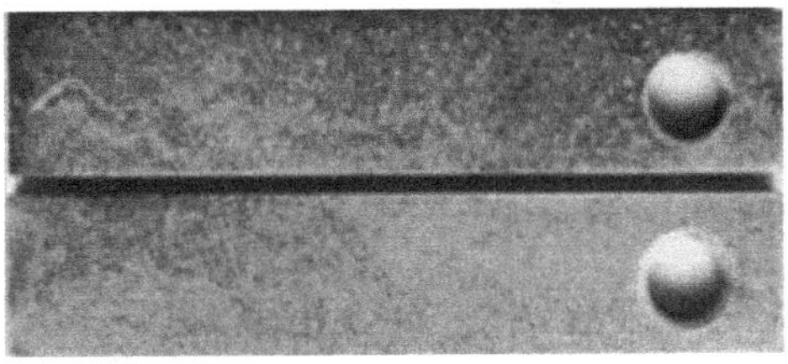

图 4-30 耐蚀合金地层水 CO_2 腐蚀宏观形貌（清洗前）

图 4-31 耐蚀合金地层水 CO_2 腐蚀横截面微观形貌

试样在 180℃、1.33MPa CO_2 分压、高 pH 完井液中的均匀腐蚀速率为 0.3867mm/a。所有试样表面均覆盖一层绿色的腐蚀产物（完井液中的磷酸盐成分为绿色），超级 13Cr 不锈钢存在局部脱落现象，如图 4-32 所示。超级 13Cr 不锈钢试样表面局部腐蚀非常严重，以点蚀（坑蚀）为主，最大局部腐蚀深度为 10μm，其横截面如图 4-33 所示。

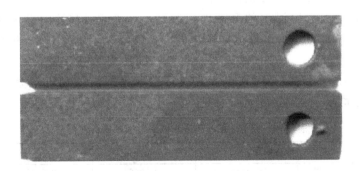

图 4-32 耐蚀合金完井液腐蚀宏观形貌（清洗前）

4.2.6.2 气、液相

超级 13Cr 不锈钢的腐蚀速率在气相中随着温度的升高而增大，而在液相中先增大，达到 140℃后趋于平缓。但无论在气相中还是在液相中，腐蚀速率都随着 CO_2 分压的升高先增大后减小，在 CO_2 为 2.5MPa 时达到最大值。气相中随着 Cl^- 浓度增加而增大，液相中当浓度超过 50g/L 时，腐蚀受到抑制腐蚀速率有所减缓。气液两相中超级 13Cr 不锈钢的点蚀深度和点蚀速率均随着温度和 Cl^- 浓度的升高而增大。超级 13Cr 不锈钢主要是依靠 Cr 在表面富集形成以 Cr_2O_3 为主的钝化膜来起到耐蚀作用的。

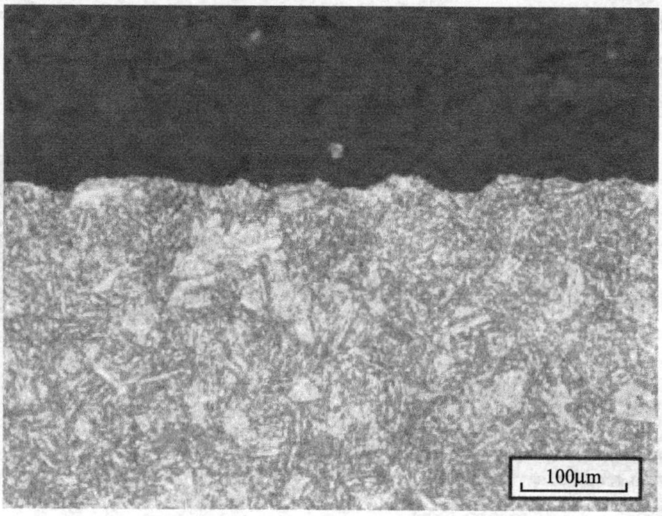

图 4-33　耐蚀合金完井液腐蚀横截面形貌

气相时超级 13Cr 不锈钢的腐蚀速率在 150℃时达到最大，液相时在 130℃附近即达到最大，且气相腐蚀速率大于液相。两相环境中超级 13Cr 不锈钢均发生了不同程度的点蚀，气相环境中的点蚀较液相严重。气相环境下水膜与材料表面气/液交界形成浓差腐蚀电池是发生局部腐蚀的主要原因。

(1) 腐蚀速率

① 温度的影响

图 4-34 为超级 13Cr 不锈钢在 CO_2 分压为 2.5MPa、Cl^- 浓度为 160g/L 时在气、液相环境下的腐蚀速率与温度的关系。具体值见表 4-11。由图 4-34 可知，液相时超级 13Cr 不锈钢的腐蚀速率随温度的升高而持续增大，并在 130℃时腐蚀速率达到最大；在 130～170℃的温度范围内腐蚀速率变化很小。气相时，超级 13Cr 不锈钢的腐蚀速率随温度的升高而增大，在 150℃时达到最大值，随后腐蚀速率随温度的升高而有所下降。对比气、液两相的腐蚀速率可知，在模拟温度范围内，气相环境中腐蚀速率大于液相环境，但是均小于 0.1mm/a。

表 4-11　超级 13Cr 不锈钢 CO_2 腐蚀速率计算结果　　单位：mm/a

Cl^- 浓度			50g/L	80g/L	110g/L	160g/L
温度	130℃	液相	0.0035	0.0046	0.0049	0.0046
		气相	0.0120	0.0191	0.0215	0.0260
	150℃	液相	0.0087	0.0083	0.0180	0.0164
		气相	0.0125	0.0163	0.0211	0.0665
	170℃	液相	0.0053	0.0056	0.0105	0.0103
		气相	0.0241	0.0325	0.0574	0.0539

注：腐蚀时间为 168h。

无论是气相环境还是液相环境，随着温度的升高，超级 13Cr 不锈钢的腐蚀速率增大，在 150℃附近出现最大值，且在相同条件下，气相环境中的腐蚀速率大于液相环境，如表 4-12 所示。参照 NACE RP 0775—2005 对腐蚀程度的规定，其腐蚀属于轻度和中度腐蚀程度。

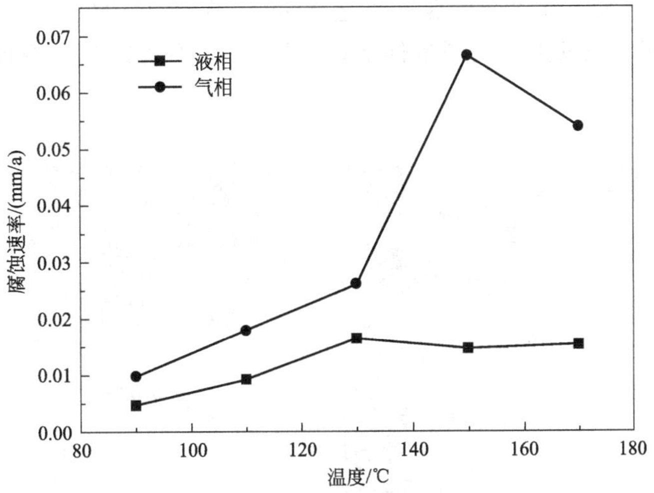

图 4-34 不同温度下的腐蚀速率

超级 13Cr 不锈钢腐蚀主要靠钝化膜中富 Cr 成分[如 Cr_2O_3 或 $Cr(OH)_3$]的不断形成和溶解来实现的，远低于一般碳钢或低合金钢的腐蚀速率。因此，从腐蚀速率的值可以看出，超级 13Cr 不锈钢的 CO_2 腐蚀速率远小于油气田可接受的极限数值，其在工况环境下的点蚀更值得关注。

表 4-12 超级 13Cr 不锈钢在不同温度下腐蚀 168h 后的 CO_2 腐蚀速率 单位：mm/a

温度	90℃	110℃	130℃	150℃	170℃
液相	0.0047	0.0092	0.0146	0.0164	0.0153
气相	0.0099	0.0179	0.0260	0.0665	0.0539

注：模拟某油田采出液 Cl^- 浓度为 160000mg/L，SO_4^{2-} 浓度为 766mg/L，HCO_3^- 浓度为 405mg/L，Mg^{2+} 浓度为 622mg/L，Ca^{2+} 浓度为 7240mg/L，$Na^+ + K^+$ 浓度为 71000mg/L。

图 4-35 和图 4-36 分别为不同温度下超级 13Cr 不锈钢的局部腐蚀速率和腐蚀坑形

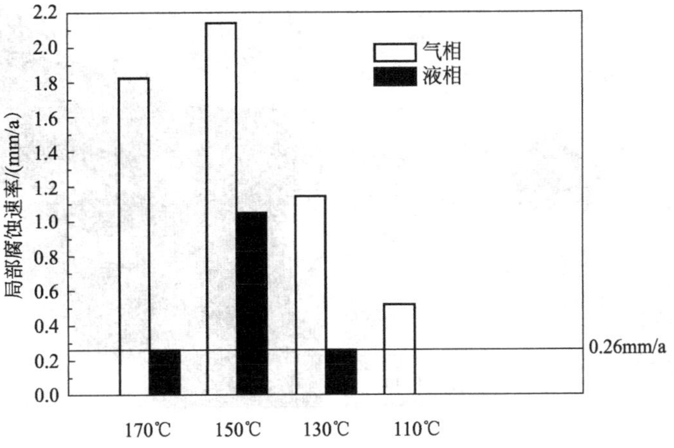

图 4-35 不同温度下的局部腐蚀速率

貌。由图可知，不论是气相环境还是液相环境，随着温度的升高，超级 13Cr 不锈钢的局部腐蚀速率呈上升的趋势，在 150℃附近处腐蚀最严重，通过计算可知，最大值可达

2.1379mm/a，其最大局部腐蚀坑深度可达41μm。在90℃的气、液相环境和110℃的液相环境中无局部腐蚀发生。相同条件下，超级13Cr不锈钢在气相环境中的局部腐蚀较液相环境中严重。

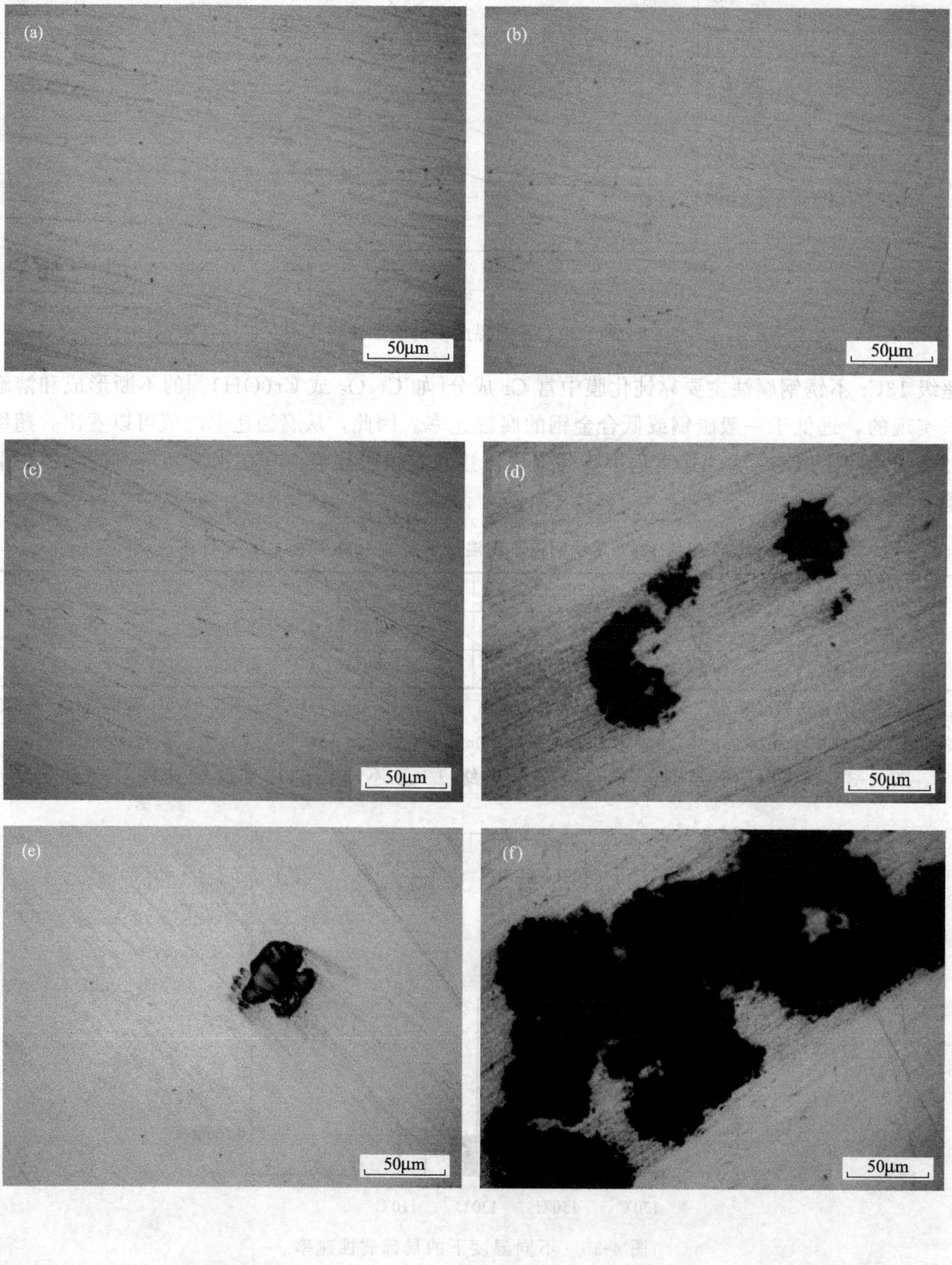

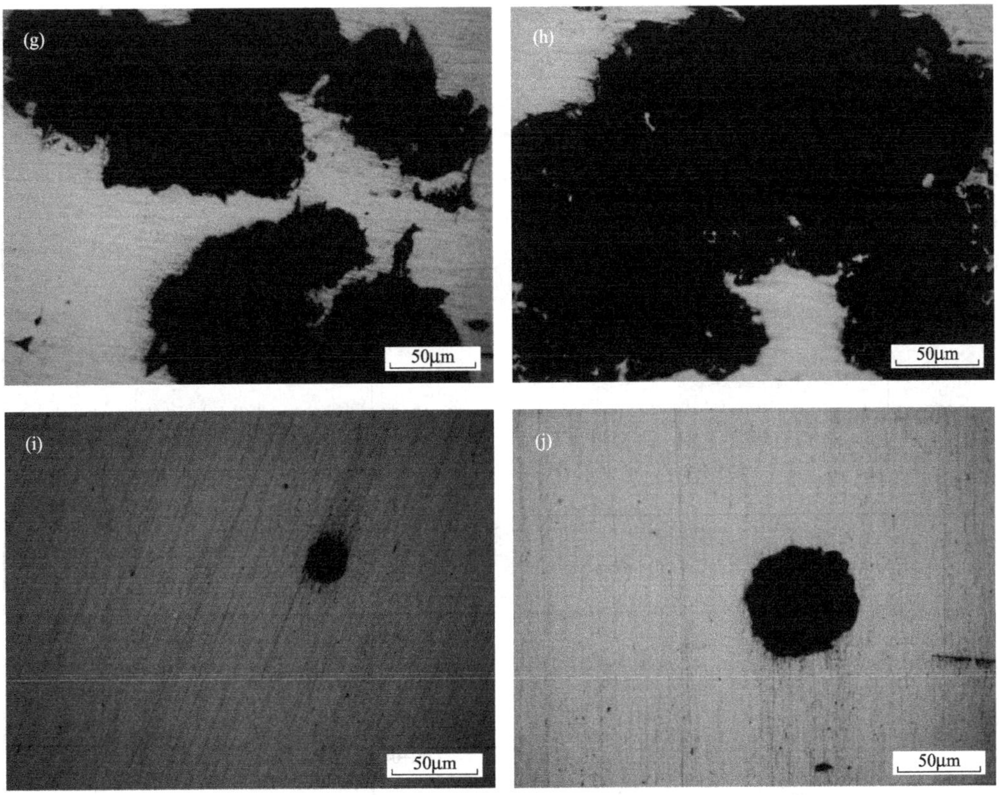

图 4-36　不同温度下超级 13Cr 不锈钢的腐蚀坑形貌

(a) 90℃，液相；(b) 90℃，气相；(c) 110℃，液相；(d) 110℃，气相；(e) 130℃，液相；(f) 130℃，气相；(g) 150℃，液相；(h) 150℃，气相；(i) 170℃，液相；(j) 170℃，气相

图 4-37 为超级 13Cr 不锈钢在 130℃时在气、液相中所得到的表面钝化膜的 Cr 和 O 元素 XPS 谱图，表 4-13 为超级 13Cr 不锈钢试样表面钝化膜中化合物结合能试验数据与标准数据对比结果。从 XPS 谱图及试样表面钝化膜中化合物结合能的数据对比中可知，表面钝化膜的主要成分为非晶态的 Cr_2O_3。

表 4-13　超级 13Cr 不锈钢钝化膜中化合物结合能试验数据与标准数据对比结果

<table>
<tr><td rowspan="4">标准数据</td><td>Cr 的化合物</td><td>Cr_2O_3</td><td>$Cr(OH)_3$</td><td colspan="2">CrOOH</td></tr>
<tr><td>结合能/eV</td><td>576.9</td><td>577.3</td><td colspan="2">577.0</td></tr>
<tr><td>Fe 的化合物</td><td>Fe_2O_3</td><td>FeO</td><td>Fe_3O_4</td><td>FeOOH</td></tr>
<tr><td>结合能/eV</td><td>710.9/710.8</td><td>709.4</td><td>708.2/710.4</td><td>711.8/711.3</td></tr>
<tr><td rowspan="3">试验数据</td><td>元素</td><td colspan="2">Cr 2p</td><td colspan="2">O 1s</td></tr>
<tr><td>液相中结合能/eV</td><td colspan="2">576.70</td><td colspan="2">531.2</td></tr>
<tr><td>气相中结合能/eV</td><td colspan="2">576.50</td><td colspan="2">531.0</td></tr>
</table>

② CO_2 分压的影响

图 4-38 为 CO_2 分压对超级 13Cr 不锈钢 CO_2 腐蚀速率的影响（温度为 150℃、Cl^- 浓度为 160g/L）。从图中可以看出，气相环境中腐蚀速率大于液相环境，但是均小于 0.1mm/a。无论是气相环境还是液相环境，随着 CO_2 分压增大，超级 13Cr 不锈钢的平均腐蚀速率整体呈上升趋势。究其原因，CO_2 分压增大降低了溶液的 pH，导致钝化膜的稳定性下降，增强

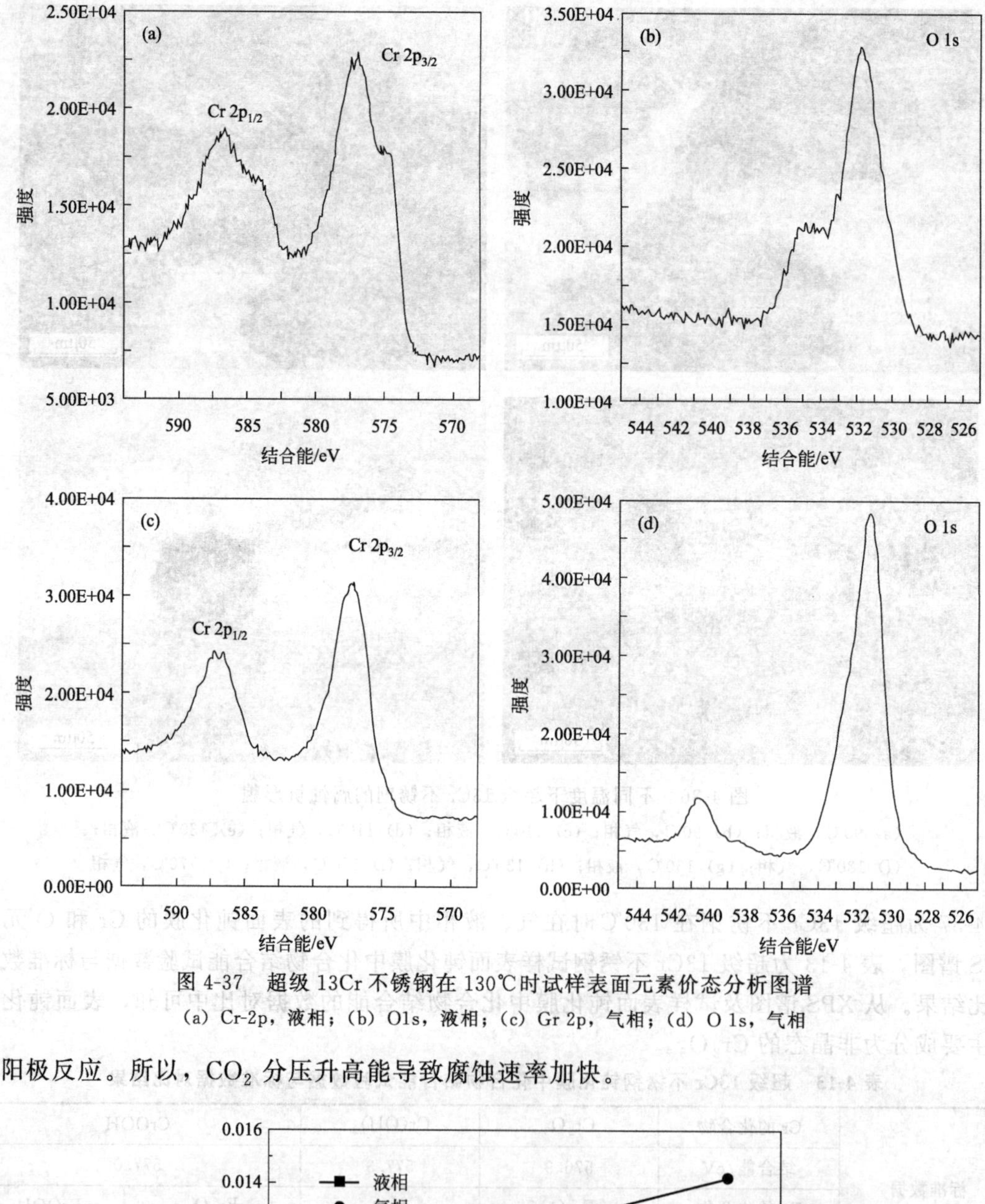

图 4-37 超级 13Cr 不锈钢在 130℃时试样表面元素价态分析图谱

(a) Cr-2p，液相；(b) O1s，液相；(c) Gr 2p，气相；(d) O 1s，气相

了阳极反应。所以，CO_2 分压升高能导致腐蚀速率加快。

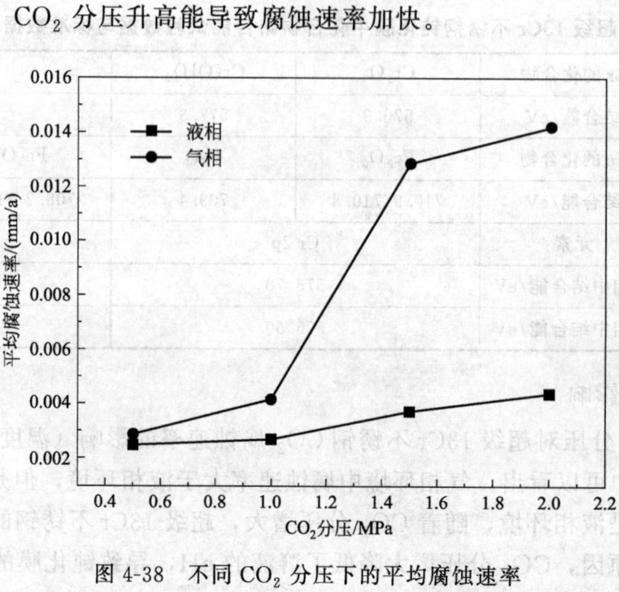

图 4-38 不同 CO_2 分压下的平均腐蚀速率

③ Cl^- 的影响

图 4-39 为 Cl^- 浓度变化对超级 13Cr 不锈钢 CO_2 平均腐蚀速率的影响（温度为 170℃、CO_2 分压为 2.5MPa)。从图中可以看出，气相环境中腐蚀速率大于液相环境，但是均小于 0.1mm/a。在不同温度下，无论是气相环境还是液相环境，随着 Cl^- 浓度增大，超级 13Cr 不锈钢的平均腐蚀速率均呈上升趋势。已有的研究结果认为，Cl^- 的加入一方面能降低试样表面钝化膜形成的可能性或加速试样表面钝化膜的破坏，促进腐蚀的发生；另一方面是随着介质中 Cl^- 含量的增大，CO_2 在水溶液中的溶解度降低，由此抑制腐蚀的发生。

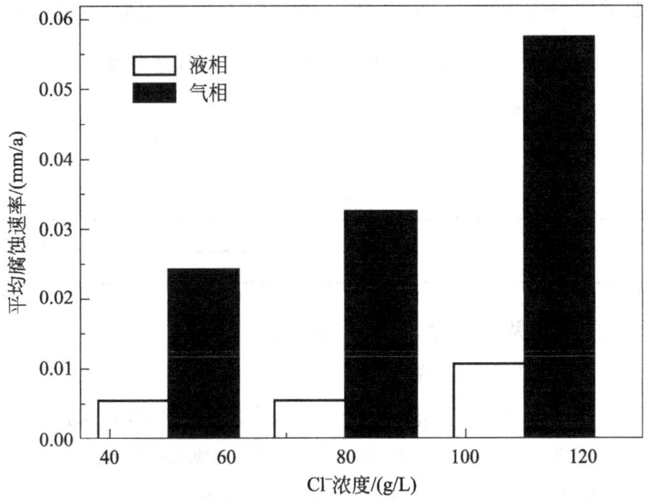

图 4-39 不同 Cl^- 浓度下的腐蚀速率

④ 材质的影响

表 4-14 为 3 种 13Cr 不锈钢在不同流速和环境条件下的腐蚀行为。由表可知，流速增大会显著增加超级 13Cr 不锈钢的腐蚀速率，而其腐蚀速率远低于一般碳钢和低合金钢的腐蚀速率。参照 NACE RP 0775—2005 对腐蚀的规定，超级 13Cr 不锈钢的腐蚀均属于轻度腐蚀。从腐蚀速率的大小来看，超级 13Cr 不锈钢 CO_2 腐蚀速率远小于油气田可接受的极限数值（0.1～0.5mm/a)，其在工况环境下的点蚀更值得关注。

表 4-14 不同条件下超级 13Cr 不锈钢的腐蚀速率

材料	流速/(m/s)	环境	实验周期/h	腐蚀速率/(mm/a)	腐蚀形态
13Cr	3	液相	240	0.0220	全面腐蚀
13Cr	0	液相	240	0.0013	全面腐蚀
13Cr	0	气相	240	0.0010	全面腐蚀
S13Cr-1	3	液相	240	0.0110	全面腐蚀
S13Cr-1	0	液相	240	0.0002	全面腐蚀
S13Cr-1	0	气相	240	0.0003	全面腐蚀
S13Cr-2	3	液相	240	0.0090	全面腐蚀
S13Cr-2	0	液相	240	0.0003	全面腐蚀
S13Cr-2	0	气相	240	0.0003	全面腐蚀

张双双等研究发现，在气、液两相环境下，随温度升高，超级 13Cr 不锈钢的腐蚀速率增大，腐蚀速率呈现上升的趋势。随温度升高，点蚀敏感性增强，表面钝化膜主要成分是 Cr_2O_3。

(2) 点蚀速率

表 4-15 是通过金相显微聚焦法测得的钢表面点蚀深度和点蚀速率与温度的关系。由表可知，液相时钢的最大点蚀深度为 20μm，而钢在气相条件下的最大点蚀坑为 41mm，点蚀程度更严重。气、液两相中的最大点蚀速率分别为 2.1379mm/a 和 1.0429mm/a，远远大于其平均腐蚀速率，这说明在该腐蚀环境中，点蚀的严重程度要远远大于均匀腐蚀。不锈钢的表面膜中常常存在一些杂质和位错的特殊位置，当 Cl^- 在这些位置聚集时，会使钢的产物膜产生局部破坏从而导致点蚀的发生。这些特殊位置极易形成微观腐蚀原电池，使点蚀快速向纵向发展，导致点蚀的进一步加剧，这也是点蚀速率大于均匀腐蚀速率的主要原因。

表 4-15 点蚀深度及点蚀速率与温度的关系

温度/℃	点蚀深度/mm		点蚀速率/(mm/a)	
	液相	气相	液相	气相
110	—	10	—	0.5214
130	5	22	0.26	1.1471
150	20	41	1.0429	2.1379
170	5	35	0.26	1.825

超级 13Cr 不锈钢在气液两相环境下发生的点蚀可认为是由钢缺陷、表面的不均一性等造成某些区域优先腐蚀引起的；另外腐蚀产物或不同生成物膜在钢表面区域覆盖度不同，不同覆盖度区域之间形成了具有很强自催化特性的腐蚀电偶，CO_2 局部腐蚀就是这种腐蚀电偶作用的结果。腐蚀结果常为出现半球形蚀坑，腐蚀产物阻碍蚀坑内外溶液间的物质迁移，使坑内溶液 pH 下降，而具有更强的腐蚀性，最后导致穿孔。而对于均匀腐蚀而言，腐蚀产物膜均匀地覆盖在钢表面，在一定程度上起到了保护基体的作用，因此，超级 13Cr 不锈钢的均匀腐蚀速率偏小。

(3) 腐蚀形貌

① 温度的影响

图 4-40 是不同温度下超级 13Cr 不锈钢表面的腐蚀形貌。由图可知，气相环境下在 110℃时钢表面未发现明显的损伤痕迹，而当温度达到 130℃以上时，钢表面均发现不同程度的局部损伤，其中温度为 150℃时损伤最为严重。液相环境下在 150℃时钢表面存在较为明显的局部损伤，其他温度条件的局部损伤相对较小但也出现了点蚀的初期形貌。对比可知，气、液两相条件下超级 13Cr 不锈钢在不同温度下均发生了不同程度的局部腐蚀。

一般认为，CO_2 只有溶于水才会产生腐蚀。钢在液相环境下的腐蚀主要是因为 CO_2 气体溶于水，形成 CO_3^{2-}，CO_3^{2-} 与基体 Fe 发生反应从而导致金属发生腐蚀。最后钢表面堆积的一层腐蚀产物 $FeCO_3$ 阻止了腐蚀反应的发生，最终导致钢腐蚀速率的下降。由于超级 13Cr 不锈钢中的合金元素比一般碳钢的合金元素要多，因此阳极反应也就多了各种合金元素的参与，从而改变了钢的耐蚀性。林冠发等通过研究发现超级 13Cr 不锈钢阳极不仅发生了由 Fe 到 Fe^{2+} 的转变，不锈钢当中的 Cr 也参与了阳极反应转变为 Cr^{3+}。牛坤等通过 XPS 分析发现，超级 13Cr 不锈钢中的 Cr 元素最终是以 Cr_2O_3 的形式存在于表面钝化膜中。

超级 13Cr 不锈钢在气相中的腐蚀主要是因为气相中水分凝结在钢表面形成水膜，且 CO_2 在凝结的水膜中溶解，发生如液相中的腐蚀过程。而水膜以外的其他表面因为未形成水膜而处于干燥环境，因此不容易发生腐蚀。这就导致了水膜处的腐蚀持续发生而未形成水膜的地方未发生腐蚀的情况，这也是气相易发生局部腐蚀的主要原因之一。另外，最严重的腐蚀出现在水膜与钢表面气/液交界的水线处（即气/液界面），液相里 CO_2 的浓度和水膜中 Cl^- 浓度均高于外部气液交汇处的浓度，形成浓差腐蚀电池，造成水线附近金属腐蚀速率高于液相腐蚀速率。另外，气相中钢表面的水膜会随重力作用往下滑落，加剧了水线腐蚀，使得这种局部腐蚀的发生大大增强，最终导致气相环境下钢表面出现点蚀。

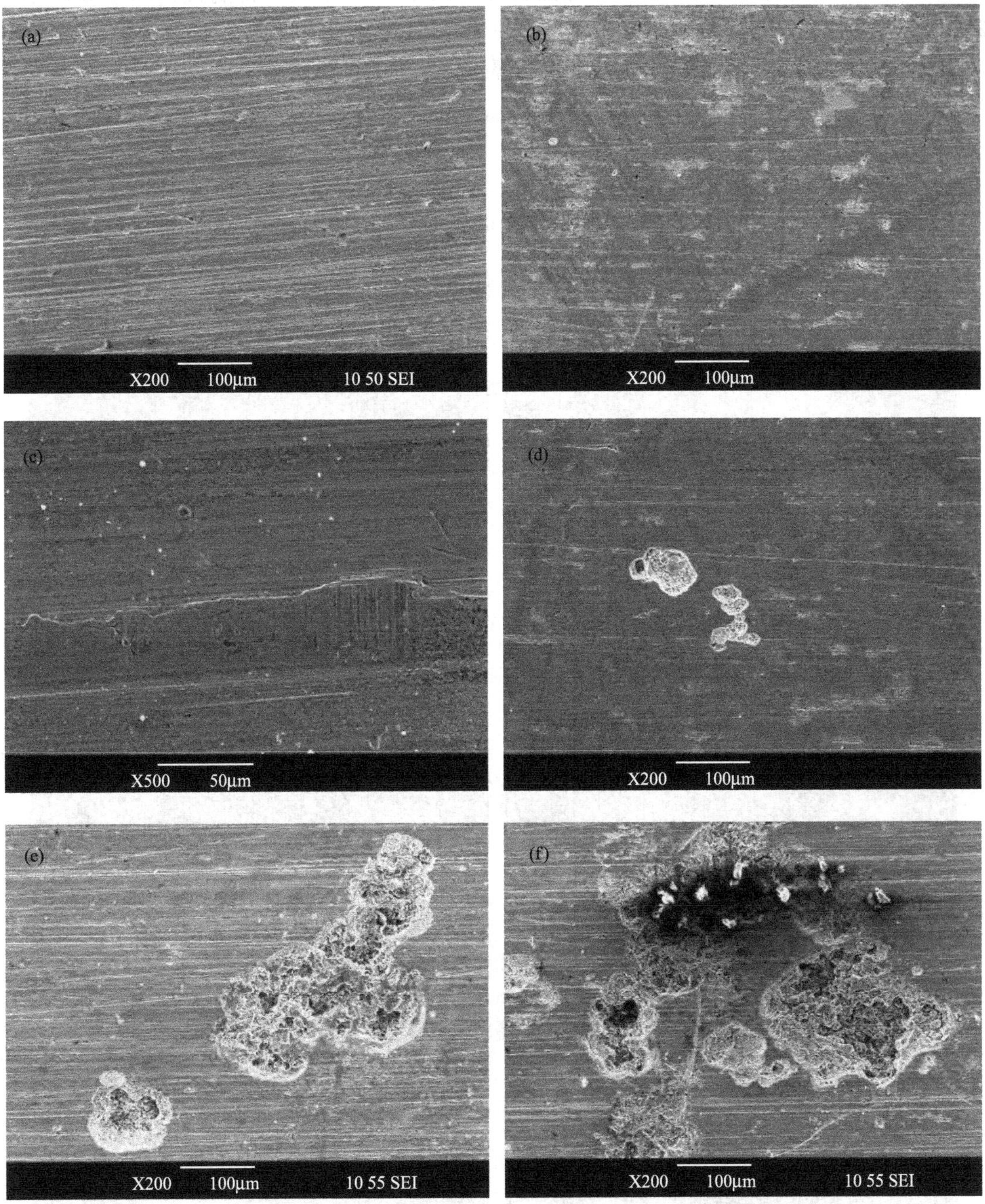

图 4-40　不同温度条件下超级 13Cr 不锈钢表面的腐蚀形貌

(a) 110℃，液相；(b) 110℃，气相；(c) 130℃，液相；
(d) 130℃，气相；(e) 150℃，液相；(f) 150℃，气相

② CO_2 分压的影响

图 4-41 为超级 13Cr 不锈钢在不同 CO_2 分压下的腐蚀形貌。由图可知，在液相环境下，钢表面无明显损伤；在气相环境下当 CO_2 分压为 2 MPa 时，钢表面出现了明显的局部损伤。运用金相显微聚焦法测定试样表面腐蚀坑深度，测定的钢表面最大腐蚀坑深度为 10μm，计算所得局部腐蚀速率为 0.5214mm/a，大于可接受的点蚀速率最大值 (0.26mm/a)。可以看出，只有 CO_2 分压为 2 MPa 的气井出现局部腐蚀，CO_2 分压小于 2MPa 时，无论是气相环境还是液相环境，超级 13Cr 不锈钢均无局部腐蚀发生。这说明，对于气相环境而言，CO_2 分压升高增加了局部损伤发生的可能性。

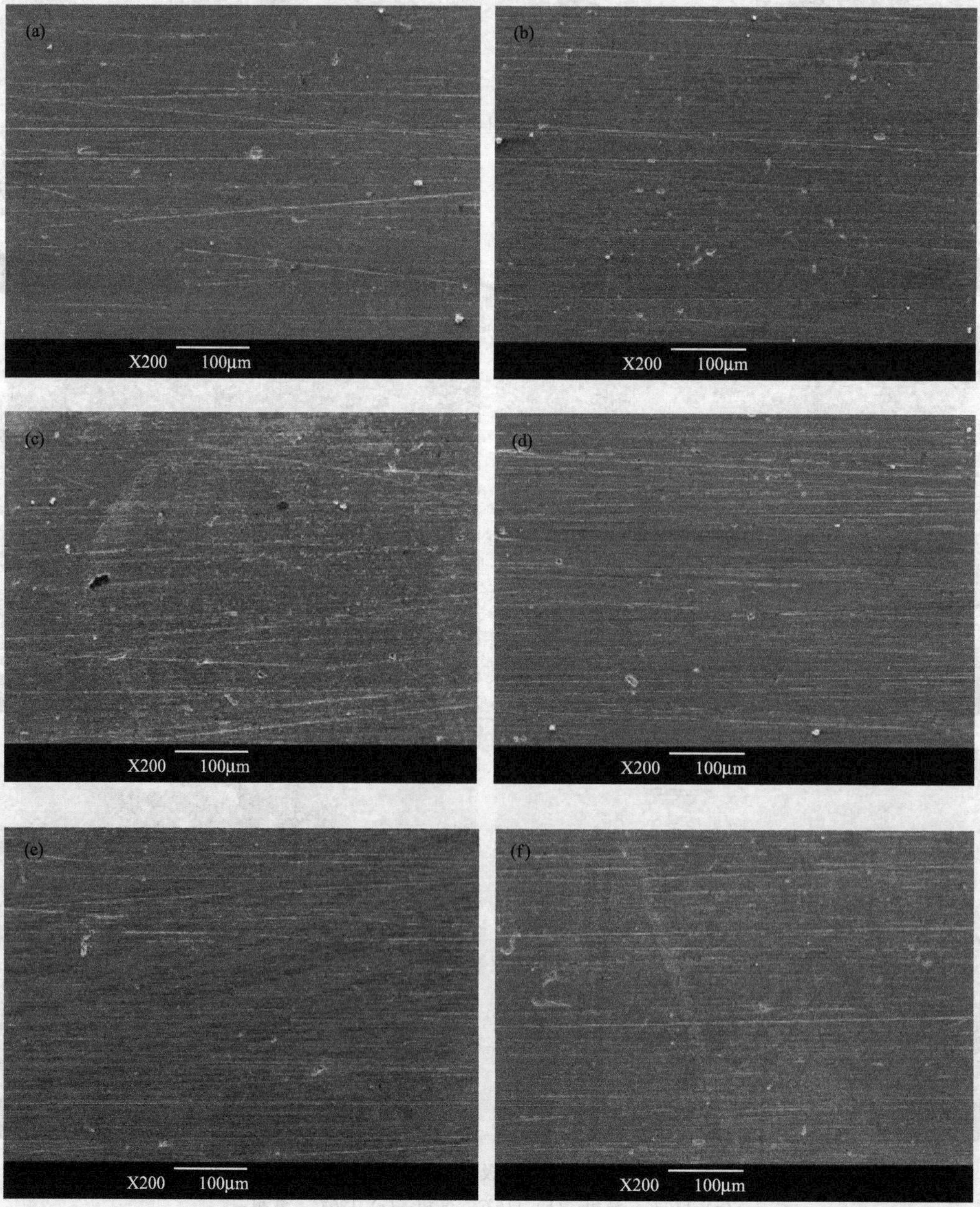

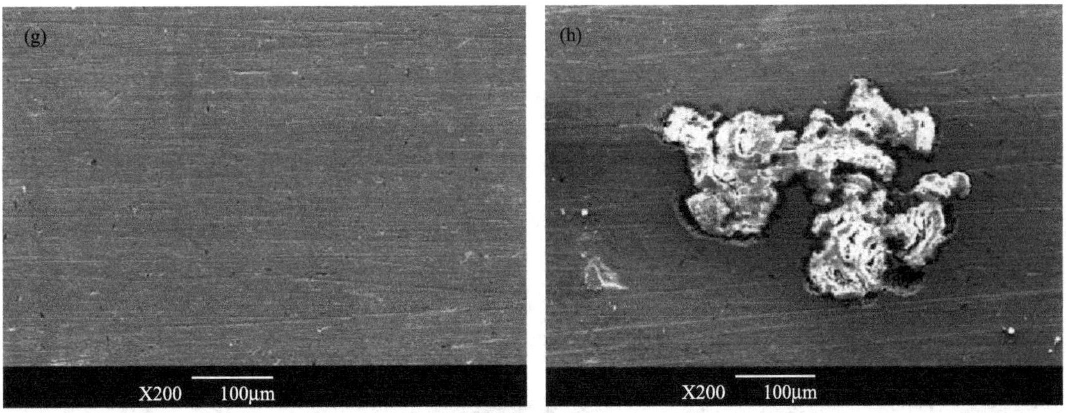

图 4-41　不同 CO_2 分压下超级 13Cr 不锈钢表面的腐蚀形貌

(a) 0.5MPa，液相；(b) 0.5MPa，气相；(c) 1MPa，液相；(d) 1MPa，气相；
(e) 1.5MPa，液相；(f) 1.5MPa，气相；(g) 2MPa，液相；(h) 2MPa，气相

③ Cl^- 的影响

图 4-42 是超级 13Cr 不锈钢在不同 Cl^- 浓度条件下的腐蚀形貌。由图可知，液相条件下钢表面依稀可看到砂纸打磨材料表面时留下的划痕，腐蚀较轻微且未发现表面局部损伤。气相环境下钢表面均受到严重的局部破坏，并且在 Cl^- 浓度为 110g/L 时，这种破坏最为严重。

表 4-16 是通过金相显微聚焦法测定得到的气相时钢表面点蚀深度和点蚀速率与 Cl^- 浓度的关系（温度为 170℃、CO_2 分压为 2.5MPa）。从表 4-16 可知，气相时钢的最大点蚀深度为 19μm，最大点蚀速率为 0.9907mm/a，远远大于其平均腐蚀速率。

表 4-16　Cl^- 浓度与点蚀深度及点蚀速率的关系

Cl^- 浓度/(g/L)	点蚀深度/μm	点蚀速率/(mm/a)
50	4	0.2081
80	15	0.7821
110	19	0.9907

141℃、CO_2 分压为 27.9MPa 的条件下，超级 13Cr 不锈钢在气、液两相中 240h 后形成产物膜，除锈前后腐蚀形貌如图 4-43～图 4-45 所示。通过研究知道，超级 13Cr 不锈钢在 141℃、CO_2 分压为 27.9MPa 的条件下，仅 24h 就有明显的腐蚀产物，但仅有极少量的腐蚀产物附着，这和已有的研究相符合，附着物明显少于相同腐蚀环境下的 13Cr 不锈钢，这与其宏观形貌相对应，也与均匀腐蚀速率结果一致。随着腐蚀时间的延长，240h 后超级 13Cr 不锈钢表面有明显的腐蚀产物，腐蚀产物为晶粒状，并零星地附着在钢表面，腐蚀产物明显少于相同腐蚀环境下的 13Cr 不锈钢，这与其宏观形貌相对应。气相环境下超级 13Cr 不锈钢腐蚀产物膜更致密，腐蚀靠钝化膜的溶解与修复进行。除锈后钢表面未发现局部腐蚀，腐蚀类型为全面腐蚀。

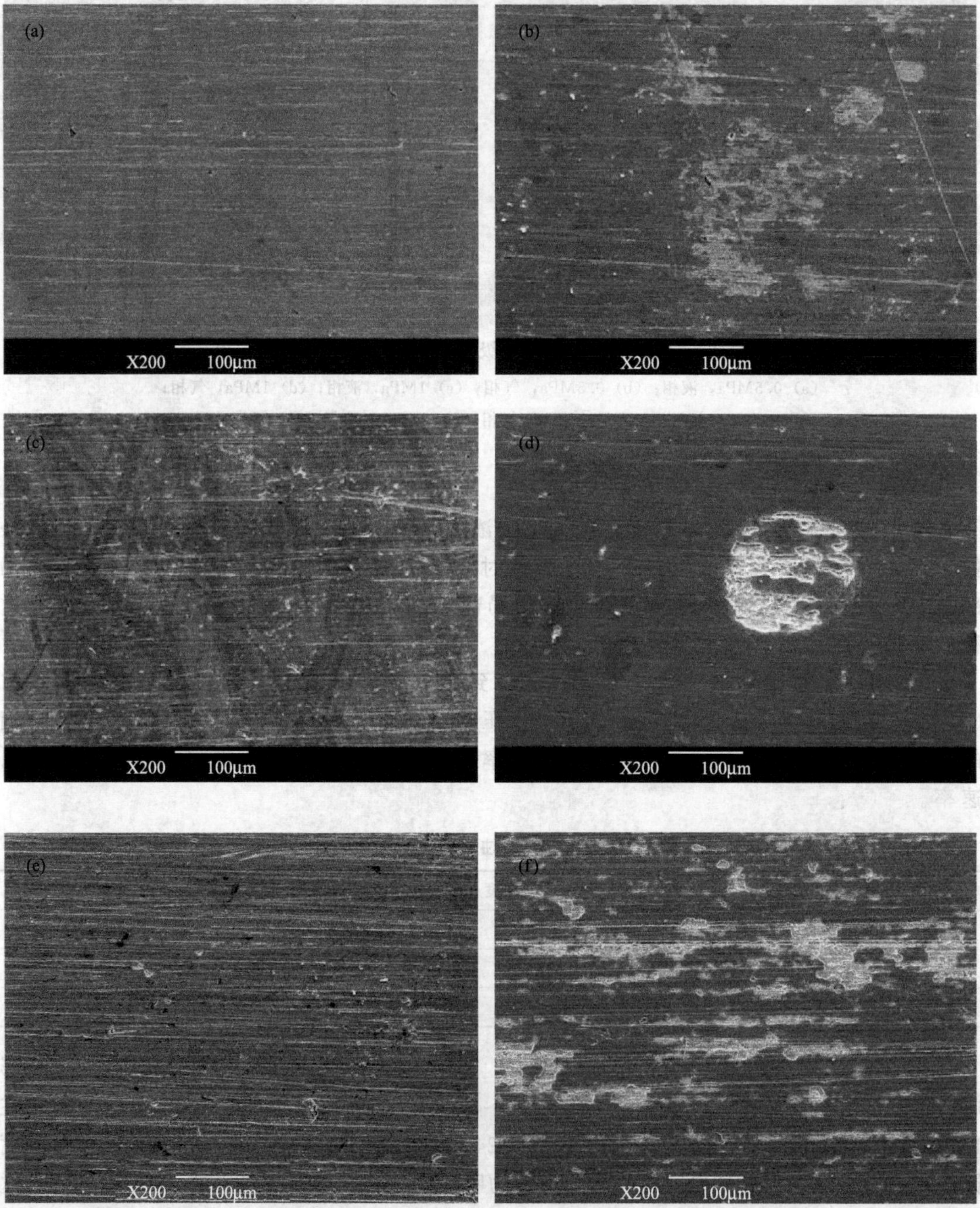

图 4-42　不同 Cl^- 浓度条件下超级 13Cr 不锈钢表面的腐蚀形貌

(a) 50g/L，液相；(b) 50g/L，气相；(c) 80g/L，液相；
(d) 80g/L，气相；(e) 110g/L，液相；(f) 110g/L，气相

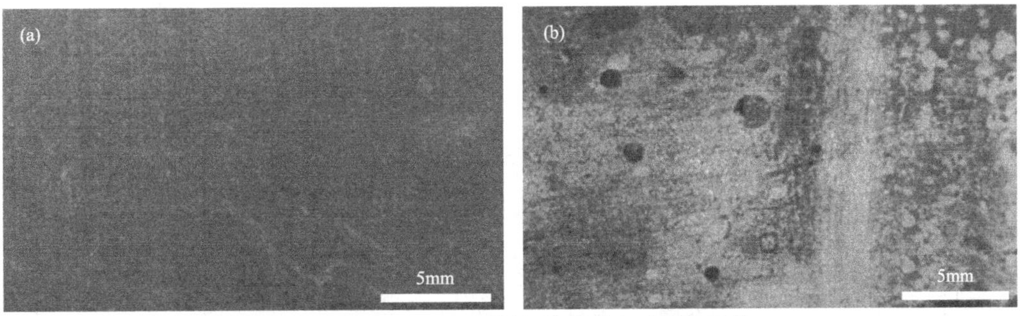

图 4-43　超级 13Cr 不锈钢除膜前宏观腐蚀形貌

（a）液相；（b）气相

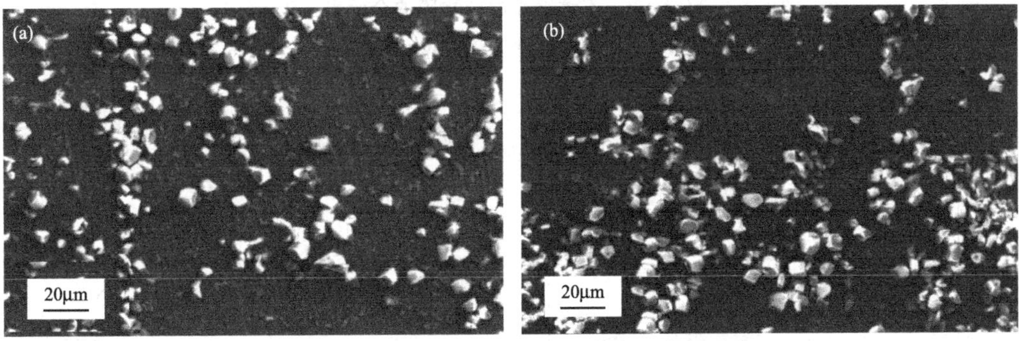

图 4-44　超级 13Cr 不锈钢除膜前微观腐蚀形貌

（a）液相；（b）气相

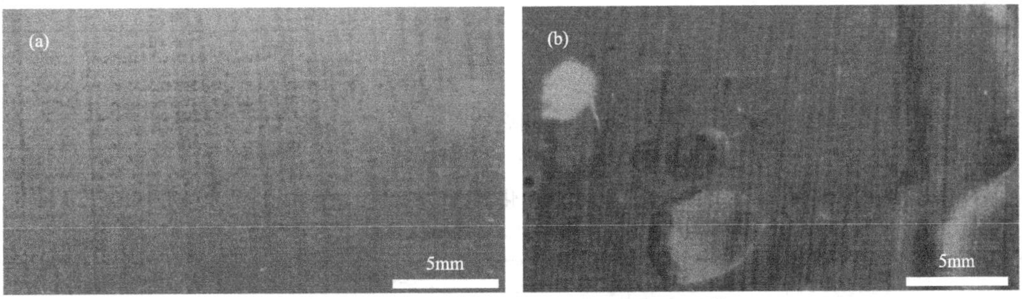

图 4-45　超级 13Cr 不锈钢除膜后腐蚀形貌

（a）液相；（b）气相

（4）成分分析

图 4-46 为超级 13Cr 不锈钢在温度为 180℃、CO_2 分压为 2.5 MPa、Cl^- 浓度为 77.2mg/L 条件下腐蚀后表面钝化膜的全元素 XPS 谱图。图中主要出现了 O 1s、C 1s、Cr 2p、Fe 2p 和 Si 2p 特征峰，除 Si 元素是引入的杂质外，超级 13Cr 不锈钢的表面钝化膜主要由 Fe、Cr、O 和 C 四种元素组成。

图 4-47 是超级 13Cr 不锈钢腐蚀后气、液相表面钝化膜的 Cr 元素 XPS 拟合谱图，图中均有一个标准峰，分别在 576.66eV、576.71eV 处。

表 4-17 为超级 13Cr 不锈钢试样表面钝化膜中化合物结合能试验数据与标准数据对比结果。气相和液相 Cr2p 结合能的峰值分别为 576.66eV 和 576.71 eV，与 Cr_2O_3 的标准峰值 576.9eV 相对应，可以认为，180℃时 Cr 主要是以 Cr_2O_3 的形式存在于表面钝化膜中。

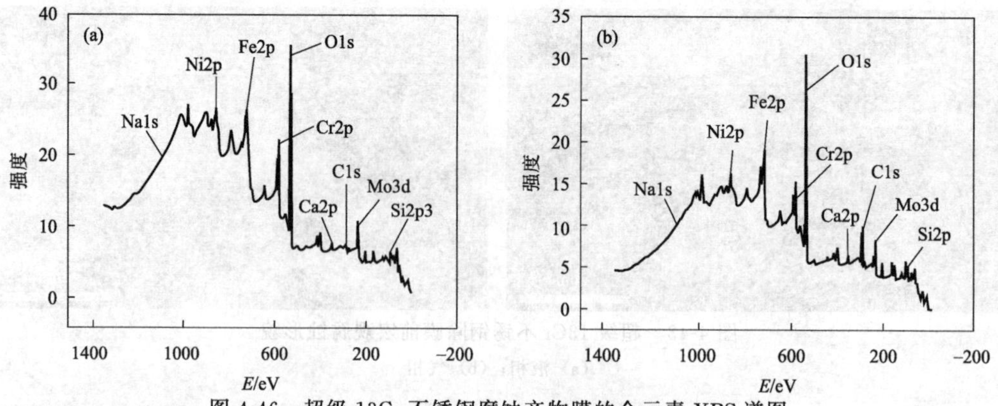

图 4-46　超级 13Cr 不锈钢腐蚀产物膜的全元素 XPS 谱图

(a) 气相；(b) 液相

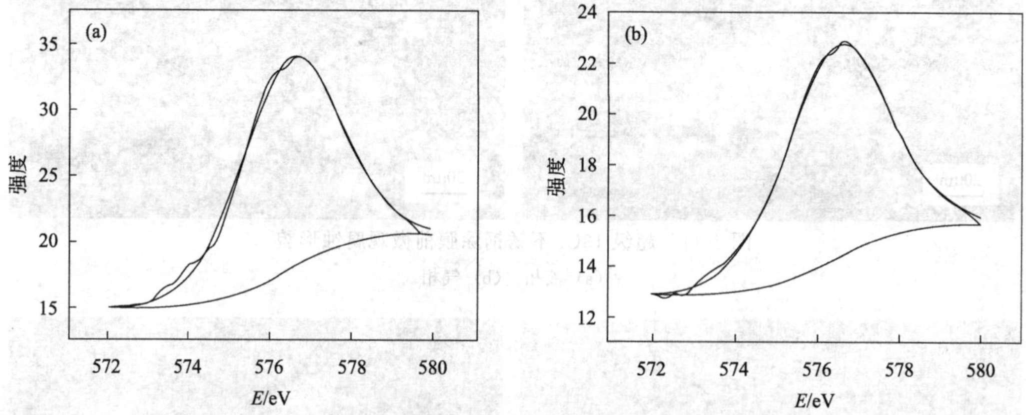

图 4-47　超级 13Cr 不锈钢气、液相腐蚀产物膜的 Cr 元素 XPS 拟合谱图

(a) 气相；(b) 液相

表 4-17　超级 13Cr 不锈钢腐蚀产物膜中化合物的结合能试验数据与标准数据对比

结合能：eV

元素			Cr 2p	O 1s
结合能标准数据	Cr_2O_3		576.9	531.0/531.5
	$Cr(OH)_3$		577.3	531.2
	CrOOH		577.0	—
结合能试验数据	180℃	气相	576.66	531.09
		液相	576.71	531.11

综上，超级 13Cr 不锈钢 CO_2 腐蚀产物膜的主要成分为非晶态的 Cr_2O_3。研究表明，含 Cr 不锈钢材料被腐蚀以后基体中的 Cr 会在钢表面产生富集，并在钢表面形成 $Cr(OH)_3$，但 $Cr(OH)_3$ 较易脱水形成 Cr_2O_3。此时阳极反应主要为：$Cr+3H_2O \longrightarrow Cr(OH)_3+3H^++3e^-$，$2Cr(OH)_3 \longrightarrow Cr_2O_3+3H_2O$。

以 $Cr(OH)_3$ 为主要成分的腐蚀产物膜具有一定的离子选择性，即只有阳离子能通过而阴离子不能通过，这可有效阻止阴离子穿透腐蚀产物膜到达金属表面，降低膜与金属界面处的阴离子浓度，阻止腐蚀介质和基体金属的进一步接触，使得点蚀坑不易形核长大，从而达到保护金属基体的作用。这就是含 Cr 钢有较好耐蚀性、不易发生点蚀，通常情况下只发生均匀腐蚀的原因。

4.2.7　pH 的影响

在腐蚀与防护领域，溶液的腐蚀特性可通过其理化参数来表征，其中 pH 的高低是直接影响腐蚀程度的主要因素之一，尤其是在高温高压的腐蚀环境中，pH 对不锈钢局部腐蚀的影响较为显著。

图 4-48 为超级 13Cr 不锈钢在酸性 NaCl 溶液中的腐蚀形貌，可见其具有较好的抗腐蚀性能，表面腐蚀膜层具有钝化特性，随着溶液 pH 的降低，其腐蚀膜层的钝化性能增强，发生点蚀的倾向性减小，发生全面腐蚀的倾向性增大，其腐蚀产物由 Fe 和 Cr 的氧化物组成。

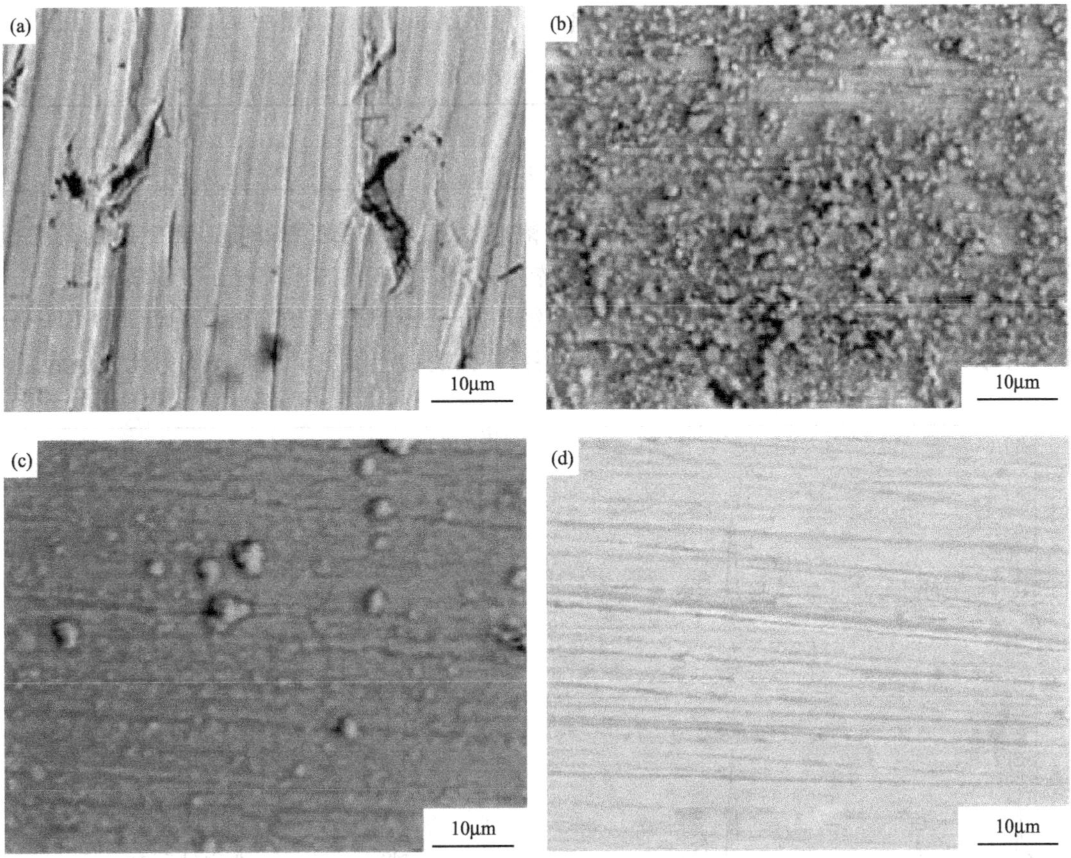

图 4-48　超级 13Cr 不锈钢在不同酸性 NaCl 溶液中全浸泡腐蚀试样表面微观形貌图

(a) pH6.0；(b) pH4.5；(C) pH3.5；(d) pH2.5

超级 13Cr 不锈钢表面均发生了不同程度的全面腐蚀，在 pH 为 6 的溶液中，钢表面呈现浮锈的锈蚀形貌，可见金属光亮，但已呈现轻微的点蚀形貌；pH 为 4.5 时，钢表面呈现严重的均匀腐蚀形貌，未见金属色泽，并有大量的颗粒状腐蚀产物，被腐蚀表面较为疏松；在 pH 为 3.5 的溶液中，钢表面也呈现均匀腐蚀的形貌，表面较为致密，可以减缓基体的腐蚀；pH 为 2.5 的溶液中，钢表面变暗变灰，略有金属色泽，钢腐蚀表面非常均匀致密，可以较好地保护基体。这说明随着 NaCl 溶液酸性的增大，超级 13Cr 不锈钢发生点蚀的倾向性减小，而发生全面腐蚀的倾向性增大，其表面腐蚀膜层的致密度也随之增大，但是出现了裂纹，并且具有少量的颗粒状腐蚀产物。当 pH 小于 2.5 时，其表面腐蚀膜层十分均匀致密。

从钢表面腐蚀的宏观形貌来看，在 pH 为 4.5 和 3.5 的溶液中，钢的腐蚀最为严重，在 pH 为 2.5 的溶液中，腐蚀程度次之，而在 pH 为 6.5 的溶液中，腐蚀性相对较为轻微。这说明超级 13Cr 不锈钢在酸性的溶液介质中，当溶液 pH 大于 4.5 时，其发生腐蚀的倾向性随溶液 pH 的减小而增大；当溶液 pH 小于 4.5 时，其发生腐蚀的倾向性随溶液 pH 的减小而减小。

表 4-18 是超级 13Cr 不锈钢在 20℃、5%NaCl 溶液中 CH_3COOH 调节 pH 下的腐蚀速率，可见，当在 pH 大于 4.5 的溶液中时，超级 13Cr 不锈钢的腐蚀速率随着溶液 pH 的增大而减小，其抗蚀性随之增强；但是当 pH 小于 4.5 时，超级 13Cr 不锈钢的腐蚀速率随着溶液 pH 的增大而减小，其抗蚀性随之增强。

表 4-18　20℃、5%NaCl 溶液中 CH_3COOH 调节 pH 下的腐蚀速率

pH	2.5	3.5	4.5	6
腐蚀速率/(mm/a)	6.1×10^{-4}	3.8×10^{-4}	4.4×10^{-4}	1.03×10^{-4}

由图 4-49 可知，在 pH 6.0 和 pH 2.5 的溶液中，Cr、Fe 峰值较低，元素 O 的含量也较低，说明超级 13Cr 不锈钢发生的腐蚀较为轻微，而在 pH 4.5 和 pH 3.5 的溶液中，Cr、Fe 峰值较高，元素 O 的含量也较高，说明超级 13Cr 不锈钢发生的腐蚀较为严重。EDS 分析结果表明，超级 13Cr 不锈钢在酸性 NaCl 溶液中的腐蚀产物由 Fe 和 Cr 的氧化物组成。

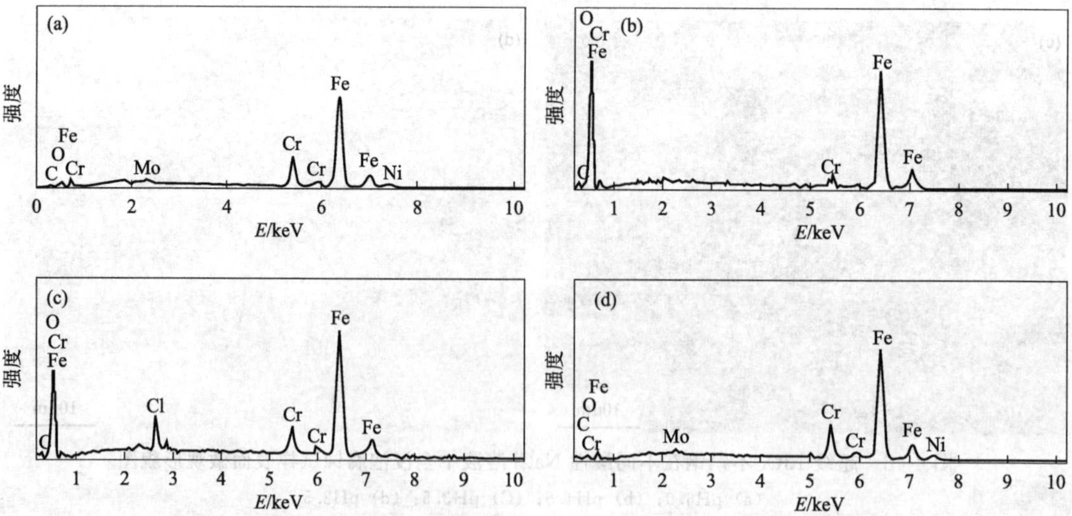

图 4-49　超级 13Cr 不锈钢在不同 pH、NaCl 溶液中腐蚀表面的 EDS 谱图

(a) pH 6.0；(b) pH 4.5；(C) pH 3.5；(d) pH 2.5

4.3 H_2S 或 S 腐蚀

4.3.1 H_2S 腐蚀

表 4-19 为超级 13Cr 不锈钢在纯 H_2S 环境中不同温度下的腐蚀速率，由表可知，随着

温度的增加，超级 13Cr 不锈钢的平均腐蚀速率先减小后增大。

表 4-19　在 CO_2 分压为 0MPa、H_2S 分压为 0.5MPa 不同温度条件下的腐蚀速率

温度/℃	60	100	160
平均腐蚀速率/(mm/a)	0.0431	0.0165	0.0180

图 4-50 和图 4-51 为不同温度下所形成腐蚀产物膜清洗前后的形貌，可知，在温

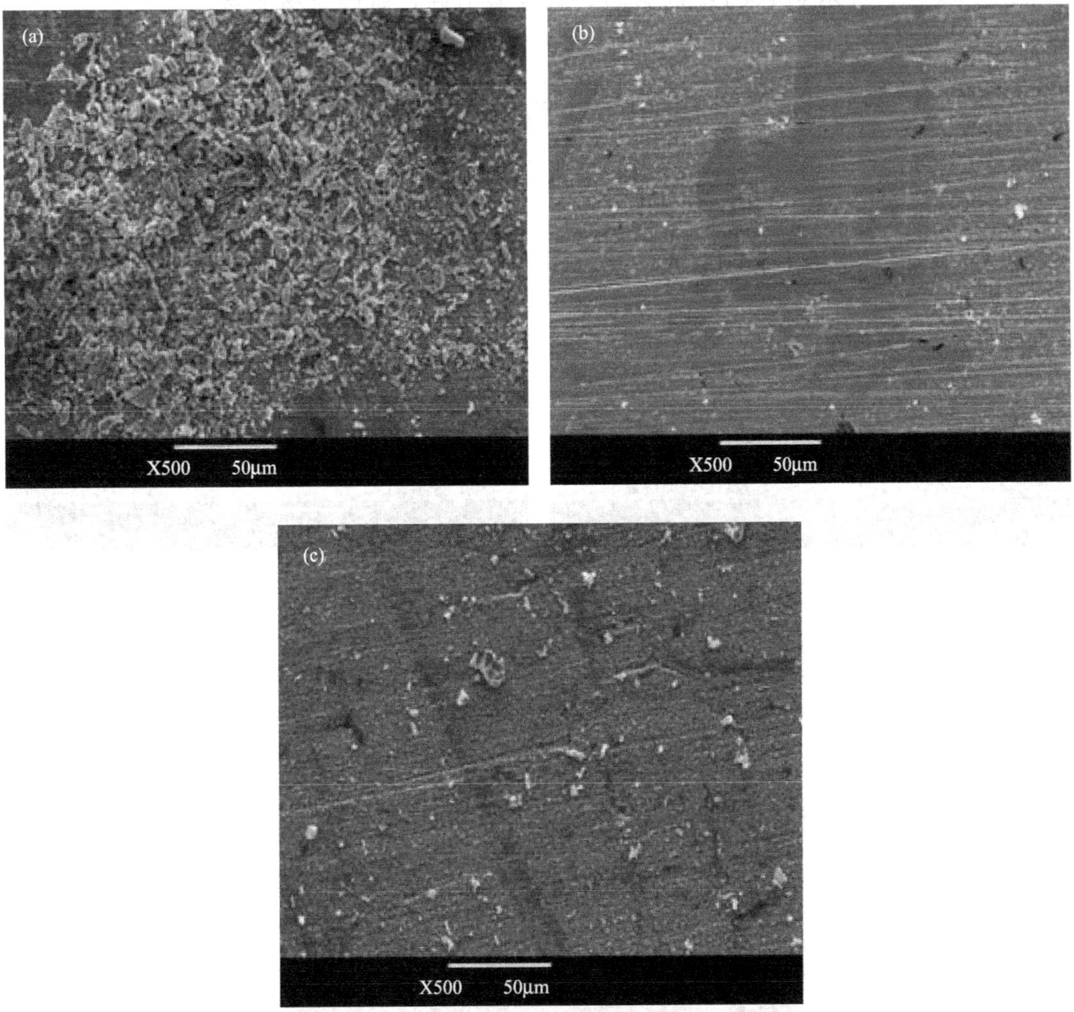

图 4-50　不同温度下清洗前试样 SEM 表面形貌

(a) 60℃；(b) 100℃；(c) 160℃

度为 60℃时，清洗前试样表面腐蚀产物膜较厚，而且从清洗后的 SEM 图可以看出有局部腐蚀。在温度为 100℃时，试样表面因砂纸打磨留下的痕迹清晰可见，几乎无腐蚀产物，说明腐蚀较轻，从清洗后的 SEM 图可以看出有少量点蚀坑存在，说明发生了局部腐蚀。温度为 160℃时，腐蚀产物增多，且分布不均匀，从清洗后的 SEM 图可以看出有很多局部腐蚀坑存在，说明发生了稍严重的局部腐蚀。这是因为 H_2S 对腐蚀速率的影响是因为 H_2S 在水中的溶解度较高，因而具有强烈的腐蚀性。通常认为，H_2S 会加速 Fe 的电离反应，并进一步生成 FeS。当生成的 FeS 致密且与基体结

合良好时，对腐蚀有一定的减缓作用。但当生成的 FeS 不致密时，可与金属基体形成强电偶，反而促进基体金属的腐蚀。在低温度下，腐蚀速率随温度的升高而增大，溶液中 H_2S 含量随之减少，腐蚀速率又随之减小。在低温度下，H_2S 含量高，腐蚀产物以 FeS 为主，FeS 的形成优于 $FeCO_3$ 的形成，所以 FeS 阻碍了致密 $FeCO_3$ 的形成，在这种情况下，产物膜较为疏松，保护性不好，因而腐蚀严重。当温度增至一定值时，产物膜以 FeS 为主，腐蚀速率下降，由于 FeS 能够优先生成，所以它能形成致密的 FeS 层，且不受 $FeCO_3$ 的影响，且附着力好，腐蚀速率下降。

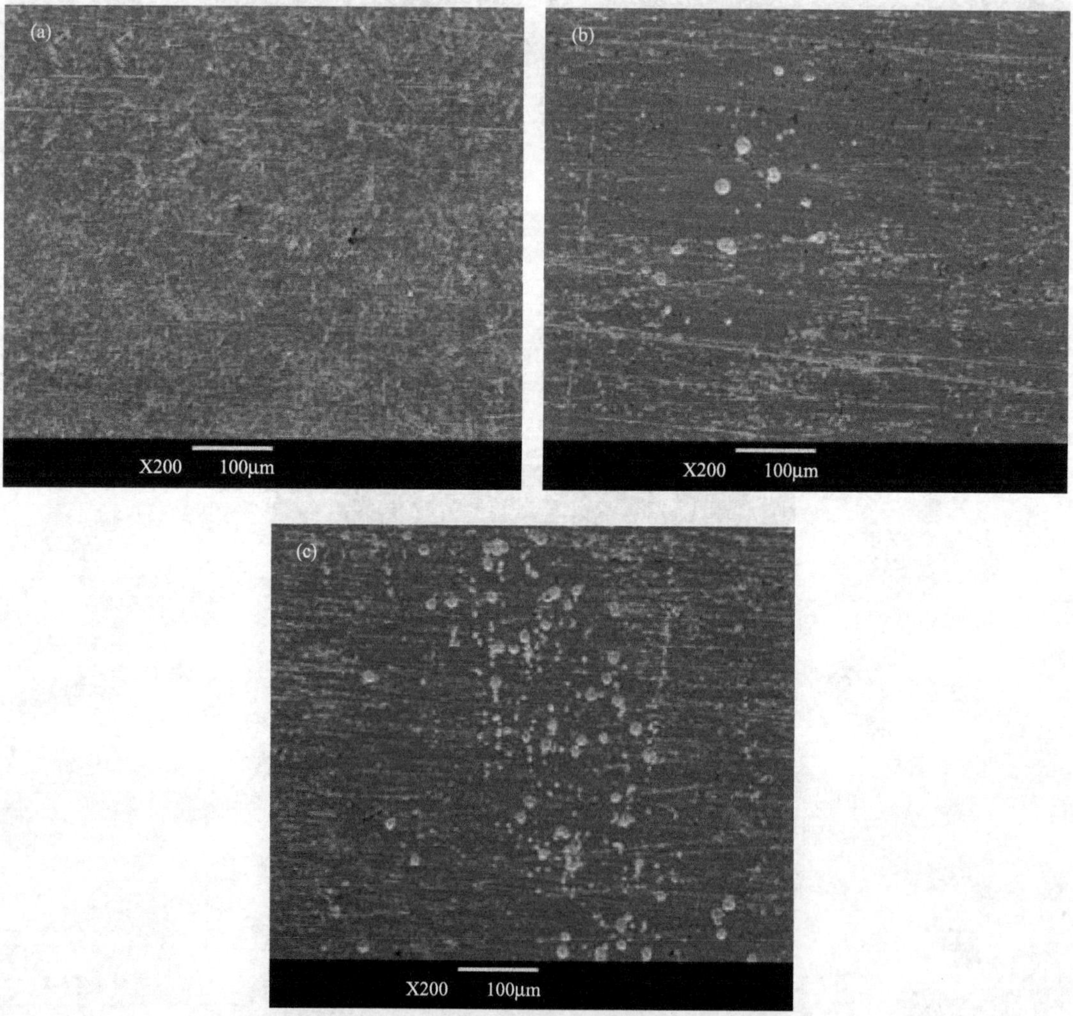

图 4-51　不同温度条件下清洗后试样 SEM 表面形貌

(a) 60℃；(b) 100℃；(c) 160℃

图 4-52 为纯 H_2S 环境中不同温度条件下所形成腐蚀产物膜的 EDS 分析。由图可知，随着温度的升高，超级 13Cr 不锈钢腐蚀产物中 Cr 的富集越多。有文献报道，富集在腐蚀产物膜中的 Cr 会形成稳定的非晶态 $Cr(OH)_3$，使膜更加稳定，同时以 $Cr(OH)_3$ 为主的腐蚀产物膜具有一定的阳离子选择透过性，即它可以有效地阻碍阴离子穿透腐蚀产物膜到达金属表面，降低膜与金属界面处的阴离子浓度，从而使 HCO_3^-、

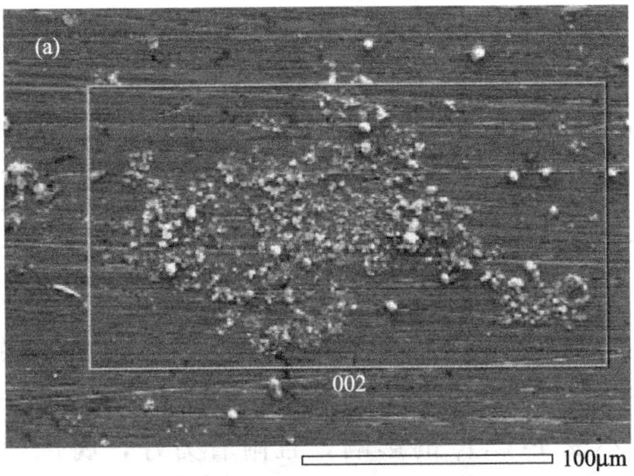

元素	质量分数/%	原子分数/%
C	6.38	21.56
O	4.68	11.89
S	1.37	1.73
Ca	1.89	1.92
Cr	13.15	10.27
Fe	68.65	49.93
Ni	3.88	2.69
总计	100.00	100.00

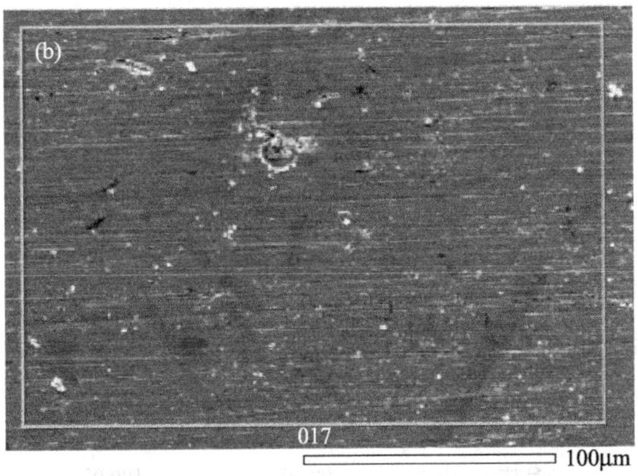

元素	质量分数/%	原子分数/%
C	2.92	11.44
O	2.53	7.42
S	1.23	1.80
Cr	15.63	14.13
Fe	73.60	61.93
Ni	4.09	3.27
总计	100.00	100.00

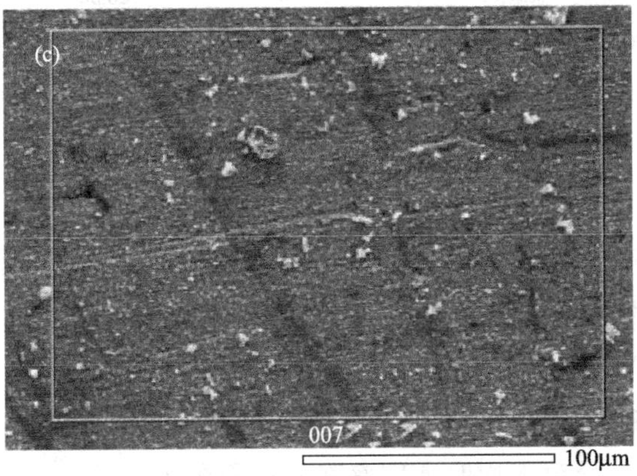

元素	质量分数/%	原子分数/%
C	3.55	9.64
O	20.90	42.58
S	6.83	6.95
Cr	21.85	13.70
Fe	39.29	22.93
Ni	7.57	4.21
总计	100.00	100.00

图 4-52　不同温度条件下所形成腐蚀产物膜的 EDS

(a) 60℃；(b) 100℃；(c) 160℃

CO_3^{2-} 直接与基体反应生成 $FeCO_3$ 的过程受到抑制，降低超级 13Cr 不锈钢的平均腐蚀速率。对试样的腐蚀产物进行 XRD 分析，并结合能谱分析得出：超级 13Cr 不锈钢表面的腐蚀产物主要是 FeS，没有 CO_2 的腐蚀产物 $FeCO_3$，这也说明生成 $FeCO_3$ 的过程受到抑制，从而降低了腐蚀速率。

4.3.2　H_2S/CO_2 共存

当环境中含有 CO_2 时，即 CO_2 压为 2.6MPa、H_2S 分压为 0.1MPa，超级 13Cr

不锈钢的腐蚀速率如表4-20所示。可知，在所选H_2S分压条件下，随着温度的升高，超级13Cr不锈钢的腐蚀速率在100℃条件下变化不大，在160℃时，腐蚀速率明显增加。

表4-20 在CO_2压为2.6MPa、H_2S分压为0.1MPa不同温度条件下的腐蚀速率

温度/℃	60	100	160
平均腐蚀速率/(mm/a)	0.0023	0.0013	0.0051

图4-53为温度为160℃时超级13Cr不锈钢表面腐蚀产物的EDS分析。在CO_2/H_2S共存体系中，与图4-52对比，发现腐蚀产物中的Cr含量严重下降，说明表面膜层中$FeCO_3$增加明显；S含量有所增加，说明FeS可能会优先于$FeCO_3$形成，由于FeS能够优先生成，所以能形成致密的FeS层，不受$FeCO_3$的影响，且附着力好，腐蚀速率较低。

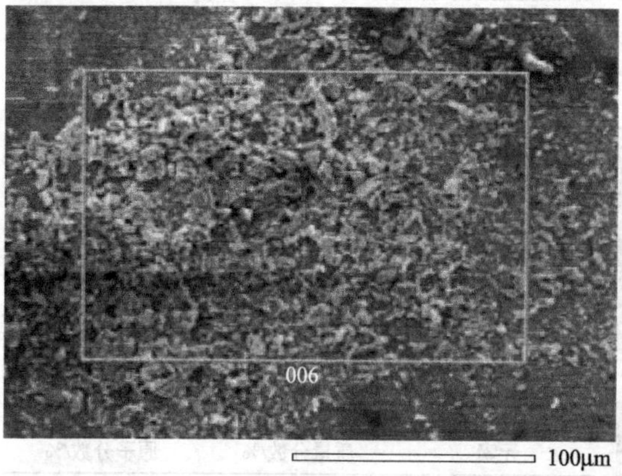

元素	质量分数/%	原子分数/%
C	18.65	35.06
O	27.00	38.12
S	14.56	10.25
Cr	10.24	4.45
Fe	18.81	7.60
Ni	9.20	3.54
Cl	1.55	0.98
总计	100.00	100.00

图4-53 160℃下所形成腐蚀产物膜的形貌与EDS

4.3.2.1 CO_2/H_2S比

在CO_2和H_2S共存体系中H_2S的作用表现为三种形式：①在H_2S含量小于7×10^{-5}MPa（0.01psi）时，CO_2是主要的腐蚀介质，温度高于60℃时，平均腐蚀速率取决于$FeCO_3$膜的保护性能，基本与H_2S无关；②H_2S含量在$p_{CO_2}/p_{H_2S}>200$时，钢表面形成一层与系统温度和pH有关的较致密的FeS膜，导致平均腐蚀速率降低；③在$p_{CO_2}/p_{H_2S}<200$时，系统中H_2S为主导，其存在一般会使钢表面优先生成一层FeS膜，此膜的形成会阻碍具有良好保护性的$FeCO_3$膜的生成，系统最终的腐蚀性取决于FeS和$FeCO_3$膜的稳定性及其保护状况。

图4-54为超级13Cr不锈钢的腐蚀速率与H_2S/CO_2比的关系图，其腐蚀介质为100g/L的NaCl溶液，CO_2分压为3MPa，H_2S分压分别为0MPa、0.5MPa、1MPa、1.5MPa、3MPa，其H_2S/CO_2比分别为0、1/6、1/3、1/2、1/1，总压为10MPa，试验温度为150℃，试验时间为168h。由图可知，尽管少量的H_2S能降低超级13Cr不锈钢的CO_2腐蚀速率，但是，较高的H_2S/CO_2比将增加超级13Cr不锈钢的CO_2腐蚀速率。所以在高H_2S/CO_2比条件下，超级13Cr不锈钢的腐蚀速率随着H_2S/

CO_2 比的增大而增大。

图 4-55 为超级 13Cr 不锈钢在不同 H_2S/CO_2 比条件下的腐蚀形貌，当 H_2S/CO_2 比为 1/6 时，表面沉积物明显，且顺着打磨方向有明显的腐蚀；当 H_2S/CO_2 比为 1/1 时，超级 13Cr 不锈钢表面生成厚厚的腐蚀产物，呈泥泞状，且能看到规则晶粒。

不同 H_2S/CO_2 比条件下的腐蚀横截面形貌见图 4-56，可见超级 13Cr 不锈钢在 H_2S/CO_2 比为 1/1 条件下所生成的膜层厚约 20μm，是 1/6 时的 3 倍，且能见到明显的晶粒，而且局部腐蚀（点蚀）严重，这与其腐蚀速率有很好的一致性。

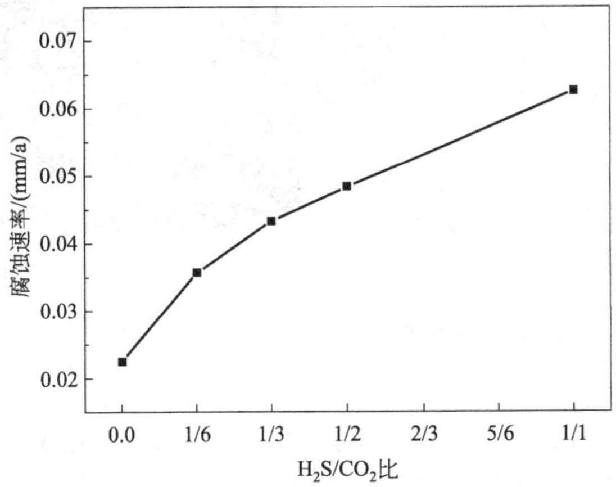

图 4-54 超级 13Cr 不锈钢在不同 H_2S/CO_2 比下的腐蚀速率

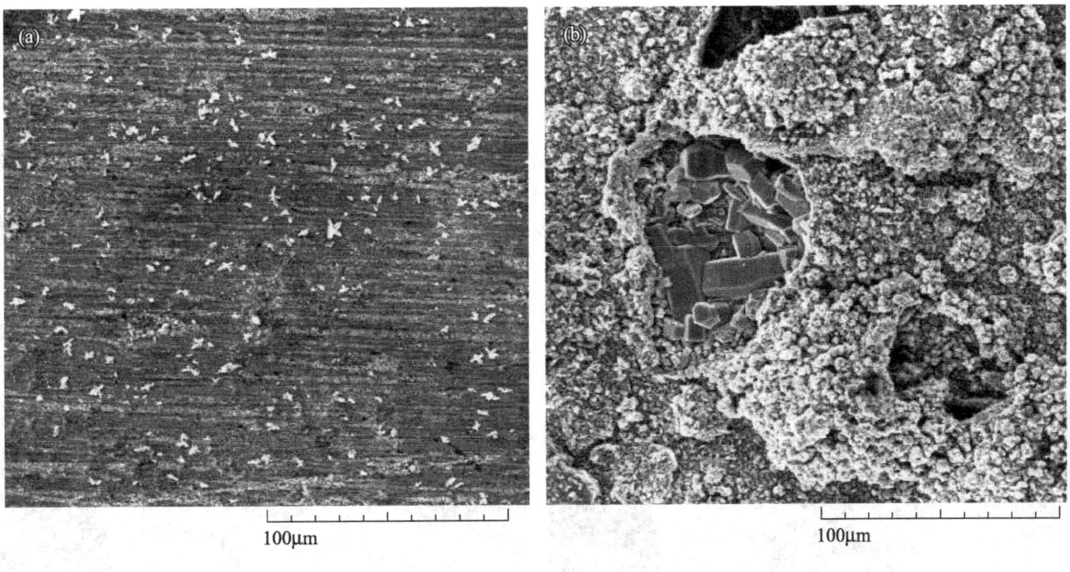

图 4-55 超级 13Cr 不锈钢在不同 H_2S/CO_2 比条件下的腐蚀形貌

(a) 1/6；(b) 1/1

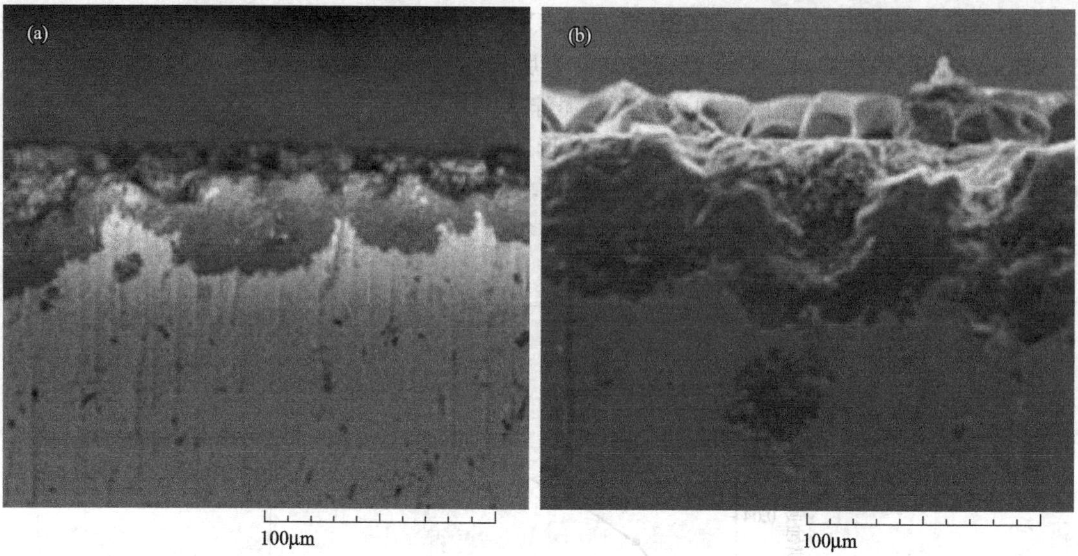

图 4-56 超级 13Cr 不锈钢在不同 H_2S/CO_2 比条件下的截面形貌图

(a) 1/6；(b) 1/1

对超级 13Cr 不锈钢的腐蚀产物进行分析，其 EDS 扫描区域见图 4-57，相应的 EDS 能谱如图 4-58 和表 4-21 所示，可见无论是规则的晶粒还是泥泞状的产物，其组成元素相同，主要由 C、S、Cr 和 Fe 组成，且产物主要以硫化物为主。与超级 13Cr 不锈钢的基体相比，其腐蚀产物中的 Cr 含量明显降低，仅含 0.46%和 0.49%，这也可能是其耐蚀性能下降的原因。

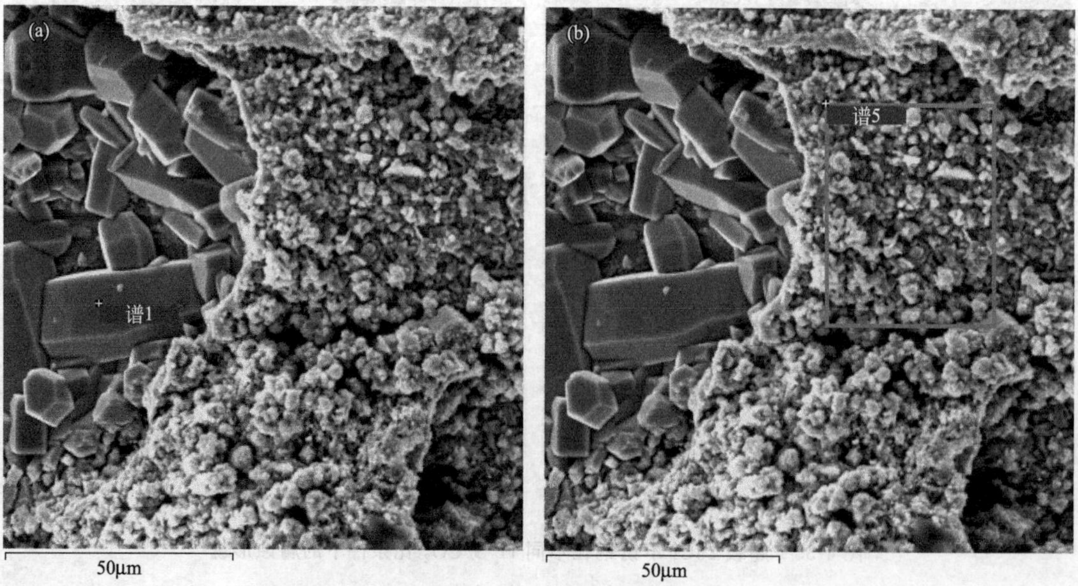

图 4-57 EDS 扫描点或区域

(a) 点；(b) 区域

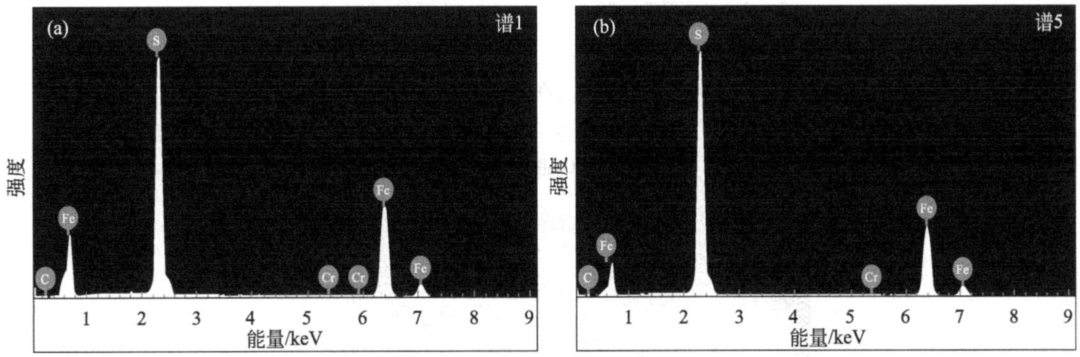

图 4-58　不同区域的 EDS 能谱图

(a) 点；(b) 区域

表 4-21　不同区域所对应的元素含量　　单位:%（质量分数）

元素	C	S	Cr	Fe
谱 1	5.20	38.1	0.46	56.24
谱 5	3.78	45.16	0.49	50.18

图 4-59 是超级 13Cr 不锈钢在不同 H_2S/CO_2 比条件下生产腐蚀产物的 XRD 图谱，超级 13Cr 不锈钢的腐蚀产物主要是 $FeS_{0.9}$，另外还有 FeS 和 $FeCO_3$，且随着 H_2S/CO_2 比的增大，$FeCO_3$ 逐渐减少，这与 EDS 分析结果相一致。这是因为当 H_2S/CO_2 比为 1/6 时，系统处于 CO_2+H_2S 腐蚀区内；而当 H_2S/CO_2 比为 1/1 时，系统处于 H_2S 腐蚀区内（见图 4-60）。结合 EDS 中 S 元素的含量可推知，谱 1 扫描区中的晶粒为 $FeS_{0.9}$，而谱 5 扫描区的成分为 FeS。

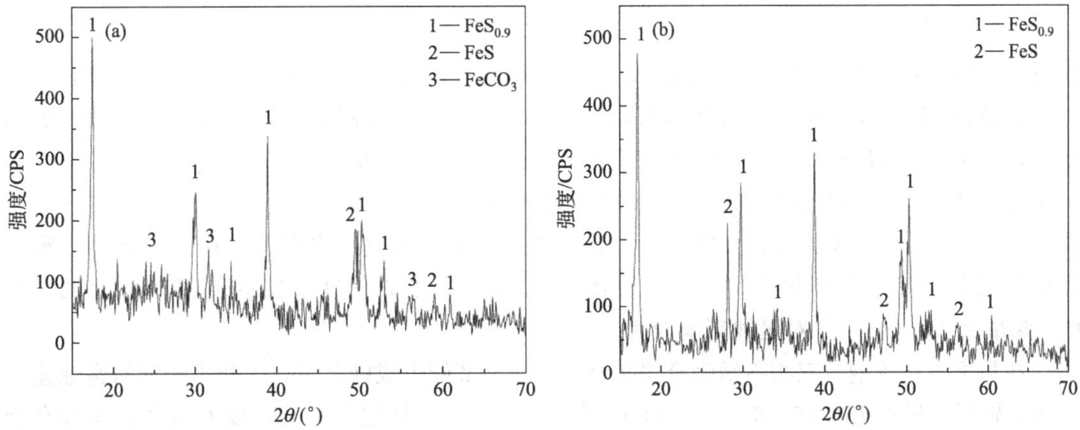

图 4-59　超级 13Cr 不锈钢在不同 H_2S/CO_2 比条件下腐蚀产物的 XRD

(a) 1/6；(b) 1/1

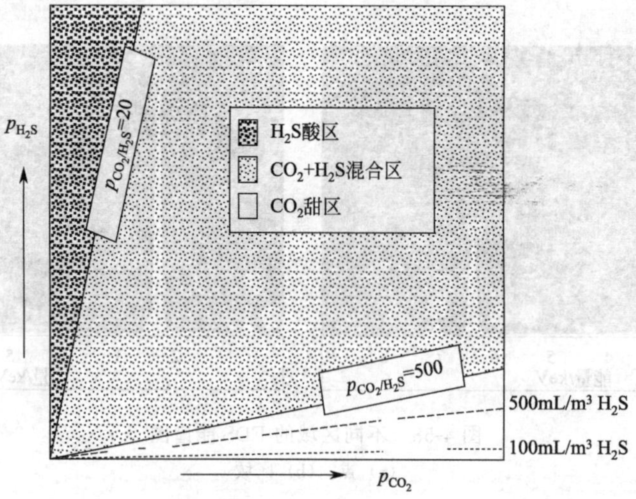

图 4-60 H_2S/CO_2 系统中腐蚀区域划分

超级13Cr不锈钢腐蚀行为与腐蚀所生成的产物$FeCO_3$、$Fe_{0.9}$和FeS在CO_2+H_2S环境中的稳定性密切相关。植田昌克认为生成FeS平衡状态的H_2S的分压约0.0003MPa，即H_2S/CO_2比为1/10000时，一旦在溶液中的Fe^{2+}浓度高于FeS的溶解度，FeS就会沉积而成为稳定的腐蚀产物，随着H_2S浓度的增大，稳定的硫化物（$Fe_{0.9}$和FeS）也将逐渐增多。

Ueda研究发现即使加入0.001MPa的H_2S，也能使超级13Cr不锈钢的腐蚀电位负移，这说明H_2S弱化了钝化膜的保护性，并使腐蚀速率加速，这进一步说明超级13Cr不锈钢的腐蚀速率随H_2S/CO_2比的增大而增大。

4.3.2.2 海内外环境的影响

(1) 伊拉克Mishrif地区

为降低海外油气田的投资风险，以日本原产超级13Cr不锈钢材质为研究对象，针对伊拉克高含硫油田腐蚀环境，研究了超级13Cr不锈钢在高含硫环境下的适用性。

伊拉克Mishrif碳酸盐岩储层埋深约为4000 m，储层温度为120℃，地层压力为38 MPa，伴生高含H_2S和CO_2，H_2S含量为4.44%，分压为0.8 MPa；CO_2含量为7.12%，分压为1.3 MPa。参考SY/T 6168—2009含硫气藏的划分标准，含量介于2.0%～10.0%为高含H_2S，Mishrif储层为高含硫环境。受碳酸盐岩地层形成过程中蒸发作用的影响，碳酸盐岩地层水表现出高矿化度特征，矿化度为223g/L，该矿化度在国内油田较为少见，其Cl^-含量大于138g/L，对腐蚀影响较大。

在马氏体不锈钢、双相不锈钢及镍基合金表面，都能形成钝化膜，因此不锈钢的腐蚀速率都相对较低。根据ISO 15156—2015标准，伊拉克Mishrif储层应当选用镍基合金，镍基合金腐蚀很轻微，能够满足Mishrif层的开采要求，但成本过高。22Cr双相不锈钢，含有各占50%的铁素体相和奥氏体相，铁素体更容易被腐蚀溶解，因此易出现沿铁素体的选择性腐蚀，这会诱发局部腐蚀和点蚀，在现场不能采用。超级13Cr不锈钢由于加入了Ni和Mo，同时降低了C含量，在耐腐蚀和抗应力腐蚀开裂方面性能较普通13Cr不锈钢有了大幅的提高。

可见，伊拉克Mishrif储层高含硫、地层水矿化高，超级13Cr不锈钢在此环境中腐蚀速率小，可以满足 Mishrif 储层的高含硫环境。

（2）陕北地区

陕北地区某区块气井产水量大、产出水 Cl^- 含量高（超过 100g/L），其 H_2S 分压达到 0.15 MPa、CO_2 分压为 1.8 MPa。为保证井筒管柱的长期安全，就超级 13Cr 不锈钢和普通 13Cr 不锈钢管材的性能和适应性进行对比评价，其所用水质组分如表 4-22 所示，两种 13Cr 不锈钢在此环境中的电化学极化曲线如图 4-61 所示。

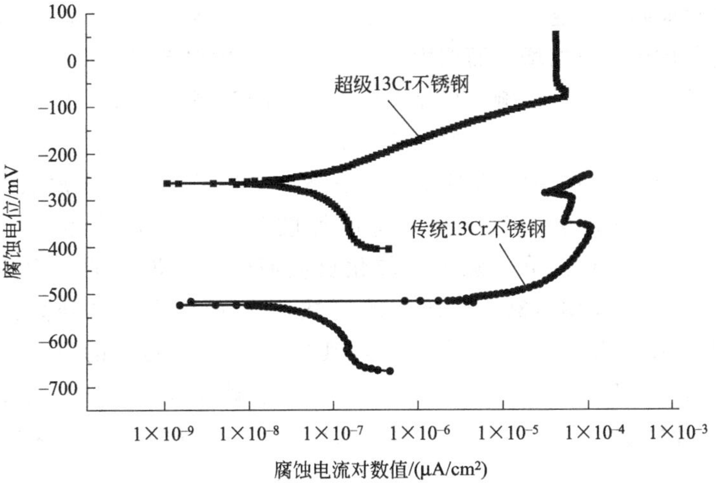

图 4-61 模拟腐蚀环境下超级 13Cr 不锈钢与普通 13Cr 不锈钢的极化曲线对比图

表 4-22 含 H_2S 区块气井产出水水质组成 单位：mg/L

K^++Na^+	Ca^{2+}	Mg^{2+}	Cl^-	SO_4^{2-}	HCO_3^-	矿化度	水型
26919	25840	4684	105982	3340	474	167239	$CaCl_2$

超级 13Cr 不锈钢的腐蚀电位（−233.4 mV）较传统 L80-13Cr（−518.4mV）显著正移，腐蚀电流密度 0.73$\mu A/cm^2$ 远小于 L80-13Cr 的（18.27$\mu A/cm^2$），其腐蚀速率（0.1mm/a）更是远小于 L80-13Cr 的腐蚀速率（0.26 mm/a）。

普通 13Cr 不锈钢中的 Cr 元素含量高，在单一的 CO_2 腐蚀环境中具有很好的耐腐蚀性能，但是在 H_2S、CO_2、Cl^- 共存环境下，不能形成稳定的 Cr_2O_3 膜。而超级 13Cr 不锈钢中添加 Mo、Ni 等合金元素，提高了耐蚀能力。加入 1%～3%的 Mo 后，能有效稳定 CO_2 环境下形成的钝态膜，而在 H_2S 和 CO_2 共存环境中会形成硫化物，并富集在钢材表层，H_2S 很难通过该层到达下层的 Cr_2O_3 膜层，增强了 13Cr 不锈钢的抗点蚀能力和在 H_2S 环境中的抗 SCC 能力。

但是添加 Mo 后，超级 13Cr 不锈钢中更容易形成单一铁素体相（δ-铁素体相）增大管材硬度，使管材对腐蚀更为敏感。通过添加 Ni（4%～5%），形成完全马氏体组织，可有效控制有害 δ-铁素体的形成。有报道认为 δ-铁素体相含量应小于 1.5%，远低于 ISO 13680—2010 标准的规定。

4.3.3 单质硫的影响

已有研究表明，国产超级 13Cr 不锈钢的耐蚀性能因单质硫的添加而降低，其均匀腐蚀速率随着单质硫含量的增大而增大，并且在 90℃取得最大值，但均小于 0.0125mm/a；单质硫的添加改变了腐蚀产物膜的组分，硫化物的含量随单质硫含量的增大而增大；单质硫/金属界面处的 pH 因单质硫与水发生歧化反应而降低，进而降低了超级 13Cr 不锈钢的耐蚀性能，Cl^- 与单质硫协同作用进一步加剧腐蚀。

4.3.3.1 腐蚀速率

图 4-62 为超级 13Cr 不锈钢在 90℃、不同单质硫含量条件下的腐蚀速率。单质硫的添加使不锈钢的耐蚀性能降低，这与 Schmitt 和 Zheng 的研究结果一致，而且超级 13Cr 不锈钢的腐蚀速率随着单质硫含量的增大而增大。图 4-63 为温度对超级 13Cr 不锈钢含 1%（质量分数）硫条件下的腐蚀速率的影响。可见，随着温度的升高，超级 13Cr 不锈钢的腐蚀速率呈现先增大后减小的趋势，90℃时，腐蚀速率最大。

硫是一种强氧化剂，在一定的温度和介质条件下极易吸附在金属表面发生歧化反应而生成 H_2S。因此，增大单质硫含量，将增加歧化反应产物的生成，进而加速超级 13Cr 不锈钢的腐蚀。同时，单质硫因其歧化反应而酸化溶液介质，温度越高，单质硫的歧化反应速率越快，超级 13Cr 不锈钢的腐蚀速率随着温度的升高而逐渐增大。但是，硫在较高的温度下将会发生聚合反应，其黏度也会因温度的升高而增大，并且在 90℃取得最大值，这将降低硫与水分子间的相对接触面积，进而抑制歧化反应速率。因此，在上述多种因素相互作用下，超级 13Cr 马氏体不锈钢的腐蚀速率在 90℃取得最大值，随着温度的进一步升高，其腐蚀速率逐渐减小。

对照 NACE RP 0775—2005，超级 13Cr 不锈钢在无单质硫和含单质硫的高温高压条件下的腐蚀均为中度程度，这与超级 13Cr 不锈钢自身以及产物膜的特征密切相关。

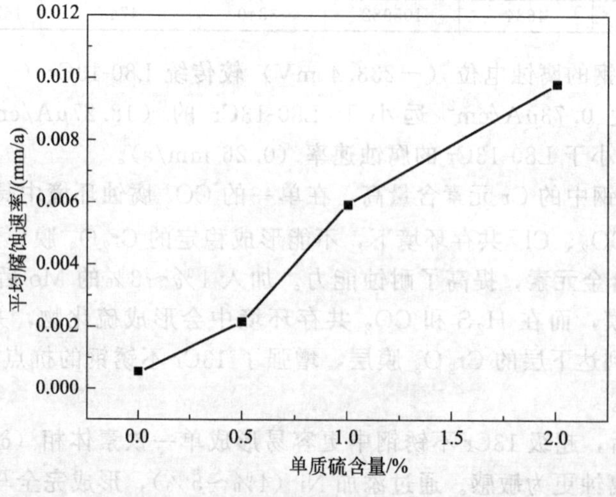

图 4-62 超级 13Cr 不锈钢在 90℃含有不同单质硫含量的 100g/L NaCl 中的腐蚀速率

4.3.3.2 腐蚀形貌

图 4-64 为超级 13Cr 不锈钢在不同单质硫含量条件下的微观腐蚀形貌。可见，超级 13Cr 不锈钢在不同条件下的腐蚀形貌基本类似，一层薄的膜层覆盖在试样的表面。但是，

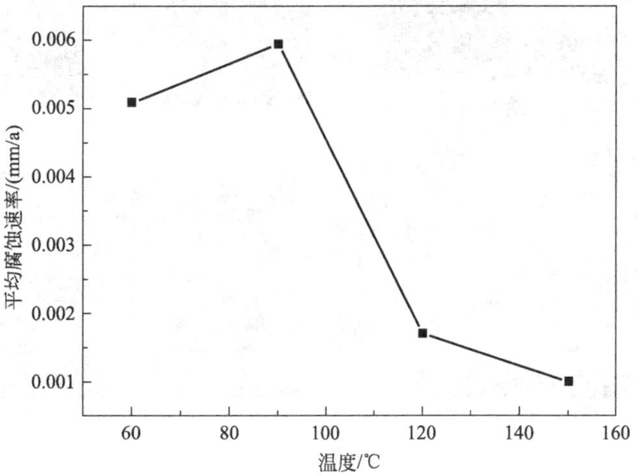

图 4-63　超级 13Cr 不锈钢在含 1%单质硫的 100g/L NaCl 溶液中不同温度条件下的腐蚀速率

随着单质硫含量的增大，膜层增厚，试样表面的不规则沉积物的数量增多，尺寸增大，见图 4-65。

图 4-64　90℃不同单质硫含量的 100g/L NaCl 溶液中所形成的腐蚀产物膜形貌

(a) 0%；(b) 0.5%；(c) 1.0%；(d) 2.0%

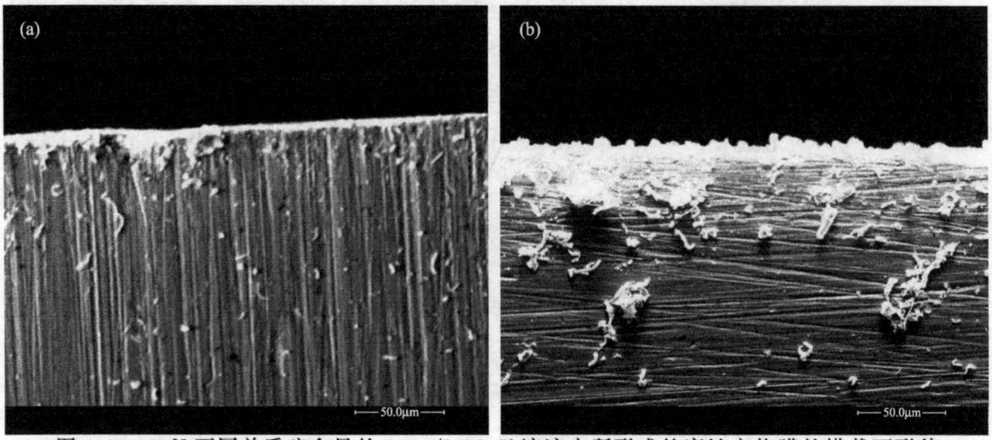

图 4-65　90℃不同单质硫含量的 100g/L NaCl 溶液中所形成的腐蚀产物膜的横截面形貌

(a) 0.5%；(b) 1.0%

图 4-66 是超级 13Cr 不锈钢去除腐蚀产物膜后的微观形貌。可见，单质硫含量越高，超级 13Cr 不锈钢的均匀腐蚀和点蚀越严重。这与上述实验结果一致。

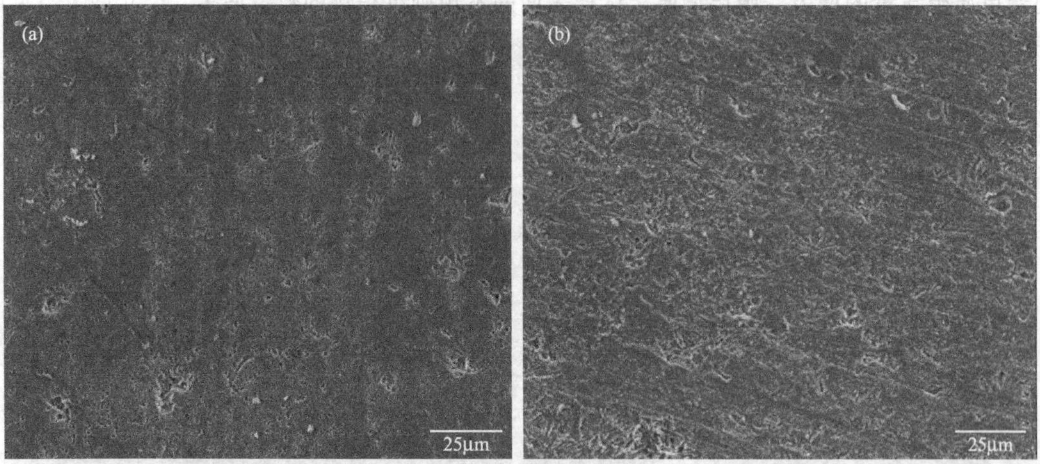

图 4-66　不同单质硫含量条件下超级 13Cr 不锈钢腐蚀产物膜去除后的表面微观形貌

(a) 0.5%；(b) 1.0%

4.3.3.3　成分分析

图 4-67 是超级 13Cr 不锈钢在不同单质硫含量条件下所形成的腐蚀产物膜的 EDS 能谱图，相应的元素含量见表 4-23。可见，C、S、Cr 和 Fe 是腐蚀产物的主要组成元素，而且 S 的含量随溶液中单质硫含量的增大而逐渐增大，说明腐蚀产物中硫化物的含量增大。

表 4-23　90℃不同单质硫含量的 100g/L NaCl 溶液中所形成腐蚀产物膜的元素组成及其含量

单位：%（质量分数）

单质硫含量	C	Al	Si	S	Cr	Mn	Fe	Ni
0.5%	7.66	0.73	0.86	7.97	11.64	0.82	70.33	—
1%	7.92	0.23	0.79	17.56	8.79	2.03	58.55	4.12

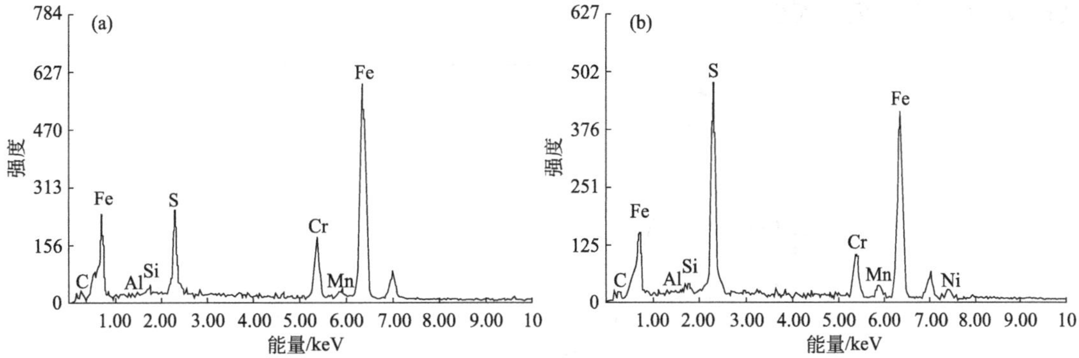

图 4-67　90℃不同单质硫含量的 100g/L NaCl 溶液中所形成腐蚀产物膜的 EDS 能谱

(a) 0.5%；(b) 1%

图 4-68 超级 13Cr 不锈钢在不同单质硫含量条件下所形成腐蚀产物膜的 XRD 能谱图。由图可知，在无单质硫存在时，腐蚀产物的主要成分是 Fe-Cr、FeO 和 Cr_2O_3，同时可能含有非晶体的 $Cr(OH)_3$，这些氧化物具有 p 型半导体特性，具有阳离子选择透过性，可有效阻止阴离子穿过该膜层而与基体接触，从而使不锈钢表现出较好的耐蚀性。然而，当向 100g/L NaCl 溶液添加 1%的单质硫后，腐蚀产物膜的 XRD 图谱出现较大的跳跃，说明腐蚀产物除了所检测到的 Fe-Cr 和 FeS 外，可能含有非晶体的 Cr_2S_3，这些硫化物具有 n 型半导体的特性，不能有效阻止阴离子（Cl^- 和 S^{2-}）通过该膜层，进而诱导不锈钢发生严重的腐蚀，这与腐蚀速率结果有很好的一致性。另外，Cr_2S_3 较易水解，这也是 XRD 未检测到 Cr_2S_3 的原因之一。

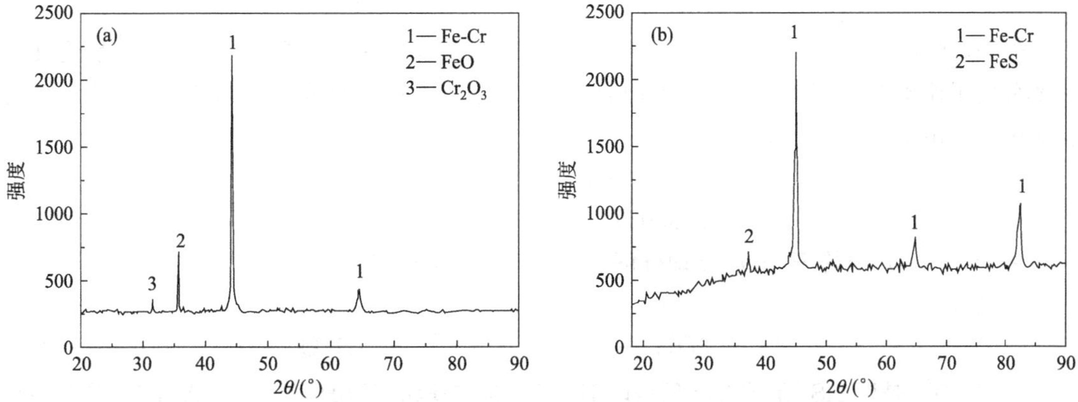

图 4-68　90℃不同单质硫含量的 100g/L NaCl 溶液中所形成腐蚀产物膜的 XRD 能谱

(a) 0%；(b) 1%

4.3.3.4　机理探讨

图 4-69 是含不同单质硫的 NaCl 溶液在 90℃下加热 6h 后的 pH。可见，溶液因硫的添加而被酸化，且 pH 随着单质硫含量的增大而逐渐降低。李美栓也认为常温下硫在水中呈悬浮状态，但在搅动下，水中的悬浮硫可使 pH 下降到 1.8，这是由于硫在水中发生歧化反应：

$$(x+y-1)S+yH_2O \longrightarrow (y-1)HS^- + S_xO_y^{2-} + (y+1)H^+ \quad (4\text{-}2)$$

其中，氧化态产物 $S_xO_y^{2-}$ 可以是 $S_2O_3^{2-}$、SO_3^{2-}、SO_4^{2-}、$S_xO_6^{2-}$ 中的一种或几种，主

要随反应的 pH 和温度而变。

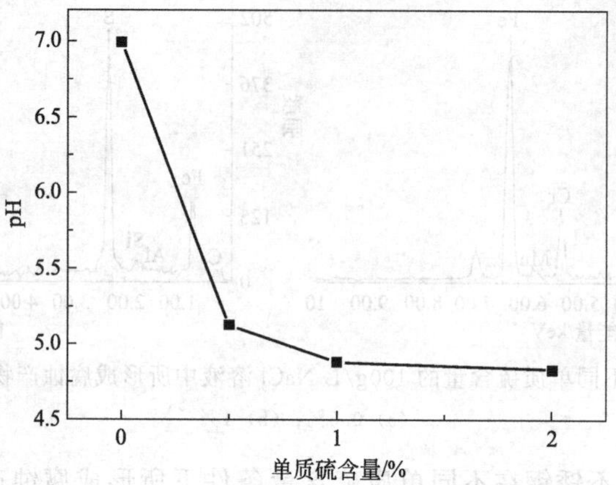

图 4-69　90℃加热 6h 后 NaCl 溶液的 pH 与单质硫添加量的关系

关于单质硫的腐蚀，Maldonado-Zagal 依据单质硫可明显降低了水的 pH 的结论率先提出歧化反应机理：

$$4S+4H_2O \longrightarrow 3H_2S+H_2SO_4 \tag{4-3}$$

Körös 也推测了单质硫歧化反应的可能步骤：

$$2S+2H_2O \longrightarrow H_2S+H_2SO_2 \tag{4-4}$$

$$2H_2SO_2 \longrightarrow S_2O_3^{2-}+H_2O+2H^+ \tag{4-5}$$

总反应式为：

$$4S+3H_2O \longrightarrow 2H_2S+S_2O_3^{2-}+2H^+ \tag{4-6}$$

但是，Giggenbach 认为上述反应未考虑 OH^- 对反应速率的影响。因此，基于歧化反应速率分别正比于 OH^- 和 S 浓度以及单质硫歧化反应的内在动力分别是 OH^- 和 S 的一级反应进一步提出了如下歧化反应：

$$S + OH^- \rightleftharpoons (SOH)^- \tag{4-7}$$

$$2(SOH)^- \longrightarrow S^{2-}+H_2SO_2 \tag{4-8}$$

由于式(4-3) 中的 H_2SO_2 立即分解，因此其相当不稳定。

总反应式为：

$$4S + 6OH^- \longrightarrow 2S^{2-}+S_2O_3^{2-}+ 3H_2O \tag{4-9}$$

式中，S^{2-} 是以 HS^- 形式存在还是以 H_2S 形式存在取决于 pH 的大小，式(4-5) 是控制步骤。Ikeda 也认为单质硫与其沉积部位发生阴极反应而生成 H_2S，进而导致溶液的腐蚀性增强。

这样，单质硫腐蚀就转变成了酸腐蚀，随着反应产物的生成，单质硫进一步分解，腐蚀加剧，钢铁被腐蚀并生成硫化物。Ueda 也发现超级 13Cr 不锈钢的腐蚀电位因向试验介质中添加 0.001MPa 的 H_2S 而负移，说明 H_2S 弱化了钝化膜的电位，进而加剧腐蚀。

Cl^- 是破坏不锈钢钝化膜最主要的影响因素之一。另外，Cl^- 与单质硫歧化反应所产生的 H_2S 间存在协同作用。Cl^- 首先破坏钝化膜的局部区域，Cl^- 的吸附进一步弱化金属键，溶液中的 S^{2-} 则与 Cl^- 和 OH^- 竞争吸附于氧空穴处，进而在钝化膜的表层形成铁的硫化物，这是因为铁的硫化物的形成自由能低于铁的氧化物形成自由能。随着反应的继续进行，膜中的 S^{2-} 在空穴的帮助下向膜的内层扩散。这样腐蚀产物膜的缺陷增大、导电性增强，进而严重腐蚀超级 13Cr 不锈钢的基体。

可见，超级 13Cr 不锈钢表面的膜层在无硫的 NaCl 溶液中尽管有很好的保护性，但是，单质硫与水发生歧化反应可明显降低硫/金属界面上的 pH，并在腐蚀反应中起氧离子载体作用，表现为酸腐蚀。同时，单质硫与溶液中的 Cl^- 发生协同作用，可极大地加速油套管的腐蚀。最终，超级 13Cr 不锈钢的耐蚀性能因单质硫的存在而降低，而且其腐蚀速率随单质硫含量的增大而增大。

4.4 极端条件下的腐蚀

4.4.1 超深井环境

塔里木油井深度均在 5000m 以上，属于超深层油井，并且西部地质环境恶劣，深井油管将承受高温、高压、高盐等极端环境。目前，塔里木油井的油管选用超级 13Cr 不锈钢，其在极端环境下的腐蚀往往与表面的氧化膜的性质有关。

由热力学计算可知超级 13Cr 不锈钢在极端环境下的腐蚀可分为免疫区、腐蚀区、钝化区、钝化/活化模糊区，如图 4-70 所示。同时各区的面积会受温度、压力、物质溶解度等因素的影响。超级 13Cr 不锈钢在极端环境下的腐蚀行为如图 4-71 所示，均展现出钝化特征，钝化膜主要由 Cr_2O_3、$Cr(OH)_3$、$FeCO_3$ 和 Fe_2O_3 组成，随着温度/压力的增大，$FeCO_3$ 和 Fe_2O_3 所占的比例增加，腐蚀的敏感性也随之增加。

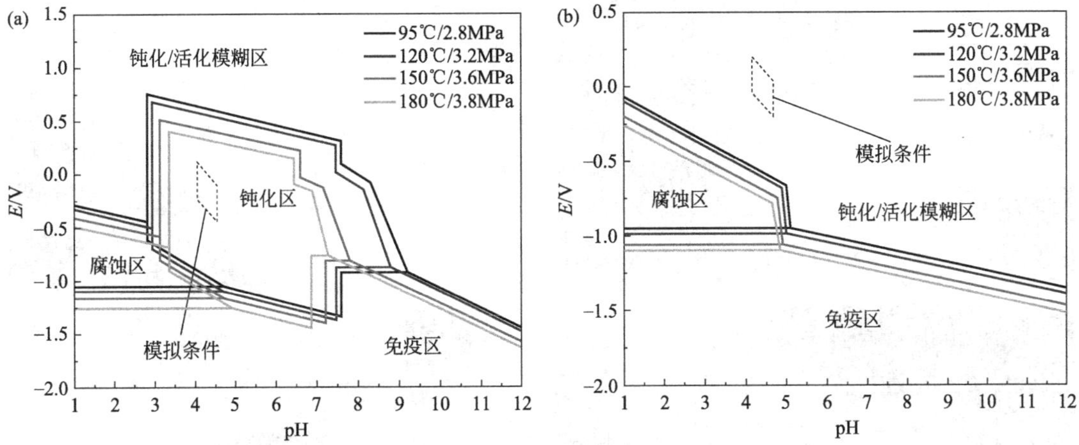

图 4-70 Fe-Cr 二元合金在 CO_2-Cl^--H_2O 体系中不同温度/压力下的 E-pH 图

(a)[Fe(aq)和 Cr(aq)]总量为 10^{-6}mol/L；(b)[Fe(aq)和 Cr(aq)]总量为 10^{-8}mol/L

图 4-72 为极端环境下腐蚀产物膜截面 TEM 形貌，腐蚀产物膜呈现非晶结构，在 95℃、2.8MPa 时，由 Cr_2O_3、$Cr(OH)_3$ 及少量 $FeCO_3$ 组成。当温度/压力达到 120℃/3.2MPa 和 150℃/3.6MPa 时，腐蚀产物膜出现双层结构，外层由 Cr_2O_3、$Cr(OH)_3$ 组成，而内层仍由 Cr_2O_3、$Cr(OH)_3$ 及少量 $FeCO_3$ 组成。随着温度/压力进一步增加到 180℃/3.8MPa，腐蚀产物膜为 Cr_2O_3、$Cr(OH)_3$ 富集的单层结构。其中 $Cr(OH)_3$ 的生成和沉积在产物膜生成过程中的影响主要体现在两个方面，一方面导致产物膜厚度增加，另一方面抑制 $FeCO_3$ 的生成，从而导致产物膜结构从 95℃/2.8MPa 的单层转变为 120℃/3.2MPa 和 150℃/3.6MPa 时的双层，随后又在 180℃/3.8MPa 时转变为单层。同时，随着温度/压力的增加，点蚀击穿电位、再钝化电位减小，产物膜中的载流子密度、金属阳离子空位扩散系数增加以

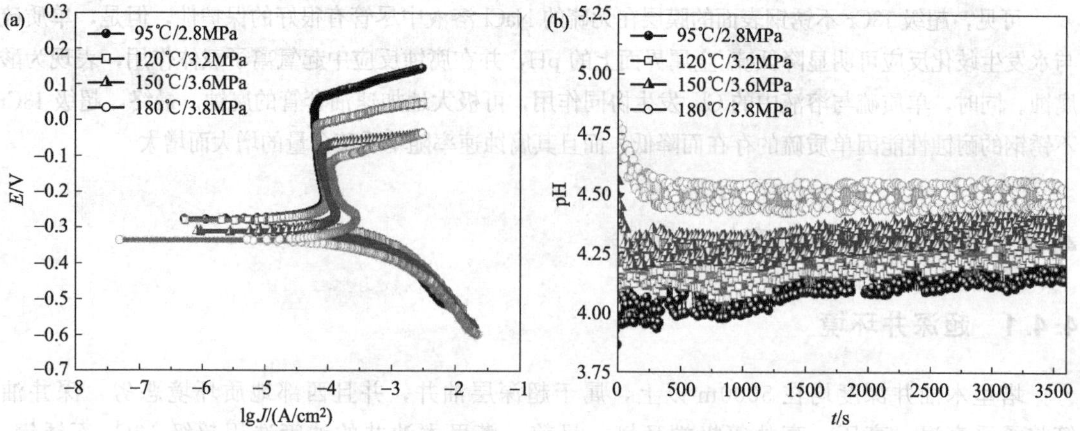

图 4-71 超级 13Cr 不锈钢在极端环境下不同温度/压力下的电化学特征

(a) 极化曲线；(b) pH-t 曲线

及 Cl^- 吸附能力增加，从而导致腐蚀产物膜的保护作用减弱。

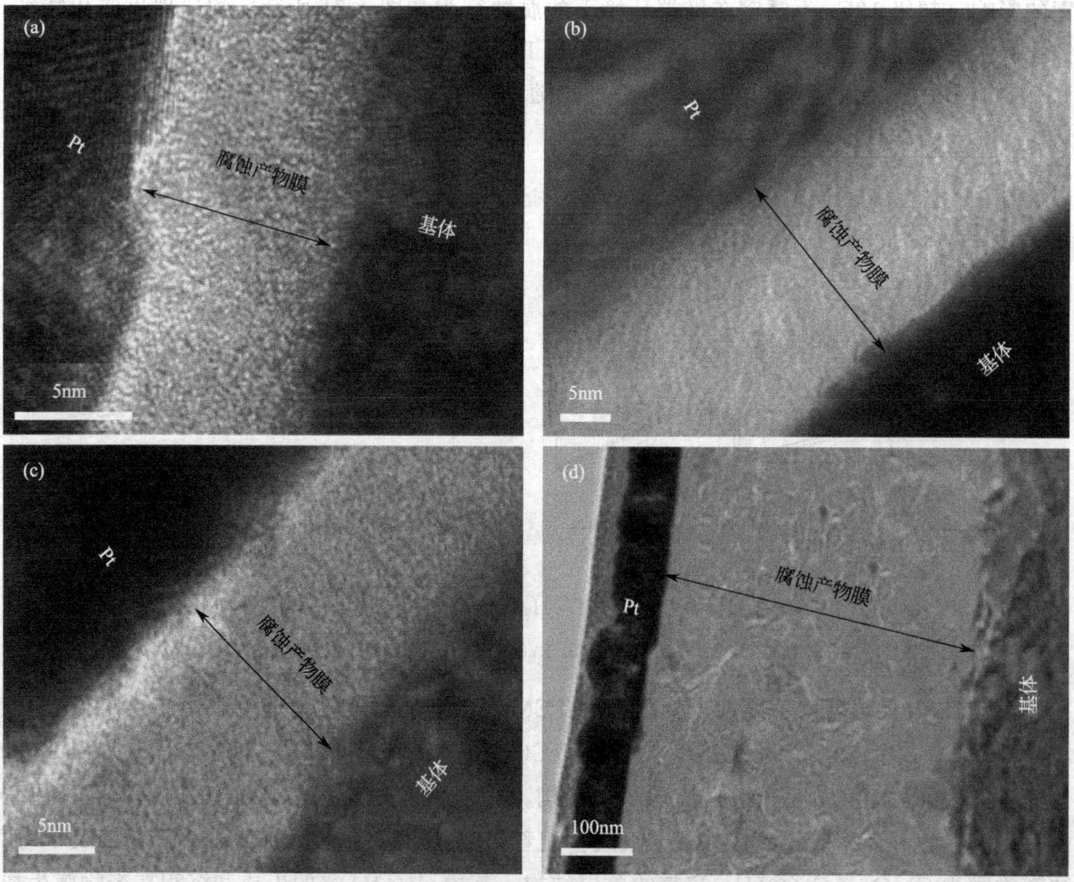

图 4-72 极端环境下腐蚀产物膜截面 TEM 形貌

(a) 95℃/2.8MPa；(b) 120℃/3.2MPa；(c) 150℃/3.6MPa；(d) 180℃/3.8MPa

另外，朱达江以某油田气井为例，开展油井管在模拟地层水溶液中沿井深不同温度、不同分压下的腐蚀试验，评价不同材质在真实环境下腐蚀速率的变化规律及腐蚀机理。研究发现，超级13Cr不锈钢的腐蚀速率随温度的升高不断增大，在150℃达到最大值，属于中度腐蚀，平均腐蚀速率随CO_2分压增大呈先上升后下降的趋势。超级13Cr不锈钢CO_2腐蚀后产物膜的主要成分为晶态$FeCO_3$和非晶态的$Cr(OH)_3$，此外，还含有少量的Fe或Cr的氧化物、碳化物和单质Fe等。当CO_2腐蚀膜中含非晶态的$Cr(OH)_3$时，该腐蚀膜具有离子透过选择性，即只许阳离子通过而阻止阴离子通过，这就是一般含Cr钢有较好耐蚀性的主要原因。

4.4.2 超临界CO_2状态

在含CO_2油气的勘探中，CO_2、Cl^-和水是主要腐蚀介质，其中CO_2是腐蚀剂，水是载体，Cl^-是催化剂，高温高压CO_2腐蚀是油气井腐蚀的主要腐蚀类型之一。在深井和超深井的勘探中，有的储层为高温高压高含腐蚀性气体CO_2的环境，CO_2分压高达12MPa，且温度超过100℃，属于超临界CO_2腐蚀环境。若不考虑防腐措施，井下管柱发生腐蚀穿孔漏失的风险极大，可能会造成巨大的经济损失。

常温常压下，CO_2为气态，施加压力后易转化为液态。将CO_2置于密闭体系中并升温和加压，当温度超过CO_2的临界温度（31.1℃），且同时压力超过临界压力（7.38MPa）时，CO_2就转变成超临界流体状态。超临界CO_2在31.1℃以上，不管如何对其加热，它也不会变为气体。同理，在7.38MPa以上，无论承受多大的压力也不能变为液体或固体。

处于超临界状态的CO_2，由于密度大，不能视为理想气体，故理想气体定律不再适用。在这种情况下，要描述该非理想气体的各参数关系，如压力、温度和体积之间的关系只能用范德瓦耳斯方程，理想气体定律不再适用。关于CO_2对油管钢造成腐蚀的研究较多，按照CO_2分压的不同，可分为常规CO_2分压和超临界CO_2环境对管材腐蚀的影响。

在常规CO_2分压环境中，碳钢的腐蚀速率可以高达20mm/a，在多数工况下不能使用，而低Cr钢（常见的1Cr、3Cr和5Cr）的腐蚀产物中能发生Cr元素的富集，因此在含少量CO_2环境中，能表现出良好的抗腐蚀性能，成为碳钢的替代品。与不锈钢相比，低Cr钢经济性突出，近些年逐渐被油田采用。普通13Cr不锈钢作为油管钢在油田应用广泛，在其表面能够形成钝化膜，有效阻隔腐蚀性介质与金属基体接触，因此在常规CO_2分压环境中，具有优良的耐蚀性。

但在超临界CO_2环境中，超临界CO_2对耐蚀合金造成的影响并不清楚，已有研究发现超临界CO_2对超级13Cr不锈钢腐蚀速率的影响接近或弱于气态CO_2的影响。超过20MPa的超临界CO_2能够造成局部腐蚀。在50～80℃，腐蚀速率随温度升高而增加；在80～130℃，腐蚀速率随温度升高而减小。随着温度的升高，在CO_2为连续相的超临界环境中，试样表面覆盖一层非晶态膜，因而腐蚀速率低。目前，针对CO_2腐蚀，尤其是超临界CO_2腐蚀的环境，工程应用中还存在大量需要解决的问题，需要不断通过试验和理论研究腐蚀机制及防护措施，这对降低我国石油天然气开发成本，提高油气井开采寿命具有重要意义。

在CO_2分压达12MPa、110℃、Cl^-质量浓度为16542mg/L的典型环境中，超级13Cr不锈钢（HP2-13Cr）的腐蚀速率为0.003mm/a，属于均匀腐蚀，能满足模拟腐蚀环境的使用要求。超级13Cr不锈钢因基体表面能生成致密的钝化膜，其宏观形貌如图4-73所示，表现出相对优良的耐蚀性，但两者的合金元素Ni、Mo含量不同，造成了两者抗均匀腐蚀与抗点蚀性能的显著差异。

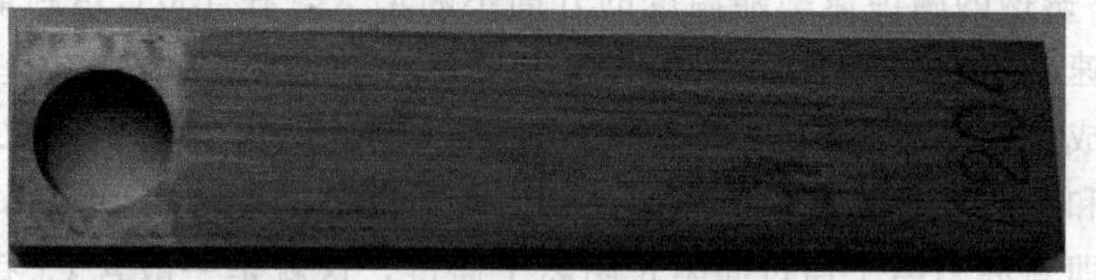

图 4-73　腐蚀试样的宏观形貌（110℃、12MPa）

4.5 其他油井管杆腐蚀

4.5.1 油钻杆

针对塔里木地区致密砂岩气藏氮气欠平衡钻井的需要，塔里木油田公司、西南石油大学和宝山钢铁股份有限公司联合开发了一种新型超级13Cr不锈钢油钻杆。采用MTS试验机对新型超级13Cr不锈钢油钻杆和S135钻杆的强度性能进行了对比测试；采用示波冲击试验机对新型超级13Cr不锈钢油钻杆和S135钻杆的冲击性能进行了对比测试；采用高温高压釜对新型超级13Cr不锈钢油钻杆和S135钻杆的耐CO_2腐蚀性能进行了对比测试。结果表明：新型超级13Cr不锈钢油钻杆具有良好的力学性能和耐蚀性能，其屈服强度为937MPa、抗拉强度为976MPa、伸长率为21.5%、室温冲击功为162.82J，其拉伸性能与S135接近，冲击性能明显优于S135。模拟工况下，新型超级13Cr不锈钢油钻杆气相腐蚀速率为0.0036mm/a、液相腐蚀速率为0.0394mm/a。因此，新型超级13Cr不锈钢油钻杆既能满足钻井的需要又能满足完井开采的要求，可为含CO_2致密砂岩气田氮气钻完井作业提供支持。

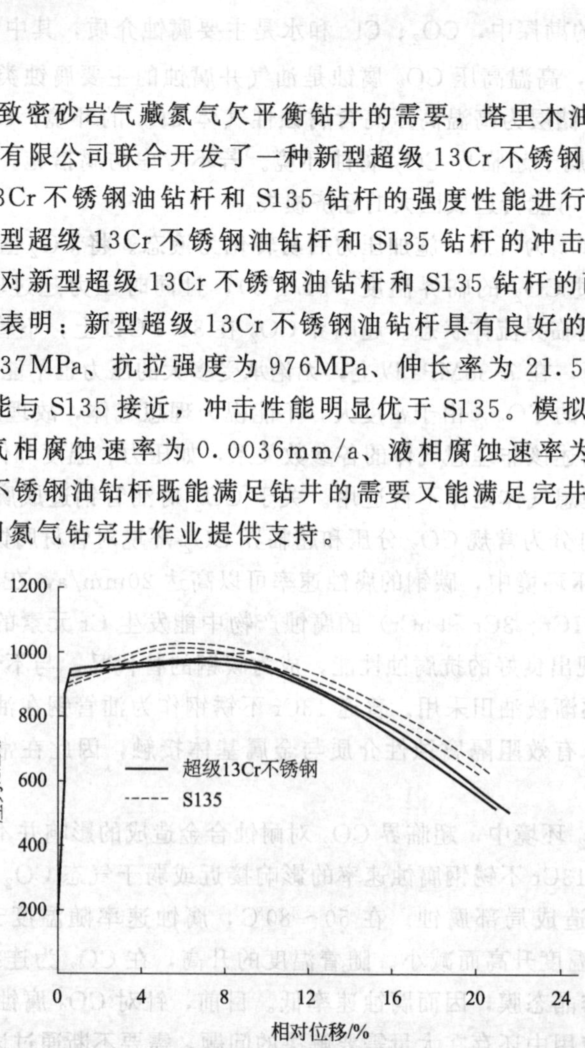

图 4-74　拉伸曲线

拉伸试验结果见图4-74和表4-24。可见，新型超级13Cr不锈钢油钻杆屈服强度为937MPa，抗拉强度为976MPa，断后伸长率21.5%。新型超级13Cr不锈钢油钻杆屈服强度比S135油钻杆高7.8%，其抗拉强度比S135油钻杆低3.6%，其伸长率比S135油钻杆高4.6%。

冲击试验结果见图4-75和表4-25。可见两种油钻杆材料在冲击过程中均没有产生不稳定扩展，因此都属于只产生稳定裂纹扩展的 F 型曲线，都有良好的韧性。新型超级 13Cr 不锈钢冲击功为 162.82J，与 S135 油钻杆相比其冲击功增加了 61.2%。另外，与 S135 油钻杆相比，新型超级 13Cr 不锈钢冲击开裂过程中的起裂功增加约 27%，扩展功增加约 77%，新型超级 13Cr 不锈钢的冲击韧性和抵抗裂纹快速扩展能力大大提高。

因此，新型超级 13Cr 不锈钢与 S135 油钻杆相比，虽然强度性能接近，但其冲击性能明显优于 S135 油钻杆。新型超级 13Cr 不锈钢油钻杆能够满足钻井工况对力学性能的要求。

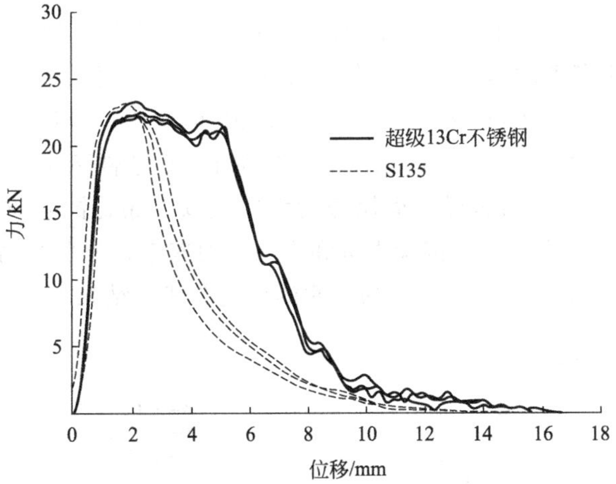

图 4-75　冲击过程力-位移曲线

表 4-24　新型超级 13Cr 不锈钢油钻杆拉伸性能

材料	屈服强度/MPa		抗拉强度/MPa		屈服强度/比		断后伸长率/%	
	实测	均值	实测	均值	实测	均值	实测	均值
超级 13Cr 不锈钢	939	937	979	976	0.96	0.96	21.0	21.5
	932		971		0.96		21.7	
	941		979		0.96		21.7	
S135	903	904	1015	1012	0.89	0.89	20.86	20.56
	920		1025		0.90		20.37	
	890		995		0.89		20.44	

表 4-25　超级 13Cr 不锈钢油钻杆冲击参数

材料	冲击总功/J		冲击过程最大力/kN		屈服力/kN		起裂功/J		裂纹扩展功/J	
	实测	均值	实测	均值	实测	均值	实测	均值	实测	均值
超级 13Cr 不锈钢	164.82	162.82	23.89	24.05	19.82	20.05	41.51	40.49	123.31	122.33
	161.62		24.71		20.87		40.75		120.88	
	162.02		23.55		19.47		39.22		122.80	
S135	108.44	100.97	24.73	24.20	18.97	19.28	35.00	31.80	73.44	69.17
	104.38		24.15		19.34		30.01		74.37	
	90.10		23.73		19.52		30.40		59.70	

4.5.2　套管

位于松辽盆地的大庆油田徐深气田气井完钻垂深普遍较深，一般在 3500m 左右。该气田地层中 CO_2 含量为 2.19%～8.86%，平均达到 5.17%，地温梯度为 3.9℃/100m，井底温度一般在 140℃左右，实测最高井底温度达 169℃。在这种井下高温、高含 CO_2 条件下，套管极易发生 CO_2 腐蚀。因此，徐深气田在进行套管设计时，既要求套管具有良好的力学性能以满足深井套管承受载荷的需要，又要具有良好的耐 CO_2 腐蚀性能。目前，徐深气田深层气井设计应用超级 13Cr 不锈钢（HP13Cr-110）套管，其既能满足高强度的要求，又能达到防腐效果。但该套管价格较高，在国际油价持续低迷、维持低价位运行的形势下，严重制约了徐深气田的高效开发。

4.5.2.1 CO_2 腐蚀速率试验

选取 13Cr-95、HP13Cr-110 和 11Cr-110 3 种材质套管样品，加工成直径 60.0mm 的 1/6 圆弧试样，各种材质套管试样分别取 4 个，用砂纸打磨后称重。徐深气田地层压力一般为 35MPa，通过分压计算，其 CO_2 分压为 0.77～3.10MPa，平均分压 1.80MPa。取最高 CO_2 分压 3.10MPa，分别在温度 80℃、100℃、120℃和 140℃条件下进行试验，试验时间分别为 1d、3d、6d 和 10d，分别对试样表面用蒸馏水冲洗以去除腐蚀介质，然后烘干。去除腐蚀产物后，用电子天平称重，计算试验失重和平均腐蚀速率，分别绘制 3 种材质套管在温度 80℃和 100～140℃条件下套管腐蚀速率随时间的变化曲线，结果见图 4-76 和图 4-77。

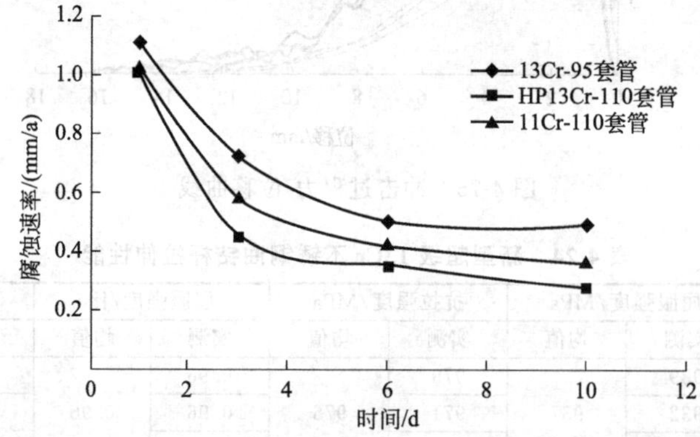

图 4-76　80℃下 3 种材质套管腐蚀速率随时间的变化曲线

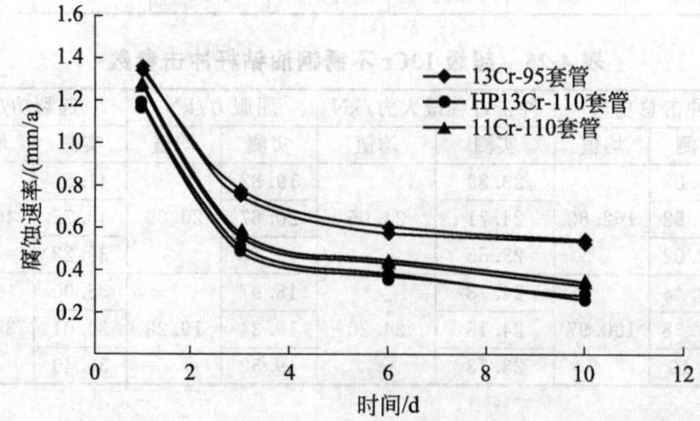

图 4-77　100～140℃下 3 种材质套管腐蚀速率随时间的变化曲线

由上两图可知，在试验开始后的 3d 内，腐蚀速率显著降低，而后随着试验时间的延长，腐蚀速率缓慢降低。

4.5.2.2 CO_2 腐蚀速率和耐 CO_2 腐蚀指数计算

对腐蚀速率随时间变化的曲线进行拟合，可得基于 80℃条件下试验数据的 3 种材质套管的腐蚀速率公式为：

$$v_1=0.8795e^{-11.385\times10^{-2}t}+w_1 \tag{4-10}$$

$$v_2=0.8684e^{-20.665\times10^{-2}t}+w_1 \tag{4-11}$$

$$v_3=0.8636e^{-15.342\times10^{-2}t}+w_1 \tag{4-12}$$

基于 100～140℃条件下试验数据得到的 3 种材质套管的腐蚀速率公式为：

$$v_1=1.2178e^{-9.058\times10^{-2}t}+w_1 \tag{4-13}$$

$$v_2=1.2174e^{-13.157\times10^{-2}t}+w_1 \tag{4-14}$$

$$v_3=1.2177e^{-10.752\times10^{-2}t}+w_1 \tag{4-15}$$

随着腐蚀时间增长，腐蚀速率呈指数变化规律递减。为进一步分析套管的耐 CO_2 腐蚀性能，引入耐 CO_2 腐蚀指数，然后将式(4-10)～式(4-12)，式(4-13)～式(4-15) 分别统一为：

$$v=0.8705e^{-10^{-2}R_1t}+w_1 \tag{4-16}$$

$$v=1.217e^{-10^{-2}R_2t}+w_1 \tag{4-17}$$

式中，R_1 为基于 80℃温度条件下试验数据的耐 CO_2 腐蚀指数；R_2 为基于 100～140℃温度条件下试验数据的耐 CO_2 腐蚀指数。

套管耐 CO_2 腐蚀能力与套管中 C 和微量元素的含量有直接关系，将 R_1 和 R_2 表达为与套管中 C 和微量元素相关的式子，其值越大，表明耐腐蚀性能越好。基于 80℃和 100～140℃条件下试验数据，套管的耐 CO_2 腐蚀指数表达式分别为：

$$R_1=w_2-25w_1+0.1w_3 \tag{4-18}$$

$$R_2=w_2-20w_1+0.2w_3+0.25w_4 \tag{4-19}$$

式中，w_2、w_3 和 w_4 分别为套管钢材中 Cr、Ni 和 Mo 的含量。

根据 13Cr-95、HP13Cr-110 和 11Cr-110 3 种材质套管中 C、Ni、Cr 和 Mo 的含量，利用式(4-18)、式(4-19) 计算出其耐 CO_2 腐蚀指数，计算结果见表 4-26。

表 4-26 3 种材质套管的耐 CO_2 腐蚀指数计算结果

套管	C 含量/%	Ni 含量/%	Cr 含量/%	Mo 含量/%	R_1	R_2
13Cr-95	0.20	0.15	13.00	0	11.3	9.0
HP13Cr-110	0.04	4.00	13.00	1.00	20.6	13.3
11Cr-110	0.02	3.00	11.00	0	15.4	10.7

由表可知，在不同温度下，3 种材质套管的耐 CO_2 腐蚀性能由高到低依次为 HP13Cr-110、11Cr-110 和 13Cr-95。其中，11Cr-110 套管的耐 CO_2 腐蚀指数与 HP13Cr-110 套管的耐 CO_2 腐蚀指数相比，分别降低 25.2%和 19.5%。

对徐深气田 HP13Cr-110 套管挂片试件进行现场取样分析可知，HP13Cr-110 油管的腐蚀速率为 0.015mm/a。按照 11Cr-110 套管耐 CO_2 腐蚀指数比 HP13Cr-110 降低 25.2%计算，11Cr-110 套管的腐蚀速率为 0.019 mm/a，远远小于腐蚀速率 0.127 mm/a 的国际标准，可以满足徐深气田应用要求。

参考文献

[1] 程远鹏，李自力，刘倩倩，等．油气田高温高压条件下 O_2 腐蚀缓蚀剂的研究进展[J]．腐蚀科学与防护技术，2015，27(3)：278-282.

[2] 施黛艳，张金钟，匡飞，等．高温高压下 CO_2 腐蚀的研究现状[J]．化学工程与装备，2010(11)：129-131.

[3] Kermani M B，Morshed A. Carbon dioxide corrosion in oil and gas production：a compendium[J]. Corrosion，2003，59(8)：659-683.

[4] George K S，Neic S. Investigation of carbon dioxide corrosion of mild steel in the presence of acetic acid：Part 1—Basic mechanisms[J]. Corrosion，2007，63(2)：178.

[5] 李珣，陈文梅，姜放，等．CO_2 腐蚀模型的研究现状及发展趋势[J]．天然气与石油，2005，23(5)：23-27.

[6] Ikeda A，Ueda M，Mukai S. CO_2 behavior of carbon and Cr steels[J]. Advances in CO_2 Corrosion，1984，1(31)：91-102.

[7] Waard C D，Milliams D E. Carbonic acid corrosion in steel[J]. Corrosion，1975，31(5)：177-181.

[8] 张学元，邸超，雷良才．二氧化碳腐蚀与控制[M]．北京：化学工业出版社，2000.

[9] 吕祥鸿，梁伟，计玲，等．高温条件下几种耐蚀合金管柱材料的抗腐蚀性能对比分析[J]．西安石油大学学报(自然科学版)，2018，33(5)：101-106，126.

[10] 张威，王铎．高温高压 CO_2 含 Cl^- 环境下超级 Cr13 马氏体不锈钢的腐蚀行为[J]．兵器材料科学与工程，2014，37(1)：111-114.

[11] Fang H，Young D，Nešić S. Corrosion of mild steel in the presence of elemental sulfur [C] // Corrosion 2008. Houston：NACE International，2008.

[12] 李瑛，林海潮，吕明，等．元素硫对特高含 H_2S 气井用油管钢的腐蚀[J]．腐蚀科学与防护技术，1996，8：252-255.

[13] 杨仲熙，刘志德，谷坛，等．高含硫气田电化学腐蚀现场试验研究[J]．石油与天然气化工，2006，35：222-223.

[14] 林海潮，吕明，曹楚南，等．特高含 H_2S 气井开采过程中可能发生的相态变化及其影响[J]．腐蚀科学与防护技术，1992，4：308-311.

[15] 陈长风，范成武，郑树启，等．高温高压 H_2S/CO_2 G3 镍基合金表面的 XPS 分析[J]．中国有色金属学报，2008，18(11)：2050-2055.

[16] Yin Z F，Feng Y R，Zhao W Z，et al. Pitting corrosion behaviour of 316L stainless steel in chloride solution with acetic acid and CO_2[J]. Corrosion Engineering，Science and Technology，2011，46(1)：56-63.

[17] Zhu S D，Wei J F，Cai R，et al. Corrosion failure analysis of high strength grade super 13Cr-110 tubing string [J]. Engineering Failure Analysis，2011，18：2222-2231.

[18] Fang H，Young D，Nĕsić S. Elemental sulfur corrosion of mild steel at high concentrations of sodium chloride [C]// Corrosion 2009. Houston：NACE International，2009.

[19] 王建才．外加电位对金属材料腐蚀速率的影响[J]．轻工科技，2015，31(3)：24-25.

[20] 郑伟，白真权，赵雪会，等．温度对超级 13Cr 油套管钢在 NaCl 溶液中腐蚀行为的影响[J]．热加工工艺，2015，44(6)：38-40.

[21] 郑伟．油田复杂环境超级 13Cr 油套管钢 CO_2 腐蚀行为研究[D]．西安：西安石油大学，2015.

[22] 毛学强，杨敬武，武俊，等．西部“三超”气井环境中超级钢的腐蚀行为[J]．腐蚀与防护，2013，34(9)：848-851.

[23] 侯赞，周庆军，王起江，等．13Cr 系列不锈钢在模拟井下介质中的 CO_2 腐蚀研究[J]．中国腐蚀与防护学报，2012，32(4)：300-305.

[24] 姚鹏程，谢俊峰，杨春玉，等．高温高压环境 Cl^- 浓度和 CO_2 分压对不锈钢油管的影响[J]．全面腐蚀控制，2017，31(10)：67-70.

[25] 张双双，赵国仙，刘艳朝，等．温度对超级 13Cr 马氏体不锈钢 CO_2 腐蚀行为的影响[J]．热加工工艺，2013，42(22)：69-73.

[26] 韩燕，赵雪会，李发根，等. 3 种 13Cr 材料在 CO_2 和 H_2S 共存时的腐蚀性能研究[J]. 西安工业大学学报，2010，30(4)：348-351.

[27] 韩燕，赵雪会，白真权，等. 不同温度下超级 13Cr 不锈钢在 Cl^-/CO_2 环境中的腐蚀行为[J]. 腐蚀与防护，2011，32(5)：366-369.

[28] Ueda M，Ikeda A. Effect of microstructure and Cr content in steel on CO_2 corrosion[C]//Corrosion 1996. Houston：NACE International，1996.

[29] 林冠发，胥勋源，白真权，等. 13Cr 油套管钢 CO_2 腐蚀产物膜的能谱分析[J]. 中国材料科技与设备，2008，5(3)：75-79.

[30] López D A，Schreiner W H，de Sánchez S R，et al. The influence of carbon steel microstructure on corrosion layers. An XPS and SEM characterization[J]. Application Surface Science，2003，207(1/4)：69-85.

[31] Sugimoto K，Sawada Y. The role of molybdenum addition to austenitic stainless steels in the inhibition of pitting in acid chloride solutions[J]. Corrosion Science，1977，17：425-445.

[32] 郭崇晓，张燕飞，吴泽，等. 双金属复合管在强腐蚀油气田环境下的应用分析及其在国内的发展[J]. 全面腐蚀控制，2010，24(2)：13-17.

[33] 李珣. 井下油套管二氧化碳腐蚀研究[D]. 成都：四川大学，2005.

[34] Fierro G，Ingo G M，Mancia F. XPS investigation on the corrosion behavior of 13Cr martensitic stainless steel in CO_2-H_2O-Cl^- environments[J]. Corrosion，1989，45(10)：814-823.

[35] 董晓焕，赵国仙，冯耀荣，等. 13Cr 不锈钢的 CO_2 腐蚀行为研究[J]. 石油矿场机械，2003，32(6)：1-3.

[36] Zhu S D，Fu A Q，Miao J，et al. Corrosion of N80 carbon steel in oil field formation water containing CO_2 in the absence and presence of acetic acid[J]. Corrosion Science，2011，53：3156-3165.

[37] 赵国仙，严密林，路民旭，等. 石油天然气工业中 CO_2 腐蚀的研究进展[J]. 腐蚀与防护，1998，19(2)：51-54.

[38] Ikeda A，Mukai S，Ueda M. Corrosion behaviour of 9 to 25% Cr steels in wet CO_2 environments[J]. Corrosion，1995，41(4)：185-192.

[39] Ikeda A，Ueda M，Mukai S. CO_2 corrosion behavior and mechanism of carbon steel and alloy steel[C]. Corrosion 1983. Houston：NACE International，1983.

[40] 王选奎. 户部寨气田腐蚀机理及防护措施研究[D]. 北京：中国地质大学，2007.

[41] 朱世东，白真权，尹成先，等. CO_2 分压对 P110 钢腐蚀行为的影响[J]. 石油化工腐蚀与防护，2008，25(5)：12-15.

[42] 刘会，赵国仙，朱世东. Cl^- 对油套管用 P110 钢腐蚀速率的影响[J]. 石油矿场机械，2008，37(11)：44-48.

[43] 胡钢，许淳淳，张新生. 304 不锈钢在闭塞溶液中钝化膜组成和结构性能[J]. 北京化工大学学报，2003，30(1)：21-23.

[44] Palacios C A，Shadley J R. Characteristics of corrosion scales on steels in CO_2-saturated NaCl brine[J]. Corrosion，1991，47(2)：122-127.

[45] 朱世东，白真权，林冠发，等. 影响油气田 CO_2 腐蚀速率的因素研究[J]. 内蒙古石油化工，2008，3(5)：6-10.

[46] 李建平，赵国仙，王玉，等. 塔里木油田用油套管钢的静态腐蚀研究[J]. 中国腐蚀与防护学报，2004，24(4)：230-233.

[47] 朱世东，林冠发，白真权，等. 油田套管 P110 钢腐蚀的影响因素[J]. 材料保护，2009，42(1)：48-51.

[48] Davoodi A，Pakshir M，Babaiee M，et al. A comparative H_2S corrosion study of 304L and 316L stainless steels in acidic media[J]. Corrosion Science，2011，53：399-408.

[49] 王斌，周小虎，李春福，等. 钻井完井高温高压 H_2S/CO_2 共存条件下套管、油管腐蚀研究[J]. 天然气工业，2007，27(2)：67-69.

[50] Choi Y S，Nesic S，Ling S. Effect of H_2S on the CO_2 corrosion of carbon steel in acidic solutions[J]. Electrochimica Acta，2011，56(4)：1752-1760.

[51] 葛彩刚. Cr13 钢在含 CO_2/H_2S 介质中的腐蚀行为研究[D]. 北京：北京化工大学，2007.

[52] Pots B F M，John R C. Improvements on de-Waard milliams corrosion prediction and applications to corrosion management[C]//Corrosion 2002. Houston：NACE International，2002.

[53] 植田昌克. 合金元素和显微结构对 CO_2/H_2S 环境中腐蚀产物稳定性的影响. 石油与天然气化工，2005，34(1)：43-52.

[54] 刘艳朝．超高压高温油井中超级 13Cr 油管材料的耐蚀性[D]．西安：西安石油大学，2012.
[55] 刘艳朝，常泽亮，赵国仙，等．超级 13Cr 不锈钢在超深超高压高温油气井中的腐蚀行为研究[J]．热加工工艺，2012，41(10)：71-75.
[56] 姚小飞，谢发勤，吴向清，等．超级 13Cr 不锈钢在不同温度 NaCl 溶液中的膜层电特性与腐蚀行为[J]．中国表面工程，2012，25(5)：73-78.
[57] Felton P，Schofield M J. Understanding the high temperature corrosion behaviour of modified 13Cr martensitic OCTG [C]//Corrosion 1998. Houston：NACE International，1998.
[58] Ibrahim M Z，Hudson N，Selamat K. Corrosion behavior of super 13Cr martensitic stainless steels in completion fluids [C]//Corrosion 2005. Houston：NACE International，2003.
[59] 李平全．俄罗斯油气输送钢管选用指南：钢管技术条件汇编[M]．西安：中国石油天然气集团公司管材研究所，1999.
[60] Cheldi T，Piccolo E L，Scoppio L. Corrosion behavior of corrosion resistant alloys in stimulation acids [C]. Eurocorr，2004.
[61] 刘道新．材料的腐蚀与防护[M]．西安：西北工业大学出版社，2006.
[62] 姚小飞，田伟，谢发勤．超级 13Cr 油管钢在含 Cl^- 溶液中的腐蚀行为及其表面腐蚀膜的电化学特性[J]．机械工程材料，2019，43(5)：12-16.
[63] 姚小飞，谢发勤，王毅飞．pH 值对超级 13Cr 钢在 NaCl 溶液中腐蚀行为与腐蚀膜特性的影响[J]．材料工程，2014(3)：83-89.
[64] 王毅飞，谢发勤．超级 13Cr 油管钢在不同浓度 Cl^- 介质中的腐蚀行为[J]．材料导报，2018，32(16)：2847-2851.
[65] 张国超，张涵，牛坤，等．高温高压下超级 13Cr 不锈钢抗 CO_2 腐蚀性能[J]．材料保护，2012，45(6)：58-61.
[66] 张吉鼎．流体流动特性对金属表面电化学反应过程的影响[D]．西安：西安石油大学，2018.
[67] 刘亚娟，吕祥鸿，赵国仙，等．超级 13Cr 马氏体不锈钢在入井流体与产出流体环境中的腐蚀行为研究[J]．材料工程，2012(10)：17-22.
[68] 马燕．超级 13Cr 不锈钢在 CO_2 环境下的腐蚀机理研究[D]．西安：西安石油大学，2014.
[69] 林冠发，相建民，常泽亮，等．3 种 13Cr110 钢高温高压 CO_2 腐蚀行为对比研究[J]．装备环境工程，2008，5(5)：1-4.
[70] 周波，崔润炯，刘建中．增强型 13Cr 不锈钢抗 CO_2 腐蚀套管的研制[J]．钢管，2006，36(6)：22-26.
[71] 陈尧，白真权，林冠发．普通 13Cr 钢在高温高压下的抗 CO_2 腐蚀性能[J]．全面腐蚀控制，2007，21(2)：11-14.
[72] 吕祥鸿，赵国仙，张建兵，等．超级 13Cr 马氏体不锈钢在 CO_2 及 H_2S/CO_2 环境中的腐蚀行为[J]．北京科技大学学报，2010，32(2)：208-212.
[73] 赵国仙，吕祥鸿．温度油套管用钢腐蚀速率的影响[J]．西安石油大学学报，2008，23(4)：74-78.
[74] 林冠发，郑茂盛，李党国，等．P110 钢 CO_2 腐蚀产物膜的 XPS 分析[J]．光谱学与光谱分析，2005，26(5)：1875.
[75] Ikeda A，Ueda M. Predicting CO_2 Corrosion in the Oil and Gas Industry [M]，London：The Institute of Materials，1994.
[76] Heuer J K，Stubbins J F. An XPS characterization of $FeCO_3$ films from CO_2 corrosion[J]. Corrosion Science，1999，41(7)：1231-1243.
[77] 刘艳朝，赵国仙，薛艳，等．超级 13Cr 钢在高温高压下的抗 CO_2 腐蚀性能[J]．全面腐蚀控制，2011，25(11)：29-34.
[78] 冯桓榰，邢希金，谢仁军，等．高 CO_2 分压环境超级 13Cr 的腐蚀行为[J]．表面技术，2016，45(5)：72-78.
[79] 牛坤，郭俊文，张国超．超级 13Cr 不锈钢在气液两相环境下的腐蚀行为研究[J]．全面腐蚀控制，2015，29(3)：47-50.
[80] 牛坤，赵国仙，张国超，等．高温高压环境下 13Cr 不锈钢的腐蚀性能[J]．腐蚀与防护，2012，33(5)：407-410.
[81] 杨向同，金伟，谢俊峰，等．高温高压环境下腐蚀试验溶液 pH 值的测量[J]．全面腐蚀控制，2016，30(11)：45-49.
[82] 康喜唐，聂飞．HP2 13Cr 无缝钢管的研制开发[J]．钢管，2015，44(3)：31-35.
[83] 邢希金，刘书杰，曹砚锋，等．超级 13Cr 材质高含硫环境适用性研究[J]．内江科技，2015，36(2)：70-71.
[84] Ueda M，Kushida T，Kondo K，et al. Corrosion resistance of 13Cr-5Ni-2Mo Martensitic stainless steel in CO_2 environment containing a small amount of H_2S[C]//Corrosion 1992. Houston：NACE International，1992.

[85] 周孙选，赵景茂，郑家燊．铁在 H_2S-盐水中的腐蚀产物的穆斯堡尔研究[J]．华中理工大学学报，1993，2(5)：155-159.

[86] Schmitt G. Effect of elemental sulfur on corrosion in sour gas system [J]. Corrosion，1991，47：4-8.

[87] Zheng S Q，Li C Y，Chen C F. The accelerated corrosion of elemental sulfur for carbon steel in wet H_2S environment [J]. Applied Mechanics and Materials，2012，117-119：999-1002.

[88] 武会宾，刘跃庭，王立东，等．Cr 含量对 X120 级管线钢组织及耐酸性腐蚀性能的影响[J]．材料工程，2013(9)：32-37.

[89] Cai W T，Zhao G X，Zhao D W，et al. Corrosion resistance and semiconductor properties of passive films formed on super 13Cr stainless steel [J]. Journal of University of Science and Technology Beijing，2011，33(10)：1226-1230.

[90] Lide D R．CRC handbook of chemistry and physics [M]. 87th ed. Boca Raton：CRC Press Inc，2006.

[91] 李美栓．金属的高温氧化[M]．北京：冶金工业出版社，2001.

[92] Maldonado-Zagal S B，Boden P J. Hydrolysis of elemental sulphur in water and its effect on the corrosion of mild steel [J]. British Corrosion Journal，1982，17(3)：116-120.

[93] Körös E，Maros L，Fehér I，et al. The exchange of sulphur atoms in polysulphides [J]. Journal of Inorganic and Nuclear Chemistry，1957，4(3)：185-186.

[94] Giggenbach W F. Kinetics of the polysulfide-thiosulfate disproportionation up to 240 deg. [J]. Inorganic Chemistry，1974，13(7)：1730-1733.

[95] Ikeda A，Igarashi M，Ueda M，et al. On the evaluation methods of Ni-base corrosion resistant alloy for sour gas exploration and production [J]. Corrosion，1989，45(10)：838-847.

[96] Schmith G. Effect of elemental sulfur on corrosion in sour gas systems [J]. Corrosion，1991，47(4)：285-308.

[97] Zhao J M，Liu H X，Xiao C，et al. Inhibition mechanism of the imdiazoline derivate in H_2S solution [J]. Electochemistry，2008，14(1)：18-23.

[98] Chen C F，Jiang R J，Zhang G A，et al. Study on local corrosion of Nickel-Base alloy tube in the environment of high temperature and high pressure H_2S/CO_2[J]. Rare Metal Materials and Engineering，2010，39(3)：427-432.

[99] 李金灵，朱世东，屈撑囤，等．超级 13Cr 马氏体不锈钢在单质硫环境中的腐蚀行为[J]．材料工程，2016，44(3)：84-91.

[100] 赵阳，杨延格，张涛，等．超级 13Cr 不锈钢在极端环境下氧化膜形成的热力学研究[C]//2016 年全国腐蚀电化学及测试方法学术交流会摘要集．2016.

[101] 李轩鹏，赵阳，张涛，等．HP-13Cr 不锈钢在极端环境下腐蚀产物膜性能的研究[C]//2018 年全国腐蚀电化学及测试方法学术交流会摘要集．2018.

[102] 朱达江．气井环空带压机理研究[D]．成都：西南石油大学，2014.

[103] 路民旭，白真权，赵新伟，等．油气采集储运中的腐蚀现状及典型案例[J]．腐蚀与防护，2002，23(3)：105-113.

[104] 闫伟，邓金根，李晓蓉，等．粉砂对低 Cr 油管钢 CO_2 腐蚀行为的影响[J]．科学通报，2012，57(4)：291-298.

[105] 朱培珂，邓金根，闫伟，等．3Cr 钢和 13Cr 钢在高矿化度 CO_2 环境中的腐蚀行为[J]．腐蚀与防护，2014，35(12)：1221-1225.

[106] 林冠发，宋文磊，王咏梅，等．两种 HP13Cr110 钢腐蚀性能对比研究[J]．装备环境工程，2010，7(6)：183-189.

[107] 曹公望，王振尧，刘雨薇，等．碳钢在三种大气环境中的应力腐蚀[J]．装备环境工程，2015，12(4)：6-10.

[108] Hua Y，Barker R，Neville A. comparison of corrosion behaviour for X-65 carbon steel in supercritical CO_2-saturated water and water-saturated/unsaturated supercritical CO_2 [J]. The Journal of Supercritical Fluids，2014，97：224-237.

[109] Hashizume S，Kobayashi N，Trillo E. Corrosion performance of CRAs in water containing chloride ions under supercritical CO_2[C]// Corrosion 2013. Houston：Corrosion International 2013.

[110] Russick E M，Poulter G A，Adkins C L J，et al. Corrosive effects of supercritical carbon dioxide and cosolvents on metals[J]. The Journal of Supercritical Fluids，1996(9)：43-50.

[111] Choi Y S，Magalhaes A A O，Farelas F，et al. Corrosion behavior of deep water oil production tubing material under supercritical CO_2 environment：Part I. Effect of Pressure and Temperature[C]//Corrosion 2013. Houston：NACE International 2013.

[112] Hassani S，Vu T N，Rosli N R，et al. Wellbore integrity and corrosion of low alloy and stainless steels in high pressure CO_2 geologic storage environments：an experimental study[J]. International Journal of Greenhouse Gas Control，2014，23：30-43.

[113] 李春福，王斌，代家林，等．超高压高温 CO_2 腐蚀研究理论探讨[J]．西南石油学院学报，2005，27(1)：75-78.

[114] 张颖，李春福，王斌，等．超临界 CO_2 对钢材的腐蚀实验[J]．西南石油学院学报，2006，28(2)：92-97.

[115] 张玉成，屈少鹏，庞晓露，等．超临界 CO_2 条件下钢的腐蚀行为研究进展[J]．腐蚀与防护，2011，32(11)：854-858.

[116] 朱培珂，邓金根，黄凯文，等．油气田现场腐蚀检测装置设计与应用[J]．科技导报，2014，32(19)：68-72.

[117] NACE RP 0775—2005. Preparation，installation，analysis and interpretation of corrosion coupons in oilfield operations [S].

[118] 朱培珂，闫伟，李令东，等．油管钢在模拟超临界 CO_2 中耐蚀特性的研究[J]．表面技术，2016，45(12)：167-173.

[119] 曾德智，田刚，施太和，等．适用于致密气藏钻完井的新型超级 13Cr 油钻杆管材性能测试[J]．石油与天然气化工，2014,43(1)：58-61.

[120] 李杉．大庆油田徐深气田耐 CO_2 腐蚀套管优选[J]．石油钻探技术，2016，44(6)：55-59.

[121] 李杉．HP13Cr 割缝筛管在 SSP1 井的应用[J]．西部探矿工程，2017(2)：51-53.

[122] 荣海波，李娜，赵国仙，等．超级 15Cr 马氏体不锈钢超深超高压高温油气井中的腐蚀行为研究[J]．石油矿场机械，2011，40(9)：57-62.

[123] Gutaman E M. 金属力学化学与腐蚀防护[M]．金石，译．北京：科学出版社，1989.

[124] 张普强，吴继勋，张文奇，等．用交流阻抗法研究钝化 304 不锈钢在强酸性含 Cl^- 介质中的孔蚀[J]．中国腐蚀与防护学报，1991，11(4)：393-402.

[125] 李鹤林，白真权，李鹏亮．模拟 CO_2/H_2S 环境中 API N80 钢的腐蚀影响因素研究[C]//第二届石油石化工业用材研究会论文集．成都：2001.

第5章　防腐蚀技术

5.1　概述

随着世界对油气资源需求的日益增长，油气田的开发逐渐向纵深发展，井深达7600m甚至更深的油气井变得常见，不断涌现超深超高压井。虽然多数高压高温钻完井作业归为普通高压高温井作业范畴，但在滩海、深水等新兴作业区，如墨西哥湾、北海等地区多数井的垂深已经超过9000m，地层压力超过140MPa，地层温度超过200℃，已达到超高压高温钻完井的水平。

国内，塔里木大北气田、四川的龙岗气田和龙门山气田、大庆的徐深气田、吉林的长岭气田、大港的深层潜山油气田、南海莺琼盆地的气田等都存在着不同程度高温、高压环境下的钻井与完井问题。

目前，多种关于减少酸化作业中腐蚀的技术已经被提出，其中缓蚀剂由于具有不需要特殊的附加设备、施工工艺简单、用量少等优点，成为抵御酸化作业中酸液腐蚀的一种常见方法。酸化缓蚀剂在油气井酸化过程中能对油管以及相关设备进行有效保护，其防腐原理是缓蚀剂中含有O、N、S等组成的有机官能团，能与金属表面发生反应并牢固吸附在设备表面或管壁，减缓或者阻止腐蚀介质的侵袭，从而达到防腐的目的。随着目前酸化工艺的发展及耐蚀钢的选用，国内外在油井和气井酸化施工过程中使用的酸液种类也越来越多。合理使用酸液体系以及与之匹配的酸化缓蚀剂，对油气井增产及井下管柱的腐蚀防护起着重要作用。目前，使用频率最高的酸化溶液有HCl、HF等，尽管在酸化过程中添加了种类繁多的缓蚀剂，但由于酸化工艺的不匹配性（酸化缓蚀剂与井下环境不匹配、酸化缓蚀剂与管柱材质不匹配），酸化过程仍对不同酸化管柱、耐蚀合金、井下碳钢产生严重的腐蚀，尤其是局部腐蚀，严重影响井下管柱的结构完整性和密封完整性。

超级13Cr不锈钢耐土酸（HCl＋HF）腐蚀性能差，目前添加咪唑啉和曼尼希碱复配的酸化缓蚀剂能较有效地解决超级13Cr不锈钢在酸化压裂增产改造阶段的腐蚀问题。

此外，在高含CO_2及Cl^-环境下，由于普通13Cr不锈钢或超级13Cr不锈钢具有良好的腐蚀抗力，在石油管材方面的应用持续增加。然而，在高温（普通13Cr不锈钢在130℃以上，超级13Cr不锈钢在170℃以上）、高Cl^-（普通13Cr不锈钢在50g/L以上，超级13Cr不锈钢在100g/L以上）、含微量H_2S（分压大于0.01MPa）的酸性环境中，普通13Cr不锈钢或超级13Cr不锈钢的点蚀及应力腐蚀开裂敏感性较高，抗腐蚀能力下降。

高压高温、超高压高温井的不断涌现使得勘探开发难度逐渐增大，深井、复杂结构井、高压高温井、海上及恶劣环境下油气井的钻完井问题明显增多。其中，高压高温油气藏勘探开发面临的完井问题包括油井的设计、工艺、工具、设备、井控、储层改造、安全及材质选择等一系列问题，其核心是完井管柱的材质选择问题。由于高压高温、超高压高温井一般含有CO_2、H_2S和Cl^-等，苛刻的井底温度、压力及腐蚀工况条件迫切需要使用高强度的耐蚀石油管材。不断研究并解决高压高温井完井管柱的材质选择与缓蚀问题，是近年来世界油气工业重点关注的一个问题。

据有关部门统计，石油行业金属设备、机具的平均年腐蚀报废率约为4%，如果将腐蚀对国民经济造成的损失降低一个百分点，即由4%降到3%，就可以挽回600亿～800亿的腐蚀损失。

5.2 缓蚀剂

5.2.1 酸洗液环境

为减缓酸洗液对管材的腐蚀，需在酸洗溶液中添加适量的缓蚀剂。离子液体介质是一种新型的绿色低温盐类，同常规缓蚀剂相比，具有生物毒性低、环境相容性好、热稳定好、稳定范围宽、挥发性极小、化学稳定性强、酸碱可调便于设计等优点，在环保、高效的缓蚀剂开发研究中，受到越来越多的关注。

目前较成熟的离子液体中阳离子主要为烷基咪唑类、季铵盐、季磷盐和烷基吡啶类等，其中咪唑啉及其衍生物已被证实是优异的酸性介质缓蚀剂。Zhou等就[BMIM]BF_4对NaCl溶液中碳钢的缓蚀行为进行了系统的研究，发现该离子液体对碳钢在盐溶液中的阴、阳极反应过程均能产生抑制作用，离子液体吸附在钢材表面，遵循Langmuir吸附等温式，发生了物理-化学吸附从而起到了缓蚀作用。Zhang等就[BMIM]Cl和[BMIM]HSO_4在盐酸溶液中对碳钢的缓蚀吸附行为进行了研究，发现[BMIM]HSO_4比[BMIM]Cl表现出优异的缓蚀性能，[BMIM]HSO_4能自发地吸附在碳钢表面，主要为物理吸附作用。Ashassi-Sorkhabi等就[BMIM]Br在1.0mol/L盐酸溶液中对碳钢的缓蚀行为进行了研究，发现该离子液体具有优异的缓蚀性能，且$[BMIM]^+$通过静电吸附在碳钢表面引起零电荷电位正移。

薛娟琴等选择水溶性较好、链长稍长的商用四氟硼酸盐离子液体[HMIM]BF_4，利用失重和电化学技术，对超级13Cr不锈钢（HP13Cr）在1mol/L盐酸中的缓蚀性能及吸附行为进行了研究，同时对比研究了离子液体与双咪唑季铵盐（咪唑啉）缓蚀剂缓蚀行为的差异，以期为离子液体作为酸性介质中新型高效缓蚀剂的开发奠定基础，尤其是为不锈钢冶金生产过程中酸洗缓蚀剂的选择提供技术指导。

5.2.1.1 浸泡试验

表5-1为超级13Cr不锈钢在分别添加0mmol/L、0.01mmol/L、0.05mmol/L、0.10mmol/L、0.50mmol/L、1.00mmol/L四氟硼酸盐离子液体[HMIM]BF_4和咪唑啉两类商用缓蚀剂，温度分别为298K、303K、308K的1mol/L盐酸溶液中，浸泡4h的平均缓蚀行为对比。结果表明：随着缓蚀剂浓度的不断增加，超级13Cr不锈钢的缓蚀效率均不断提高，当浓度为0.50mmol/L时，两种缓蚀剂在超级13Cr不锈钢表面的吸附量达到最大，继续增加浓度，缓蚀效率变化不大；对比两种缓蚀剂对超级13Cr不锈钢的缓蚀作用，可以看出离子液体[HMIM]BF_4与咪唑啉相比对超级13Cr不锈钢的缓蚀优势不明显。

表 5-1 超级 13Cr 不锈钢在添加不同浓度两类缓蚀剂及不同温度下的缓蚀行为对比

T/K	C/(mmol/L)	[HMIM]BF_4		咪唑啉	
		v/[mg/(cm² · h)]	η/%	v/[mg/(cm² · h)]	η/%
298	0	1.35	—	1.35	—
	0.01	0.49	64.7	0.44	68.2
	0.05	0.30	78.2	0.39	77.3
	0.10	0.21	85.4	0.19	86.5
	0.50	0.14	90.3	0.15	89.1
	1.00	0.10	93.5	0.13	90.4
303	0	1.72	—	1.72	—
	0.01	0.76	56.6	0.69	60.4
	0.05	0.52	70.4	0.46	73.2
	0.10	0.38	78.3	0.40	77.4
	0.50	0.19	89.5	0.24	86.7
	1.00	0.14	92.3	0.22	87.1
308	0	1.93	—	1.93	—
	0.01	0.95	51.2	0.84	57.1
	0.05	0.62	68.3	0.59	70.3
	0.10	0.50	74.4	0.49	75.1
	0.50	0.29	85.1	0.35	82.9
	1.00	0.19	90.7	0.27	86.6

图 5-1 为缓蚀剂添加前后超级 13Cr 不锈钢的表面形貌，分析可知，添加缓蚀剂试样后表面腐蚀明显减轻，尤其是添加了 1.00mmol/L 离子液体的试样表面仍显现出试样准备过程中遗留下的磨削痕迹，表明腐蚀尚未造成超过表面粗糙度的体积损失。图 5-1(c)中超级 13Cr 不锈钢表面未见明显的点蚀坑，依然保持平整，说明离子液体对超级 13Cr 不锈钢具有良好的缓蚀效果，其缓蚀性能稍优于咪唑啉缓蚀剂。

5.2.1.2 电化学特征

图 5-2 为在添加不同浓度[HMIM]BF_4 的 1mol/L 盐酸条件下超级 13Cr 不锈钢的极化曲线。表 5-2 为不同介质条件下的自腐蚀电位（E_{corr}）和由塔菲尔外推法计算得出的腐蚀电流密度（J_{corr}）、阳极塔菲尔斜率（B_a）、阴极塔菲尔斜率（B_c）及相应的缓蚀效率 η。可以看出，腐蚀电流密度随着缓蚀剂浓度的提高明显下降，说明盐酸的存在对超级 13Cr 不锈钢的腐蚀产生有效抑制，腐蚀速度明显减缓，随着离子液体浓度的增加，腐蚀电位正向偏移。超级 13Cr 不锈钢的自腐蚀电位正移 7～63mV，这与 Zhou 等、Zhang 等和 Ashassi-Sorkhabi 等发现的不同阴离子的 $[BMIM]^+$ 对碳钢的缓蚀行为有所差异，但均表明离子液体对金属起保护作用主要因为吸附在金属表面对阴极和阳极过程产生一定程度的影响，同时能抑制其阳极溶解和阴极还原反应。

表 5-2 超级 13Cr 不锈钢在含不同浓度离子液体的 1mol/L 盐酸溶液中极化曲线拟合的电化学参数

C/(mmol/L)	E_{corr}/mV	J_{corr}/(μA/cm²)	B_a/(mV/dec)	$-B_c$/(mV/dec)	η/%
0	−394	291.00	57	79	—
0.01	−387	103.00	45	77	64.8
0.05	−371	78.70	34	71	73.0

续表

C/(mmol/L)	E_{corr}/mV	J_{corr}/($\mu A/cm^2$)	B_a/(mV/dec)	$-B_c$/(mV/dec)	η/%
0.10	−366	50.40	30	53	82.7
0.50	−350	42.10	31	54	85.6
1.00	−331	32.10	32	52	88.9

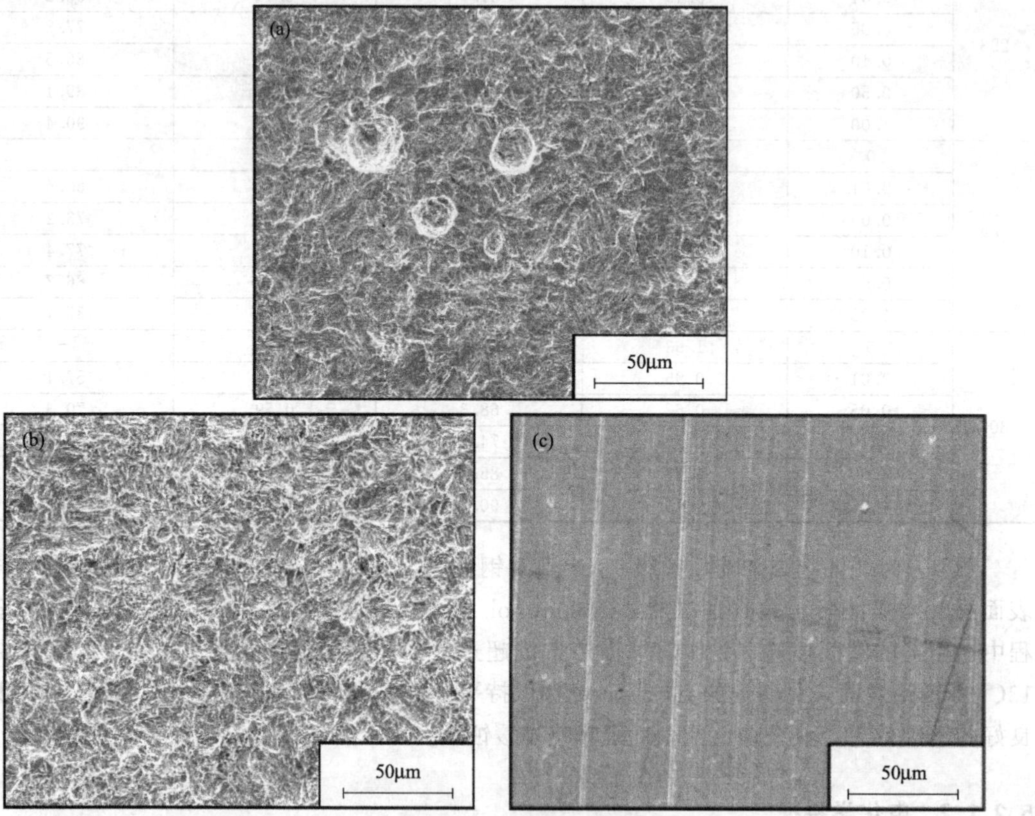

图 5-1 超级 13Cr 不锈钢 298K 下在 1mol/L 盐酸溶液中加入不同缓蚀剂浸泡 4h 之后的表面 SEM 形貌

(a) 未加缓蚀剂；(b) 1.00mmol/L 咪唑啉，(c) 1.00mmol/L[HMIM]BF_4

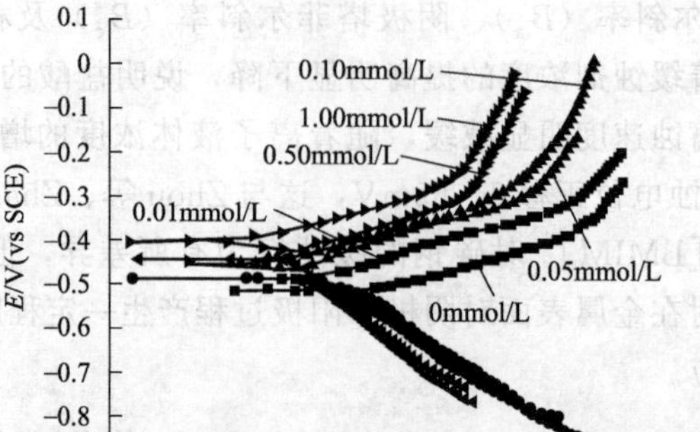

图 5-2 超级 13Cr 不锈钢在添加不同浓度[HMIM]BF_4 的 1mol/L 盐酸溶液中的极化曲线

图 5-3 为超级 13Cr 不锈钢在含不同浓度[HMIM]BF_4 的 1mol/L 盐酸溶液中的交流阻抗谱及其等效电路。随着[HMIM]BF_4 浓度的不断提高，超级 13Cr 不锈钢腐蚀电极的容抗弧半径也随之变大，表明离子液体吸附在电极表面，形成了一层保护膜，能有效隔离电极与溶液中腐蚀性离子的接触，从而减小了腐蚀速率。表 5-3 为超级 13Cr 不锈钢在盐酸溶液中电极过程的等效元件拟合结果，可知，反应电阻 R_{ct} 随离子液体[HMIM]BF_4 浓度的增加而增大，这也说明腐蚀过程的阻滞增加，速率下降。与之对应的是双电层电容 C_{dl} 明显降低，这可能是由于[HMIM]BF_4 吸附在腐蚀金属电极表面，形成了定向排列，取代了原来在其表面上定向吸附的水分子层，由于介电常数 ε 减小和有效厚度增加，C_{dl} 显著降低，而且随着[HMIM]BF_4 浓度的增加，定向吸附层趋于致密且动态稳定性增加，所以 C_{dl} 变得更小。

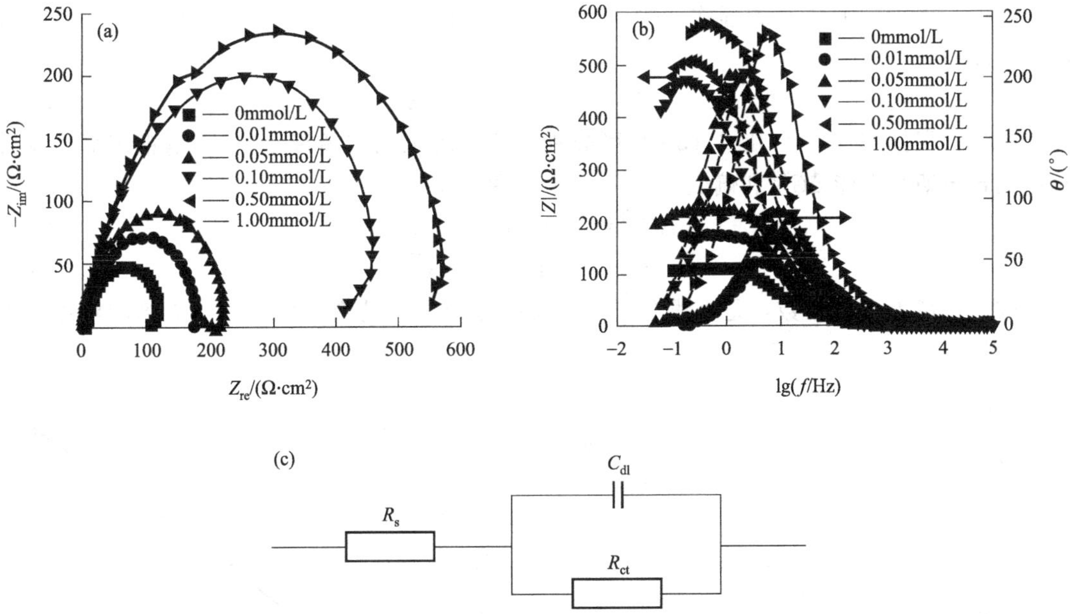

图 5-3 超级 13Cr 不锈钢在添加不同浓度[HMIM]BF_4 的 1mol/L 盐酸溶液中的交流阻抗谱及其等效电路

(a) Nyquist 曲线；(b) Bode 图；(c) 等效电路

表 5-3 超级 13Cr 不锈钢在含不同浓度离子液体的 1mol/L 盐酸溶液中电极过程的等效元件拟合结果

C/(mmol/L)	R_s/(Ω·cm²)	R_{ct}/(Ω·cm²)	C_{dl}/(μF/cm²)	η/%
0	0.61	105	635	—
0.01	0.35	193	343	46.0
0.05	0.33	255	258	59.3
0.10	0.31	467	149	77.5
0.50	0.29	523	116	81.7
1.00	0.23	589	106	83.2

5.2.1.3 离子液体[HMIM]BF_4 的吸附行为

通过电化学测试结果可知离子液体[HMIM]BF_4 的腐蚀阻滞作用与其在腐蚀金属电极表面的吸附相关。缓蚀剂与金属材料之间的吸附行为通常可由吸附等温曲线来表征，对于表 5-1 的测试结果（按照几何覆盖，以缓蚀效率 η 作为覆盖率 θ），用不同的等温曲线包括

Langmuir、Temkin、Freundlich 等进行拟合，根据试验拟合结果，得出最符合的是 Langmuir 等温曲线，即：

$$C_{inh}/\theta=1/k+C_{inh} \tag{5-1}$$

式中，C_{inh} 为缓蚀剂的浓度；θ 为材料表面缓蚀剂的覆盖率；k 是 Langmuir 吸附平衡常数。

图 5-4 为超级 13Cr 不锈钢在含不同浓度[HMIM]BF_4 和咪唑啉的 1mol/L 盐酸溶液中的吸附等温线拟合结果。由图 5-4 可知，C_{inh}/θ 与缓蚀剂的加入浓度 C_{inh} 线性相关，其斜率几乎等于 1，所以离子液体[HMIM]BF_4 和咪唑啉缓蚀剂的吸附均符合 Langmuir 吸附，离子液体可能是单分子吸附在超级 13Cr 不锈钢表面，从而抑制腐蚀的进一步发生。通过拟合结果中获知的 Langmuir 吸附平衡常数 k，借助吸附系数和温度之间的关系，在 298～308K 温度范围内，由 Van't Hoff 方程式［式（5-2）］，通过 $\ln k$ 对 $1/T$ 作直线，根据斜率计算吸附热 $\Delta H^{\ominus}$。

$$\ln k=-\Delta H^{\ominus}/RT+B \tag{5-2}$$

另外，根据式（5-3）和式（5-4）可分别计算出缓蚀剂在超级 13Cr 不锈钢表面吸附过程中的吉布斯自由能 $\Delta G^{\ominus}$ 和熵变 $\Delta S^{\ominus}$，计算结果列于表 5-4。

$$\Delta G^{\ominus}=-RT\ln(55.5K) \tag{5-3}$$

$$\Delta G^{\ominus}=\Delta H^{\ominus}-T\Delta S^{\ominus} \tag{5-4}$$

式中，K 是平衡常数，是直线在 C_{inh}/θ 轴的截距；T 是绝对温度；55.5 为溶液中水的物质的量浓度。

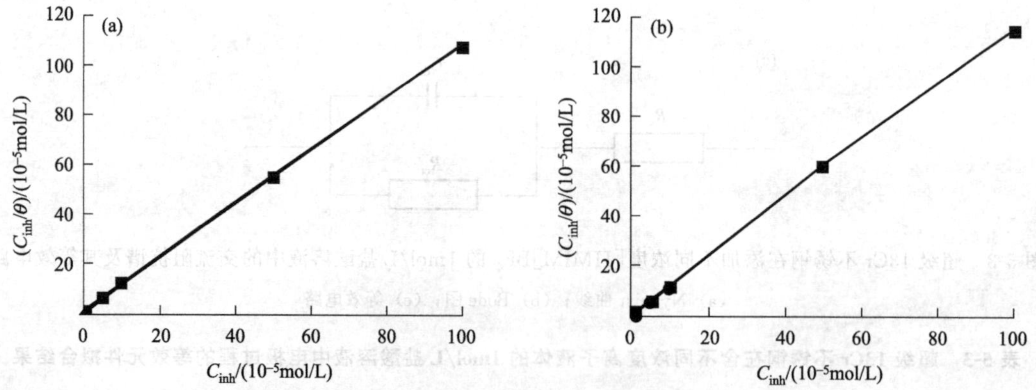

图 5-4 超级 13Cr 不锈钢在添加不同缓蚀剂的 1mol/L 盐酸溶液中的吸附等温线拟合结果

(a)［HMIM］BF_4；(b) 咪唑啉

表 5-4 ［HMIM］BF_4 在超级 13Cr 不锈钢表面的吸附热力学参数

钢样	C_{inh}/(mmol/L)	$-\Delta H^{\ominus}$/(kJ/mol)	$-\Delta G^{\ominus}$/(kJ/mol)	$-\Delta S^{\ominus}$/[kJ/(mol·K)]	η/%
超级 13Cr 不锈钢	0.01	28.87	38.99	33.39	47.6
	0.05	27.13	37.25	33.40	70.4
	0.10	22.79	32.91	33.39	79.3
	0.50	18.89	34.79	33.39	89.5
	1.00	17.85	32.90	33.40	92.3

从熵等值来看，$\Delta G^{\ominus}$ 均为负值，说明在盐酸溶液中离子液体在超级 13Cr 不锈钢表面的吸附都是自发过程，通常 $\Delta G^{\ominus}$ 的值可显示缓蚀剂分子在超级 13Cr 不锈钢表面到底是物理作

用还是化学作用。一般 ΔG 的绝对值小于 20kJ/mol 时，可认为是带电分子与带电金属表面的静电吸引作用，即物理吸附；当超过 40kJ/mol 时，会引起缓蚀剂分子与金属表面之间的电荷分享和电荷转移以形成一个共同的键，即化学吸附。对于[HMIM]BF_4 在超级 13Cr 不锈钢表面的吸附，$\Delta G^{\ominus}$ 的绝对值几乎都集中在 35～40kJ/mol，表明离子液体在金属表面既有物理吸附也有化学吸附。$\Delta H^{\ominus}$ 均为负值，表示离子液体在吸附的过程中是放热的过程，随着温度的增加，缓蚀效率降低。$\Delta S^{\ominus}$ 大于零，说明缓蚀剂分子吸附到钢材表面挤掉水分子，结果水脱附引起的熵增加远大于缓蚀剂吸附引起的熵减小，体系的总熵增加。在该过程中熵增加是产生吸附的一项重要驱动力，但随着浓度的增加变化不大，意味着缓蚀剂分子在金属表面的吸附与分子数目关系不大。

总的来说，离子液体[HMIM]BF_4 对超级 13Cr 不锈钢具有良好的缓蚀性能，缓蚀效率随其浓度的增大而增大，当浓度不高于 0.50mmol/L 时，[HMIM]BF_4 对超级 13Cr 不锈钢表面的吸附保护作用显著，但继续增大浓度，缓蚀效率变化不明显。

5.2.2　酸化液环境

5.2.2.1　曼尼希碱

酸化是油气井增产、水井增注的重要措施，但酸液会对油套管材和设备造成严重的腐蚀，还会对地层造成潜在的危害。为了缓解酸液对油套管材的腐蚀，同时提高油井产量，酸化缓蚀剂是酸化施工过程中最重要的添加剂之一。随着大量低渗透深井的投入开发，酸化措施量逐年增加，研究开发性能优良的酸化缓蚀剂显得异常重要。曼尼希（Mannich）碱类缓蚀剂因性能优异而受到人们的广泛关注。

图 5-5 为 4 种管材在不同浓度酸化缓蚀剂条件下的极化曲线，可见，与未添加缓蚀剂相比，添加缓蚀剂后 P110、超级 13Cr 不锈钢（HP13Cr）、13Cr 的腐蚀电位向负方向移动，但移动幅度不大，阴、阳极极化曲线均向低电流密度方向移动，腐蚀电流密度也随着缓蚀剂的加入显著减小，说明该缓蚀剂对这 3 种油套管材缓蚀效果明显，缓蚀剂的加入，不但抑制了钢材的阳极溶解，同时也抑制了阴极的析氢反应。

N80 管材在加入缓蚀剂后自腐蚀电位略向正方向移动，对于 N80 管材，该缓蚀剂是以抑制阴极反应为主的混合型缓蚀剂。由于自腐蚀电位在缓蚀剂加入前后变化不大，因此推断缓蚀剂在金属表面作用方式为几何覆盖效应。

由表 5-5 可知，加入缓蚀剂后，13Cr 的自腐蚀电流密度最大，其他材料的自腐蚀电流密度由大到小依次为 HP13Cr、N80、P110，其缓蚀率均大于 80%，因此该缓蚀剂对四种材料均具有较好的缓蚀效果。

表 5-5　90℃时不同管材在未添加缓蚀剂与缓蚀剂添加量为 0.5%的 15%盐酸溶液中的腐蚀极化参数

钢	缓蚀剂浓度/%	E/mV	B_a/mV	B_c/mV	J/(mA/cm^2)	η/%
HP13Cr	0	−315	114.477	125.018	41.54	—
	0.5	−367	105.445	219.181	3.296	92.06
P110	0	−325	103.154	227.21	17.47	—
	0.5	−358	81.696	187.66	2.83	82.37
13Cr	0	−355	275.156	244.994	102.7	—
	0.5	−387	97.685	210.634	11.25	89.05

续表

钢	缓蚀剂浓度/%	E/mV	B_a/mV	B_c/mV	J/(mA/cm^2)	η/%
N80	0	−365	64.366	172.691	55.87	—
	0.5	−375	136.622	149.126	2.99	94.65

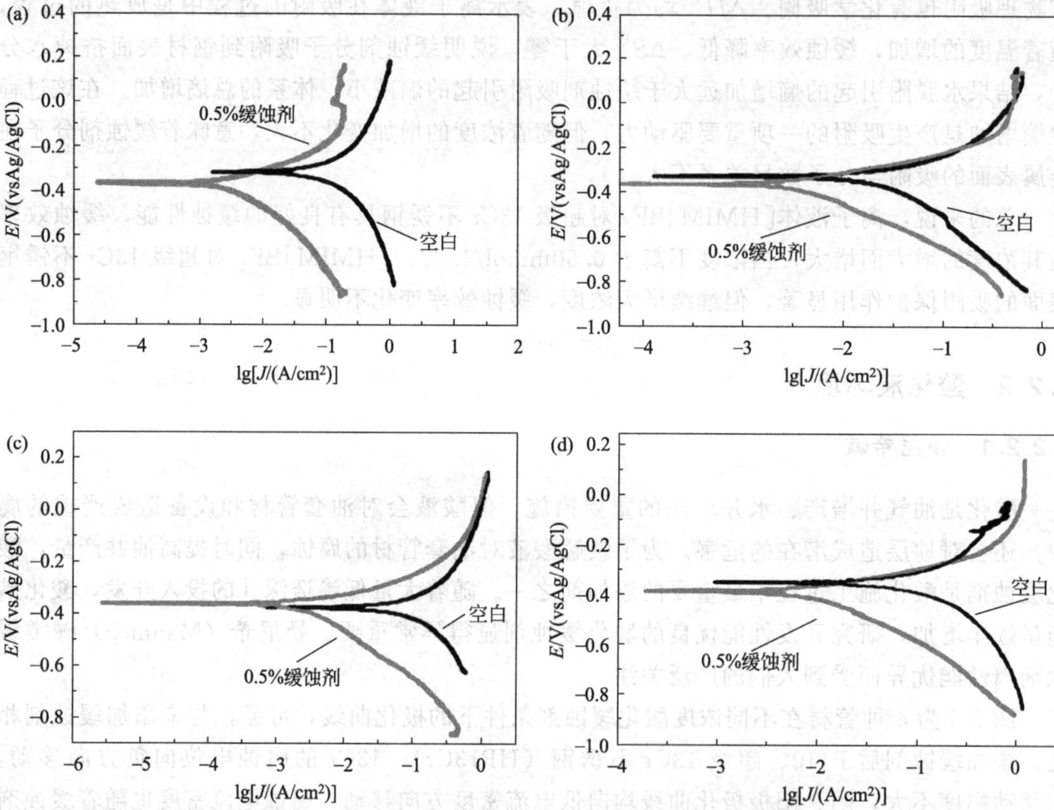

图 5-5 90℃时不同管材在未添加缓蚀剂与缓蚀剂添加量为 0.5% 的 15% 盐酸溶液中的极化曲线

(a) HP13Cr；(b) P110；(c) N80；(d) 13Cr

在试验温度为 90℃、盐酸浓度为 15% 条件下，曼尼希碱针对 4 种不同管材的阻抗对比图见图 5-6，拟合参数值见表 5-6。4 种管材在空白及添加缓蚀剂的盐酸溶液中的阻抗谱均具有两个时间常数，由半圆形的高频容抗弧和近似半圆的低频感抗弧组成。

当缓蚀剂吸附在金属电极表面，形成具有一定厚度的缓蚀剂膜层时，表现为阻抗谱高频区出现的容抗弧。当吸附和脱附过程达到平衡时，缓蚀剂在电极表面达到最大覆盖度。随着试验时间的延长，动态平衡被打破，从而出现缓蚀剂的脱附，在电极表面形成活化区，因而在阻抗谱低频区会出现感抗弧。阻抗谱采用等效电路图进行模拟，添加缓蚀剂后，4 种管材的电荷转移电阻均说明该缓蚀剂能很好地吸附于管材表面，从而表现出较好的缓蚀效果。此外，极化电阻按由小到大的顺序排列为：13Cr＜HP13Cr＜N80＜P110。

由此看出，在 15% 盐酸溶液中，该缓蚀剂对 P110 钢的缓蚀效果优于其他 3 种管材。此外，从表 5-6 可以看出，与空白盐酸溶液相比，添加缓蚀剂的盐酸溶液的界面电容明显要小得多。这是因为，缓蚀剂粒子在金属表面代替 H_2O 分子，形成一层保护膜，而吸附的 H_2O 分子的介电常数比所有其他吸附物质的介电常数大得多，且一般情况下缓蚀剂吸附层的厚度

比 H_2O 分子吸附层的厚度大，因此由缓蚀剂吸附粒子组成的界面层的界面电容值要比 H_2O 分子组成的界面层的界面电容值小。

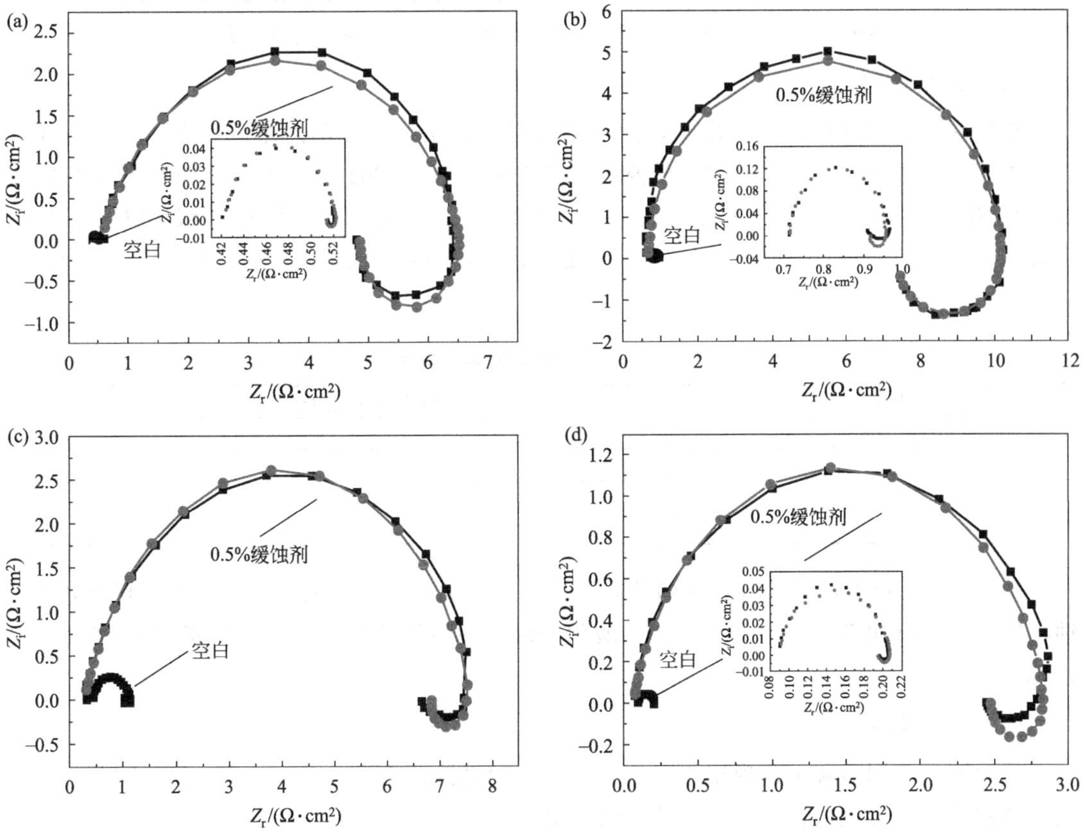

图 5-6 90℃时不同管材在未添加缓蚀剂与缓蚀剂添加量为 0.5%的 15%盐酸溶液中的阻抗谱

(a) HP13Cr；(b) P110；(c) N80；(d) 13Cr

表 5-6 不同管材在未添加缓蚀剂与缓蚀剂添加量为 0.5%的 15%盐酸溶液中的阻抗参数

钢材	浓度/%	$R_s/(\Omega \cdot cm^2)$	$C_{dl}/(F/cm^2)$	$R_t/(\Omega \cdot cm^2)$	$R_L/(\Omega \cdot cm^2)$	$L/(H/cm^2)$	$R_P/(\Omega \cdot cm^2)$	η/%
N80	0	0.4302	8.524×10^{-4}	0.12468	0.6788	0.00251	1.2337	—
	0.5	0.3032	2.811×10^{-4}	6.512	0.7477	8.564	7.5629	0.8368
13Cr	0	0.0985	3.167×10^{-3}	0.079	0.01	0.1169	0.1875	—
	0.5	0.0794	1.263×10^{-4}	2.394	0.3103	3.723	2.7837	0.9326
P110	0	0.714	3.321×10^{-4}	0.24	1.22	0.12	2.174	—
	0.5	0.692	3.539×10^{-5}	9.5	3.02	25.44	13.212	0.8354
HP13Cr	0	0.423	5.042×10^{-3}	0.1112	0.01	0.002032	0.5442	—
	0.5	0.5602	3.985×10^{-4}	4.312	1.733	124.7	6.6052	0.9176

5.2.2.2 TG201

中国石油集团石油管工程技术研究院腐蚀与防护研究所为提高气田采收率和实现气井增产，针对超深超高压高温油气藏储层地质条件特点，研制开发了 TG201 超级 13Cr 不锈钢专用酸化缓蚀剂。该缓蚀剂是一种新型多层强吸附型高温酸化缓蚀剂，能牢固吸附在金属表面，形成多层网状致密保护膜，阻隔酸液与金属基体的接触，无点蚀、坑蚀等现象。

采用动态失重腐蚀试验考察缓蚀剂在高温环境下的缓蚀性能，方法及腐蚀速率计算参照石油行业标准 SY/T 5405—2019《酸化用缓蚀剂性能试验方法及评价指标》，试验压力为16MPa，试验时间为4h。试样经400目、600目砂纸打磨，用丙酮清洗后干燥称重，精确至±0.1mg。试验溶剂为36%～38%盐酸、醋酸（分析纯）、氢氟酸、甲酸。

（1）温度的影响

温度对缓蚀剂性能有很大影响，随着温度升高，缓蚀性能随之下降，腐蚀速率明显增大。中国石油集团石油管工程技术研究院对研究开发的TG201-Ⅱ型酸化缓蚀剂进行了试验，试验酸液体系为12% HCl + 3% HF，试验时间4h，试验材质为超级13Cr不锈钢(13Cr110)，试样规格为50mm×10mm×3mm，试片一侧含直径为6mm的孔，试验结果见表5-7。

表5-7　不同温度的试验结果

温度/℃	腐蚀速率/[g/(m^2·h)]
100	1.72
120	5.12
140	16.84
160	26.00

从表5-7可以看出，随着温度的升高，试片腐蚀速率显著增大，但试片表面没有出现点蚀，腐蚀速率参照SY/T 5405—2019《酸化用缓蚀剂性能试验方法及评价指标》，均在一级指标以内。

（2）酸液的影响

缓蚀剂在不同酸液中表现出不同的缓蚀性能和腐蚀速率，因此研究了160℃时缓蚀剂在几种酸液中的缓蚀性能，不同酸液试验结果见表5-8。

表5-8　不同酸液试验结果

酸液类型	腐蚀速率/[g/(m^2·h)]
15%HCl+3%HCOOH+1.5%HF	18.58
10%HCl+5%HAc	20.15
12%HCl+3%HF	26.00

从表5-8可以看出，不管是在土酸体系，还是在无机酸和有机酸混合体系中，缓蚀剂均表现出较好的缓蚀性能，降低了试片的腐蚀速率。

赵志博对该缓蚀剂进行了更为详细的分析，发现在60～160℃范围内，缓蚀剂对超级13Cr不锈钢在鲜酸（土酸）中的缓蚀效果均在一级标准范围内，随着温度的升高，平均腐蚀速率、最大点蚀深度、平均点蚀深度和平均点蚀速率均增大。尽管超级13Cr不锈钢在鲜酸溶液中的均匀腐蚀速率高达14.5516mm/a，但低于标准及油气田可接受的范围要求。因此，从超级13Cr不锈钢的均匀腐蚀速率来看，酸化缓蚀剂与超级13Cr不锈钢的匹配性良好。

缓蚀剂通过抑制阴极和阳极反应的方式降低自腐蚀电流密度，缓蚀效率达到90%以上，缓蚀性能良好。该缓蚀剂能够显著提高阴极和阳极的塔菲尔斜率，对阴、阳极反应都有抑制作用，因此该缓蚀剂的类型是混合型缓蚀剂。

超级13Cr不锈钢在鲜酸腐蚀条件下具有很高的腐蚀速率，相比来说，其在残酸及工况

CO_2 腐蚀条件下的均匀腐蚀轻微，均匀腐蚀速率较低。因此，就均匀腐蚀严重程度来看，在模拟腐蚀试验条件下，鲜酸腐蚀最为严重。

超级 13Cr 不锈钢经 120℃鲜酸——120℃和 170℃残酸——120℃和 170℃地层水 CO_2 腐蚀后，点蚀密度显著增大。与在独立残酸腐蚀、独立模拟地层水 CO_2 腐蚀条件下未出现明显点蚀的现象相比，其原因可能是鲜酸腐蚀过程中形成的缓蚀剂吸附膜（或腐蚀产物膜）在残酸及工况 CO_2 腐蚀条件下的不完整覆盖，促进了点蚀的萌生。

5.2.2.3 哌嗪及其改性产物

(1) 性能对比

哌嗪及其改性产物针对超级 13Cr 不锈钢盐酸酸化缓蚀作用的极化对比如图 5-7 所示，其试验温度为 90℃、盐酸浓度为 15%、试验时间为 4h、缓蚀剂添加量为 1.0%（质量分数）。由图可以看出，相对于空白极化曲线，哌嗪和甲氧基哌嗪的阳极和阴极极化曲线几乎没有变化，而 *N*,*N*′-二醛基哌嗪和 *N*-醛基哌嗪的阳极和阴极极化曲线均向正方向移动，且斜率减小，但 *N*,*N*′-二醛基哌嗪减小的幅度更大。这说明哌嗪和甲氧基哌嗪的缓蚀效果不显著，*N*,*N*′-二醛基哌嗪和 *N*-醛基哌嗪缓蚀效果显著且均为混合型缓蚀剂，能同时抑制阳极和阴极腐蚀，在相同条件下，*N*,*N*′-二醛基哌嗪的缓蚀效果要比 *N*-醛基哌嗪好。

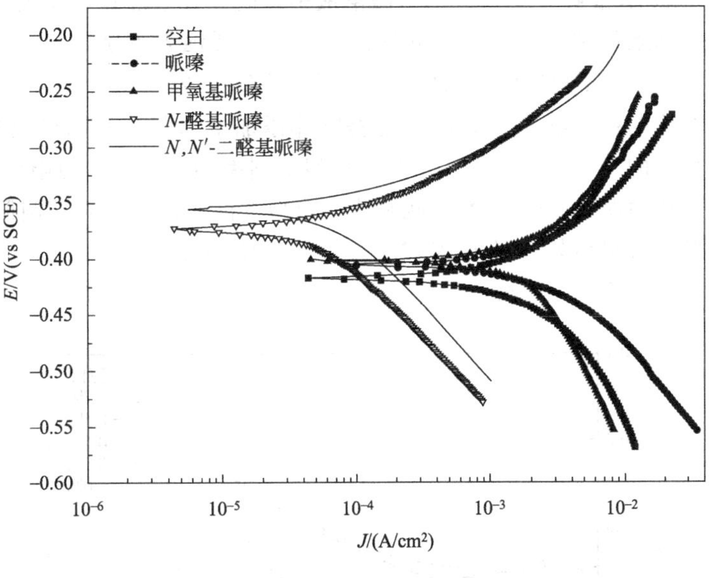

图 5-7 哌嗪及其改性产物的缓蚀作用极化曲线对比图

图 5-8 为哌嗪及其改性产物针对超级 13Cr 不锈钢盐酸酸化的缓蚀作用的交流阻抗对比图。由图可知，空白、哌嗪及其改性产物的 5 条 Nyquist 曲线相似，均由扩散的半圆形的高频容抗弧和一小段低频的近似半圆的感抗弧组成。哌嗪具有一定的缓蚀效果，哌嗪分子中引入甲氧基对其缓蚀作用没有效果，引入醛基对其缓蚀作用有显著的增强效果，且随着引入醛基个数的增加，缓蚀作用增加的效果随之增强，哌嗪及其改性产物缓蚀效果的顺序为：*N*,*N*′-二醛基哌嗪（95.5%）＞*N*-醛基哌嗪（87.3%）＞哌嗪（62.35%）＞甲氧基哌嗪（28.91%）。从吸附膜的牢固性来看，*N*,*N*′-二醛基哌嗪最好，*N*-醛基哌嗪次之，哌嗪与甲

氧基哌嗪相差不大且较差。电化学阻抗测试结果与失重和极化结果一致。

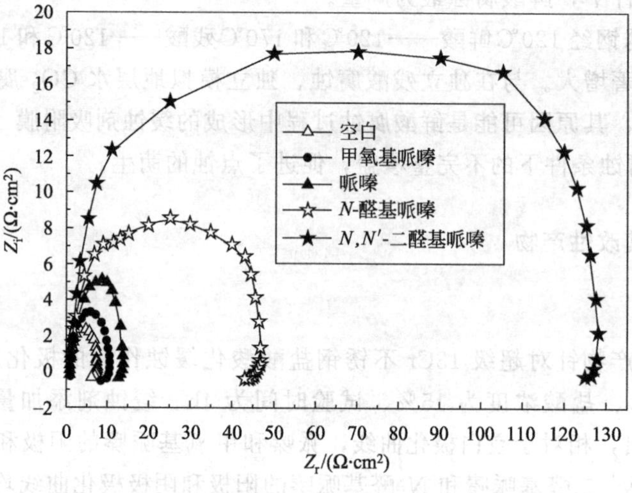

图 5-8　哌嗪及其改性产物缓蚀作用的阻抗 Nyquist 曲线对比图

（2）*N*,*N*′-二醛基哌嗪添加量

试验温度 90℃、时间 4h 条件下，将 0.2%、0.4%、0.6%、0.8%、1.0%（酸液质量分数）的 *N*,*N*′-二醛基哌嗪加入 15%的盐酸溶液中，研究其添加量对超级 13Cr 不锈钢酸化缓蚀效果的影响，结果如图 5-9 所示。可见，缓蚀剂的缓蚀效率随着其添加量的增加而增大，在添加量为 0.8%时开始达标，添加量为 1%时达到行业二级标准。

相对于空白极化曲线，不同 *N*,*N*′-二醛基哌嗪添加量的阳极和阴极极化曲线均向正方向移动，且随着加量的增大，阳极和阴极极化曲线的斜率均在减小，但阳极极化曲线的斜率减小的幅度更大。这说明 *N*,*N*′-二醛基哌嗪为混合型缓蚀剂，能同时抑制阳极和阴极腐蚀，但其抑制阳极腐蚀的效果更好。随着 *N*,*N*′-二醛基哌嗪添加量的增大，其缓蚀效果不断增强，极化测试结果与失重结果一致。

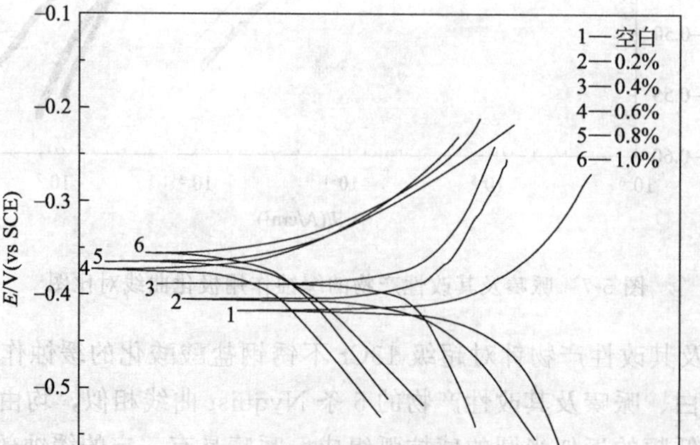

图 5-9　*N*,*N*′-二醛基哌嗪添加量对超级 13Cr 不锈钢 15%盐酸中缓蚀效果影响的极化图

不同 N,N'-二醛基哌嗪添加量的下的超级 13Cr 不锈钢 Nyquist 曲线相似，如图 5-10 所示，也均由扩散的半圆形高频容抗弧和一小段低频近似半圆的低频感抗弧组成。

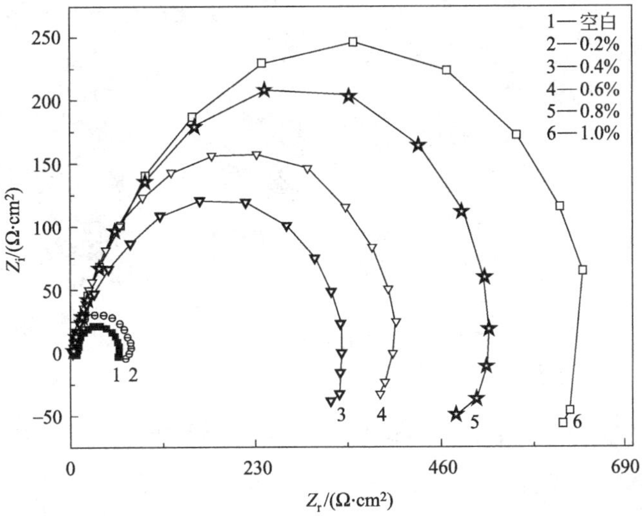

图 5-10　N,N'-二醛基哌嗪添加量对超级 13Cr 不锈钢 15%盐酸缓蚀效果影响的阻抗图

N,N'-二醛基哌嗪的缓蚀效果随着添加量的增加而逐渐增大，吸附膜也随着添加量的增加逐渐变牢固，电化学阻抗测试结果与失重和极化结果一致。

图 5-11 为 N,N'-二醛基哌嗪添加量对超级 13Cr 不锈钢 15%盐酸缓蚀效果影响的试片宏观形貌图，图 5-12 为 N,N'-二醛基哌嗪添加量对超级 13Cr 不锈钢 15%盐酸缓蚀效果影响的试片微观形貌图。

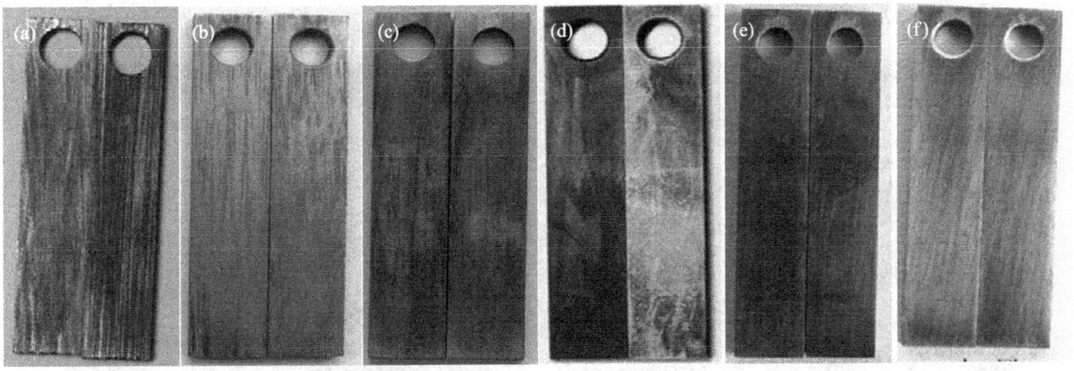

图 5-11　N,N'-二醛基哌嗪添加量对超级 13Cr 不锈钢 15%盐酸缓蚀效果影响的试片宏观形貌图

(a) 0%；(b) 0.2%；(c) 0.4%；(d) 0.6%；(e) 0.8%；(f) 1.0%

从宏观图 5-11 和微观图 5-12 中可以看出，随着缓蚀剂添加量的逐渐增加，N,N'-二醛基哌嗪的缓蚀效果增强，试样表面由酸液引起的条状腐蚀也逐渐减小，直至添加量为 1%时消失，验证了失重和电化学测试结果。

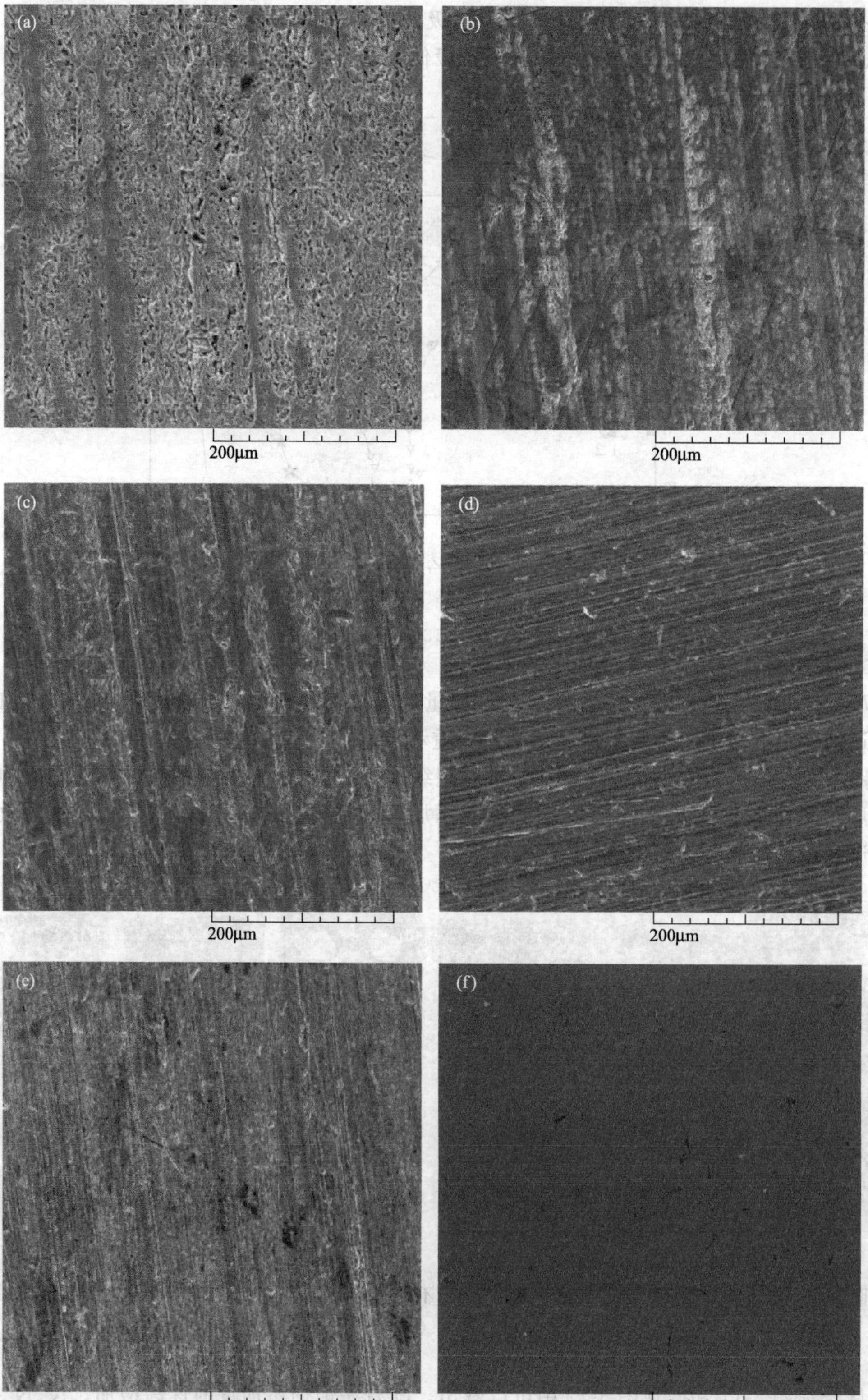

图 5-12　N,N'-二酰基哌嗪添加量对超级 13Cr 不锈钢 15%盐酸缓蚀效果影响的试片微观形貌图

(a) 0%；(b) 0.2%；(c) 0.4%；(d) 0.6%；(e) 0.8%；(f) 1.0%

(3) 缓蚀吸附机理

假设 N,N'-二醛基哌嗪由覆盖效应在金属表面产生缓蚀作用。不同 N,N'-二醛基哌嗪浓度 C_{inh} 下的金属表面覆盖率 θ 可由失重、电化学极化和电化学阻抗测定出来，即缓蚀效率。实际测得的数据会呈现出不同的等温线，将失重、电化学极化和电化学阻抗试验得到的 C_{inh} 与 C_{inh}/θ 作图，可得到如图 5-13 所示的等温图。从图中可以看到，失重、电化学极化和电化学阻抗测试的等温线均呈直线，且三条线基本吻合，说明 N,N'-二醛基哌嗪的吸附遵循 Langmuir 等温吸附。

吸附吉布斯自由能 $\Delta G=-40$kJ/mol 为物理吸附和化学吸附的阈值（吸附吉布斯自由能的绝对值大于 40kJ/mol 为化学吸附），通过式（5-4）可以得到 N,N'-二醛基哌嗪的吸附吉布斯自由能 ΔG 为－32.7～－27.2kJ/mol，说明 N,N'-二醛基哌嗪的吸附为物理吸附。

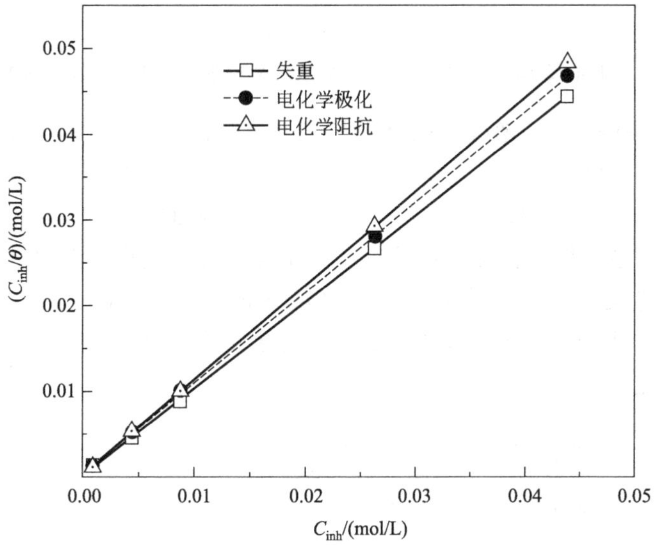

图 5-13 由失重、电化学极化和电化学阻抗计算得到的 N,N'-二醛基哌嗪等温吸附图

5.2.2.4 季铵盐

图 5-14 为三种季铵盐下的超级 13Cr 不锈钢的极化曲线，其拟合结果如表 5-9 所示。可见，曼尼希碱季铵盐的阳极钝化区域明显，咪唑啉季铵盐有一点阳极钝化的趋势，而喹啉季铵盐则完全无阳极钝化。此外，这三种缓蚀剂的阳极区均向正电位方向移动，而阴极区只有喹啉季铵盐和咪唑啉季铵盐向负电位方向移动。这说明喹啉季铵盐和咪唑啉季铵盐缓蚀剂为混合型缓蚀剂，而曼尼希碱缓蚀剂为阳极型缓蚀剂，以对金属腐蚀过程的阳极反应抑制为主。三种缓蚀剂在金属表面均为几何覆盖效应。

表 5-9 极化曲线拟合结果

缓蚀剂	E/mV	B_a/(mV/dec)	B_c/(mV/dec)	J/(mA/cm^2)	η/%
空白	－347	98.30	187.82	6.51	—
咪唑啉季铵盐	－356	85.44	131.70	0.82	87.4
喹啉季铵盐	－287	78.07	162.17	0.31	95.3
曼尼希碱季铵盐	－287	64.52	98.03	1.13	82.6

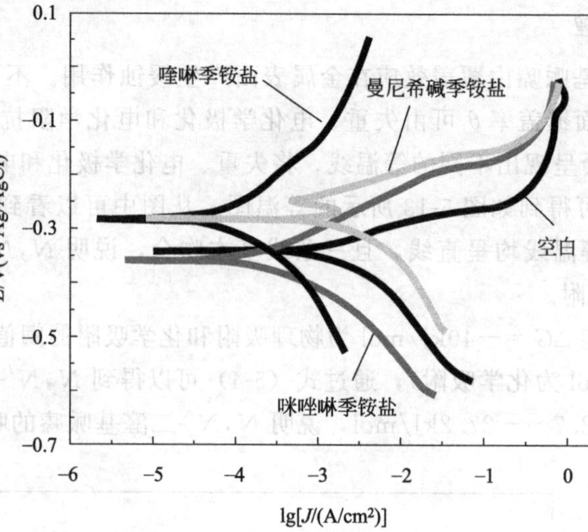

图 5-14　90℃下超级 13Cr 不锈钢在 20%盐酸溶液中加入 0.9%缓蚀剂后的极化曲线

图 5-15 为三种季铵盐下的超级 13Cr 不锈钢的交流阻抗谱图。空白、曼尼希碱季铵盐以及喹啉季铵盐的阻抗图均由高频的半圆形容抗弧和低频的感抗弧组成，而咪唑啉季铵盐的阻抗图由高频的半圆形容抗弧和一小段低频的容抗弧组成。感抗弧的形成与缓蚀剂吸附膜有关，而出现低频的容抗弧与腐蚀产物膜有关。从图 5-15 中拟合计算的空白、咪唑啉季铵盐、喹啉季铵盐和曼尼希碱季铵盐的极化电阻值分别为 23.67Ω·cm^2、71.73Ω·cm^2、96.89Ω·cm^2、和 170.36Ω·cm^2，可以看出这三种季铵盐缓蚀剂的缓蚀效果顺序为：喹啉季铵盐＞咪唑啉季铵盐＞曼尼希碱季铵盐。

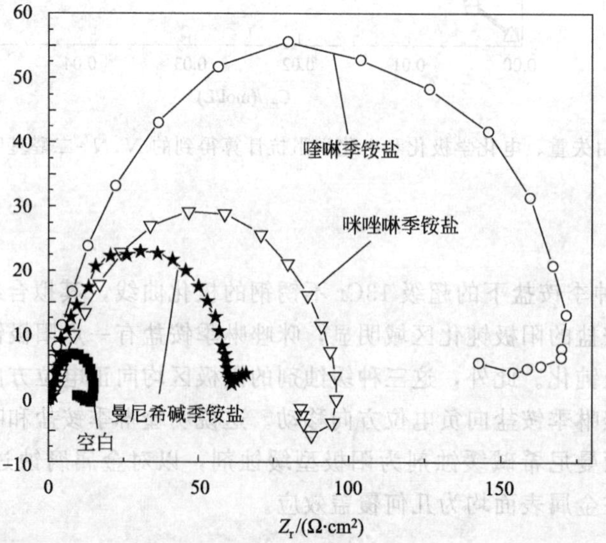

图 5-15　90℃下超级 13Cr 不锈钢在 20%HCl 溶液中加入 0.9%缓蚀剂后的阻抗谱图

5.2.2.5　酸化缓蚀剂体系

随着我国石油天然气勘探开发的深入，新钻探出的油气井不断加深，面临的对象向超深、高含硫或二氧化碳等储层发展。超深一般伴随着高温，高含硫或二氧化碳则要求作业管柱材质必须抗硫或抗二氧化碳，而高温、特殊材质管柱对酸化（压）时酸液的缓蚀性能提出了更高的要求。

（1）标准规定

目前酸化（压）施工的酸液缓蚀评价的石油标准为 SY/T 5405—2019《酸化用缓蚀剂性能试验方法及评价指标》。按照标准要求，只需将未加任何添加剂的酸液与缓蚀剂单剂混合后即可进行试验。然而，大量的室内试验结果表明，缓蚀剂单剂评价结果与酸液的复合缓蚀剂（即铁稳剂、助排剂、黏稳剂等所有添加剂全部配制后的样品）结果差异较大。

显然，规定的缓蚀剂评价标准仅适用于缓蚀剂单剂评价，而目前规范酸液综合样的腐蚀相关标准并未出台，综合样腐蚀评价一般也参考标准 SY/T 5405—2019《酸化用缓蚀剂性能试验方法及评价指标》进行，如表 5-10 所示。按照标准得出的缓蚀剂单剂试验结果不能代表酸液综合样的缓蚀性能，否则会与实际情况存在较大差异。

表 5-10 酸液腐蚀试验结果

编号	酸液配方	钢片	温度/℃	时间/h	腐蚀速率/[g/(m^2·h)]
1	20%盐酸+1.0%增效剂+4.5%缓蚀剂	N80	160	4	76.73
2	20%盐酸+1.0%增效剂+4.5%缓蚀剂+1.5%铁稳剂	N80	160	4	392.48
3	20%盐酸+1.0%增效剂+4.5%缓蚀剂+1.5%铁稳剂+1.0%助排剂+1.0%黏稳剂	N80	160	4	1297.46
4	20%盐酸+1.0%增效剂+4.5%缓蚀剂+1.5%铁稳剂+1.0%助排剂+1.0%黏稳剂+1.0%转相剂+3.5%胶凝剂	N80	160	4	1427.65
5	20%盐酸+1.0%增效剂+4.5%缓蚀剂+1.5%铁稳剂+1.0%助排剂+1.0%黏稳剂+1.0%转相剂+3.5%胶凝剂	95SS	160	4	810.84
6	20%盐酸+3.0%增效剂+2.0%缓蚀增效剂	95SS	160	4	48.00
7	0%盐酸+3.0%缓蚀剂+2.0%缓蚀增效剂+2.0%铁稳剂+1.0%助排剂+1.0%黏稳剂+2.0%胶凝剂	95SS	160	4	535.64
8	20%盐酸+1.0%增效剂+4.5%缓蚀剂	95SS	125	2	6.42
9	20%盐酸+1.0%增效剂+4.5%缓蚀剂+1.5%铁稳剂+1.0%助排剂+1.0%黏稳剂+1.0%转相剂+3.5%胶凝剂	95SS	125	2	14.57
10	15%盐酸+1.5%氢氟酸+2.6%13Cr 不锈钢专用缓蚀剂 A+1.3%专用缓蚀剂 B	超级 13 Cr 不锈钢	125	4	27.30
11	15%盐酸+1.5%氢氟酸+2.6%13Cr 不锈钢专用缓蚀剂 A+1.3%专用缓蚀剂 B+2.0%降阻剂+1.5%铁稳剂+1.0%助排剂+1.5%黏稳剂	超级 13 Cr 不锈钢	125	4	200.60

酸化常用添加剂对缓蚀剂的缓蚀性能影响较大，由编号 1 的试验结果可知，20%盐酸与单独的缓蚀剂进行腐蚀试验的腐蚀速率为 76.73g/(m^2·h)，已达到行业标准的二级要求。但是，随着酸液及其他常用添加剂的加入，酸液的腐蚀性能明显增强。例如，加入铁稳定剂后腐蚀速率达 392.48g/(m^2·h)，而再加入助排剂与黏稳剂后腐蚀速率达到 1297.46g/(m^2·h)，再加入转相剂与胶凝剂则钢片几乎完全腐蚀，腐蚀速率高达 1427.65g/(m^2·h)。

采取酸液添加剂系列 B，试验钢片为 95SS 材质，虽然改变了添加剂产品类型与试验钢片材质，但其试验结果仍然表现出类似特征，即单独酸与缓蚀剂混合酸液腐蚀速率较低，而一旦其他酸液添加剂混合后，酸液腐蚀速率明显加快。

在 160℃、动态反应 4h 的相同试验条件下，酸液综合样对 95SS 材质腐蚀明显比 N80 材质要低约 616.81g/(m^2·h)，说明不同材质对酸液的抗腐蚀能力差异较大。

在温度 125℃条件下对 95SS 与超级 13Cr 不锈钢的酸液腐蚀试验结果。可以看出，低温下各种添加剂对酸液的缓蚀性能的影响不如高温下那么突出，酸液综合样腐蚀仅比只加缓蚀剂的酸液腐蚀速率高 8.15g/(m^2·h)。

将试验钢片材质由 N80 更改为超级 13Cr 不锈钢，同时酸液缓蚀剂优选为在国内现场应用较多的 13Cr 不锈钢专用缓蚀剂。结果表明，仅有酸与缓蚀剂时酸液腐蚀速率约 27.30g/(m^2·h)，但随着其他添加剂如降阻剂、铁稳剂等的加入，腐蚀速率升高至 200.60g/（m^2·h)，但升高幅度不如 160℃时明显。

综上所述，酸液的添加明显影响缓蚀剂的缓蚀性能，尤其在高温下影响更大，其原因可能是高温下各种添加剂之间相互影响更为突出，具体原因需进一步通过室内试验核实。

（2）合理使用标准的探讨

结合前面试验结果与现场实际，为了进一步合理使用标准 SY/T 5405—2019，对其进行如下讨论。

① 酸液综合样的腐蚀评价比缓蚀剂单剂评价结果更为客观。由于各种添加剂对酸缓蚀剂的缓蚀性能影响，酸液综合样的腐蚀速率很难达到标准中缓蚀剂单剂评价的要求，高温时尤其突出。因此，实际酸液腐蚀试验评价应该以综合样为主，其结果更符合现场实际。

② 标准要求试验选用 N80 碳钢，显然满足不了生产的需要，储层流体不同介质需要更高耐蚀性材质的完井管柱。例如，川东北海相高含硫储层要求选择 95SS 或更高抗硫材质的油管；川西须家河储层二氧化碳含量较高，要求管柱材质选择超级 13Cr 不锈钢。而不同材质的抗酸腐蚀能力差异较大，这些管柱材质酸化增产时如果按照标准只选用 N80 碳钢进行试验，与现场实际情况存在较大差异。

③ 腐蚀评价试验温度条件应该结合井筒温度场进行合理优化。在 160℃、4h 条件下缓蚀剂单剂评价可达到标准要求，然而综合酸液试验时，钢片几乎全部腐蚀，按照这个试验结果，酸化作业施工不可能完成。

酸液综合样配方可成功应用于 160℃高温储层的酸化施工作业，施工时间长达 6.5h，且管柱起出时腐蚀并不严重。事实上，井筒中温度在注酸过程中会很快下降，排量越大，下降越快，酸液综合样现场成功实施归功于井筒温度场的变化。因此，酸液腐蚀评价试验温度应该结合井筒温度场变化而合理优化。

综上所述，作为整个石油行业酸化增产措施的指导性文件，建议结合目前形势的发展需要，进一步修订、完善，以便更好地指导相关科研与设计。

（3）认识

酸液常用添加剂很大程度上会影响缓蚀剂的缓蚀性能，高温时更为严重。酸液综合样缓蚀性能评价参考缓蚀单剂评价标准在高温下很难达标，实际试验时应结合井筒温度场优化温度条件。不同材质钢抗酸腐蚀能力差异大，室内评价时应以实际施工管柱材质进行腐蚀试验。规范酸液腐蚀评价的标准仅限于缓蚀剂单剂评价，并且需结合目前形势发展需要进一步修订和完善。

(4) 评价

案例 1

图 5-16 为超级 13Cr 不锈钢油管在不同温度鲜酸溶液中的均匀腐蚀速率计算结果。可以看出，随着鲜酸试验温度的提高，均匀腐蚀速率增大。在油气井酸化过程中，由于酸化管柱暴露于鲜酸中的时间很短（通常为 2～6h），因此，对于不锈钢管柱，其可以接受的均匀腐蚀速率应小于 50.8mm/a（2000mpy）。参照 SY/T 5405—2019《酸化用缓蚀剂性能试验方法及评价指标》，低于 160℃，酸化缓蚀剂的缓蚀效果均在一级标准范围内；180℃时酸化缓蚀剂的缓蚀效果在三级标准范围以上。

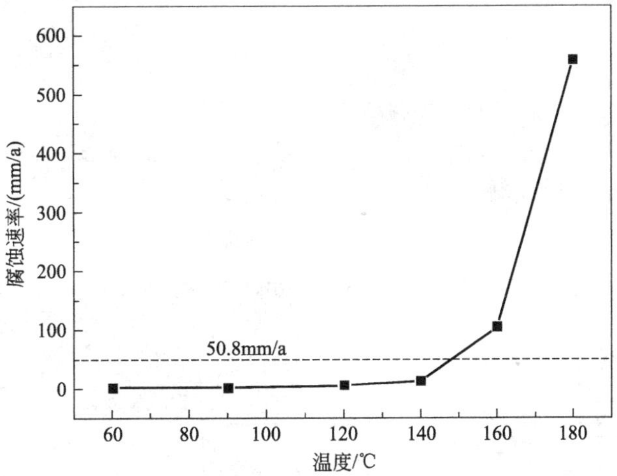

图 5-16　不同温度下的腐蚀速率

图 5-17 为超级 13Cr 不锈钢在不同温度鲜酸腐蚀试验后的宏观腐蚀形貌。可以看出，在温度低于 140℃时，酸化缓蚀剂在试样表面成膜性良好，呈紫红色，均匀腐蚀很轻微；高于 160℃时，缓蚀剂在试样表面成膜性差，腐蚀非常严重。

图 5-18 为去除缓蚀剂吸附膜后超级 13Cr 不锈钢的宏观腐蚀形貌。可以看出，在温度低于 120℃时，超级 13Cr 不锈钢表面腐蚀非常轻微，可见金属光泽，但随着鲜酸腐蚀试验温度的升高，均匀腐蚀及局部腐蚀严重程度增强，140℃时超级 13Cr 不锈钢表面已呈暗灰色，金属光泽消失，而 160℃和 180℃时，超级 13Cr 不锈钢表面已经明显可见局部腐蚀。

图 5-19 为鲜酸腐蚀试验后，去除缓蚀剂吸附膜试样表面的微观腐蚀形貌。可以看出，超级 13Cr 不锈钢在 60℃、90℃的鲜酸腐蚀条件下，试样表面未出现明显点蚀现象；120℃、140℃时出现轻微点蚀；高于 160℃时，点蚀非常严重。运用金相显微聚焦法测量试样表面 10 个最大点蚀坑深度（表 5-11）。超级 13Cr 不锈钢的平均点蚀速率及最大点蚀速率随酸化温度的升高而显著增大，在 160℃时最大点蚀坑深度为 137μm，在 180℃时最大点蚀坑深度为 139μm，180℃时的最大点蚀速率为 771.5mm/a。按照 GB/T 18590—2001《金属和合金的腐蚀 点蚀评定方法》，在 160℃和 180℃时，超级 13Cr 不锈钢的点蚀属于 1 级。随着温度升高，点蚀密度和深度增加，主要是温度升高加速了 Fe^{2+} 的水解平衡反应，降低了溶液的 pH，氢离子浓度增大，并且温度升高强化了自催化作用，导致不锈钢更易发生点蚀。另外，当溶液温度升高后不锈钢各成分的活性增强，溶液中各种离子的活度增大，这也增加了超级 13Cr 不锈钢发生点蚀的倾向，而且超级 13Cr 不锈钢在经历鲜酸腐蚀后，表面附着一层缓蚀

剂与腐蚀产物的混合膜。这层产物膜随着温度的升高变得更疏松。当这层产物膜较疏松，与基体的结合较差时，会出现局部的剥离、起泡，形成膜内的局部腐蚀环境，产生点蚀。在腐蚀发展的过程中，膜的存在阻碍了膜内外的传质过程，造成膜内的侵蚀性粒子浓度进一步升高，加速了点蚀的发展。

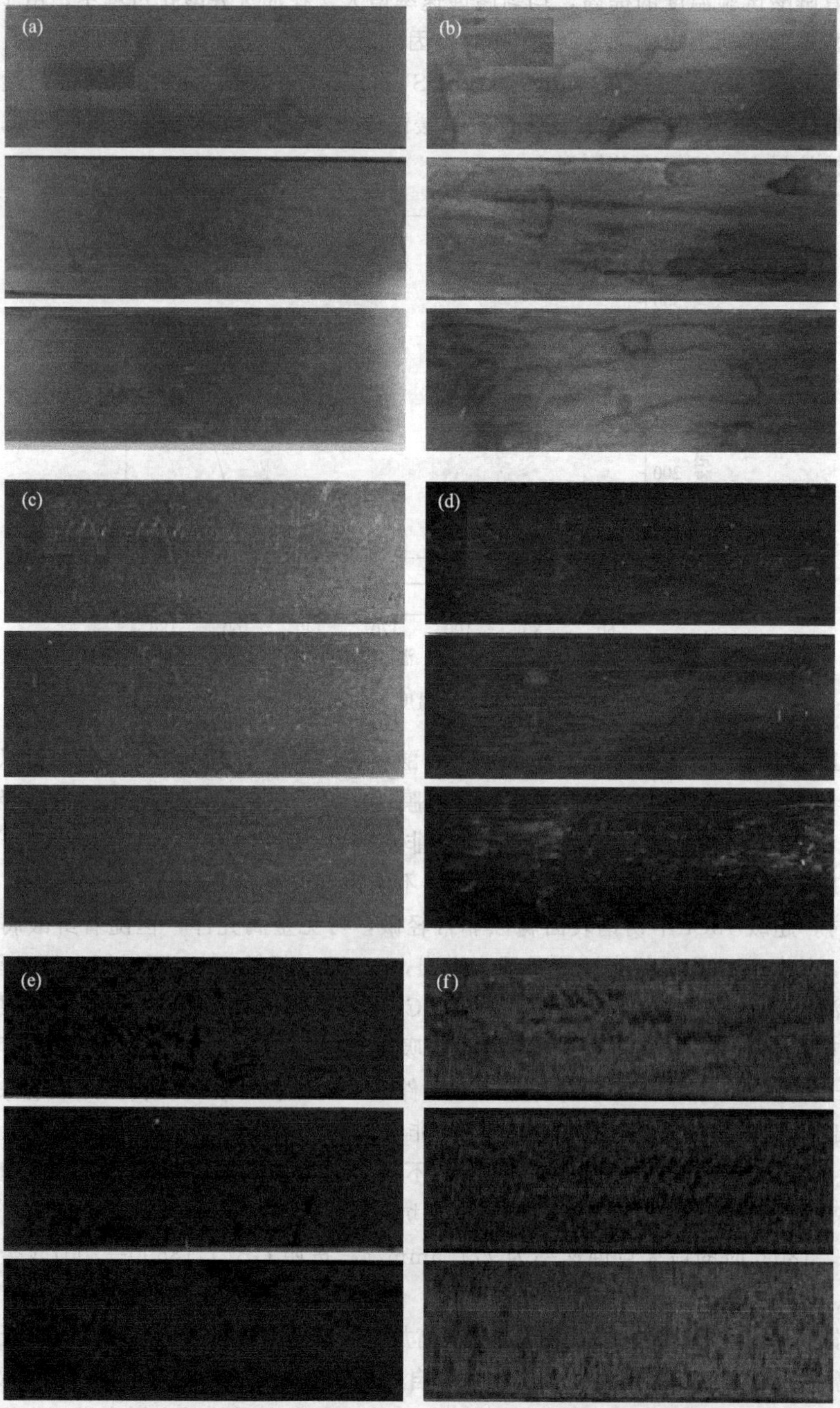

图 5-17　鲜酸试验后超级 13Cr 不锈钢表面宏观形貌（去膜前）

(a) 60℃；(b) 90℃；(c) 120℃；(d) 140℃；(e) 160℃；(f) 180℃

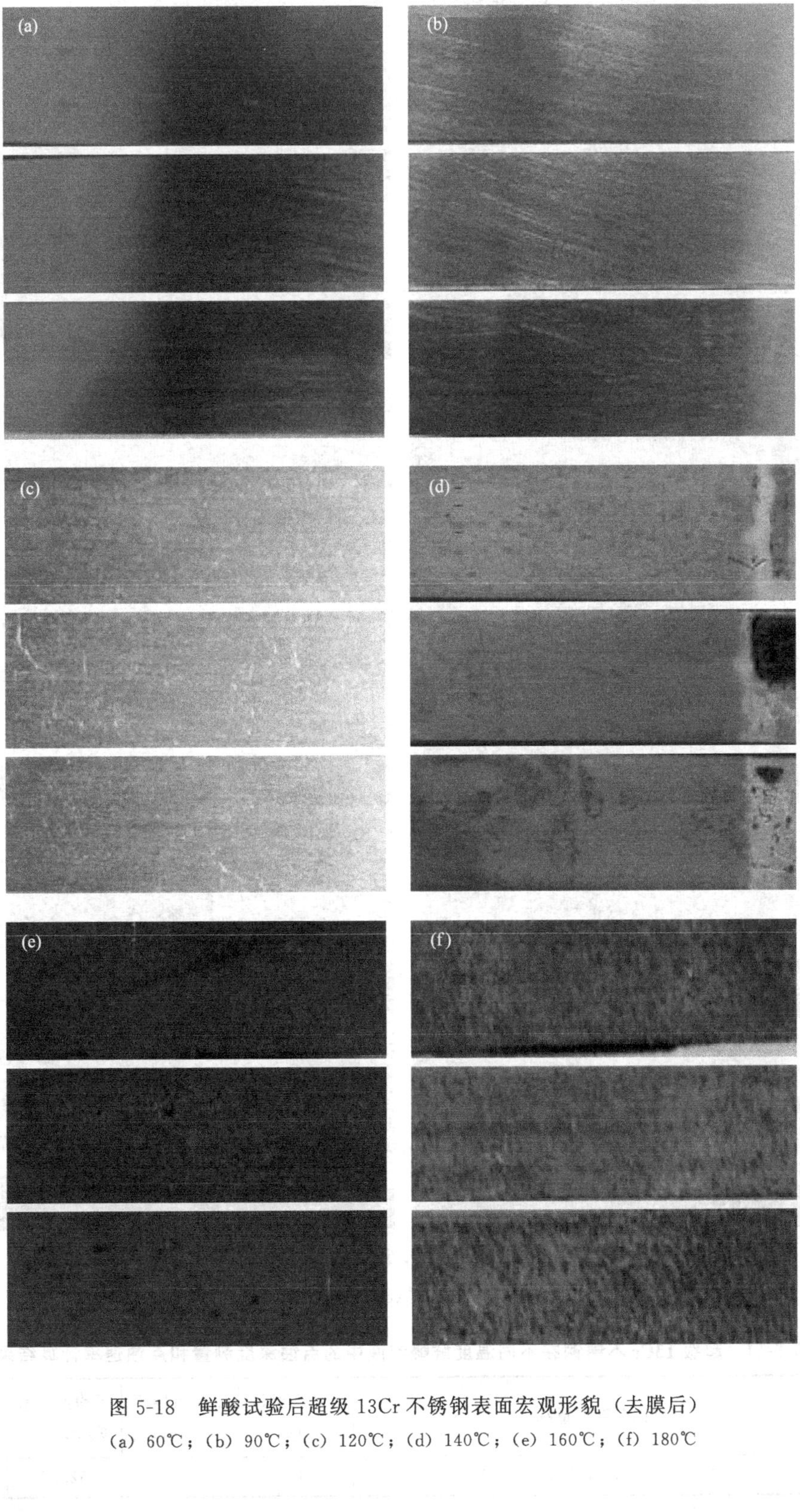

图 5-18 鲜酸试验后超级 13Cr 不锈钢表面宏观形貌（去膜后）

(a) 60℃；(b) 90℃；(c) 120℃；(d) 140℃；(e) 160℃；(f) 180℃

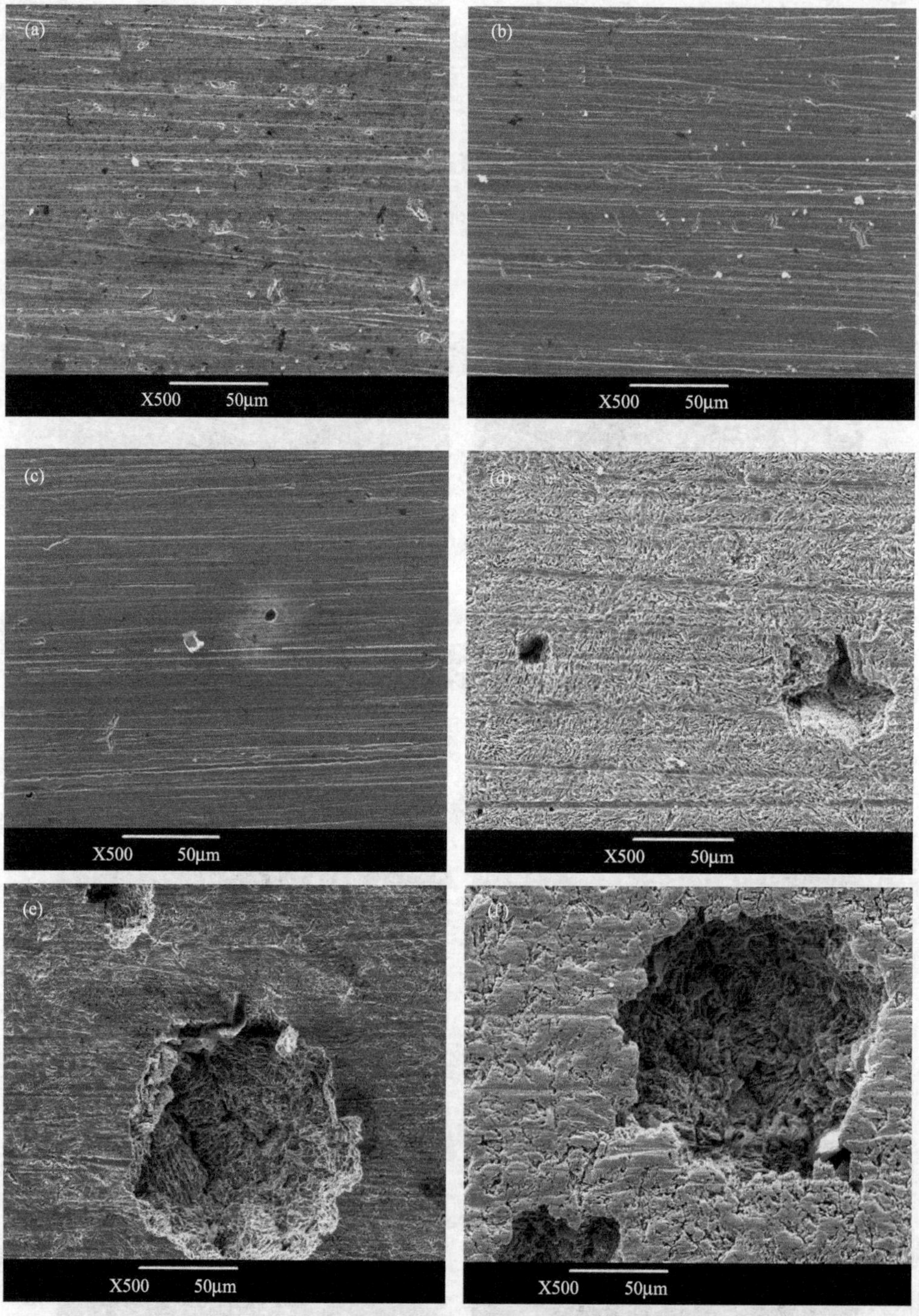

图 5-19 去膜后超级 13Cr 不锈钢表面微观腐蚀形貌

(a) 60℃；(b) 90℃；(c) 120℃；(d) 140℃；(e) 160℃；(f) 180℃

表 5-11 超级 13Cr 不锈钢在不同温度鲜酸溶液中的点蚀深度测量和点蚀速率计算结果

温度/℃	点蚀深度测量/μm	平均点蚀深度/μm	最大点蚀深度/μm	平均点蚀速率/(mm/a)	最大点蚀速率/(mm/a)
120	15,13,9,12,11,15,7,11,8,10	11.1	15	52.77	69.85

续表

温度/℃	点蚀深度测量/μm	平均点蚀深度/μm	最大点蚀深度/μm	平均点蚀速率/(mm/a)	最大点蚀速率/(mm/a)
140	21,15,21,21,10,7,6,10,11,24	14.9	24	72.82	112.68
160	101,70,122,137,98,105,112,109,98,124	107.6	137	518.4	647.1
180	139,81,112,97,109,115,89,105,121,123	109.1	139	640.6	771.5

超级13Cr不锈钢表面存在一层致密的非晶态Cr_2O_3或$Cr(OH)_3$钝化膜，具有高的热力学稳定性，可以在环境介质和金属基体之间起到机械隔离作用，从而达到耐腐蚀目的。但是，在低pH条件下（例如酸化过程的鲜酸腐蚀环境），不锈钢表面不存在钝化膜，为活性面，电化学腐蚀速率极大。多种有关减少酸化作业中腐蚀问题（包括均匀腐蚀、点蚀及SCC等）的技术已被提出，缓蚀剂由于具有用量少、施工工艺简单、不需要特殊的附加设备（如电化学保护）等优点而成为抑制酸化过程中酸液腐蚀的一种常用方法。目前，随着酸化工艺的发展及耐蚀材料的选用，国内外在油井和气井酸化施工过程中使用的酸液种类也越来越多。合理使用酸液体系及与之匹配的酸化缓蚀剂，对油气井增产效果及井下管柱的腐蚀防护起着同等重要的作用。关于超级13Cr不锈钢油管在HCl及HCl＋HF（土酸）酸化液中的腐蚀控制，国内外普遍采用缓蚀剂（主剂，通常为曼尼希碱）＋增效剂（辅剂，一般含金属离子）的协同效应来降低超级13Cr不锈钢腐蚀。

图5-20为超级13Cr不锈钢在15%HCl及15%HCl＋4.5%缓蚀剂溶液中的极化曲线测量结果。可以看出，加入酸化缓蚀剂后，极化曲线的阴极Tafel斜率变化不大，而阳极Tafel斜率显著增大，酸化缓蚀剂的加入，主要改变了超级13Cr不锈钢的阳极过程，即阳极反应阻力增大（金属离子化阻力增大）。腐蚀电位从－0.322V（未加缓蚀剂）正移到－0.262V，电化学腐蚀驱动力显著降低；腐蚀电流密度从$8.971\times10^{-4}A/cm^2$（未加缓蚀剂）下降到$5.41\times10^{-6}A/cm^2$。因此，综合加入酸化缓蚀剂前后超级13Cr不锈钢的开路电位及阴、阳极Tafel斜率的变化关系可知，在较低温度下，超级13Cr不锈钢与酸化缓蚀剂的匹配性良好。

图5-21为超级13Cr不锈钢在不同温度鲜酸溶液中的均匀腐蚀速率对比分析。由图可以看出，随鲜酸温度升高，超级13Cr不锈钢的均匀腐蚀速率增大，低于160℃时，超级13Cr不锈钢的均匀腐蚀在可接受的范围以内，但160℃时的均匀腐蚀速率（47.08mm/a）已经接近可接受的最大值（50.8mm/a）。

图5-22为超级13Cr不锈钢在不同温度鲜酸溶液中的点蚀深度对比分析。如前所述，温度低于120℃时，超级13Cr不锈钢未出现明显点蚀现象；高于120℃时，超级13Cr不锈钢出现明显点蚀现象；在120℃～140℃时，超级13Cr不锈钢点蚀增大趋势不太明显，但超过160℃时，超级13Cr不锈钢点蚀程度明显增大。因此，从超级13Cr不锈钢油管在鲜酸中的均匀腐蚀和点蚀分析可知，140～160℃应为酸化缓蚀剂缓蚀效果显著降低的突变区，其在高温条件下与超级13Cr不锈钢的匹配性有待于进一步研究。

腐蚀产物清洗后，利用金相显微镜结合激光共聚焦法观察试样表面点蚀形貌，如图5-23所示。通过金相显微镜观察发现，当温度为60～90℃时，超级13Cr不锈钢表面未发生明显的点蚀；当温度为120～180℃时，超级13Cr不锈钢表面均出现了不同程度的点蚀，且点蚀密度随着温度的升高而增大。

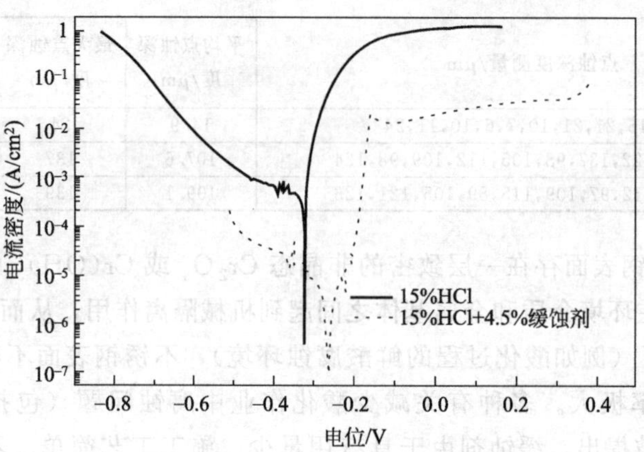

图 5-20　超级 13Cr 不锈钢在 15％HCl 及 15％HCl＋4.5％缓蚀剂溶液中的极化曲线（50℃）

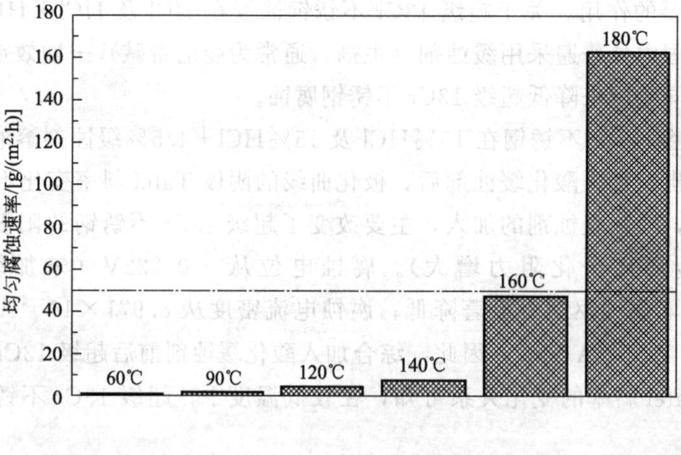

图 5-21　超级 13Cr 不锈钢在不同温度鲜酸溶液中的均匀腐蚀速率对比分析

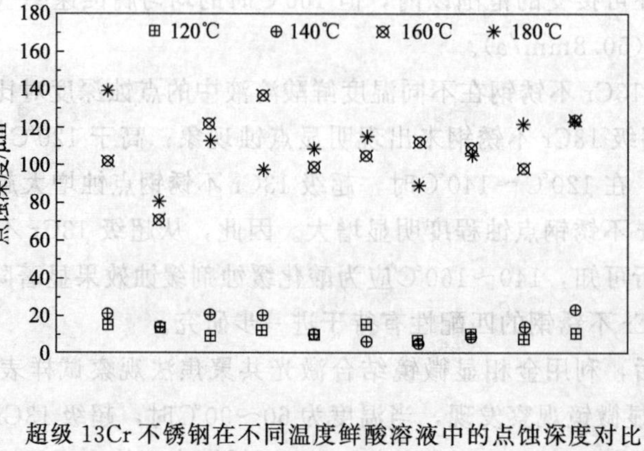

图 5-22　超级 13Cr 不锈钢在不同温度鲜酸溶液中的点蚀深度对比分析

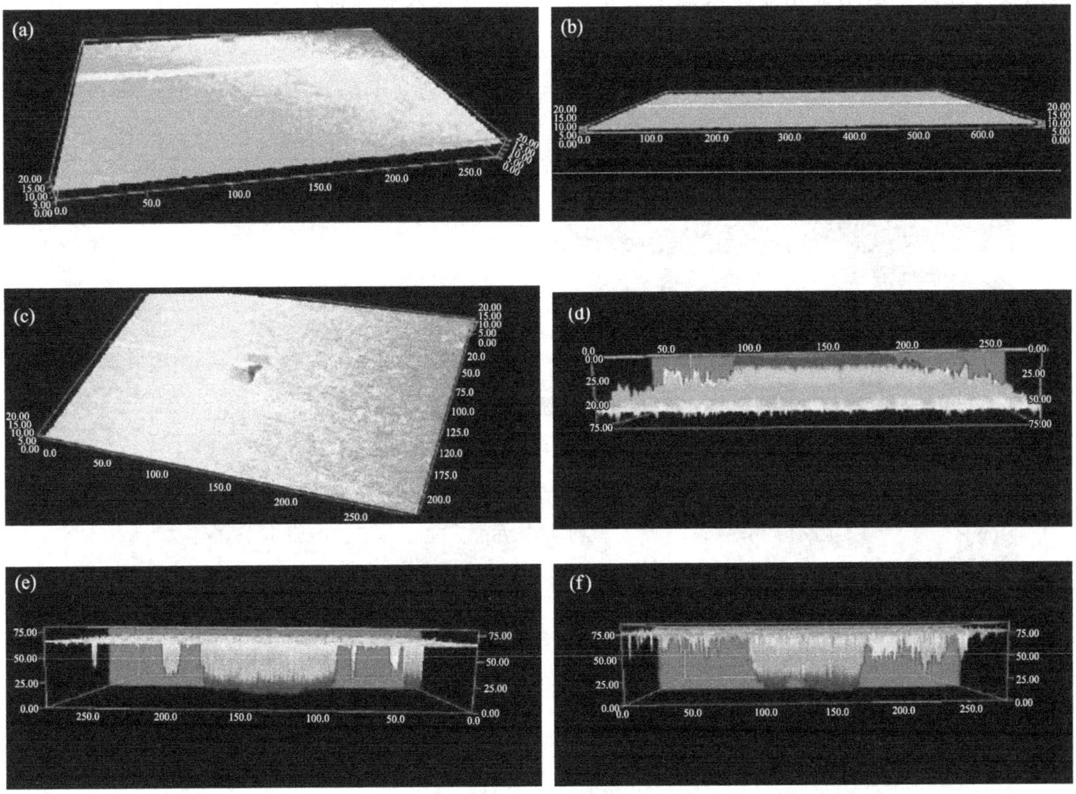

图 5-23　不同温度鲜酸试验去除缓蚀剂吸附膜后试样的激光共聚焦照片

(a) 60℃；(b) 90℃；(c) 120℃；(d) 140℃；(e) 160℃；(f) 180℃

案例 2

唐广荣通过模拟酸化腐蚀试验，对国内某油田高温高压气井用酸化缓蚀剂的缓蚀性能进行评价，具体评价指标见表 5-12。利用电化学测试技术，探讨其在不同温度条件下的缓蚀作用机理。

表 5-12　酸化缓蚀剂评价指标（平均腐蚀速率）

温度/℃	Ⅰ级		Ⅱ级		Ⅲ级	
120	10～20 [g/(m^2·h]	11.23～22.46 (mm/a)	>20～30 [g/(m^2·h]	>22.46～33.69 (mm/a)	>30～40 [g/(m^2·h]	>33.69～44.92 (mm/a)

超级 13Cr 不锈钢在鲜酸［10%HCl+1.5%HF+3%HAc+5.1%组合缓蚀剂（3.4%缓蚀剂+1.7%增效剂）］中在 120℃时保温 2 h，总的试验时间为 6 h，其余 4 h 为升温和降温时间，其均匀腐蚀速率为 14.5516mm/a，参照表 5-12 中酸化缓蚀剂在 120℃的评价指标，超级 13Cr 不锈钢的均匀腐蚀速率在一级标准范围内，表明该缓蚀剂具有良好的缓蚀性能。

图 5-24 和图 5-25 分别为鲜酸试验后，超级 13Cr 不锈钢表面的宏观腐蚀形貌和微观腐蚀形貌。可以看出，鲜酸腐蚀条件下，超级 13Cr 不锈钢出现明显的均匀腐蚀，试样表面呈现类似于金相腐蚀的显微组织形貌。这说明在极低 pH 条件下，超级 13Cr 不锈钢发生了活化态的溶解腐蚀。但由于酸化缓蚀剂的保护作用，腐蚀速率相对较低［远低于国内外油气田可以接受的小于 50.8mm/a(2000mpy)的均匀腐蚀速率］。同时，超级 13Cr 不锈钢表面局部

腐蚀较为轻微，运用金相显微聚焦法测量试样表面的最大点蚀深度仅为 22μm。

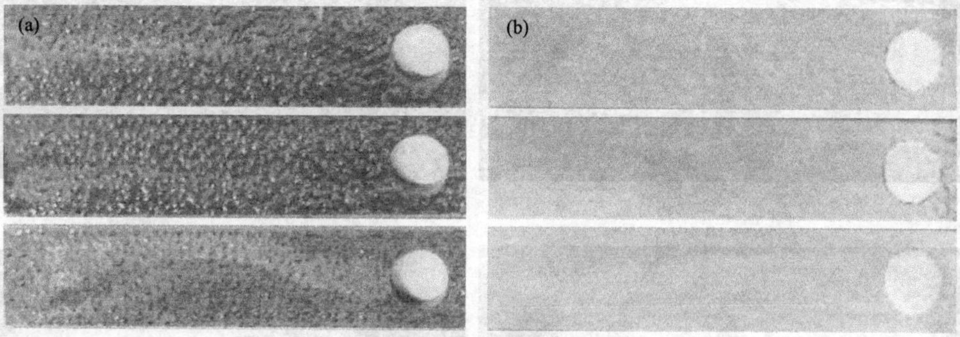

图 5-24 超级 13Cr 不锈钢表面的宏观腐蚀形貌

(a) 除膜前；(b) 除膜后

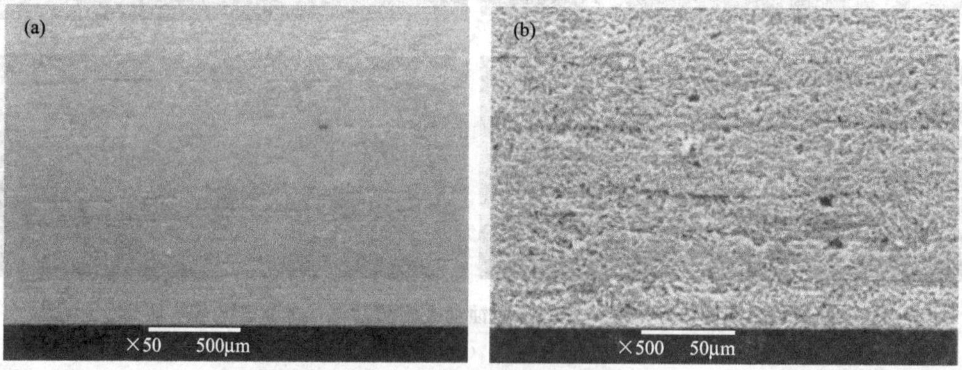

图 5-25 鲜酸腐蚀试验后超级 13Cr 不锈钢表面的微观腐蚀形貌（去膜后）

(a) ×50；(b) ×500

从图 5-26 和表 5-13 中可以看出，在 30℃和 60℃分别添加缓蚀剂后，腐蚀电位明显正移，自腐蚀电流降低。在 80℃时，添加缓蚀剂后，其作用机理发生改变，缓蚀剂对阳极反应和阴极反应均起到抑制作用，腐蚀电位的变化很小，接近于零，但是自腐蚀电流降低明显。在所有温度条件下，缓蚀剂的缓蚀效率均大于 90%。

表 5-13 添加缓蚀剂前后超级 13Cr 不锈钢极化曲线的拟合结果

温度/℃	缓蚀剂	E_{corr}/mV	ΔE/mV	J_{corr}/(mA/cm^2)	B_a/(V/dec)	$-B_c$/(V/dec)	η/%
30	无	−315	96	0.119	0.0331	0.1247	90.5
	有	−219		0.0113	0.0588	0.3194	
60	无	−305	31	0.995	0.0411	0.128	93.9
	有	−274		0.0606	0.098	0.283	
80	无	−266	3	1.18	0.0552	0.2557	90.7
	有	−269		0.109	0.096	0.2952	

在较高温度时，该缓蚀剂的作用机理为几何覆盖效应，缓蚀剂主剂和增效剂使金属表面的阳极、阴极反应阻力均增大。不同温度下酸化缓蚀剂的作用机理见图 5-27。

由以上分析可知，超级 13Cr 不锈钢在 120℃鲜酸中的均匀腐蚀速率仅为 14.5516mm/a，远小于国内外可接受的腐蚀速率 50.8mm/a，缓蚀效率在 90%以上，并且局部腐蚀轻微，

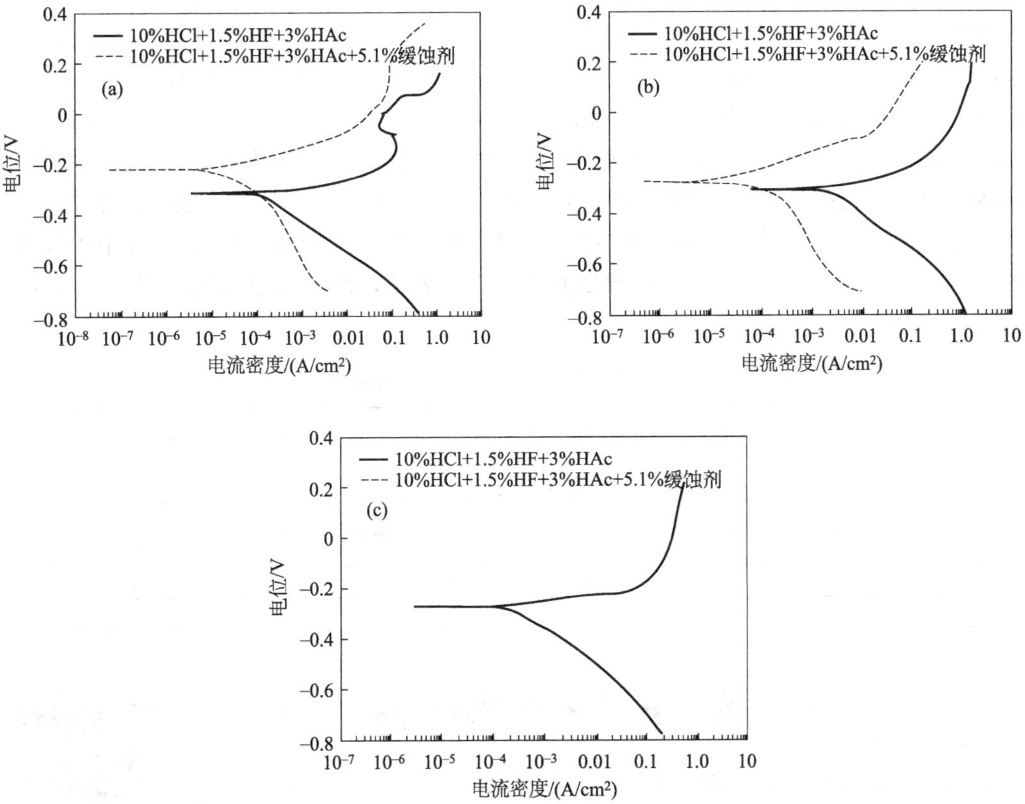

图 5-26　超级 13Cr 不锈钢在不同温度条件下的极化曲线

(a) 30℃；(b) 60℃；(c) 80℃

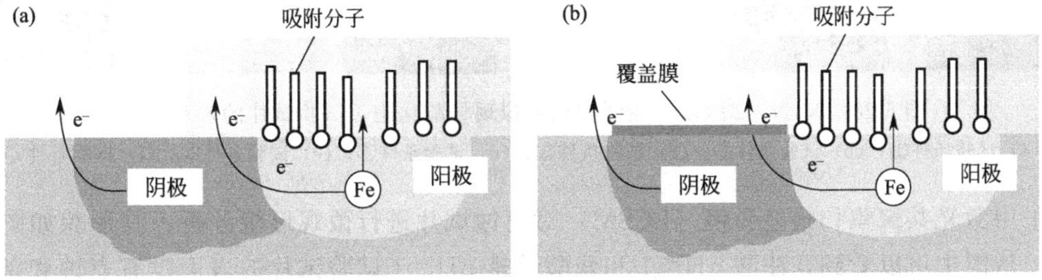

图 5-27　不同温度条件下酸化缓蚀剂作用机理示意图

(a) 30℃和 60℃；(b) 80℃

酸化缓蚀剂对超级 13Cr 不锈钢具有良好的缓蚀作用。在 30℃和 60℃时，添加缓蚀剂后，腐蚀电位正移，缓蚀剂作用机理为负催化效应。在 80℃时，添加缓蚀剂后，腐蚀电位负移，促进了缓蚀剂分子的吸附，其作用机理为几何覆盖效应。

5.2.3　返排液环境

六种试验条件为：①试验溶液为加有 N,N'-二醛基哌嗪缓蚀剂的 3L 酸液，试验 4h 后取出试片；②将反应釜中酸液的 pH 调至 1，放入新的试片，继续试验 12 h 后取出试片；

③将反应釜中酸液的 pH 调至 2，放入新的试片，继续试验 24h 后取出试片；④将反应釜中酸液的 pH 调至 3，放入新的试片，继续试验 48h 后取出试片；⑤将反应釜中酸液的 pH 调至 4，放入新的试片，继续试验 72h 后取出试片；⑥将反应釜中酸液的 pH 调至 5，放入新的试片，继续试验 120h 后取出试片。超级 13Cr 不锈钢在注酸和残酸返排过程中腐蚀试片的宏观形貌如图 5-28 所示。*N*,*N′*-二醛基哌嗪缓蚀剂对超级 13Cr 不锈钢在 90℃模拟塔里木油田现场酸化施工注酸过程中的腐蚀速率为 4.871g/（m^2·h），达到了行业二级标准，如表 5-14 所示。模拟残酸返排过程中的腐蚀速率随着 pH 的增大而减小，从图 5-28 中可以看到，注酸 pH<1 和残酸返排 pH=1 时试验试片的表面较光洁，没有点蚀和条蚀产生，从残酸返排 pH=2 至 pH=5 时有轻微点蚀。

表 5-14　*N*,*N′*-二醛基哌嗪缓蚀剂的模拟现场酸化施工试验结果

序号	酸液过程及 pH	腐蚀速率/[g/(m^2·h)]
①	注酸，pH<1	4.871
②	残酸返排，pH=1	3.612
③	残酸返排，pH=2	2.723
④	残酸返排，pH=3	2.635
⑤	残酸返排，pH=4	1.517
⑥	残酸返排，pH=5	0.690

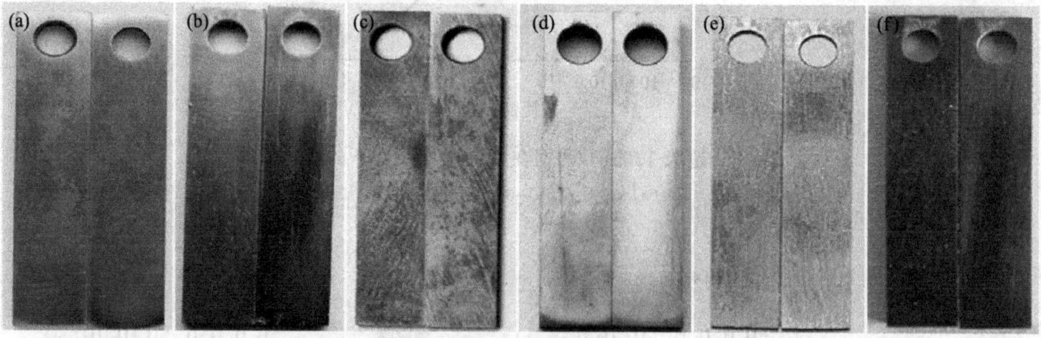

图 5-28　*N*,*N′*-二醛基哌嗪缓蚀剂模拟现场酸化施工试验试片的宏观形貌

(a) 试验条件①；(b) 试验条件②；(c) 试验条件③；(d) 试验条件④；(e) 试验条件⑤；(f) 试验条件⑥

采用激光共聚焦扫描显微镜（LCSM）对腐蚀试片进行微观形貌分析，其形貌如图 5-29 所示。从图中可以看到，注酸 pH<1 和残酸返排 pH=1 试验试片的表面没有点蚀和条蚀产生，从残酸返排 pH=2 至 pH=5 有轻微腐蚀点蚀，与肉眼所观察的宏观形貌一致。

对腐蚀试片表面点蚀情况进行分析，其结果如表 5-15 所示，表中点蚀因数 f 按照式(5-5) 进行计算：

$$f=\frac{h_{max}}{\bar{h}} \tag{5-5}$$

式中，f 为点蚀因数，无量纲；h_{max} 为最大点蚀深度，mm；$\bar{h}$ 为平均点蚀深度，mm。

按照石油天然气行业标准 SY/T 5405—2019《酸化用缓蚀剂性能试验方法及评价》对点蚀的分级指标，对比表 5-16 中的点蚀孔数、最大点蚀面积、最大点蚀深度及点蚀因数四个参数可知，残酸返排 pH=2 至 pH=5 时的试片表面虽然有轻微腐蚀点蚀，但仍属于行业标准一级指标允许的范围，说明 *N*,*N′*-二醛基哌嗪缓蚀剂的缓蚀效果满足塔里木酸化现场施

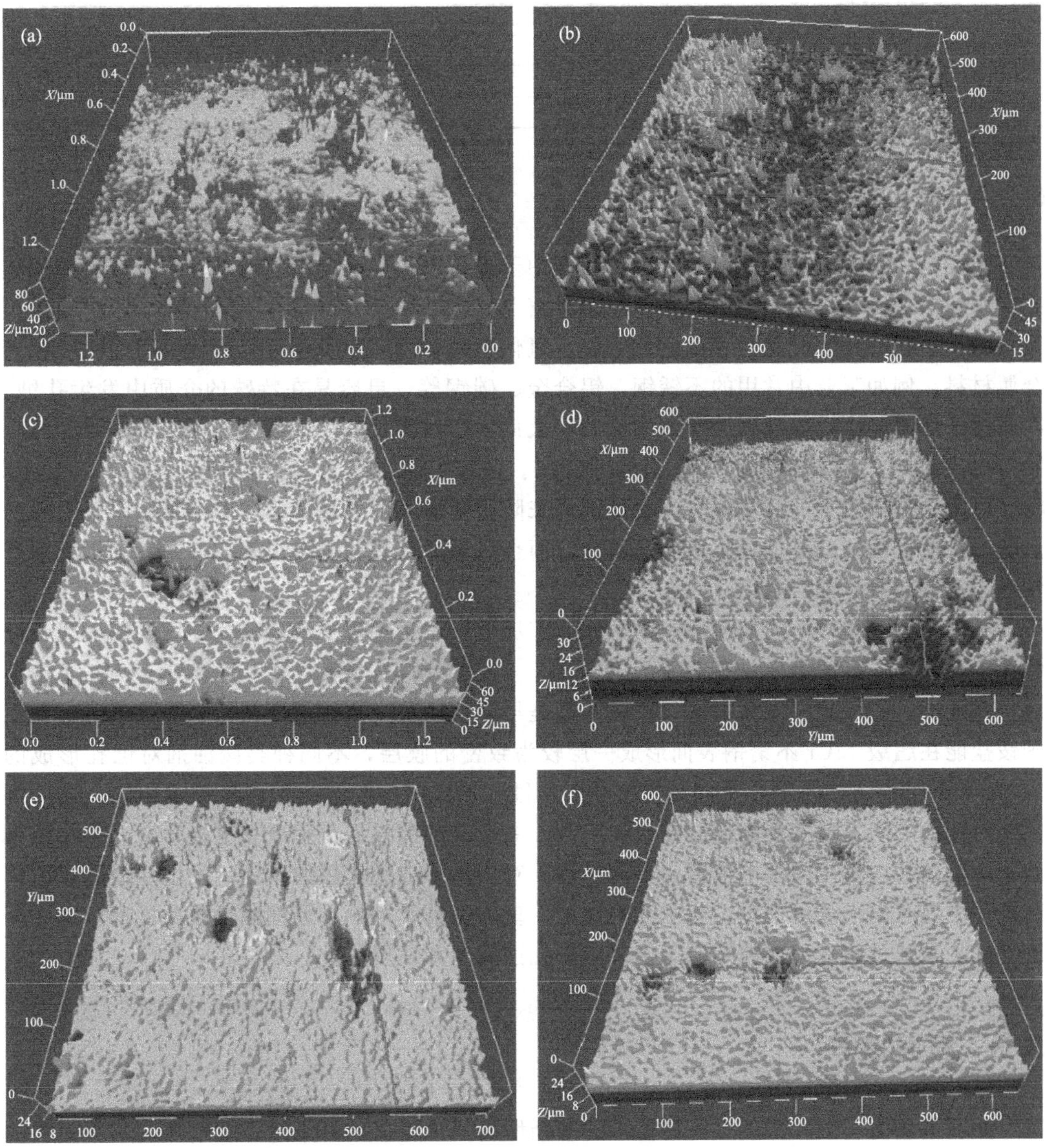

图 5-29　*N*,*N*′-二醛基哌嗪缓蚀剂模拟现场酸化施工试验试片的 LCSM 微观形貌

(a) 试验条件①；(b) 试验条件②；(c) 试验条件③；(d) 试验条件④；(e) 试验条件⑤；(f) 试验条件⑥

工需求。

表 5-15　*N*,*N*′-二醛基哌嗪缓蚀剂模拟现场酸化施工试验试片表面点蚀分析结果

酸液过程及 pH	点蚀孔数/(个·m^{-2})	最大点蚀面积/mm^2	最大点蚀深度/mm	点蚀因数
残酸返排,pH=2	1342	0.08	0.032	1.6
残酸返排,pH=3	965	0.026	0.017	1.94
残酸返排,pH=4	1203	0.022	0.019	1.73
残酸返排,pH=5	800	0.013	0.014	2.6

表5-16 点蚀指标

等级	点蚀孔数/(个·m^{-2})	最大点蚀面积/mm^2	最大点蚀深度/mm	点蚀因数
1	2.5×10^3	0.5	0.4	160
2	1.0×10^4	2.0	0.8	320
3	5×10^4	8.0	1.6	640

5.2.4 产出液环境

孔蚀是一种常见的局部腐蚀，是腐蚀集中于金属表面很小的范围内，并深入金属内部的孔状腐蚀形态，具有较强的破坏性。经常暴露在特定环境介质（含有侵蚀性离子）中的化工设备易发生孔蚀，尤其是当表面有钝化膜、氧化膜或腐蚀产物膜等具有一定防腐蚀性膜层的金属材料，例如工业中常用的不锈钢、铝合金、碳钢等，更容易在特殊的介质中发生孔蚀。在腐蚀破坏案例中，局部腐蚀所占的比例要大得多，据统计，全面腐蚀占8.5%，而局部腐蚀占比高达91.5%，其中孔蚀占21%～30%。由于孔蚀隐蔽性强、危害性大，一旦发生，将会对企业造成巨大的经济损失。缓蚀剂用来防止金属腐蚀的技术已在多个领域取得了非常显著的效益。缓蚀剂不但能阻止全面腐蚀，而且对于局部腐蚀也有很好的抑制效果，特别是针对不锈钢以及耐蚀合金钢。

不锈钢具有很好的耐氧化性和耐蚀性，广泛地应用于现代工业的各个领域。但在含侵蚀性离子（如Cl^-）的溶液中很容易发生孔蚀。关于抑制不锈钢孔蚀的缓蚀剂已经有很多报道，铬酸盐、钼酸盐、硼酸盐等无机缓蚀剂是早期使用较广泛的缓蚀剂。李玲杰等研究发现季铵盐能在超级13Cr不锈钢表面形成一层较为致密的膜层，不同种类缓蚀剂对蚀孔形成的3个阶段的抑制方式不同，不同种类缓蚀剂对蚀孔形成同一阶段的抑制机理不相同，同一缓蚀剂对孔蚀的引发和发展的抑制结果也不同。关于孔蚀的发展机理也有很多学说，现在较为公认的是蚀孔内发生闭塞电池的自催化过程。对于易形成钝化膜的不锈钢发生孔蚀的缓蚀作用机理主要有以下认可理论：竞争吸附理论、疏水阻挡膜理论、局部酸化缓冲机理。这些理论无外乎是通过改变形成蚀孔的条件来阻碍孔蚀发生和发展的。

5.3 表面技术

随着市场对石油和天然气能源需求的不断增长，油气田的开采量日益增加，其所面临的地质环境和开采条件也越来越复杂。深井、超深井、大斜度井、定向井等所占的比例越来越大，由此产生的钻杆与套管接触正应力大等特点使得钻杆与套管间磨损严重的问题越来越突出。

5.3.1 Cr-Y共渗

金属渗铬层具有优良的耐蚀性、耐磨性和抗高温氧化性，因而适合作为超级13Cr不锈钢表面的耐磨损涂层，但单一的渗铬层易剥落。已有研究表明，Y等活性元素在改善涂层致密性、提高涂层抗剥落能力及与基体的结合力等方面均有显著效果。

5.3.1.1　组织结构

图 5-30（a）为 900℃、试验 5h 条件下在超级 13Cr 不锈钢上制备的 Cr-Y 共渗层的表面形貌。可以看出，共渗层表面平整，组织致密、无裂纹。由图 5-30（b）可看出，共渗层厚约 30μm，由外向内依次为外层和内层。渗层的 XRD 分析结果如图 5-31 所示。共渗层的外层厚约 10μm，呈灰色，组织较致密，EDS 成分分析表明该层成分为 26.56C-60.49Cr-10.87Fe-1.28Ni-0.80Mo，结合 XRD 分析结果可知，其组成主要为 $Cr_{23}C_6$、Cr_7C_3 和 $CrFe_7C_{0.45}$。共渗层的内层厚约 20μm，EDS 分析知该层 Cr 原子分数为 21.27%，表明其为 Cr 扩散层。同时该层存在较多的条状孔洞，这是由于渗 Cr 过程中，基体中的 C 由里向外扩散，在表层形成富碳区，与渗入的 Cr 元素形成碳铬化物。Cr 是强碳化物形成元素，且与 C 的亲和力大于 C 与 Fe 的亲和力，因此沉积在试样表面的 Cr 很快与 C 结合形成 C 化物，使得 Cr 元素的内扩散缓慢，同时 C 元素的外扩散会在渗层内存形成空位，大量的空位聚集形成 Kirkendall 空穴，随保温时间的延长，最终使空穴长大形成空洞。

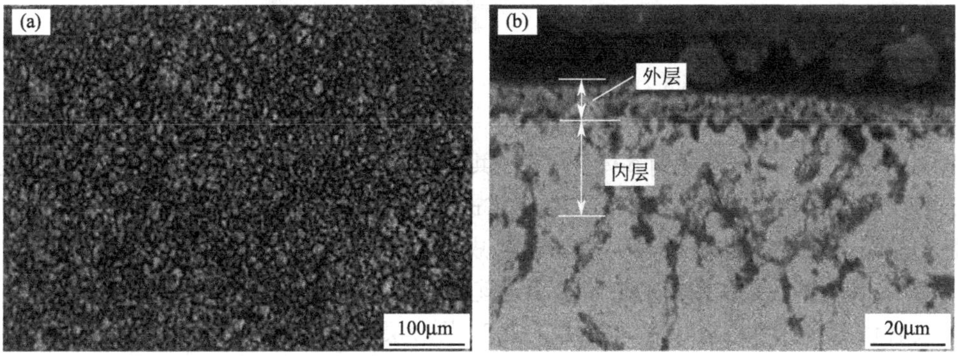

图 5-30　在超级 13Cr 不锈钢上制备的 Cr-Y 共渗层的形貌

（a）表面；（b）截面

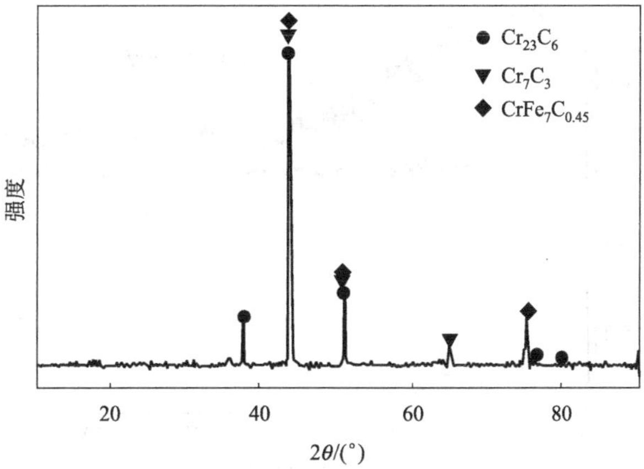

图 5-31　950℃、试验 5h 所制备的 Cr-Y 共渗层表面 XRD 图谱

5.3.1.2　显微硬度

图 5-32 为 Cr-Y 共渗层的显微硬度曲线。可以看出，Cr-Y 共渗层的显微硬度自表层到基体逐渐降低，表层努氏硬度达到 1534.3，这是由渗层中的碳化物相使其显微硬度明显高

于超级 13Cr 不锈钢基体，且渗层中 Cr 元素的含量由表及里逐渐减小导致的。

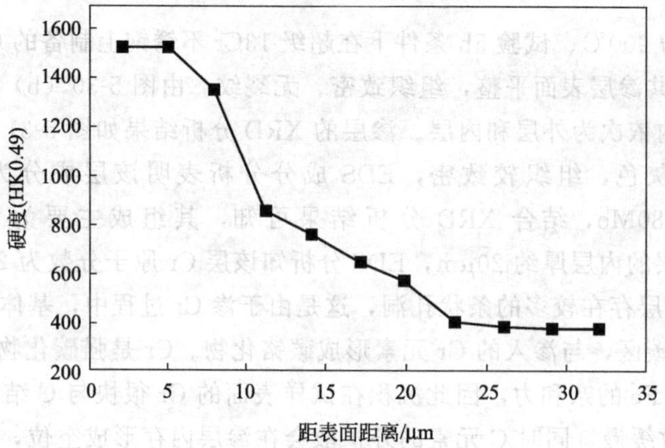

图 5-32　共渗层由表及里的显微硬度曲线

5.3.1.3　摩擦磨损性能

(1) *摩擦系数及磨损质量损失*

图 5-33 为超级 13Cr 不锈钢基体及 Cr-Y 共渗层在室温下的摩擦系数随滑动时间变化的曲线。可以看出，在干摩擦条件下，超级 13Cr 不锈钢基体的摩擦系数在试验启动后迅速增大，且在最初的 20 min 内波动较大并呈逐渐减小趋势，随后趋于平稳，维持在 0.69 左右。Cr-Y 共渗层的摩擦系数在摩擦的初始阶段迅速上升至 0.63，经过 10 min 的跑合后进入平稳状态，最后稳定在 0.6 左右。两者相比，Cr-Y 共渗层的摩擦系数低超级 13Cr 不锈钢基体，表明共渗层有一定的减摩作用。

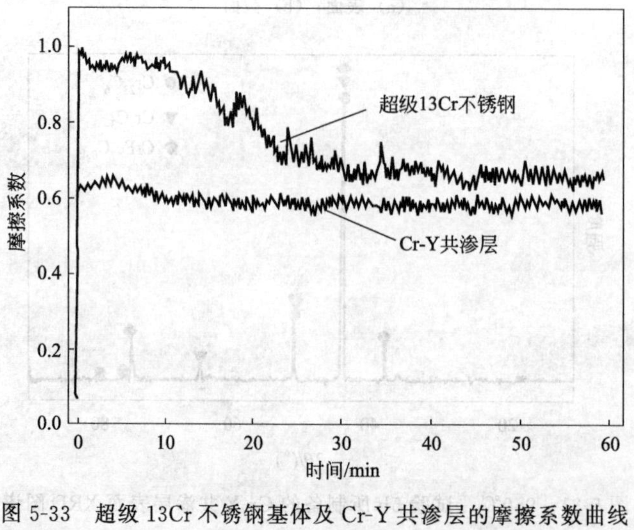

图 5-33　超级 13Cr 不锈钢基体及 Cr-Y 共渗层的摩擦系数曲线

图 5-34 为 Cr-Y 共渗层及超级 13Cr 不锈钢基体与 GCr15 配副的磨损质量损失柱形图。可以看出，在试验条件下，超级 13Cr 不锈钢基体的质量损失为 11.237 mg，而 Cr-Y 共渗层的质量损失仅为 0.762 mg，是超级 13Cr 不锈钢基体的 1/15，表明在干摩擦条件下，Cr-Y

共渗层可显著提高超级 13Cr 不锈钢的耐磨性。

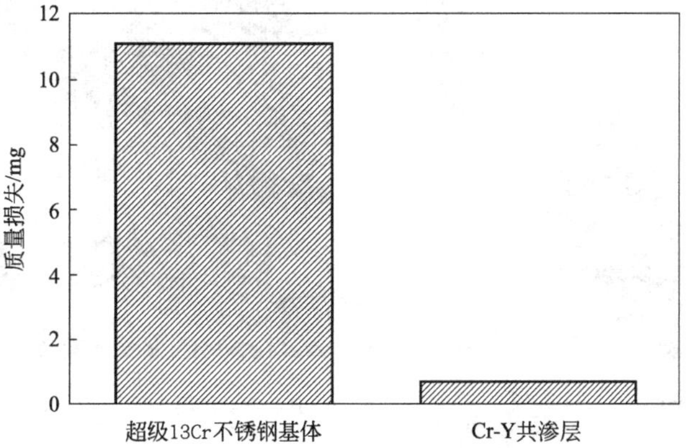

图 5-34 超级 13Cr 不锈钢基体和 Cr-Y 共渗层与 GCr15 配副的摩擦磨损质量损失柱状图

(2) 磨痕形貌

图 5-35 为磨痕的 BES 形貌。由图 5-35 (a) 和 (c) 可知，在试验条件下，Cr-Y 共渗层较超级 13Cr 不锈钢的磨痕宽度大，表明与 Cr-Y 共渗层配副的 GCr15 球磨损严重，形成大的磨损面，反之，与超级 13Cr 不锈钢配副的 GCr15 球磨损较小，结合图 5-34，说明 Cr-Y 共渗层具有良好的抗磨性能。

图 5-35 (b)、(d) 为磨痕的微观形貌，表 5-17 为图 5-35 中（点 1～3）所示各相的 EDS 分析结果。可以看出，超级 13Cr 不锈钢基体与 Cr-Y 共渗层的磨痕微观形貌明显不同，超级 13Cr 不锈钢的磨痕表面有明显的犁沟和磨粒，同时表面有大量黑灰色的黏附物（点 1），EDS 成分分析表明其为基体本身磨损产物，这是由于 GCr15 的硬度高于基体，摩擦开始后，GCr15 微凸体会对超级 13Cr 不锈钢基体产生犁削作用，从而在摩擦表面形成犁沟，被犁削下来的材料参与基体与 GCr15 球之间的滑动，逐渐被碾压、磨碎而成为磨粒，一部分磨粒会被逐渐排出摩擦面，另一部分则会参与摩擦磨损过程，导致磨粒磨损，随时间的推移，磨粒逐渐细化，分布于摩擦面之间，降低了摩擦系数，这与图 5-33 的摩擦系数曲线所反映的结果一致。

Cr-Y 共渗层的磨痕表面无明显的犁沟及划痕，呈黑白相间的形貌，采用 EDS 对其进行成分分析，结果表明，白色（点 2）相为 Cr-Y 共渗层，而黑色相（点 3）为 GCr15。这是由于 Cr-Y 共渗层有很高的硬度，GCr15 表面的微凸体难以对其表面进行切削，反而是 Cr-Y 共渗层表面的碳化物颗粒对 GCr15 球产生了切削，并在磨痕处发生黏附转移，因此其磨损为 GCr15 在其表面的单向转移，这也说明了 Cr-Y 共渗层具有良好的耐磨性。

表 5-17 图 5-35 中点 1～3 所示各相的 EDS 成分分析结果

单位：%（原子分数）

位置	O	C	Cr	Fe	Ni	Mo
1 点	4.03	—	1.77	94.2	—	—
2 点	—	24.37	58.23	15.11	1.52	0.77
3 点	8.60	—	2.86	88.54	—	—

可见，经 950℃、试验 5h 扩散共渗制备的 Cr-Y 共渗层厚约 30μm，渗层主要由 $Cr_{23}C_6$、Cr_7C_3 和 $CrFe_7C_{0.45}$ 组成。在干摩擦条件下，Cr-Y 共渗层的摩擦系数小于超级 13Cr 不锈钢

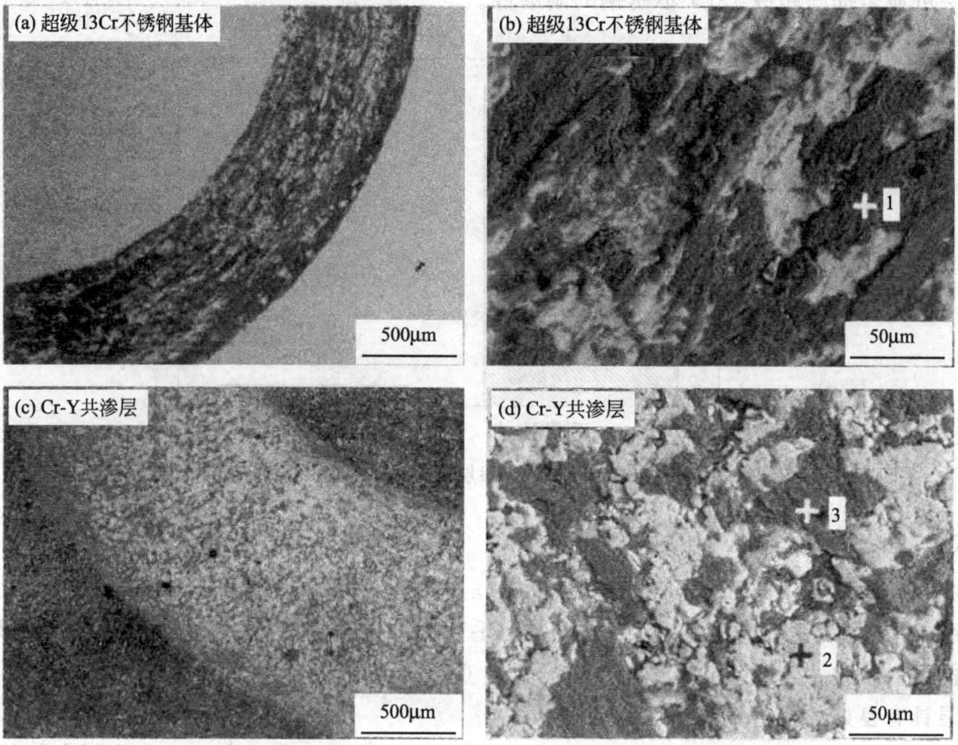

图 5-35　超级 13Cr 不锈钢及 Cr-Y 共渗层磨痕形貌

基体，且 Cr-Y 共渗层的磨损质量损失仅为基体的 1/15，表明共渗层具有良好的抗摩擦磨损性能。在试验条件下，超级 13Cr 不锈钢基体的磨损机理为犁削磨损和磨粒磨损；Cr-Y 共渗层的磨损为 GCr15 在其表面的单向转移。较好的抗磨损性能可以有效降低基体的腐蚀活性点，进而有效提高耐磨性。

5.3.2 等离子体渗氮

等离子体离子注入过程中氮化物析出和/或膨胀相的形成可以显著改善不锈钢的表面力学和摩擦学特性。硬度可提高 5 倍，而摩擦磨损率降低约一个数量级。同时，也应考虑渗氮对不锈钢耐蚀性能的影响，因为氮化过程中涉及的加热参数可能会降低这些合金的耐蚀性。

5.3.2.1 晶体结构

在等离子体渗氮之前，将软磁（SMSS）样品进行奥氏体化和淬火处理。图 5-36 给出了不同温度下（a）水淬和（b）油淬后的原始样品和高温样品的 XRD 图。所得材料的衍射峰为马氏体（α′）和奥氏体（γ）相。在图 5-36（a）油淬中，在 975℃和 1025℃加热后，γ 相消失，小强度的峰值表明碳化物沉淀在基体中。根据该合金的相图，碳化物相由 $M_{23}C_6$、M_7C_3 和 M_3C 化学计量组成，其中 M 对应于来自该合金的金属原子。如果 Cr 被分离形成这些化合物，它们将在表面形成 Cr_2O_3，消耗体积和影响材料的耐腐蚀性。这种碳化物的形成是由于材料中碳的有效性，尽管合金中的 C 含量很小（质量分数约 0.01%）。值得一提的是，为了去除加热/冷却过程中产生的反应层，样品经奥氏体化淬火后接地。此外，与奥氏体相比，马氏体中的C迁移率更快，在1100℃的样品中没有发现碳化物。在此温度下，影响合金析出的重要措施是防止碳化物大量析出。在1100℃，晶体结构是完全奥氏体，Cr扩散率得到提高。

后续水淬处理［图5-36（b）］表现出与油淬相同的特征。然而，由于水的比热容比矿物油低，所以在奥氏体化温度下，由于冷却效率降低，碳化物析出。上述结果表明，在1100℃热处理后进行油淬可以有效地获得完全的马氏体组织，C析出不显著（无法检测）。因此，最初SMSS样品含有马氏体和奥氏体，而回火是伴随等离子体氮化过程实现的。SMSS参考样品（未经处理）经过奥氏体化淬火，然后在类似于氮化处理的氩气氛中回火。在随后的分析中，样品中的棱柱状马氏体组织与几种效应有关。重要的是，在含有$\alpha'+\gamma$的SMSS中，马氏体是主要的微观结构，占85%以上。

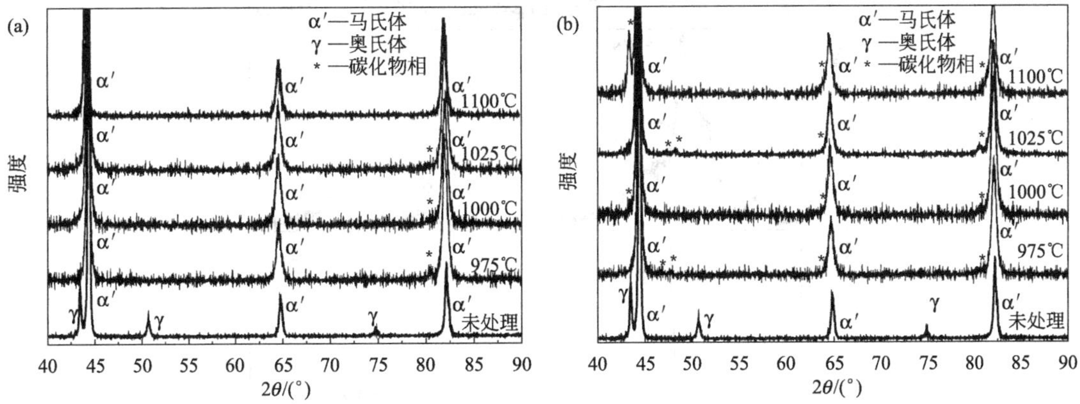

图5-36 经历奥氏体化和热处理的SMSS样品的XRD图

（a）矿物油；（b）蒸馏水

图5-37为SMSS标准样品和在指定温度下氮化的SMSS等离子体的XRD图。氮化SMSS的XRD图揭示了比奥氏体钢在类似处理中观察到的更大的变化。在较低的温度（350℃和400℃）下，在大约在43°和64°处可以发现氮膨胀马氏体相（α_N），其中包括几个亚化学计量数的Fe（N）。Fe（N）是一个亚稳态，无沉淀和过饱和相产生的间隙氮进入基质。与奥氏体钢不同的是，即使在最低温度350℃时，γ'-Fe_4N和ε-$Fe_{2+x}N$相在SMSS中也能形成。XRD图中氮化物相的存在随温度的降低而增加。$Fe_{2+x}N$（$0 \leqslant x \leqslant 1$）由$Fe_2N$到$Fe_3N$组成，峰较宽。

由于在420℃以上Cr发生消耗，CrN在图5-37（450℃）的63°处呈现峰值。这是因为在此热力学条件下，Cr与N具有很高的亲合性，并且在取代位点上表现出更强的流动性，CrN优先在晶界分离。Fernandes等对SMSS等离子体氮化和氮化渗碳的研究发现，随着处理温度的升高，氮化铬的含量增加，而氮化铁的含量则相反的减少。

5.3.2.2 形貌

氮化处理后，组织发生明显的变化，随之而来的是表面形貌的剧烈变化。图5-38为三种工作温度下氮化SMSS的截面FEG-SEM图像，图5-39为图5-38所示的400℃处理后的试样EDS，图5-40为三种工作温度下氮化SMSS的光学显微镜图像。电子显微镜（图5-38）和光学显微镜（图5-40）测量结果基本一致。在图5-38中，PN修饰的近表面区域与基体

（晶界明显）相比，在形貌上有明显的变化。

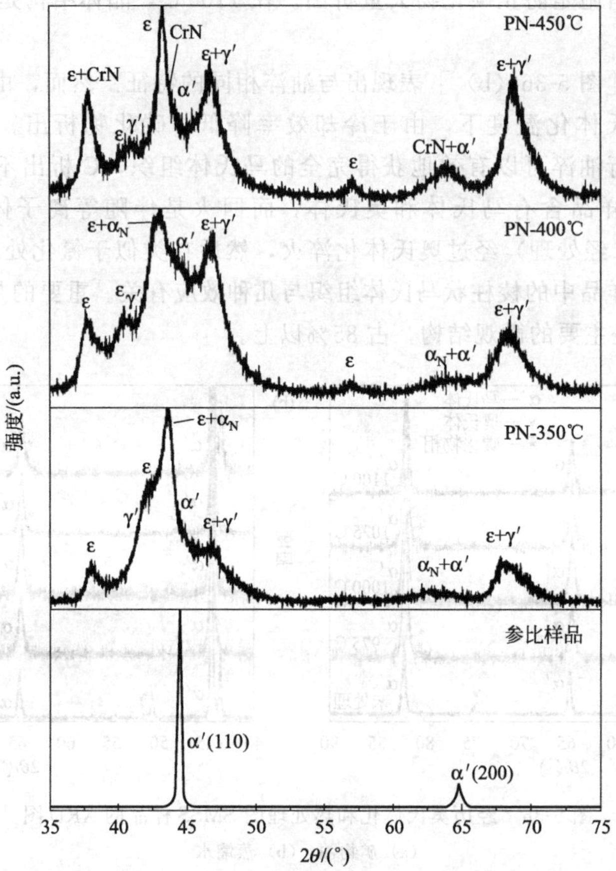

图 5-37　等离子体氮化（PN）样品的 XRD 图

参比样品（在 Ar 中经过奥氏体化、淬火和回火处理，但未经过氮化处理）仅出现马氏体峰。PN 后，根据工艺条件形成氮化铁（Fe_4N）、$Fe_{2+x}N$、CrN 以及 N-膨胀马氏体相（N）

在 400℃样品中，层宽（大约 23μm 和 12μm）与 N/Fe 剖面中的不同区域非常一致（图 5-40）。这些区域分别归属于氮化物（化合物）层和扩散层，在图 5-40 中分别标记为 NL 和 α_NL。氮化温度越高，NL 越厚，α_NL 越薄，这与 XRD 结果（图 5-37）一致。层厚（NL＋α_NL）随温度的升高由 16.0μm 增加到 61.2μm，如表 5-18 所示。这种厚度比在相同条件下渗氮的奥氏体钢中观察到的厚度（从 1μm 到 10μm）要大。根据马氏体微观结构的特殊几何特征，可以理解为增强的氮穿透和对 SMSS 的氮化作用。钢基体中氮的扩散本质上是间隙扩散，比取代空位溶质扩散高几个数量级。假设扩散系数 $D(T)$ 的温度依赖性服从阿伦尼乌斯方程

$$D(T) = D_0 \exp(-Q/k_B T) \tag{5-6}$$

式中，D_0 为频率因子；k_B 为玻尔兹曼常数；Q 为活化能；T 为温度。据报道，间隙溶质和取代溶质的 $D(T)$ 明显高于奥氏体中的马氏体。这是因为 γ(fcc) 是一个紧密包裹的结构，而 α′(bcc) 呈现出更低的包裹密度，因此更容易响应热激活，类似于铁素体（bcc）微观结构。在 400℃和存在 N-扩展相时，Q_γ 为 1.4 eV/atom，而 $Q_\alpha{}'$(AISI 420) 是 0.3eV/atom。后一个值大约是铁素体的 1/2。由此可见，无论是固体结构还是微观结构，Q 值都依赖于固

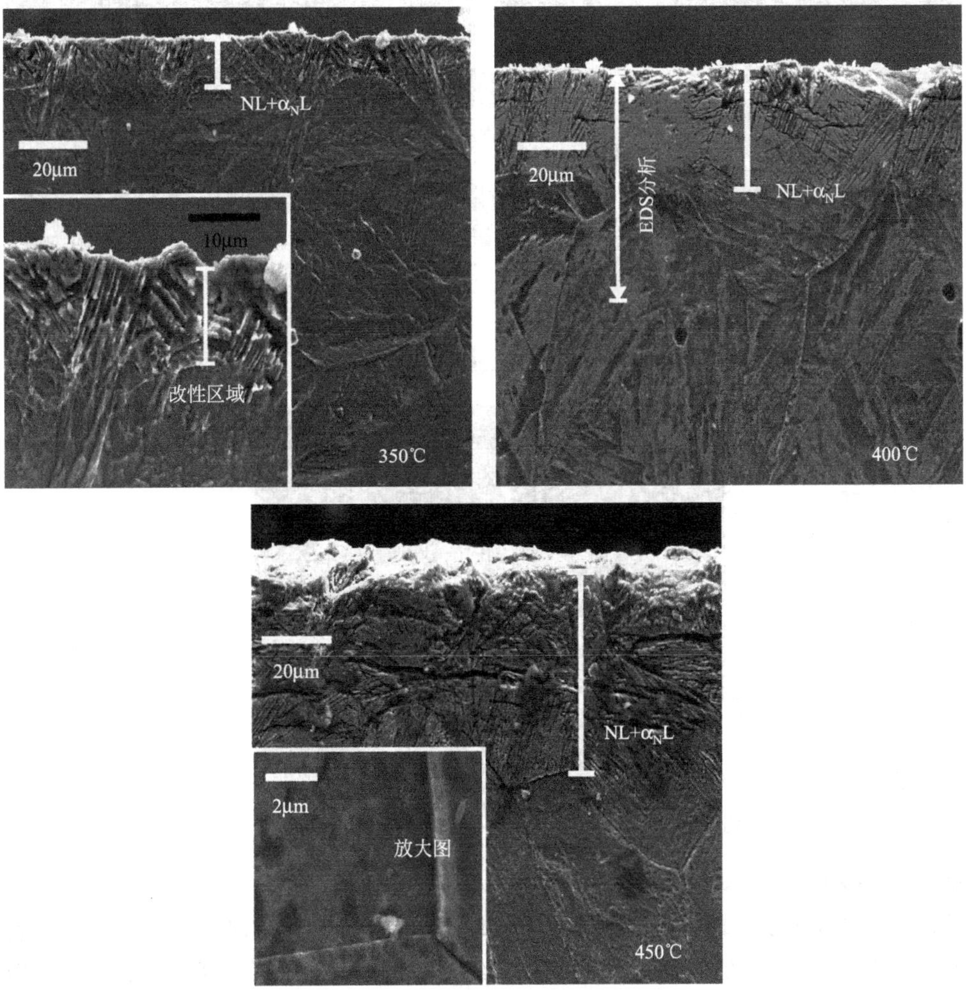

图 5-38 三种温度下氮化 SMSS 截面的 FEG-SEM

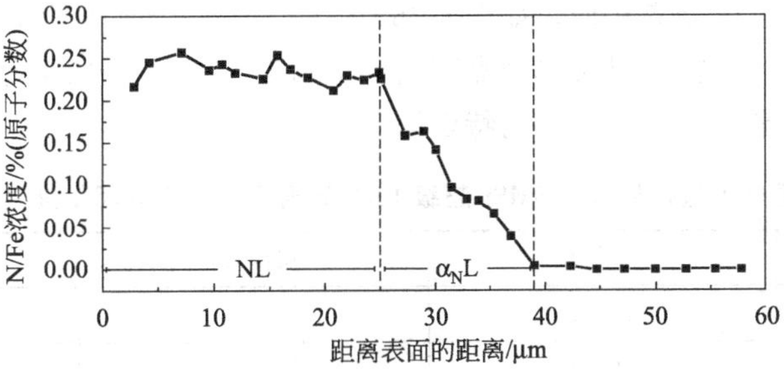

图 5-39 400℃处理后的试样 EDS 分析

溶体中的 N 含量。在钢中，N-扩展相增强了间隙原子的扩散（降低 Q 值），这可能也是一种对于 α' 的有效机制，另外发生分解时，Pinedo 和 Monteiro 观察到 α' 钢中的活化能增加了四倍，因此在渗碳层发生沉淀反应，扩散速率降低。等离子氮化钢的扩散是一个复杂的现象，因为它是一个协同过程：氮化物沉积的动态特性，氮在变化环境中的溶解，溶质原子的迁移，特别是铬、氮化会产生其他平衡。然而，SMSS 中的马氏体微观结构能够增强氮的扩

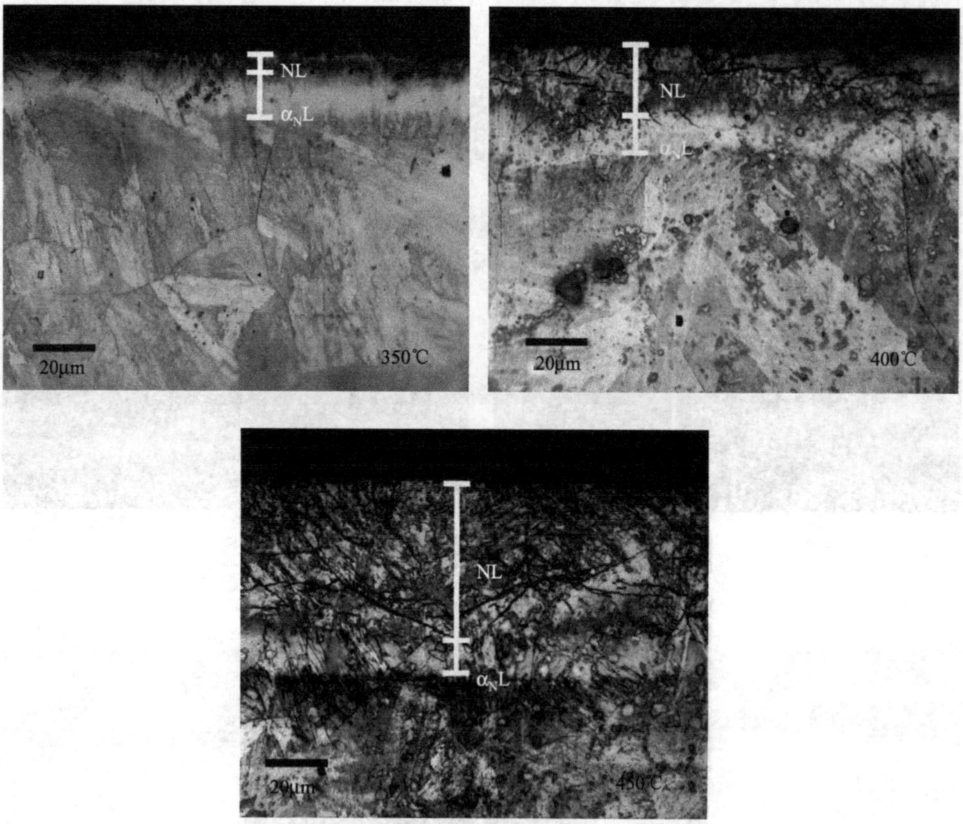

图 5-40　三种温度下氮化 SMSS 的光学显微镜照片

散，同时具有较低的 N 溶解度。

图 5-41 为对未处理和氮化处理的表面等离子体进行 FEG-SEM 和 AFM 分析，表 5-18 给出了平均值（R_a）。初始镜面抛光表面（未经处理的样品）光滑，$R_a=15\text{nm}$，晶粒之间没有明显的形态差异，也没有明显的晶界。氮化处理后的表面进行了纹理化处理，其特征是在不同的俯视图高度分布不规则的多面体板上，将测量到的平均粗糙度提高了一个数量级。这种结构与氮化处理后的晶界相似，如图 5-38 中 450℃样品的插图所示。因此，它们被归因于具有不同晶体取向的晶粒，以及单个晶粒内部的微观结构（例如孪晶边界），这些微观结构对等离子体处理的影响取决于它们的特定取向。

表 5-18　在指定温度下氮化处理的 SMSS 超级 13Cr 等离子体的平均粗糙度（R_a）、层厚和硬度

样品	R_a/nm	层厚/m	硬度②/GPa
参比样品①	15±1	—	4.0±0.1
PN-350℃	86±3	16.0±1.7	14.2±0.9
PN-400℃	365±23	35.3±3.6	13.5±1.4
PN-450℃	437±21	61.2±2.7	11.7±2.4

①在 1100℃ 热处理以及油淬后的 SMSS，然后在氩气中退火。

②在 300～1100nm 范围内，由仪器压痕测得。

等离子体处理通过至少两种现象其影响形态。首先也是最显著的是单个晶粒的各向异性膨胀。假定 SMSS 中氮扩散和储存速率与取向有关（在奥氏体钢已发现相似现象），Williamson 等在考虑了结晶方向上的弹性常数以及基体中与 N（N-固溶体）相关的 XRD 峰强度的基础上，认为在注入离子的 fcc 奥氏体钢中，N 在（100）方向的扩散速度比其在（111）方向的快，而在（200）面上的溶解度高于平行于表面（111）面上的。由于 α'、α_N 与氮化物峰的重叠，如图 5-37 所示，本实验中这两种相的分辨率不高，无法进行类似的比较。然而，马氏体钢中的晶体方向间具有很好的弹性各向异性，例如，在（110）面上的弹性模量比在（200）面的大约 75%。这样，后一个平面上的晶格膨胀被认为增加得更大。

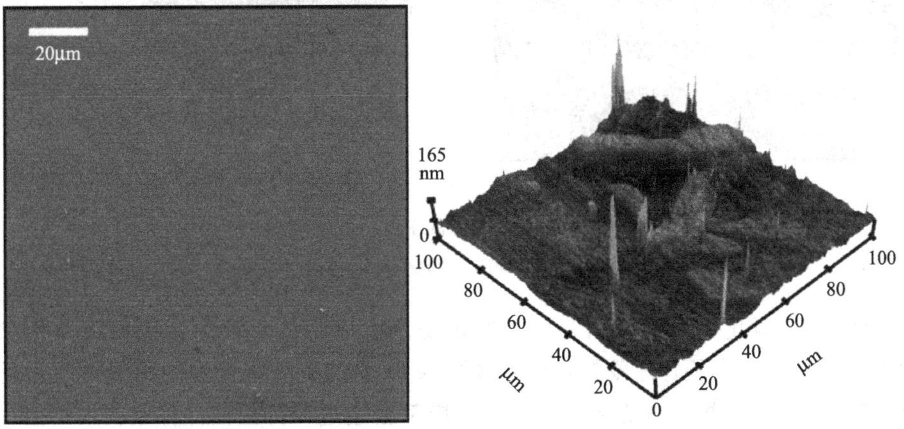

(a)

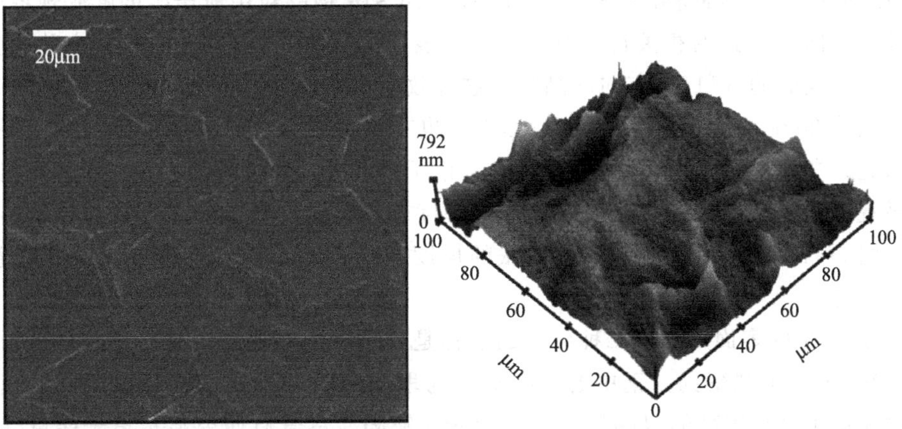

(b)

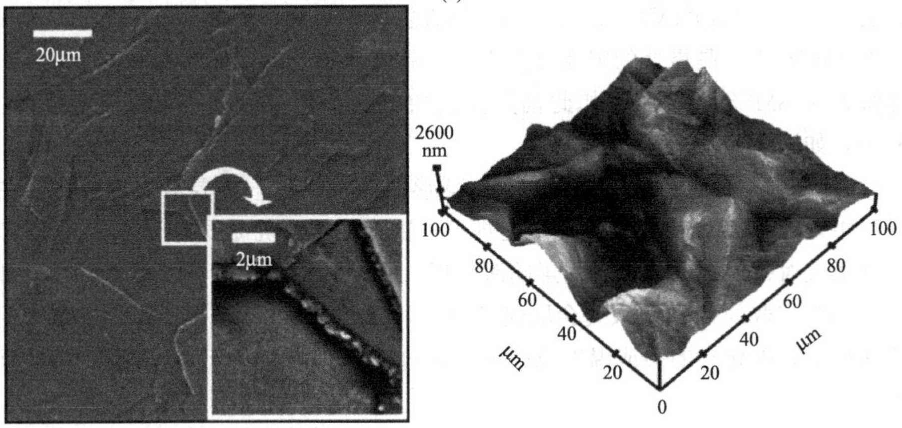

(c)

图 5-41

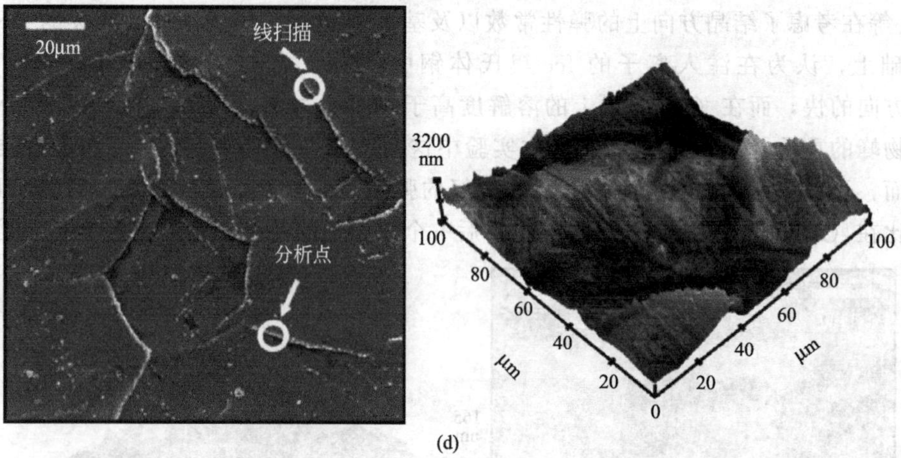

图 5-41 等离子体氮化表面的 FEG-SEM 和 AFM 照片

(a) 基准；(b) 350℃；(c) 400℃；(d) 450℃

N 的渗入和由氮化物沉淀而引起的膨胀也是产生应力的重要原因。奥氏体相和马氏体相在 N 的溶解度和扩散率上有显著差异，这样 N 原子在奥氏体相中的固溶体中占优势，而氮化物沉淀物在马氏体相中占优势。这两种效应都会通过局部扭曲晶体结构而产生内部弹性应力。Stinville 等在详细研究了 PN 在奥氏体 AISI 316 钢晶粒中所产生的膨胀现象时发现，膨胀与晶粒方向有很强的相关性。对于垂直于表面的（001）方向的晶粒，这种效应最大，而对于垂直于表面的（111）方向的晶粒，这种效应最小，这与 Williamson 等的结果一致，其伸长率高达 20%，横向应力约为 2.5 GPa。也有研究者认为，残余应力由邻近晶粒（扩张）所引起，塑性应变在很大程度上是由 γ_N 相所造成的，以上现象造成了氮晶格膨胀。在马氏体微观结构中，N 扩散率相对较高，溶解度较低，这些影响所发挥的作用有待进一步研究。从图 5-41 可以看出，SMSS 中溶胀的尺度在几百纳米左右，这与文献中报道的 316 钢的结果相近。

对图 5-41 中的表面形态第二种可能的解释是离子溅射，通过动量转移将单个原子从表面移除。Manova 等观察到，钢中的溅射速率与取向有关，不同的晶粒以不同的速率被腐蚀，同时在单个晶粒内部的双晶界处产生阶跃和缺陷。尽管有研究显示离子能量（10^4 eV）远高于目前的样品（$<10^3$ eV），这已足够使得溅射速率增加。另外，与 Manova 等报道所不同的是，在 SMSS 中，晶界处的突变要大于单个晶内台阶处的，如图 5-41（c）所示。因此，等离子体溅射对 SMSS 形貌产生如此剧烈变化的影响不大，很可能与片层上边的“短程”粗糙度有关，如图 5-41 所示。

在 400℃和 450℃氮化后表面上也观察到球形的微观结构，主要沿边界分布。在热处理和氮化过程中，氮化铬和 $M_{23}C_6$ 碳化物促进了不锈钢中球形沉淀物的形成。Kong 等在研究气体氮化和回火对铬镍钒马氏体钢的影响时发现，在最外层形成环状氮化铬，在内部区域形成碳化铬，其中扩散的 N 原子最终会取代 C 原子，尤其在 600℃或更高温度下更为明显。在奥氏体不锈钢中，碳化物的形成温度范围为 550～800℃。温度高于 420℃后，CrN 优先在晶粒边界形成。

图 5-42 为 450℃等离子体氮化样品的 FEG-SEM 图像和 EDS 图。由图 5-42（a）可以看出，在椭球体结构中 C、N 含量增加了两倍以上，而 Cr 的含量降低了一多半。在微观组织

中 Fe 含量略有增加，其他合金元素（Ni、Mo）含量略有下降。不同分析区域的 O 含量几乎无明显差异。EDS 线扫描结果［图 5-42（b）］与上述结果一致，Cr 含量明显降低，C、N 含量在团聚区内明显升高，Ni 和 Mo 含量（未显示）略有下降，Fe 含量增加。由此可推断，晶界处的椭球体结构有利于铁碳化物或氮化物的形成。

该椭球体结构可能存在回火热处理的残余铁碳化合物，这些残余铁碳化合物被氮化物部分替代，其替代机理类似于上述 Kong 提出的 Cr（C，N）相的形成过程。可以推断，SMSS 中的 C 含量过低，迄今还没有关于等离子体氮化奥氏体钢中碳化物的报道，其 C 含量约为 SMSS 的 10 倍。然而，马氏体结构中的 C 迁移率明显高于其在奥氏体中的，据已有文献报道，式（5-6）中的活化能 Q 为 0.29～0.88eV 和 0.58～1.29eV。

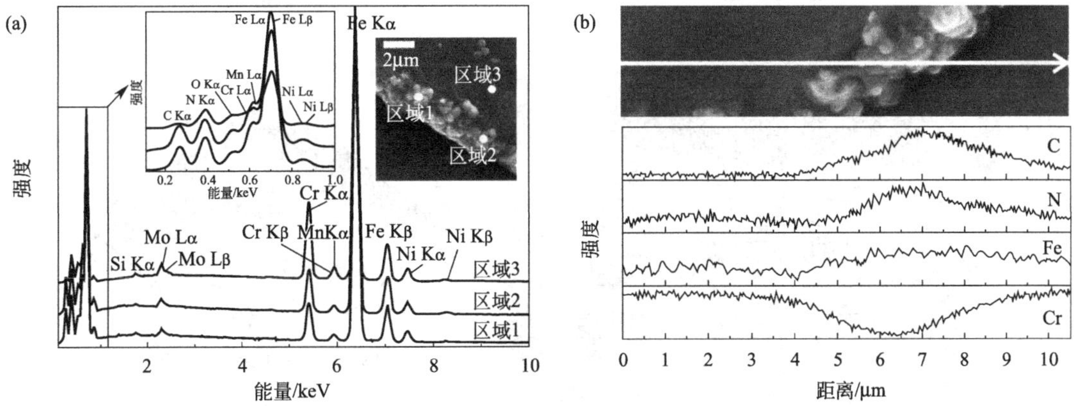

图 5-42 在 450℃等离子体氮化样品的 FEG-SEM 图像和 EDS

（a）EDS；（b）EDS 线扫描

5.3.2.3 硬度和弹性模量

图 5-43 是两种试样在施加 400 mN 载荷下的典型压痕图。可见，未处理的表面压痕残余深度约为 2μm，压痕周边表面呈现滑移带和一些堆积过程（内部材料塑性位移到压痕边缘）。等离子体渗氮后的压痕呈现明显表面硬化迹象，深度减小了一半，而且在边缘发生表面凹陷。表面凹陷与材料具有应变硬化能力有关，而堆积表明材料应变硬化能力较差。一般来说，对于凹陷（如应变硬化金属或非应变硬化材料，如陶瓷），弹性模量与屈服强度的比值较低；对于堆积（如某些金属），其比值较大。痕迹角，特别是对于 450℃样品，出现了径向裂纹，表明加载力时在板条上边产生了一些脆性。这种裂纹的发生与氮化物 ε、γ′ 和 CrN 化合物的形成有关，远超 α_N。

图 5-44 为两种试样的硬度值。图 5-44（a）为基准表面和等离子体氮化表面的硬度分布图。仪器压痕（黑色符号）和显微硬度（明亮符号）剖面之间的差异是由特定的测量方法引起的。在未处理的样品中观察到的近表面硬化（在 400 nm 处从 5.5 GPa 到 3.5 GPa 的变化曲线）是由机械抛光引起的残余应力造成的。氮化处理后，仪器压痕所获得的平均硬度值最初随着深度和较大的误差条稍微增加，特别是在 450℃样品中。尽管采用了接触刚度校正来减小粗糙度对结果的影响，但晶粒各向异性和溅射速率对该温度下的值有显著影响。此离散被认为是不对称压印区域造成的误差，如图 5-43（b）所示，影响了常用的分析方法对硬度的计算。通过显微硬度测试对 450℃氮化后的试样进行检测发现其平均值较高，分散性较

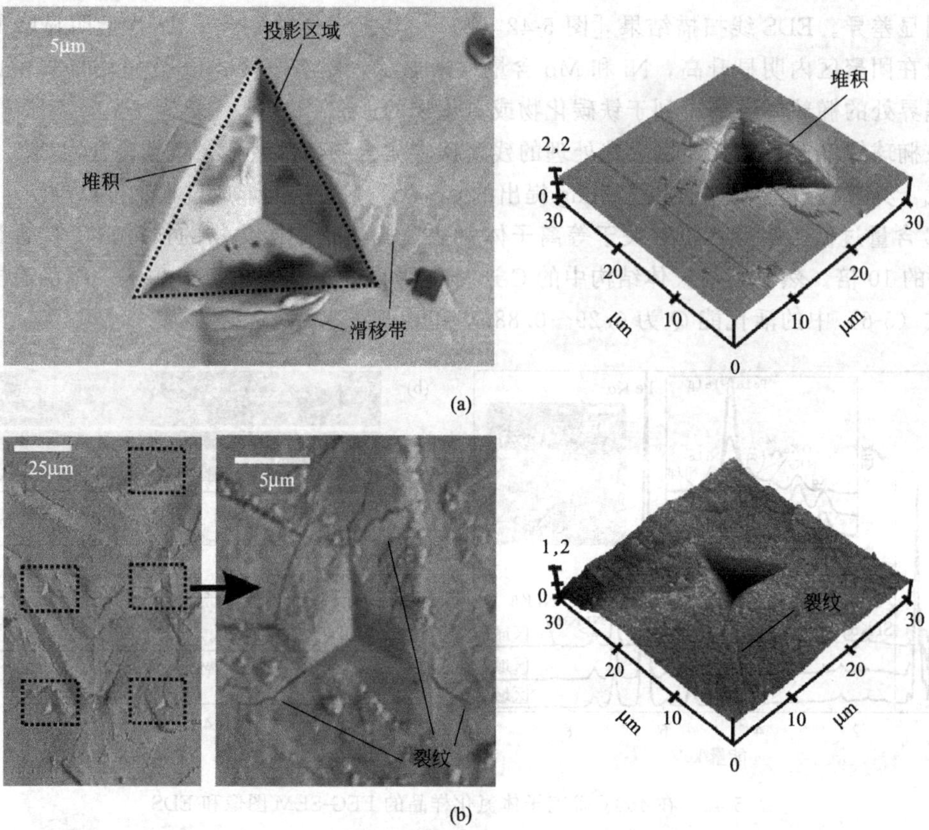

图 5-43　施加 400 mN 负荷后的 FEG-SEM 和 AFM 显微照片

(a) 参考样品；(b) 450℃等离子体氮化

低。尽管如此，所有的硬度剖面都呈现出 300 nm 左右的深度坑，该深度是考虑到层厚的预估值，如表 5-18。如 Saha 和 Ni 所认为的，在最大深度小于涂层厚度 10%的情况下，压痕产生的塑性变形受硬涂层内部的约束。在图 5-44 (a) 中显微硬度测试所能达到的深度，轮廓线向基体值不断下降。尽管如此，350℃样品在约 4000nm 深度处的轮廓线发生明显变化。为了进一步研究这种影响，直接在横截面上测量压痕，如图 5-44 (b) 所显示的 350℃样品的硬度值。图 5-39 中氮化层 NL（厚度约 5μm）的硬度为 12GPa，如图 5-44 (a) 所示。另外，扩散层（固溶体中有氮的区域，5～16μm）硬度值较小。

为了便于比较，表 5-18 列出了 300～1100 nm 范围内改性表面的计算平均值。SMSS 在 350℃和 400℃的等离子体氮化后的硬度平均值是 12～15GPa。尽管在晶体结构、形貌和硬度上观察到明显的差异，但等离子体氮化 SMSS（图 5-45）处理后表面的弹性模量与参考 SMSS（240 GPa）的弹性模量在统计学上是相似的。误差条（特别是在 450℃样上的）与其粗糙度和晶粒各向异性有关。压痕边缘的弹性变形严格依赖于晶格中原子间的净键力，它们能达到比塑性变形场更宽的区域。如果所产生的化合物是嵌入马氏体晶粒内的微小氮化物沉淀物，或者是氮原子间的空隙，那么在它们附近所引起的残余应力所产生的平均弹性响应仅与所观察到的应力释放基体的弹性响应有所偏离。另外，离子氮化（晶格畸变和氮化前体）

引起的变化确实会影响孪晶和位错滑移，而孪晶和位错滑移是导致材料塑性变形的原因。基于这些假设，可以推断沉淀-分散是氮化 SMSS 近表面硬化的一个重要影响，在这样的机理中，又硬又小的沉淀物（ε 和 γ'）作为位错运动的障碍，增加了材料的强度。另一种可能的因素是科特雷尔气团，在这种气团中，间隙 N 原子（α_N 相）通过迁移到位错周围的空位并固定它们来增强塑性强度。

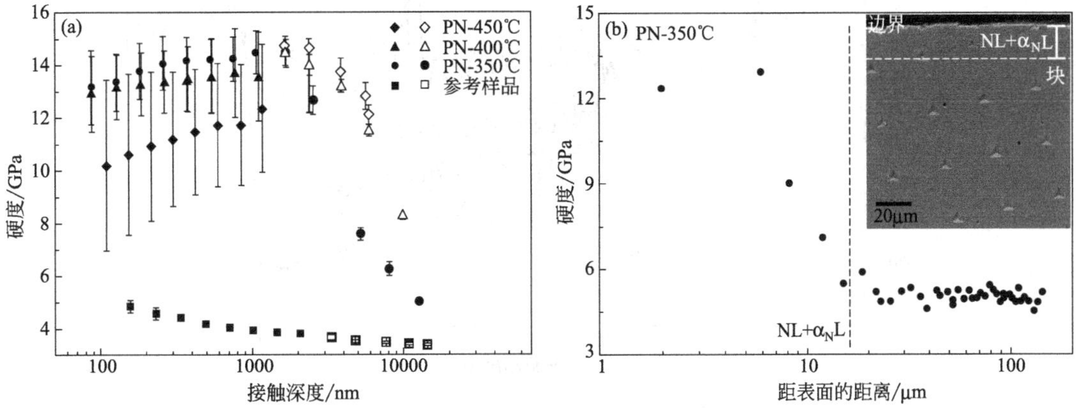

图 5-44　基准表面与等离子体氮化物表面的硬度分布（a）
和 350℃等离子体氮化 SMSS 截面仪器压痕及相应距离表面硬度（b）

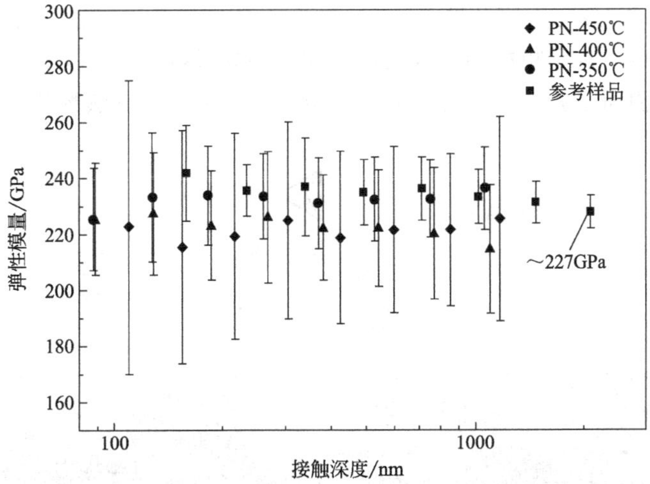

图 5-45　参比和等离子体氮化 SMSS 的弹性模量分布

5.3.2.4　纳米划痕

图 5-46 为样品在加载高达 400mN 情况下的典型划痕渗透深度。可见，经（350℃下）氮化处理的样品其划痕槽均比参考样品的浅。400℃和 450℃下的也是如此。在 350℃渗氮后最大渗透深度降低 36%（从 2μm 降低到 1.3μm），卸载后的弹性恢复从 18%增加到 55%。

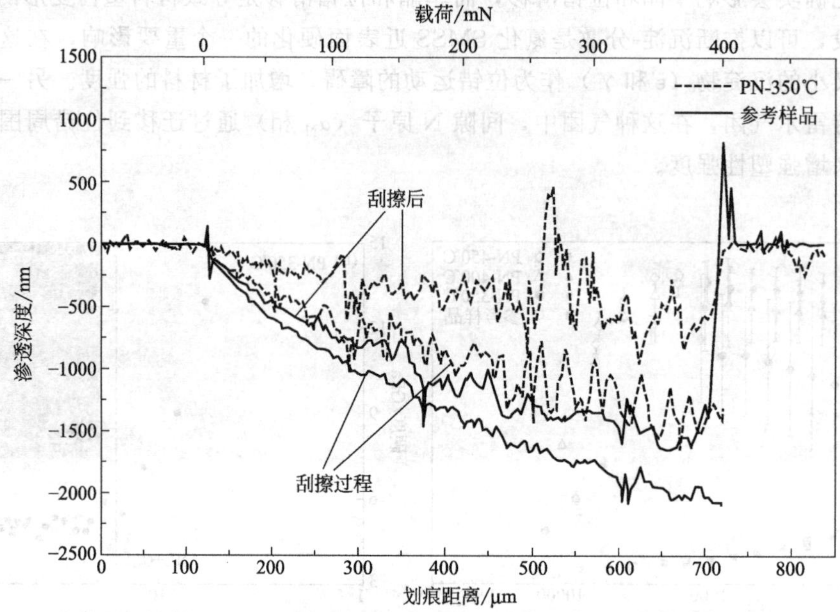

图 5-46　参考样品和 350℃渗氮样品的划痕渗透深度

氮化 SMSS 表面产生的沟槽形貌如图 5-47 所示，与参比表面完全不同，由于参比试样的划痕几乎是直的，所以在氮化处理后的表面，滑动尖端会发生横向轨迹偏差。此外，这种各向异性似乎与工作温度有关。在等离子体氮化奥氏体钢中也观察到类似的行为。这一结果与 N-扩散和 N-沉淀物形成过程中方向相关的各向异性一致。硬化氮化表面上的沟槽宽度更窄（在划痕中间区域从 20μm 减小到约 8μm）。由于参比样品的凹槽是光滑的，渗氮样品的凹槽在整个划痕长度上都是粗糙的，这表明存在一种黏滑机理，在这种机理中，尖端与硬质沉淀物的相互作用阻碍了其运动。变形能在尖端聚集，因此被突然释放。

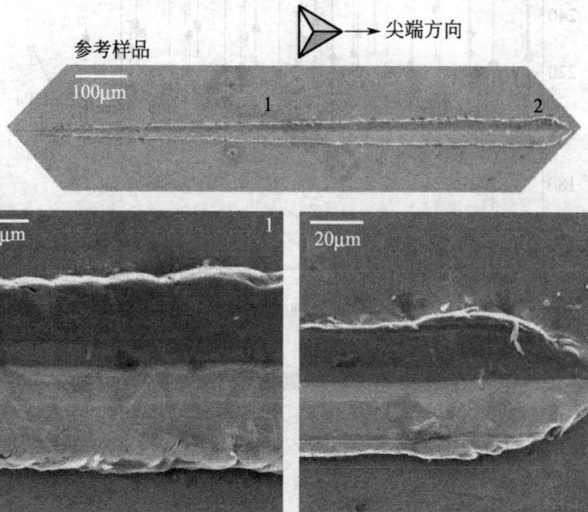

(a)

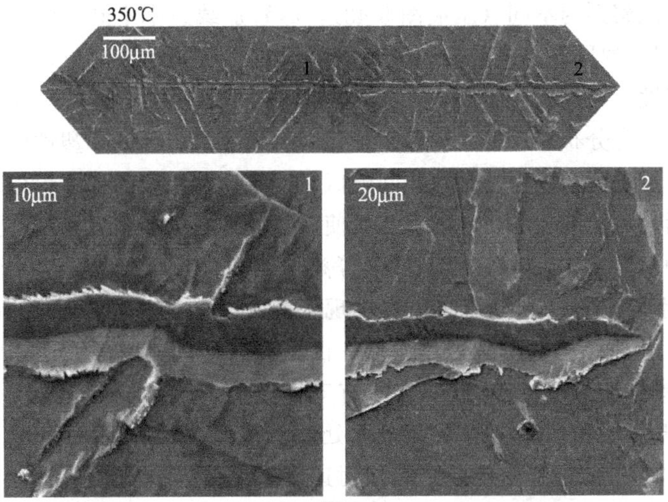

(b)

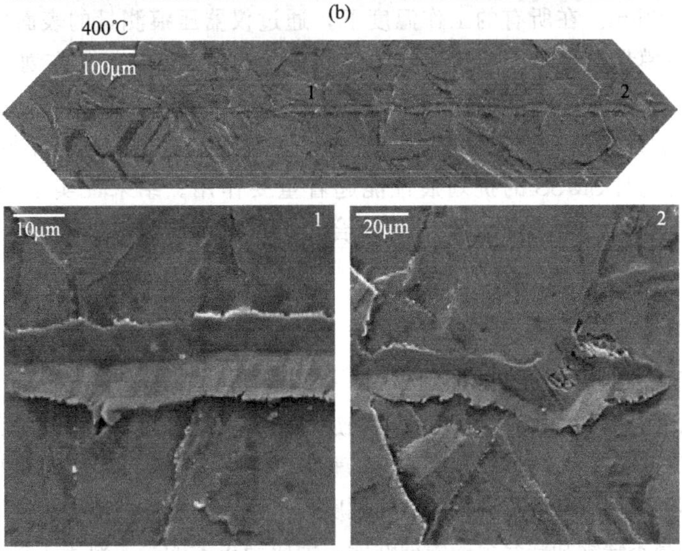

(c)

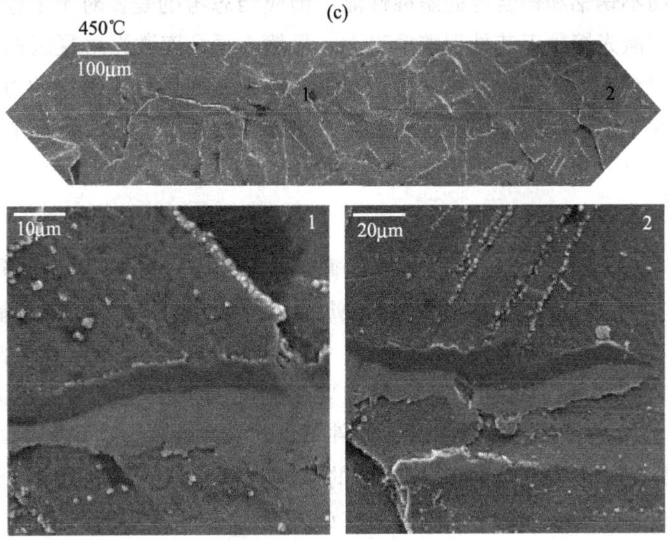

(d)

图 5-47　在不同工作温度下参考样品和等离子体氮化 SMSS 上产生的典型划痕沟槽的 FEG-SEM 图

(a) 参考样品；(b) 350℃；(c) 400℃；(d) 450℃

与正常加载下观察到的不同（压痕图 5-43），尽管加载速率不同，但在划痕试验中，除了400℃样品中槽端附近的压碎晶界区域，在渗氮后没有发现裂纹或缺口。事实上，氮化样品上的划痕揭示了延展性，特别是发生堆积，其强度似乎下降，可参考 450℃处理的试样表面。这些差异是由不同的应力分布在正常（压痕）和切向（划痕）引起的。塑性变形压痕试验达到深部，在等离子体渗氮表面形成由硬颗粒、间隙氮和残余应力组成的梯度织构。另外，划痕试验的应力分布还包括动尖端产生的切向力，从而使塑性变形在尖端附近和浅层受到约束。

可见，在 350℃、400℃和 450℃条件下等离子体氮化了超级马氏体不锈钢 HP13Cr，条件是完全马氏体组织，在 1100℃和油淬中实现了热处理。与基准表面相比，渗氮过程显著改变了表面形貌、微观结构和摩擦力学性能。由于氮在马氏体结构中具有高扩散率和低溶解度的协同作用，除固溶体氮（N）外，在所有工作温度下均形成氮化相 ε-$Fe_{2+x}N$（$0\leqslant x\leqslant 1$）和 γ′-Fe_4N。氮化层和扩散层的厚度根据处理温度从 16μm 到 61μm 不等。在最外层表面，晶体取向相关的扩散（膨胀现象）和溅射速率在最高工作温度下产生了不规则的形貌，平均粗糙度约为 400nm。在所有的工作温度下，通过仪器压痕测量的表面硬度从 3.8GPa 提高到 14GPa。弹性模量与参考面相比无统计学差异，约为 230 GPa。在划痕试验中也观察到氮化表面的强化。在切向载荷作用下，发现了一种硬化延展性类似的特征（槽宽从 20μm 减小到 8μm），没有裂纹、缺口或脆性断裂的迹象。在压痕试验中，尽管不同的加载方式存在差异性，但析出硬化对 SMSS 的抗划痕性能起着重要作用。结果证实了等离子体氮化处理对超级 13Cr 不锈钢表面改性的有效性，为该合金的进一步研究提供了依据。

5.3.3 激光表面熔凝

油气开采过程中介质流体的快速冲刷作用，使得超级 13Cr 不锈钢有发生冲刷腐蚀并发展为局部腐蚀的潜在风险。提高钢抗冲刷腐蚀性能的途径之一就是提高表面硬度，其中激光表面熔凝（LSM）处理是一类重要的表面硬化方法，其原理是利用激光熔凝产生的熔化和快速凝固过程使表层晶粒细化且不经历回火，以提高钢的表面硬度，从而提高抗冲蚀能力。同时，也有研究报道激光表面熔凝能提高不锈钢和镁合金的耐蚀性能。但应当思考的是，对于工程应用的石油管材而言，通常采用迂回式激光熔凝工艺处理整个表面。显然，每一道激光熔凝区都会对上一道（甚至是前几道）的熔凝组织产生热影响。在这种情况下，激光表面熔凝不锈钢的力学性能和耐蚀性能究竟如何，熔凝组织中不同部位的性能有何差异，仍缺乏较为系统深入的研究。

5.3.3.1 微观组织

经激光表面熔凝（LSM）处理后的试样横截面形貌如图 5-48 所示。由图 5-48（a）可知，沿厚度方向的组织可分为 3 个区域，包括 LSM 层、过渡层和未受影响的基体，分别对应图 5-48（b）～（d）。LSM 层的厚度约为 200μm，每道之间的搭接率（激光熔池覆盖上一道熔池的宽度比例）约为 50%，焊道之间的界面处主要为指向曲率中心的较为粗大的柱状晶，靠近熔池心部则为细小的枝晶。在同一金相腐蚀条件下，过渡层腐蚀较为轻微，过渡层底部为马氏体组织，如图 5-48（c）所示。图 5-48（d）中的基体材料为典型的马氏体组织。

LSM 处理后的试样上表面形貌如图 5-49（a）所示。可以看出，搭接后每道熔池的宽度约为 400μm，激光束迂回式扫描使得相邻焊道的枝晶生长方向不同。从图 5-49（b）的横截面形貌也能看到，上表面的焊道界面位于上一道熔池的中心位置，LSM 处理后组织不同部

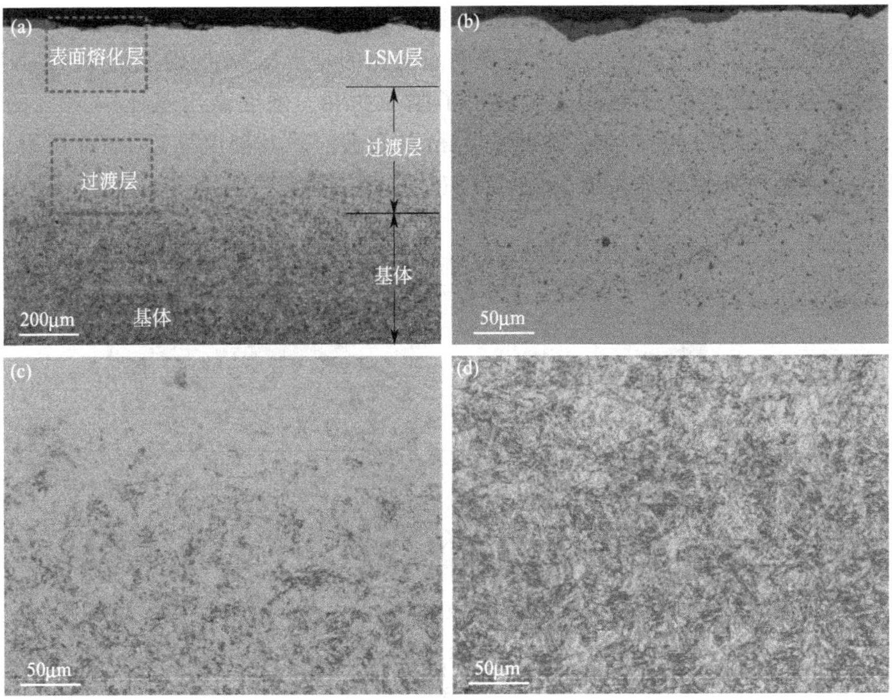

图 5-48　超级 13Cr 不锈钢激光表面熔凝样品沿厚度方向的横截面组织形貌

(a) 截面形貌；(b) LSM 层；(c) 过渡层；(d) 基体

位的硬度和腐蚀性能可能存在差异。因此，将详细探讨沿厚度方向的 LSM 层、过渡层和基体的显微硬度和耐蚀性，并对比 LSM 层不同部位的硬度和耐蚀性差异。

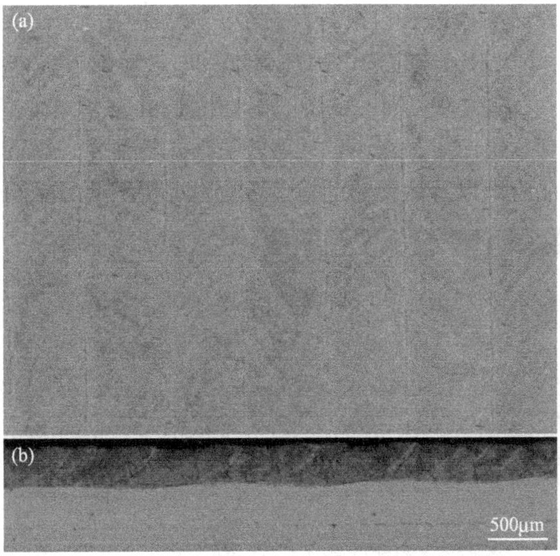

图 5-49　激光表面熔凝层的上表面和横截面形貌

(a) 上表面；(b) 横截面

5.3.3.2　显微硬度

图 5-50 是 LSM 试样横截面显微硬度的分析部位及硬度曲线，其中区域Ⅰ、Ⅱ、Ⅲ分别

对应 LSM 层、过渡层、基体。基体的显微硬度值为 300～315HV，符合超级 13Cr 不锈钢的 110ksi 钢级的硬度换算数值要求。与之呈现明显对比的是，LSM 层硬度约达 410HV，说明经 LSM 处理后，超级 13Cr 不锈钢表面获得了厚 200μm、硬度高出基体约 25％的硬化层。此外，在 LSM 层和基体之间产生了宽约 600μm 的过渡层，其硬度靠近 LSM 层附近的较低（360HV），向基体方向逐渐升高至 390～400HV 并保持基本稳定。

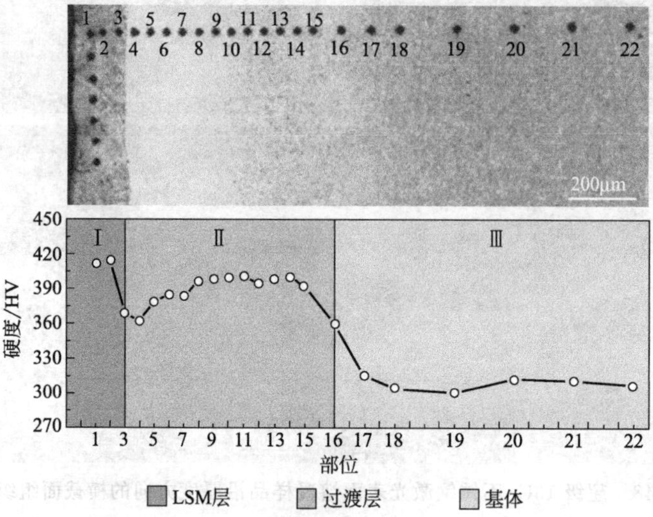

图 5-50　横截面的显微硬度分析部位及硬度曲线

鉴于迂回扫描 LSM 处理引入了多个焊道界面，有必要掌握试样焊道界面附近的硬度特征。对图 5-51（a）所示的横截面 LSM 层-过渡层顶部和图 5-51（b）所示的试样上表面进行显微硬度分析可以看出，焊道界面处熔凝组织的硬度较低，显微硬度约为 340HV。由此可见，LSM 处理可以显著提高超级 13Cr 不锈钢表层组织的硬度，但是在焊道界面处硬度有一定程度的降低（仍比基体硬度高出 30～40HV）。LSM 层的高硬度是由于激光熔凝具有很快的冷却速率，快速凝固使得焊道中心部位组织十分细小，从而获得很高的硬度。焊道界面处硬度的降低应归因于界面处粗大的柱状晶组织以及熔凝对上一道熔池附近组织的回火软化作用。

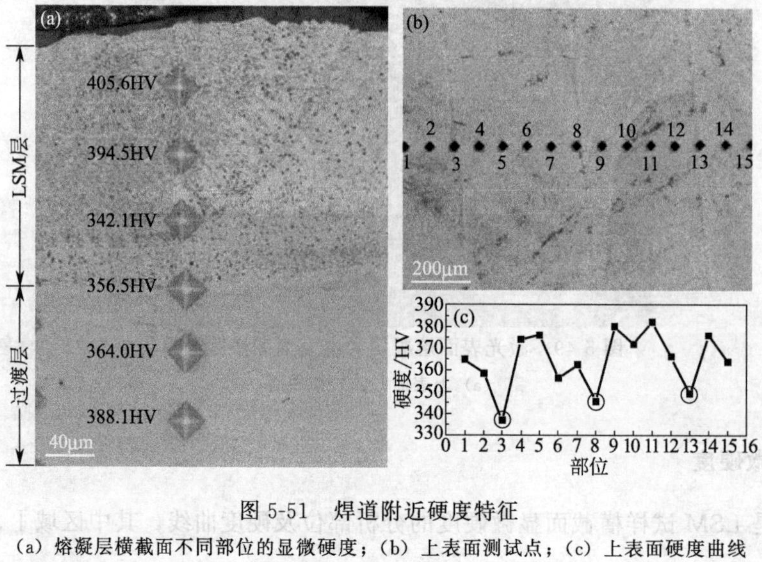

图 5-51　焊道附近硬度特征

（a）熔凝层横截面不同部位的显微硬度；（b）上表面测试点；（c）上表面硬度曲线

5.3.3.3 耐蚀性能

采用动电位极化对比超级13Cr不锈钢的LSM层、过渡层、基体在3.5%NaCl溶液中的电化学腐蚀行为，结果如图5-52所示，其中过渡层试样的取样位置为过渡层顶部。与超级13Cr不锈钢基体相比，经LSM处理试样的开路电位略有升高，但钝化区变窄、维钝电流密度增大、点蚀电位负移约90mV。可见，LSM处理后试样表面LSM层的耐蚀性能与基体相比略有降低。然而与基体和LSM层相比，过渡层的钝化区最宽，维钝电流密度最小，且点蚀电位相对基体正移约70mV，说明过渡层的耐蚀性能优于基体和LSM层。

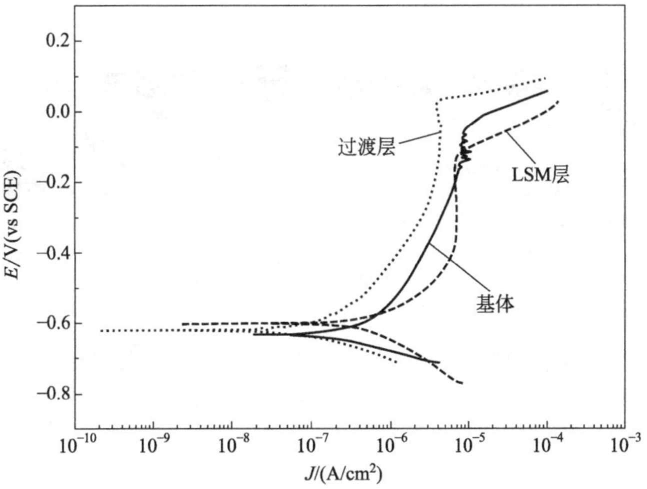

图5-52 超级13Cr不锈钢在3.5%NaCl溶液中的动电位极化曲线

图5-53为LSM层、过渡层、基体试样在3.5%NaCl溶液中的交流阻抗谱。由容抗弧的半径对比可知，3种试样的耐蚀性能顺序为过渡层>基体>LSM层，阻抗分析结果与动电位极化曲线反映的规律完全一致。对于LSM层试样，在低频区出现了一个时间常数，推测为Warburg阻抗，说明钝化膜在局部位置产生了扩散控制的腐蚀过程。结合图5-49（a）和图5-51（b），可以认为这些局部薄弱环节可能与焊道界面有关。

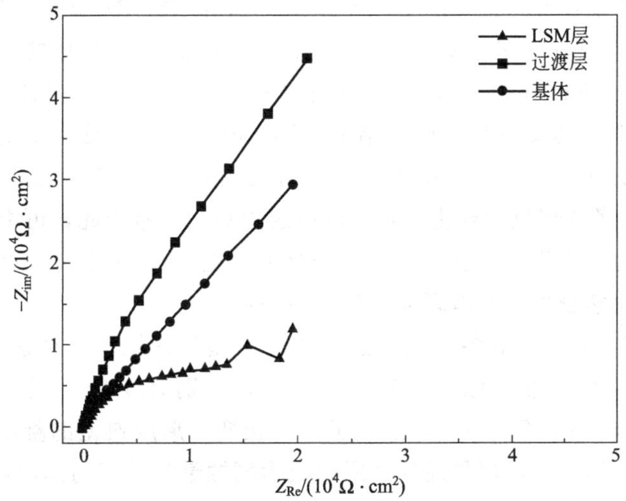

图5-53 超级13Cr不锈钢在3.5%NaCl溶液中的交流阻抗谱

作为对腐蚀电化学分析的重要补充，采用6%$FeCl_3$水溶液进行腐蚀浸泡试验，对比分析LSM层的焊道界面、焊道内部、过渡层以及基体的耐蚀性能，结果如图5-54所示。由图5-54（a）的总体形貌可以看出，LSM层的腐蚀最为严重，而且呈现沿焊道界面处优先腐蚀的特征。对一处焊道界面进行放大观察见图5-54（b）。焊道界面处较弱的耐蚀性能与图5-53中对Warburg阻抗产生原因的分析相吻合。图5-54(c)～(e)分别为过渡层顶部、过渡层底部、基体腐蚀后的形貌，其中过渡层顶部几乎没有被腐蚀，过渡层底部靠近基体的区域有轻微腐蚀，而基体发生了轻度腐蚀并有点蚀坑出现。腐蚀浸泡试验说明，LSM处理后超级13Cr不锈钢各区域的耐蚀性能顺序为过渡层＞基体＞LSM层，这与腐蚀电化学测试得到的规律一致。

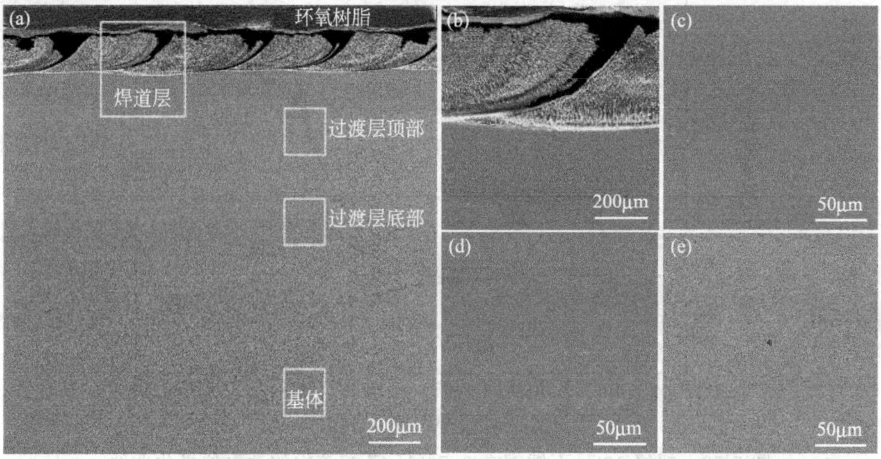

图5-54　超级13Cr不锈钢在6%$FeCl_3$溶液中浸泡24h后的SEM截面形貌

(a) 总体形貌；(b) 焊道界面；(c) 过渡层顶部；(d) 过渡层底部；(e) 基体

5.3.3.4　微区电化学与物相

图5-55为LSM试样的扫描Kelvin（开尔文）探针（SKP）微区分析结果。可以看出，由LSM层⟶过渡层⟶基体，Kelvin电位先升高后降低。LSM层的Kelvin电位最负，约为－700mV；过渡层Kelvin电位最正，最高处约为－150mV；基体的Kelvin电位介于LSM层和过渡层之间。根据前期的研究结果，Kelvin电位的高低与金属耐腐蚀能力的高低呈正相关关系，高的Kelvin电位反映出该部位可能具有更厚的钝化膜从而具有更高的抵御Cl^-攻击的能力，或者该部位的电化学腐蚀反应阻力更大。基于此，可由Kelvin电位推断不同区域的耐腐蚀能力顺序为过渡层＞基体＞LSM层，这一规律与图5-52～图5-54中对各区域耐腐蚀性能的电化学分析、浸泡腐蚀分析结果一致。

为了探究经过LSM处理后各微区耐蚀性能产生差异的机理，对超级13Cr不锈钢各区域的物相结构进行XRD分析，结果如图5-56所示，分别对应LSM层、过渡层和基体。激光表面熔凝使得超级13Cr不锈钢表层发生了液固相变，形成典型的凝固组织，快速凝固作用下组织呈现马氏体结构。焊道界面处之所以成为腐蚀最为敏感的部位，是因为这些部位的凝固组织更为粗大，柱状晶之间的元素偏析可能更为显著，使得不锈钢在这些区域的耐蚀性

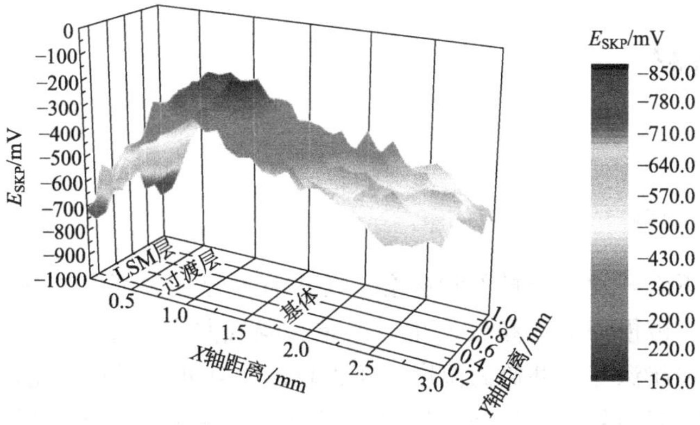

图 5-55 超级 13Cr 不锈钢经 LSM 处理后各区域的 SKP 微区电化学分析结果

降低得更为明显。超级 13Cr 不锈钢属于马氏体不锈钢，其母材基体在生产过程中一般应进行二次回火处理，故其组织为马氏体（M）＋少量逆变奥氏体（A）的复相组织特征。已有研究结果证实，该复相组织具有较好的耐蚀性能。激光熔凝使得过渡层在热的作用下发生固态相变。图 5-56 结果表明，过渡层为马氏体组织，因此推测激光表面熔凝过程中过渡层受热发生奥氏体化然后又快速冷却，类似淬火处理，获得单相马氏体组织。由于淬火态的超级 13Cr 不锈钢单相马氏体组织中无第二相析出，其耐蚀性能优于马氏体＋逆变奥氏体复相组织，因而过渡层呈现极为优异的耐蚀性能。

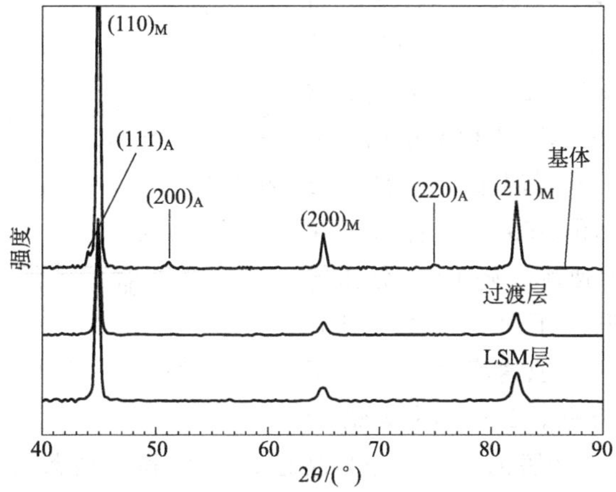

图 5-56 超级 13Cr 不锈钢经 LSM 处理后各区域的 XRD 图谱分析结果

可见，超级 13Cr 不锈钢表面获得了厚度为 200μm 的激光熔凝层，熔凝层与不锈钢基体之间存在厚度约 600μm 的过渡层。熔凝层的硬度为 410HV，过渡层硬度为 390～400HV，基体的硬度为 300～315HV。激光熔凝处理使超级 13Cr 不锈钢的表面硬度提高约 25%。超级 13Cr 不锈钢激光熔凝层与过渡层均为马氏体组织，不锈钢基体为马氏体＋奥氏体的复相组织。各层的耐蚀性顺序为过渡层＞基体＞熔凝层，熔凝层的焊道界面处对局部腐蚀较为敏感。

5.4 材质与选材

5.4.1 不同材质

5.4.1.1 碳钢与不锈钢

随着油气田的不断开发，产量不断递增，气井油套管柱大都面临高温高压高腐蚀环境，油套管腐蚀、变形、破损等事故频繁发生，严重影响气井安全生产。其原因之一是含 CO_2 等酸性气体的深井和超深井，井筒内温度、压力较高，且处于不断变化之中，井下油套管面临的服役环境日趋苛刻和复杂。另外，气井油套管柱往往采用不同类型管材，其在 CO_2 环境中的耐蚀性与实际的外界环境密切相关。

对油气井用钢材的 CO_2 腐蚀国内外已进行了较多研究，在腐蚀的表现行为、腐蚀产物、腐蚀机理、控制腐蚀的手段等方面取得了一定成果。但由于油气开发环境和高温高压气井工况的复杂性以及试验手段、方法的限制，对高温高压高酸性条件下腐蚀机理及影响因素的认识尚有很多问题需要解决。

以西部某油田气藏天然气中 CO_2 含量为例，由其统计情况知道，该油田各区块气藏井底温度高，含有腐蚀性气体 CO_2，其分压范围为 0.3～5.27MPa，井下管柱面临的超临界 CO_2（CO_2 的临界温度为 31.1℃，临界压力为 7.38MPa）腐蚀问题日益突出。高温高压酸性气井油套管柱选材对于气井的安全有效开发至关重要。

图 5-57 为五种管材在较高温度下的腐蚀速率，其中 13Cr 不锈钢、S13Cr 不锈钢的腐蚀速率随温度的升高不断增大，在 150℃达到最大值，而且 J55、N80 和 P110 三种碳钢的腐蚀速率明显高于 13Cr、S13Cr 两种不锈钢。图 5-58 为 S13Cr 不锈钢在不同温度下的腐蚀形貌，主要为均匀腐蚀。图 5-59 为五种管材在不同 CO_2 分压下的腐蚀速率，随 CO_2 分压的增大腐蚀速率呈先上升后下降的趋势，J55、N80 和 P110 三种碳钢的腐蚀速率也明显高于 13Cr、S13Cr 两种不锈钢。13Cr 不锈钢和 S13Cr 不锈钢 CO_2 腐蚀产物膜的主要成分为晶态 $FeCO_3$ 和非晶态的 Cr（$OH)_3$，此外，还含有少量的 Fe 或 Cr 的氧化物、碳化物和单质 Fe 等。

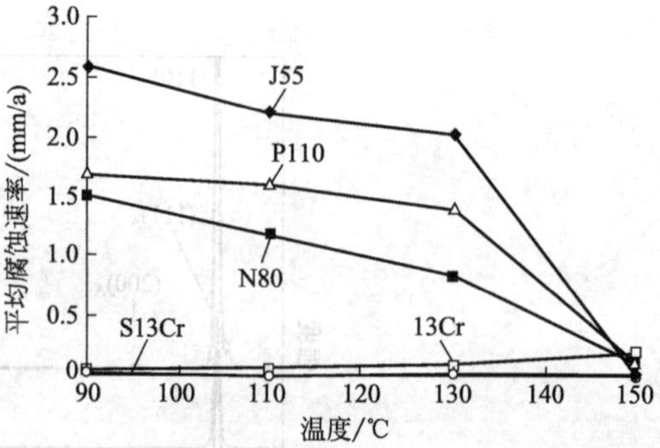

图 5-57 不同温度下的腐蚀速率

可见，在超临界 CO_2 试验条件下，温度对 J55、N80、P110 三种普通碳钢和 13Cr、S13Cr 两种不锈钢腐蚀速率的影响规律有明显区别：J55、N80、P110 碳钢在 90℃时腐蚀速率达到最大值，属于极严重腐蚀，然后随温度升高而降低；13Cr、S13Cr 不锈钢的腐蚀速率随温度的升高不断增大，在 150℃达到最大值，分别属于严重腐蚀和轻度腐蚀。五种管材的平均腐蚀速率随 CO_2 分压的增大呈先上升后下降的趋势。当 CO_2 分压较小时，随分压升高，产生的 $FeCO_3$ 溶解过程加剧，因而腐蚀速率增加。随着 CO_2 分压的继续增大，腐蚀产物膜厚度增加的过程逐渐占据优势，导致 $FeCO_3$ 的溶解度降低，从而使试样表面的腐蚀产物膜增多，其保护作用掩盖了 CO_2 分压增大对腐蚀速率的影响，管材的平均腐蚀速率随

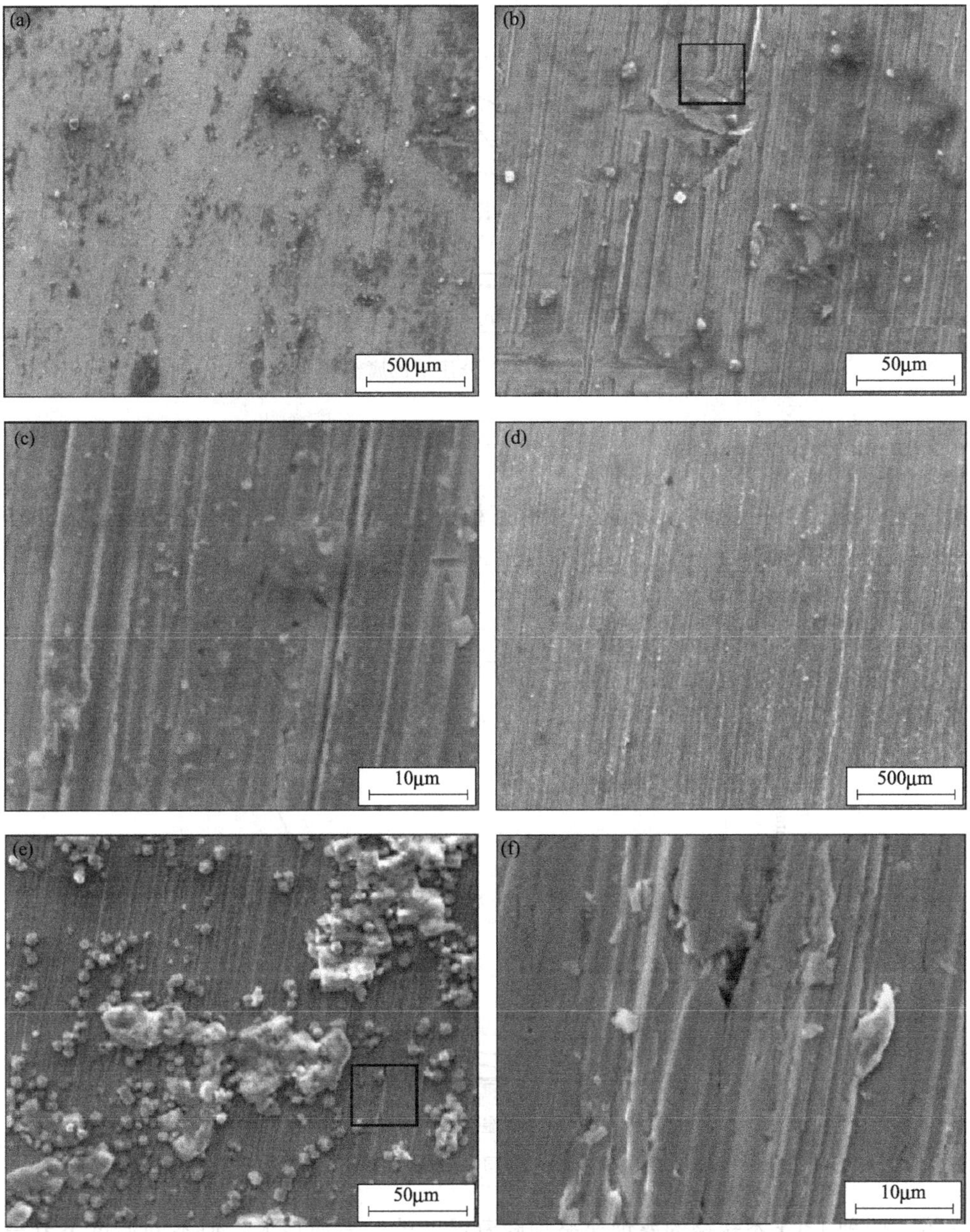

图 5-58 150℃时 S13Cr 不锈钢腐蚀产物表面 SEM 形貌

(a) 90℃，100X；(b) 90℃，1000X；(c) 90℃，图 (b) 中方框处放大 5000 倍；

(d) 150℃，100X；(e) 150℃，1000X；(f) 150℃，图 (e) 中右框处放大 5000 倍

CO_2 分压增高而降低。碳钢 CO_2 腐蚀产物膜主要成分为 $FeCO_3$，同时夹杂有少量的 Fe_3C 和铁的氧化物或铁单质。13Cr 和 S13Cr 不锈钢 CO_2 腐蚀后产物膜的主要成分为晶态 $FeCO_3$ 和非晶态的 $Cr(OH)_3$，此外，还含有少量的 Fe 或 Cr 的氧化物、碳化物和单质 Fe 等。当 CO_2 腐蚀膜中含非晶态的 $Cr(OH)_3$ 时，该腐蚀膜具有离子透过选择性，即只许阳离子通过而阻止阴离子通过，这就是一般含 Cr 钢有较好耐蚀性的主要原因。

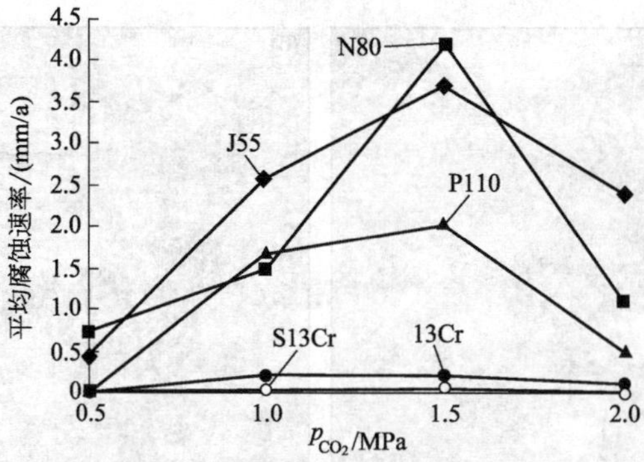

图 5-59　不同 CO_2 分压下的腐蚀速率

5.4.1.2　四种 13Cr 不锈钢

根据某油田不同井况条件，配制不同井下模拟溶液，用高温高压釜研究了四种不同成分的 13Cr 不锈钢在不同温度、Cl^- 浓度和 CO_2 分压下的腐蚀行为，对其耐蚀性能进行了评价，不同温度下的腐蚀速率如图 5-60 所示。

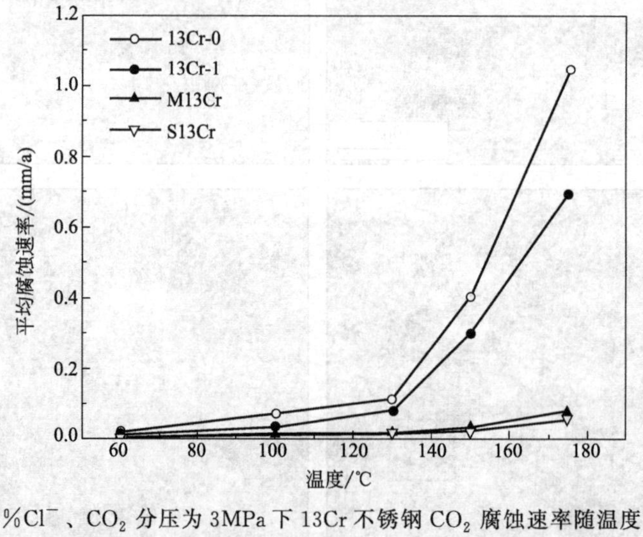

图 5-60　10%Cl^-、CO_2 分压为 3MPa 下 13Cr 不锈钢 CO_2 腐蚀速率随温度的变化规律

总体上四种 13Cr 不锈钢的腐蚀速率均随着温度的升高而增大，但不同温度下升高的趋势却有较大差异。由于对不锈钢的腐蚀程度没有具体的评价标准，故借用对碳钢腐蚀程度的评价标准 NACE RP 0775—2005 进行评价。在 60℃时，四种材质的腐蚀速率都非常低，差异不大，都属于轻微腐蚀。之后随着温度的升高腐蚀速率缓慢增大，130℃时腐蚀程度仍为中度或轻度腐蚀，但当腐蚀温度升至 150℃以上时，13Cr-0 不锈钢和 13Cr-1 不锈钢的腐蚀速率急剧上升，而 M13Cr 不锈钢和 S13Cr 不锈钢仍维持缓慢增大的趋势。尤其是在 175℃时，不同材质腐蚀速率差异非常明显，13Cr-0 不锈钢和 13Cr-1 不锈钢的腐蚀速率分别达到 1.05mm/a 和 0.70mm/a，属于极严重腐蚀；而 M13Cr 不锈钢和 S13Cr 不锈钢的腐蚀速率分别为 0.08mm/a 和 0.06mm/a，仍为中度腐蚀。这说明在高温下 M13Cr 不锈钢和 S13Cr 不锈钢仍具有很好的耐蚀性。

图5-61和图5-62分别为四种13Cr钢在不同Cl^-浓度和CO_2分压下的腐蚀速率。可见，随着Cl^-浓度和CO_2分压的增大，四种不锈钢的腐蚀速率均增大，其中13Cr-0不锈钢和13Cr-1不锈钢的腐蚀速率增加比较明显，而M13Cr不锈钢和S13Cr不锈钢的腐蚀速率变化不大。此外，13Cr-0不锈钢和13Cr-1不锈钢在175℃、$p_{CO_2}=3MPa$、3%Cl^-条件下腐蚀速率已经达到极严重腐蚀程度，而M13Cr不锈钢和S13Cr不锈钢在175℃、$p_{CO_2}=9MPa$、5%Cl^-条件下腐蚀速率仍然很低，为轻微腐蚀。

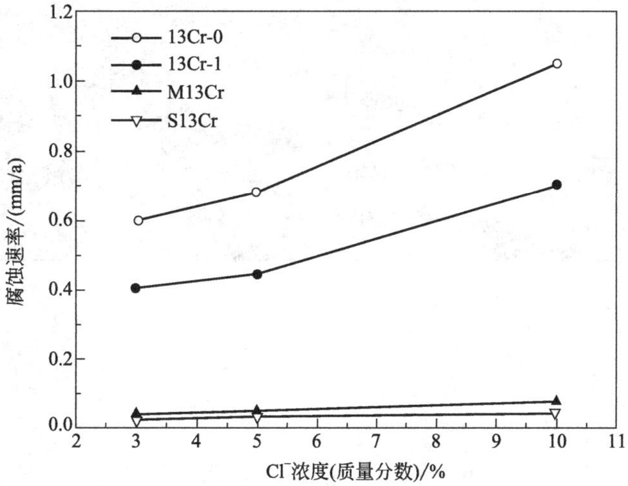

图5-61 175℃、CO_2分压为3MPa下13Cr不锈钢CO_2腐蚀速率随Cl^-浓度变化的规律

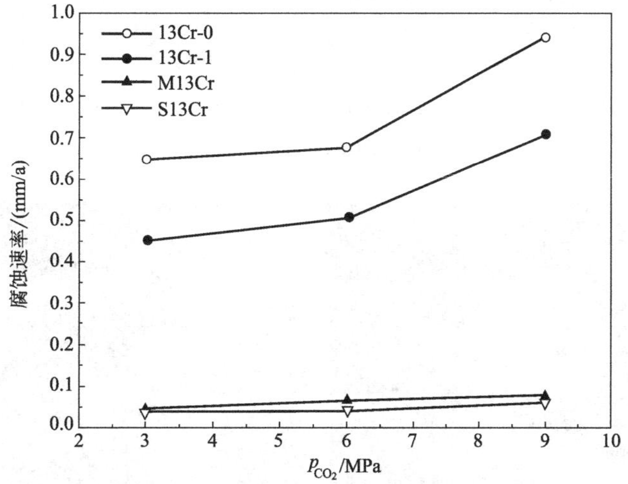

图5-6 2 175℃、5%Cl^-下13Cr不锈钢CO_2腐蚀速率随CO_2分压变化的规律

四种13Cr不锈钢在175℃、$p_{CO_2}=6MPa$和3%Cl^-条件下腐蚀形成的腐蚀产物的形貌见图5-63。13Cr-0不锈钢的腐蚀产物膜表面出现密集的胞状突起，13Cr-1不锈钢的表面也有突起物但较为稀疏，而M13Cr不锈钢和S13Cr不锈钢的腐蚀产物膜则较为平整。13Cr-0不锈钢和S13Cr不锈钢腐蚀产物膜在高放大倍数下的形貌如图5-64所示，可以看出，13Cr-0不锈钢表面胞状突起物为层片状晶体的堆积，突起物之间的空隙部位腐蚀产物膜也比较平整，且发生龟裂；而S13Cr不锈钢腐蚀产物膜与13Cr-0不锈钢平整部位类似，略有龟裂，砂纸

打磨的痕迹依稀可见。图 5-65 为 13Cr-0 不锈钢和 S13Cr 不锈钢腐蚀产物的截面形貌，可以看出，13Cr-0 不锈钢的腐蚀产物膜分为两层，两层膜都比较厚，中间有清晰的界面，膜内裂纹贯穿膜厚，膜与基体结合不够紧密，而 S13Cr 不锈钢表面腐蚀产物膜很薄，并且与基体结合较为紧密。

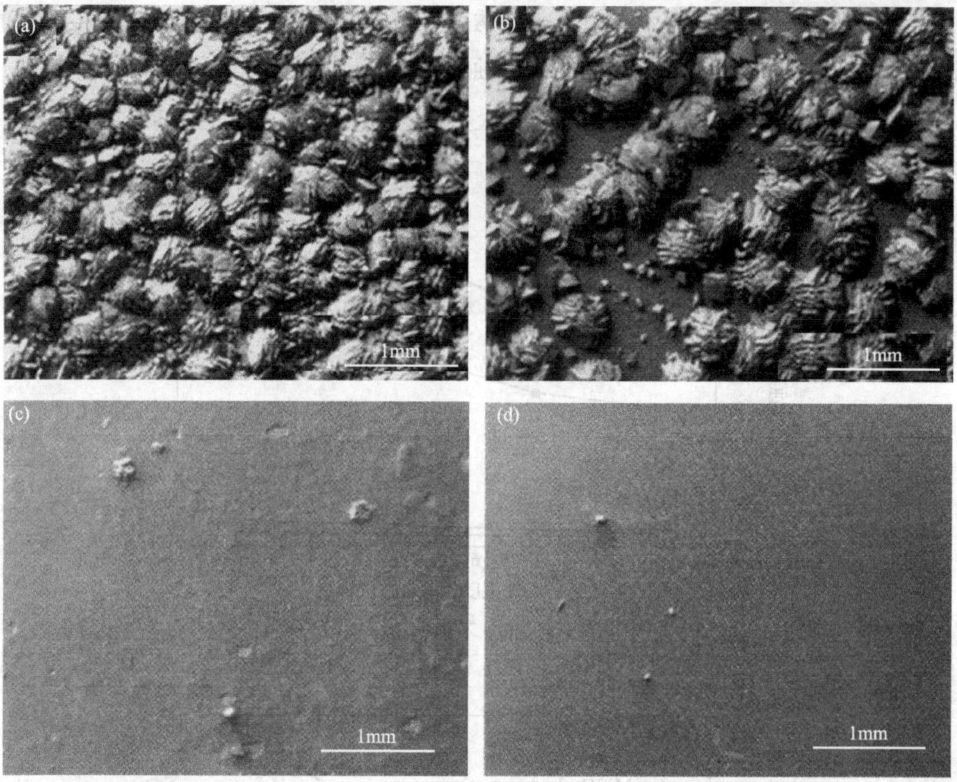

图 5-63　175℃、6MPa CO_2 分压、3%Cl^- 下 13Cr 不锈钢的腐蚀形貌

(a) 13Cr-0；(b) 13Cr-1；(c) M13Cr；(d) S13Cr

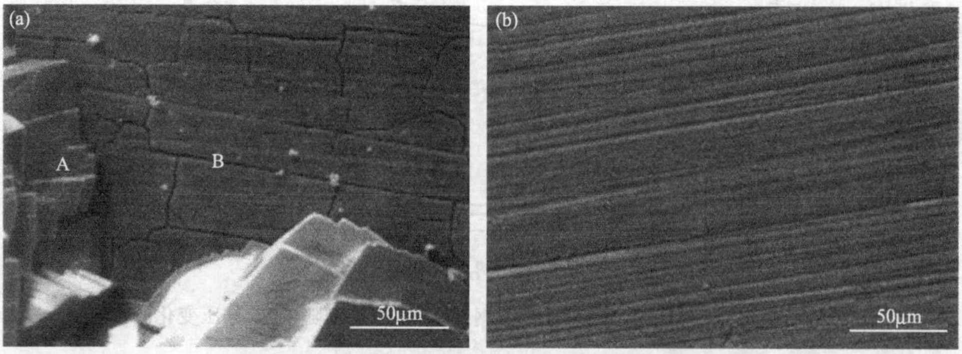

图 5-64　13Cr 不锈钢和 S13Cr 不锈钢的腐蚀形貌

(a) 13Cr-0；(b) S13Cr

将 13Cr-0 不锈钢外层腐蚀产物剥离，分别对内外层腐蚀产物进行 XRD 分析，结果如图 5-66 所示。可知，外层腐蚀产物特征峰与 $FeCO_3$ 配合较好，但是峰存在少许偏移，其中没有发现 $CrCO_3$ 或 Cr 的其他化合物，这可能是因为 Cr 置换了 $FeCO_3$ 中的 Fe，形成了(Fe,

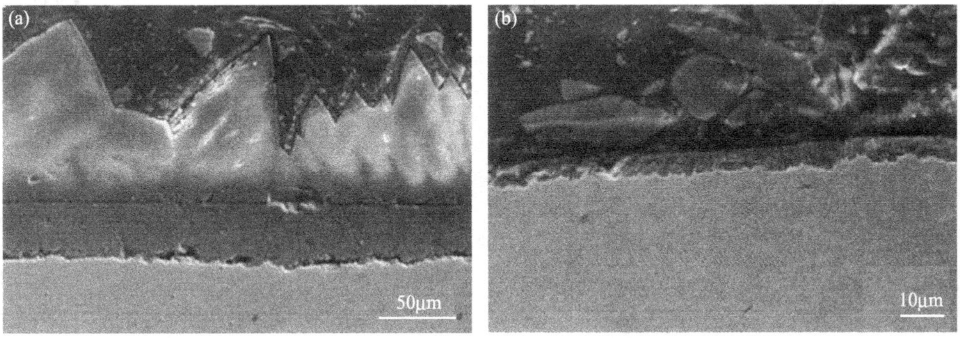

图 5-65　13Cr 不锈钢和 S13Cr 不锈钢的横截面形貌

(a) 13Cr-0；(b) S13Cr

Cr)CO_3 的复盐。由于 Cr 的原子半径（0.197 nm）比 Fe（0.127 nm）大，当 Cr 取代 $FeCO_3$ 中的 Fe 形成（Fe，Cr）CO_3 的复盐时晶面间距变大，相应的衍射角度会变小，衍射峰向小角度偏移。在内层腐蚀产物中，只检测到了少量的（Fe，Cr)$_{23}C_6$，这是由于不锈钢中呈球状分布的碳化物经 CO_2 腐蚀后残留在腐蚀产物膜中。此外，在 2θ 约为 20°、38°、49° 及 63°处存在多个小馒头峰，说明内层腐蚀产物中有非晶态 Cr 的化合物存在。图 5-67 为 S13Cr 不锈钢腐蚀产物膜的 XRD 图谱，可以看出，图中仅显示出 Fe-Cr 的特征谱线和几个馒头峰，说明腐蚀产物中无 $FeCO_3$，也主要由非晶态 Cr 的化合物构成。

图 5-68 为 S13Cr 不锈钢腐蚀产物膜中 Cr 元素的 XPS 谱图，可以看到 Cr2$p_{3/2}$ 的主峰在 576.5eV 处，对应 Cr^{3+}，经 Thermo Avantange 解谱后分解为三个峰：第一个峰结合能为 577.0 eV，对应非晶态化合物 $Cr(OH)_3$；第二个峰结合能为 576.4 eV，对应 Cr_2O_3；结合能为 574.0 eV 的峰可能为基体腐蚀后所遗留下来的少量的 Cr 的碳化物。从图中不难发现腐蚀产物膜中 Cr 主要以 Cr_2O_3 和 $Cr(OH)_3$ 形式存在，但在 XRD 图谱中并没有发现晶体 Cr_2O_3，这些 Cr_2O_3 的形成可能跟 $Cr(OH)_3$ 与空气接触容易脱水有关，即发生如下反应：$2Cr(OH)_3 \longrightarrow Cr_2O_3 + 3H_2O$。

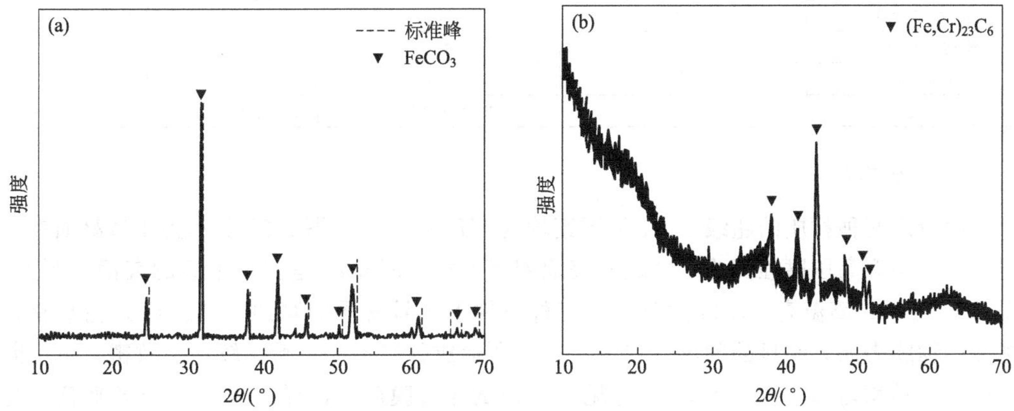

图 5-66　13Cr 不锈钢腐蚀产物膜内外层的 XRD 图谱

(a) 外层；(b) 内层

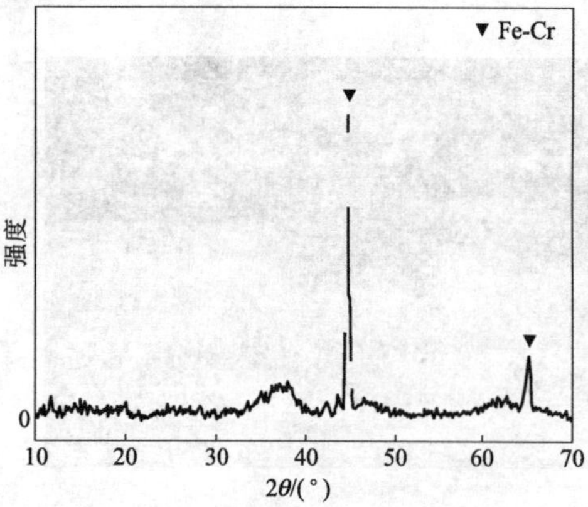

图 5-67 S13Cr 不锈钢腐蚀产物膜的 XRD 图谱

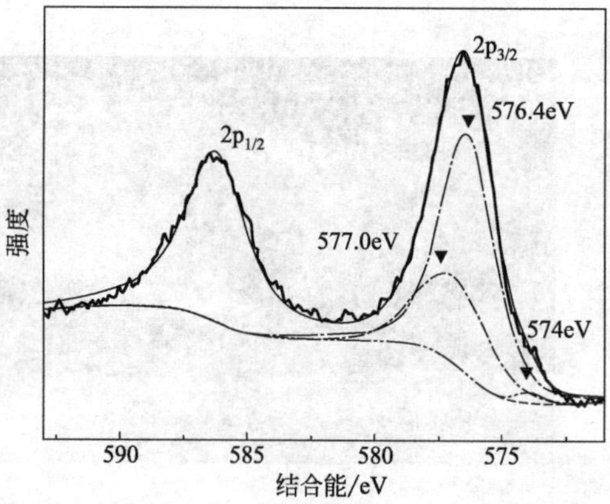

图 5-68 S13Cr 不锈钢腐蚀产物膜中 Cr 元素的 Cr2p 的 XPS 谱图

可见，在模拟的油田腐蚀环境中，四种 13Cr 不锈钢材料的腐蚀速率随着温度、CO_2 压和 Cl^- 浓度的升高而增大，其中温度对腐蚀速率的影响最为明显。高温下，M13Cr 不锈钢和 S13Cr 不锈钢的耐腐蚀能力明显好于 13Cr-0 不锈钢和 13Cr-1 不锈钢，从 130℃到 175℃，13Cr-0 不锈钢和 13Cr-1 不锈钢的腐蚀速率随着温度的升高急剧增加，而 M13Cr 不锈钢和 S13Cr 不锈钢腐蚀速率增加缓慢；175℃时，13Cr-0 不锈钢和 13Cr-1 不锈钢已经属于极严重腐蚀，而 M13Cr 不锈钢和 S13Cr 不锈钢仍属于中等腐蚀。Ni、Mo、Cu 等合金元素的加入显著提高了材料的耐腐蚀性能，随着合金元素含量的增加，腐蚀速率下降，四种 13Cr 不锈钢腐蚀速率的顺序为 13Cr-0＞13Cr-1＞M13Cr＞S13Cr。

5.4.1.3 两种超级 13Cr 不锈钢

针对油田现场腐蚀较严重的井深条件，模拟高温高压腐蚀环境和点蚀标准试验环境进行试验，试验条件如表 5-19 所示。

表 5-19 高温高压腐蚀试验操作条件

温度/℃	110	150	170
CO_2 分压/MPa	2.0	3.0	4.0
流速/(m/s)	4.0	4.0	4.0
时间/d	15	15	15
介质组成	Cl^- 质量浓度为 100g/L，pH＝6.0		

（1）形貌特征

试验所用两种材质的超级 13Cr 不锈钢均为 HP13Cr110。图 5-69 所示为 1 号材质在 3 种不同条件下高温高压腐蚀试验后的试样表面宏观形貌，图 5-70 是其去膜后的表面宏观形貌。从图 5-69 可知，高温高压腐蚀试验后，三种条件下 1 号材质的腐蚀试样表面光亮平整，同时腐蚀产物膜表面无明显的凹坑。这说明表面所形成的腐蚀产物膜比较均匀致密，可推断腐蚀类型主要是均匀腐蚀。从图 5-70 可见，腐蚀试样去膜后，试样表面不再光亮平整。这是因为高温高压腐蚀试验后材质表面失去了原有的光泽，微观上不平整。这种不平整现象在 110℃下腐蚀试样去膜后表现得更明显，这可从去膜后 3 张形貌图对比中看出来。

图 5-71 是 2 号材质在三种不同条件下高温高压腐蚀试验后的试样表面宏观形貌，图 5-

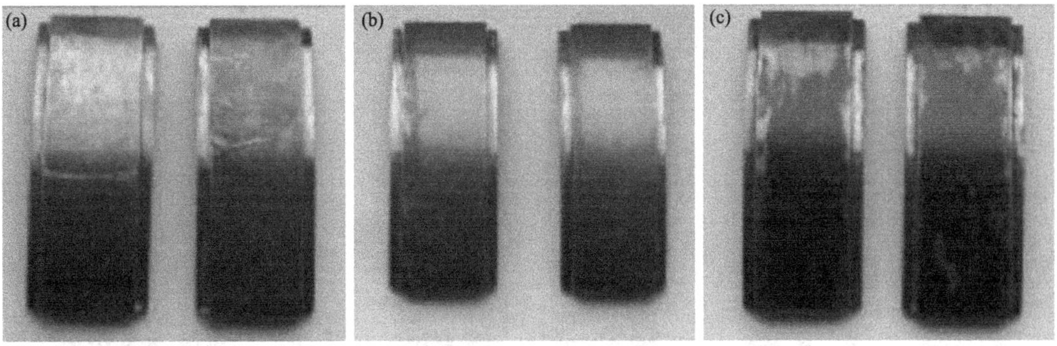

图 5-69 高温高压腐蚀试验后 1 号试样表面形貌

(a) 110℃；(b) 150℃；(c) 170℃

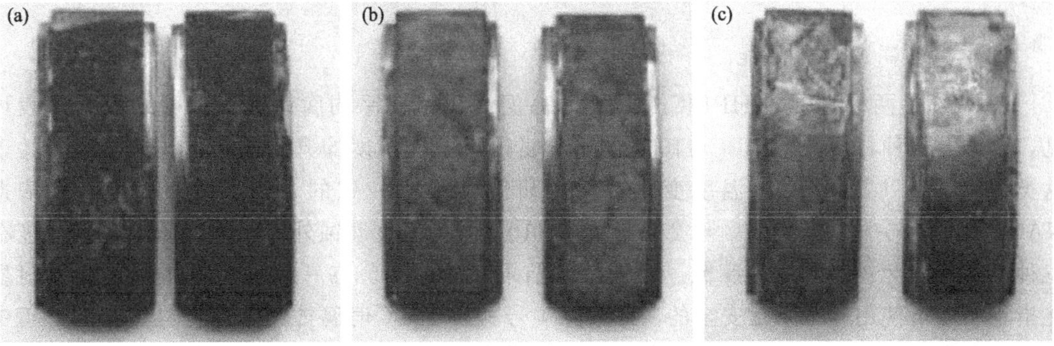

图 5-70 高温高压腐蚀试验后 1 号试样去膜后表面形貌

(a) 110℃；(b) 150℃；(c) 170℃

72 是其去膜后的表面宏观形貌。从图 5-71 和图 5-72 可见，高温高压腐蚀试验后，三种条件下 2 号材质的腐蚀试样未去膜与去膜的表面特征与 1 号材质相似，腐蚀类型也属于均匀腐蚀。对比图 5-72 与图 5-70 可发现，1 号材质去膜后的试样表面特别是 110℃时存在少数浅而小的腐蚀坑，但 2 号材质去膜后试样表面光滑均一，没有任何局部腐蚀特征，1 号材质存在轻微的局部腐蚀，2 号材质主要发生均匀腐蚀。

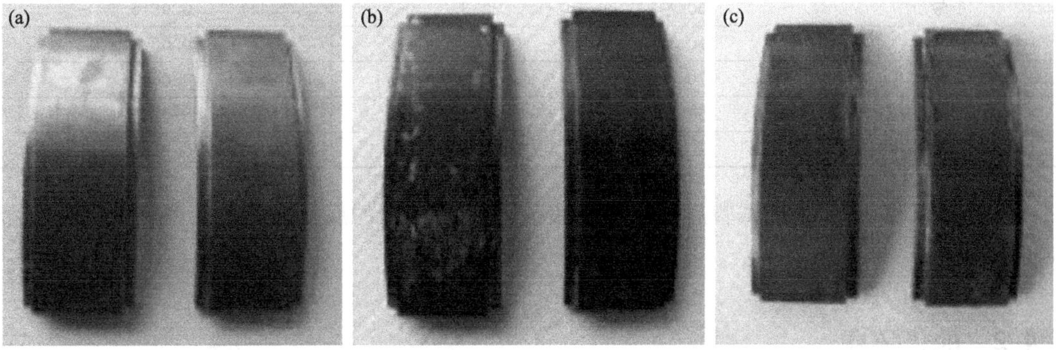

图 5-71 高温高压腐蚀试验后 2 号试样表面形貌

(a) 110℃；(b) 150℃；(c) 170℃

比较而言，在高温高压 CO_2 腐蚀试验条件下，2 号材质的均匀腐蚀性要优于 1 号材质。

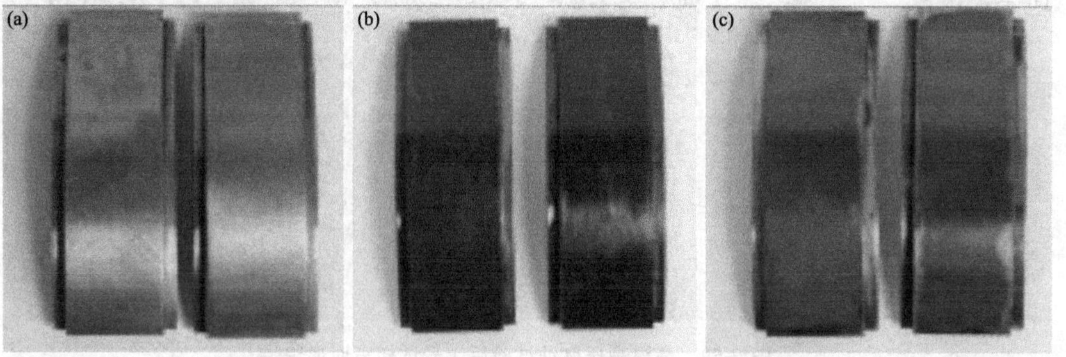

图 5-72　高温高压腐蚀试验后 2 号试样去膜后的表面形貌

(a) 110℃；(b) 150℃；(c) 170℃

(2) 高温高压耐蚀性能

表 5-20 是两种材质的 HP13Cr110 钢的高温高压试验平均腐蚀速率试验结果。由表可见，总体上两种材质的 HP13Cr110 钢的平均腐蚀速率随温度的升高而增加，这与许多关于这类材质 CO_2 腐蚀速率随温度变化规律的研究结果是一致的。从腐蚀速率来看，依据 NACE RP 0775—2005 判断，除 2 号材质在 110℃时为轻度腐蚀外，两种材质的腐蚀程度在三种条件下均为较轻的中度腐蚀。根据试验结果和 SY/T 5329—1994 标准推断，两种材质在指定环境下使用基本上是安全的，因为除 1 号材质 150℃时腐蚀速率比材料在腐蚀环境中使用的安全要求 0.076mm/a 略高外，两种材质在其余试验条件下的平均腐蚀速率均小于 0.076mm/a。对两种材质的耐 CO_2 腐蚀性能进行对比时可明显地发现，2 号材质的平均 CO_2 腐蚀速率数值要小于 1 号材质，即使 2 号材质的腐蚀速率最大值（即 170℃时为 0.028mm/a）也未超过 1 号材质的最小值（即 110℃时为 0.041mm/a），因此在试验条件下 2 号材质的耐 CO_2 腐蚀性能要优于 1 号材质。

表 5-20　两种 HP13Cr110 钢高温高压试验的平均腐蚀速率

材质	温度(℃)	CO_2 分压(MPa)	平均腐蚀速率/(mm/a)
1 号	110	2.0	0.0411
1 号	150	3.0	0.0816
1 号	170	4.0	0.0577
2 号	110	2.0	0.0017
2 号	150	3.0	0.0246
2 号	170	4.0	0.0284

高温高压高 CO_2 腐蚀试验后形貌特征表明，两种材质的腐蚀类型均为均匀腐蚀，局部腐蚀倾向性小。

5.4.2　酸化环境

随着 CO_2 腐蚀问题在油田开采设备使用中日益突出，耐蚀性能良好的马氏体不锈钢油套管在油田中的应用逐渐增多，其中常用的有超级 13Cr 不锈钢和高强 15Cr 不锈钢。超级 13Cr 不锈钢是由普通 API 5CT 13%Cr 钢发展而来的，它通过超低 C 设计，加入了 Ni、

Mo、Cu 等合金元素使该钢可以在更高温度、更高 CO_2 分压以及更高矿化度的腐蚀环境中使用，同时具有一定的抗 H_2S 应力腐蚀开裂能力。高强 15Cr 不锈钢在保持超低碳成分的同时，进一步提高了基体中的 Cr、Ni、Mo 等合金元素的含量，使其最高使用温度达 200℃，最高 CO_2 分压达 10MPa 以上，最高使用 Cl^- 质量浓度高达 150 g/L，并且最低屈服强度达 861MPa，在超深、超高温和超高压井（“三”超油气井）中具有广阔的应用前景。

超级 13Cr 不锈钢和高强 15Cr 不锈钢在 10％HCl＋1.5％HF＋3％HAC＋5.1％TG201 缓蚀剂中的均匀腐蚀速率分别为 14.5516mm/a、13.4954mm/a，均小于 SY/T 5405—2019《酸化用缓蚀剂性能试验方法及评价指标》规定的一级指标。腐蚀程度酸化缓蚀剂与两种试验钢的匹配性均较好，但并不能防止点蚀的发生，与高强 15Cr 不锈钢相比，超级 13Cr 不锈钢的点蚀速率较高，点蚀密度大。高强 15Cr 不锈钢在鲜酸中的耐蚀性要优于超级 13Cr 不锈钢。超级 13Cr 不锈钢表面出现了较为明显的点蚀，点蚀密度高达 180 个/cm^2，最大点蚀深度为 111μm。高强 15Cr 不锈钢表面的点蚀较轻，点蚀密度为 22.8 个/cm^2，最大点蚀深度为 38μm。可见，超级 13Cr 不锈钢的点蚀深度明显大于高强 15Cr 不锈钢，其相关形貌分别见图 5-73 和图 5-74。

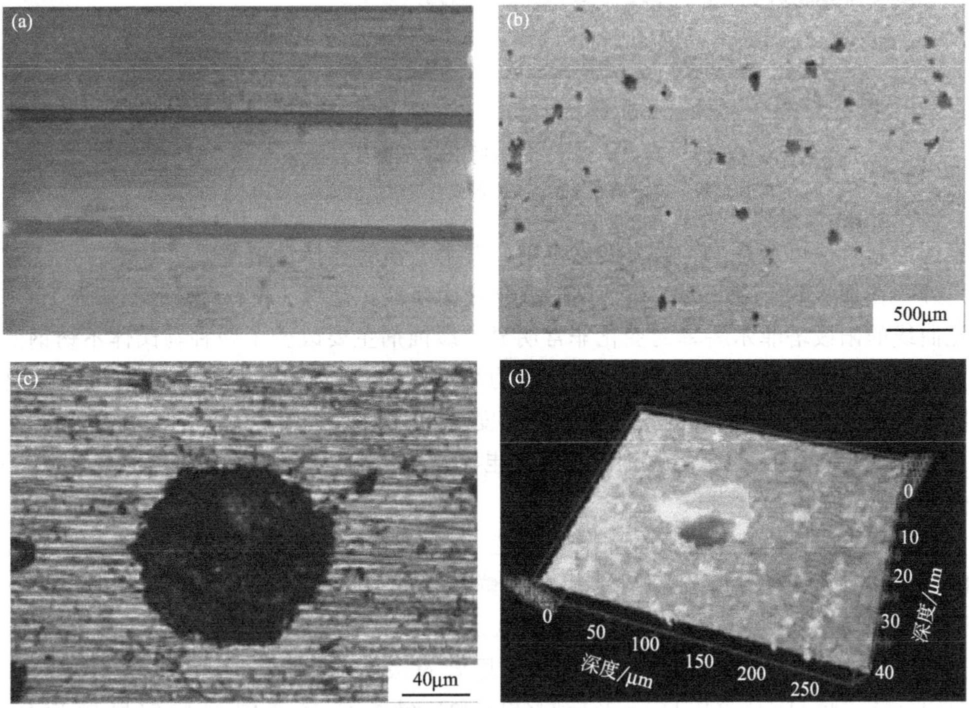

图 5-73　超级 13Cr 不锈钢的形貌及点蚀深度

(a) 宏观形貌；(b) 微观形貌；(c) 激光共聚焦显微形貌；(d) 点蚀深度

由图 5-75 和表 5-21 可见，在 10％HCl＋1.5％HF＋3％HAc 及 10％HCl＋1.5％HF＋3％HAc＋5.1％TG201 缓蚀剂溶液中，由于高强 15Cr 不锈钢中的主要合金元素 Cr 的含量明显高于超级 13Cr 不锈钢，在低 pH 条件下（鲜酸腐蚀环境），两种马氏体不锈钢均处于活化状态，且铬的电极电位要低于铁的电极电位。因此，超级 13Cr 不锈钢的自腐蚀电位均高于高强 15Cr 不锈钢。但是高强 15Cr 不锈钢的自腐蚀电流密度小于超级 13Cr 不锈钢，即尽管超级 13Cr 不锈钢的腐蚀驱动力要低于高强 15Cr 不锈钢，但是腐蚀速率的大小还受到动力

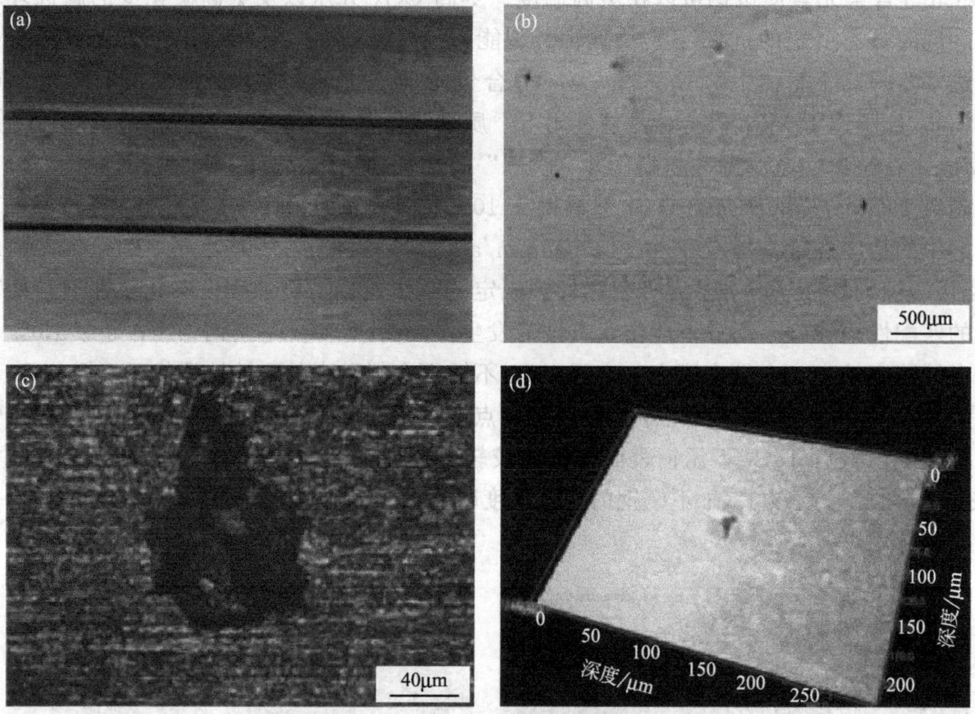

图 5-74　高强 15Cr 不锈钢的形貌及点蚀深度

(a) 宏观形貌；(b) 微观形貌；(c) 激光共聚焦显微形貌；(d) 点蚀深度

学因素的控制，这可能是 H^+ 的去极化作用，发生了铬的选择性溶解。

另外，在加入 5.1%TG201 缓蚀剂的酸化液中溶液，超级 13Cr 不锈钢和高强 15Cr 不锈钢极化曲线的阳极塔菲尔斜率的变化非常明显，缓蚀剂主要改变了两种马氏体不锈钢的阳极过程，即阳极反应阻力增大（金属离子化阻力增大），自腐蚀电位明显正移，电化学腐蚀驱动力降低，超级 13Cr 不锈钢的自腐蚀电流密度从 98.47$\mu A/cm^2$ 下降至 9.03$\mu A/cm^2$，缓蚀效率为 90.83%；高强 15Cr 不锈钢的自腐蚀电流密度从 81.05$\mu A/cm^2$ 下降至 7.32$\mu A/cm^2$，缓蚀效率为 90.97%。

国外研究表明，马氏体不锈钢油管（普通 13Cr 不锈钢、超级Ⅰ型 13Cr 不锈钢、超级Ⅱ型 13Cr 不锈钢及高强 15Cr 不锈钢管）在鲜酸溶液中的腐蚀速率高达 350～600mm/a (80℃)，合理使用与之匹配的酸化缓蚀剂（缓蚀剂＋增效剂），可使其腐蚀速率降低至 25mm/a 以下。由以上试验结果分析可知，尽管超级 13Cr 不锈钢和高强 15Cr 不锈钢在 10% HCl ＋ 1.5% HF ＋ 3% HAc ＋ 5.1% TG201 缓蚀剂溶液中的均匀腐蚀速率高达 14.5516mm/a、13.4954mm/a，但远低于标准的要求范围（＜50.8mm/a）。加入缓蚀剂后，两种钢的缓蚀效率均达到 90%左右。因此，从降低两种马氏体不锈钢的均匀腐蚀速率来看，酸化缓蚀剂与两种不锈钢的匹配性均良好。

尽管酸化缓蚀剂的加入在一定程度上大大降低了马氏体不锈钢的均匀腐蚀速率，但并不能完全防止点蚀的发生，其在后续残酸返排及生产工况环境中是否会发生或发展，还有待进一步研究。

综合上述均匀腐蚀速率及点蚀分析可知，高强 15Cr 不锈钢在以上苛刻工况下的鲜酸溶液中的耐蚀性要优于超级 13Cr 不锈钢。

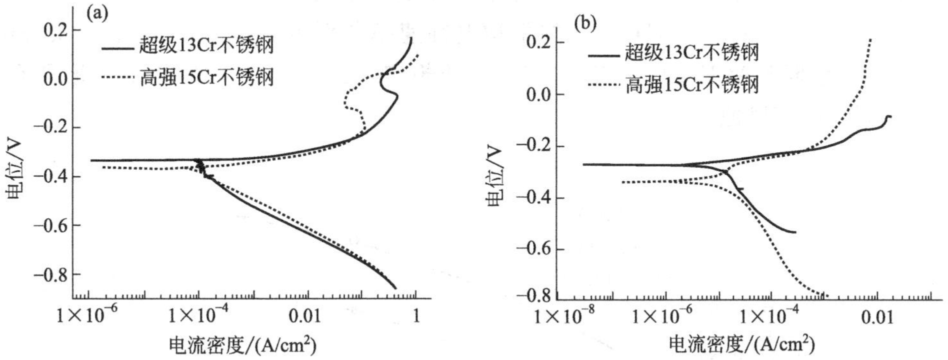

图 5-75 超级 13Cr 不锈钢和高强 15Cr 不锈钢在不同溶液中的极化曲线

(a) 未加缓蚀剂；(b) 加入缓蚀剂

表 5-21 超级 13Cr 不锈钢和高强 15Cr 不锈钢的电化学参数

管材	介质	自腐蚀电位/mV	电流密度/($\mu A/cm^2$)	阳极塔菲尔斜率/(mV/dec)	阴极塔菲尔斜率/(mV/dec)	缓蚀效率/%
超级 13Cr 不锈钢	未加缓蚀剂	−326	98.47	21.51	−142/38	—
	加入缓蚀剂	−263	9.03	94.36	−157.75	90.83
高强 15Cr 不锈钢	未加缓蚀剂	−374	81.05	32.69	−148.24	—
	加入缓蚀剂	−347	7.32	128.14	−161.52	90.97

5.4.3 甜气环境

在模拟现场环境下，13Cr 不锈钢中 1Cr13、2Cr13、超级 13Cr 不锈钢（HP13Cr）在高温高压下的 CO_2 腐蚀行为，不同温度下的腐蚀速率如图 5-76 所示，三种材料平均腐蚀速率的对比结果为：2Cr13＞1Cr13＞HP13Cr。当温度为 150℃时，三种材料的平均腐蚀速率达到最大，其平均腐蚀速率分别为 0.2661mm/a、0.2004mm/a、0.0247mm/a。CO_2 分压和流速增大，材料的平均腐蚀速率随之增大。当 Cl^- 浓度为 10～10000mg/L 时，平均腐蚀速率随着 Cl^- 浓度的增大而增大；当 Cl^- 浓度超过 10000mg/L 后，平均腐蚀速率随着 Cl^- 浓度的增大而稍有下降。

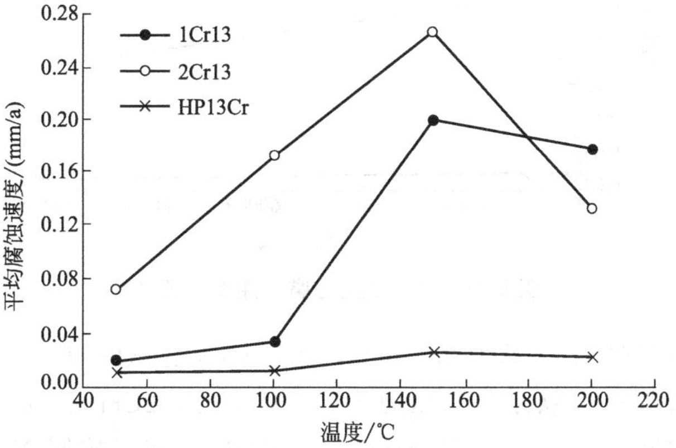

图 5-76 温度与腐蚀速率的关系

在压力为 3MPa、温度为 150℃时，流速对腐蚀速率的影响如图 5-77 所示。当流速为 1.5 m/s 时，2Cr13、1Cr13、HP13Cr 的平均腐蚀速率分别为 0.4174mm/a、0.3298mm/a、0.0515mm/a，根据 NACE RP 0775—2005 标准规定，2Cr13、1Cr13 已属于极严重腐蚀，而 HP13Cr 属于中度腐蚀。

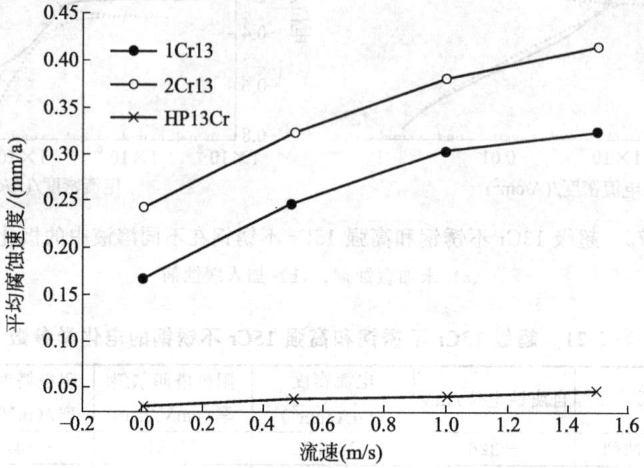

图 5-77　流速与腐蚀速率的关系

压力为 0.1MPa、温度为 150℃、流速为 0.5 m/s 条件下 Cl^- 浓度对腐蚀速率的影响见图 5-78。随着 Cl^- 浓度的增大，三种试样的腐蚀速率也基本上随之增大，而当 Cl^- 浓度达到 10000mg/L 时，试样的腐蚀速率反而有所下降。当 Cl^- 浓度为 10000mg/L 时，2Cr13、1Cr13、HP13Cr 的平均腐蚀速率分别为 0.5204mm/a、0.2956mm/a、0.02143mm/a，根据 NACE RP 0775—2005 标准规定，2Cr13、1Cr13 已属于极严重腐蚀，而 HP13Cr 却属于轻度腐蚀。

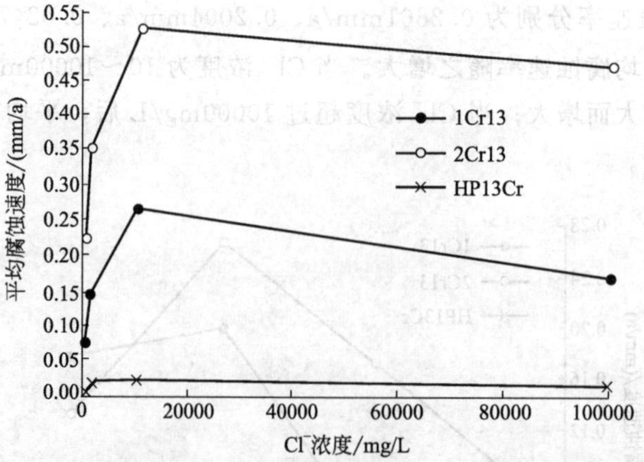

图 5-78　Cl^- 浓度与腐蚀速率的关系

腐蚀介质温度为 150℃、流速为 0.5 m/s，随着 CO_2 分压的增大，三种试样的平均腐蚀速率均随之增大，如图 5-79 所示。当压力为 4.5MPa 时，2Cr13、1Cr13、HP13Cr 的平均腐蚀速率分别为 0.4986mm/a、0.3810mm/a、0.0689mm/a，按照 NACE RP 0775—2005 标准规定，2Cr13、1Cr13 已属于极严重腐蚀，而 HP13Cr 属于中度腐蚀。

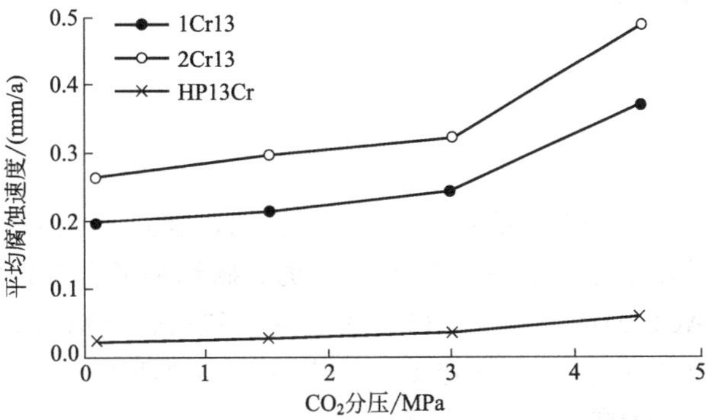

图 5-79 CO_2 分压与腐蚀速率的关系

可见，在不同的模拟油田腐蚀环境中，当温度为150℃时，13Cr不锈钢的平均腐蚀速率达到最大；当流速为0.0～1.5 m/s时，13Cr不锈钢的平均腐蚀速率随流速的增大而增大；当 Cl^- 浓度为10000mg/L时，13Cr不锈钢的平均腐蚀速率最大；随 CO_2 分压增大，13Cr不锈钢的平均腐蚀速率也随之增大。

另外，油管及其组件力学性能应符合API 5C3—2015、ISO 11960—2020及ISO 10400要求。在开采期长期服役的拉伸和内压单一外载作用下，按不同类型材料腐蚀环境取不同的安全系数。一般认为以湿 CO_2 为主的腐蚀环境，湿 CO_2 环境是 CO_2 分压为0.02～10MPa，H_2S 分压小于等于0.002762MPa。在上述环境下一般选用超级13Cr-110，抗内压安全系数大于1.0，抗拉安全系数按管柱在空气中质量计算，抗拉安全系数大于1.60。

5.4.4 酸性环境

对N80、P110、S13Cr、TP95S及TP110TS油套管钢在 CO_2 和 H_2S 共存条件下耐环空环境应力腐蚀能力进行了比较，选择条件为 $p_{CO_2}=4MPa$，$p_{H_2S}=0.2MPa$，$p_{total}=9MPa$，pH=4。应力腐蚀试验结果表明，在不存在缓蚀剂或缓蚀剂浓度较低时，U形弯试样均发生了开裂，表现出明显的硫化物应力敏感性。当缓蚀剂浓度增加至0.4g/L以上时，除了S13Cr钢以外各材质油管的硫化物应力敏感性均大大降低，但仍可以发生明显的点蚀；缓蚀剂浓度为1g/L以上时，点蚀敏感性大幅降低，综合考虑缓蚀剂浓度应保持在1g/L以上。S13Cr不锈钢在有缓蚀剂条件下依然发生了开裂，说明S13Cr不锈钢的硫化物应力腐蚀开裂敏感性较高；N80、P110钢腐蚀较为严重，其应力腐蚀敏感性属于中等；TP95S、TP110TS两种钢的腐蚀均较为轻微，应力腐蚀敏感性较低。五种典型油管钢的耐环空环境应力腐蚀开裂能力的顺序为：TP110TS/TP95S＞N80/P110＞S13Cr。

由于马氏体不锈钢金相组织为保留马氏体位相的回火马氏体组织，存在较高残余应力，因此，在服役过程中极易发生硫化物应力开裂和应力腐蚀开裂。马氏体不锈钢的SSC主要由 H_2S 导致，在室温至80℃均有可能发生。值得注意的是，酸化或阴极保护导致的充氢也有可能引发马氏体不锈钢的SSC。马氏体不锈钢在较高温度含 H_2S 介质中亦极易发生SCC，同时，高浓度的 Cl^- 也会引发马氏体不锈钢发生沿晶开裂。因此，$MgCl_2$、$ZnCl_2$ 和 $CaCl_2$ 完井液导致的马氏体不锈钢SCC较为常见。

ISO 15156-1—2015、NACE MR 0175—2015等标准根据pH及 H_2S 分压的大小将含硫

介质依其苛刻程度进行了划分。

5.4.4.1 标准规范

(1) NACE 标准

酸性油气田选材中首先要考虑的是材料的耐蚀性能，这就涉及酸性环境的定义。目前国际上比较权威的酸性环境的定义是由 NACE 提出的。碳钢和低合金钢的 SSCC 环境严重程度的区域评估根据 NACE MR 0175—2015 标准，碳钢和低合金钢的 SSCC（硫化物应力腐蚀开裂）评估可采用图 5-80 进行。规定 H_2S 分压大于 0.34kPa（即超过非酸性区时）时，必须使用具备抗硫性能的材料，并规定了在各区间不同温度条件下可直接安全使用的钢级范围。其他钢级油套管材料应在证明其抗硫性能合格后方可使用。Omura 等的研究表明，随着 H_2S 分压增大，低合金抗硫管抗 SSC 性能呈下降趋势。因此，针对 H_2S 分压大于 1MPa 的介质，应进行抗 SSC 及 SCC 性能评价后进行选材。

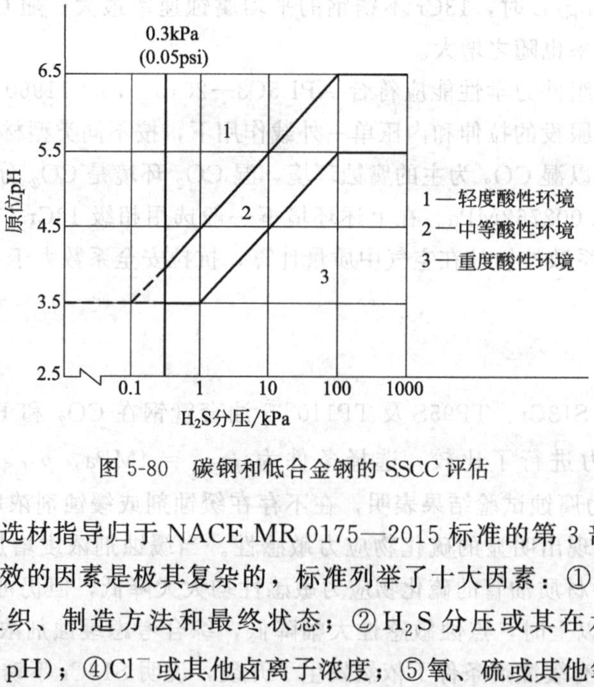

图 5-80 碳钢和低合金钢的 SSCC 评估

对于耐蚀合金的选材指导归于 NACE MR 0175—2015 标准的第 3 部分。影响耐蚀合金在酸性环境中腐蚀失效的因素是极其复杂的，标准列举了十大因素：①材料的化学成分、强度、热处理、显微组织、制造方法和最终状态；② H_2S 分压或其在水相中的溶解浓度；③水相的酸度（原位 pH）；④Cl^- 或其他卤离子浓度；⑤氧、硫或其他氧化剂的存在；⑥暴露温度；⑦材料在使用环境的抗点蚀性能；⑧电偶的影响；⑨总拉伸应力（外加应力加残余应力）；⑩暴露时间。并将耐蚀合金（包括不锈钢、镍基合金和钴基合金等）分成 12 类（A1～A12）。在实验室测试时，将测试条件分成 7 个级别（Ⅰ～Ⅶ级），模拟的环境因素包括温度、H_2S 分压、CO_2 分压、Cl^- 最小浓度、pH、单质硫以及与钢的耦合。

尽管 NACE MR 0175—2015 依据大量材料丰富的试验数据和现场使用数据建立起了 H_2S 环境服役条件下的材料选择标准，包括碳钢、低合金钢和耐蚀合金的选择，如图 5-81 所示，但是由于材料的腐蚀失效受到的影响因素较多而且极其复杂，因此即便是最新的标准也无法就每一种合金给出确切的环境使用界限。另外由于标准必须注重选材的安全性，这就出现了未通过标准试验的材料仍然可以在油田现场很好使用的情况。

上述耐蚀材料在各种腐蚀环境中具有不同的腐蚀速率和腐蚀类型，而且这些材料的成本

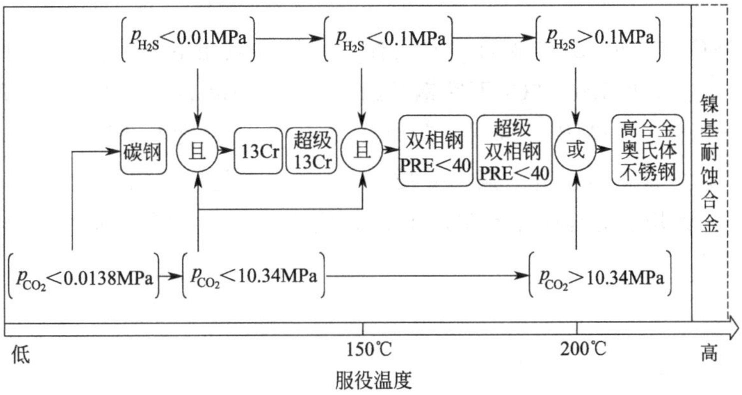

图 5-81　酸性油气田用不锈钢的选材示意图

相差较大，如图 5-82 所示，最大差距 20 倍以上。选择在酸性油气腐蚀环境中服役的耐蚀材料应从实际情况出发，既要满足技术可靠性，又要兼顾经济实用性以及日益强调和重视的资源、环保和节能等问题。如何在特定的腐蚀环境中选择性价比最优的材料才是选材的关键。图 5-83 给出的是不锈钢耐蚀性能及其与成本之间的关系，可见，材料的耐蚀性能通常与成本成正比。追求越高的耐蚀性能，肯定需要更多的资金投入。此外还可看出，高合金奥氏体不锈钢的成本比镍基合金低得多，同时却具有可与之媲美的耐蚀性能，是值得关注的选择方向。

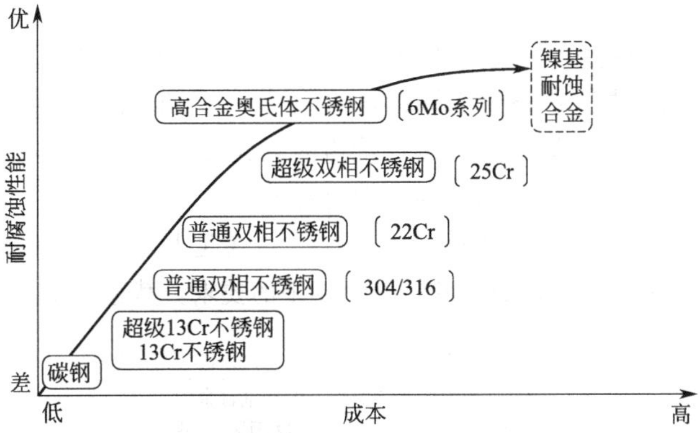

图 5-82　常用不锈钢耐蚀性能与成本之间关系

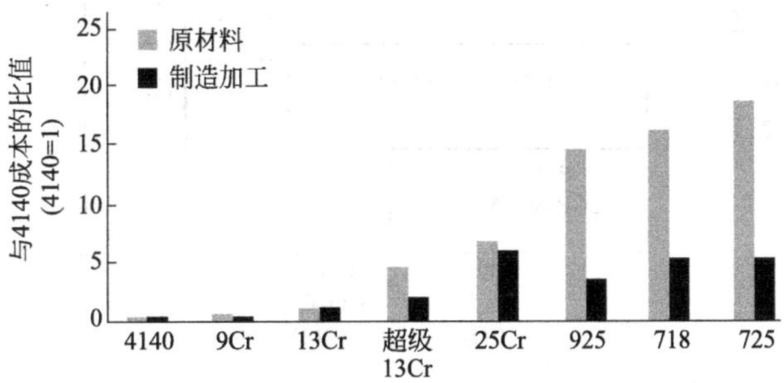

图 5-83　酸性油气田常用金属材料成本与 4140 成本比较

(2) ISO 标准

图 5-84 为 ISO 15156—2015 标准中马氏体不锈钢和双相不锈钢在酸性环境中使用极限范围的示意图，该标准将 L80-13Cr 不锈钢及超级 13Cr（13Cr-5Ni-2Mo）不锈钢的使用极限规定为 H_2S 分压低于 0.01MPa，同时，超级 13Cr 不锈钢强度不高于 105 ksi。然而，在实际使用过程中，除去 H_2S 分压外，服役介质 pH、矿化度尤其是 Cl^- 含量、CO_2 含量、材料本身受力状态等因素均会对马氏体不锈钢抗 SSC 或抗 SCC 性能产生显著影响。

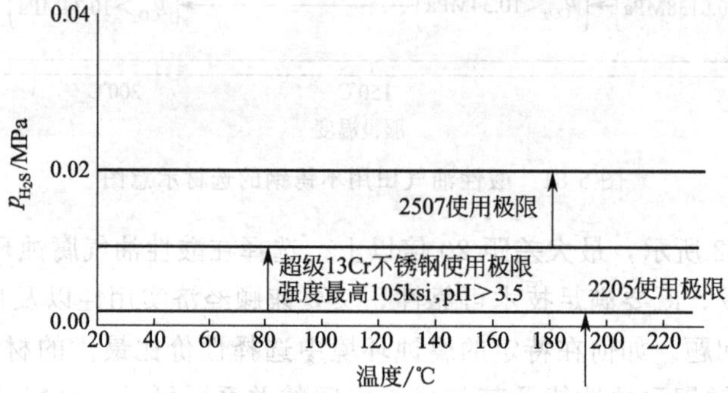

图 5-84 ISO 15156—2015 标准对马氏体不锈钢和双相不锈钢使用极限的规定

5.4.4.2 公司判据

(1) JFE 钢铁

近年来，高温高压环境和深井高腐蚀环境下的油气开发继续增加。虽然高强度、高耐腐蚀的油田管材（OCTG）在这些条件下是必要的，但为了提高油气开发的营利能力，降低成本的需求在不断增加。此外，原油和天然气价格的较大波动和较短周期的变化加剧了对开发成本短期回收的重视，对较短交货期限的要求也在增加。

JFE 钢铁公司正在开发高铬不锈钢无缝 OCTG，以满足上述客户的需求，该产品可以提供高强度和高耐腐蚀性，同时满足低成本和短交贷期限的要求，其选材规范如图 5-85 所示。

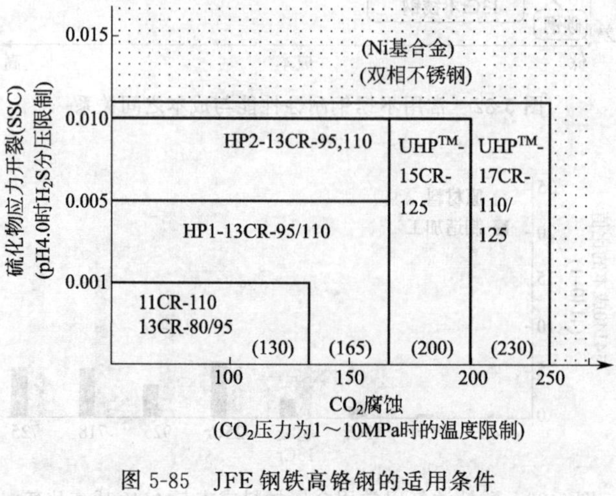

图 5-85 JFE 钢铁高铬钢的适用条件

(2) V&M钢管

V&M公司也推出了自己的选材判据，其判据如图5-86所示。

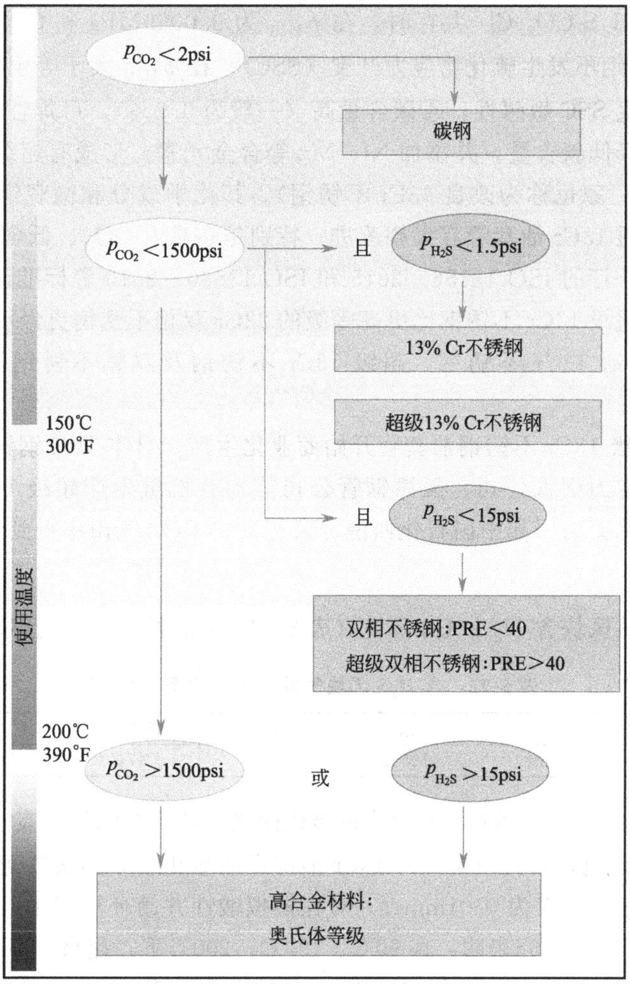

图5-86 V&M钢铁选材判据

5.4.4.3 试验对比

近20年来，在国内外H_2S/CO_2共存环境、高含Cl^-的深井或复杂水平井中，为保障井筒寿命并控制耐蚀合金管柱成本，超级13Cr不锈钢油套管的应用逐步增多，而ISO等标准中对于超级13Cr不锈钢油套管的适用条件规定严格，特别是在超级13Cr不锈钢的抗硫化物应力开裂影响因素方面，不同学者研究认识不统一。在模拟环境下的超级13Cr不锈钢电化学腐蚀速率为0.01mm/a，而普通13Cr不锈钢的腐蚀速率为0.26mm/a。同时在抗硫化物应力开裂试验中，加载80%AYS和90%AYS下的超级13Cr不锈钢没有出现NACE标准溶液试验下的开裂问题。该结果为类似气井环境下超级13Cr不锈钢的应用提供了一定的参考。

20世纪70年代以来，普通13Cr不锈钢被广泛应用于油气工业中。据NACE（美国腐蚀工程师学会）技术委员会报告统计，1980—1993年普通13Cr不锈钢油井管（如API 5CT L80-13Cr、AISI 420）应用已超过240×10^4m。但随着油气需求的持续增长，越来越多的油气田面临更深、更高温度和更强酸性的井下环境，普通 13Cr 不锈钢材质有如下局限性：①当 Cl^- 含量大于等于 6000mg/L 时，耐蚀性能依赖于 pH 和 H_2S 分压。②当温度大于等于 80℃后，每增加 25℃，腐蚀速率就增加 1 倍，超过 150℃会导致点蚀发生。③抗硫化物应力开裂能力有限。当 H_2S-CO_2-Cl^- 共存时，在 p_{H_2S} 为 0.0069MPa 和 Cl^- 含量为 10g/L 条件下，普通 13Cr 不锈钢不发生硫化物应力开裂（SSC）。在 p_{H_2S} 大于等于 0.0003MPa 的 H_2S 腐蚀环境中，会产生 SSC 敏感性；④碳含量高（一般为 0.2%），可焊性差。在传统 13Cr 不锈钢的基础上大幅降低碳含量，并添加 Ni、Mo 等合金元素，形成有超级马氏体组织的超级 13Cr 不锈钢（某些厂家也称为改良 13Cr 不锈钢）。其化学成分和微观组织、力学性能和耐蚀能力方面都较普通 13Cr 油套管有大幅改进，特别是在高含 CO_2、低含 H_2S 环境下，耐蚀性能更好，陆续被修订的 ISO 15156—2015 和 ISO 13680—2010 等标准认可。

在价格方面，超级 13Cr 不锈钢比更高等级的 22Cr 双相不锈钢更经济。以抗硫碳钢价格基数为 1 计算，普通 13Cr 不锈钢、超级 13Cr 不锈钢及双相不锈钢油套管的价格比约为 3∶5∶12。

1993 年起，超级 13Cr 不锈钢油套管开始商业化生产。日本 JFE 钢铁公司、德国 V&M 公司和国内的上海宝山钢铁公司、天津钢管公司等均有批量生产超级 13Cr 不锈钢的能力，并且在北海油田、北美油田和中国石化西南分公司高含 CO_2 气田中得到了一定规模的应用。

（1）点蚀特征

结合陕北地区某区块含 H_2S 气井环境（表 5-22）的腐蚀选材进行试验分析。

表 5-22　含 H_2S 区块气井产出水水质组成表

K^+、Na^+	Ca^{2+}	Mg^{2+}	Cl^-	SO_4^{2-}	HCO_3^-	矿化度	水型
26919	25840	4684	105982	3340	474	167239	$CaCl_2$

图 5-87 为两种 13Cr 不锈钢在此环境中的极化曲线，其拟合结果见表 5-23。研究发现，超级 13Cr 不锈钢的腐蚀电位较传统的 L80-13Cr 不锈钢明显正移，其腐蚀速率更是远小于 L80-13Cr 不锈钢的腐蚀速率，仅为 0.01mm/a。对在模拟酸性井筒环境和不同温度下的两种 13Cr 不锈钢局部腐蚀敏感性的研究表明：在 90℃、150℃、200℃下，超级 13Cr 不锈钢和传统 13Cr 不锈钢点蚀率都较高，150℃附近点蚀最严重，超级 13Cr 不锈钢的防护性能更好。

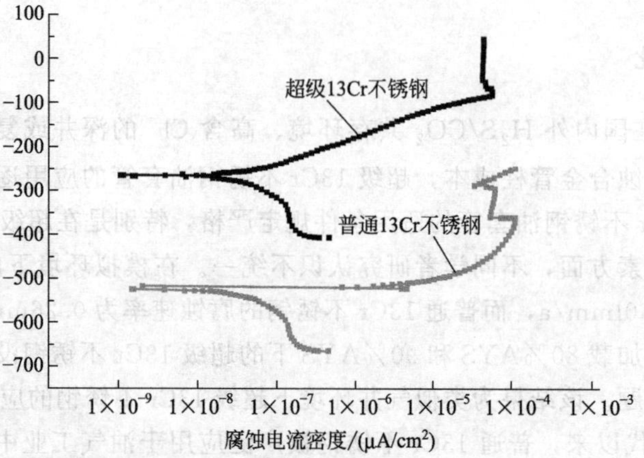

图 5-87　模拟腐蚀环境下超级 13Cr 不锈钢与普通 13Cr 不锈钢的极化曲线对比图

表 5-23　超级 13Cr 不锈钢和普通 13Cr 不锈钢的极化曲线测试结果表

材质	腐蚀电位/mV	腐蚀电流密度/($\mu A/cm^2$)	腐蚀速率/(mm/a)
L80-13Cr 不锈钢	−518.4	18.27	0.26
超级 13Cr 不锈钢	−233.4	0.73	0.01

图 5-88 为 H_2S 分压为 0.345MPa、CO_2 分压为 8.96MPa、Cl^- 含量为 15000mg/L、pH 为 4.0 的条件下，所开展的两种 13Cr 不锈钢耐点蚀能力试验结果。

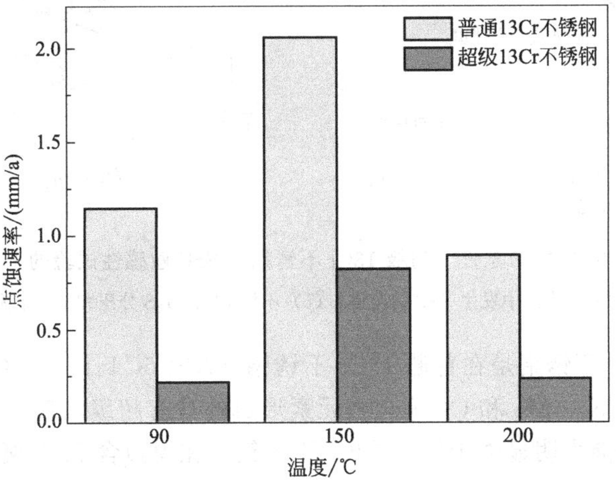

图 5-88　不同温度下普通 13Cr 不锈钢和超级 13Cr 不锈钢的点蚀速率

（2）SSC

依据 NACE TM 0177—2016 标准和 ISO7539-2—2000 标准，进行两种条件下超级 13Cr 不锈钢试样抗硫化物应力开裂行为研究。第一种条件为标准规定条件：饱和 H_2S 气体的 0.5%冰醋酸+5%NaCl 水溶液（A 溶液），pH 为 2.7，加载应力为 60%AYS 和 80%AYS；第二种条件为模拟陕北地区某区块的腐蚀环境（表 5-22），加载应力为 80%AYS 和 90%AYS。结果表明，在第一种腐蚀条件的 A 溶液中，加载力为 60%AYS 的试样未断裂，但放大 10 倍后观察，表面已产生裂纹。加载力为 80%AYS 的试样发生了断裂。在第二种模拟气井腐蚀环境条件下，加载力为 80%AYS 和 90%AYS 的超级 13Cr 不锈钢试样均未发生断裂。放大 10 倍后观察，表面也未发现裂纹。超级 13Cr 不锈钢在相同的试验加载力下，腐蚀环境不同，SSC 敏感性差异较大，在 NACE TM0177—2016 等标准方法中的敏感性更强。

Cooling 等通过按照 NACE TM0177—2016 标准恒载荷、慢反应速率拉伸（SSRT）等方法对超级 13Cr 不锈钢在加载 90%AYS 条件下的 SSC 研究认为：当 Cl^- 浓度≤1g/L（气井典型凝析水），pH≥3.5、H_2S 分压小于等于 0.1MPa 时，或当 65.2g/L<Cl^- 浓度≤140g/L（油气井典型地层水）、pH 为 4.0～4.3、H_2S 分压≤0.005MPa 时，超级 13Cr 不锈钢不发生 SSC，如图 5-89（a）所示。而 Marchebois 等结合工程实际，综合考虑 pH、H_2S 分压和 Cl^- 含量，试验得出超级 13Cr 不锈钢的 SSC 敏感区域，其指导性更强，如图 5-89（b）所示。

李琼伟在 pH 为 3.5、H_2S 分压为 0.15MPa、加载力同样为 90%AYS 时的模拟气井环境中，发现超级 13Cr 不锈钢试验未发生 SSC 断裂，这与 Marchebois 等的 SSC 敏感性参数条件有差异，相比之下，ISO 等标准对超级 13Cr 不锈钢的使用范围要求更加保守（pH≥

3.5、H_2S 分压≤0.01MPa、Cl^-含量不限)。

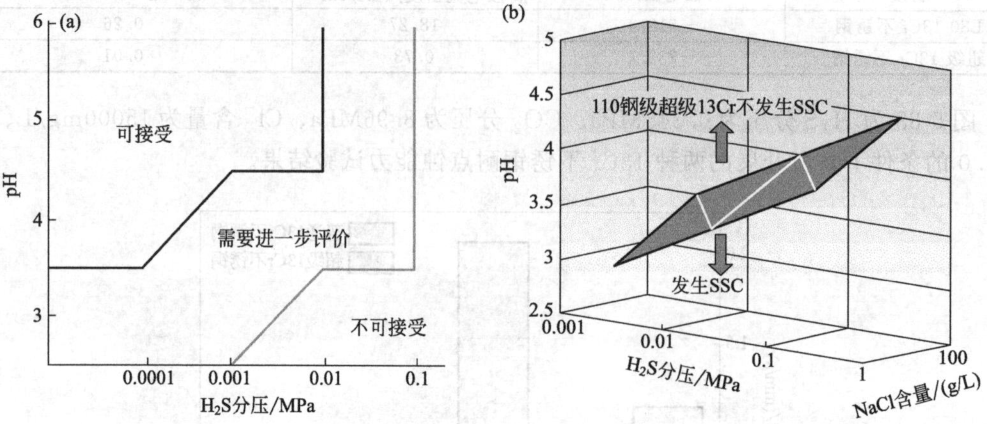

图 5-89　90%AYS 条件下超级 13Cr 不锈钢的 SSC 敏感性试验的不同结果图

(a) 高 Cl^- (20%) 溶液中发生 SSC 的范围;(b) 不同 pH、H_2S 分压和 Cl^-下发生 SSC 的区域

可见，超级 13Cr 不锈钢是在普通 13Cr 不锈钢（API 5CT L80-13Cr 不锈钢）基础上大幅降低碳含量，添加 Ni、Mo 和 Cu 等合金元素形成的具有超级马氏体组织的不锈钢。其耐电化学腐蚀、耐高温能力明显强于传统 13Cr 不锈钢。在模拟含 H_2S 腐蚀气井环境中，传统 13Cr 不锈钢的腐蚀速率为 0.26mm/a，而超级 13Cr 不锈钢的腐蚀速率仅为 0.01mm/a。腐蚀环境对试样的 SSC 敏感性和承载能力影响较大，NACE 标准试验的评价方法较为苛刻，根据 ISO 标准所限定的超级 13Cr 不锈钢应用条件也较为保守。在模拟含 H_2S 腐蚀环境的 SSC 试验中，加载力分别取 80%AYS 和 90%AYS 的超级 13Cr 不锈钢油管试样未发生 SSC 开裂，与文献资料的结论有差异，为类似气井的选材提供了一定的借鉴。为保证井筒长期安全，还需要开展不同载荷下的模拟试验。

王文明等使用 NACE 标准 A 法对 L80-13Cr、110ksi 钢级 13Cr5Ni2Mo 和 13Cr4Ni1Mo 在 24℃、5%NaCl+0.5%CH_3COONa 溶液、不同 pH、不同 H_2S 分压条件下进行抗 SSC 性能分析，示意图如图 5-90 所示。可见，相对于标准推荐，L80-13Cr 可用于 pH≥3.5 且 H_2S 分压≤0.1MPa 或 pH≥3 且 H_2S 分压≤0.01MPa 的腐蚀介质中。110ksi 钢级 13Cr5Ni2Mo 超级 13Cr 不锈钢可用于 pH≥4.5 且 H_2S 分压≤0.01MPa 或 pH≥3.5 且 H_2S 分压≤0.001MPa 的腐蚀介质中。值得注意的是，图 5-90 仅针对 Cl^- 浓度为 30 g/L 的腐蚀介质，对于 Cl^- 浓度高于 30g/L 的介质，应进行针对性评价后选材。

图 5-91 为 L80-13Cr、13Cr5Ni2Mo 和 13Cr4Ni1Mo 在 150℃、p_{H_2S} 为 0.005MPa、p_{CO_2} 为 6MPa、Cl^- 浓度为 100g/L 及 175℃、p_{H_2S} 为 0.001MPa、p_{CO_2} 为 6MPa、Cl^- 浓度为 100 g/L 介质中 720 h 试验后的表面形貌。可见，在 150℃、p_{H_2S} 为 0.005MPa 的条件下，13Cr5Ni2Mo 和 13Cr4Ni1Mo 均在局部腐蚀坑底部产生了微裂纹，而在 175℃、p_{H_2S} 为 0.001MPa 条件下，两者均产生了宏观裂纹，在上述两种条件下，L80-13Cr 均未产生开裂。

Morana 等根据研究了 13-5-2（110ksi 和 125ksi 钢级）超级马氏体不锈钢油管在高含 Cl^- 的 CO_2/微量 H_2S HPHT 井中的环境开裂行为。结果表明，当温度超过 150℃时，在含微量 H_2S 的高 Cl^- 环境中，110ksi 和 125ksi 钢级的 13-5-2 超级马氏体不锈钢发生开裂倾向性增强；在 H_2S 分压为 0.001MPa，pH 为 4，Cl^- 浓度为 200000mg/L 的腐蚀条件下，13-

5-2 超级马氏体不锈钢的最高使用温度为 150℃；在 H_2S 分压为 0.001MPa，pH 为 4，Cl^- 浓度为 67000mg/L 或 200000mg/L、不含 H_2S 的腐蚀条件下，13-5-2 超级马氏体不锈钢的最高使用温度为 175℃。相比于 NaCl 溶液，$CaCl_2$ 溶液（阳离子影响）增加了 13-5-2 超级马氏体不锈钢的开裂敏感性。

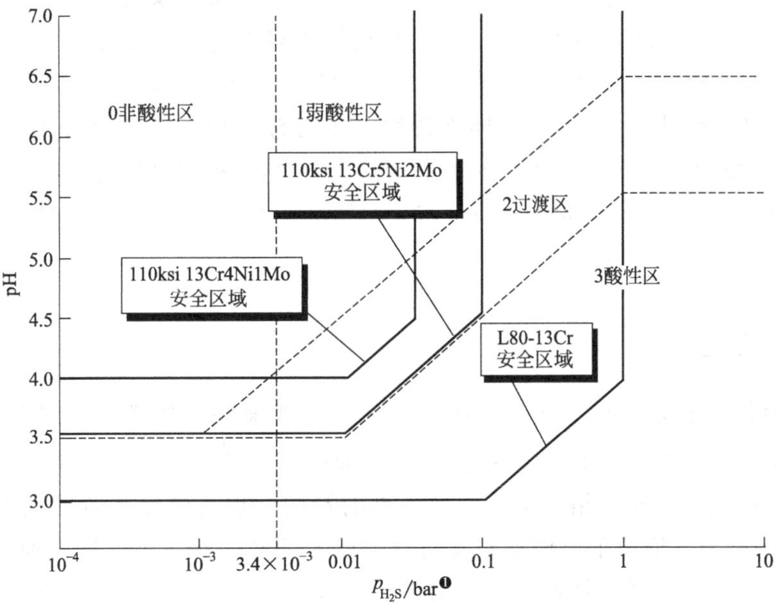

图 5-90　马氏体不锈钢在 24℃、不同 pH 酸性介质中安全实用范围

图 5-91　马氏体不锈钢在含 H_2S 介质中的应力腐蚀开裂

(a) 150℃、0.005MPa H_2S 分压、6MPa CO_2 分压以及 100 g/L Cl^-；

(b) 175℃、0.01MPa H_2S 分压、6MPa CO_2 分压以及 100 g/L Cl^-

---

[1] 1bar=10^5Pa。

另外，含13%Cr和至少2%（质量分数）Mo的耐酸性不锈钢（超级13Cr不锈钢）也用于UKCS公司HPHT的选材，到目前为比，生产实践证明该材料比昂贵的双相不锈钢具有更高的抗氢脆性能。

综上所述，在实际使用过程中，H_2S分压、服役介质pH、矿化度尤其是Cl^-含量、CO_2含量、材料本身受力状态等因素均会对马氏体不锈钢抗SSC或SCC性能产生显著影响。因此，现有国际标准对马氏体不锈钢使用极限的规定越来越宽泛。同时，随着110ksi以上钢级马氏体不锈钢广泛使用，现有国际标准已难以指导105ksi钢级以上马氏体不锈钢的选材。对于105ksi以上钢级马氏体不锈钢，在选材过程中需要综合考虑H_2S、CO_2、Cl^-、酸化液、完井液等诸多因素，经过试验逐一验证后，确定最终选材；对于较为苛刻的工况，务必要对管柱受力状态进行综合分析，尤其需要考虑井斜、酸压、封隔器座封、管柱震动等因素导致的附加应力。

5.4.5 海洋环境

CO_2腐蚀是海上油气开发油套管腐蚀破坏的主要原因，造成的经济损失十分巨大，是油气田开发面临的严峻问题，各石油公司和油套管生产厂家十分重视。20世纪90年代，多位学者研究了钢材中铬含量对腐蚀速率的影响，加入铬元素可明显提高油套管钢抗CO_2腐蚀的能力，形成了一些油套管防腐选材方法或图版，为腐蚀性油气田井下管柱材质选择提供了理论依据。针对中国海上油气开发的实际，中国海洋石油集团有限公司（中海油）完成了CO_2腐蚀条件下油套管材质选择图版，作为防腐选材的依据，在中海油范围内推广应用。

东海A气田开发P5气层，储层流体中CO_2的体积分数约5.6%，分压约1.85MPa，不含H_2S，储层温度在150℃左右。气井伴有地层水的产出，在CO_2环境下，会引发油套管的腐蚀问题。腐蚀同温度、CO_2分压密切相关，A气田拟开发井储层流体中的CO_2含量、温度都较高，井下腐蚀环境已经超出了中海油选材图版的应用范围，无法直接选材。若是选择价格昂贵的22-25Cr双相不锈钢，油套管成本会大幅增加，同时也缺乏依据。因此，有必要针对拟开发井的腐蚀环境，进行防腐模拟试验研究，以快捷的方式实现不同腐蚀环境的模拟测试，是油套管进行防腐选材的主要技术手段。试验测试不同材质油套管井下腐蚀速率，为优选油套管材质提供依据，在保证油气井安全生产前提下，降低油套管成本。

5.4.5.1 模拟条件及方案设计

根据A气田拟开发井的腐蚀环境，制定试验参数方案，见表5-24。模拟流速按照设备的最大流速2.0 m/s设计，测试周期常规7天、长周期30天。实验一共设计了8组，先完成1～4组，得出腐蚀速率极值对应的温度，然后再进行5～8组的试验，测试3种材质的腐蚀速率及腐蚀特征。P5气层的CO_2分压在1.85MPa左右，考虑到设计结果的安全性，以及后期开发深部储层的需要，将分压的模拟试验设定为2.0MPa，以极端的腐蚀情况作为油套管设计的基础。

表 5-24　试验参数方案

组号	温度/℃	CO_2 分压/MPa	测试时间/d	目的
1	110	2.0	7	温度规律
2	130	2.0	7	
3	150	2.0	7	
4	170	2.0	7	
5	150	0.8	7	分压规律
6	150	1.2	7	
7	150	2.5	7	
8	150	2.0	30	长周期腐蚀

试验模拟溶液按照 P5 气层地层水的离子组成配制，其地层水离子含量为 K^+ 160.00mg/L 、Na^+ 3214.29mg/L、Ca^{2+} 466.94mg/L 、Mg^{2+} 4.72mg/L 、Cl^- 5516.41mg/L 、SO_4^{2-} 788.98mg/L 、HCO_3^- 464.87mg/L 。

5.4.5.2　CO_2 腐蚀的温度规律

根据设计的试验方案，首先对三种材质腐蚀的温度规律进行研究。不锈钢在低温区间（低于 100℃）具有很好的耐腐蚀特性，腐蚀速率极值温度高于 100℃。因此，对于模拟试验，测试温度从 110℃开始，逐次递增，分别为 110℃、130℃、150℃和 170℃，目的是测出三种材质在不同温度下的腐蚀速率，以及腐蚀速率极值温度。

图 5-92 是三种材质在不同温度下的腐蚀速率曲线。普通 13Cr 不锈钢温度从 110℃增加至 150℃的过程中，腐蚀速率逐渐增加，当温度超过 150℃后，腐蚀速率下降，150℃是普通 13Cr 不锈钢的腐蚀速率极值温度，最大腐蚀速率为 0.0382mm/a。

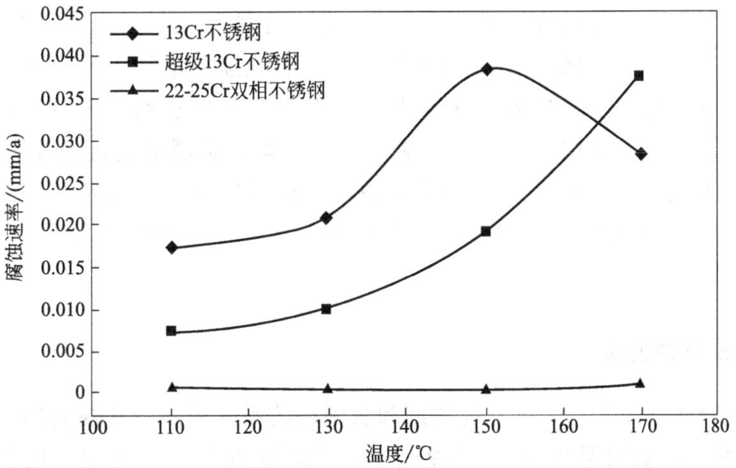

图 5-92　三种材质在不同温度下的腐蚀速率

超级 13Cr 不锈钢与普通 13Cr 不锈钢不同，温度从 110℃增加至 170℃的过程中，腐蚀速率处于递增趋势，没有出现腐蚀速率极值温度，由此可知，超级 13Cr 不锈钢的腐蚀速率极值温度不低于 170℃。150℃条件下，超级 13Cr 不锈钢的腐蚀速率为 0.0190mm/a，明显低于普通 13Cr 不锈钢在同温度下的腐蚀速率。同普通 13Cr 不锈钢和超级 13Cr 不锈钢相比，22-25Cr 双相不锈钢表现出了极好的耐腐蚀特性，最高腐蚀速率 0.0007mm/a，对应温度为 170℃。观察三种材质挂片在不同温度下的照片，110℃和 130℃时，均未发现局部点蚀。温度升至 150℃时，普通 13Cr 材质出现了点蚀，超级 13Cr 不锈钢和 22-25Cr 双相不锈钢表现为均匀腐蚀。150℃时腐蚀情况见图 5-93。

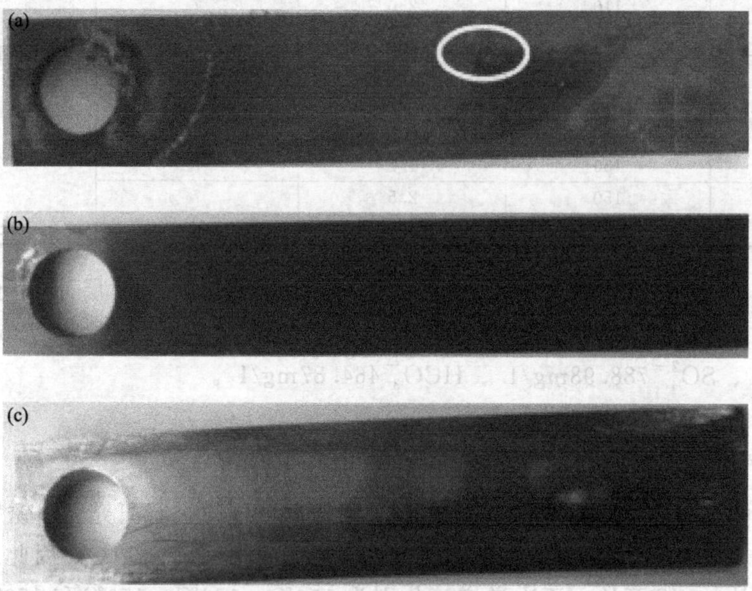

图 5-93　150℃、CO_2 分压为 2.0MPa 下三种材质的腐蚀照片

(a) 普通 13Cr 不锈钢轻微点蚀；(b) 超级 13Cr 不锈钢均匀腐蚀；(c) 22-25Cr 双相不锈钢均匀腐蚀

5.4.5.3　CO_2 腐蚀的分压规律

由前面的试验结果可知，普通 13Cr 不锈钢在 150℃时出现了腐蚀速率极值，考虑所开发的储层温度，因此，将分压规律测试试验中的温度设定为 150℃。3 种材质 CO_2 腐蚀的分压规律试验结果见图 5-94。随着 CO_2 分压的增加，腐蚀速率增加，但达到一定值后，腐蚀速率增加减缓，并且出现下降趋势。分析认为，当 CO_2 分压达到一定值后，金属表面腐蚀产物膜的生成速度加快，形成了保护膜，腐蚀速率下降。金属的腐蚀速率并不是随着 CO_2 分压的增加而单调递增，在 CO_2 分压升高导致的腐蚀性增强和产物膜保护性也增强的协同作用下，分压达到一定值时，腐蚀速率反而降低。试验中，CO_2 分压达到约 2.0MPa 后，腐蚀速率降低。

5.4.5.4　长周期腐蚀速率

在温度为 150℃条件下，进行常规周期和长周期的腐蚀测试，常规周期 7 天的腐蚀速率测试如表 5-25 所示，长周期 30 天的腐蚀速率测试结果如表 5-26 所示。比较两个表中的数据，30 天的平均腐蚀速率比 7 天的平均腐蚀速率低，这是因为铬钢腐蚀后铬元素会在腐蚀产物膜中富集，高温下形成细致、密实的产物膜，增强了金属基体的保护性。

表 5-25　7 天腐蚀速率测试结果（150℃，2.0MPa）

材质类别	长度/mm	宽度/mm	厚度/mm	测试前质量/g	测试后质量/g	腐蚀速率/(mm/a)
普通 13Cr 不锈钢	50.30	10.14	3.04	11.1186	11.1110	0.03816
超级 13Cr 不锈钢	51.39	9.74	2.70	9.609	9.0062	0.01896
22-25Cr 双相不锈钢	50.24	10.09	2.63	9.5772	9.5771	0.00025

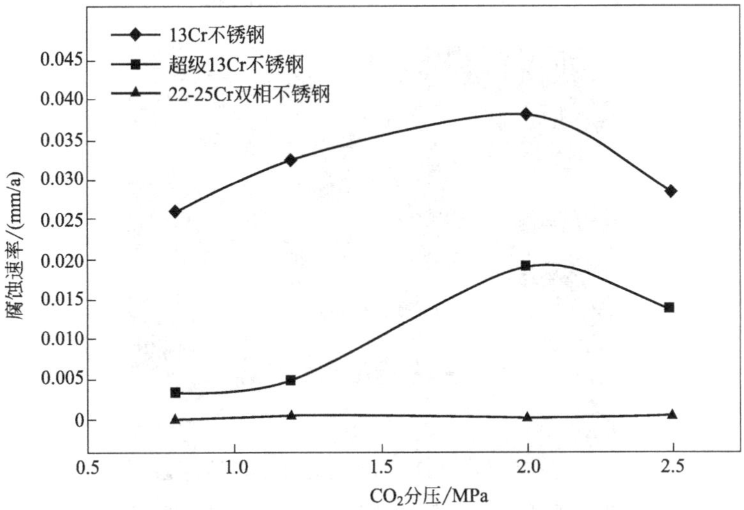

图 5-94 不同 CO_2 分压下三种材质的腐蚀速率

表 5-26 30 天腐蚀速率测试结果（150℃，2.0MPa）

材质类别	长度/mm	宽度/mm	厚度/mm	测试前质量/g	测试后质量/g	腐蚀速率/(mm/a)
普通 13Cr 不锈钢	50.04	10.25	3.03	10.9852	10.9780	0.00851
超级 13Cr 不锈钢	49.73	9.04	2.68	8.3924	8.3898	0.00343
22-25Cr 双相不锈钢	50.28	10.15	2.77	10.1843	10.1842	0.00012

30 天的腐蚀试样形貌如图 5-95 所示，普通 13Cr 不锈钢有产物膜脱离现象，而超级 13Cr 不锈钢未见产物膜脱落，表现为均匀腐蚀，22-25Cr 双相不锈钢几乎没有腐蚀产物。因 150℃条件下，普通 13Cr 不锈钢的常规周期和长周期测试中均有局部腐蚀发生，呈非均匀腐蚀，因此，需要考虑腐蚀穿孔问题，进行腐蚀穿孔预测。

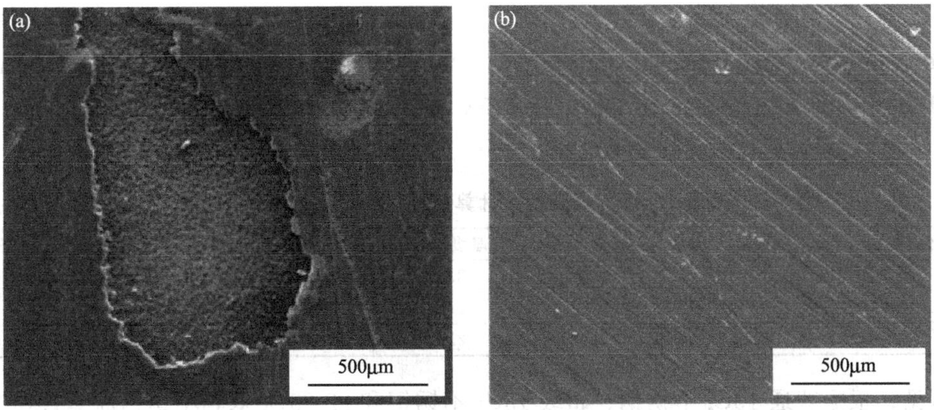

图 5-95 30 天两种材质的产物膜形貌

(a) 普通 13Cr 不锈钢；(b) 超级 13Cr 不锈钢

图 5-96 为 150℃、CO_2 分压 2.0MPa 条件下 7 天测试时间的普通 13Cr 不锈钢腐蚀图，材质出现了明显的局部腐蚀坑，形状近似为深半球形，直径为 24.6μm，腐蚀坑深为 12.3μm。计算得到的普通 13Cr 不锈钢在 150℃、CO_2 分压 2.0MPa 环境下的点蚀速率为

$12.3\times10^{-3}\times365/7=0.6413mm/a$，明显超过了腐蚀控制线（0.127mm/a）。

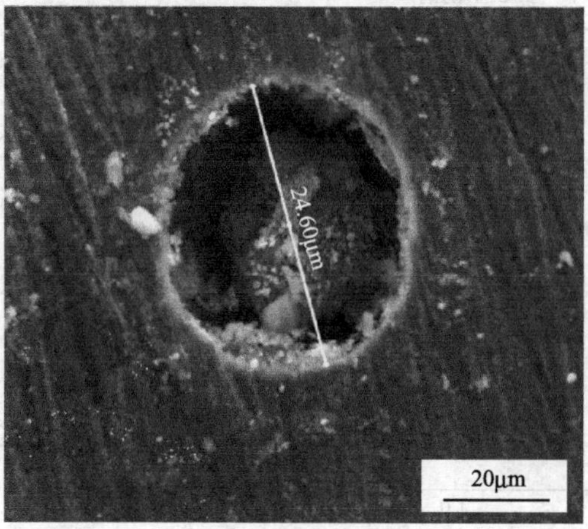

图5-96 普通13Cr不锈钢局部腐蚀图（150℃，2.0MPa）

5.4.5.5 气田油套管选材

依据上述试验结果和计算分析，东海A气田拟开发P5气层 CO_2 分压约1.85MPa、温度150℃左右的情况下，油套管防腐选材优选超级13Cr不锈钢。

开发井中油套管长度从井底到海面有几千米。由于地温梯度的原因，井越深，温度越高，从下到上，地层温度逐步降低，中上部地层温度不高。由试验可知，普通13Cr不锈钢在130℃、CO_2 分压2.0MPa的条件下未出现点蚀，可以考虑中上部温度低于130℃时管柱选用普通13Cr不锈钢，形成超级13Cr不锈钢和普通13Cr不锈钢的组合管柱。该条件下普通13Cr不锈钢的7天腐蚀速率见表5-27。

30天的腐蚀速率可以近似按照150℃条件下普通13Cr不锈钢的递减函数（图5-97）进行计算，并引入初期腐蚀速率比来进行修正，则130℃条件下普通13Cr不锈钢的30天的腐蚀速率为 $0.02076/0.03816\times0.3073\times30^{-1.072}=0.0044mm/a$，其中，0.02076mm/a和0.03816mm/a分别是普通13Cr不锈钢在130℃和150℃条件下的7天腐蚀速率（CO_2 分压为2.0MPa），其比值作为修正系数。

表5-27 7天腐蚀速率计算结果（130℃，2.0MPa）

材质类别	长度/mm	宽度/mm	厚度/mm	测试前质量/g	测试后质量/g	腐蚀速率/mm/a
普通13Cr不锈钢	50.05	9.92	3.01	10.7454	10.7414	0.02076
超级13Cr不锈钢	51.23	9.04	2.82	8.9955	8.9937	0.00977
22-25Cr双相不锈钢	50.21	9.92	2.60	9.1228	9.1227	0.00052

可见，根据普通13Cr不锈钢、超级13Cr不锈钢和22-25Cr双相不锈钢油套管在东海A气田的腐蚀环境中的腐蚀速率，在温度为150℃时，普通13Cr不锈钢出现了腐蚀速率极值。当 CO_2 分压超过2.0MPa时，腐蚀速率没有出现预期的增加，3种材质的腐蚀速率均有所降低，按照温度150℃、CO_2 分压2.0MPa进行防腐设计，油套管有足够的安全性。普通13Cr不锈钢在高温和高 CO_2 分压条件下发生了局部点蚀，而超级13Cr不锈钢与双相不锈钢表面平整，未见点蚀。超级13Cr不锈钢中的Cr元素和Mo元素含量高于普通13Cr不锈钢，这是超级13Cr不锈钢比普通13Cr不锈钢防腐性能有所提高的主要原因。22-25Cr双相

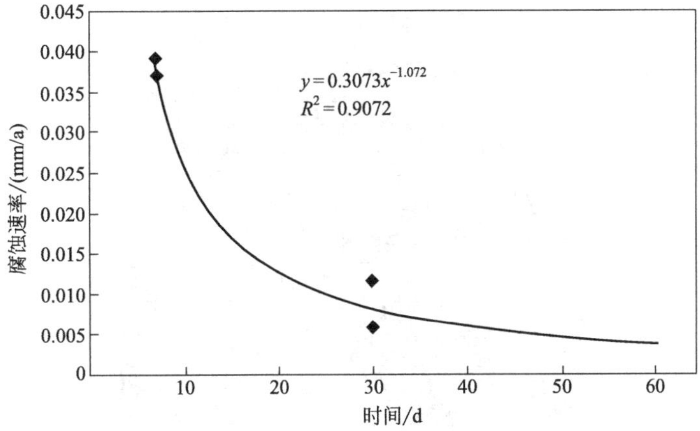

图 5-97　普通 13Cr 不锈钢的腐蚀速率递减曲线（150℃，2.0MPa）

不锈钢基体中的 Cr 含量达到 23.3%，Mo 元素为 3.29%，远高于普通 13Cr 不锈钢和超级 13Cr 不锈钢，表现出了极佳的防腐特性。普通 13Cr 不锈钢在温度 150℃、CO_2 分压 2.0MPa 环境下，会发生电蚀，可能出现腐蚀穿孔；超级 13Cr 不锈钢表现为均匀腐蚀，可以根据腐蚀速率，确定材质的可用性；22-25Cr 双相不锈钢材质在该环境下腐蚀速率极低，但成本昂贵，在超级 13Cr 不锈钢满足要求的前提下，不宜用该材质进行防腐。因从井底开发储层到地面，温度逐步降低，根据材质在不同温度的腐蚀状况，可以采用组合油套管的方式防腐，深部温度高于 130℃位置的油套管应用超级 13Cr 不锈钢，上部温度低于 130℃位置的油套管应用普通 13Cr 不锈钢，以降低成本。

5.4.6　新疆某气田

超级 13Cr 不锈钢（13Cr-P110）除了在塔里木油田有大量应用外，在西北油田分公司也有不少的应用，如顺南区块，研究发现，在不同工况下超级 13Cr 不锈钢的腐蚀速率变化明显，如表 5-28 所示。随着温度升高，超级 13Cr 不锈钢的腐蚀速率显著增大，在 210℃时达到 0.1244mm/a。如图 5-98 所示，试样表面已经形成了较厚的腐蚀产物，腐蚀产物出现龟裂状破碎。能谱检测显示试样表面存在较多的 S 元素，说明氧化物钝化膜已经转换成硫化物腐蚀产物膜。由于腐蚀产物膜很薄，XRD 结果显示均为基体的马氏体峰，无腐蚀产物信息，如图 5-99 所示。

表 5-28　超级 13Cr 不锈钢在不同温度下的腐蚀速率

温度/℃	腐蚀速率/(mm/a)
210	0.1244
150	0.0264
100	0.0148
80	0.0031

超级 13Cr 不锈钢在中低温条件下发生断裂，而随温度升高，未发生阳极溶解型应力腐蚀开裂，开裂敏感性降低，在 210℃高温条件下仅发生了点蚀，这种高温腐蚀环境中能够抗应力腐蚀、而较低温度下容易开裂的特征符合氢脆型的硫化物应力开裂（SSC）的特征，见表 5-29。

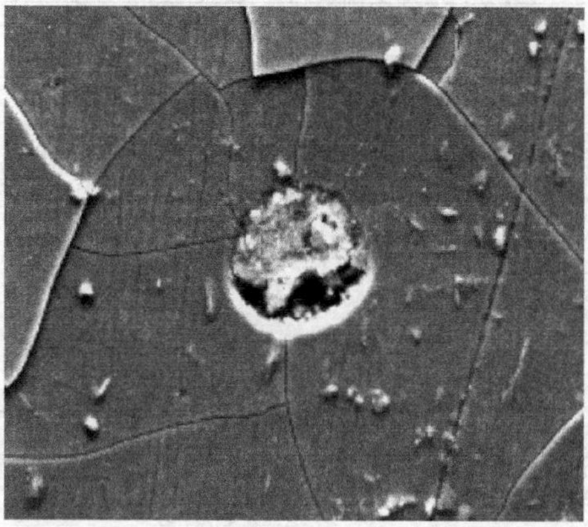

图 5-98　超级 13Cr 不锈钢在 210℃条件下的腐蚀形貌

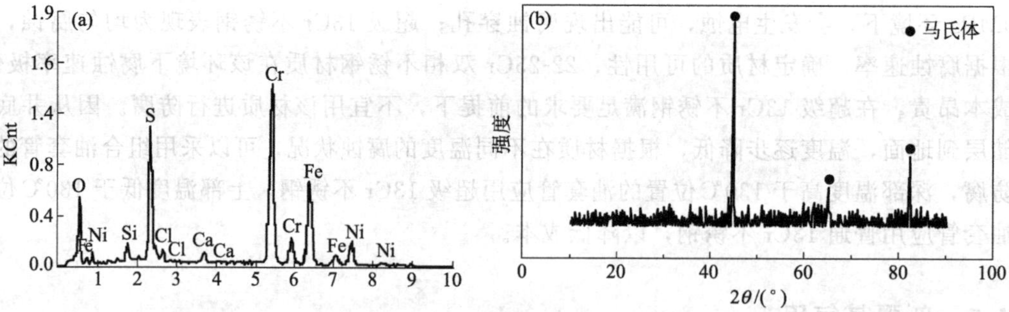

图 5-99　超级 13Cr 不锈钢在 210℃条件下的腐蚀产物分析

(a) 能谱；(b) XRP

表 5-29　超级 13Cr 不锈钢在不同高温下的点蚀与断裂描述

温度/℃	13Cr-P110
210	点蚀
150	出现裂纹
100	断裂
80	断裂

可见，超级 13Cr 不锈钢随着温度升高，腐蚀速率显著增大，在 210℃ 时达到 0.1244mm/a，开裂敏感性高，而且温度越低越敏感。预测在顺南工况下井口上部在半年到一年内容易发生断裂。

5.4.7　海外油气田环境

Moosavi 等针对伊拉克米桑油田某一 H_2S/CO_2 共存区块，选择了包括 L80 普通碳钢、13Cr 不锈钢、超级 13Cr 不锈钢、双相不锈钢和镍基合金在内的 14 种材质（其中超级 13Cr 不锈钢有多种类型，如超级 13Cr 95 SSA、超级 13Cr 95 SSB、超级 13Cr SS 等）开展了现场和室内试验评价。在现场试验中，腐蚀性最强的一口井（BHP 为 17.93MPa，Cl^- 浓度为

113000mg/L，$CO_2$6.5%，H_2S 10.7%，含水率为36%，CO_2 分压最高为3.22MPa，H_2S 分压最高为5.6MPa）进行了188天的实验，所有的L80碳钢挂片和部分的13Cr不锈钢及超级13Cr不锈钢挂片出现了局部点蚀，而在该井中的硫化物应力开裂试验中，除了L80碳钢在应力面出现裂纹之外，其他试样均未出现硫化物应力开裂。在其他6口腐蚀性弱的井中的试样，除L80碳钢，均未发生点蚀和硫化物应力开裂。

Masakatsu Ueda报道，在CO_2/H_2S共存的腐蚀环境中，完井液中的$CaCl_2$会大大增加溶液的腐蚀性能，超级13Cr不锈钢的OCTG材质在U形弯曲测试中发生了断裂。其中，测试条件为：4.4MPa CO_2、0.0007MPa H_2S、140℃，测试周期为14天。

5.4.8 选材影响因素

总而言之，选材应主要考虑如下三个方面。

（1）技术因素

具体又分为管材性能、腐蚀环境和应力环境3个方面。管材性能包括腐蚀速率、腐蚀类型等因素。腐蚀环境包括温度、H_2S/CO_2 分压、介质以及冲刷情况。腐蚀环境中还要考虑多因素、多介质综合作用的影响。

（2）经济因素

因为油井管的费用在建井的总造价中占有较高比重（一般在25%左右），所以选择性价比高的耐蚀油井管材是非常重要的。例如，选择3Cr或13Cr管材，油井管在油气井整个运行期间的阴极保护费用和缓蚀剂的使用量差异较大，必须综合考虑。油井管使用一定年限后维修维护费用也是油井管运行管理费用中的重要组成部分。

（3）其他因素

选择耐腐蚀油井管材除了考虑上述的技术因素和经济因素外，还要兼顾到资源、节能和环保因素，尽可能满足国家相关的产业政策和法规规范。腐蚀管材的组成元素中Cr、Mo、Ni等都是重要的战略储备元素，合金设计中添加这些元素及其含量需要慎重考虑。

参考文献

[1] 尹成先，王新虎，赵雪会，等．压应力对HP13Cr钢电化学腐蚀性能的影响[J]．材料保护，2104，47(9)：29-33.

[2] Ghareba S, Omanovic S. Interaction of 12-aminododecanoic acid with a carbon steel surface: towards the development of 'green' corrosion inhibitors[J]. Corrosion Science, 2010, 52(6): 2104-2113.

[3] Raja P B, Sethuraman M G. Natural products as corrosion inhibitor for metals in corrosive media—A review[J]. Materials Letter, 2008, 62(1): 113-116.

[4] 郭晓男，陆原，张勇，等．油田高温酸化缓蚀剂的合成及缓蚀性能[J]．腐蚀与防护，2012，33(11)：981-986.

[5] 郑清远．高温土酸酸化缓蚀剂用中、低温注水井的各种土酸酸化作业[J]．油田化学，1996，13(4)：371-372.

[6] 闫治涛，许新华，涂勇，等．国外酸化技术研究新进展[J]．油气地质与采收率，2002，9(2)：86-87.

[7] 赵志博．超级13Cr不锈钢油管在土酸酸化液中的腐蚀行为研究[D]．西安：西安石油大学，2014.

[8] 邬光辉，汪海，陈志勇，等．塔里木盆地奥陶系碳酸盐岩复杂油气藏的特性[J]．石油与天然气地质，2010，31(6)：763-769.

[9] 陈赓良，黄瑛．碳酸盐岩酸化反应机理分析[J]．天然气工业，2006，26(1)：104-108.

[10] 汪海阁，李万平，郭晓霞．高压高温钻完井技术进展[R]．北京：中国石油经济技术研究院，2009.

[11] Shadravan A, Amani M. HPHT 101-What petroleum engineers and geoscientists should know about high pressure high temperature wells environment[J]. Energy Science Technology, 2012, 4(2): 36-60.

[12] 叶登胜，任勇，管彬，等．塔里木盆地异常高压高温井储层改造难点及对策[J]．天然气工业，2009，29(3)：77-79.

[13] 李娜，吕祥鸿，周鹏遥，等．HPHT 井完井管柱材质研究及应用进展[J]．材料导报 A：综述篇，2015，29(3)：95-100.

[14] 孙茜，刘元兰，陆嘉星．离子液体在电化学中的应用[J]．化学通报，2003(2)：112-114.

[15] 张锁江，刘晓敏，姚晓倩，等．离子液体的前沿、进展及应用[J]．中国科学 B 辑：化学，2009，39(10)：1134-1144.

[16] Likhanova N V, Domínguez -Aguilar M A, Olivares -Xometl O, et al. The effect of ionic liquids with imidazolium and pyridinium cationson the corrosion inhibition of mild steel in acidic environment[J]. Corrosion Science, 2010, 52(6): 2088-2097.

[17] 徐效陵，黄宝华，刘军，等．盐酸溶液中吡咯烷酮离子液体对碳钢的缓蚀性能[J]．中国腐蚀与防护学报，2011，31(5)：336-340.

[18] Zhou X, Yang H Y, Wang F H. [BMIM]BF_4 ionic liquids as effective inhibitor for carbon steel in alkaline chloride solution[J]. Electrochimica Acta, 2011, 56(11): 4268-4275.

[19] 刘瑕，郑玉贵．流动条件下两种不同亲水基团咪唑啉型缓蚀剂的缓蚀性能[J]．物理化学学报，2009，25(4)：713-718.

[20] 吴刚，郝宁眉，陈银娟，等．新型油酸咪唑啉缓蚀剂的合成及其性能评价[J]．化工学报，2013，64(4)：1485-1491.

[21] Zhang H H, Pang X L, Zhou M, et al. The behavior of pre -corrosion effect on the performance of imidazoline-based inhibitor in 3wt. %NaCl solution saturated with CO_2[J]. Applied Surface Science, 2015, 356(30): 63-72.

[22] Zhang K G, Xu B, Yang W Z, et al. Halogen -substituted imidazoline derivatives as corrosion inhibitors for mild steel in hydrochloric acid solution[J]. Corrosion Science, 2015, 90: 284-295.

[23] Zhang Q B, Hua Y X. Corrosion inhibition of mild steel by alkylimidazolium ionic liquids inhydrochloric acid[J]. Electrochimica Acta, 2009, 54(6): 1881-1887.

[24] Ashassi -Sorkhabi H, Es' Haghi M. Corrosion inhibition of mild steel in acidic media by [BMIm]Br Ionic liquid[J]. Materials Chemistry and Physics, 2009, 114(1): 267-271.

[25] Li X H, Deng S D, Fu H, et al. Adsorption and inhibition effect of 6-benzylaminopurine on cold rolled steel in 1. 0M HCl[J]. Electrochimica Acta, 2009, 54(16): 4089-4098.

[26] Hegazy M A, Abdallah M, Ahmed H. Novel cationic gemini surfactants as corrosion inhibitors for carbon steel pipelines[J]. Corrosion Science, 2010, 52(9): 2897-2904.

[27] Singh A K, Quraishi M A. Effect of cefazolin on the corrosion of mild steel in HCl solution[J]. Corrosion Science, 2010, 52(1): 152-160.

[28] Noor E A, Al-Moubaraki A H. Thermodynamic study of metal corrosion andinhibitor adsorption processes in mild steel/1-methyl-4-styryl pyridiniumiodides/hydrochloric acid systems[J]. Materials Chemistry and Physics, 2008, 110(1): 145-154.

[29] 薛娟琴，胡波，唐长斌，等．[HMIM]BF_4 对盐酸中 A3 和 HP13Cr 不锈钢的缓蚀行为[J]．材料保护，2017，50(2)：38-43.

[30] 刘朝霞，张贵才，孙铭勤．一种高温盐酸酸化缓蚀体系的研究与评价[J]．石油与天然气化工，2004，33(6)：430-433.

[31] 王江，何耀春，王纪孝．酸性介质缓蚀剂 KA-01 的合成与评价[J]．油田化学，1997，14(2)：119-122.

[32] 于洪江，李善建．一种低毒酸化缓蚀剂的研制[J]．腐蚀与防护，2005，26(11)：461-463.

[33] 孙铭勤，张贵才，葛际江，等．盐酸酸化缓蚀剂 DS-1 的合成及性能评价[J]．钻采工艺，2005，28(6)：90-93.

[34] 何雁，黄志宇，冯英，等．一种高温酸化缓蚀剂的合成及其性能研究[J]．西南石油学院院报，2001，23(5)：61-64.

[35] Khaled K F, Babi -Samardija K, Hackerman N. Theoretical study of the structural effects of polymethylene amines on corrosion inhibition of iron in acid solutions [J]. Electrochimica Acta, 2005, 50(4): 2515-2520.

[36] 方晓君，彭伟华．一种曼尼希碱缓蚀剂在盐酸溶液中的缓蚀行为[J]．石油化工应用，2016，35(7)：116-121.

[37] 王远，张娟涛，尹成先．13Cr 管材专用超高温酸化缓蚀剂[J]．石油科技论坛，2015(B10)：140-143.

[38] 张娟涛，尹成先，白真权，等．TG201 酸化缓蚀剂对 N80 钢和 HP13Cr 钢的作用机理[J]．腐蚀与防护，2010，31(S1)：150-152.

[39] 尹成先．TG201 超级 13Cr 专用酸化缓蚀剂[J]．石油科技论坛，2010(4)：74-74.

[40] Ajmal M, Mideen A S, Quraishi M A. 2-hydrazino-6-methyl-benzothiazole as an effective inhibitor for the corrosion of mild steel in acidic solutions [J]. Corrosion Science, 1994, 25(1): 79-84.

[41] 张娟涛，白真权，冯耀荣，等．不同季铵盐缓蚀剂针对 HP13Cr 钢盐酸体系的作用研究[J]. 腐蚀与防护，2010，31(S1)：152-154.

[42] 张清，李全安，文九巴，等．CO_2/H_2S 对油气管材的腐蚀规律及研究进展[J]. 腐蚀与防护，2003，24(7)：277-281.

[43] 吴志良，钱卫明，钟辉高，等．CO_2 凝析气藏气井油套管腐蚀原因分析及常用钢材腐蚀性能评价[J]. 中国海上油气，2006，18(3)：195-197.

[44] 王鸿勋，张士诚．水力压裂数值计算方法[M]. 北京：石油工业出版社，2001

[45] 李刚，杨永华，任山，等．酸液高温腐蚀实验及合理使用相关标准探讨[J]. 石油工业技术监督，2008，24(6)：5-7.

[46] 吕祥鸿，谢俊峰，毛学强，等．超级 13Cr 马氏体不锈钢在鲜酸中的腐蚀行为[J]. 材料科学与工程学报，2014，32(3)：318-323.

[47] 张双双．酸化液对 13Cr 油管柱的腐蚀[D]. 西安：西安石油大学，2014.

[48] Chambers B, Venkatesh A, Gambale D. Performance of tantalum-surface alloy on stainless steel and multiple corrosion resistant alloy in laboratory evaluation of deep well acidizing environment[C]//Corrosion 2011. Houston: NACE International, 2011.

[49] Kimura M, Sakata K. Corrosion resistance of martensitic stainless OCTG in severe corrosion environments[C]//Corrosion 2007. Houston: NACE International, 2007.

[50] Boles J, Ke M J, Parker C. Corrosion Inhibition of New 15 Chromium Tubulars in Acid Stimulation Fluids at High Temperatures[C]//The 2009 SPE Annual Technical Conference and Exhibition. New Orleans, Louisiana, USA: [s. n.], 2009.

[51] Bayol E, Gürten T, Ali G A, et al. Interactions of some Schiff base compounds with mild steel surface in hydrochloric acid solution[J]. Materials Chemistry and Physics, 2008, 112(2): 624-630.

[52] Ke M J, Boles J. Corrosion Behavior of Various 13 Chromium Tubulars in Acid Stimulation Fluids[C]//The 1st International Symposium on Oilfield Corrosion. Aberdeen, Scotland, U. K: [s. n.]. 2004.

[53] 张德康．不锈钢局部腐蚀[M]. 北京：科学出版社，1982.

[54] 雷冰，马元泰，李瑛，等．模拟高温高压气井环境中 HP2-13Cr 的点蚀行为研究[J]. 腐蚀科学与防护技术，2013，2(25)：100-104.

[55] 唐广荣．酸化缓蚀剂的缓蚀作用机理研究[J]. 西安石油大学学报(自然科学版)，2015，30(1)：95-101.

[56] 曹楚南，张鉴清．电化学阻抗谱导论[M]. 北京：科学出版社，2002.

[57] 张娟涛．改性哌嗪酸化缓蚀剂合成及应用研究[D]. 西安：西安石油大学，2014.

[58] 雷晓维，张娟涛，白真权，等．喹啉季铵盐酸化缓蚀剂对超级 13Cr 不锈钢电化学行为的影响[J]. 腐蚀科学与防护技术，2015，27(4)：358-362.

[59] Khamis A, Saleh M M, Awad M I. Synergistic inhibitor effect of cetylpyridinium chloride and other halides on the corrosion of mild steel in 0.5 M H_2SO_4[J]. Corrosion Science, 2013, 66: 343-349.

[60] Quartarone G, Ronchin L, Vavasori A, et al. Inhibitive action of gramine towards corrosion of mild steel in deaerated 1.0 M hydrochloric acid solutions [J]. Corrosion Science, 2012, 64: 82-89.

[61] Caliskan N, Bilgic S. Effect of iodide ions on the synergistic inhibition of the corrosion of manganese-14 steel in acidic media [J]. Appllied Surface Science, 2000, 153 (2/3): 128-133.

[62] Prabhu R A, Venkatesha T V, Shanbhag A V, et al. Quinol-2-thione compounds as corrosion inhibitors for mild steel in acid solution [J]. Materials Chemistry Physcian, 2008, 108 (2/3): 283-289

[63] Sieradzki K, Newman R C. Stress corrosion cracking [J], Journal of Physics & Chemistry of Solids, 2015, 48(11): 1101-1113.

[64] Landoulsi J, Elkirat K, Richard C, et al. Enzymatic Approach in Microbial-Influenced Corrosion: A Review Based on Stainless Steels in Natural Waters[J]. Environmental Science & Technology. 2008, 42 (7): 2233-2242.

[65] Sanchez J, Fullea J, Andrade C, et al. Stress corrosion cracking mechanism of prestressing steels in bicarbonate solutions[J]. Corrosion Science, 2007, 49 (11): 4069-4080.

[66] Manwatkar S K, Murty S V S N, Ramesh Narayanan P. Stress corrosion cracking of high strength 18Ni-8Co-5Mo mar-

aging steel fasteners [J]. Materials Science Forum, 2015, 830-831: 717-720.
[67] Dong X Q, Li M R, Huang Y L, et al. Effect of potential on stress corrosion cracking of 321 stainless steel under marine environment [J]. Advanced Materials Research, 2015, 1090: 75-78.
[68] Rihan R, Basha M, Al-Meshari A, et al. Stress corrosion cracking of SA-543 high-strength steel in all-volatile treatment boiler feed water [J]. Journal of Materials Engineering and Performance, 2015, 24 (10): 1-10.
[69] Zhong Y, Zhou C, Chen S, et al. Effects of temperature and pressure on stress corrosion cracking behavior of 310S stainless steel in chloride solution [J]. Chinese Journal of Mechanical Engineering, 2017, 30(1): 200-206.
[70] Cao L W, Du C Y, Xie G S. Effects of sensitization and hydrogen on stress corrosion cracking of 18-8 type stainless steel [J]. Applied Mechanics & Materials, 2017, 853: 168-172.
[71] Luo L H, Huang Y H, Xuan F Z. Pitting corrosion and stress corrosion cracking around heat affected zone in welded joint of crnimov rotor steel in chloridized high temperature water [J]. Procedia Engineering, 2015, 130: 1190-1198.
[72] Du D, Chen K, Lu H, et al. Effects of chloride and oxygen on stress corrosion cracking of cold worked 316/316L austenitic stainless steel in high temperature water [J]. Corrosion Science, 2016, 110: 134-142.
[73] Torkkeli J, Saukkonen T, Hanninen H. Effect of MnS inclusion dissolution on carbon steel stress corrosion cracking in fuel-grade ethanol [J], Corrosion Science, 2015, 96: 14-22.
[74] Li Z, Xiao T, Pan Q, et al. Corrosion behaviour and mechanism of basalt fibres in acidic and alkaline environments [J]. Corrosion Science, 2016, 110: 15-22.
[75] Yu Q, Dong C F, Liang J X, et al. Stress corrosion cracking behavior of PH13-8Mo stainless steel in Cl-solutions [J]. Journal of Iron & Steel Research International, 2017, 24(3): 282-289.
[76] Chen Z Y, Li L J, Zhang G A, et al. Inhibition effect of propargyl alcohol on the stress corrosion cracking of super 13Cr steel in a completion fluid [J]. Corrosion Science, 2013 (69): 205-210.
[77] O' Dell C S, Brown B F. Control of stress corrosion cracking by inhibitors[D]. Washington, DC: Chemistry Department, American University, 1978.
[78] Niu L, Cao C N, Lin H C, et al. Inhibitive effect of benzotriazole on the stress corrosion cracking of 18Cr-9Ni-Ti stainless steel in acidic chloride solution [J]. Corrosion Science, 1998, 40(7): 1109-1117.
[79] Sun Q L, Shi L D, Liu Z R. Effect on new corrosion inhibitor to stress corrosion cracking of prestressed steel wire in simulated concrete pore solution [J]. Applied Mechanics & Materials, 2014, 556-562: 667-670.
[80] Cansever, Caku A F, Urgen M. Inhibition of stress corrosion cracking of AISI 304 stainless steel by molybdate ions at elevated temperatures under salt crust[J]. Corrosion Science, 1999, 41 (7): 1289-1303.
[81] Sekine I, Shimode T, Yuasa M, et al. Corrosion inhibition of structural steels in CO_2 absorption process by (1-hydroxyethylidene) -1,1-diphosphonic acid[J]. Industrial & Engineering Chemistry Research, 1990, 29 (7): 1460-1466.
[82] Li L J, Yang Y H, Zhou B, et al. Inhibition effect of some inhibitors on super 13Cr steel corrosion in completion fluid [J]. American Journal of Chemical Engineering, 2017, 5(4): 74-80.
[83] 李玲杰，张彦军，林竹，等．喹啉季铵盐和 KI 浓度对超级 13Cr 不锈钢应力腐蚀开裂行为的影响[J]. 天津科技，2017，44(10)：15-19.
[84] 赵玉红，杜敏，张静．孔蚀缓蚀剂的研究现状[J]. 腐蚀科学与防护技术，2016，28(4)：361-366.
[85] 李鹤林，张亚平，韩礼红．油井管发展动向及高性能油井管国产化(上)[J]. 钢管，2007，36(6)：1-9.
[86] 张业圣，赵明亮．石油管市场前景展望(上)[J]. 钢管，2007，36(2)：1-6.
[87] 李平全．油气田生产开发期套管的损坏原因分析[J]. 钢管，2006，35(5)：53-59.
[88] 钟厉，孙艳鹏．热扩渗工艺的研究应用及进展[J]. 热加工工艺，2007，36(22)：81-85.
[89] 徐向荣，黄拿灿，杨少敏．稀土表面改性在改善高温抗氧化和耐蚀性方面的应用[J]. 热处理技术与装备，2006，27(3)：8-12.
[90] Benz R. Thermodynamics of the carbides in the system Fe-Cr-C [J]. Metallurgical Transactions, 1974, 5(10): 2235-2240.
[91] Lin N M, Xie F Q, Wu X Q, et al. Microstructures and wear resistance of chromium coatings on P110 steel fabricated by pack cementation [J]. Journal Center South University Technology, 2010(17): 1155-1162.
[92] 梁文萍，徐重，缪强，等．Ti2AlNb 双层辉光等离子渗 Cr 的磨损性能研究[J]. 摩擦学学报，2007，27(2)：121-125.

[93] 李涌泉，余斌高．超级 13Cr 表面 Cr-Y 共渗层的组织与摩擦磨损性能[J]. 热加工工艺，2014，43(14)：115-118.

[94] Zou，D N，Han Y，Zhang W，et al. Influence of tempering process on mechanical properties of 00Cr13Ni4Mo supermartensitic stainless steel[J]. Journal of Iron Steel Research，2010，17(8)：50-54.

[95] Mändl S，Gunzel R，Richter E，et al. Nitriding of austenitic stainless steels using plasma immersion ion implantation[J]. Surface Coatings Technology，1998，100-101：372-376.

[96] Larisch B，Brusky U，Spies J. Plasma nitriding of stainless steels at low temperatures[J]. Surface Coatings Technology，1999，116-119：205-211.

[97] Singh V，Marchev K，Cooper C，et al. Intensified plasma-assisted nitriding of AISI 316L stainless steel[J]. Surface Coatings Technology，2002，160：249-258.

[98] Blawert C，Weisheit A，Mordike B L，et al. Plasma immersion ion implantation of stainless steel：austenitic stainless steel in comparison to austenitic-ferritic stainless steel[J]. Surface Coatings Technology，1996，85：15-27.

[99] Foerster C E，Serbena F C，da Silva S L R，et al. Mechanical and tribological properties of AISI 304 stainless steel nitrided by glow discharge compared to ion implantation and plasma immersion ion implantation [J]. Nucl. Instrum. Methods Phys. Res. B：Beam Interact. Mater. Atoms，2007，257(1/2)：732-736.

[100] Figueroa C A，Wisnivesky D，Alvarez F. Effect of hydrogen and oxygen on stainless steel nitriding [J]. J. Appl. Phys. 2002，92(2)：764-770.

[101] Dong H. S-phase surface engineering of Fe-Cr，Co-Cr and Ni-Cr alloys[J]. International Materials Review，2010，55 (2)：65-98.

[102] Kim S K，Yoo J S，Priest J M，et al. Characteristics of martensitic stainless steel nitrided in a low-pressure RF plasma [J]. Surf. Coat. Technol. 2003，164 (2)：380-385.

[103] Allenstein A N，Lepienski CM，Buschinelli AJA，et al. Plasma nitriding using high H_2 content gas mixtures fora cavitation erosion resistant steel[J]. Appl. Surf. Sci. 2013，277(15)：15-24.

[104] Fernandes F A P，Totten G E，Gallego J，et al. Plasma nitriding and nitrocarburising of a supermartensitic stainless steel[J]. Int. Heat Treat. Surf. Eng. 2012，6：24-27.

[105] Foerster C E，Souza J F P，Silva C，et al. Effect of cathodic hydrogenation on the mechanical properties of AISI 304 stainless steel nitrided by ion implantation，glow discharge and plasma immersion ion implantation [J]. Nucl. Instrum. Methods Phys. Res. B：Beam Interact. Mater. Atoms 2007，257(1/2)：727-731.

[106] Li C X，Bell T. Corrosion properties of active screen plasma nitrided 316 austenitic stainless steel [J]. Corros. Sci. 2004，46(6)：1527-1547.

[107] Brühl S P，Charadia R，Simison S，et al. Corrosion behavior of martensitic and precipitation hardening stainless steels treated by plasma nitriding[J]. Surf. Coat. Technol. 2010，204 (20)：3280-3286.

[108] Corengia P，Ybarra G，Moina C，et al. Microstructure and corrosion behaviour of DC-pulsed plasma nitrided AISI 410 martensitic stainless steel[J]. Surf. Coat. Technol. 2004(1)，187 (1)：63-69.

[109] Saha R，Nix W D. Effects of the substrate on the determination of thin film mechanical properties by nanoindentation [J]. Acta Mater. 2002，50(1)：23-38.

[110] Callister W D. Materials Science and engineering - an introduction[M]. New York: John Wiley & Sons，Inc.，2007.

[111] Bhadeshia H K D H，Honeycombe R. Steels：Microstructure and Properties [M]. 3rd ed. Amsterdam Elsevier Ltd，2006.

[112] Meyers M A，Chawla K K. Mechanical behavior of materials[M]. New Jersey: Prentice Hall，1999.

[113] Davis W D，Vanderslice T A. Ion energies at the cathode of a glow discharge[J]. Phys. Rev. 1963，131 (1)：219-228.

[114] Oliver W C，Pharr G M. An improved technique for determining hardness and elastic modulus using load and displacement sensing indentation experiments[J]. J. Mater. Res. 1992，7 (6)：1564-1583.

[115] de Souza G B，Mikowski A，Lepienski C M，et al. Indentation hardness of rough surfaces produced by plasma-based ion implantation processes[J]. Surf. Coat. Technol. 2010，204 (18/19)：3013-3017.

[116] Durham R N，Gleeson B，Young D J. Factors affecting chromium carbide precipitate dissolution during alloy oxidation [J]. Oxid. Met. 1998，50 (1/2)：139-165.

[117] Williams P I，Faulkner R G. Chemical volume diffusion coefficients forstainless steel corrosion studies[J]. J. Ma-

ter. Sci. 1987,22(10):3537-3542.

[118] Nascimento F C, Lepienski C M, Foerster C E, et al. Structural, mechanical, and tribological properties of AISI 304 and AISI 316L steels submitted to nitrogen-carbon glow discharge[J]. J. Mater. Sci. 2009,44(4):1045-1053.

[119] Assmann A, Foerster C E, Serbena F C, et al. Mechanical and tribological properties of LDX2101 duplex stainless steel submitted to glow discharge ion nitriding[J]. IEEE Trans. Plasma Sci. 2011,39(11):3108-3114.

[120] Pinedo C E, Monteiro W A. On the kinetics of plasma nitriding a martensitic stainless steel type AISI 420[J]. Surf. Coat. Technol. 2004,179(2/3):119-123.

[121] Czerwiec T U, Renevier N, Michel H. Low-temperature plasma-assisted nitriding[J]. Surf. Coat. Technol. 2000, 131(1/3):267-277.

[122] Williamson D L, Wei R, Wilbur P J. Metastable phase formation and enhanced diffusion in f. c. c. alloys underhigh dose, high flux nitrogen implantation at high and low ion energies[J]. Surf. Coat. Technol. 1994,65(1/3):15-23.

[123] Chaudhuri D K, Ravindran P A, Wert J J. Comparative X-ray diffraction and electron microscopic study of the transformation induced substructures in the iron-nickel martensites and their influence on the martensite properties[J]. J. Appl. Phys. 1972,43(3):778-788.

[124] Nedjad S H, Nasab F H, Garabagh M R M. X-ray diffraction study on the strain anisotropy and dislocation structure of deformed lath martensite[J]. Metall. Mater. Trans. A., 2011,42(8):2493-2497.

[125] Stinville J C, Templier C, Villechaise P, et al. Swelling of 316L austenitic stainless steel induced by plasma nitriding [J]. J. Mater. Sci. 2011,46(16):5503-5511.

[126] Manova D, Lutz J, Mändl S. Sputtering effects during plasma immersion ion implantation of metals [J]. Surf. Coat. Technol. 2010,204(18/19):2875-2880.

[127] Kong J H, Lee D J, On H Y, et al. High temperature gas nitriding and tempering in 17Cr-1Ni-0. 5C-0. 4V steel[J]. Met. Mater. Int. 2010,16:857-863.

[128] Shtansky D V, Nakai K, Ohmori Y. Crystallography and structural evolution during reverse transformation in an Fe-17Cr-0. 5C tempered martensite[J]. Acta Mater. 2000,48(8):1679-1689.

[129] Xiao X, Liu G, Hu B. Coarsening behavior for M23C6 carbide in 12%Cr-reduced activation ferrite/martensite steel: experimental study combined with DIC-TRA simulation[J]. J. Mater. Sci. 2013,48(16):5410-5419.

[130] Geiss R H. Energy-dispersive X-ray spectroscopy, in: S. W. C. R. Brundle, C. A. Evans Jr. (Eds.), Encyclopedia of Materials Characterization, Butterworth-Heinemann, Boston, 1992, 120-148.

[131] Fischer-Cripps A C. Nanoindentation[M]. New York: Springer-Verlag, 2004.

[132] Nascimento F C, Foerster C E, da Silva S L R, et al. A comparative study ofmechanical and tribological properties of AISI-304 and AISI-316 submitted to glow discharge nitriding[J]. Mater. Res. 2009,12(2):173-180.

[133] Corengia P, Ybarra G, Moina C, et al. Microstructural and topographical studies of DC-pulsed plasma nitrided AISI 4140 low-alloy steel[J]. Surf. Coat. Technol. 2005,200(7):2391-2397.

[134] Anselmo N, May J E, Mariano N A, et al. Corrosion behavior of supermartensitic stainless steel in aerated and CO_2-saturated synthetic seawater[J]. Materials Science & Engineering A, 2006,428(1/2):73-79.

[135] Moreira R M, Franco C V, Joia C J B M, et al. The effects of temperature and hydrodynamics on the CO_2 corrosion of 13Cr and 13Cr5Ni2Mo stainless steels in the presence of free acetic acid[J]. Corrosion Science, 2004, 46(12): 2987-3003.

[136] Liu Y R, Ye D, Yong Q L, et al. Effect of heat treatment on microstructure and property of Cr13 super martensitic stainless steel[J]. Journal of Iron and Steel Research International, 2011, 18(11): 60-66.

[137] Lei X W, Feng Y R, Zhang J X, et al. Impact of reversed austenite on the pitting corrosion behavior of super 13Cr martensitic stainless steel[J]. Electrochimica. Acta, 2016, 191: 640-650.

[138] Peng C H, Liu Z Y, Wei X Z. Failure analysis of a steel tube joint perforated by corrosion in a well-drilling pipe[J]. Engineering Failure Analysis, 2012, 25: 13-28.

[139] 田成，邹德宁，唐长斌，等．超级马氏体不锈钢在酸性浸滤液中的冲刷腐蚀行为[J]．热加工工艺，2014，43(8)：18-22.

[140] 奚运涛，刘道新，韩栋，等．低温离子渗氮提高2Cr13不锈钢的冲蚀磨损与冲刷腐蚀抗力[J]．材料工程，2007(11)：

76-81.

[141] Espitia L A, Dong H S, Li X Y, et al. Cavitation erosion resistance and wear mechanisms of active screen low temperature plasma nitrided AISI 410 martensitic stainless steel[J]. Wear, 2015, 332-333: 1070-1079.

[142] Pariona M M, Teleginski V, Dos Santos K, et al. AFM study of the effects of laser surface remelting on the morphology of Al-Fe aerospace alloys[J]. Materials Characterization, 2012, 74: 64-76.

[143] Boinovich L B, Modin E B, Sayfutdinova A R, et al. Combination of functional nanoengineering and nanosecond laser texturing for design of superhydrophobic aluminum alloy with exceptional mechanical and chemical properties[J]. ACS Nano, 2017, 11(10): 10113-10123.

[144] Sharma P, Majumdar J D. Microstructural characterization and wear behavior of nano-boride dispersed coating on AISI 304 stainless steel by hybrid high velocity oxy-fuel spraying laser surface melting[J]. Metallurgical and Materials Transactions A, 2015, 46(7): 3157-3165.

[145] Chan W K, Kwok C T, Lo K H. Effect of laser surface melting and subsequent reaging on microstructure and corrosion behavior of aged S32950 duplex stainless steel[J]. Materials Chemistry and Physics, 2018, 207: 451-464.

[146] Kumar A, Roy S K, Pityana S, et al. Corrosion behaviour and bioactivity of a laser surface melted AISI 316L stainless steel[J]. Lasers in Engineering, 2015, 30(1/2): 31-49.

[147] 郭长刚，许益蒙，王凌倩，等．激光表面强化对镁合金在模拟体液中腐蚀行为的影响[J]．表面技术，2017，46(8)：188-194.

[148] 徐成伟，王振全，胡欣，等．1Cr17Ni2 不锈钢表面激光熔覆层的微观组织和性能研究[J]．表面技术，2011，40(1)：11-13，33.

[149] Sun M, Xiao K, Dong C F, et al. Electrochemical and initial corrosion behavior of ultrahigh strength steel by scanning kelvin probe[J]. Journal of Materials Engineering and Performance, 2013, 22(3): 815-822.

[150] Sheng H, Dong C F, Xiao K, et al. Anodic dissolution of a crack tip at AA2024-T351 in 3.5wt%NaCl solution [J]. International Journal of Minerals, Metallurgy, and Materials, 2012, 19(10): 939-944.

[151] Fu A Q, Cheng Y F. Characterization of corrosion of X65 pipeline steel under disbonded coating by scanning Kelvin probe[J]. Corrosion Science, 2009, 51(4): 914-920.

[152] 付安庆，赵密锋，李成政，等．激光表面熔凝对超级 13Cr 不锈钢组织与性能的影响研究[J]．中国腐蚀与防护学报，2019，39(5)：446-452.

[153] 荣海波，李娜，赵国仙，等．超级 15Cr 马氏体不锈钢超深超高压高温油气井中的腐蚀行为研究[J]．石油矿场机械，2011，40(9)：57-62.

[154] 王立翀，吕祥鸿，赵荣怀，等．超级 13Cr 与高强 15Cr 马氏体不锈钢在酸化液中的耐蚀性能对比[J]．机械工程材料，2014，38(5)：57-61.

[155] 张智，李炎军，张超，等．高温含 CO_2 气井的井筒完整性设计[J]．天然气工业，2013，33(9)：79-86.

[156] 董晓焕，赵国仙，冯耀荣，等．13Cr 不锈钢的 CO_2 腐蚀行为研究[J]．石油矿场机械，2003，32(6)：1-3.

[157] 王峰．CO_2 注入井油管断裂机理及防护方法研究[D]．大庆：东北石油大学，2015.

[158] 张海山．超出海上油套管选材图版的防腐设计实验研究[J]．表面技术，2016，45(5)：111-117.

[159] Ali N M, Khalid R, et al. Material selection for downhole sour environments [C]//SPE Corrosion 2008, SPE118011 2008.

[160] Yukio M, Mitsuo K, etc. Effects of chemical components on resistance to intergranular stress corrosion cracking in supermartensitic stainless steel[C]//Corrosion 2007. Houston: NACE Internationral, 2007.

[161] 王雷，杨培龙，牟云龙，等．含 H_2S/CO_2 油田腐蚀环境防腐选材调研[J]．内江科技，2014，(11)：23-25.

[162] 朱达江，刘晓旭，林元华，等．高温高压酸性气井油套管钢在超临界 CO_2 环境下的腐蚀行为[J]．材料保护，2017，50(3)：79-84.

[163] 侯赞，周庆军，王起江，等．13Cr 系列不锈钢在模拟井下介质中的 CO_2 腐蚀研究[J]．中国腐蚀与防护学报，2012，32(4)：300-305.

[164] 林冠发，宋文磊，王咏梅，等．两种 HP13Cr110 钢腐蚀性能对比研究[J]．装备环境工程，2011，7(6)：183-186.

[165] 王建军，付太森，薛承文，等．地下储气库套管和油管腐蚀选材分析[J]．石油机械，2017，45(1)：110-113.

[166] 刘海定，王东哲，魏捍东，等．酸性油气田用高性能不锈钢的选材与应用[J]．腐蚀与防护，2012，32(10)：817-821.

[167] 杨建强，张忠铧，周庆军，等．酸性油气井用油套管选材与评价方法[J]．石油与天然气化工，2015，44(3)：70-73.

[168] Omura T，Kobayashi K. SSC resistance of high strength low alloy steel OCTG in high pressure H_2S environments [J]. Corrosion 2009. Houston：NACE International，2009.

[169] ISO 15156—2015. Petroleum and natural gas industries-materials for use in H_2S containing environments in oil and gas production—part 2：Cracking-resistant carbon and low alloy steels and the use of cast iron[S]. 2015.

[170] NACE Standard TM 0177—2015. Laboratory testing for metals of sulfide stress cracking and stress corrosion cracking in H_2S environments [S]. 2015.

[171] JFE Technical Report. Corrosion resistant high Cr steel for oil and gas wells. No. 18 (Mar. 2013)：61-63.

[172] 李琼玮，奚运涛，董晓焕，等．超级 13Cr 油套管在含 H_2S 气井环境下的腐蚀试验[J]．天然气工业，2012，32(12)：106-109.

第6章 展望

高温、高压、高腐蚀性介质、复杂载荷和作业工艺等因素引起的管柱腐蚀问题严重威胁高温高压气井井筒的完整性，而且新的腐蚀失效问题也随着高温高压气井开发生产过程不断出现。目前，虽然国内外已在管柱选材、腐蚀适用性评价、酸化缓蚀剂开发、环空保护液选择、管柱防腐优化设计等方面开展了大量的工作，也已形成相关的选材规范，但是为了更好地解决高温高压气井管柱的腐蚀问题，还需要开展进一步的研究和探索。

（1）开展基于高温高压气井全生命周期的油管腐蚀评价及选材。为了提高天然气产量，气井一般需要进行酸化增产改造，而大部分气井增产改造和生产过程均采用同一套管柱。因此，油管腐蚀评价及选材不仅需要按照传统思路考虑生产过程中的地层水环境，还需要系统考虑增产和生产过程中的每个服役环境，即形成基于高温高压气井全生命周期的油管腐蚀评价及选材方法。全生命周期服役环境包括鲜酸酸化-残酸返排-生产初期凝析水-生产中后期地层水，结合每个作业和生产环境的温度、压力、腐蚀性气体分压、周期等确定实验参数，管柱受力状况下的腐蚀行为也有待深入探讨。

（2）酸化缓蚀剂与介质和环境的作用机制以及绿色缓蚀剂研发。随着油气田开发储层的条件越来越苛刻，超级 13Cr 不锈钢的使用会更广泛，尤其在酸化压裂条件下，酸液、温度和 CO_2/H_2S 等对钢管的腐蚀程度不容忽视。酸液体系、离子浓度也是影响腐蚀速率的重要因素，建议在选择酸液体系时尽量选择有机酸，而酸液含量在达到预期酸化效果前提下尽量减小。在酸化过程中，进一步研究 CO_2/H_2S 气体与酸液协同作用对超级 13Cr 不锈钢的腐蚀机理。缓蚀剂产品的绿色化、缓蚀剂生产反应条件的绿色化已经成为自然科学的学科前沿和重点研究方向。

（3）深入对比研究 15Cr/17Cr 和超级 13Cr 不锈钢管材的差异性。超级 13Cr 不锈钢是目前国内外高温高压气井应用最广泛的管柱材料之一。近年来逐渐出现了 15Cr，甚至 17Cr，但对其耐蚀性认识还不够深入和系统。

（4）开发适用于钛合金和双相不锈钢的酸化缓蚀剂。针对高温高压气井用超级 13Cr 不锈钢已开发了配套的酸化缓蚀剂系列产品，有效解决了井筒酸化过程中的严重腐蚀问题。随着钛合金和双相不锈钢等耐蚀合金体系技术的不断成熟和发展，其在生产过程中表现出更加优异的耐蚀性，但是却存在不耐酸液腐蚀的严重问题，因此，急需开发适用于钛合金和双相不锈钢的酸化缓蚀剂。

有关油井管标准与选材指南（图 6-1）存在的主要问题如下：①$p_{CO_2} \geqslant 0.02$MPa，p_{H_2S} 为 0.003～0.010MPa 时选择双相不锈钢，而 $p_{CO_2} \geqslant 0.02$MPa 并且 $p_{H_2S} \geqslant 0.01$MPa 时则选择 Ni 基或 FeNi 基合金，中间没有过渡；②在 $p_{CO_2} \geqslant 0.02$MPa，p_{H_2S} 为 0.001～0.003MPa

时选择超级 13Cr 不锈钢，但对 Cl^- 含量的影响未作规定，包括 CO_2＋较少量 Cl^-、CO_2＋多量 Cl^-、CO_2＋少量 H_2S＋Cl^- 的选材方案是空白的；③不同 Mo 含量的 Ni 基、FeNi 基合金的临界环境条件仅规定了温度的变化；④S 元素在选材指南中未体现；等等。李鹤林院士等提出了需要深入如下课题的研究：①在 H_2S 和 CO_2 共存时，H_2S 还是 CO_2 成为腐蚀控制的主导因素的边界环境条件的研究；②高 H_2S 分压或/和高 CO_2 分压条件下，材料（包括碳素钢、低合金钢、耐蚀合金）的电化学腐蚀和氢损伤机理与规律研究；③耐蚀合金在 H_2S/CO_2 环境的钝化膜保护机制和破损规律；④Cl^- 对 H_2S 或/和 CO_2 腐蚀的影响机理和规律；⑤单质硫对 H_2S 或/和 CO_2 腐蚀的影响机理和规律；⑥应用上述研究成果修订、细化有关标准和选材指南。

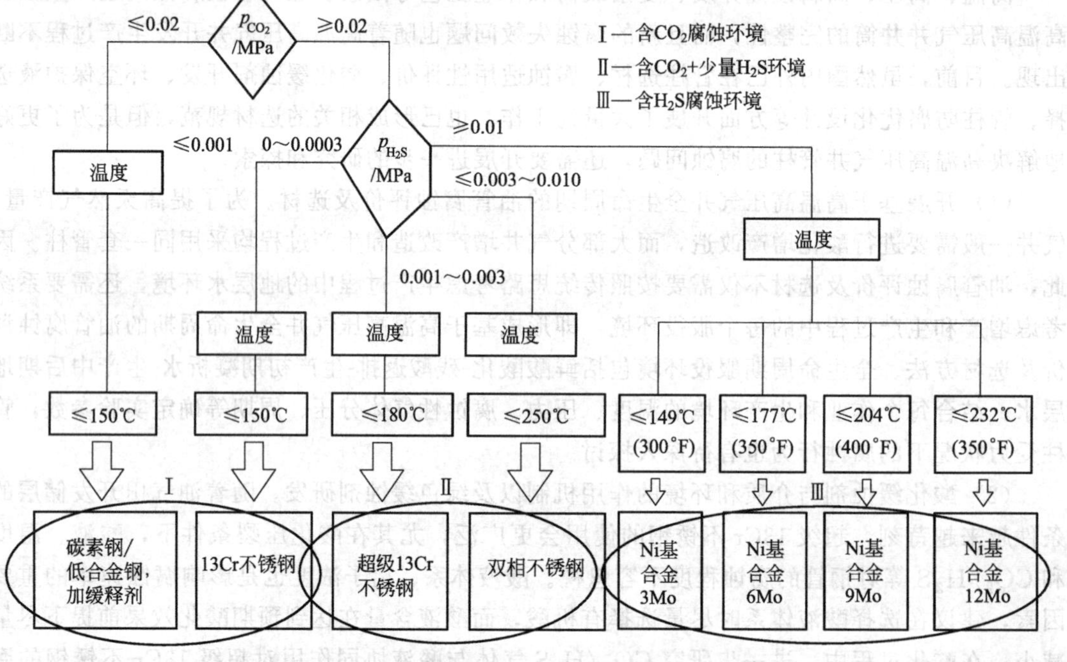

图 6-1 油井管选材指南

参考文献

[1] Cooling P J, Kermani M B, Martin J W, et al. The application limits of alloyed 13%Cr tubular steels for downhole duties [C]//Corrosion 1998. Houston: NACE International, 1998.

[2] Abayarathna D, Kane R D. Definition of safe service ues limits for use of stainless alloys in petroleum production[C]// Corrosion 1997. Houston: NACE International, 1997.

[3] Morana R, Piccolo E L, Scoppio L. Environmental cracking performance of super martensitic stainless steels "13-5-2" (grades 110ksi and 125ksi) for tubing applications in high chloride reservoir fluids containing H_2S/CO_2[C]//Corrosion 2010. Houston: NACE International, 2010.

[4] Craig B. Materials for deep oil and gas well construction[J]. Advanced Materials & Processes,2008,166(5):33-35.
[5] 王文明,张毅. 酸性气体腐蚀环境油井管选材分析与评价[J]. 腐蚀与防护,2010,31(8):645-648.
[6] 赵密锋,付安庆,秦宏德,等. 高温高压气井管柱腐蚀现状及未来研究展望[J]. 表面技术,2018,47(6):44-50.
[7] 郭敏灵,赵立强,刘平礼,等. 酸液对 HP13Cr 钢材防腐研究进展[J]. 石油化工腐蚀与防护,2012,29(6):4-7.
[8] 朱世东,李金灵,马海霞,等. 超级 13Cr 钢腐蚀行为研究进展[J]. 腐蚀科学与防护技术. 2014,26(2):183-186.
[9] 马燕,林冠发. 超级 13Cr 不锈钢腐蚀性能的研究现状与进展[J]. 辽宁化工,2014,43(1):39-41.
[10] 王少兰 费敬银 林西华,等. 高性能耐蚀管材及超级 13Cr 研究进展[J]. 腐蚀科学与防护技术,2013,25(4):322-326.